混凝土细观分析方法与应用

杜修力　金　浏　著

科 学 出 版 社

北　京

内 容 简 介

本书系统介绍了作者及其研究团队近十多年来在混凝土细观分析方法与应用方面的研究成果，全书共10章。主要内容包括：细观单元等效化分析模型与方法，多孔混凝土力学性能细观理论分析，混凝土静、动态基本力学性能及破坏机制的细观分析，界面过渡区、缺陷和高温作用等对混凝土静动态力学性能影响的细观分析，钢筋混凝土构件破坏行为及尺寸效应的细观分析，以及细观数值方法在混凝土中氯盐扩散、钢筋锈蚀致混凝土保护层开裂方面的模拟分析等。

本书可供从事混凝土结构设计方面的工程技术人员和科研人员参考，也可作为土木工程专业高年级本科生和研究生的教学参考用书。

图书在版编目(CIP)数据

混凝土细观分析方法与应用/杜修力，金浏著. —北京：科学出版社，2021.4
ISBN 978-7-03-067533-0

Ⅰ. ①混… Ⅱ. ①杜… ②金… Ⅲ. ①混凝土结构-研究
Ⅳ. ①TU37

中国版本图书馆CIP数据核字（2021）第006736号

责任编辑：王 钰 / 责任校对：王 颖
责任印制：吕春珉 / 封面设计：东方人华平面设计部

科学出版社 出版
北京东黄城根北街16号
邮政编码：100717
http://www.sciencep.com

北京中科印刷有限公司 印刷
科学出版社发行 各地新华书店经销
*
2021年4月第 一 版 开本：B5（720×1000）
2021年4月第一次印刷 印张：30 1/4 插页：8
字数：612 000

定价：238.00元

（如有印装质量问题，我社负责调换〈中科〉）
销售部电话 010-62136230 编辑部电话 010-62137026

前　言

混凝土是当代最主要的工程结构材料之一。从材料组成而言，混凝土是以水泥为主要胶结材料，拌和一定比例的砂、石、水以及各种添加剂，经过搅拌、振捣、养护等工序后，逐渐凝固硬化而成的一种复合材料。粗细骨料和硬化水泥砂浆这两种主要组成材料的成分、性质、配比及粘结作用均对混凝土材料的力学特性有不同程度的影响，这也是混凝土非均质、各向异性及非线性等性质的根本原因。因此，混凝土材料相比单一结构材料具有更为复杂多变的力学性能。

按照特征尺寸和研究方法的侧重点不同，一般将混凝土材料内部结构分为微观、细观和宏观三个尺度。其中，细观尺度下所研究的单元尺寸范围在$10^{-4}\sim10^{-1}$m。混凝土材料往往被视为由粗骨料、硬化水泥砂浆、孔隙等组成的多相复合材料，其细观结构直接影响混凝土的宏观力学性能。通过各国学者数十年的不断深入研究，逐渐发展并形成了混凝土细观力学这一新的力学研究分支。借助细观力学研究手段，可以直观地重现混凝土材料及钢筋混凝土构件中砂浆、界面过渡区、随机骨料（纤维）等在荷载或环境作用下的细观损伤演化过程及机制，弥补了现有观测手段的局限，揭示了混凝土细观非均质特征对材料宏观力学特性、构件破坏行为的影响机理和规律，同时也为混凝土宏观力学性能的理解、把握和预测提供了有效分析手段。

本书主要介绍作者及其研究团队涉足细观力学领域十多年来，在混凝土细观力学分析方法及其应用方面取得的一些研究成果。全书共 10 章，主要内容包括：细观单元等效化分析模型与方法，多孔混凝土复合材料细观均匀化理论；混凝土静、动态基本力学性能及破坏机制的细观分析；界面过渡区、缺陷等细观结构特征和参数对混凝土静动态性能影响的细观分析；高温作用对混凝土静动态性能影响的细观分析；钢筋混凝土梁、柱等构件破坏行为及尺寸效应方面的细观分析；细观数值方法在混凝土中氯盐扩散、钢筋锈蚀致混凝土保护层开裂方面的模拟分析等。本书的研究工作，得到了国家自然科学基金创新研究群体项目（项目编号：51421005）、国家重点研发计划项目（项目编号：2018YFC1504302、2019YFC1511003）、国家 973 计划项目（项目编号：2011CB013600）、国家自然科学基金重大研究计划集成项目（项目编号：91215301）、国家自然科学基金优秀青年基金项目（项目编号：51822801）、国家自然科学基金面上项目（项目编号：51978022）等多方资助与支持，在本书完稿付梓之际，作者对上述支持表示诚挚感谢。

在十多年的研究中，作者的一些研究生们亦做出了重要贡献，包括张仁波、李冬、余文轩、杜敏、徐海滨、揭鹏力、韩亚强、丁子星、苏晓、徐建东、张帅、郝慧敏等，在此表示衷心感谢。

由于作者水平有限，书中内容难免存有不当、疏漏之处，敬请读者批评指正。

杜修力

2020 年 4 月

目 录

彩图

第 1 章　绪　论

混凝土是当代最主要的工程结构材料之一。自 1824 年发明波特兰水泥以来，混凝土材料以其优越的工程和力学性能，被广泛应用于房屋建筑、桥梁、道路、隧道、水利、防护工程等重要领域。混凝土结构在各类工程结构中占有主导地位，是当今世界上应用较广泛的结构形式之一。作为典型的准脆性复合材料，混凝土以水泥为主要胶结材料，拌和一定比例的砂、石、水以及各种添加剂，经过搅拌、振捣、养护等工序后，逐渐凝固硬化而成[1]，如图 1.1 所示。粗细骨料和硬化水泥砂浆这两种主要组成材料的成分、性质、配比及粘结作用均对混凝土材料的力学特性有不同程度的影响，也是混凝土非均质、各向异性等性质的根本原因。因此，混凝土材料相比单一结构材料具有更为复杂多变的力学性能，并且存在复杂的尺寸效应行为。

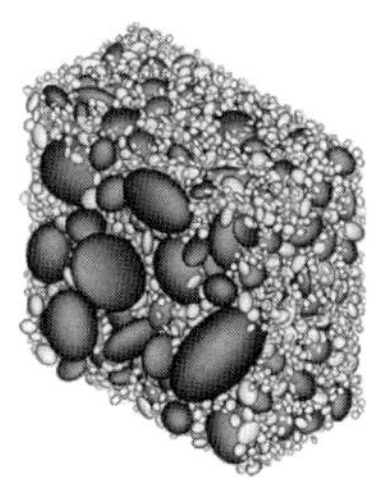

图 1.1　混凝土材料组成成分[2]

1.1　混凝土细观结构特征

按照特征尺寸和研究方法的侧重点不同，一般将混凝土材料内部结构分为 3 个尺度[2]，即如图 1.2 所示的微观尺度、细观尺度及宏观尺度。

微观尺度下研究的单元尺度通常在原子、分子量级（即小于 10^{-4}m），着眼于水泥水化物的微观结构表征，采用统计力学方法对材料性能进行理论分析。在这一数量级范围内的结构单元可用电子显微镜等观察分析，是水泥化学研究的范畴。

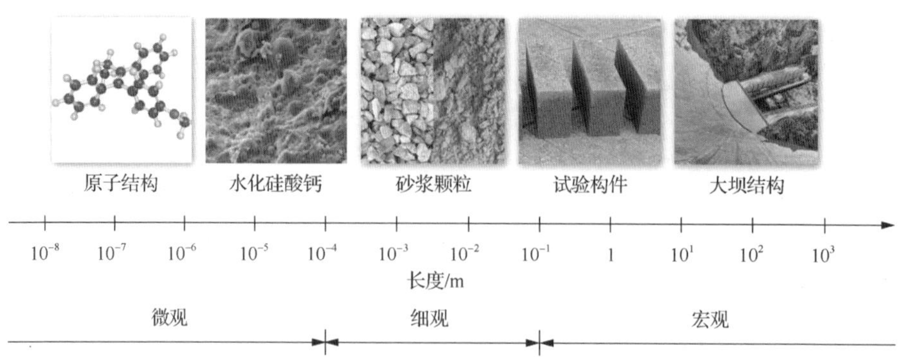

图 1.2　混凝土材料研究尺度

细观尺度下研究的单元尺寸范围在 10^{-4}～10^{-1}m。混凝土材料往往被视为由粗骨料、硬化水泥砂浆、孔隙等组成的多相复合材料，包含由泌水、干缩和温度变化等因素引起骨料和水泥砂浆之间的非均匀变形以及初始粘结裂纹等细观缺陷。混凝土在细观尺度上为典型的非均质复合材料，其细观组分直接影响混凝土的宏观力学性能。

宏观尺度又称工程结构尺度，在该尺度下混凝土材料被视为由尺寸数倍于最大骨料粒径的结构单元组成，可通过宏观力学模型及试验获得混凝土材料的力学参数和宏观本构关系，并以此为基础对混凝土结构进行分析。这种研究方法对于工程问题的研究是非常重要的，能够使人们对工程结构的均匀变化状态有一个总体上的认识，反映了一种工程的平均状态，通常以此作为工程设计的依据。但由于存在天然或人为的内在微缺陷，如裂隙、夹杂、气泡和孔穴等，其破坏特征表现为断裂的突发性，裂缝的扩展过程表现为微裂隙的汇集、连通而形成宏观裂缝。这样的宏观尺度模型不能揭示混凝土内部结构组成与宏观力学性能之间的关系，不能合理解释裂纹扩展规律，难以描述细观非均匀性引起的混凝土材料损伤及局部应力集中导致的局部破坏现象。

Wittmann[3]最先将这 3 种尺度的研究方法应用到混凝土材料的研究中，并且认为某一尺度下材料的力学性质可以借助于更低一层次尺度下的结构特征加以解释。因此，对混凝土材料细观组分进行研究有助于从机理上了解混凝土工程结构的宏观力学性能，并对研发高性能混凝土、合理设计混凝土材料以及根据工程特点充分考虑混凝土的优缺点提供理论上的指导。也就是说，对混凝土除了从宏观尺度进行研究外，更关键的还应从混凝土细观尺度入手，以找出混凝土内部结构与宏观特性之间的必然联系。

目前在绝大多数细观尺度研究中，混凝土材料经常被看作是由骨料颗粒、砂浆基质及其两者之间的界面过渡区（interfacial transition zone，ITZ）组成的三相复合材料。根据物理试验结果深入了解混凝土材料的三相细观结构特征是准确地对其进行细观力学分析的前提。

骨料颗粒是混凝土中起骨架和填充作用的粒状材料，其物理特征包括种类和强度、体积分数、粒径分布、形状及表面特征等，均会对混凝土的宏观强度及力学性能产生影响。骨料的体积分数通常为50%～70%。一般地，粒径大于4.75mm的骨料称为粗骨料，俗称石，常用的粗骨料有碎石和卵石两种。在普通混凝土中，粗骨料颗粒的体积分数通常为20%～50%。粗骨料公称粒级的上限称为（骨料）最大粒径。在钢筋混凝土工程中，粗骨料的粒径不得大于混凝土结构截面最小尺寸的1/4，并不得大于钢筋最小净距的3/4。骨料级配是组成骨料的不同粒径颗粒的比例关系，其主要分为连续级配和间断级配（单粒级）。连续级配骨料按照一定的比例组合搭配在一起，能充分填充骨料间的空隙以达到较高的密实程度，可达到节约水泥、提高混凝土综合性能的目标。特别是拌制高强度混凝土时，骨料颗粒级配更为重要。粒径4.75mm以下起填充作用的粒状松散材料称为细骨料，俗称砂。砂的颗粒搭配情况也用颗粒级配表示，而砂的粗细程度用细度模数表示，这两个参数可采用筛分析的方法进行测定。砂的粗细程度往往对水泥用量、和易性和收缩性影响很大，而砂颗粒形状和表面特征会影响其与水泥的粘结以及混凝土拌和物的流动性。一般地，表面粗糙的砂，与水泥粘结较好，用它拌制的混凝土强度较高，但拌和物的流动性较差；表面光滑的砂，与水泥的粘结较差，用来拌制的混凝土强度则较低，但拌和物的流动性较好。在混凝土细观力学分析中，细骨料往往处于砂浆基质中。砂浆基质除了细骨料外，还包括胶凝材料（水泥、石灰等）、水、孔隙及其他各类添加剂，也具有一定的非均质性。新拌普通砂浆一般具有良好的和易性（与流动性和保水性有关），硬化后的砂浆则具有强度和粘结力。砂浆基质的强度等力学性能往往由水泥类别、捣实度、孔隙数量、水灰比、外加剂及养护环境条件（如温度、湿度）等因素决定[4]。

界面过渡区是骨料颗粒周围非常薄的区域，在骨料和砂浆基质之间，其典型厚度为20～100μm。该结构与砂浆基质在形貌、成分和密度等方面有显著不同。其形成的原因：在新拌混凝土中，骨料颗粒周围会有水膜形成，由石膏、石灰等化合物溶解而产生的离子结合形成相对较大的晶体，从而形成比普通水泥砂浆基质更多孔的结构。这些结构趋向于定向层状排列并附着在骨料表面，随着水化过程的继续又产生的新的晶体填充这些多孔结构中的孔隙，最终使过渡区域的密实程度稍有增大[5]。因此，界面过渡区的孔隙率较高，且孔径通常比砂浆基质中的更大，含有的未水化水泥较少，定向的晶体较多，同时也存在微裂纹。这些特征会使界面过渡区的力学性能相对于骨料颗粒、砂浆基质薄弱很多。在外界荷载作用下界面过渡区中的内部微裂纹优先扩展演化，相互贯通形成更多主裂缝（通常距离骨料表面几微米）。这一变化过程通过混凝土微观图像扫描可以观察到。界面过渡区的力学性能也受到很多因素的影响，其中包括骨料颗粒粒径和表面特征、骨料类型和形状、水泥粒度分布、水灰比、养护环境、龄期等。另外，大量研究表明界面过渡区也影响着混凝土材料的宏观力学性能（弹性模量、名义强度、耐久性、断裂特性等）。到目前为止，由于试验条件的限制，仍然很难直接得到界面过渡区的弹性模量等力学参数。现有的研究方法都是间接地研究界面过渡区，主要的研究方法有 3 类，即理论分析法、数值模拟计算法和试验法，前两者的研究成果需要与试验结果对比进行验证。在目前的混凝土细观力学分析中，界面过渡区往往被看作一层区别于远场基体的含较高孔隙率的近场砂浆材料。

通过研究混凝土材料的主要细观组分，有助于了解并建立混凝土宏观力学性能与其组分性能及其细观结构之间的定量关系，这也是混凝土细观力学的核心任务之一。除此之外，混凝土细观力学还可以揭示在一定工况下的材料响应规律及其本质，为混凝土材料的优化设计、性能评估提供必要的理论依据及手段[6]。

1.2　混凝土细观力学发展概况

结合混凝土的微细观结构特征，在细观层次上考虑混凝土材料的非均质特性，通常认为混凝土是由骨料、水泥砂浆以及界面组成的三相复合材料。通过各国学者的不断深入研究，逐渐发展并形成了混凝土细观力学这一新的力学分支。混凝土细观力学研究可以直观且深入地分析混凝土受外载作用引起的局部化变形和损伤断裂机理，揭示混凝土在细微观尺度下的渐进破碎和破坏过程，同时也为对混凝土宏观变形力学性能的理解、把握和预测提供了桥梁作用。混凝土细观力学研究主要是从试验量测、理论研究与数值分析 3 方面进行。

（1）试验量测是理论研究与数值分析的基础和基准。试验对于混凝土细观力学研究起到至关重要的作用，一方面，通过试验测定的各项参数可作为细观理论研究、细观数值分析的基础数据；另一方面，试验也可以对其他研究成果进行验证。例如，通过试验量测粗细骨料和硬化水泥砂浆的物理力学性质、砂浆和骨料之间的交界面强度以及观测不同荷载条件下混凝土裂纹的扩展形式，可为细观力学数值仿真分析提供支撑；此外，数值模拟结果的合理性与准确性亦需要经过试验的检验。因此，试验研究能起到标定材料细观组分的基本物理力学特性和验证数值模拟结果的双重作用。随着试验技术的快速发展，混凝土力学试验从加载到数据采集、处理、分析等方面都变得更加准确与快捷。另外，光学显微镜法、电子显微镜法、声发射法、超声波法、红外线检测法、CT 扫描等技术已被应用于观测混凝土在加载过程中微裂纹的萌生、扩展和贯通以及裂纹的发生次数和空间定位，实现对混凝土材料内部结构的变化进行直接或间接的观测。

（2）理论研究是阐释宏观现象产生机理的有力手段。非均匀复合材料细观层次上通常由多相材料组成，一般情况下，可将复合材料中的某一相视为基体材料，将其余相材料视为在该基体材料中分布的夹杂。夹杂一般包括颗粒、纤维等，对混凝土材料而言，也可将孔洞、微裂纹作为夹杂。夹杂的大小和形状具有一定的概率离散性，其位置呈随机分布，因此很难对非均质材料的细观结构做出准确的描述。虽然在细观尺度上认为复合材料是非均匀的，但当其宏观结构特征尺度远大于细观结构特征尺度时，可以将非均匀的复合材料看作是均匀的。因此，可以采用均匀化方法，通过复合材料中细观各相的性能和结构求解材料宏观尺度的量。混凝土作为一种细观层次上的多相复合材料，可以通过基于夹杂理论的均匀化方法对其弹性模量等宏观参数进行预测。

（3）数值分析是规避试验短板、实现理论预期的必要条件。试验研究的局限性在于需要耗费大量的人力、物力和财力，且通常会受到试验条件、自然环境等因素的影响。随着计算机技术的发展，通过计算模拟对混凝土材料进行数值分析研究已成为目前的一个热点研究方向。在选用模型恰当、输入参数准确的情况下，数值分析可以代替部分试验研究，以达到避免试验误差、加速研究过程的目的。此外，在理论研究为解释宏观破坏现象机理提供了严格数理表达的基础上，数值分析可在提供理论预测结果及可视化方面提供补充。目前，基于对混凝土细观组构以及各相组分间相互作用模型的不同假设，学者们提出和发展了多种混凝土细观力学模型。根据系统基础方程的构建与求解方法的不同大致可分为 3 类：①连续介质细观力学模型，在细观层次仍视混凝土符合连续介质假定，骨料、砂浆与交界面层等组分在相应的子空间与交界面域均按协调连续分布模拟，如有限单元法和有限差分法等。②非连续介质细观力学模型，将混凝土视作离散介质，模型中各组分子域之间基于接触力学模型定义相互作用，并引入初始的粘结强度（包括法向和切向）以模拟连续体行为，如离散元模型、刚体弹簧元模型、非连续变形分析方法等。③连续与非连续耦合细观力学模型，将连续介质细观力学模型和非连续介质细观力学模型两者耦合起来以发挥各自的优势，如有限元-离散元耦合法、有限差分-离散元耦合法、梁-颗粒模型等。

1.3 经典细观力学方法简介

1.3.1 细观理论分析方法

混凝土、纤维增强复合材料、陶瓷等工程材料由许多成分组成，是不均匀的。理论预测复合材料的宏观等效力学性能，本质上是非均匀介质的均匀化等效问题。解决这一问题的基本思想是，将非均匀介质等效为理想的均匀介质，该均匀介质具有非均匀介质宏观等效的物理性能，如等效弹性、热弹性、热传导等。理论分析方法是为研究复合材料处于弹性范围时的性能而提出的，现在也用于非弹性性能的预测。目前，常用的理论预测分析方法有稀疏分布模型[1]、Mori-Tanaka 法[6-9]、自洽法[10,11]、广义自洽法[12]、微分法[13]及均匀化理论[14-17]等。

1．稀疏分布模型

稀疏分布模型[1]不考虑夹杂之间的相互作用，即假定夹杂的平均应变为嵌于无限弹性体中单颗夹杂的应变（图 1.3），并假设基体和夹杂均为连续、均匀和各向同性线弹性体，夹杂随机分布，代表体积单元的宏观响应也是各向同性的。

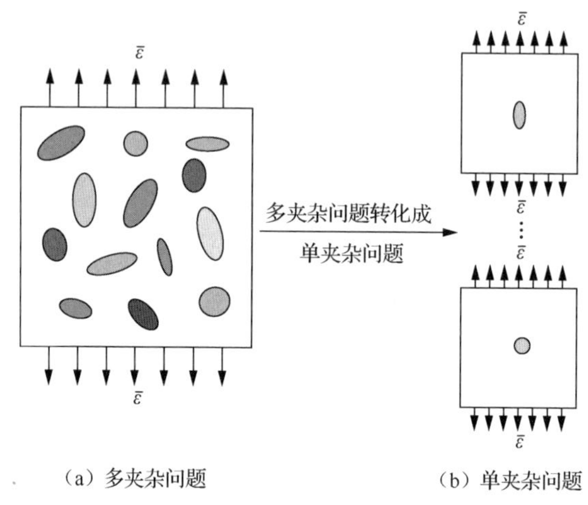

图 1.3　稀疏解的局部化关系

利用稀疏方法对复合材料有效模量的预测为

$$\bar{L} = L_0 + \sum_{r=1}^{N-1} c_r [(L_r - L_0)^{-1} + P_r] \tag{1.1}$$

式中：$\bar{L}$ 表示复合材料的有效模量；L_r、L_0 分别代表第 r 类夹杂模量及基体模量；N 代表夹杂数；c_r 表示夹杂的体积分数；P_r 是与基质体积模量及剪切模量相关的张量分量。对于球形颗粒，$\boldsymbol{P}$ 张量可以表示成 $\boldsymbol{P} = (3K_p, 2G_p)$。

由于不考虑夹杂之间的相互作用，代表体积单元的有效性能可以看作是单夹杂情况的简单叠加。该方法只适用于夹杂体积分数较小的情况下（大致小于 5%，实际这样的划分并不是绝对的，如对于微裂纹材料即使裂纹含量较高，稀疏方法也能给出较好的预测结果）对复合材料有效模量的预测。

2．Mori-Tanaka 法

1957 年 Eshelby[6]研究了关于无限大基体内含有椭球夹杂弹性场问题，针对含本征应变的椭球颗粒给出了椭球内外弹性场的一般解，并利用应力等效方法计算了复合材料的等效弹性模量。Mori-Tanaka 法[8,9]由 Mori 和 Tanaka 于 1973 年提出，将夹杂嵌于无限大的基体之中，并假定受到的远场应力不是外部施加的应力，相对于稀疏分布法，考虑了其他夹杂影响的有效应力（即基体的平均应力），因此这种方法也称为有效场方法，是一种基于 Eshelby 等效夹杂原理[6,7]的非均质材料等效弹性模量的计算方法。

利用 Mori-Tanaka 方法对复合材料有效模量的估计可表示为

$$\bar{L} = L_0 + \sum_{r=1}^{N-1} c_r [(L_r - L_0)^{-1} + c_0 P_r]^{-1} \tag{1.2}$$

式中：c_0 表示基体的体积分数；其余各参数意义同前。

一般认为 Mori-Tanaka 方法适用于中等夹杂的体积百分比情况，一般小于 30%（当然这种划分不是绝对的）。此外，Mori-Tanaka 方法对于带有取向为各向异性夹杂复合材料有效性质的预测会导致预测模量的不对称，也说明该方法还存在本质上的缺陷。但由于该方法可以直接给出复合材料模量的显式表达式，故而被广泛应用[1]。

3. 自洽法及微分法

Kroner[10]提出自洽法，并用来研究多晶体材料的弹性性能，Hill[18]和 Budiansky[19]进一步将其应用于复合材料有效弹性模量的预测。自洽法假定夹杂嵌于“等效基体”之中，此“等效基体”的模量为均匀化有效模量。基于自洽法得到的复合材料的有效模量为

$$\bar{L} = L_0 + \sum_{r=1}^{N-1} c_r (L_r - L_0)[\boldsymbol{I} + \bar{P}_r (L_r - \bar{L})]^{-1} \tag{1.3}$$

式中：$\bar{P}_r$ 为第 r 类夹杂放置在未知复合材料作为基体 $(\bar{L})$ 中时的 $\boldsymbol{P}$ 张量。式（1.3）给出的是确定复合材料有效模量的隐式方程，通过求解该方程便可以得到复合材料的有效模量。

与 Eshelby 的等效夹杂原理相比，自洽理论考虑其他夹杂的影响，认为这一夹杂单独处于一有效介质中，而夹杂周围有效介质的弹性常数恰好就是复合材料的弹性常数。同时，自洽理论还考虑了夹杂相与基体相体积分数对复合材料有效弹性模量的影响。一般来说，自洽法不能区分夹杂和基体在形貌上的差别，因此自洽法被认为更适用于没有基体的材料。广义自洽法将一个夹杂及周围的基体嵌入无限大的有效介质内。这相当于将一个简化了的代表体积单元嵌入复合材料中，Christensen[20]研究表明广义自洽法比自洽法更合理更可靠，但是广义自洽法也同时增加了问题求解的难度，目前只有球型和长纤维型的单夹杂问题的精确解析表达式。

微分法[13]的思想是假设最终的复合材料可以由以下假想过程实现：首先在体积为 V 的基体中取出一体积为 $\mathrm{d}V$ 的微元，然后加入相同体积（$\mathrm{d}V$）的夹杂，使这些夹杂按照复合材料中夹杂的具体形状和取向均匀分布到基体中。经过这样一个“存取”过程，利用细观力学方法给出新形成的复合材料有效模量与“取存”前“基体”的有效模量之间的关系。采用微分法确定复合材料有效模型的关系式为

$$\frac{\mathrm{d}\bar{L}}{\mathrm{d}c_1}=\frac{1}{1-c_1}[(L_1-\bar{L})^{-1}+\bar{P}_1]^{-1} \tag{1.4}$$

4. 均匀化理论

20 世纪 70 年代，Bensousson 针对复合材料弹性结构提出了均匀化理论[14]。均匀化理论是一种针对周期性细观结构而提出的具有严格数学依据的分析方法，是一种既能分析复合材料的宏观性能，又可以体现细观结构特性，并建立两者之间联系及相互作用的多尺度分析方法。它从构成材料微观结构的“胞元”出发，将胞元均匀化理论同时引入宏观尺度和微观尺度中，采用摄动解的形式将宏观结构中一点的位移、应力等物理量展开为与细观结构尺度相关的摄动量的渐进级数，利用变分原理得到单胞的平衡方程，并引入单位荷载和边界条件，来建立宏细观之间的联系。

经过相关的数学变换可得到胞元的宏观等效弹性张量为

$$\boldsymbol{E}_{ijkl}^{H}(x)=\frac{1}{|Y|}\left(\int_Y \boldsymbol{E}_{ijkl}-\boldsymbol{E}_{ijpq}\right)\mathrm{d}Y \tag{1.5}$$

式中：Y 为周期函数的周期；k、l、p 和 q 为相应的张量指标符号，且满足

$$\int_Y \boldsymbol{E}_{ijpq}\frac{\partial \chi_p^{kl}}{\partial y_q}\frac{\partial v_i(y)}{\partial y_j}\mathrm{d}Y=\int_Y \boldsymbol{E}_{ijkl}\frac{\partial v_i(y)}{\partial y_j}\mathrm{d}Y \tag{1.6}$$

式中：χ_p^{kl} 为单胞域上的位移场。

Hassani 和 Hinton[21,22]对渐进均匀化理论在弹性问题中的应用进行了详细的总结和讨论。崔俊芝[23]提出基于双尺度渐进展开的多尺度分析方法，解决了周期性复合材料和周期性随机复合材料的多尺度耦合问题。

5. 其他理论分析方法

Christensen 和 Lo[24]曾对两相复合材料提出了有效弹性模量预测的两相复合球模型。基于三相模型建立的近似分析方法[25]，主要有广义自洽法[24]、有效自洽法、IDD 估计[26,27]以及更为广义的双夹杂方法[28,29]。如图 1.4 所示的三相球模型，只要区域直径 D 与最大夹杂直径 $d_{\max}$ 比值远大于 1，则该模型可以精确估计第 i

夹杂的应力和应变。Lytton[30]提出了细观三相球预测模型，此模型假设沥青混凝土由集料、沥青胶浆及空隙组成，对其有效力学性质进行了研究。为能更准确地预测混凝土的弹性模量，Neubauer 等[31]提出了考虑混凝土界面影响的细观力学模型，将界面层模拟成包围在骨料周围的等厚度薄壳模型，该三壳模型（骨料/界面/水泥浆基质）比两相复合材料模型更接近实际的混凝土力学性质。Li 等[32,33]在 Christensen 和 Lo[24]研究的基础上，采用两步法，将混凝土两相复合材料三相球模型扩展到考虑界面过渡区（ITZ）影响的四相球模型，对混凝土的体积模量进行预测；但该模型没有充分考虑骨料、界面和水泥砂浆之间的相互作用。郑建军等[34-36]在三相球模型的基础上，考虑到相邻骨料界面层之间的重叠效应，提出了界面体积分数计算的计算机模拟算法，讨论了界面层厚度、最大骨料粒径和骨料级配对界面体积分数的影响，并给出了混凝土弹性模量的解析解。

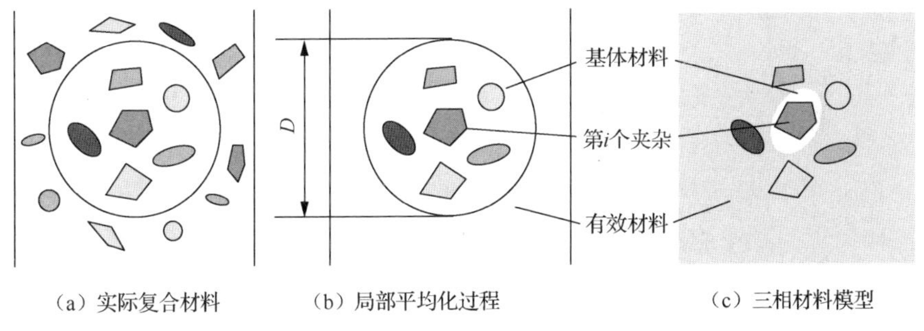

（a）实际复合材料　（b）局部平均化过程　（c）三相材料模型

图 1.4　复合材料三相球模型[25]

Nilsen 等[37]基于复合材料细观力学理论，采用 Mori-Tanaka 模型计算了轻集料混凝土弹性性质。Yang 等[38]将夹杂分为粗骨料与细骨料两组，基于 Mori-Tanaka 理论及双夹杂理论，提出了一个可以更精确计算混凝土弹性模量与细观夹杂之间定量关系的分析模型。为了研究混凝土的强度，Yang 等[39]采用细观力学模型，基于等效夹杂理念及 Mori-Tanaka 理论，提出了求解非均质场的平均应力的新方法，认为混凝土单轴抗压强度是混凝土复合材料各相材料的一个综合函数，且抗压强度由最薄弱相决定。

1.3.2　混凝土复合材料细观数值分析方法

细观数值分析方法通过划分网格将结构离散化来计算宏观应力-应变关系，先求出应力-应变场，再通过均匀化方法来求出宏观应力-应变关系，当然还可以根据细观场量进一步研究复合材料的损伤破坏过程及塑性屈服等问题[40]。

混凝土细观数值试验，不仅可以很直观地反映混凝土细观损伤破坏的全过程，还可以了解骨料的形状、级配及分布形式和界面过渡区（ITZ）等对混凝土宏观力学性能的影响。当然，在计算模型合理及各相材料力学参数准确的情况下，可以替代部分试验，避开试验条件的限制及人为操作误差对结果的影响。目前，随着计算机技术的发展及有限元数值模拟的成熟，在细观层次上对混凝土宏观力学特性及其损伤破坏过程的研究已成为热点。自 Roelfstra 等[41]首先提出“数值混凝土”的概念以来，根据对混凝土细观结构的认识，国内外研究者发展提出了很多细观力学模型，如格构模型[42-47]、随机力学特性模型[48-51]、随机粒子模型[52]、刚体弹簧元模型[53]和随机骨料模型[54-56]等。这些细观力学分析模型均认为混凝土是由骨料颗粒、砂浆基质及粘结界面等多相介质组成的复合材料，以材料空间分布的非均匀性来体现混凝土材料的非线性。下面对这几种经典的模型进行简要介绍。

1. 格构模型

格构模型是 20 世纪中叶以物理学为基础而发展起来的网格模型，是将连续介质在细观尺度上离散成由弹性杆件或梁单元联结而成的格构系统，如图 1.5 所示。

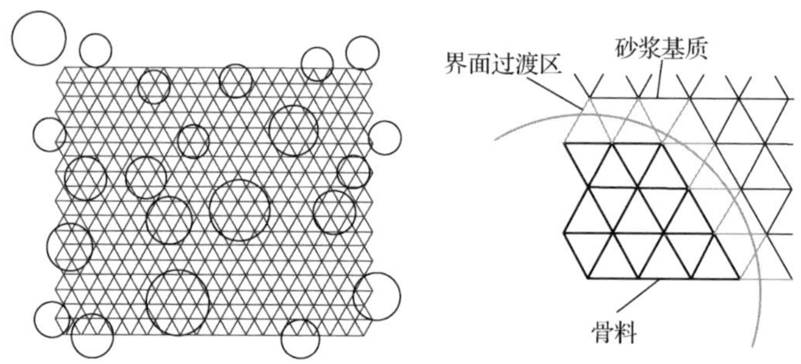

图 1.5　混凝土梁（杆）式格构模型

最初它主要用来求解经典的弹性力学问题，网格一般采用规则的三角形或四边形，也可是随机形态的不规则网格，其网格由杆件或者梁单元组成，各单元代表材料的一小部分（如岩石或混凝土的固体基质）。各单元采用简单的本构关系和破坏准则，并考虑到骨料分布及其力学参数分布的随机性。当然，杆单元只能传递轴力，梁单元则不但可以传递轴力，还可以传递剪力和弯矩，进而可以模拟更为复杂的受力状态。计算时，在外载作用下对整体网格进行线弹性分析，计算出格构中各单元的局部应力，超过破坏阈值的单元即从体系中去除，单元的破坏过程为不可逆过程。起初，由于缺乏足够的数值计算能力，格构模型仅仅停留在理论水平上。从 20 世纪 80 年代后期，许多学者采用该模型模拟非均质材料的破坏过程。Schlangen 等[42,44]、Chiaia 等[43]、Vervuurt 等[46]和 van Mier 等[45,47]最先将格构模型应用于混凝土的断裂破坏研究，该模型假定在细观层次上混凝土为粗细骨料、砂浆基质以及 ITZ 组成的三相复合材料。

根据一定的骨料粒径分布，随机地生成混凝土三相复合材料模型，进而把规则或者不规则的三角形网格投影到生成的复合材料模型上，对属于骨料、砂浆基质及ITZ部分的单元赋予相对应的力学性质参数，从而反映混凝土材料的非均质性，单元破坏后，重新分配荷载，再次计算得出下一个破坏单元，往复计算，直至整个非线性系统完全破坏。

2003年，Lilliu和van Mier[57]将二维格构模型扩展到三维，对混凝土三相复合材料模型进行单轴拉伸数值模拟。图1.6（a）即为某规则的三角形格构模型，Man和van Mier采用了三维格构模型研究了混凝土梁弯拉力学行为的尺寸效应，典型的不同尺寸的混凝土梁的损伤断裂行为如图1.6（b）所示。

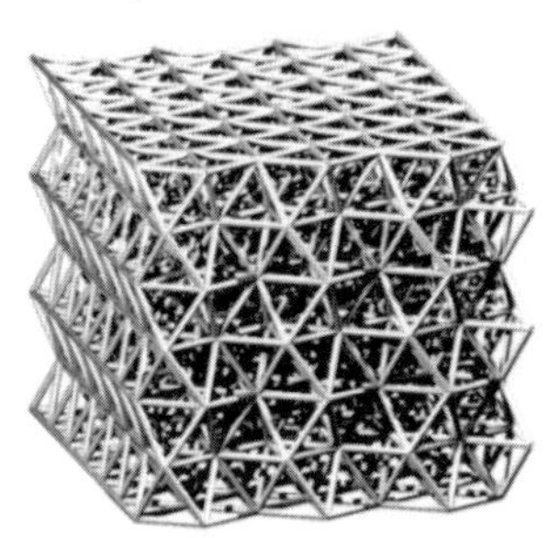

（a）三角形格构模型

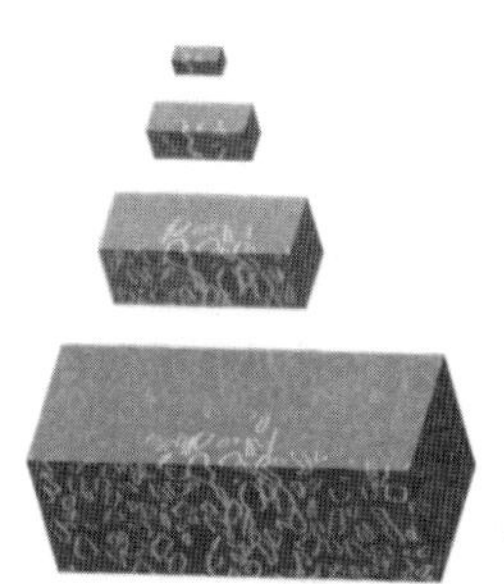

（b）不同尺寸混凝土梁损伤断裂行为

图1.6　规则的三角形格构模型及应用（尺寸效应研究）

2．随机力学特性模型

随机力学特性模型由唐春安等[48-50]提出，如图1.7所示，该方法也是从混凝土细观角度入手，假定混凝土为由骨料、砂浆基质及两者之间的粘结界面组成的三相复合材料。利用细观力学的研究手段，借助统计学及数值模拟方法，建立其混凝土损伤断裂发展的细观力学模型。该方法主要抓住了材料非均质性这个非线性本质特征，为了能够充分说明各相材料组分的非均匀性，各组分（骨料、砂浆基质及界面）的材料性质按照某个给定的Weibull（韦伯）分布来赋值，通过组成相材料单元力学参数的不同从数值上得到一个非均匀的混凝土式样，是一种抽象的细观力学模型。为反映每个组分相内部结构的离散性，假定其材料力学特性满足Weibull分布。该Weibull分布以如下分布密度函数表示：

$$f(u)=\frac{m}{u_0}\left(\frac{u}{u_0}\right)^{m-1}\exp\left(-\frac{u}{u_0}\right)^{m} \tag{1.7}$$

式中：u代表满足该分布参数（例如强度、弹性模量等）的数值；u_0是与所有单元参数平均值有关的参数；m则定义了Weibull分布密度函数的形状。细观单元的损伤演化按照弹脆性损伤本构关系[58,59]来描述，将最大拉应力准则和摩尔库伦准则作为混凝土单元的破坏失效准则，且拉伸准则具有优先权。认为混凝土材料的非线性是由于其受力后的不断损伤引起微裂纹的萌生、扩展、汇合而造成的，而不是由于塑性变形。朱万成等[60]基于随机力学特性模型，对混凝土试样在单轴和双轴静载作用下的断裂过程进行模拟，并给出了双轴荷载作用下混凝土的强度包络面。

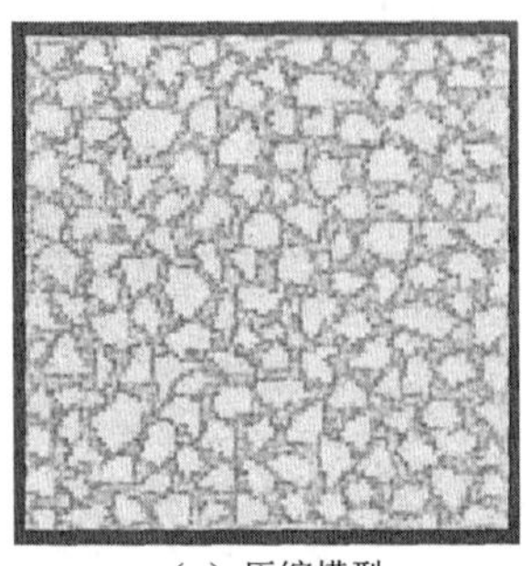
（a）压缩模型

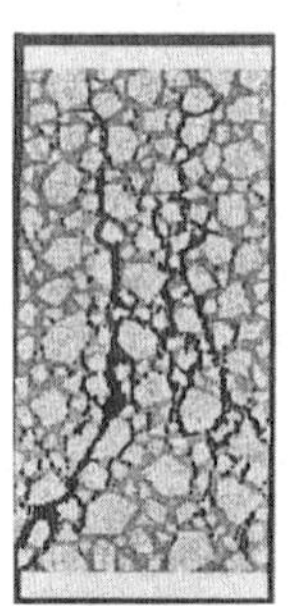
（b）拉伸模型

图 1.7　随机力学特性模型

3．随机粒子模型

随机粒子模型由 Cundall 等[61]提出，后来发展为如今的离散元方法[62-64]。随机粒子模型假定混凝土是由骨料和砂浆基质组成的两相复合材料。首先按照混凝土实际骨料的粒径参数，将其随机地分布在混凝土细观模型中，骨料采用圆形或球体颗粒来表征；然后将骨料和砂浆基质均划分成三角形桁架单元，并对应地赋予其力学参数。值得注意的是，Cundall 等[61]提出的骨料假设为刚性，认为混凝土的断裂破坏发展不会穿越骨料，只会在砂浆基质中产生。由于圆形或球形单元的形状简单，而且其他形状的块体可以由多个球形通过粘结作用捆绑在一起，因此在颗粒离散元中，单元的形状常为圆形或球形。为适应不同问题的需要，研究者发展了多边形单元[65]、椭球形单元[66]以及其他非光滑的非球形单元[67]。

到了 20 世纪 90 年代，Bazant 等[68]在 Cundall 的刚性粒子模型上做改进，认为骨料颗粒是弹性的，可以产生变形，同样将圆形颗粒随机地分布在混凝土细观模型中，且考虑了骨料与砂浆基质间粘结界面的影响。颗粒周围与砂浆基质的界面层，被设定具有应变软化特征的性质，且当单元卸载时，仍然保持原有的刚度。此外，假定界面单元只传递颗粒轴向应力，忽略界面的剪切能力，即相当于轴力杆相连，通过单元的张拉破坏模式来模拟开裂问题；当粘结带的应变达到某定值时，其应力-应变曲线按照线性应变软化曲线来表征，从而基质相的断裂能被认为是一个重要的材料参数。

Zhong 和 Chang[69]提出的细观力学分析模型也是基于随机粒子模型的假设，但有所区别的是，认为基体本身含有微裂纹或微缺陷，这些裂纹在受力后进一步扩展和贯通，采用线弹性断裂力学准则来判断裂纹是否扩展。当然，该模型的模拟，不仅需要骨料的弹性力学参数以及几何参数，骨料及砂浆基质的参数选取也十分重要，需要给定内聚力、摩擦角、Ⅰ型断裂韧度、Ⅱ型断裂韧度等力学参数，而这些参数的试验资料较少，难以选取；且认为骨料是弹性的，不会发生破坏，这与实际的试验现象有所区别，或者至少不适合研究含软骨料的混凝土。

4. 刚体弹簧元法

刚体弹簧元法是20世纪70年代末由Kawai等[53]创立的一种适用于极限解析及处理裂纹行为的数值计算方法。该方法的基本思想是以离散块体单元的形心位移为基本未知量，用分片的刚体位移模式逼近真实的结构位移场，以单元之间的连接弹簧来反映结构内部的弹性变形，并用弹簧应力表征结构内部的应力，根据计算力学原理建立按位移求解的支配方程。由于该方法的位移模式为刚体位移模式，也有刚体有限元法之称。两个三角形（或多边形）刚体单元1、2用两种类型不计尺寸大小的弹簧连接起来，通过弹簧传递单元间的相互作用力，每个单元在其重心处均具有两个平动、一个转动自由度，并且微裂纹的扩展都是沿着单元边界。目前关于该方法的理论研究和工程应用主要集中于岩土工程领域以及混凝土材料的细观模拟方面。

刚体弹簧法不仅具有有限元法的计算精度，还继承了非连续数值方法在模拟非连续介质问题时的优势，因此在解决连续-非连续介质问题时具有非常明显的优势[70]。但是由于刚体弹簧法中裂纹扩展只能沿着块体边界进行，因此网格形状对计算结果有较大影响[71, 72]。

5. 随机骨料模型

随机骨料模型由刘光廷和王宗敏等[73-75]提出，将混凝土看作是由骨料、砂浆基质及两者之间的粘结界面组成的三相复合材料介质。首先根据Fuller骨料级配曲线转化到二维骨料级配曲线的瓦拉文公式[76]确定骨料颗粒数；然后进行随机骨料模型网络部分，依照Monte Carlo方法将骨料随机地投放在混凝土细观模型中，并将有限元网格投影到该结构上，如图1.8（a）所示，或对试件剖面内的粗骨料及水泥砂浆直接进行有限元网格剖分，如平面Delaunay三角形剖分[图1.8（b）][77]；最后根据不同类型单元的位置确定并赋予相对应单元的材料力学属性，用以表征混凝土的三相结构。与抽象的随机力学特性模型不同的是，随机骨料模型是一种典型的唯象模型，可表征混凝土中骨料颗粒的空间随机分布情况。

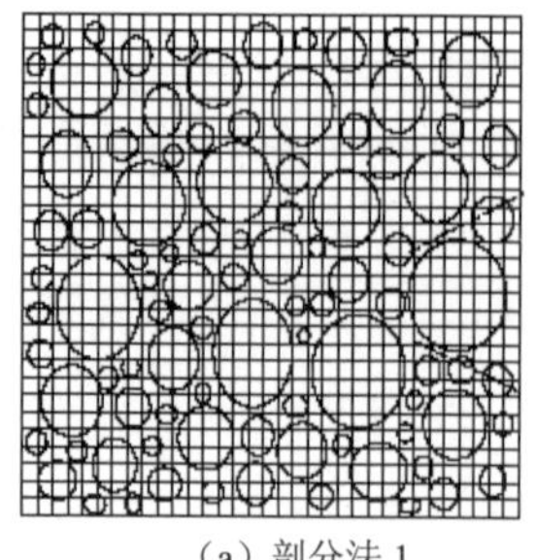
（a）剖分法 1

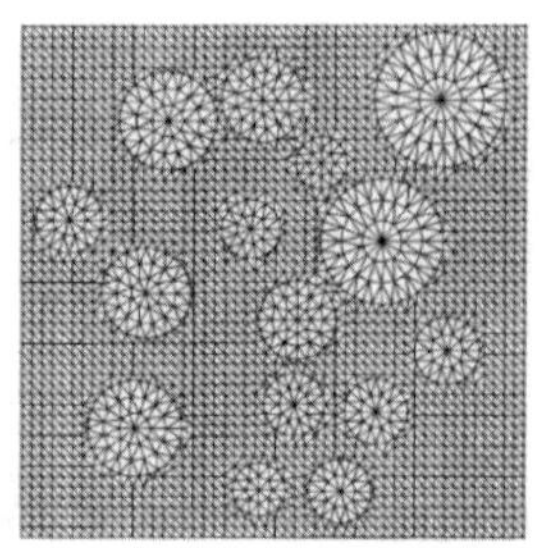
（b）剖分法 2

图 1.8　随机骨料模型网格剖分的两种方法

起初的研究工作，一般都是将骨料假定为圆形或球体，后来为了尽可能地模拟混凝土细观层次的实际形态，骨料的形状从圆形（或球体）向凸多边形（或凸多面体）发展演化，如图 1.9 所示。高政国和刘光廷[78,79]先后研究了二维混凝土多边形和凸多面体随机骨料的投放算法，在此基础上形成混凝土凸多边形和凸多面体随机骨料模型，但所建立的模型骨料含量较低，且没有考虑实际骨料级配；此后杜成斌等[80]、孙立国等[81]和马怀发等[82]也先后对骨料的投放算法问题进行了研究。图 1.10 为采用随机骨料模型计算得到的混凝土试件破坏模式。不难发现，随机骨料模型能够很好地模拟混凝土材料细观尺度下的断裂破坏过程。

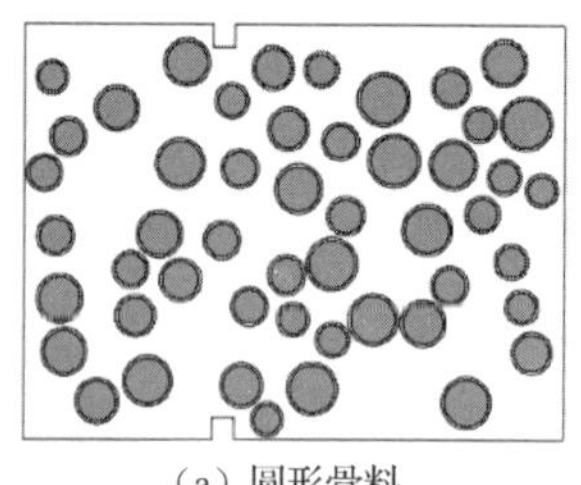
（a）圆形骨料

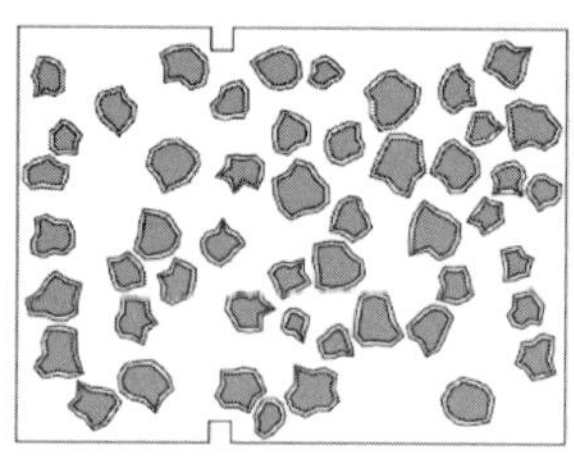
（b）多边形骨料

图 1.9　不同骨料形状

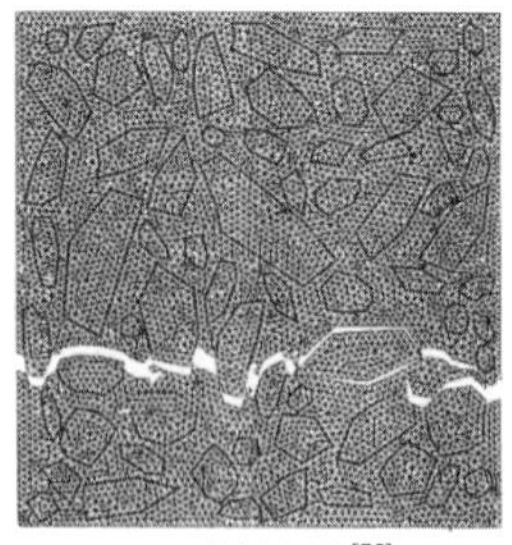
（a）单轴拉伸[75]

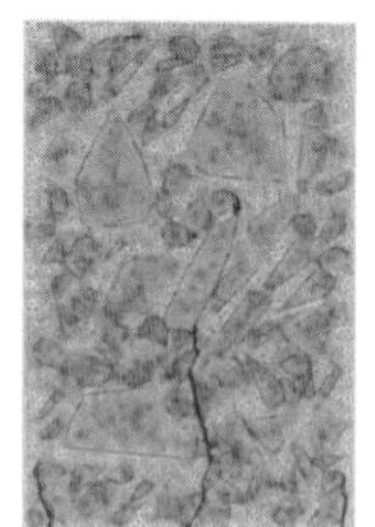
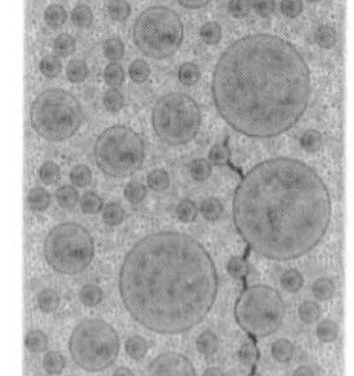
（b）弯拉破坏[80]

图 1.10　随机骨料模型典型破坏模式

由于计算量的限制，早期的研究工作大多都是基于二维平面模型进行分析研究。随着高速度、大容量计算机的发展，国内外大量研究者试图将平面分析模型扩展到三维实体模型（图 1.11[83]），使得细观模型能够更好地模拟混凝土的损伤断裂直至破坏的过程及混凝土的宏观力学特性。三维模型网格剖分后节点数量庞大，进行计算时需要巨大的计算机容量，若应用串行程序进行求解需花费太长的时间，因而需要搭建并行计算平台求解这类超大自由度方程。

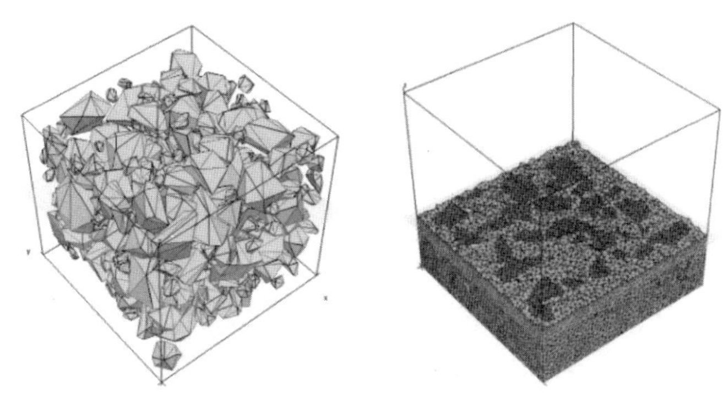

图 1.11 混凝土三维细观结构与网格划分[83]

6. 细观单元等效化方法

为了提高细观力学方法的计算效率，克服计算瓶颈问题，从而使细观力学模型能够模拟更多的实际应用问题。在混凝土随机骨料模型的基础之上，Du 等[84-86]提出了一种新的具有较高计算效率的细观力学方法——细观单元等效化模型与方法。该方法从描述混凝土材料的细观尺度非均质性这一本质特征入手，对混凝土材料典型的细观随机骨料模型进行网格划分，划分成一系列具有相同单元尺寸的单元。网格划分后得到的各单元内骨料、砂浆、界面过渡区及孔隙等各相组分占据不同的体积分数，如图 1.12（a）所示。进而，可以通过复合材料等效化方法将各单元的力学性质进行处理，等效为各向同性的均匀介质，典型的等效化特征如图 1.12（b）所示。从而形成混凝土试件模型单元内性质均一、各向同性而单元间性质各异的非线性有限元模型，如图 1.12（c）所示。图 1.12（c）中，不同的单元拥有不同的颜色，表示具有不同的力学特性，如有效弹性模量、泊松比及有效强度等力学参数。基于该方法，Du 等[84-88]对混凝土材料的抗压、抗拉与弯拉行为及钢筋混凝土构件的力学行为进行了模拟，并讨论分析了界面过渡区与孔隙等缺陷的影响。图 1.13 为单轴拉伸荷载作用下随机骨料模型与细观单元等效化方法获得的试件的开裂破坏形态。

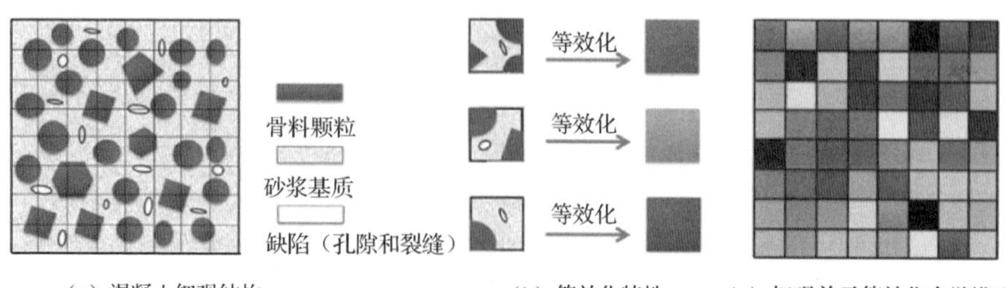

（a）混凝土细观结构　（b）等效化特性　（c）细观单元等效化力学模型

图 1.12　混凝土细观单元等效化方法基本思路

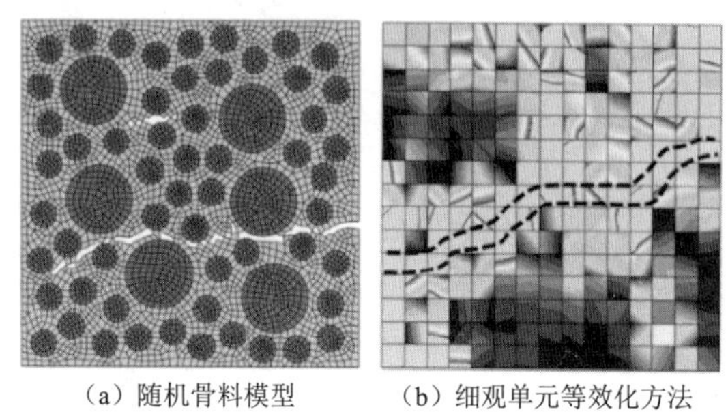

（a）随机骨料模型　（b）细观单元等效化方法

图 1.13　单轴拉伸荷载作用下混凝土试件的开裂破坏形态

算例分析表明由于细观单元等效化模型与方法网格单元数量较其他细观力学方法大大减小，体系自由度随之减小，其在保证一定精度的同时大大提高了模型的计算效率，尤其是对于三维混凝土模型。

7. 其他数值方法

1）M-H 法

Mohamed 和 Hansen[89-91]在深入研究混凝土细观结构及破坏机制的基础上，提出了微观结构模型，实际上称其为细观结构更为准确，即 M-H 模型，如图 1.14 所示。该模型也是从混凝土细观结构出发，假定混凝土在细观层次上是由骨料、砂浆基质和两者之间的粘结带组成的三相复合材料模型，考虑了骨料在基质中分布的随机性以及各组分力学性质的随机性。以此为基础，同时引入混凝土断裂能的概念，给出了细观单元单轴拉伸破坏时应变软化的本构关系，继而采用弥散裂纹模型的方法来描述单元受拉破坏的本构关系，并用有限单元法来进行模型的实施。此外，认为裂纹扩展的主要原因是拉裂，故假定单元只发生受拉破坏，没有剪切或压缩破坏。

图 1.15 是该方法在单轴拉伸条件下混凝土试件典型的裂纹扩展模式图。M-H 模型在模拟一些以拉伸破坏为主要原因的混凝土力学试验，如单轴拉伸、单轴压

缩和四点剪切等试验时取得了一些满意的结果。但对于多轴状态下混凝土的宏观反应，目前尚未有这方面的文献报道。

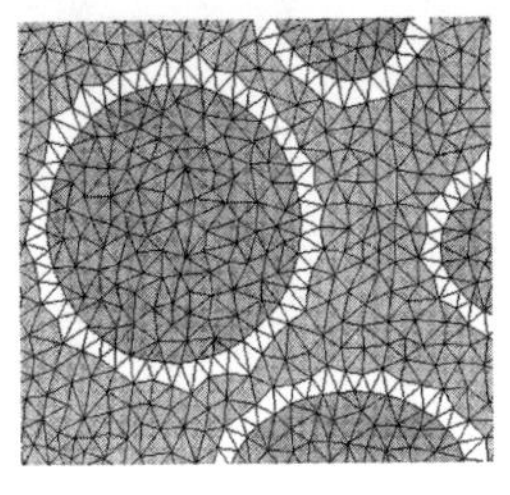

图 1.14 M-H 细观结构模型[89]

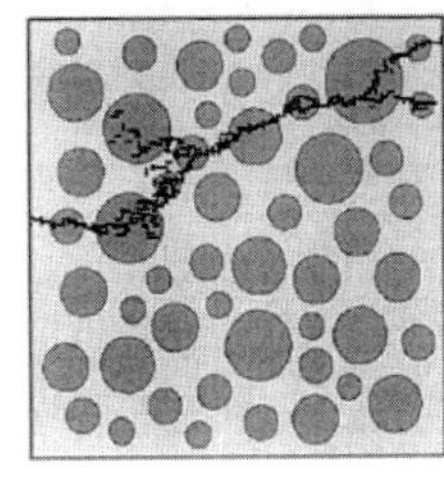

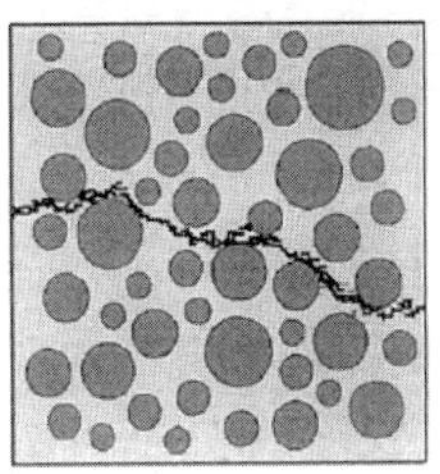

图 1.15 混凝土裂纹扩展模式[89]

2）界面元法

界面元法是一种求解非均匀不连续介质的静动力学问题的数值解法，是在 Kawai[53]用于求解均质、线性静力学问题的刚体弹簧元基础上，由卓家寿等学者基于刚体弹簧元模型提出的一种新型的数值方法[92, 93]，该方法吸收了刚体弹簧元模型的基本思想，并对其进行改进和扩充，以虚功原理为基础，用反映弹、黏、塑等各类变形特性的界面元取代弹簧元，将单元的变形等效在界面上，最终形成以各单元形心的 6 个位移分量为基本未知量的支配方程，形成了相对完善的理论体系。Caballero 等[94]基于界面元方法获得的混凝土试件典型的三维单轴拉伸破坏模式如图 1.16 所示。

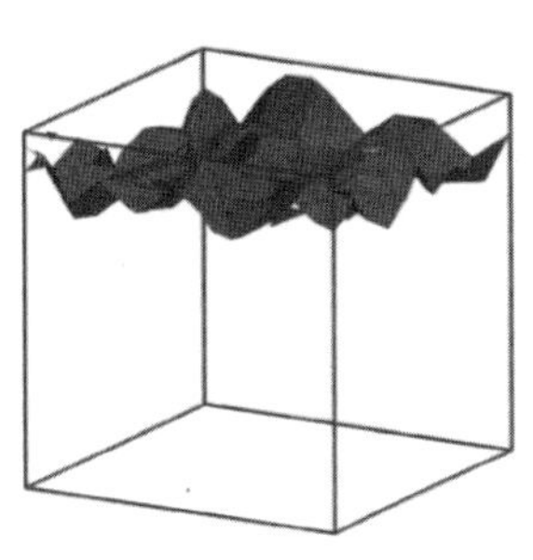

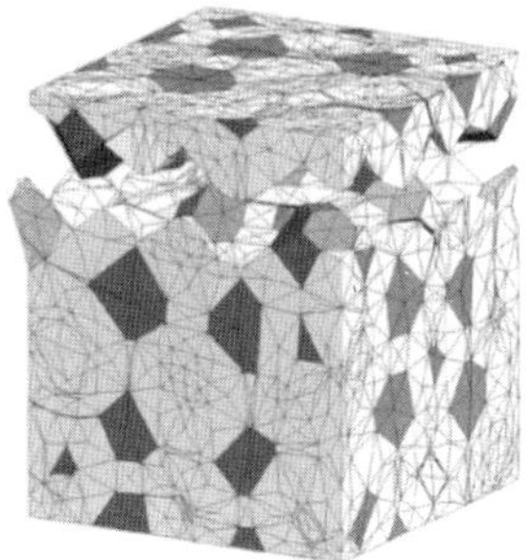

图 1.16 界面元法获得的混凝土破坏模式[94]

1.4 本书的主要内容

本书介绍了一种高效细观数值分析方法——细观单元等效化方法，进而基于细观力学分析方法，对混凝土材料及构件的基本静动态力学性能进行了模拟分析，并讨论了温度、氯盐侵蚀等环境作用对混凝土力学性能的影响。章节安排方面，第 2、3 章为混凝土细观力学分析方法基本理论，第 4～10 章主要介绍了细观力学分析方法在混凝土材料与构件力学行为研究中的应用。

第 2 章详细介绍了一种混凝土材料宏观力学特性分析的高效方法——细观单元等效化模型与方法。该方法从描述混凝土材料的细观尺度入手，依据混凝土材料特征单元尺度来剖分有限元网格并投影到建立的随机骨料模型上，各单元网格的力学特性则采用复合材料等效化方法来确定。算例分析表明采用提出的细观单元等效化模型与方法，由于网格单元数量大大减小，体系自由度随之减小，其在保证一定精度的同时大大提高了模型的计算效率，尤其是对于三维混凝土模型。

第 3 章从微-细观角度出发，将混凝土看作由混凝土基质和孔隙组成的两相复合材料介质。将孔隙率作为影响混凝土材料力学性能最主要的独立的唯一变量，提出了“有效饱和度”的概念。采用三相球模型及中空圆柱形杆模型分别得到了混凝土的有效体积模量和有效剪切模量，进而推导获得了干燥、非饱和及饱和混凝土的有效力学性质，包括有效弹性模量和泊松比。基于最大拉应力破坏准则，推导得到了多孔混凝土有效拉伸/压缩/剪切强度及对应的峰值应变等与孔隙率之间的定量关系，获得的理论预测公式准确可靠、简单且易于应用。

第 4 章和第 5 章基于细观随机骨料模型，并结合细观单元等效化方法以及扩展有限元法、预插黏性界面单元法等细观力学分析方法，分别对混凝土的静/动态力学行为进行了二维与三维数值研究，分析了实际混凝土材料的损伤直至断裂破坏的全过程及裂纹的扩展演化规律，揭示了混凝土材料的静/动态破坏机理及宏观力学特性。

第 6 章借助细观力学方法，揭示了混凝土主要内部结构组成，以及界面过渡区和缺陷对混凝土静动态力学性能的影响。

第 7 章主要探讨高温作用对混凝土静动态性能的影响。

第 8 章将细观力学方法扩展应用到构件层次，考虑细观非均质性及钢筋混凝土复杂的非线性相互作用行为，主要探究钢筋混凝土构件——柱和梁的大变形破坏行为及尺寸效应规律，揭示细观组分及相关因素等对钢筋混凝土构件破坏机理及尺寸效应的影响。

第 9 章针对混凝土耐久性问题中的氯盐扩散问题，从微-细观角度出发，将饱和水泥浆体、混凝土视为多相复合材料介质，一方面将低水平荷载对氯盐扩散渗透行为的影响等效为孔隙率改变的影响，基于弹性理论推导材料达到强度前其孔隙率与外荷载之间的关系，建立混凝土中氯盐扩散行为的多尺度解析理论。另一方面基于随机骨料模型对氯离子在无/有应力加载状态及开裂混凝土中的扩散行为进行了细观数值模拟。

第 10 章则针对氯盐环境中钢筋锈蚀导致的混凝土保护层开裂问题，基于混凝土随机骨料模型，对单根中部/角部钢筋、多根相邻中部钢筋锈蚀引发的混凝土保护层的开裂行为进行了二维与三维细观尺度数值模拟，探讨分析了钢筋直径、锈蚀分布模式、保护层厚度及钢筋间距等因素的影响，旨在为混凝土耐久性设计及服役寿命预测提供理论基础。

参考文献

[1] 沈观林，胡更开．复合材料力学[M]．北京：清华大学出版社，2006.

[2] HÄFNER S，ECKARDT S，LUTHER T，et al. Mesoscale modeling of concrete：geometry and numerics[J]. Computers and structures，2006，84（7）：450-461.

[3] WITTMANN F H．Structure of concrete with respect to crack formation [M]//WITTMANN F H．Fracture mechanics of concrete．Netherlands：Elsevier Science Publishers，1983：43-74.

[4] UNGER J F，ECKARDT S．Multiscale modeling of concrete [J]．Archives of computational methods in engineering，2011，18（3）：341-393.

[5] MEHTA P K，MONTEIRO P J M．Concrete microstructure，properties and materials [M]．New York：McGraw-Hill Inc.，2001.

[6] ESHELBY J D. The determination of the elastic field of an ellipsoidal inclusion and related problems [C]. Proceedings of royal society of London，1957，A241：376-396.

[7] ESHELBY J D．The elastic field outside an ellipsoidal inclusion [C]．Proceedings of royal society of London，1959，A252：561-569.

[8] MORI T，TANKA K．Average stress in matrix and average elastic energy of materials with misfitting inclusions [J]．Acta metallurgica，1973，21（5）：571-574.

[9] BENVENISTE Y．A new approach to the application of Mori-Tanaka's theory in composite materials [J]．Mechanics of materials，1987，6（2）：147-157.

[10] KRONER E．Berechnung der elastischen konstanten des vielkristalls aus den konstanten des Einkristalls[J]．Zeitschrift fur physik，1958，151：504-518.

[11] HILL R．Theory of mechanics of fiber-strengthened materials （III）：self-consistent model [J]．Journal of the mechanics and physics of solids，1965，13（4）：189-198.

[12] KERNER E H．The elastic and thermoelastic properties of composite media [J]．Proceedings of the physical society，1956，69：801-808.

[13] MCLAUGHLIN R．A study of the differential scheme for composite materials [J]．International journal of engineering science，1977，15（4）：237-244.

[14] BENSOUSSAN A，LIONS J L，PAPANICOLAOU G．Asymtopic analysis for periodic structures[M]．USA Rhode Island：American Mathematical Society，1978.

[15] LUKKASSEN D，PERSSON L E，Wall P．Some engineering and mathematical aspects on the homogenization method [J]．Composite engineering，1995，5（5）：519-531.

[16] BENDSOR M P，KIKUCHI N．Generating optimal topologies in structural design using a homogenization method[J]．Computer methods in applied mechanics and engineering，1989，71（2）：197-224.

[17] 刘书田，程耿东．复合材料应力分析的均匀化方法[J]．力学学报，1997，29（3）：306-313.

[18] HILL R．A self-consistent mechanics of composite materials [J]．Journal of the mechanics and physics of solids，1965，13（4）:213-222.

[19] BUDIANSKY B．On the elastic module of some heterogeneous materials [J]．Journal of the mechanics and physics of solids，1965，13（4）：223-227.

[20] CHRISTENSEN R M．A critical evaluation for a class of micro-mechanics models [J]．Journal of the mechanics and physics of solids，1990，38（3）：379-404.

[21] HASSANI B，HINTON E．A review of homogenization and topology optimization Ⅰ：homogenization theory for media with periodic structure [J]．Computers and structures，1998，69（6）：707-718.

[22] HASSANI B，HINTON E．A review of homogenization and topology optimization Ⅱ：analytical and numerical solution of homogenization equations [J]．Computers and structures，1998，69（6）：719-738.

[23] 崔俊芝．整周期复合材料弹性结构的双尺度渐进分析方法[J]．应用数学学报，1999，21（1）：38-46.

[24] CHRISTENSEN R M，LO K H．Solutions for effective shear properties in three phase space and cylinder model[J]．Journal of the mechanics and physics of solids，1979，27（4）：315-330.

[25] 胡更开，郑泉水，黄筑平．复合材料有效弹性性质分析方法[J]．力学进展，2001，31（3）：361-393.

[26] ZHENG Q S，DU D X．Closed form interacting solutions for overall elastic moduli of composite materials with multi-phase inclusions，holes and microcracks [J]．Key engineering materials，1998，145-149（pt. 1）：479-488.

[27] ZHENG Q S，DU D X．An explicit and universally applicable estimate for the effective properties of multiphase composites which accounts foe inclusion distribution [J]．Journal of the mechanics and physics of solids，2001，49（11）：2765-2788.

[28] HORI M，NEMAT-NASSER S．Double-inclusion model and overall moduli of multiphase composites [J]．Mechanics of materials，1993，14（3）：189-206.

[29] NEMAT-NASSER S，HORI M．Micromechanics：overall properties of heterogeneous materials [M]．North-Holland：Elsevier Science Publishers，1994.

[30] LYTTON R．Materials property relationship for modeling the behavior of asphalt-aggregate mixtures in pavements[M]．Washington DC：Transportation Institute，1990.

[31] NEUBAUER C M，JENNINGS H M．A three-phase model of the elastic and shrinkage properties of mortar[J]．Advanced cement based materials，1996，4（1）：6-20.

[32] LI G Q，ZHAO Y，PANG S S．Four-phase sphere modeling of effective bulk modulus of concrete [J]．Cement and concrete research，1999，29（6）：839-845.

[33] LI G Q，ZHAO Y，PANG S S，et al．Effective Young's modulus estimation of concrete [J]．Cement and concrete research，1999，29（9）：1455-1462.

[34] 姜璐，郑建军．混凝土界面体积百分比的计算方法[J]．浙江工业大学学报，2004，32（2）：163-167.

[35] ZHENG J J，LI C Q，ZHAO L Y．Simulation of two dimensional aggregate distributions with wall effect [J]．Journal of materials in civil engineering，2003，15（5）：506-510.

[36] 郑建军，周欣竹，姜璐．混凝土杨氏模量预测的三相复合球模型[J]．复合材料学报，2005，22（1）：102-107.

[37] NILSEN A U，MONTEIRO P J M，GJORV O E．Estimation of the elastic moduli of lightweight aggregate[J]．Cement and concrete research，1995，25（2）：276-280.

[38] YANG C C，HUANG R．Double inclusion model for approximate elastic moduli of concrete material [J]．Cement and concrete research，1996，26（1）：83-91.

[39] YANG C C，HUANG R．Two-phase model for predicting the compressive strength of concrete [J]．Cement and concrete research，1996，26（10）：1567-1577.

[40] 郑晓霞，郑锡涛，缑林虎．多尺度方法在复合材料力学分析中的研究进展[J]．力学进展，2010，40（1）：41-56.

[41] ROELFSTRA P E，SADOUKI H，WITTMANN F H．The numerical concrete [J]．Materials and structures，1985，18（5）：327-335.

[42] SCHLANGEN E，GARBOCIZ E J．New method for simulating fracture using an elastically uniform random geometry lattice [J]．International journal of engineering science，1996，34（10）：1131-1144.

[43] CHIAIA B，VERVUURT A，VAN MIER J G M．Lattice model evaluation of progressive failure in disordered particle composites [J]．Engineering fracture mechanics，1997，57（2/3）：301-313.

[44] SCHLANGEN E，GARBOCZI E J．Fracture simulations of concrete using lattice model computational aspects[J]．Engineering fracture mechanics，1997，57（2/3）：319-332.

[45] VAN MIER J G M，VERVUURT A，VAN VLIET M R A．Materials engineering of cement-based composites using lattice models[M]//CARPINTERI A，ALIABADI M．Computational fracture mechanics in concrete technology，

Sounthampton：WIT Press，1999，1-32.
[46] VERVUURT A，SCHLANGEN E，VAN MIER J G M. Tensile cracking in concrete and sandstone：Part 1：basic instruments [J]. Materials and structures，RILEM，1996，29（185）：9-18.
[47] VAN MIER J G M，VAN VLIET M R A. Experimentation，numerical simulation and the role of engineering judgment in the fracture mechanics of concrete and concrete structures [J]. Construction and building materials，1999，13（1）：3-14.
[48] ZHU W C，TANG C A. Numerical simulation on shear fracture process of concrete using mesoscopic mechanical model [J]. Constructions and building materials，2002，16（8）：453-463.
[49] 唐春安，朱万成. 混凝土损伤与断裂-数值试验[M]. 北京：科学出版社，2003.
[50] 朱万成，唐春安，滕锦光，等. 混凝土细观力学性质对宏观断裂过程影响的数值试验[J]. 三峡大学学报（自然科学版），2004，26（1）：22-26.
[51] ZHU W C，TANG C A，WANG S Y. Numerical study on the influence of mesomechanical properties on macroscopic fracture of concrete [J]. Structural engineering and mechanics，2005，19（5）：519-533.
[52] CUNDALL P A，STRACK O D L. A discrete numerical model for granular assemblies [J]. Geotechnique，1979，29（1）：47-65.
[53] KAWAI，T. New element models in discrete structural analysis [J]. Journal of the Society of Naval Architects of Japan，1977，（141）：174-180.
[54] 刘光廷，王宗敏. 用随机骨料模型数值模拟混凝土材料的断裂[J]. 清华大学学报（自然科学版），1996，36（1）：84-89.
[55] WANG Z M，KWAN A K H，CHAN H C. Mesoscopic study of concrete Ⅰ：generation of random aggregate structure and finite element mesh [J]. Computers and structures，1999，70（5）：533-544.
[56] KWAN A K H，WANG Z M，CHAN H C. Mesoscopic study of concrete Ⅱ：nonlinear finite element analysis[J]. Computers and structures，1999，70（5）：545-556.
[57] LILLIU G，VAN MIER J G M. 3D lattice type fracture model for concrete [J]. Engineering fracture mechanics，2003，70（7/8）：927-941.
[58] MAZARS J，PIJAUDIER-CABOT G. Continuum damage theory：application to concrete [J]. ASCE journal of engineering mechanics，1987，115（2）：345-365.
[59] 余天庆. 损伤理论及其应用[M]. 北京：国防工业出版社，1993.
[60] 朱万成，唐春安，赵文，等. 混凝土试样在静态载荷作用下断裂过程的数值模拟研究[J]. 工程力学，2002，19（6）：148-153.
[61] CUNDALL P A，STRACK O D L. A discrete numerical model for granular assemblies [J]. Geotechnique，1979，29（1）：47-65.
[62] CUNDALL A，HART R D. Numerical modeling of discontinua [C]//MUSTOE G G W. Proceedings of the 1st US Conference on Discrete Element Methods. Golden CSM Press，1989.
[63] YEN K Z Y，CHAKI T K. A dynamic simulation of particle rearrangement in powder packing with realistic interactions [J]. Journal of applied physics，1992，71（7）：3164-3173.
[64] FU G，DEKELBAB W. 3-D random packing of polydisperse particles and concrete aggregate grading [J]. Powder technology，2003，133（1/3）：147-155.
[65] CAMBORDE F，MARIOTTI C，DONZÉ F V. Numerical study of rock and concrete behaviour by discrete element modelling [J]. Computers and geotechnics，2000，27（4）：225-247.
[66] TANG T N. Triaxial test simulation with discrete element method and hydrostatic boundaries [J]. Journal of engineering mechanics，2004，130（10）：1188-1194.
[67] MATTEW R W. Smooth convex three-dimensional particle for the discrete element method [J]. ASCE journal of engineering mechanics，2003，129（5）：539-547.
[68] BAZANT Z P，TABBARA M R. Random particle models for fracture of aggregate or fiber composites [J]. ASCE journal of engineering mechanics，1990，116（8）：1686-1705.

[69] ZHONG X X，CHANG C S. Micromechanical modeling for behavior of cementitious granular materials [J]. ASCE journal of engineering mechanics，1999，125（11）：1280-1285.

[70] BOLANDER J E，SAITO S. Fracture analyses using spring networks with random geometry [J]. Engineering fracture mechanics，1998，61（5，6）：569-591.

[71] YAO C，JIANG Q H，SHAO J F. Numerical simulation of damage and failure in brittle rocks using a modified rigid block spring method [J]. Computers and geotechnics，2015，64：48-60.

[72] YAO C，JIANG Q H，SHAO J F，et al. A discrete approach for modeling damage and failure in anisotropic cohesive brittle materials [J]. Engineering fracture mechanics，2016，155：102-118.

[73] 刘光廷，王宗敏．用随机骨料模型数值模拟混凝土材料的断裂[J]．清华大学学报（自然科学版），1996，36（1）：84-89.

[74] WANG Z M，KWAN A K H，CHAN H C. Mesoscopic study of concrete Ⅰ：generation of random aggregate structure and finite element mesh [J]. Computers and structures，1999，70（5）：533-544.

[75] KWAN A K H，WANG Z M，CHAN H C. Mesoscopic study of concrete Ⅱ：nonlinear finite element analysis[J]. Computers and structures，1999，70（5）：545-556.

[76] WALRAVEN J C，REINHARDT H W. Theory and experiments on the mechanical behavior of cracks in plain and reinforced concrete subjected to shear loading [J]. Heron，1991，26（1A）：26-35.

[77] DE SCHUTTER G，TAERWE L. Random particle model for concrete based on Delaunay Triangulation [J]. Material Structures，1993，26（156）：67-73.

[78] 高政国，刘光廷．二维混凝土随机骨料模型研究[J]．清华大学学报（自然科学版），2003，43（5）：710-714.

[79] 刘光廷，高政国．三维凸形混凝土骨料随机投放算法[J]．清华大学学报（自然科学版），2003，43（8）：1120-1123.

[80] 杜成斌，孙立国．任意形状混凝土骨料的数值模拟及其应用[J]．水利学报，2006，37（6）：662-667.

[81] 孙立国，杜成斌，戴春霞．大体积混凝土随机骨料数值模拟[J]．河海大学学报（自然科学版），2005，33（3）：291-295.

[82] 马怀发，芈书贞，陈厚群．一种混凝土随机凸多边形骨料模型生成方法[J]．中国水利水电科学研究院学报，2006，4（3）：196-201.

[83] ZHOU R X，SONG Z H，LU Y. 3D mesoscale finite element modelling of concrete [J]. Computers and structures，2017，192：96-113.

[84] DU X L，JIN L，MA G W. Meso-element equivalent method for the simulation of macro mechanical properties of concrete [J]. International journal of damage mechanics，2013，22（5）：617-642.

[85] DU X L，JIN L，MA G W. A meso-scale analysis method for the simulation of nonlinear damage and failure behavior of reinforced concrete members [J]. International journal of damage mechanics，2013，22（6）：878-904.

[86] 杜修力，金浏．混凝土材料宏观力学特性分析的细观单元等效化模型[J]．计算力学学报，2012，29（5）：654-661.

[87] 杜修力，金浏．考虑过渡区界面影响的混凝土宏观力学性质研究[J]．工程力学，2012，29（12）：72-79.

[88] 杜修力，金浏．考虑孔隙及微裂纹影响的混凝土宏观力学特性研究[J]．工程力学，2012，29（8）：101-107.

[89] MOHAMED A R，HANSEN W. Micromechanical modeling of concrete response under static loading：Part Ⅰ：Model development and validation [J]. ACI materials journal，1999，96（2）：196-203.

[90] MOHAMED A R，HANSEN W. Micromechanical modeling of concrete response under static loading：Part Ⅱ：Model prediction for shear and compressive loading [J]. ACI materials journal，1999，96（3）：354-358.

[91] MOHAMED A R，HANSEN W. Micromechanical modeling of crack-aggregate interaction in concrete materials[J]. Cement and concrete composites，1999，21（5/6）：349-359.

[92] 卓家寿，章青．不连续介质力学问题的界面元法[M]．北京：科学出版社，2000.

[93] 张建海，范景伟，胡定．刚体弹簧元理论及应用[M]．成都：成都科技大学出版社，1997.

[94] CABALLERO A，LOPEZ C M，CAROL I. 3D meso-structural analysis of concrete specimens under uniaxial tension[J]. Computer methods in applied mechanics and engineering，2006，195（52）：7182-7195.

第 2 章　细观单元等效化分析模型与方法

在自从 Roelfstra 等[1]提出“数值混凝土”以来，国内外研究者采用数值手段对混凝土的静、动态力学性能及破坏过程进行了大量的研究。混凝土破坏问题的研究根据材料的内部结构可划分为不同层次的描述方法，一般从特征尺寸和研究方法的侧重点不同，主要将混凝土内部结构分为三个尺度，即微观、细观和宏观。Wittmann[2]最先将这种三尺度的研究方法应用到混凝土材料的研究中。

细观力学理论的发展和高速大容量电子计算机的出现，为用数值方法研究混凝土细观结构对于混凝土材料破坏的影响，及细观裂缝发展与宏观力学性能之间的关系提供了新思路。在细观层次上，混凝土可以看作是由粗骨料、细骨料、砂浆基质、骨料与砂浆基质之间的粘结带（粘结界面）、孔隙及裂纹等组成的多相复合材料。采用细观力学方法，运用数值试验对混凝土特性进行分析，在计算模型合理和混凝土各相材料参数足够精确的条件下，可以取代部分试验，且能避开试验条件的客观限制和人为因素对结果的影响，这无疑对混凝土力学特性的研究起到巨大的推动作用，也同时促进了混凝土细观力学的发展。

随着研究的深入，人们发现从细观层次进行混凝土力学特性的研究分析存在很多不足。如骨料与砂浆基质及其粘结界面的材料参数缺少实验数据，难以确定；以及三维细观方法分析模型的计算效率问题等。特别是细观力学模型的计算效率问题限制了其实际应用，如研究混凝土中孔隙、微裂纹等缺陷的影响，以及混凝土构件层次的静、动态非线性力学行为及尺寸效应等问题。因此，亟须建立具有高计算效率的细观力学方法，来克服和解决这些问题。

多尺度方法考虑空间和时间的跨尺度与跨层次的材料力学特征，是求解各种材料复杂力学问题的重要方法和手段，且构成了连接宏观、细观及微观等多重尺度的纽带，运用多尺度方法来研究混凝土的宏观力学性能是个趋势，且已在国内外研究工作中如火如荼地开展着。

实际上，人们在运用细观力学模型研究混凝土材料的宏观力学特性时，多数时候并不在于考察具体的裂纹扩展规律和破坏机理，而是在于通过细观层次结构模型建立其与宏观层次力学特性的桥梁纽带的关系，以便于研究不均匀性对材料宏观力学特性——非线性的影响。事实上，材料非线性力学行为本质上源于材料的非均匀性这个因素。因此，如能从宏观角度把握材料的非均匀性特征，也就可以确定材料的宏观力学特性。换句话讲，确定材料宏观力学特性并不一定要采用严格的细观力学模型，只要能够抓住材料非均匀性这个本质特征即可。

本章借助混凝土细观结构形式，针对混凝土宏观力学性质，详细介绍了一种新的具有较高计算效率的细观力学分析模型与方法[3-5]。

2.1 随机骨料结构与模型

随机骨料模型由 Wang 等[6, 7]提出，假定混凝土是由骨料、水泥砂浆基质和二者之间界面过渡区组成的三相材料，采用 Fuller 级配曲线确定骨料数目，借助 Monte Carlo 方法，在空间上随机确定骨料的位置、形状和尺寸，产生随机骨料结构，再将有限元网格投影到该结构上，并分配不同的材料特性给相应的单元，以表征各细观组分的力学特性并进行计算分析。

2.1.1 骨料结构的生成

1．Monte Carlo *方法*

Monte Carlo 方法又称随机抽样技巧法或统计试验法，它是一种采用统计抽样理论近似求解数学问题或物理问题的方法，其理论基础是概率论中的大数定律。在解决数学问题时的基本思想是首先建立与该问题有相似性的概率模型。利用这种相似性把概率模型的某些特征（如随机事件的概率或随机变量的平均值）与数学问题的解答（如积分值、微分方程的解等）联系起来，然后对该模型进行随机模拟或统计抽样，再利用所得结果求出这些特征统计估算值作为原问题的近似解，所作的统计试验称为 Monte Carlo 模拟。Monte Carlo 模拟可以求解各种问题，总地来说分为两大类。

第一类是确定性问题。求解这类问题时，首先建立一个与所求问题有关的概率模型，使得所求的解就是所建立模型的概率分布或数学期望值；然后对该模型进行随机试验，即生成随机变量；最后用其相应的统计特征量作为求解的近似值。

第二类是随机性问题。这类问题中的有关物理量不仅受到某些确定性因素的影响，而且更多地受到若干随机性因素的影响。诸如中子在介质中的扩散问题、随机振动问题、不确定结构的应力分析问题、运筹学中的库存问题等。Monte Carlo 模拟求解这类问题采用直接模拟方法，即根据实际物理现象的概率法则，用电子计算机做随机抽样试验，以得到问题的统计特征量。

用 Monte Carlo 方法做各种数值计算，必须找到模拟随机数或随机过程的方法。首先要用某种特定的方法产生该种分布的随机数，这一过程称为随机抽样。随机变量分布有多种，不同分布对应的随机数序列也不同。但就随机数产生而言，最基本的随机变量是在区间[0,1]上服从均匀分布的随机变量。若产生在[0,1]上均匀分布的随机变量为 X，则经变换 $X' = a + (b-a)X$，即可以求得在区间 $[a,b]$ 上均匀分布的随机变量 X'。对于服从其他分布随机变量的随机数，都可以由 $[0,1]$ 上均匀分布的随机变量的随机数变换得到。因此，研究随机数的产生方法，只需研究 $[0,1]$ 上均匀分布的随机变量的随机数的产生方法。

2. 随机数的产生

在计算机上产生随机数的方法大致可分为三类，即物理方法、随机数表方法和数学方法。利用某些物理现象产生随机数是完全随机的，但其主要缺点是没有可重复性，几乎不可能得到重复的随机数序列，这使得对程序和模拟的正确性检查十分困难。因此目前最为常用的是数学方法，它具有速度快、计算简单、可重复性等优点。用数学方法产生随机数是通过数学递推公式实现的，而由此产生的数值序列到一定长度之后或退化为零，或周而复始地出现，因此由数学方法产生的随机数并不是真正的随机数。但只要能够通过有关的各种不同类型的检验，就可以把它们当作真正的随机数使用。为和真正的随机数相区别，通常把数学方法产生的随机数称为“伪随机数”。用数学方法产生伪随机数的特点是速度快，占用计算机内存小，对所模拟的问题可以进行复查，一般具有较好的概率统计性质。

用数学递推公式产生随机数的方法有很多种，如取中法、加同余法、乘同余法、混合同余法等。具有代表性的是平方取中法和同余法。平方取中法是最早用于产生随机数的方法。该方法将一个 n 位数 X' 自乘得到一个 $2n$ 位数字，然后取中间值的 n 位数，便得到一个新的 n 位随机数。将这个新的 n 位随机数再自乘，再取其中间部分，便得到第三个随机数，依次类推便得到一个随机数列。将这个随机数列除以 n 位数的最大整数值，便得到 $(0,1)$ 之间的随机数 X_i。平方取中法递推公式可以表示为

$$X_i = \frac{\mathrm{mid}\{X_i'\}}{X} \tag{2.1}$$

式中：X 为 n 位数的最大整数。

在产生伪随机数的数学方法中，同余法是使用较广的方法，其中的乘同余法和混合同余法因产生伪随机数周期长，统计性质好而得到最为广泛的应用。乘同余法的递推公式为

$$X_i = AX_{i-1}(\mathrm{mod}M) \tag{2.2}$$

式中：A 为乘因子，为 $(0, M-1)$ 之间的数；M 为模数，是一个很大的数，通常为 2^b 或 2^d 的形式，其中，b、d 为二进制的计算机字长；mod$M$ 表示除以模数后取其余数。当给定一个初值 X_0 之后，由式（2.2）就可以得到随机数序列 X_1，X_2，…，X_i，…，再由 $R_i = X_i / M$ 即可得到 $(0,1)$ 区间均匀分布的随机数变量 R_i 序列。

后来，格林贝格尔（Greenberger）将式（2.2）进行推广，即成为混合同余法。

混合同余法的递推公式为

$$\begin{cases} X_i = (AX_i - 1 + C)(\mathrm{mod}M) \\ R_i = X_i / M \end{cases} \tag{2.3}$$

式中：C 为非负整数，在 $(0, M-1)$ 之间，通过选择适当的参数 C 可以改善伪随机数的统计性质。

用上述同余法产生的随机变量是 M 的余数，因此它必定小于 M，即 $0 \leqslant X_i \leqslant M$。显然，$X_i$ 的取值范围为 $0 \sim (M-1)$ 且最多只能有 M 个不同的取值。因此 X_i 有重复周期性，其重复周期 $T < M$。为了获得长周期的随机变量序列，应当尽可能地取大的 M 值，参数选择必须满足如下两个条件：①$C > 0$，且 C 与 M 互素；②乘子 $A-1$ 是 4 的倍数。为了尽量减少随机数之间的关联性，一般取 $A = 5^n < 2^b$，其中 n 为满足该条件的最大奇数。

用数学方法通过计算机得到的随机数是“伪随机数”，其特点（缺点）之一就是具有一定长度的周期。以字长 $b = 30(2^{30} = 1073741824)$ 的普通计算机为例，如果可以保证最长周期达到 10 亿，这种随机数列的分布就可以看成是均匀而且连续的，并且可以满足实际应用的需要。

3．不同分布下变量随机生成

在研究混凝土骨料投放及其参数分布模型时，除常用到在区间 $[0,1]$ 上服从均匀分布的随机变量外，还会用到正态分布、对数正态分布和 Weibull 分布。一般情况下，具有给定分布的一维随机数可以利用在 $[0,1]$ 上均匀分布的随机数通过某些变换产生。下面将着重介绍这些分布函数随机数的生成方法。

1）正态分布

正态分布函数为

$$P_N(x) = \frac{1}{\sqrt{2\pi\rho}} \exp\left[-\frac{(x-\mu)^2}{2\sigma^2} \right] \tag{2.4}$$

这里 $x \in (-\infty, +\infty)$，$\mu \in (-\infty, +\infty)$，$\sigma \in (0, +\infty)$，则 x 满足正态分布函数 $N(\mu, \sigma)$。

由于这种分布应用广泛，因此对这种变量的模拟人们提出了许多方法，其中坐标变换方法产生随机数的速度较快、精度较高。这种方法设两个均匀分布在 $[0,1]$ 区间上的随机数为 μ_n 和 μ_{n+1}，由式（2.5）得到符合标准正态分布 $N(0,1)$ 的两个相互独立的随机数 y_n 和 y_{n+1}。

$$\begin{cases} y_n = \sqrt{-2\ln\mu_n} \cos(2\pi\mu_{n+1}) \\ y_{n+1} = \sqrt{-2\ln\mu_n} \sin(2\pi\mu_{n+1}) \end{cases} \tag{2.5}$$

如果随机变量 X 是一般正态分布 $N(\mu, \sigma)$，则由下式得到一对相互独立的随机数 x_n 和 x_{n+1}，而且服从一般正态分布

$$\begin{cases} x_n = y_n\sigma + \mu \\ x_{n+1} = y_{n+1}\sigma + \mu \end{cases} \tag{2.6}$$

2）Weibull 分布

Weibull 分布的密度函数为

$$f(x) = \begin{cases} \dfrac{m}{a}\left(\dfrac{x}{x_0}\right)^{m-1} \exp\left[-\dfrac{1}{a}\left(\dfrac{x}{x_0}\right)^m\right] & x \geqslant 0 \\ 0 & x < 0 \end{cases} \tag{2.7}$$

式中：x 代表满足该分布的参数数值；m 为形状函数，$m>0$；a 为尺度参数，$a>0$。均值 $E(x) = x_0 a^{\frac{1}{m}}\Gamma\left(1+\dfrac{1}{m}\right)$，方差 $D(x) = x_0^2 a^{\frac{1}{m}}\left[\Gamma\left(1+\dfrac{2}{m}\right) - \Gamma^2\left(1+\dfrac{1}{m}\right)\right]$。

由 Weibull 分布函数积分得到其分布函数

$$F(x) = 1 - \exp\left[-\frac{1}{a}\left(\frac{x}{x_0}\right)^m\right] \tag{2.8}$$

设 $F(x_i) = \mu_i$，即 $\mu_i = 1 - \exp\left[-\dfrac{1}{a}\left(\dfrac{x}{x_0}\right)^m\right]$，$\mu_i(0,1)$ 上均匀分布的随机数，可解得：$1-\mu_i = \exp\left[-\dfrac{1}{a}\left(\dfrac{x}{x_0}\right)^m\right]$，$\ln(1-\mu_i) = -\dfrac{1}{a}\left(\dfrac{x}{x_0}\right)^m$，即有

$$x = x_0[-a\ln(1-\mu_i)]^{\frac{1}{m}} \tag{2.9}$$

此外，还有均匀分布及对数正态分布随机变量模拟等，此处不再赘述。

2.1.2　骨料数目确定

混凝土骨料分为细骨料和粗骨料。骨料按粒径分为小石（5～20mm）、中石（20～40mm）、大石（40～80mm）、特大石（80～150mm），它们依次称为一、二、三、四级配。当混凝土配比中包含这 4 种级配时，称为全级配混凝土。通常三级配骨料包含大石、中石、小石 3 个级配骨料，小于 5mm 的骨料按砂浆基质计算。为使混凝土产生最优化的结构密度，常采用 Fuller 曲线来确定各粒径颗粒比例，其表达式为

$$P(D) = 100\left(\frac{D}{D_{\max}}\right)^n \tag{2.10}$$

式中：$P(D)$ 为粒径小于等于 D 的骨料颗粒累积的体积分数；$D_{\max}$ 为骨料颗粒的最大粒径；n 为方程的指数，取值范围为 $n=0.45$～0.70，本书中 n 取为 0.5。

常用四级配骨料中小石∶中石∶大石∶特大石比例为 2∶2∶3∶3；三级配骨料

中小石：中石：大石比例为3：3：4；二级配骨料中小石：中石比例为55%：45%。按照常用混凝土级配骨料的比例及粒径范围得到如图 2.1 所示的级配图。

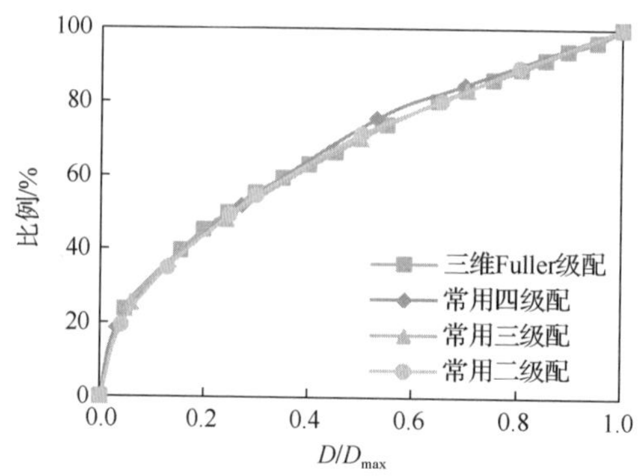

图 2.1　混凝土级配曲线

对于卵石和砾石等球状或浑圆的骨料，基于 Fuller 公式将三维级配曲线转化为二维试件内截面上任一点具有骨料直径 $D<D_0$（计算粒径）的概率为

$$P_c(D<D_0)=P_k(1.065D_0^{0.5}D_{max}^{-0.5}-0.053D_0^4D_{max}^{-4}-0.012D_0^6D_{max}^{-6}-0.0045D_0^8D_{max}^{-8}-0.0025D_0^{10}D_{max}^{-10}) \tag{2.11}$$

式中：P_k 为骨料体积与混凝土总体积的百分比，一般取 $P_k=0.75$。对于特定的混凝土试件，使用该公式即可产生结构横截面上骨料的颗粒数。

根据上述的骨料颗粒数的计算方法，分别确定二级配、三级配、四级配二维试件中各级等效粒径的骨料颗粒数。以四级配混凝土试件（尺寸为 $450\text{mm}\times450\text{mm}$）中的各级等效骨料颗粒数的确定过程为例。

（1）首先按照瓦尔文公式定出 $D<D_0$（计算粒径）的骨料颗粒在截面中出现的概率 P_c，计算数据如表 2.1 所示，得到的骨料级配曲线如图 2.2 所示。

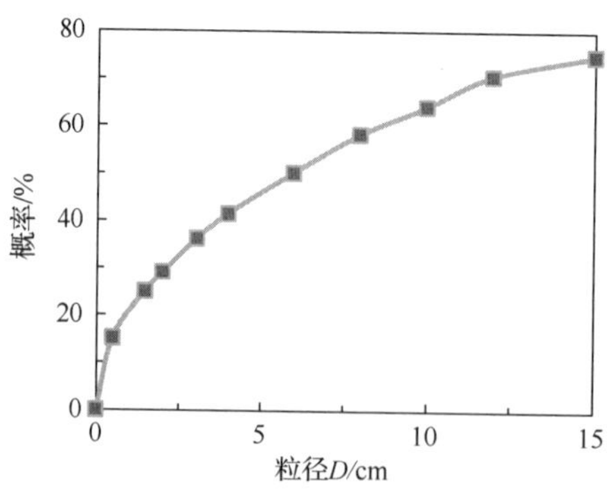

图 2.2　P_c-D 曲线

表 2.1　P_c 计算表

D_0 /mm	D_0 / D_{max}	P_c	D_0 /mm	D_0 / D_{max}	P_c
150	1.0	0.75	30	0.20	0.36
120	0.80	0.70	20	0.13	0.29
100	0.67	0.64	15	0.10	0.25
80	0.53	0.58	5	0.03	0.15
60	0.40	0.50	0	0	0
40	0.27	0.41			

（2）然后计算试件面积 A 与骨料面积 A_i 之比，四级配混凝土试件的尺寸为 $450\text{mm} \times 450\text{mm}$。

试件面积为 $A = 450\text{mm} \times 450\text{mm} = 202500\text{mm}^2$。

试件面积 A 与骨料面积 A_i 之比计算结果如表 2.2 所示。

表 2.2　A / A_i 计算表

等效粒径/mm	试件面积 A /mm^2	骨料面积 A_i /mm^2	A / A_i
120	202500	11304	17.914
60	202500	2826	71.656
30	202500	707	286.421
15	202500	177	1144.068

（3）按公式 $N = [P_c(D < D_1) - P_c(D < D_2)] \times A / A_i$ 求出粒径范围在 $D_1 \sim D_2$ 的等效粒径的骨料颗粒数。

① 小骨料（$D = 20 \sim 5\text{mm}$），D 取 15mm，则颗粒数 $N = [P_c(D < 20) - P_c(D < 5)] \times A / A_i = (0.29 - 0.15) \times 1144.068 = 160.17$，取 160 粒。

② 中骨料（$D = 40 \sim 20\text{mm}$），D 取 30mm，则颗粒数 $N = [P_c(D < 40) - P_c(D < 20)] \times A / A_i = (0.41 - 0.29) \times 286.421 = 34.37$，取 34 粒。

③ 大骨料（$D = 80 \sim 40\text{mm}$），D 取 60mm，则颗粒数 $N = [P_c(D < 80) - P_c(D < 40)] \times A / A_i = (0.58 - 0.41) \times 71.656 = 12.18$，取 12 粒。

④ 特大骨料（$D = 150 \sim 80\text{mm}$），D 取 120mm，则颗粒数 $N = [P_c(D < 150) - P_c(D < 80)] \times A / A_i = (0.75 - 0.58) \times 17.914 = 3.05$，取 3 粒。

按照以上三个步骤，同样可以计算出二级配（尺寸为 $150\text{mm} \times 150\text{mm}$）、三级配（尺寸为 $300\text{mm} \times 300\text{mm}$）及四级配（尺寸为 $450\text{mm} \times 450\text{mm}$）混凝土二维试件中各级等效粒径的颗粒数。在此不一一列举计算过程，只将计算结果列于表 2.3 中。

表 2.3　全级配混凝土试件中的骨料颗粒数

等效粒径/mm	二级配试件骨料颗粒数/粒	三级配试件骨料颗粒数/粒	四级配试件骨料颗粒数/粒
120	0	0	3

续表

等效粒径/mm	二级配试件骨料颗粒数/粒	三级配试件骨料颗粒数/粒	四级配试件骨料颗粒数/粒
60	0	6	12
30	6	21	34
15	36	102	160

2.1.3　骨料投放与网格生成

应用 Monte Carlo 方法产生骨料的圆心位置，需满足以下 3 个要求。

（1）骨料必须在试件范围内。

（2）后生成的骨料必须不能与以前生成的骨料重叠。

（3）两个骨料间必须有一定厚度的水泥砂浆基质层。在本书中，取相邻两圆最短距离为$r=\gamma(D_i+D_j)/2$，γ 一般取 0.01～0.1，如图 2.3 所示。

采用三角形单元对试件进行网格剖分，根据三角形 3 个节点的位置，对单元的材料属性进行赋值。如果某个单元的三个节点均落入骨料的影响区域内，则该单元为骨料单元，被赋值为骨料的材料属性；如果某个单元的 3 个节点均落入砂浆基质区域内，则该单元为砂浆基质单元，被赋值为砂浆基质的材料属性；如果某个单元的 3 个节点中既有落入骨料的影响区域内的节点，又有落入砂浆基质区域的节点，则该单元为界面过渡区单元，被赋值为界面的材料属性，如图 2.4 所示。

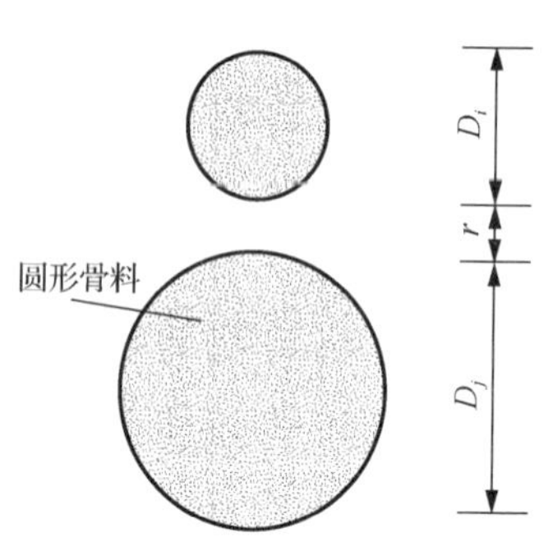

图 2.3　骨料间的位置关系

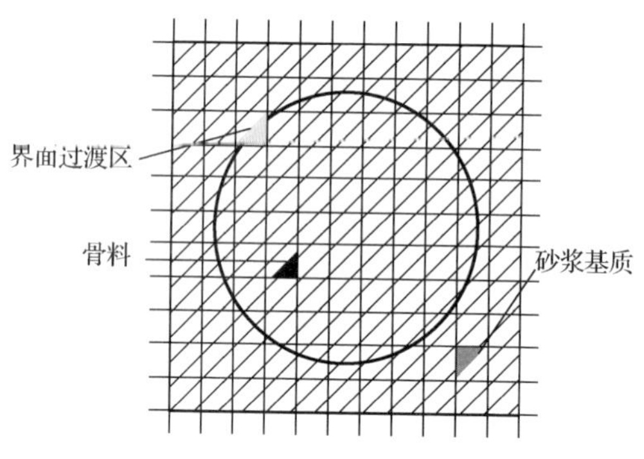

图 2.4　单元属性判断

根据 Monte Carlo 方法以及上述所提到的骨料颗粒坐标需满足的 3 个条件，可运用比较循环法编制相应的骨料投放程序，实现了骨料颗粒坐标的随机生成，另外可编制网格剖分和属性判断程序对试件进行网格剖分和细观单元的属性判断。采用最小骨料粒径的$1/4$（即 3.75mm）作为分割步长生成二级配混凝土试件、三级配混凝土试件、四级配混凝土试件的二维和三维随机骨料模型，如图 2.5 所示。

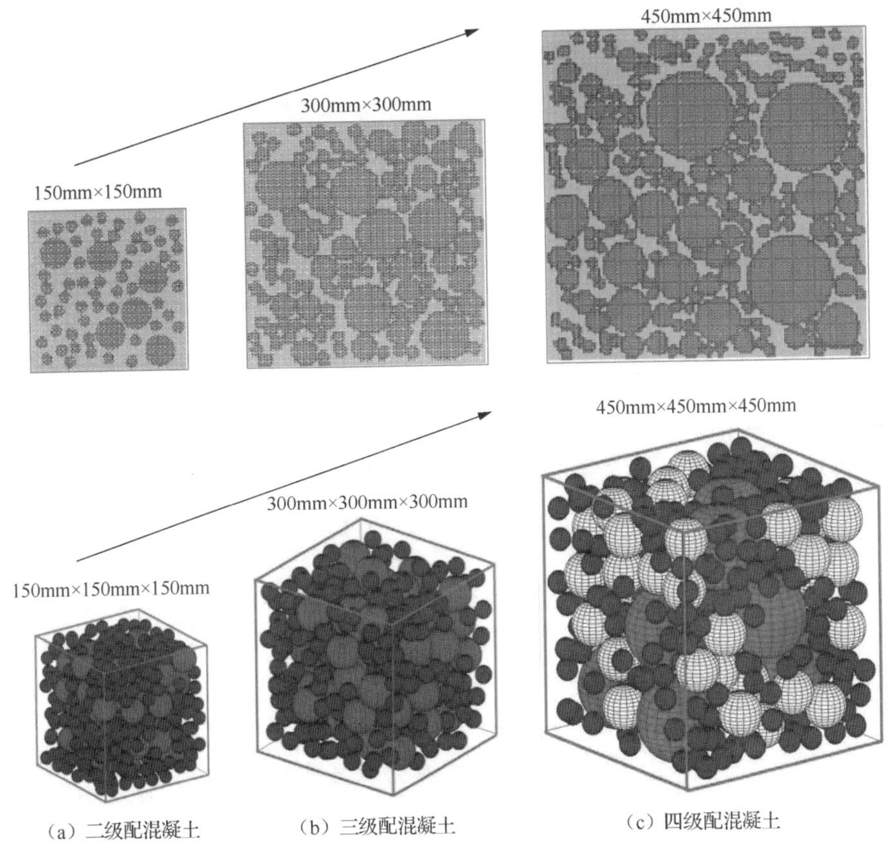

图 2.5　全级配混凝土随机骨料模型

2.2　细观单元等效化方法基本思想

混凝土随机骨料模型，是一种能够很好地模拟混凝土细观尺度下破坏过程及变形的细观力学方法。在随机骨料模型中，通过对骨料的形状、尺寸大小及分布形式等进行设定，可以获得与真实混凝土材料相接近的数值混凝土试件。大量的研究工作，如 Ai 等[8]、Du 和 Sun[9]、Häfner 等[10]以及 Zhou 和 Hao[11]等的研究工作，均证明了混凝土随机骨料模型运用在混凝土细观断裂破坏过程及宏观力学性能研究的可行性和可靠性。虽然如此，混凝土随机骨料模型需要划分很细的单元网格才能获得稳定的数值解，其计算效率低下，限制了该细观力学方法更多的实际应用，尤其是对于三维混凝土试件及构件的破坏过程模拟。

为了提高细观力学方法的计算效率，克服计算瓶颈问题，从而使细观力学模型能够模拟更多的实际应用问题，在混凝土随机骨料模型的基础之上，Du 等[3-5]提出了一个新的具有较高计算效率的细观力学方法——细观单元等效化方法（meso element equivalent method, MEEM）。下面简要阐述细观单元等效化方法的基本思想。

在细观尺度上，可以将混凝土看作为由骨料颗粒、砂浆基质、界面过渡区及初始缺陷（微孔隙和空洞等）组成的多相复合材料。彩图 1（a）即采用 Monte Carlo 法生成的混凝土材料典型的细观随机骨料模型，对其进行网格划分，划分成一系列具有相同尺寸的单元。网格划分后得到的各单元内骨料、砂浆基质、缺陷（孔隙和裂缝）等各相组分占据不同的体积分数，如彩图 1（a）所示。进而，可以通过复合材料等效化方法将各单元的力学性质进行处理，等效为各向同性的均匀介质，典型的如彩图 1（b）所示。形成混凝土试件模型单元内性质均一、各向同性而单元间性质各异的非线性有限元模型，如彩图 1（c）所示。彩图 1（c）中，不同的单元拥有不同的颜色，表示具有不同的力学特性，如有效弹性模量、泊松比及有效强度等力学参数。混凝土是一种复杂的具有强非均质特性的复合材料。材料的非均质性和损伤破坏的局部性是构成混凝土非线性和软化特性的两个最主要原因。正如 Grassl 和 Rempling[12]以及 Tang 等[13]研究结果表明，混凝土材料的非线性主要归咎于其内部固有的非均质性。简单地说，抓住了混凝土的非均质性这个本质特征，就可以掌握其宏观的非线性行为。

因此，若彩图 1（c）所示混凝土等效力学模型的非均匀特性与彩图 1（a）所示的混凝土随机骨料模型的非均质性相同，那么彩图 1（c）表现出的混凝土宏观反应则应与彩图 1（a）随机骨料模型的宏观反应基本相同。

基于以上假设，该细观单元等效化方法有两个问题需要进行研究，即合理的网格划分尺寸以及细观单元力学性能的等效化问题。

1）网格划分的单元尺度问题

划分为多少单元或网格单元尺寸为多大时得到的等效化模型才足以能反映混凝土材料的非均质性？单元网格尺寸太小时，难以提高细观力学方法的计算效率，而网格尺寸太大时则难以准确反映混凝土材料的非均质性。因此，需要寻找适当的单元网格尺寸，使细观力学方法在不减少计算精度的同时能够具有较高的计算效率。

2）复合材料等效化方法

复合体（或复合材料）或多晶体的平均弹性模量（例如剪切模量、体积模量等）是细观力学的经典问题之一。到目前为止，国内外学者提出了很多模型来预测弹性模型与混凝土细观结构组分及相应力学性能的关系，如 Voigt 并联模型[14]、Reuss 串联模型[15]、Mori-Tanaka （M-T）法[16]、自洽法[17]等。因此，复合材料等效化方法的选取，也是该细观力学方法必须考虑的一个重要方面。

2.3　细观单元等效力学特性

2.3.1　串联与并联等效分析模型

Voigt[14]和 Reuss[15]最早采用并联和串联模型来研究非均质复合材料的有效弹性特性。基于变分原理，Hashin 和 Shtrikman[18]提出了一个等效力学模型，改进了有效力学参数解的精度。此外，研究者提出了不少经典的细观力学模型来评估非均质复合材料的有效力学性质，包括 M-T 方法[16]、自洽法[17]等。这些方法中，Voigt 并联模型被广泛地运用来评估复合材料的有效力学性质，如 Brakman[19]、Niklas[20]、Slepnew[21]及 Vincent[22]等的研究工作。

并联模型假定所有的细观材料平行于外荷载方向，这样使得所有细观组分的应变在加载方向一致且为常值，因此保证了相邻元件之间的变形协调性。毫无疑问，并联方法可以较好地预测复合材料的有效弹性性能。但是，不同于弹性模量，复合材料的强度具有构成敏感性，故而较难准确预测。在极端情况下，比如在一个单元中夹杂和基质具有相同的应力分布的情况，在该情况下，并联模型获得的结果可能不太精确甚至是不合理的。尽管如此，在大多数情况下，并联模型可以用来预测复合材料的有效弹性性能及单轴强度。

不少研究者在细/微观尺度上采用并联模型来研究混凝土宏观力学行为。比如，Dougill[23]以及 Bažant 和 Panula[24]应用单轴并联元件系统来模拟混凝土材料的连续破坏过程和统计宏观非均匀特性。此外，一些研究者如 Kandarpa 等[25]及 Benkemoun 等[26]基于并联分析系统，来研究混凝土材料复杂的宏观力学行为，包括弹性模量、宏观抗拉强度甚至宏观应力-应变关系曲线。在他们的研究中，混凝土单元在单轴加载条件下被理想简化为一系列并行的细/微观单元，单元两端固定在刚性板上，因此各单元承受相同的变形。各单元反映或代表混凝土材料组分的细观特性，而整个并联单元系统则反映了混凝土的宏观力学性能。他们的研究结果证明，虽然并联模型具有近似性的这一不足，但是采用并联分析方法在细观或微观尺度上来研究混凝土宏观力学行为是可行的合理的。也就是说，混凝土复合材料复杂的宏观力学行为，可以采用并联分析方法获得，并联系统中每个元件被赋予简单的材料力学性质（如弹脆性模型）以表征混凝土内部细观组分的性质。鉴于此，亦采用并联模型来计算混凝土细观单元的有效力学性能。

以两相（骨料夹杂和砂浆基质）混凝土复合材料为例，简要说明 Voigt 并联分析模型（图 2.6）。由骨料及砂浆基质两相介质组成的混凝土复合材料，所占据的空间领域为Ω。其中有 n 个夹杂物（这里即为骨料）嵌于基体之中，所占据的空间域分别为Ω_0，Ω_1，Ω_2，…，Ω_n。假定n个夹杂物为各向同性的，其弹性刚度分别为E_1，E_2，…，E_n，基体弹性刚度为E_0。设各夹杂物所占的体积分数为C_1，C_2，…，C_n，基体所占体积分数为C_0。

显然有

$$\sum_{r=0}^{n} C_r = 1 \tag{2.12}$$

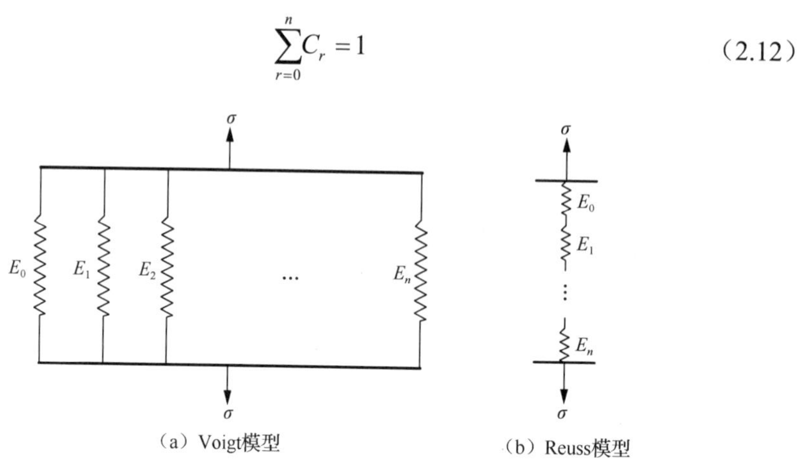

（a）Voigt模型　　（b）Reuss模型

图 2.6　复合材料等效弹模串联与并联方法

由图 2.6（a）的并联模型，可知在外荷载作用下，各组成部分（各夹杂物与基体）的变形相同，均为复合体的平均应变ε_{m}，即$\varepsilon_r = \varepsilon_{\mathrm{m}} (r = 0,1,\cdots,n)$。得知平均应力为

$$\sigma_{\mathrm{m}} = \sum_{r=0}^{n} C_r \sigma_r \tag{2.13}$$

而

$$\sigma_r = E_r \varepsilon_r = E_r \varepsilon_{\mathrm{m}} \tag{2.14}$$

由$\sigma_{\mathrm{m}} = E_{\mathrm{m}} \varepsilon_{\mathrm{m}}$得知复合体的平均等效弹性模量为$E_{\mathrm{m}}$、体积模量$K_{\mathrm{m}}$及剪切模量$G_{\mathrm{m}}$分别为

$$\begin{cases} E_{\mathrm{m}} = \sum_{r=0}^{n} C_r E_r \\ K_{\mathrm{m}} = \sum_{r=0}^{n} C_r K_r \\ G_{\mathrm{m}} = \sum_{r=0}^{n} C_r G_r \end{cases} \tag{2.15}$$

由$G = \dfrac{E}{2(1+\nu)}$，$G_{\mathrm{m}} = \sum_{r=0}^{n} C_r G_r = \sum_{r=0}^{n} C_r \dfrac{E_r}{2(1+\nu_r)}$得知等效单元的泊松比$\nu_{\mathrm{m}}$为

$$\nu_{\mathrm{m}}=\frac{E_{\mathrm{m}}}{2G_{\mathrm{m}}}-1=\frac{\sum_{r=0}^{n}C_rE_r}{\sum_{r=0}^{n}C_r\frac{E_r}{1+\nu_r}}-1\neq\sum_{r=1}^{n}C_r\nu_r \tag{2.16}$$

而对于串联模型，如图 2.6（b）所示，由于应力等效推导可以得知：

$$\frac{1}{E_{\mathrm{m}}}=\sum_{r=0}^{n}\frac{C_r}{E_r},\quad \frac{1}{K_{\mathrm{m}}}=\sum_{r=0}^{n}\frac{C_r}{K_r},\quad \frac{1}{G_{\mathrm{m}}}=\sum_{r=0}^{n}\frac{C_r}{G_r} \tag{2.17}$$

2.3.2　骨料/砂浆基质两相介质

本节将混凝土作为由骨料和砂浆基质组成的两相介质，不考虑界面过渡区的影响，认为骨料和砂浆基质之间具有理想的粘结行为，没有滑移和分离现象产生。

塑性力学、连续损伤力学、断裂力学、弹性损伤力学以及弹塑性损伤力学等被广泛地运用于描述混凝土材料的本构行为[27]。各本构理论拥有各自的优点和缺点。如塑性力学模型不能反映材料的刚度退化效应；断裂力学方法难以描述混凝土中大量微裂纹生成，以及由微裂纹汇集成宏观裂纹的现象。各向同性弹性损伤力学模型（图 2.7）虽然难以描述材料的不可逆变形、体积变化及剪切失效，但其被证明能够有效地描述拟脆性混凝土复合材料的力学性能，因而得到了广泛应用，如 Mazars 和 Pijaudier-Cabot[28]、Bažant 等[29]、Zhu 和 Tang[30]、Wriggers 和 Moftah[31]、Zhu 等[32, 33]以及 Tang 等[34]的研究工作。从图 2.7 可以看出，当达到抗拉/抗压强度所对应的峰值应变时，出现刚度退化现象，软化行为开始产生。

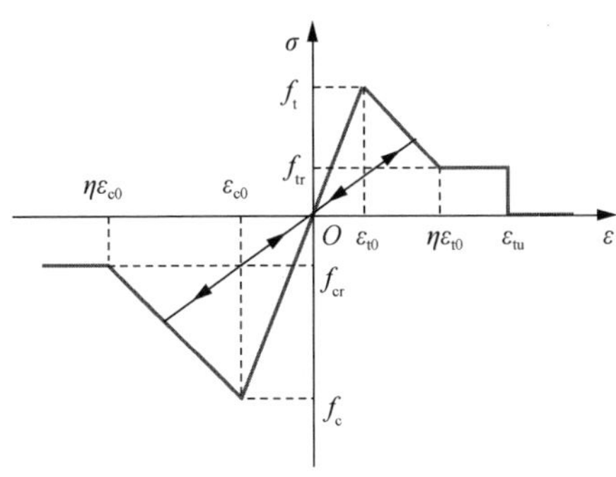

图 2.7　弹脆性损伤本构关系模型（骨料和砂浆基质）

这里，骨料和砂浆基质均被看作均匀各向同性材料，采用各向同性弹性损伤力学模型描述其行为，但赋予不同的材料参数，如弹性模量、抗拉/抗压强度及残余强度等。达到强度前，骨料和砂浆基质材料的应力-应变关系曲线设定为线性，而当达到强度后，设定为线性软化，随着外载的增大材料刚度逐渐减小。损伤材料的有效弹性模量定义为

$$E=\begin{cases}(1-D^{+})E_0\\(1-D^{-})E_0\end{cases} \tag{2.18}$$

式中：D^+ 和 D^- 分别表示拉伸和压缩损伤变量；E 和 E_0 分别为损伤后弹性模量和初始弹性模量。由于材料损伤假设为弹性且各向同性的，故而 D^+ 和 D^-、E 和 E_0 均为标量。损伤因子 D 范围为 0～1，0 表示没有损伤，1 表示完全破坏。

根据图 2.7 所示的带有残余强度的弹脆性损伤本构关系模型，得知细观组分的损伤因子 D^+ 和 D^- 分别为

$$D^{+}=\begin{cases}0 & \varepsilon\leqslant\varepsilon_{t0}\\ 1-\dfrac{\eta-\lambda}{\eta-1}\dfrac{\varepsilon_{t0}}{\varepsilon}+\dfrac{1-\lambda}{\eta-1} & \varepsilon_{t0}<\varepsilon\leqslant\varepsilon_{tr}\\ 1-\lambda\dfrac{\varepsilon_{t0}}{\varepsilon} & \varepsilon_{tr}<\varepsilon\leqslant\varepsilon_{tu}\\ 1 & \varepsilon>\varepsilon_{tu}\end{cases} \tag{2.19a}$$

$$D^{-}=\begin{cases}0 & \varepsilon\leqslant\varepsilon_{c0}\\ 1-\dfrac{\eta-\lambda}{\eta-1}\dfrac{\varepsilon_{t0}}{\varepsilon}+\dfrac{1-\lambda}{\eta-1} & \varepsilon_{c0}<\varepsilon\leqslant\varepsilon_{cr}\\ 1-\lambda\dfrac{\varepsilon_{t0}}{\varepsilon} & \varepsilon>\varepsilon_{cr}\end{cases} \tag{2.19b}$$

式中：下角标“t”和“c”分别表示拉伸和压缩；η 为残余应变系数。ε_0 为峰值应变；ε_r 为残余应变，$\varepsilon_r=\eta\varepsilon_0$，对于混凝土一般取值范围为 $1<\eta\leqslant 5$。图 2.7 中，f_t 和 f_{tr} 分别表示单轴抗拉强度及残余抗拉强度，$f_{tr}=\lambda f_t(0<\lambda\leqslant 1)$，$\lambda$ 为残余强度系数；f_c 和 f_{cr} 分别表示单轴抗压强度及残余抗压强度，$f_{cr}=\lambda f_c$。假定单轴压缩条件下及单轴拉伸条件下细观组分材料的残余强度系数大小相同，该假设与 Zhu 等[32,33]和 Tang 等[34]相同。

从图 2.7 可以看出，当骨料和砂浆基质达到其各自的抗拉强度后，便进入软化阶段。随着损伤和变形的逐渐增大，材料刚度不断减小直至其宏观变形达到某一具体值（即残余拉伸应变值 ε_{tr}）。然后，假定材料在达到其极限拉伸应变 ε_{tu} 前能够具有某一恒定的承载能力（即残余抗拉强度 f_{tr}）。进而随着变形的继续增大，可以认为材料完全破坏，不能承受任何荷载。而对于单轴压缩情况，假定变形达到其残余压缩应变 ε_{cr} 后将一直拥有恒定的承载能力，即残余抗压强度 f_{cr}。

混凝土随机骨料试件在进行网格剖分后，获得的细观复合材料单元中一般包含骨料相和基质相。接下来，本节将采用 Voigt 并联模型来推导这些细观单元的有效力学行为。骨料相和砂浆基质相的并联模型如图 2.8 所示，设定模型的厚度为单位 1。图 2.8 中，外荷载 F 为位移加载控制所对应的支座反力，骨料相和基

质相宽度分别为 m 和 n，故而其各自的体积分数 C_1 和 C_0 分别为$m/(m+n)$和 $n/(m+n)$。

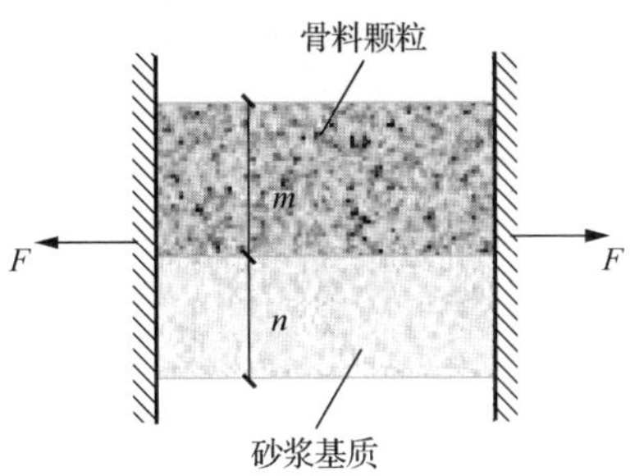

图 2.8　骨料相和砂浆基质相并联分析模型

骨料和砂浆基质采用图 2.7 所示的弹性损伤模型来表述其力学行为。一般来说，骨料和砂浆基质的峰值应变以及残余应变满足 $\varepsilon_0^{\mathrm{mo}} < \varepsilon_0^{\mathrm{ag}} < \varepsilon_{\mathrm{r}}^{\mathrm{mo}} < \varepsilon_{\mathrm{r}}^{\mathrm{ag}} < \varepsilon_{\mathrm{u}}$，上标“mo”和“ag”分别表示砂浆基质和骨料。采用并联方法推导细观单元的等效力学行为如下。

（1）当 $\varepsilon \leqslant \varepsilon_0^{\mathrm{mo}}$ 时

$$F = E_0^{\mathrm{ag}} \cdot \varepsilon \cdot m + E_0^{\mathrm{mo}} \cdot \varepsilon \cdot n \tag{2.20a}$$

$$F = mE_0^{\mathrm{ag}}\varepsilon + nE_0^{\mathrm{mo}}\varepsilon \tag{2.20b}$$

$$\sigma = \frac{F}{m+n} = (C_1 E_0^{\mathrm{ag}} + C_0 E_0^{\mathrm{mo}})\varepsilon \tag{2.20c}$$

（2）当 $\varepsilon_0^{\mathrm{mo}} < \varepsilon \leqslant \varepsilon_0^{\mathrm{ag}}$ 时

$$F = E_0^{\mathrm{ag}} \cdot \varepsilon \cdot m + E_0^{\mathrm{mo}} \cdot \varepsilon_0^{\mathrm{mo}} \cdot n + E_{\mathrm{r}}^{\mathrm{mo}} \cdot (\varepsilon - \varepsilon_0^{\mathrm{mo}}) \cdot n \tag{2.21a}$$

$$F = mE_0^{\mathrm{ag}}\varepsilon + nE_0^{\mathrm{mo}}\varepsilon_0^{\mathrm{mo}} + nE_{\mathrm{r}}^{\mathrm{mo}}(\varepsilon - \varepsilon_0^{\mathrm{mo}}) \tag{2.21b}$$

$$\sigma = \frac{F}{m+n} = C_1 E_0^{\mathrm{ag}}\varepsilon + C_0 f_{\mathrm{t}}^{\mathrm{mo}} + C_0 E_{\mathrm{r}}^{\mathrm{mo}}(\varepsilon - \varepsilon_0^{\mathrm{mo}}) \tag{2.21c}$$

（3）当 $\varepsilon_0^{\mathrm{ag}} < \varepsilon \leqslant \varepsilon_{\mathrm{r}}^{\mathrm{mo}}$ 时

$$F = \sigma_0^{\mathrm{ag}} \cdot m + E_{\mathrm{r}}^{\mathrm{ag}} \cdot (\varepsilon - \varepsilon_0^{\mathrm{ag}}) \cdot m + \sigma_0^{\mathrm{mo}} \cdot n + E_{\mathrm{r}}^{\mathrm{mo}} \cdot (\varepsilon - \varepsilon_0^{\mathrm{mo}}) \cdot n \tag{2.22a}$$

$$F = mf_{\mathrm{t}}^{\mathrm{ag}}\varepsilon + mE_{\mathrm{r}}^{\mathrm{ag}}(\varepsilon - \varepsilon_0^{\mathrm{ag}})\varepsilon_0^{\mathrm{mo}} + nf_{\mathrm{t}}^{\mathrm{mo}} + nE_{\mathrm{r}}^{\mathrm{mo}}(\varepsilon - \varepsilon_0^{\mathrm{mo}}) \tag{2.22b}$$

$$\sigma = C_1 f_{\mathrm{t}}^{\mathrm{ag}} + C_1 E_{\mathrm{r}}^{\mathrm{ag}}(\varepsilon - \varepsilon_0^{\mathrm{ag}}) + C_0 f_{\mathrm{t}}^{\mathrm{mo}} + C_0 E_{\mathrm{r}}^{\mathrm{mo}}(\varepsilon - \varepsilon_0^{\mathrm{mo}}) \tag{2.22c}$$

（4）当 $\varepsilon_{\mathrm{r}}^{\mathrm{mo}} < \varepsilon \leqslant \varepsilon_{\mathrm{r}}^{\mathrm{ag}}$ 时

$$F = mf_{\mathrm{t}}^{\mathrm{ag}} + mE_{\mathrm{r}}^{\mathrm{ag}}(\varepsilon - \varepsilon_0^{\mathrm{ag}}) + nf_{\mathrm{tr}}^{\mathrm{ag}} \tag{2.23a}$$

$$\sigma = C_1 f_{\mathrm{t}}^{\mathrm{ag}} + C_0 f_{\mathrm{tr}}^{\mathrm{mo}} + C_1 E_{\mathrm{r}}^{\mathrm{ag}}(\varepsilon - \varepsilon_0^{\mathrm{ag}}) \tag{2.23b}$$

$$\sigma\big|_{\varepsilon=\varepsilon_{\mathrm{r}}^{\mathrm{ag}}} = C_0 f_{\mathrm{tr}}^{\mathrm{mo}} + C_1 f_{\mathrm{tr}}^{\mathrm{ag}} \tag{2.23c}$$

（5）当 $\varepsilon_{\mathrm{r}}^{\mathrm{ag}} < \varepsilon \leqslant \varepsilon_{\mathrm{u}}$ 时

$$\sigma = C_0 f_{\mathrm{tr}}^{\mathrm{mo}} + C_1 f_{\mathrm{tr}}^{\mathrm{ag}} \tag{2.24}$$

（6）当$\varepsilon > \varepsilon_{\mathrm{u}}$时

$$\sigma = 0 \tag{2.25}$$

综上所述，可得

$$\sigma = \begin{cases} (C_1 E_0^{\mathrm{ag}} + C_0 E_0^{\mathrm{mo}})\varepsilon & \varepsilon \leqslant \varepsilon_0^{\mathrm{mo}} \\ C_1 E_0^{\mathrm{ag}} \varepsilon + C_0 f_{\mathrm{t}}^{\mathrm{mo}} + C_0 E_{\mathrm{r}}^{\mathrm{mo}} (\varepsilon - \varepsilon_0^{\mathrm{mo}}) & \varepsilon_0^{\mathrm{mo}} < \varepsilon \leqslant \varepsilon_0^{\mathrm{ag}} \\ C_1 f_{\mathrm{t}}^{\mathrm{ag}} + C_0 f_{\mathrm{t}}^{\mathrm{mo}} + C_1 E_{\mathrm{r}}^{\mathrm{ag}} (\varepsilon - \varepsilon_0^{\mathrm{ag}}) + C_0 E_{\mathrm{r}}^{\mathrm{mo}} (\varepsilon - \varepsilon_0^{\mathrm{mo}}) & \varepsilon_0^{\mathrm{ag}} < \varepsilon \leqslant \varepsilon_{\mathrm{r}}^{\mathrm{mo}} \\ C_1 f_{\mathrm{t}}^{\mathrm{ag}} + C_0 f_{\mathrm{tr}}^{\mathrm{mo}} + C_1 E_{\mathrm{r}}^{\mathrm{ag}} (\varepsilon - \varepsilon_0^{\mathrm{ag}}) & \varepsilon_{\mathrm{r}}^{\mathrm{mo}} < \varepsilon \leqslant \varepsilon_{\mathrm{r}}^{\mathrm{ag}} \\ C_1 f_{\mathrm{tr}}^{\mathrm{ag}} + C_0 f_{\mathrm{tr}}^{\mathrm{mo}} & \varepsilon_{\mathrm{r}}^{\mathrm{ag}} < \varepsilon \leqslant \varepsilon_{\mathrm{u}} \\ 0 & \varepsilon > \varepsilon_{\mathrm{u}} \end{cases} \tag{2.26}$$

此外，据并联模型，可以获得细观单元的有效泊松比ν^*为

$$\nu^* = \frac{E^*}{2G^*} - 1 = \frac{C_1 E_0^{\mathrm{ag}} + C_0 E_0^{\mathrm{mo}}}{C_1 \dfrac{E_0^{\mathrm{ag}}}{1+\nu^{\mathrm{ag}}} + C_0 \dfrac{E_0^{\mathrm{mo}}}{1+\nu^{\mathrm{mo}}}} - 1 \tag{2.27}$$

式中：G^*为细观单元有效剪切模量；ν^{ag}和ν^{mo}分别为骨料相和砂浆基质的泊松比。根据以上理论推导，获得的等效的分段线性损伤本构关系模型见式（2.28），如图 2.9 所示（拉伸和压缩类似）。

$$\sigma = \begin{cases} (C_1 E_0^{\mathrm{ag}} + C_0 E_0^{\mathrm{mo}})\varepsilon & \varepsilon \leqslant \varepsilon_0^{\mathrm{mo}} \\ C_1 E_0^{\mathrm{ag}} \varepsilon + C_0 f_{\mathrm{t}}^{\mathrm{mo}} + C_0 E_{\mathrm{r}}^{\mathrm{mo}} (\varepsilon - \varepsilon_0^{\mathrm{mo}}) & \varepsilon_0^{\mathrm{mo}} < \varepsilon \leqslant \varepsilon_0^{\mathrm{ag}} \\ C_1 f_{\mathrm{t}}^{\mathrm{ag}} + C_0 f_{\mathrm{t}}^{\mathrm{mo}} + C_1 E_{\mathrm{r}}^{\mathrm{ag}} (\varepsilon - \varepsilon_0^{\mathrm{ag}}) + C_0 E_{\mathrm{r}}^{\mathrm{mo}} (\varepsilon - \varepsilon_0^{\mathrm{mo}}) & \varepsilon_0^{\mathrm{ag}} < \varepsilon \leqslant \varepsilon_r^{\mathrm{mo}} \\ C_1 f_{\mathrm{t}}^{\mathrm{ag}} + C_0 f_{\mathrm{tr}}^{\mathrm{mo}} + C_1 E_{\mathrm{r}}^{\mathrm{ag}} (\varepsilon - \varepsilon_0^{\mathrm{ag}}) & \varepsilon_{\mathrm{r}}^{\mathrm{mo}} < \varepsilon \leqslant \varepsilon_{\mathrm{r}}^{\mathrm{ag}} \\ C_1 f_{\mathrm{tr}}^{\mathrm{ag}} + C_0 f_{\mathrm{tr}}^{\mathrm{mo}} & \varepsilon_{\mathrm{r}}^{\mathrm{ag}} < \varepsilon \leqslant \varepsilon_{\mathrm{u}} \\ 0 & \varepsilon > \varepsilon_{\mathrm{u}} \end{cases} \tag{2.28}$$

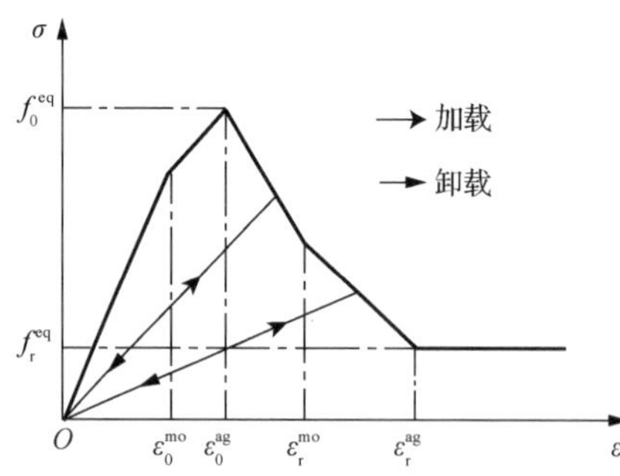

图 2.9　混凝土细观单元等效分段线性本构关系模型

据等效分段线性本构模型，细观单元的等效抗拉或抗压强度为

$$f^{\mathrm{eq}} = \max[\sigma|_{\varepsilon=\varepsilon_0^{\mathrm{mo}}}, \sigma|_{\varepsilon=\varepsilon_0^{\mathrm{ag}}}] \tag{2.29}$$

其等效残余强度 $f_{\mathrm{r}}^{\mathrm{eq}}$ 为

$$f_{\mathrm{r}}^{\mathrm{eq}} = \sigma|_{\varepsilon=\varepsilon_{\mathrm{r}}^{\mathrm{ag}}} = C_0 f_{\mathrm{r}}^{\mathrm{mo}} + C_1 f_{\mathrm{r}}^{\mathrm{ag}} \tag{2.30}$$

从式（2.29）和式（2.30）可以得知当骨料及砂浆基质材料属性确定时，其强度及残余强度由骨料、砂浆基质的体积分数来确定。

2.3.3　骨料/砂浆基质/缺陷三相介质

本节将混凝土看作由骨料、砂浆基质及初始缺陷组成的三相复合材料，研究其细观单元的等效本构关系模型。需要说明的是，这里主要将有体积的孔隙作为初始缺陷，不考虑无体积的裂隙影响。

图2.10给出了细观尺度下含初始缺陷的混凝土的细观构成，即由粗骨料颗粒、砂浆基质及微孔隙组成。值得说明的是，图2.10仅仅是示意图，图中的孔隙涵盖了各种尺度下的孔隙，从纳米级的C-S-H层间孔隙、微米级的毛细孔到毫米级的空气气泡等。

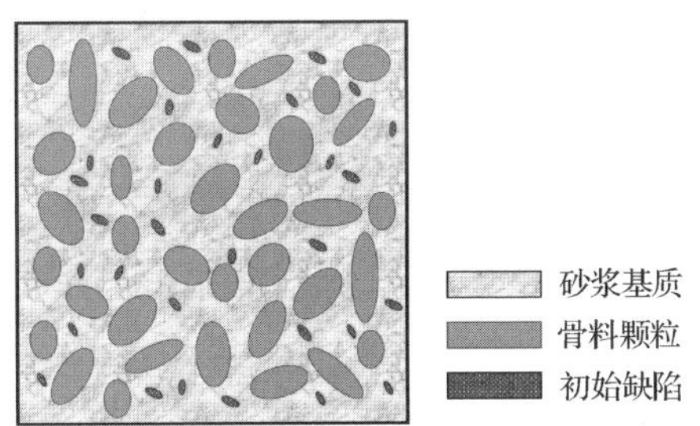

图 2.10　含初始缺陷混凝土三相复合材料模型

1．当前孔隙率与体应变定量关系

混凝土材料内部随机分布的微裂纹和孔洞等细观缺陷对其材料力学性能产生很大影响。混凝土中原始缺陷（孔隙或微裂隙）在外荷载作用下，孔隙由于受拉伸、挤压及裂纹扩展演化而使得其所占据的体积分数不断变化。那么在外荷载作用下，孔隙率将会产生怎样的变化，以及这种变化将会对混凝土材料的变形过程产生怎样的影响？简单地说，材料内部缺陷当前占据的体积分数与外荷载（或内部因素，如体应变）及初始孔隙率之间到底存在什么样的定量关系，是本节所要研究的问题。

图 2.10 给出了一个典型的混凝土多尺度物理模型，其涵盖了细观尺度（混凝土由骨料、砂浆基质和界面过渡区组成）及微观尺度（砂浆基质的微观组成）。接

下来，需要对该多尺度物理模型进行力学简化分析。在本节中，多孔混凝土材料被看成是由混凝土基质（即孔隙率为零）和孔隙夹杂相所组成的两相复合材料介质，如图 2.11（a）所示的代表性体积单元。孔隙相为各尺度下的孔隙之和，包括凝胶孔、毛细孔、空气气泡及初始裂纹等。该简化模型被广泛并成功地应用，如 Yaman 等[35]及 Wang 和 Li[36]的研究工作。

对图 2.11（a）所示的多孔混凝土两相复合材料介质的物理模型简化分析，简化为如图 2.11（b）所示的各向同性弹性空心球模型。Christensen 和 Lo[37]及 Duan 等[38]也采用类似模型对多相复合材料介质的有效弹性性能进行研究。内部为孔隙，外部为混凝土基质，变形前内径为 a_0，外径为 b_0；加载变形后内径为 a，外径为 b。设球体周围受到均匀分布的强制位移 $\bar{u}$ 的作用，如图 2.11（c）所示，接下来推导孔隙率在外荷载作用下的变化规律。

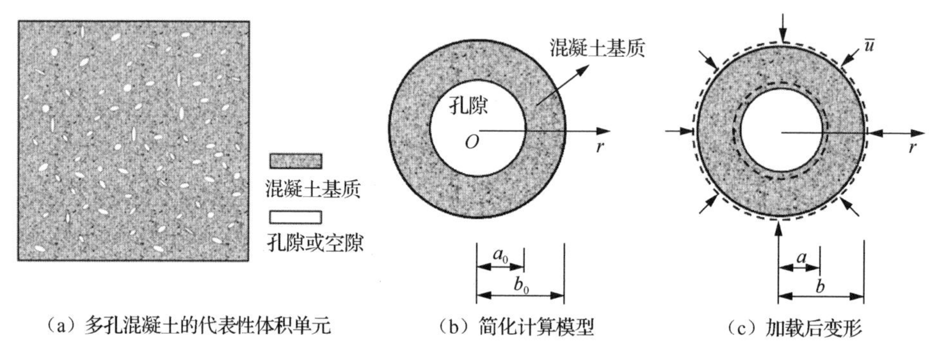

（a）多孔混凝土的代表性体积单元　（b）简化计算模型　（c）加载后变形

图 2.11　多孔混凝土材料简化计算模型

考虑在均匀强制位移 $\bar{u}$ 作用下，由于外荷载是球对称分布，那么弹性空心球体的反应是球对称的，只有沿着径向的位移分量 u_{r}。在球坐标系中，根据经典弹性力学理论，知在空心各向同性弹性球体内，径向位移 u_{r} 满足：

$$\frac{\mathrm{d}^2 u_{\mathrm{r}}}{\mathrm{d}r^2}+\frac{2}{r}\frac{\mathrm{d}u_{\mathrm{r}}}{\mathrm{d}r}-\frac{2}{r^2}u_{\mathrm{r}}=0 \tag{2.31}$$

强制位移 $\bar{u}$ 作用下产生的位移场和应力场为

$$\begin{cases} u_{\mathrm{rm}}=A_{\mathrm{m}}r+B_{\mathrm{m}}/r^2 \\ u_{\mathrm{r}}^*=A^*r+B^*/r^2 \end{cases} \tag{2.32}$$

$$\begin{cases} \sigma_{\mathrm{rm}}=3K_{\mathrm{m}}A_{\mathrm{m}}-4\mu_{\mathrm{m}}B_{\mathrm{m}}/r^3 \\ \sigma_{\mathrm{r}}^*=3K^*A^*-4\mu^*B^*/r^3 \end{cases} \tag{2.33}$$

$$\begin{cases} \sigma_{\theta\mathrm{m}}=3K_{\mathrm{m}}A_{\mathrm{m}}+2\mu_{\mathrm{m}}B_{\mathrm{m}}/r^3 \\ \sigma_{\theta}^*=3K^*A^*+2\mu^*B^*/r^3 \end{cases} \tag{2.34}$$

式中：角标“m”和“*”分别代表基质相和等效介质；r 为半径；K_{m}、μ_{m} 及 K^*、

μ^*分别为基质和等效均匀介质的体积模量和剪切模量；A_{m}和B_{m}为待定参数。

在强制位移$\bar{u}$作用下，混凝土基质的径向位移场u_{rm}和其应力场σ_{rm}（径向）与$\sigma_{\theta\mathrm{m}}$（环向）可通过式（2.32）～式（2.34）获得。弹性空心球体计算模型的混合边界条件为

$$u_{\mathrm{rm}}\big|_{r=b_0}=\bar{u} \tag{2.35}$$

$$u_{\mathrm{rm}}\big|_{r=a_0}=0 \tag{2.36}$$

在强制位移$\bar{u}$下，空心球的宏观体应变ε_{V}为

$$\varepsilon_{\mathrm{V}}=1-\left(1-\frac{\bar{u}}{b_0}\right)^3 \tag{2.37}$$

故而可知

$$\frac{\bar{u}}{b_0}=1-\sqrt[3]{1-\varepsilon_{\mathrm{V}}} \tag{2.38}$$

将边界条件式（2.36）代入式（2.32）～式（2.34），可得

$$A_{\mathrm{m}}=\frac{4\mu_{\mathrm{m}}\cdot\Theta}{4\mu_{\mathrm{m}}+3K_{\mathrm{m}}p_0},\quad B_{\mathrm{m}}=\frac{3K_{\mathrm{m}}\cdot\Theta\cdot a_0^3}{4\mu_{\mathrm{m}}+3K_{\mathrm{m}}p_0} \tag{2.39}$$

式中：$\Theta=1-\sqrt[3]{1-\varepsilon_{\mathrm{V}}}$；$p_0$为混凝土材料的初始孔隙率，$p_0=(a_0/b_0)^3$。

将式（2.39）代入式（2.32），可知$r=a_0$处的径向位移为

$$u_{\mathrm{rm}}\big|_{r=a_0}=\frac{(4\mu_{\mathrm{m}}+3K_{\mathrm{m}})\Theta}{4\mu_{\mathrm{m}}+3K_{\mathrm{m}}c_0}\cdot a_0 \tag{2.40}$$

在强制位移$\bar{u}$作用下，获得的多孔混凝土材料的当前孔隙率p为

$$p=\left(\frac{a}{b}\right)^3=\frac{a_0^3}{(b_0-\bar{u})^3}\cdot\left[1-\frac{(4\mu_{\mathrm{m}}+3K_{\mathrm{m}})\Theta}{4\mu_{\mathrm{m}}+3K_{\mathrm{m}}p_0}\right]^2 \tag{2.41}$$

将式（2.38）代入式（2.41）进行化简分析，式（2.41）可简化为

$$p=\frac{p_0}{1-\varepsilon_{\mathrm{V}}}\cdot\left[1-\frac{(4\mu_{\mathrm{m}}+3K_{\mathrm{m}})\Theta}{4\mu_{\mathrm{m}}+3K_{\mathrm{m}}p_0}\right]^2 \tag{2.42}$$

从式（2.42）可知，混凝土当前孔隙率p仅与体应变及初始孔隙率p_0相关。

2．细观单元等效本构关系

在 2.3.2 节中两相介质（骨料和砂浆基质）细观复合材料单元的分段线性本构关系（或多折线损伤本构关系）模型的基础上，对含缺陷三相混凝土复合材料网格单元等效力学性质进行研究。具体步骤如下。

（1）首先确定各“细观复合材料单元”中骨料和砂浆基质各自占据的体积分

数。然后基于并联模型进行第一次等效，构成多孔混凝土复合材料模型的“等效基质”。进而基于第 3 章中所介绍的三相球模型及中空圆柱形管模型，依据各细观单元的当前孔隙率 p，确定混凝土细观单元等效化分析模型中各细观单元的有效弹性力学参数，包括：有效体积模量 K^*、有效剪切模量 μ^*、有效弹性模量 E^* 和有效泊松比 ν^*。具体表达式为

$$K^* = 4K_{\mathrm{m}}\mu_{\mathrm{m}}(1-p)/(4\mu_{\mathrm{m}}+3K_{\mathrm{m}}p) \tag{2.43}$$

$$\mu^* = G^* = \mu_{\mathrm{m}}(1-p^2) \tag{2.44}$$

$$E^* = \frac{9K^*\mu^*}{3K^*+\mu^*}, \qquad \nu^* = \frac{3K^*-2\mu^*}{6K^*+2\mu^*} \tag{2.45}$$

式中：G^* 为含孔混凝土基质的有效剪切模量。关于该公式的详细推导过程，详见 3.1 节式（3.1）～式（3.15）。

（2）混凝土复合材料达到其强度时的临界应变值与孔隙率紧密关联。确定各细观网格单元中的孔隙率，进而确定多孔混凝土复合材料达到其有效抗拉/抗压强度 S 时的应变值 ε^* 与混凝土基质（零孔隙率）达到其强度时的应变值 ε_0 的关系。有效强度 S 和其对应的峰值应变 ε^* 为

$$S^* = S_0(1-p^{2/3}) \tag{2.46}$$

$$\varepsilon^* = \frac{S}{E^*} = \frac{S_0(1-p^{2/3})}{E^*} = \frac{E_{\mathrm{m}}(1-p^{2/3})}{E^*}\varepsilon_0 \tag{2.47}$$

式中：S_0 为等效基质的抗拉/抗压强度；ε_0 为等效基质达到其强度 S_0 时对应的峰值应变；E_{m} 为等效基质的有效弹性模量；E^* 为含缺陷混凝土的有效弹性模量。关于该公式的详细推导过程，详见 3.1 节式（3.16）～式（3.26）。

（3）对于多孔的混凝土三相复合材料模型，将多折线模型各折线段的切线模量均进行等效化处理，且认为各折线转折点的应变值也与孔隙率有关，也采用式（2.47）的方式进行均匀化等效分析。

这样，可以获得如图 2.12 所示的含缺陷（孔隙）混凝土复合材料的等效本构关系模型，即图 2.12 中的虚线。该等效本构关系模型的表达式为

$$\sigma = \begin{cases} E_{\mathrm{p}}^1\varepsilon & \varepsilon \leqslant \varepsilon_{\mathrm{p}}^1 = \zeta\varepsilon_0^{\mathrm{mo}} \\ \sigma_{\mathrm{p}}^1 + E_{\mathrm{p}}^2\cdot(\varepsilon-\varepsilon_{\mathrm{p}}^1) & \varepsilon_{\mathrm{p}}^1 < \varepsilon \leqslant \varepsilon_{\mathrm{p}}^2 = \zeta\varepsilon_0^{\mathrm{ag}} \\ \sigma_{\mathrm{p}}^2 + E_{\mathrm{p}}^3\cdot(\varepsilon-\varepsilon_{\mathrm{p}}^2) & \varepsilon_{\mathrm{p}}^2 < \varepsilon \leqslant \varepsilon_{\mathrm{p}}^3 = \zeta\varepsilon_{\mathrm{r}}^{\mathrm{mo}} \\ \sigma_{\mathrm{p}}^3 + E_{\mathrm{p}}^4\cdot(\varepsilon-\varepsilon_{\mathrm{p}}^3) & \varepsilon_{\mathrm{p}}^3 < \varepsilon \leqslant \varepsilon_{\mathrm{p}}^4 = \zeta\varepsilon_{\mathrm{r}}^{\mathrm{ag}} \\ \sigma_{\mathrm{p}}^4 & \varepsilon > \varepsilon_{\mathrm{p}}^4 = \zeta\varepsilon_{\mathrm{r}}^{\mathrm{ag}} \end{cases} \tag{2.48}$$

式中：$\varepsilon_{\mathrm{p}}^1$、$\varepsilon_{\mathrm{p}}^2$、$\varepsilon_{\mathrm{p}}^3$和$\varepsilon_{\mathrm{p}}^4$分别代表图 2.12 中虚线所示的多孔混凝土复合材料等效本构模型各折线段转折点的应变值；E_{p}^1、E_{p}^2、E_{p}^3及E_{p}^4分别代表含孔隙混凝土等效本构模型中各折线段的等效切线模量，其由骨料、砂浆基质及孔隙的体积分数根据前述等效方法确定，是当前孔隙率的函数；σ_{p}^1、σ_{p}^2、σ_{p}^3和σ_{p}^4分别代表各转折点的应力值；$\varepsilon_0^{\mathrm{mo}}$和$\varepsilon_0^{\mathrm{ag}}$分别为砂浆基质和骨料的峰值应变；$\varepsilon_{\mathrm{r}}^{\mathrm{mo}}$和$\varepsilon_{\mathrm{r}}^{\mathrm{ag}}$分别为砂浆基质和骨料达到其残余强度时所对应的应变值。

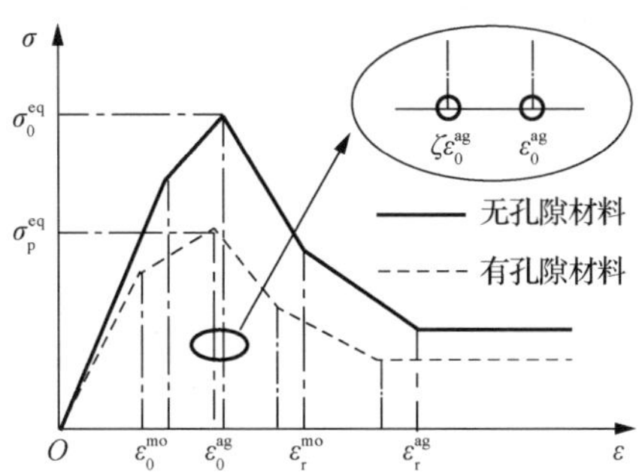

图 2.12　混凝土细观单元等效本构关系

这里，ζ为折减系数，其值为

$$\zeta = \frac{2 + p - p\nu_{\mathrm{m}}}{2(1-p^2)}(1-p^{2/3}) \tag{2.49}$$

可知单元的有效强度为

$$\sigma_{\mathrm{p}}^{\mathrm{eq}} = \max(\sigma|_{\varepsilon=\varepsilon_{\mathrm{p}}^1}, \sigma|_{\varepsilon=\varepsilon_{\mathrm{p}}^2}) \tag{2.50}$$

3．等效本构模型合理性验证

混凝土材料的力学性质由弹性模量、泊松比、强度及残余强度等参数组成，尤其体现在弹性性能和强度这两个方面。也就是说弹性性能和强度这两个参数是决定材料本构模型是否合理的主要因素。

图 2.13 给出的是含孔隙或微裂纹复合材料的孔隙率与有效弹性模量之间的关系。从图 2.13 中可以看出，采用 Voigt 并联模型对复合材料进行等效时，其有效弹性模量随着孔隙率的增大呈线性减小，实际上夸大了其有效弹性模量，是含孔隙的复合材料等效弹性刚度理论解的上限；而采用本章的三相球模型对含孔隙的复合材料进行等效化分析时，理论预测结果与 Yaman 等[35]的试验结果吻合很好，其能较好地表征含有孔隙复合材料的有效弹性性质。

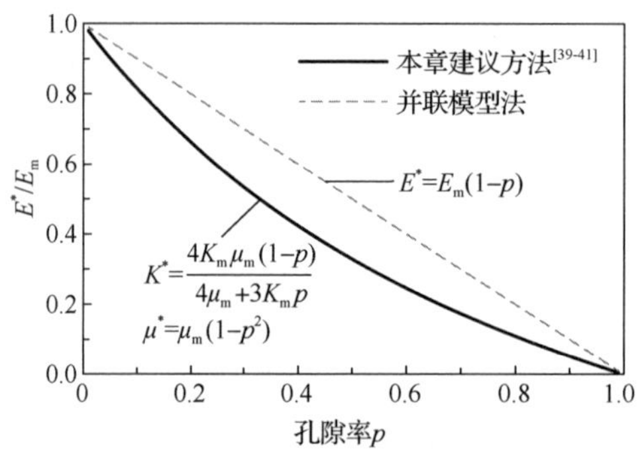

图 2.13　含孔隙材料孔隙率与有效弹性模量的关系

图 2.14 是含孔隙材料有效强度随孔隙率变化的关系曲线图，可以看出采用本章方法得到的混凝土复合材料的有效强度值介于 Hansen 模型[42]及 Wischers 公式[43]得到的强度之间，说明等效本构关系模型的合理性。该本构模型一方面能有效地体现混凝土复合材料的等效弹性性能，另一方面能较好地表征混凝土复合材料的有效强度。

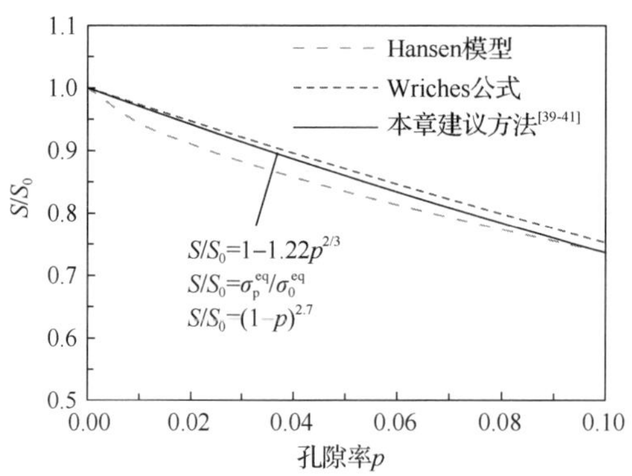

图 2.14　含孔隙材料孔隙率与强度的关系

2.3.4　骨料/砂浆基质/界面三相介质

1．界面过渡区特征

混凝土是一种由骨料颗粒散落在多孔水泥浆体内组成的多相复合材料。Farran[44]观察到：接近骨料表面的水泥粉末比水泥浆体内的少，提出了在骨料颗粒周围存在一个“过渡光环”的概念，这个界面过渡区具有比远处砂浆基质内的孔隙大的特点。界面过渡区是由于骨料颗粒周围水泥水化形成的孔隙以及壁效应造成的[45]。Ollivier 等[46]研究发现，对于砂浆基质试件界面厚度约为 20μm 时界面上的孔隙率为 48%，远高于基体中的孔隙含量。Lutz 等[47]认为混凝土骨料周围界面特性是非均匀的，其强度随着与骨料圆心的距离增大而慢慢增大。

在混凝土浇筑过程中，由于骨料边界的存在，水泥颗粒在骨料周围的空间排列比较松散，其空隙率和水灰比大大高于远离骨料的水泥石基体的空隙率和水灰比，从而形成界面。孔隙率是界面过渡区存在的原因和结果[46]。简单来说，界面过渡区，本质上就是区别于远处基体的一层含较高孔隙率的近场砂浆基质材料，即界面过渡区可看作为含有一定孔隙率的砂浆基质材料。

本章将混凝土看成是由骨料颗粒、砂浆基质及两者间界面过渡区组成的三相复合材料，如图 2.15 所示。图 2.15（a）给出了混凝土中粗骨料颗粒周围砂浆基质的孔隙分布情况，Ⅰ区表示骨料，Ⅱ区表示与远场砂浆基质（区域Ⅲ）相比具有较高孔隙率的砂浆基质材料，即所谓的“界面过渡区”，区域[a, b]为界面过渡区。图 2.15（b）所示长度 a 为骨料的半径值，b 为骨料周围近场砂浆基质的孔隙率达到稳定时边界与骨料中心的距离。图 2.15（b）给出了混凝土骨料颗粒周围砂浆基质的孔隙率随距离骨料表面远近的分布情况，砂浆的孔隙率随着距骨料表面距离的增加而逐渐减小，直至与远处砂浆基质的孔隙率相同。该思想与 Ollivier 等[46]及 Liao 等[48]的试验观测结果相一致。

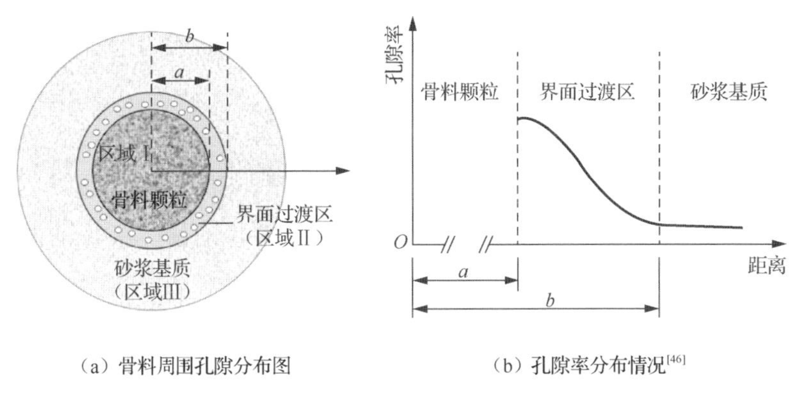

（a）骨料周围孔隙分布图　　（b）孔隙率分布情况[46]

图 2.15　混凝土骨料周围孔隙空间分布情况

2. 有效力学性能等效化思路

对混凝土随机骨料模型进行网格剖分后，获得的某一典型的细观单元的构成形式如图 2.16（a）所示。用细观单元等效化力学模型对混凝土力学性能及破坏过程进行研究时，需要对如图 2.16（a）所示细观复合材料单元的力学特性进行等效化处理。1.3.1 小节概述了目前有关复合材料等效化的处理方法。

为获得该典型的“细观复合材料单元”的有效力学性质，本章采用“两步等效法”[49]如下。

第一步：将近场砂浆基质与远场砂浆基质进行等效化，采用前文提出的多孔混凝土复合材料基质方法对界面过渡区与远场砂浆基质进行等效，得到等效体-M的有效力学特性，如图 2.16（b）所示。

第二步：采用经典的 Voigt 并联模型将第一步中得到的等效体-M 与骨料颗粒进行第二步力学性质等效，得到的即为考虑界面过渡区影响时混凝土细观复合材料单元的有效力学性质，如图 2.16（c）所示。

接下来，对上述两步等效法进行详细的公式推导。

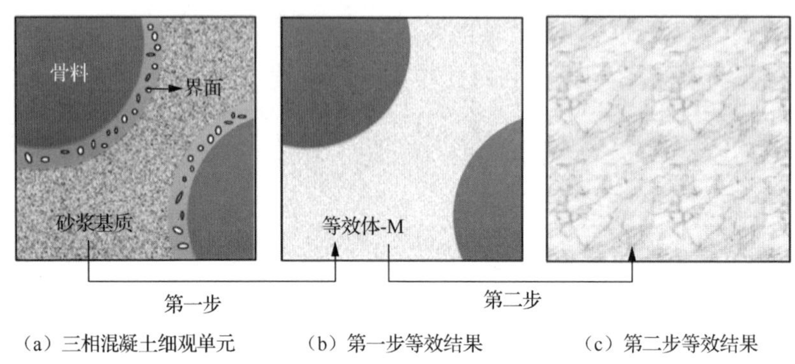

（a）三相混凝土细观单元　（b）第一步等效结果　（c）第二步等效结果

图 2.16　混凝土细观复合材料单元等效化过程

3. 细观单元等效本构关系

细观尺度上，骨料和砂浆基质依然采用图 2.7 给出的弹脆性损伤本构关系模型来描述其力学行为。下面将通过两步等效法详细推导三相混凝土复合材料细观单元的等效本构关系模型。

1）第一步等效

将骨料颗粒随机地投放在砂浆基质中后，设定覆盖于骨料颗粒周围的界面过渡区厚度，进而采用材料特征单元尺度对混凝土模型进行网格划分，计算确定各网格单元中骨料、界面过渡区及砂浆基质所占据的体积分数（平面模型为面积分数）分别为 p_{ag}、p_{itz} 和 p_{mo}，显然满足

$$p_{\mathrm{ag}} + p_{\mathrm{itz}} + p_{\mathrm{mo}} = 1 \tag{2.51}$$

设定界面过渡区内近场砂浆基质的孔隙率为 p_{pores}，那么微孔隙占据总体砂浆基质（近场砂浆基质与远场砂浆基质之和）的孔隙率 $p_{\mathrm{pores}}^{\mathrm{mo}}$ 为

$$p_{\mathrm{pores}}^{\mathrm{mo}} = p_{\mathrm{pores}} \frac{p_{\mathrm{itz}}}{p_{\mathrm{mo}} + p_{\mathrm{itz}}} \tag{2.52}$$

据 3.1 节式（3.1）～式（3.15）推导获得的孔隙率与多孔混凝土复合材料有效体积模量及剪切模量之间的定量关系，不难得知等效体-M（界面过渡区与远处

砂浆基质进行等效后的等效体）的有效体积模量 K_{mo}^* 和等效剪切模量 μ_{mo}^* 分别为

$$K_{mo}^* = \frac{4K_{mo}\mu_{mo}(1-p_{pores}^{mo})}{4\mu_{mo}+3K_{mo}p_{pores}^{mo}} \tag{2.53}$$

$$\mu_{mo}^* = \mu_{mo}[1-(p_{pores}^{mo})^2] \tag{2.54}$$

式中：K_{mo}、μ_{mo} 分别代表远场砂浆基质的体积模量和剪切模量。从而得知等效体-M 的等效弹性模量 E_{mo}^* 与等效泊松比 ν_{mo}^* 为

$$E_{mo}^* = \frac{9K_{mo}^*\mu_{mo}^*}{3K_{mo}^*+\mu_{mo}^*}, \qquad \nu_{mo}^* = \frac{3K_{mo}^*-2\mu_{mo}^*}{6K_{mo}^*+2\mu_{mo}^*} \tag{2.55}$$

此外，据 3.1 节式（3.16）～式（3.26）的理论研究，可推导得知等效体 M 达到强度时对应的临界应变值 ε_0^M 及等效强度 σ_0^M 分别为

$$\varepsilon_0^M = \frac{E_{mo}[1-(p_{pores}^{mo})^{2/3}]}{E_{mo}^*}\varepsilon_0^{mo} \tag{2.56}$$

$$\sigma_0^M = \sigma_0^{mo}[1-(p_{pores}^{mo})^{2/3}] \tag{2.57}$$

式中：E_{mo} 为远场砂浆基质的弹性模量；σ_0^{mo} 为远场砂浆基质的抗拉或抗压强度；ε_0^{mo} 为砂浆基质达到强度 σ_0^{mo} 时的临界应变值。

砂浆基质的本构关系选用弹性损伤本构关系模型，如图 2.17 中实线所示。采用上述理论，对多孔复合材料基质的各阶段力学行为进行等效化分析，可以得到图 2.16 中等效体-M 的本构模型，如图 2.17 中的虚线所示，依然是弹性损伤本构关系模型。简单来说，等效体-M 的宏观力学性能实际上是无孔砂浆基质力学性能的一种折减。

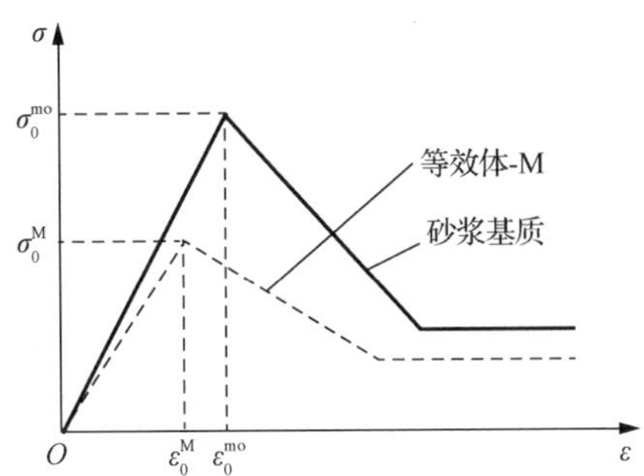

图 2.17　等效体-M 本构关系模型（第一步等效）

2）第二步等效

基于 Voigt 并联等效化分析模型，将等效体-M 和骨料相组成的复合材料进行等效化分析，简化模型如图 2.18 所示。

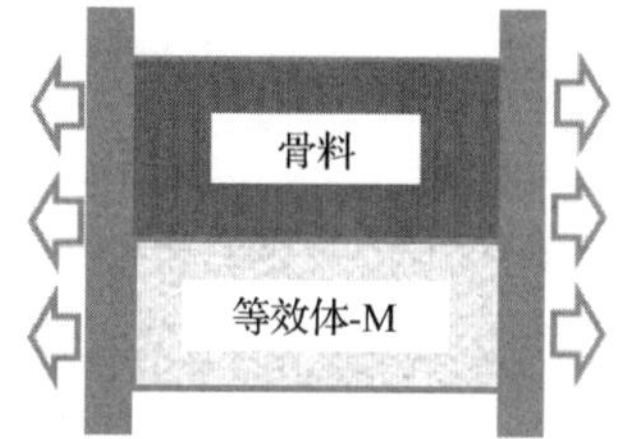

图 2.18　骨料与等效体-M 的并联模型

假定在荷载作用下，骨料与等效体-M 的变形相同，都等于复合体的平均应变 $\bar{\varepsilon}$，即骨料在荷载作用下的应变 ε_{ag} 与等效体-M 的应变 ε_{M} 关系为

$$\varepsilon_{ag}=\varepsilon_{M}=\bar{\varepsilon} \tag{2.58}$$

并联模型中，骨料及等效体-M 所占据的面积分数分别为 p_{ag} 和 p_{M}，可知：

$$p_{M}=p_{itz}+p_{mo}=1-p_{ag} \tag{2.59}$$

由骨料及等效体-M 的体积分数，经简单的几何变形推导，可以得到复合体总应力 $\bar{\sigma}$ 与平均应变 $\bar{\varepsilon}$ 之间的定量关系。经推导，可得知混凝土三相复合材料细观单元的等效本构关系为

$$\sigma=\begin{cases}E_{B}^{1}\varepsilon & \varepsilon\leqslant\varepsilon_{B}^{1}=\zeta\varepsilon_{0}^{mo}\\ \sigma_{B}^{1}+\varepsilon_{B}^{2}(\varepsilon-\varepsilon_{B}^{1}) & \varepsilon_{B}^{1}<\varepsilon\leqslant\varepsilon_{B}^{2}=\varepsilon_{0}^{ag}\\ \sigma_{B}^{2}+\varepsilon_{B}^{3}(\varepsilon-\varepsilon_{B}^{2}) & \varepsilon_{B}^{2}<\varepsilon\leqslant\varepsilon_{B}^{3}=\zeta\varepsilon_{r}^{mo}\\ \sigma_{B}^{1}+\varepsilon_{B}^{2}(\varepsilon-\varepsilon_{B}^{1}) & \varepsilon_{B}^{3}<\varepsilon\leqslant\varepsilon_{B}^{4}=\varepsilon_{r}^{ag}\\ E_{B}^{1}\varepsilon & \varepsilon>\varepsilon_{B}^{4}=\zeta\varepsilon_{r}^{ag}\end{cases} \tag{2.60}$$

式中：ε_{B}^{1}、ε_{B}^{2}、ε_{B}^{3} 和 ε_{B}^{4} 分别代表图 2.19 中含孔隙混凝土等效本构模型各折线段转折点的应变值；E_{B}^{1}、E_{B}^{2}、E_{B}^{3} 及 E_{B}^{4} 分别代表含孔隙混凝土等效本构模型中各折线段的等效切线模量，由骨料、砂浆基质及界面过渡区的体积分数根据前述等效方法确定；σ_{B}^{1}、σ_{B}^{2}、σ_{B}^{3} 和 σ_{B}^{4} 是各转折点的应力值；p 为孔隙体积分数；ζ 为折减系数，为

$$\zeta=\frac{2+p-pv_{m}}{2(1-p^{2})}(1-p^{2/3}) \tag{2.61}$$

此外，可知混凝土细观单元的有效强度为

$$\sigma_{B}^{eq}=\max(\sigma|_{\varepsilon=\varepsilon_{B}^{1}},\sigma|_{\varepsilon=\varepsilon_{B}^{2}}) \tag{2.62}$$

考虑界面过渡区影响所得到的混凝土单元的等效本构模型为多折线（分段线性）损伤本构关系曲线，如图 2.19 中虚线所示，有明显的上升段、峰值及表征应变软化的下降段，此外还给出了加载和卸载时对应的路径。

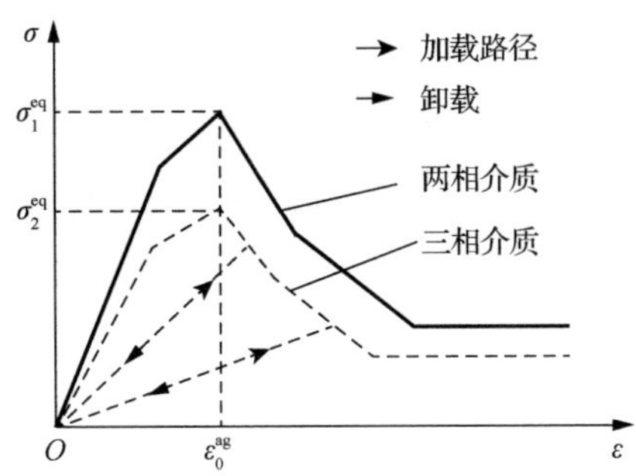

图 2.19　混凝土细观单元等效本构关系模型（第二步等效）

2.4　细观单元特征尺寸

混凝土、岩石类脆性材料区别于韧性材料的两个重要特征就是强度的离散性和强度的体积效应（尺寸效应），这是脆性材料内部大量的、不同尺度的、随机分布的孔洞、裂隙、夹杂、沉淀等细观缺陷随机演化的必然结果。大量的研究[50-54]表明，岩石、混凝土类脆性材料的弹性模量和强度服从 Weibull 分布。这里亦以 Weibull 分布为假设分布，采用概率统计方法对混凝土材料网格单元弹性模量的随机特性分布进行分析研究[55]。

2.4.1　Weibull 分布理论

统计强度理论或统计最弱理论为传统脆性断裂研究奠定了基础。最弱链概念最早由 Pierce 提出，并用公式表达了最弱链模型。最弱链理论假定材料由许多小的单元组成，当材料中任一单元或“链”失效即认为破坏，每个“链”应力自零到 σ 失效的概率可以采用分布函数 $F(\sigma)$ 来描述。

$$F(\sigma)=1-\exp[-\varphi(\sigma)] \tag{2.63}$$

式中：$\varphi(\sigma)$ 为与模型失效有关的应力函数。

1939 年，Weibull 得出了一个很重要的结论：具有极小概率的极小强度的尾分布不能用现有的任何分布加以描述，这种分布后来在统计学中成为 Weibull 分布。其基本假设为：①材料是各向同性且统计均匀的；②最危险裂纹的失稳扩展将导致整个构件的断裂失效。其分布函数为

$$F(x)=1-\exp\left[-\left(\frac{x-x_0}{\beta}\right)^m\right] \tag{2.64}$$

其概率密度函数为

$$f(x)=\frac{\mathrm{d}F(x)}{\mathrm{d}x}=\frac{m}{\beta}\left(\frac{x-x_0}{\beta}\right)^{m-1}\exp\left[-\left(\frac{x-x_0}{\beta}\right)^m\right] \tag{2.65}$$

式中：$m(>0)$ 为形状参数，表示密集程度；$\beta(>0)$ 为尺度参数；$x_0(>0)$ 为位置参数，当 $x_0=0$ 时，式（2.64）则为双参数 Weibull 分布。可以得知双参数分布下样本 x 的数学期望，即弹性模量 $\bar{x}$ 和标准差 S 为

$$\bar{x}=E(x)=\int_0^{\infty}xf(x)\mathrm{d}x=\beta\Gamma\left(1+\frac{1}{m}\right) \tag{2.66}$$

$$S=\int_0^{\infty}(x-\bar{x})^2f(x)\mathrm{d}x=\beta\left[\Gamma\left(1+\frac{2}{m}\right)-\Gamma^2\left(1+\frac{1}{m}\right)\right]^{\frac{1}{2}} \tag{2.67}$$

符号 Γ 表示伽马函数，强度、弹模的离散系数为

$$C=\frac{S}{\bar{x}}=\left[\Gamma\left(1+\frac{2}{m}\right)\Big/\Gamma^2\left(1+\frac{1}{m}\right)-1\right]^{\frac{1}{2}} \tag{2.68}$$

2.4.2 混凝土细观单元统计特性

1. 不同级配混凝土随机骨料结构

骨料尺寸分布在混凝土复合材料设计及优化中起着非常重要的作用。骨料尺寸分布的合适与否，严重影响着混凝土材料的性能，如混凝土的力学强度，渗透性及耐久性等。Bažant 等[29]、Schutter 和 Taerwe[56]以及 Wang 等[6]研究表明，Fuller 级配可以使混凝土能够获得较为优化的密实度和宏观强度。

借助 Fuller 级配曲线，采用 Monte Carlo 法进行骨料的随机投放，建立如图 2.20 所示的二级配、三级配和四级配混凝土典型复合材料试件。

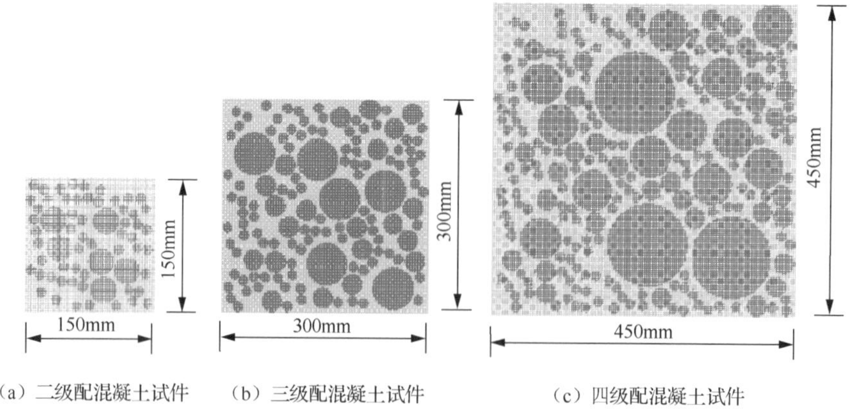

（a）二级配混凝土试件　（b）三级配混凝土试件　（c）四级配混凝土试件

图 2.20　不同级配下混凝土随机骨料模型试件

以二级配湿筛混凝土试件为例，对混凝土随机骨料模型细观单元弹性模量进行概率统计分析研究。图 2.21 给出了 3 组典型的具有不同骨料空间分布形式的混凝土试件，骨料的体积分数为 46.9%。骨料及砂浆基质的弹性模量 E_{ag}、E_{mo} 分别取值为 50GPa 和 30GPa，泊松比分别为 0.16 和 0.22。

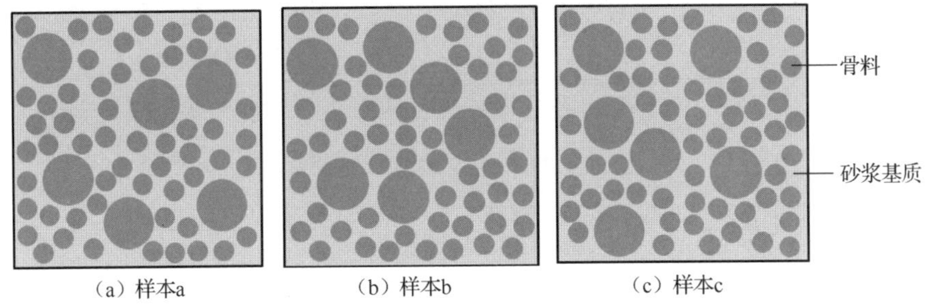

图 2.21　3 组不同骨料空间分布的湿筛混凝土随机骨料模型试件

需要说明的是，这里讨论的混凝土非均匀介质指相互区别的均匀介质在界面牢固结合成的离散非均匀介质，不考虑骨料与砂浆基质之间的相互作用，即认为混凝土的骨料介质和砂浆基质在受力变形过程中，界面不发生分离、嵌入或相对滑移，保持理想界面，且不考虑界面过渡区的影响。对混凝土模型进行网格剖分，网格剖分后，统计各单元中骨料及砂浆基质占据的体积分数分别为 C_{ag}、C_{mo}，进而根据 Voigt 并联模型进行单元等效，单元等效弹性模量 E^* 为

$$E^* = C_{ag}E_{ag} + C_{mo}E_{mo} \tag{2.69}$$

采用不同的网格划分尺寸时获得的混凝土试件的单元数不同，对于图 2.21 所示的方形试件，可以简单地划分为单元尺寸相同的正方形单元网格。对图 2.21（a）的混凝土试件进行网格剖分，不同网格尺寸下获得的混凝土细观单元等效弹性模量值如图 2.22 所示，其中图 2.22（a）给出了混凝土划分为 100 个单元（即单元尺寸为 $15\text{mm}\times15\text{mm}$）时的等效弹性模量值空间分布，图 2.22（b）为划分成 225 个单元时，即网格尺寸为 $10\text{mm}\times10\text{mm}$ 情况下的弹性模量值空间分布。接下来，对这些弹性模量值的概率分布进行数学统计分析。

2. 分布模型初步估计

在统计学中，有诸多方法可以在直观上给出概率密度函数的粗略估计，其中最常用的是绘出数据的频数直方图。当选取的分段数目适当的时候，直方图可以大致反映概率密度函数的粗略形状。

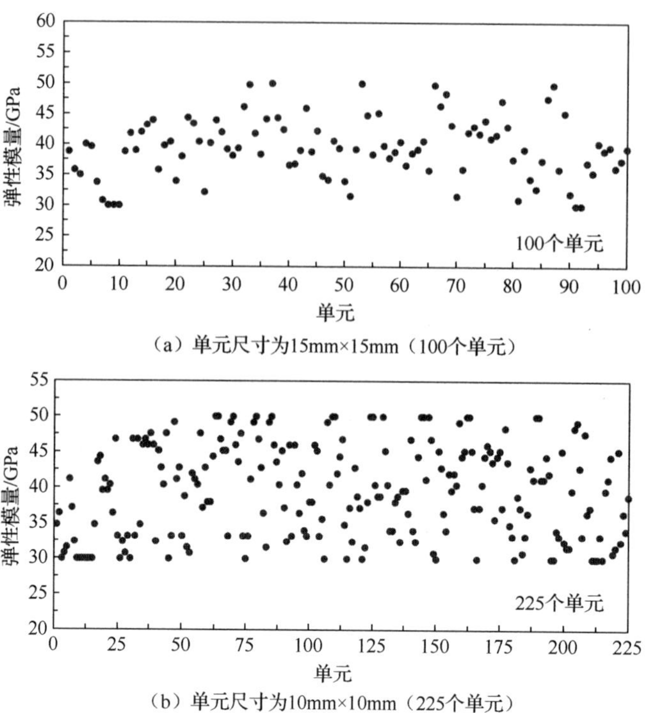

（a）单元尺寸为15mm×15mm（100个单元）

（b）单元尺寸为10mm×10mm（225个单元）

图 2.22　不同划分网格数量下混凝土各细观单元弹性模量

鉴于此，在给出密度函数估计的同时，亦绘出频数直方图以资参照。根据已有大量统计分析得出的经验，本书直方图区间划分数目 k 取为

$$k = 1 + \log_2 N \tag{2.70}$$

如当样本量 $N = 64$ 时，划分区间数目可取 7。对图 2.22（a）给出的 100 个数

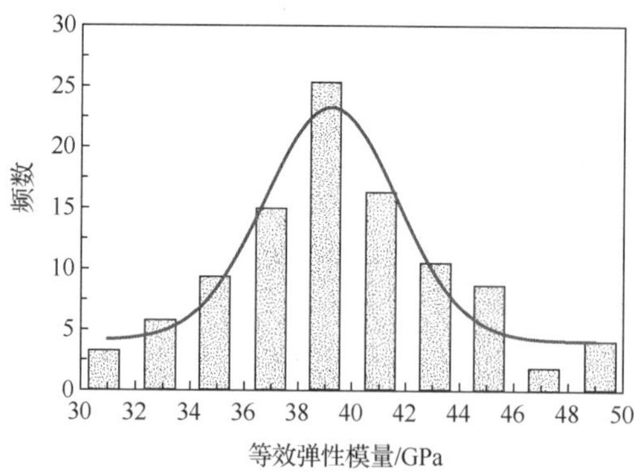

图 2.23　二级配湿筛混凝土单元等效弹性模量直方图（100 个单元）

据值，从小到大顺序排列，绘画直方图，如图 2.23 所示。不难看出，其分布形式粗略服从 Weibull 分布或正态分布。当然，由于直方图的形状往往随着划分区间的大小和数目而产生很大的差异，因此它仅仅能提供一个相当粗疏的估计，还需要对数据进行假设检验。

3．弹性模量分布参数估计

对于 Weibull 分布参数求解，通常可以采用图解法、最大似然估计法等方法。首先以图解法求解得到不同参数组合，然后采用逐步回归法获得最优参数解。在实验时，将弹性模量参数数值按由小到大次序排列，其概率分布满足式 $F(x)=(n-0.5)/N$，式中：N 为总样本数据；n 为第 n 个样本数据，$n\leqslant N$。

对于二参数 Weibull 分布模型，有

$$1-F(x)=\exp\left[-\left(\frac{x}{\beta}\right)^{m}\right] \tag{2.71}$$

对式（2.71）两侧取双对数后可得

$$\ln\{-\ln[1-F(x)]\}=m\ln x-m\ln\beta \tag{2.72}$$

Weibull 分布概率图上，规定 $\ln x$ 为横坐标，记为 X； $\ln[-\ln(1-F(x))]$ 为纵坐标，记为 Y。从而由式（2.72）便可以写成一直线方程 $Y=bX+a$，这里 $b=m$，$a=-m\ln\beta$。直线方程的系数 a、b 采用最小二乘法求得，即

$$\begin{cases} b=\dfrac{\sum(X_i-\bar{X})(Y_i-\bar{Y})}{\sum(X_i-\bar{X})^2}=m \\ a=\bar{Y}-b\bar{X} \end{cases} \tag{2.73}$$

则得知

$$\beta=\exp[-(\bar{Y}-b\bar{X})/m] \tag{2.74}$$

基于此，对二级配混凝土平面模型不同网格剖分尺度下得到的弹性模量进行线性拟合分析，得到如图 2.24 所示的拟合效果（100 个单元及 225 个单元时的拟合曲线结果），拟合图中给出了线性拟合方程及 X 与 Y 的相关系数 R^2。进而对 Weibull 分布参数进行计算，给出了混凝土二级配模型不同尺度下单元弹性模量数据的线性拟合参数、均值及方差和离散系数等，如表 2.4 所示。

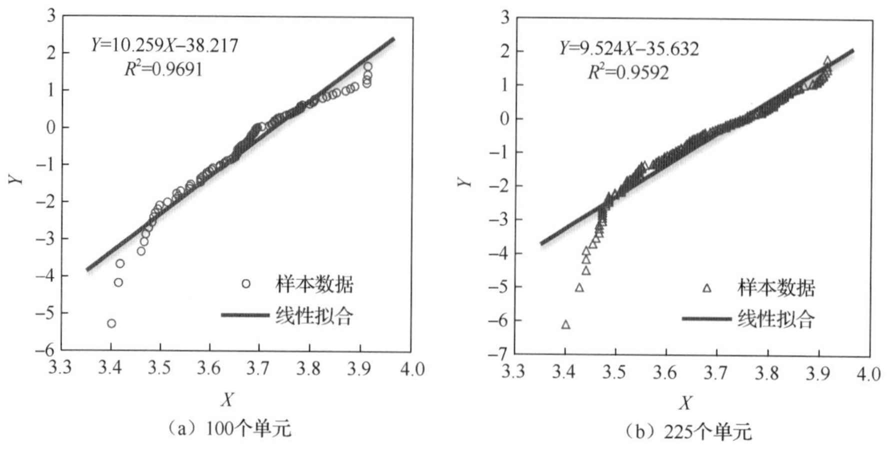

（a）100个单元

（b）225个单元

图 2.24　Weibull 参数分析的 X 与 Y 线性拟合图

表 2.4　湿筛混凝土不同单元尺寸时单元弹性模量的 Weibull 参数统计表

单元尺寸	单元数	线性拟合方程 $Y=bX+a$			Weibull 分布参数		均值	方差	离散系数
		b	a	R^2	m	β	$E(x)$	S	$C=S/E(x)$
50mm×50mm	9	23.719	−89.664	0.9656	23.719	40.283	310.4	1.881	0.0477
39.5mm×39.5mm	16	16.736	−61.882	0.9703	16.736	40.348	310.4	1.977	0.0502
30mm×30mm	25	13.587	−50.431	0.9753	13.587	40.924	310.4	2.186	0.0555
25mm×25mm	36	12.692	−49.142	0.9709	12.692	41.030	310.4	2.815	0.0714
15mm×15mm	100	10.259	−38.217	0.9691	10.259	41.480	310.4	5.335	0.1354
10mm×10mm	225	9.524	−35.632	0.9592	9.524	42.152	310.4	8.588	0.2181
9.5mm×9.5mm	400	8.253	−30.909	0.9494	8.253	42.317	310.4	8.584	0.2179
6mm×6mm	625	5.769	−21.659	0.8868	5.769	42.708	310.4	8.587	0.2180
3mm×3mm	2500	3.508	−12.134	0.8275	3.508	42.997	310.4	8.586	0.2180
2mm×2mm	5625	2.497	−7.897	0.7008	2.497	43.201	310.4	8.586	0.2180
1mm×1mm	22500	2.247	−6.773	0.6724	2.247	43.313	310.4	8.587	0.2180

从表 2.4 中还可知，混凝土材料细观单元弹性模量的变异性与尺度相关。混凝土材料的非均匀性可用细观单元弹性模量或强度等力学参数的离散程度来表征，离散系数越大，混凝土非均匀程度越强。细观单元弹性模量的离散系数可以看作衡量混凝土非均匀程度的指标。由表 2.4 可知，随着细观单元尺度的减小，离散系数逐渐增大，当单元减小到一定程度时，其变异性趋于稳定，这反映了混凝土材料细观不均匀程度存在一个合理的细观单元尺度表述的事实。这一合理尺度可称为特征单元尺度，它对应于离散系数向平稳段过渡的拐点所对应的单元尺度，如图 2.25 所示。简单地说，采用该尺度进行网格剖分对混凝土宏观力学特性进行分析，足以表征混凝土材料的非均质性，已没有必要再采用更小的单元尺度（如 2mm 或者 1mm 等）对混凝土试件进行网格剖分。

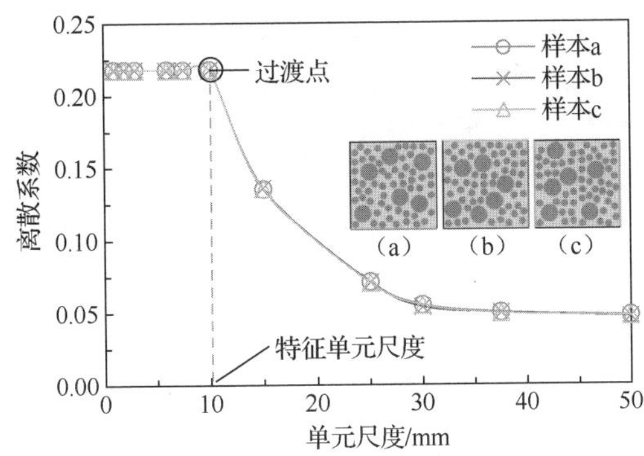

图 2.25　弹性模量离散系数随单元尺度变化趋势图

图 2.25 给出了混凝土细观单元弹性模量离散系数与单元划分尺寸的关系，图中 3 组曲线（样本 a）、（样本 b）和（样本 c）为对应于图 2.21 中 3 组不同的混凝土随机样本。不难看出，3 组曲线基本吻合，说明骨料的空间分布基本不影响混凝土的非均质程度。此外，根据表 2.4 的数据结果及图 2.25 的数据曲线可以得知，当单元剖分尺寸为 10mm×10mm，即单元网格数为 225 时，对应二级配湿筛混凝土弹性模量的离散系数处于拐点位置，将该尺度作为二级配湿筛混凝土材料的特征单元尺度。相关理论解释详见本章附录。

4．Weibull 分布模型 K-S 检验

混凝土单元弹性模量的分布问题为非参数检验问题。K-S 检验法的基本思想是检验观测样本 x_i 的累积频率 $F_n(x)$ 与假设的理论概率分布 $F(x)$ 之间的差异程度。设观测样本 x_i 从小到大排列，样本容量为 n，需要检验的原假设 H_0：$F_n(x)=F(x)$，备选假设 H_1：$F_n(x)\neq F(x)$。其中 $F(x)$ 为理论函数，$F_n(x)$ 为样本分布函数。如果满足下式，则接受原假设；否则拒绝接受，即

$$D_n = \max_{-\infty<x<+\infty}\left|F_n(x)-F(x)\right| < D_{n\cdot\alpha} \tag{2.75}$$

式中：D_n 为一个随机变量，其分布依赖于 n；$D_{n\cdot\alpha}$ 为显著水平 α 时的临界值。

表 2.5 是针对混凝土细观随机骨料模型试件剖分成 100 个单元情况下的 K-S 检验情况，可以得知统计量 D 的临界值 $D_{n\cdot\alpha}$ 显著大于计算值 D_n。检验结论是：在 95%的保证率（即 $\alpha=5\%$）下，可以认为混凝土细观单元的等效弹性模量服从 Weibull 分布。

表 2.5　K-S 检验结果（100 个单元情况）

弹性模量/GPa	0～32	32～34	34～36	36～38	38～40	40～42	42～44	44～46	46～48	>48
$F(x)$	0.067	0.107	0.211	0.032	0.518	0.687	0.837	0.948	0.987	1

续表

弹性模量/GPa	0～32	32～34	34～36	36～38	38～40	40～42	42～44	44～46	46～48	>48
$F_n(x)$	0.045	0.125	0.235	0.335	0.635	0.735	0.845	0.905	0.935	1
D_n	0.0224	0.0176	0.02423	0.0135	0.1173	0.0481	0.0083	0.0426	0.052	0
$D_{max}=0.017<D_{n,0.05}=0.136$										

表 2.6 是二级配混凝土材料不同单元尺度下细观单元等效弹性模量在 95%保证率下的 K-S 检验结果。从表中可以看出，当单元尺度较大，网格数量较少时，可以认为混凝土细观单元的弹性模量是服从 Weibull 分布的；但是当单元尺寸为 6mm 时，单元数量达到 625 时，发现 $D_{\max}>D_{n\cdot\alpha}$，拒绝接受，即说明将二级配湿筛混凝土模型划分成 625 个单元时，网格尺度较小，此时单元的弹性模量不服从 Weibull 分布。当网格单元尺度小于 6mm，如 3mm 和 2mm 时，细观单元有效弹性模量的分布假设则没有通过检验。

表 2.6　K-S 检验结果（$\alpha=5\%$）

单元尺寸	单元数	D_{max}	$D_{n,0.05}$	关系	是否通过
50mm×50mm	9	0.0844	0.432	$D_{max}<D_{n,0.05}$	通过
39.5mm×39.5mm	16	0.0113	0.328	$D_{max}<D_{n,0.05}$	通过
30mm×30mm	25	0.1177	0.270	$D_{max}<D_{n,0.05}$	通过
25mm×25mm	36	0.1224	0.2267	$D_{max}<D_{n,0.05}$	通过
15mm×15mm	100	0.1173	0.136	$D_{max}<D_{n,0.05}$	通过
10mm×10mm	225	0.0871	0.096	$D_{max}<D_{n,0.05}$	通过
9.5mm×9.5mm	400	0.0753	0.078	$D_{max}<D_{n,0.05}$	通过
6mm×6mm	625	0.1214	0.054	$D_{max}>D_{n,0.05}$	**拒绝**
3mm×3mm	2500	0.1423	0.027	$D_{max}>D_{n,0.05}$	**拒绝**
2mm×2mm	5625	0.1576	0.018	$D_{max}>D_{n,0.05}$	**拒绝**

图 2.26 是二级配湿筛混凝土材料，不同单元尺寸下细观单元弹性模量值的概率密度曲线图。可以看出，随着单元网格划分尺度的增大，网格单元数减小，混凝土单元弹性模量的概率密度曲线由矮而宽到高而窄的趋势发生变化，形状系数 m 随之增大，材料趋于均匀，从而单元弹性模量及强度分布趋于集中；可以看出系数 m 是材料结构中缺陷分布不规则程度的度量，是非均匀性程度的表征，它是与尺度相关的。

图 2.27 给出的是二级配混凝土材料，划分不同单元尺度下的样本数据累积概率分布及理论概率分布曲线图。从图中不难看出，当细观单元尺度较大，单元网格数较小时，单元弹性模量中间均值附近分布较多，远离弹性模量均值的两侧则概率分布较少，说明单元弹性模量趋于集中。此外，从图 2.26 和图 2.27 中还可以得知，混凝土细观单元的等效弹性模量是具有尺度效应的，划分不同的单元尺度，其分布形式、单元非均匀性参数都是不同的。

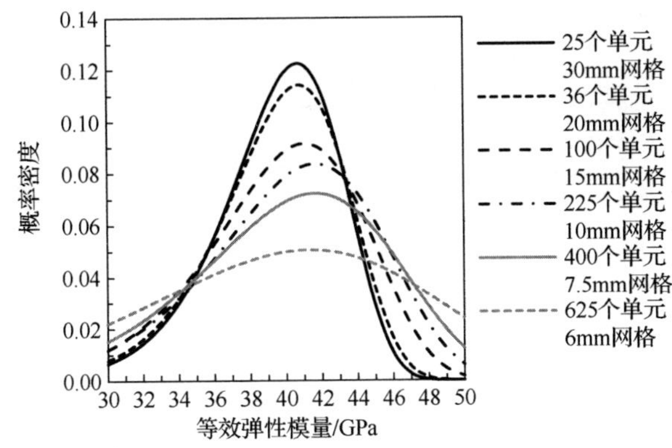

图 2.26　不同单元尺度下材料等效弹性模量概率密度曲线图

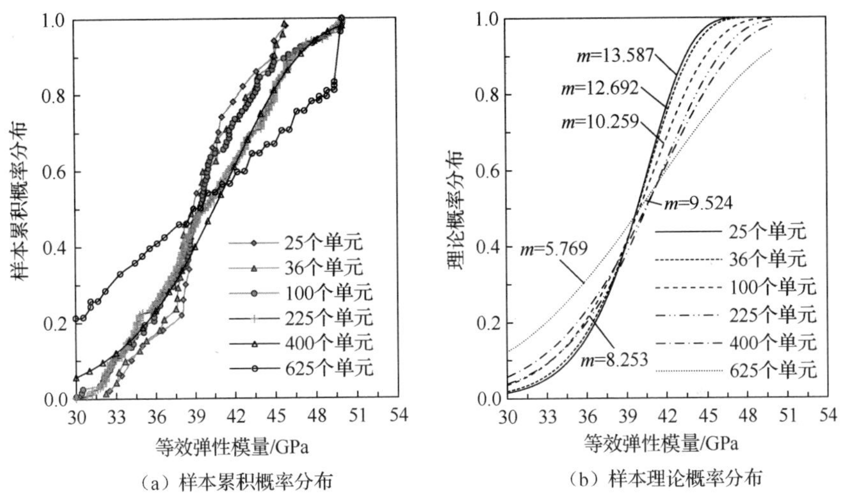

图 2.27　样本数据概率分布曲线图

5．骨料空间分布随机性的影响

上述讨论与分析都是在采用 Monte Carlo 法投放骨料的一次随机抽样基础上进行网格剖分的。而每一次随机抽样产生的试样不同，其材料参数的空间分布往往也是不同的，这种空间分布的不同亦对混凝土试样宏观性能具有影响。下面对该问题做初步分析。

这里以 Weibull 分布参数的差别来表征骨料不同空间分布对混凝土宏观性能的影响。以二级配混凝土为例，将骨料进行多次随机投放，对产生的 4 组骨料不同的空间分布形式来进行分析。对 4 组不同样本数据进行统计分析，分别采用 15mm×15mm 以及 10mm×10mm 的单元尺寸将混凝土模型剖分成 100 个单元和

225 个单元，对其做统计分析，结果如表 2.7 所示。

表 2.7　不同样本数据的 Weibull 参数统计表

样本	试件尺寸	m	β	$E(x)$	S	$C(x)$
1	15mm×15mm	10.259	41.48	310.4	5.335	0.1350
2		10.184	41.65	310.4	5.299	0.1345
3		10.277	41.42	310.4	5.342	0.1356
4		10.264	41.45	310.4	5.308	0.1347
1	10mm×10mm	9.524	42.152	310.4	8.632	0.2190
2		9.521	42.158	310.4	8.577	0.2177
3		9.537	42.139	310.4	8.588	0.2180
4		9.528	42.147	310.4	8.615	0.2186

从表 2.7 中，可以看出不同样本数据得到的形状参数 m 及尺度参数 β 各不相同，这种离散性也反映了混凝土材料本身的离散性；但是，各参数分析结果差别很小，可以认为基本不会影响混凝土宏观力学性能。当然，骨料空间分布的千差万别，使得某一个单元先开始损伤断裂，并且模型整体的破坏形态也会有差异。纵是如此，很多时候，我们并不在意考察具体的裂纹扩展规律和破坏机理，而是抓住混凝土材料非均质性这个本质特征，去研究混凝土的宏观力学性能。表 2.7 的分析结果，同时也证明了采用细观单元等效化模型来分析混凝土材料宏观力学性能的可靠性和合理性。

6．骨料级配对混凝土非均匀性影响

不同骨料级配时，混凝土标准试件模型的尺寸不同，混凝土试件中骨料占据的体积分数及试件中存在的随机缺陷数量也各不相同。也正是由于不同尺度下混凝土随机缺陷的不同，导致了混凝土强度的随机性及混凝土的尺寸效应问题。这也正说明了混凝土脆性材料的两个重要特征，即强度的离散性和体积效应。下面，我们对混凝土在不同级配情况下，即不同试件的混凝土细观单元弹性模量的分布情况，做初步比较分析。图 2.28 是对于不同级配、相同细观单元尺度剖分时（单元尺寸为 30mm × 30mm），混凝土细观单元弹性模量的概率密度及概率分布曲线图。从图 2.28（a）中可以看出，随着级配的增加，即随着混凝土尺度或体积的增大，细观单元弹模的形状系数 m 随之减小，说明组成材料的细观单元离散性越大，非均匀性越强。这从图 2.28（b）的概率分布中也可以得出同样的结论。

图 2.29 给出的是不同混凝土级配，划分成相同单元网格数（均为 225 个单元网格）时单元弹模的概率密度及概率分布曲线图。从图 2.29 可以看出，随着混凝土级配增大，相同网格数量下，单元概率密度形状慢慢变得高而窄，单元弹模的形状系数 m 增大。参数 m 可以称之为均值度，m 越大，组成材料的细观单元越趋于均匀。

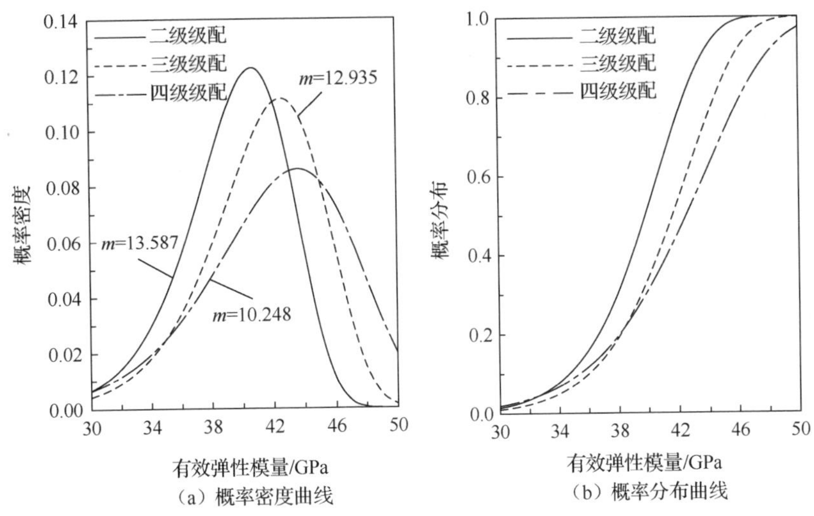

图 2.28　不同级配、相同单元尺度下单元弹模概率密度及概率分布曲线（单元尺寸：30mm×30mm）

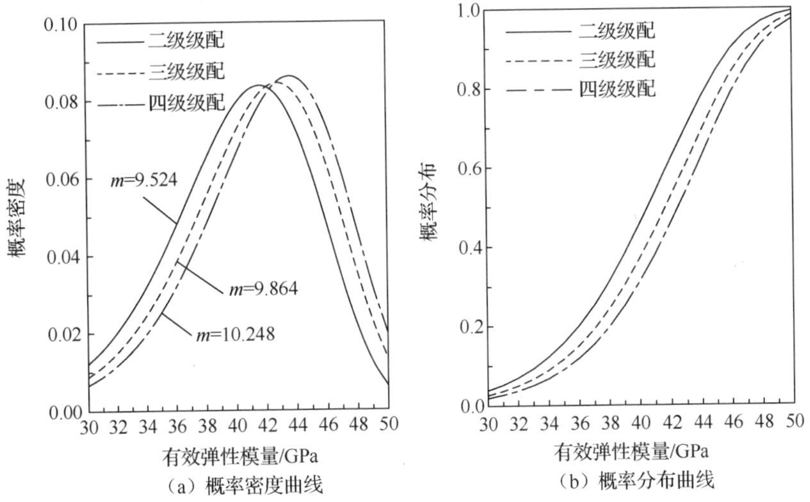

图 2.29　不同级配、相同网格数量下弹模概率密度及分布曲线（单元数量：225）

2.4.3　混凝土材料特征单元尺寸

材料特征单元尺度是影响材料宏观力学特征的材料非均匀程度的表征，其含义为能准确反映材料宏观力学特征的网格单元尺度。正如 2.4.2 节所分析的，从概率统计分析的角度来看，认为样本统计数据产生的变异系数，即离散系数达到平稳时的拐点所对应的网格尺度为材料的特征单元尺度，在该尺度下对混凝土试件进行网格剖分足以准确地表征混凝土材料的非均匀性。

不同级配的混凝土，其试件体积尺寸不同，试件中含有的随机缺陷随尺寸增大而增多，从而强度会呈现下降趋势。了解及掌握不同级配混凝土试件的特征单元尺度，不仅对数值模拟单元尺度的选取，而且对混凝土尺寸效应现象的认识，都是有益的。

对三级配和四级配混凝土试件进行多尺度网格剖分，经统计分析，选取几组典型的数据列于表 2.8。从表 2.8 中看出，三级配和四级配混凝土材料特征单元尺度分别为 15mm 和 18mm，单元剖分网格数分别为 400 和 625，此时细观单元弹模数据的离散系数均达到平稳值。

表 2.8　三级配和四级配混凝土细观单元弹模的 Weibull 分布参数统计分析

混凝土级配	单元尺寸	单元数量	D_{max}	$D_{n,\alpha}$ (α=5%)	关系	是否通过	均值 $E(x)$	标准差 S	离散系数 $C(x)$
三级配（300mm）	50mm×50mm	36	0.1084	0.2267	$D_{max} < D_{n,0.05}$	通过	41.07	2.115	0.0515
	30mm×30mm	100	0.0847	0.136	$D_{max} < D_{n,0.05}$	通过	41.07	3.248	0.0791
	25mm×25mm	144	0.0742	0.113	$D_{max} < D_{n,0.05}$	通过	41.07	3.776	0.0919
	20mm×20mm	225	0.0453	0.0961	$D_{max} < D_{n,0.05}$	通过	41.07	5.628	0.1370
	15mm×15mm	400	0.0725	0.0780	$D_{max} < D_{n,0.05}$	通过	41.07	8.442	0.2056
	12mm×12mm	625	0.0812	0.0544	$D_{max} > D_{n,0.05}$	拒绝	41.07	8.425	0.2051
	10mm×10mm	900	0.0855	0.0453	$D_{max} > D_{n,0.05}$	拒绝	41.07	8.426	0.2051
	6mm×6mm	2500	0.0789	0.0272	$D_{max} > D_{n,0.05}$	拒绝	41.07	8.427	0.2051
四级配（450mm）	75mm×75mm	36	0.0536	0.2267	$D_{max} < D_{n,0.05}$	通过	41.86	1.938	0.0463
	45mm×45mm	100	0.0924	0.136	$D_{max} < D_{n,0.05}$	通过	41.86	2.994	0.0715
	30mm×30mm	225	0.0693	0.0961	$D_{max} < D_{n,0.05}$	通过	41.86	5.491	0.1312
	25mm×25mm	324	0.0544	0.0756	$D_{max} < D_{n,0.05}$	通过	41.86	6.476	0.1547
	22.5mm×22.5mm	400	0.0628	0.0780	$D_{max} < D_{n,0.05}$	通过	41.86	8.245	0.1970
	18mm×18mm	625	0.0529	0.0544	$D_{max} < D_{n,0.05}$	通过	41.86	8.663	0.2070
	15mm×15mm	900	0.1041	0.0453	$D_{max} > D_{n,0.05}$	拒绝	41.86	8.667	0.2070
	9mm×9mm	2500	0.0733	0.0272	$D_{max} > D_{n,0.05}$	拒绝	41.86	8.667	0.2070
	6mm×6mm	5625	0.1125	0.0181	$D_{max} > D_{n,0.05}$	拒绝	41.86	8.667	0.2070

从表 2.8 中可以看出，当单元尺度小到一定值时，单元弹性模量便不符合 Weibull 分布；还可以看出，随着级配增大，通过 Weibull 分布检验的临界单元尺度也在增大，这说明了材料特征单元尺度随着混凝土试件体积的增大而增大。而对于二级配混凝土，正如表 2.6 给出的数据，将 10mm 作为其材料特征单元尺度。这为后续数值模拟中网格划分尺寸的确定提供了基本依据。

2.5　细观力学方法的验证

2.5.1　混凝土细观力学模型的建立

设定骨料为圆形，基于 Monte Carlo 法建立了如图 2.30（a）所示的某二级配湿筛混凝土二维随机骨料结构（尺寸为150mm×150mm）。粒径分布同表 2.3。其对应的细观单元等效力学分析模型如图 2.30（b）所示。这里用 2.4 节确定的二级配混凝土材料的特征单元尺寸，即10mm×10mm，对混凝土试件的网格进行划分，共 225 个单元。

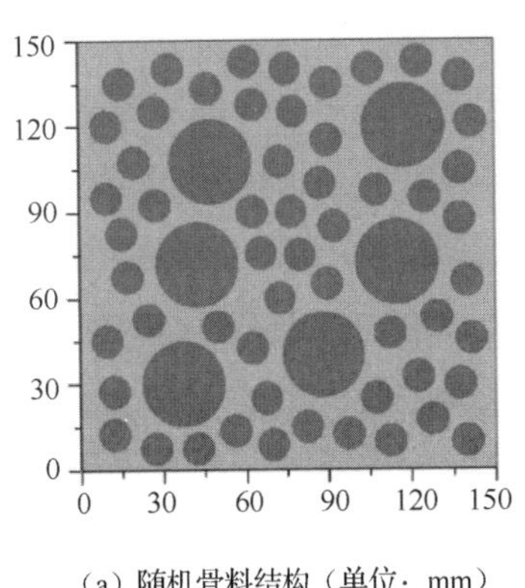

（a）随机骨料结构（单位：mm）

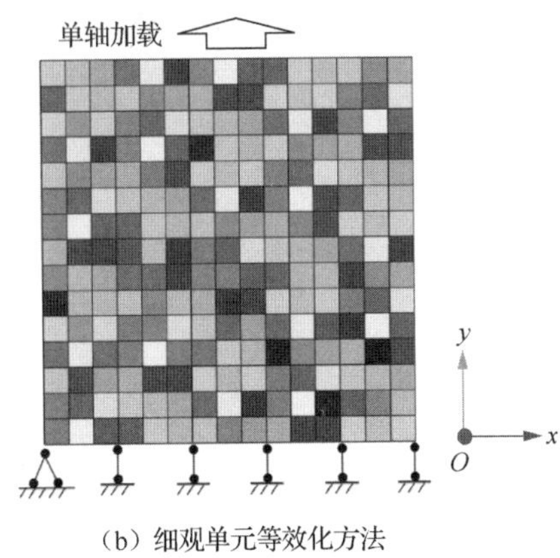

（b）细观单元等效化方法

图 2.30　湿筛混凝土细观力学数值模型

从图 2.30（b）中可以看出，不同的单元具有不同的颜色表示具有不同的力学性能。接下来，为验证提出的细观力学方法的可行性和可靠性，对该混凝土试件的单轴加载力学性能（包括单轴拉伸和单轴压缩）和破坏过程进行数值研究[3, 5]，对比该细观力学方法的结果（破坏模式以及宏观应力-应变关系）与随机骨料模型的数值结果，并探讨混凝土的破坏过程。

表 2.9　混凝土各相材料力学参数

材料	弹性模量 E /GPa	泊松比 ν	强度（拉/压）σ_0/MPa	λ	η	ξ
砂浆基质	30	0.22	2.5/25	0.1	4	10
骨料	50	0.16	6.0/80	0.1	5	10

混凝土试件的 y 轴为单轴加载方向，如图 2.30（b）所示。为获得混凝土材料下降段的应力-应变关系曲线软化行为，采用位移加载控制。该二维数值混凝土试件的边界条件为：顶面为加载面，左右两侧为自由面，底面竖向位移固定，为避免水平向的刚体位移在底面左侧边脚点添加水平约束。

采用图 2.7 所示的分段线性损伤模型来描述混凝土细观单元的力学性能，混凝土细观组分，即骨料和砂浆基质的材料力学参数如表 2.9 所示。此外，该数值计算为平面应力问题，为简单起见，同时采用最大拉伸应变和最小压缩应变准则来描述单轴加载作用下混凝土的强度准则。简单地说，当混凝土细观单元的压缩应变达到给定的峰值压缩应变值，或当细观单元的最大主应变达到细观单元等效的拉伸峰值应变（抗拉强度对应的应变值），损伤产生。对于低围压条件的混凝土试件来说，这个简单的强度准则是合适可行的，Zhu 等[32,33]及 Tang 等[34]的数值研究工作证明了这一点。

2.5.2 混凝土单轴拉伸破坏研究

图 2.31 为10mm×10mm 网格（225 个单元）划分时混凝土单轴拉伸下各单元等效弹性模量分布图，单元弹模的离散分布说明了混凝土内部的不均匀性，它是导致整个混凝土试件宏观非线性行为的本质根源。图 2.32 为混凝土试件不同单元的等效抗拉强度值，不同单元由于其骨料及砂浆基质所占体积分数的不同，而导致混凝土细观单元等效抗拉强度存在差异，单元抗拉强度分布在 2.5～6.0MPa 之间，即砂浆基质强度与骨料强度之间。

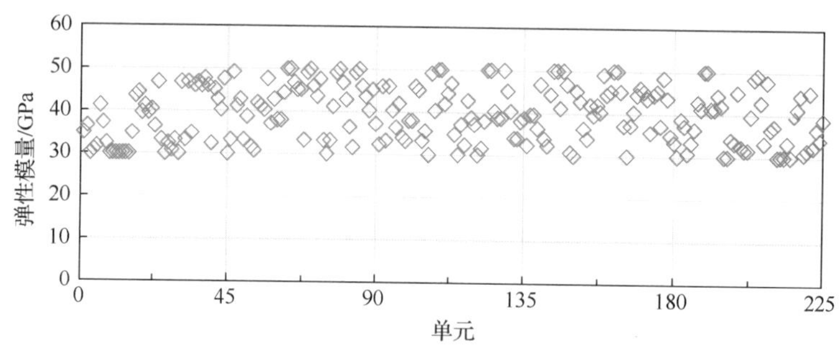

图 2.31　混凝土试件各细观单元等效弹性模量

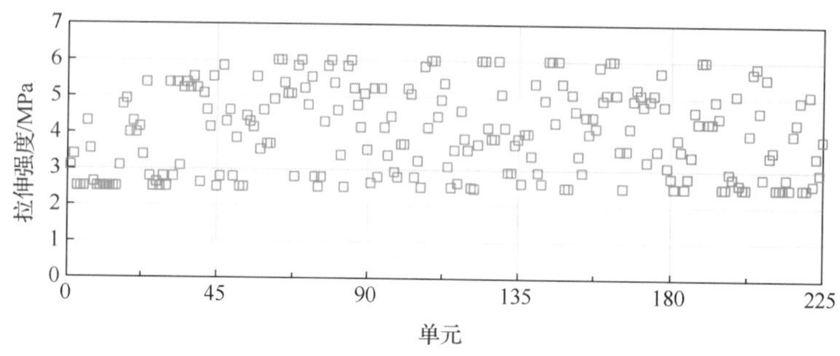

图 2.32　混凝土试件各细观单元等效抗拉强度

为探讨细观单元等效化方法的可行性和可靠性，采用的网格划分尺寸包括 3mm×3mm、6mm×6mm 以及湿筛混凝土特征单元尺寸 10mm×10mm，以便于探讨混凝土局部软化而产生的网格划分敏感性问题。3 种网格划分尺寸对应的细观单元数分别为 2500、625 和 225，随机骨料模型划分的网格数为 4396。获得的 3 组试件宏观应力-应变关系与基于随机骨料结构模型的数值结果进行对比，如图 2.33 所示。

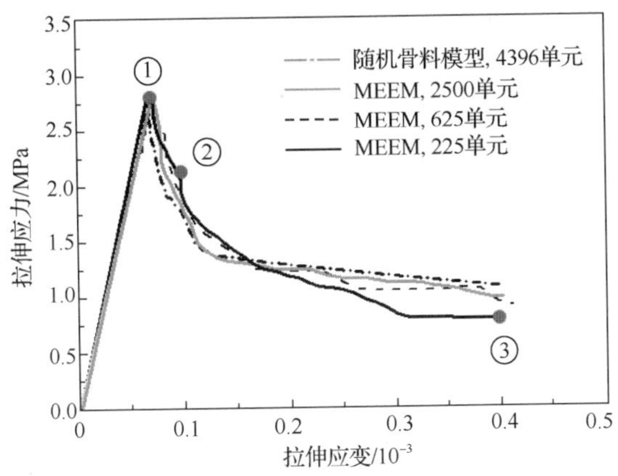

图 2.33　混凝土宏观拉伸应力-应变关系曲线

图 2.34 为混凝土随机骨料结构模型与细观单元等效化方法获得的破坏过程图，其中图 2.34(a)～(c)为基于随机骨料模型获得的混凝土破坏模式图，图 2.34(d)～(f)为细观单元等效化方法划分为 225 个单元（即特征单元尺度，10mm 的网格划分尺寸）时获得的混凝土破坏模式图。

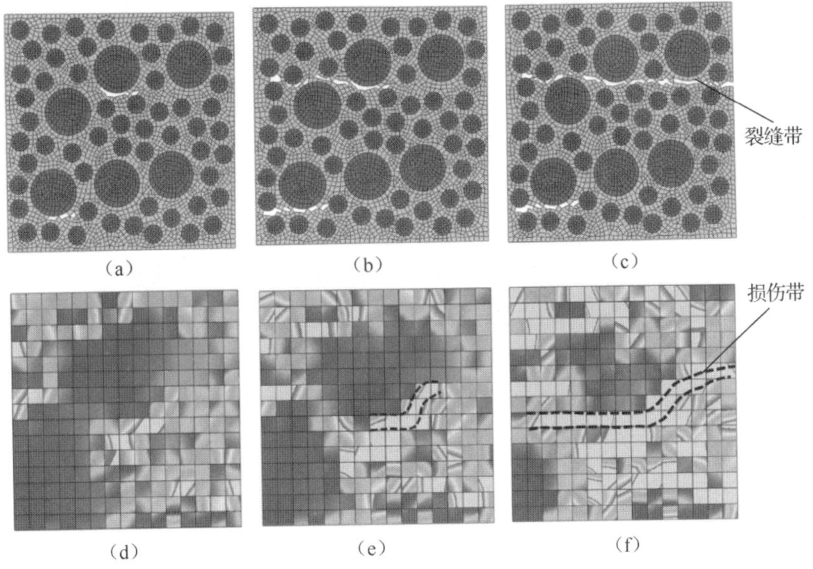

图 2.34　混凝土试件单轴拉伸破坏过程

基于细观单元等效化方法，3 组不同网格剖分尺寸条件下获得的湿筛混凝土宏观抗拉强度分别为 2.701MPa、2.688MPa 和 2.704MPa，3 组结果差别很小；基于随机骨料结构模型获得的宏观抗拉强度为2.692MPa。可以看出采用细观单元等效化力学方法获得的抗拉强度与随机骨料细观力学模型结果基本相同。这说明采用材料特征单元尺度来剖分混凝土试件时，抓住了非均质的本质原因，能够准确地反映混凝土材料的宏观力学行为。

从图 2.33 中的 4 条应力-应变关系曲线可以看出，在达到宏观抗拉强度前的应力-应变曲线以及抗拉强度基本相同，故而基本不存在网格敏感性。而对于下降度曲线，可以看出 4 组曲线虽然相差不大，但仍然相互区别，这是由于不同网格划分尺寸条件下获得的裂纹扩展路径不同造成的。Grassl 和 Jirásek[57]以及 López 等[58]亦获得了类似的数值结果。无论如何，对于混凝土类软化材料，基于局部损伤本构模型获得的数值结果，总不可避免地会产生网格敏感性。针对网格敏感性问题，可以采用 Bažant 等提出的引入“特征尺度”的非局部损伤本构模型（non-local damage model）[59]、Hillerborg 等提出的以断裂能为能量准则的虚拟裂纹模型（fictitious crack model）[60]以及钝化裂纹模型（blunt crack band model）[61]等来缓解或避免网格敏感性问题。

图 2.33 中所提出的细观力学方法（MEEM，225 单元）获得的宏观应力-应变关系曲线中加载状态①～③，所对应的混凝土变形状态为图 2.34 中（d）～（f）。从损伤分布的不均匀性可以得知，混凝土材料非线性产生的根源是细观组分分布的不均匀性和损伤破坏的局部性。

在加载的初期，整个混凝土试件处于线弹性状态，每个单元均处于弹性状态；随着位移荷载的增大，混凝土最大主应变随之慢慢增大并不断在混凝土内扩展；起初阶段整个模型基本处于线弹性状态，当薄弱的局部单元[图 2.34（d）]达到其抗拉强度后，进入应变软化阶段，从而相继出现损伤并扩展直至产生断裂，随位移加载继续，不断地有新的单元达到抗拉强度而进入软化损伤阶段，损伤区域不断扩大[图 2.34（e）]，且不断地形成一个带状的裂纹区域，整体试件模型刚度随之降低，出现负刚度行为，变形也迅速增大，最终混凝土试件失去承载能力而破坏[图 2.34（f）]。无论如何，提出的细观力学方法，采用 225 个细观单元便可以获得较为满意的数值结果，这证实了细观单元等效化方法的高效性。

此外，对另外两组具有不同骨料空间分布而相同骨料体积分数和骨料形状的混凝土试件进行了单轴拉伸数值研究。两组样本的宏观应力-应变关系曲线如图 2.35（a）和（b）所示，图 2.36（a）和（b）分别给出了两组混凝土试件对应的最终破坏模式。从图 2.35 和图 2.36 可以看出，基于细观单元等效化方法获得的数值结果的上升段曲线与随机骨料模型结构几乎完全吻合，获得的宏观抗拉强度也基本相同。对于下降段曲线，虽然具有网格敏感性，但是结果相差不大，再次证明了细观单元等效化方法的精确性和可靠性。

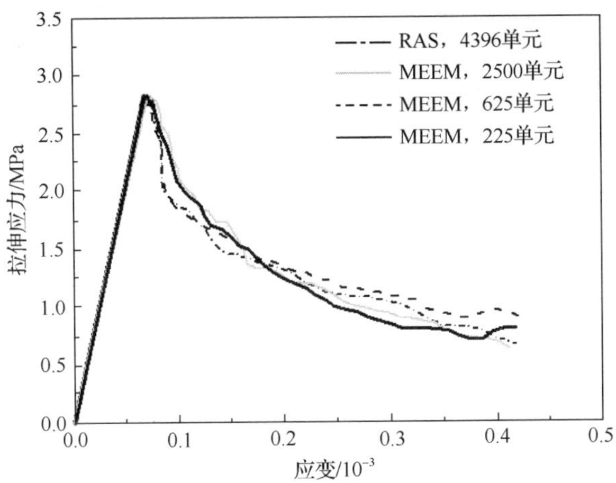

（a）第二组不同骨料空间分布的混凝土样本

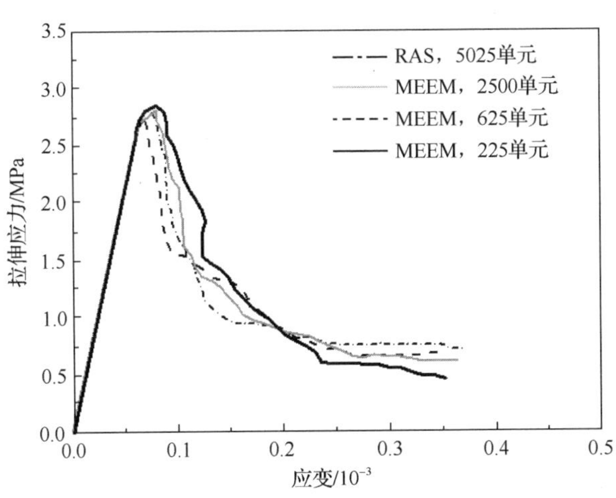

（b）第三组不同骨料空间分布的混凝土样本

图 2.35　混凝土宏观拉伸应力-应变关系曲线

通过对比图 2.35 中（a）和（b）两组数值结果可以发现，上升段曲线和抗拉强度亦基本相同，说明骨料的空间分布形式基本不影响混凝土材料的弹性模量和宏观抗拉强度。但是，两组不同骨料空间分布形式的混凝土试件的下降段曲线差别很大，这说明骨料的空间分布形式影响混凝土的裂纹扩展过程和裂纹路径。

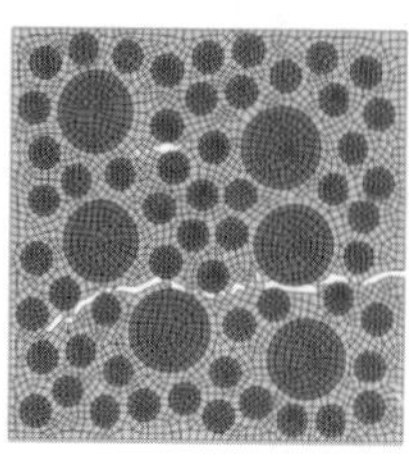
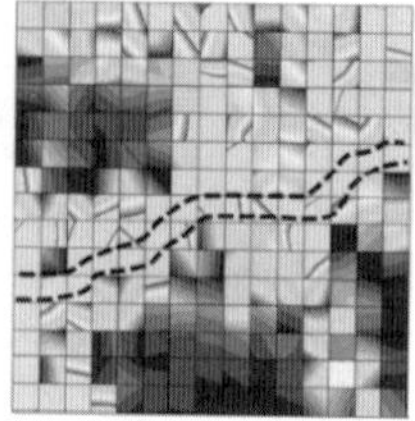

（a）骨料空间分布形式-I

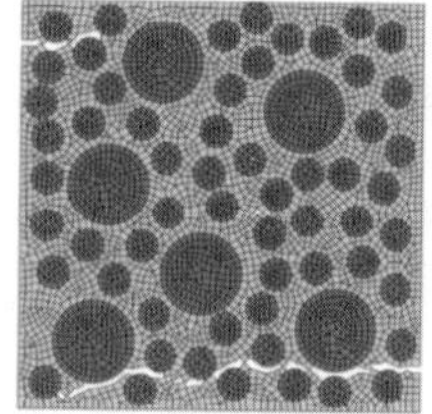
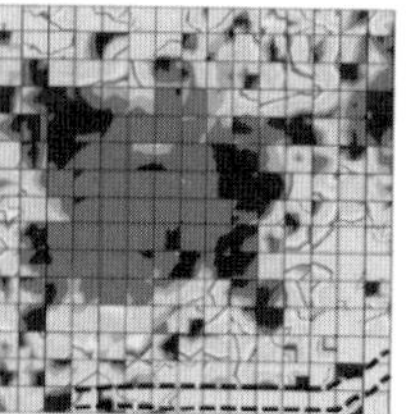

（b）骨料空间分布形式-II

图 2.36　两组不同骨料空间分布形式的混凝土试件的破坏模式

从以上数值结果可以发现，相比于随机骨料结构模型，细观单元等效化模型与方法，采用较大的网格剖分尺寸、较少的单元网格数量（225 个单元）便可以获得较为满意的数值结果，证明了该方法的高效性和精确性。

2.5.3　混凝土单轴压缩破坏研究

彩图 2 为单轴压缩情况下混凝土的最小主应变变化云图，从彩图 2 中可以看出材料分布的不均匀性导致了宏观模型反应的非线性，图中灰黑色的区域表示在压缩荷载作用下细观单元达到其等效残余强度，进入破坏阶段。可以看出，应变的非均匀分布；混凝土模型局部区域由于材料较软，压缩严重，较早进入损伤阶段直至破坏，最终形成如彩图 2（f）所示的斜向剪切裂纹带。

图 2.37 为混凝土压缩时的宏观应力-应变关系。采用细观单元等效化力学模型与随机骨料模型获得的混凝土宏观抗压强度分别为 28.91MPa 和 29.02MPa，两者相差很小。采用细观单元等效化力学模型获得的上升段曲线与随机骨料模型结果

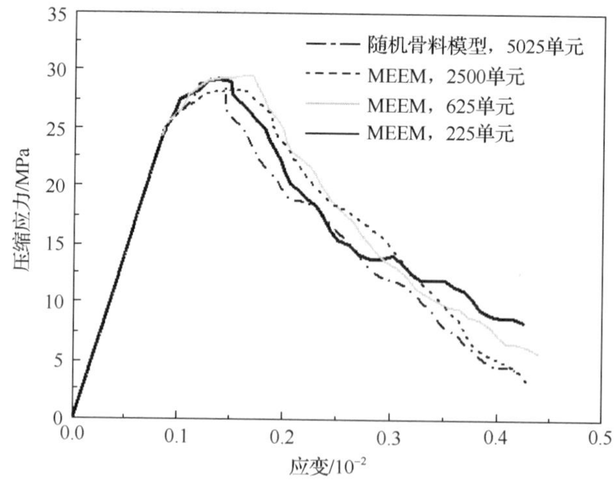

图 2.37　混凝土单轴压缩应力-应变关系曲线

吻合很好，仅在达到抗压强度后的下降段曲线略有区别。采用 10 mm 的单元尺寸来剖分网格（即 225 个单元），能较为准确地获得混凝土材料的宏观力学性能，这再次说明了采用材料特征单元尺度剖分混凝土试件来研究混凝土材料宏观力学行为的准确性。

2.5.4　计算量初步对比

通常在混凝土细观力学模型中，为使模型得到稳定的宏观力学特性，其网格剖分尺寸需不大于骨料最小颗粒粒径的 1/4，即在二级配混凝土平面模型算例中将至少采用 2500 个单元才能获得稳定解；对于提出的细观单元等效化模型，正如上述分析结果得知，无论是对于混凝土单轴拉伸还是单轴压缩情况，采用 225 个单元（网格尺寸为 10mm）便可以得到稳定、准确的数值解。对细观单元等效化模型与随机骨料模型的计算量做初步对比分析，如表 2.10 所示。可以看出，相比于随机骨料模型，采用细观单元等效化方法分析混凝土宏观力学特性时，其单元数量大幅下降，体系自由度数大大减小，在保证一定精度的同时大大提高了计算效率，尤其是对于三维情况，效率提高更为明显，这足以体现其优越性。

表 2.10　计算量初步对比

	细观单元等效化分析方法（MEEM）		随机骨料模型	
2-D	单元尺寸	10mm × 10mm	单元尺寸	3mm × 3mm
	单元数量	225	单元数量	2500
3-D	单元尺寸	10mm ×10mm ×10mm	单元尺寸	3mm × 3mm × 3mm
	单元数量	3375	单元数量	125000

小　　结

本章详细介绍了一种混凝土材料宏观力学特性分析的新方法——细观单元等效化模型与方法。该方法从描述混凝土材料的细观尺度入手，首先采用 Monte Carlo 法生成由骨料及砂浆基质两相介质组成的混凝土随机骨料模型；然后依据混凝土材料特征单元尺度来剖分有限元网格并投影到建立的随机骨料模型上，各单元网格的力学特性则采用复合材料等效化方法来确定。算例分析表明采用细观单元等效化模型与方法，由于网格单元数量较细观力学方法大大减小，体系自由度随之减小，其在保证一定精度的同时大大提高了模型的计算效率，尤其是对于三维混凝土模型。

本章附录　离散系数 C 的理论解

设定骨料弹性模量值为 E_a，砂浆基质弹性模量值为 E_m，界面弹性模量值为 E_i；三相介质占据的体积分数分别为 V_a、V_m 和 V_i，则满足

$$V_a + V_m + V_i = 1 \tag{2.76}$$

下面对两种情况进行分析。

1. 混凝土由骨料和砂浆基质两相介质组成

若混凝土仅仅由骨料和砂浆基质组成，那么混凝土划分为 n 个网格（即为 n 个样本）。

（1）当样本数量 n 相对较小时，细观单元有 3 种样本，即骨料、砂浆基质及砂浆基质和骨料的等效体的弹性模量值；此时，每个细观单元的有效弹性模量值不同，设分别为 E_1，E_2，E_3，…，E_n（n 个单元，n 个样本数量）。因此，样本（即细观单元等效弹性模量值）的均值和方差分别为

$$E(x) = \frac{1}{n}[E_1 + E_2 + E_3 + \cdots + E_n] = E_a \cdot V_a + E_m \cdot (1 - V_a) = E_c \tag{2.77}$$

$$S(x)^2 = \frac{1}{n}[(E_1 - E_c)^2 + (E_2 - E_c)^2 + \cdots + (E_n - E_c)^2] \tag{2.78}$$

式中：E_c 本质上即为混凝土的宏观弹性模量值，为常值（constant）。

若 $S(x) = 0$，则 $E_1 = E_2 = E_3 = \cdots = E_n = E_c$。简单地说，每个细观单元的弹性模量值是相同的，那么满足 $S(x) = 0$ 的最小的单元即为代表性体积单元（representative volume element，RVE）。

（2）当 $n \Rightarrow \infty$ 时，细观等效单元仅有两种样本，即骨料和砂浆基质的弹性模量，此时骨料的单元数为 $n \cdot V_a$，砂浆基质的单元数为 $n \cdot (1 - V_a)$，因此样本（即细观单元等效弹性模量值）的均值和方差分别为

$$E(x) = E_a \cdot V_a + E_m \cdot (1 - V_a) = E_c \tag{2.79}$$

$$S(x)^2 = \frac{1}{n}[n \cdot V_a \cdot (E_a - E_c)^2] + \frac{1}{n}[n \cdot V_m \cdot (E_m - E_c)^2] \tag{2.80}$$

简单地说，当 $n \Rightarrow \infty$ 时，样本的方差为

$$S(x)^2 = V_a \cdot (E_a - E_c)^2 + (1 - V_a) \cdot (E_m - E_c)^2 \tag{2.81}$$

那么细观单元弹性模量非均质性离散系数 C 应为

$$C = \frac{S(x)}{E(x)} = \frac{\sqrt{V_a \cdot (E_a - E_c)^2 + (1 - V_a) \cdot (E_m - E_c)^2}}{E_c} = \text{constant} \tag{2.82}$$

综上推导，可以得知：当单元网格慢慢减小后，可以认为混凝土体系中仅存在骨料及砂浆基质单元，样本（细观单元弹性模量值）数量趋于无穷大，此时样本的离散系数亦趋于常值，即式（2.82）。

2．混凝土由骨料、砂浆基质及界面过渡区三相介质组成

若认为混凝土由骨料、砂浆基质及界面过渡区三相介质组成，则当样本数量 $n \Rightarrow \infty$ 时，细观等效单元有两种样本，即骨料、砂浆基质以及界面的弹性模量，此时骨料的单元数为 $n \cdot V_{\mathrm{a}}$，砂浆基质的单元数为 $n \cdot V_{\mathrm{m}}$，界面过渡区的单元数为 $n \cdot V_{\mathrm{i}}$，因此样本的均值和方差分别为

$$E(x) = E_{\mathrm{a}} \cdot V_{\mathrm{a}} + E_{\mathrm{m}} \cdot V_{\mathrm{m}} + E_{\mathrm{i}} \cdot V_{\mathrm{i}} = E_{\mathrm{c}} \tag{2.83}$$

$$S(x)^2 = \frac{1}{n}[n \cdot V_{\mathrm{a}} \cdot (E_{\mathrm{a}} - E_{\mathrm{c}})^2] + \frac{1}{n}[n \cdot V_{\mathrm{m}} \cdot (E_{\mathrm{m}} - E_{\mathrm{c}})^2] + \frac{1}{n}[n \cdot V_{\mathrm{i}} \cdot (E_{\mathrm{i}} - E_{\mathrm{c}})^2] \tag{2.84}$$

简单地说，当 $n \Rightarrow \infty$ 时，样本的方差为

$$S(x)^2 = V_{\mathrm{a}} \cdot (E_{\mathrm{a}} - E_{\mathrm{c}})^2 + V_{\mathrm{m}} \cdot (E_{\mathrm{m}} - E_{\mathrm{c}})^2 + V_{\mathrm{i}} \cdot (E_{\mathrm{i}} - E_{\mathrm{c}})^2 \tag{2.85}$$

那么细观单元弹性模量非均质性离散系数 C 应为

$$C = \frac{S(x)}{E(x)} = \frac{\sqrt{V_{\mathrm{a}} \cdot (E_{\mathrm{a}} - E_{\mathrm{c}})^2 + V_{\mathrm{m}} \cdot (E_{\mathrm{m}} - E_{\mathrm{c}})^2 + V_{\mathrm{i}} \cdot (E_{\mathrm{i}} - E_{\mathrm{c}})^2}}{E_{\mathrm{c}}} \tag{2.86}$$

不难看出，当单元网格划分足够细，单元数量足够大时，混凝土体系的非均质性离散系数 C 趋于恒定的常值。

参 考 文 献

[1] ROELFSTRA P E，SADOUKI H，WITTMANN F H．Le béton numérique [J]．Materials and Structures，1985，18（5）：327-335．

[2] WITTMANN F H．Structure of Concrete with Respect to Crack Formation [C]．WITTMANN F H．Fracture Mechanics of Concrete．Netherland：Elsevier Science Publisher，1983：43-74．

[3] DU X L，JIN L，MA G W．Meso-element equivalent method for the simulation of macro mechanical properties of concrete[J]．International journal of damage mechanics，2013，22（5）：617-642．

[4] DU X L，JIN L，MA G W．A meso-scale analysis method for the simulation of nonlinear damage and failure behavior of reinforced concrete members[J]．International journal of damage mechanics，2013，22（6）：878-904．

[5] 杜修力，金浏．混凝土材料宏观力学特性研究的细观单元等效化模型[J]．计算力学学报，2012，29（5）：654-661．

[6] WANG Z M，KWAN A K H，CHAN H C．Mesoscopic study of concrete Ⅰ：generation of random aggregate structure and finite element mesh [J]．Computers and structures，1999，70（5）：533-544．

[7] KWAN A K H，WANG Z M，CHAN H C．Mesoscopic study of concrete Ⅱ：nonlinear finite element analysis[J]．Computers and structures，1999，70（5）：545-556．

[8] AI S G，TANG L Q，LIU Z J，et al．Damage and failure of liquid rubber-based concrete in statics tension by 2D dynamic numerical simulation [J]．International journal of damage mechanics，2012，21（2）：171-189．

[9] DU C B，SUN L G．Numerical simulation of aggregate shapes of two-dimensional concrete and its application[J]．Journal of aerospace engineering，2007，20（3）：172-178．

[10] HÄFNER S, ECKARDT S, LUTHER T, et al. Mesoscale modeling of concrete: geometry and numerics[J]. Computers and structures, 2006, 84 (7): 450-461.

[11] ZHOU X Q, HAO H. Mesoscale modelling of concrete tensile failure mechanism at high strain rate [J]. Computers and structures, 2008, 86 (21): 2013-2026.

[12] GRASSL P, REMPLING R. A damage-plasticity interface approach to the meso-scale modelling of concrete subjected to cyclic compressive loading[J] Engineering fracture mechanics, 2008, 75 (16): 4804-4818.

[13] TANG X W, ZHOU Y D, ZHANG C H, et al. Study on the heterogeneity of concrete and its failure behavior using the equivalent probabilistic model [J]. Journal of materials in civil engineering, 2011, 23 (4): 402-413.

[14] VOIGT W. Über die beziehungzwischen den beiden elastizitäts konstanten isotroper körper [J]. Wied. Ann., 1889, 38: 573-587.

[15] REUSS A. Berechnung der fließgrenze von mischkristallen auf grund der plastizitätsbedingung für einkristalle[J]. Zeitschrift für angewandte mathematik and mechanik, 1929, 9 (1): 49-58.

[16] MORI T, TANAKA K. Average stress in matrix and average elastic energy of materials with misfitting inclusions[J]. Acta metallurgica, 1973, 21 (5): 571-574.

[17] HILL R. Theory of mechanical properties of fibre-strengthened materials—III: self-consistent model[J]. Journal of the mechanics and physics of solids, 1965, 13: 189-198.

[18] HASHIN Z, SHTRIKMAN S. On some variational principles in anisotropic and non-homogeneous elasticity[J]. Journal of mechanics and physics of solids, 1962, 10 (4): 335-342.

[19] BRAKMAN C M. Diffraction elastic constants of tenured cubic materials: the voigt model case[J]. Philosophical magazine A, 1987, 55: 39-58.

[20] NIKLAS K J. Voigt and Reuss models for predicting changes in young's modulus of dehydrating plant organs[J]. Annals of botany, 1992, 70 (4): 347-355.

[21] SLEPNEW A G. Evaluating the mechanical properties of grain-boundary phases in nano and submicro crystalline material using a model of an elastic multilayer periodic medium[J]. Technical physics letter, 2007, 33(11): 936-938.

[22] VINCENT J F V. The mechanical design of grass [J]. Journal of materials science, 1982, 17 (3): 856-860.

[23] DOUGILL J W. Further consideration of a mathematical model for progressive fracture of a heterogeneous material[J]. Magazine of concrete research, 1971, 23 (74): 5-10.

[24] BAŽANT Z P, PANULA L. Statistical stability effects in concrete failure [J]. ASCE journal of engineering mechanics, 1978, 104 (5): 1195-1212.

[25] KANDARPA S, KIRKNER D J, SPENCER B F. Stochastic damage model for brittle material subjected to monotonic loading[J]. Journal of Engineering Mechanics, 1996, 122 (8): 788-795.

[26] BENKEMOUN N, HAUTEFEUILLE M, COLLIAT J B, et al. Failure of heterogeneous materials: 3D meso-scale FE models with embedded discontinuities [J]. International journal for numerical methods in engineering, 2010, 82 (13): 1671-1688.

[27] KIM S M, AL-RUB R K A. Meso-scale computational modeling of the plastic-damage response of cementitious composites [J]. Cement and concrete research, 2011, 41 (3): 339-358.

[28] MAZARS J, PIJAUDIER-CABOT G. Continuum damage theory: application to concrete [J]. ASCE journal of engineering mechanics, 1987, 115 (2): 345-365.

[29] BAŽANT Z P, TABBARA M R, KAZEMI M T, et al. Random particle model for fracture of aggregate or fiber composites[J]. ASCE journal of engineering mechanics, 1990, 116 (8): 1686-1705.

[30] ZHU W C, TANG C A. Numerical simulation on shear fracture process of concrete using mesoscopic mechanical model[J]. Construction and building materials, 2002, 16 (8): 453-463.

[31] WRIGGERS P, MOFTAH S O. Mesoscale models for concrete: homogenisation and damage behaviour [J]. Finite elements in analysis and design, 2006, 42 (7): 623-636.

[32] ZHU W C, TANG C A, WANG S Y. Numerical study on the influence of meso mechanical properties on macroscopic fracture of concrete [J]. Structural engineering and mechanics, 2005, 19 (5): 519-533.

[33] ZHU W C，TENG J G，TANG C A. Numerical simulation of strength envelope and fracture patterns of concrete under biaxial loading [J]. Magazine of Concrete Research，2002，54（6）：395-409.

[34] TANG C A，ZHANG Y B，LIANG Z Z，et al. Fracture spacing in layered materials and pattern transition from parallel to polygonal fracture [J]. Physical Review E，2006，73(5)：056120（1-9）.

[35] YAMAN I O，AKTAN H M，HEARN N. Active and non-active porosity in concrete Part Ⅱ：Evaluation of existing models [J]. Materials and Structures，2002，35（2）：110-116.

[36] WANG H L，LI Q B. Prediction of elastic modulus and Poisson's ratio for unsaturated concrete [J]. International Journal of Solids and Structures，2007，44（5）：1370-1379.

[37] CHRISTENSEN R M，LO K H. Solutions for effective shear properties in three phase sphere and cylinder models[J]. Journal of the Mechanics and Physics of Solids，1979，27（4）：315-330.

[38] DUAN H L，JIAO Y，YI X，et al. Solutions of inhomogeneity problems with graded shells and application to core-shell nanoparticles and composites[J]. Journal of the mechanics and physics of solids，2006，54(7)：1401-1425.

[39] DU X L，JIN L，MA G W. Macroscopic effective mechanical properties of porous dry concrete[J]. Cement and concrete research，2013，44（1）：87-96.

[40] 杜修力，金浏. 含孔隙混凝土复合材料有效力学性能研究[J]. 工程力学，2012，29（6）：70-77.

[41] 杜修力，金浏. 考虑孔隙及微裂纹影响的混凝土宏观力学特性研究[J]. 工程力学，2012，29（8）：101-107.

[42] Hansen T C. Cracking and fracture of concrete and cement paste [J]. American concrete institute，1968，SP-20：43-66.

[43] WISCHERS G. Einfluss einer Temperätur anderung auf die festigkeit von zementstein und zementmöriel mit zuschlag stoffen verschiedener würmedehnung[M]. Düsseldorf：Verein Deutscher Zementwerke E. V，1961.

[44] FARRAN J. Contribution mineralogique a l'étude de l'adhernce entre les constituants hydrate des ciments et les matériaux associes [J]. Revue des matériaux de construction，1956，490/491：191-209.

[45] RAO G A，PRASAD B K R. Influence of type aggregate and surface roughness on the interface fracture properties [J]. Materials and structures，2004，37（5）：328-334.

[46] OLLIVIER J P，MASO J C，BOURDETTE B. Interfacial transition zone in concrete [J]. Advanced cement based materials，1995，2（1）：30-38.

[47] LUTZ M P，MONTEIRO P J M，ZIMMERMAN R W. Inhomogeneous interfacial transition zone model for the bulk modulus of mortar [J]. Cement and concrete research，1997，27（7）：1113-1122.

[48] LIAO K，CHANG P，PENG Y，et al. A study on characteristic of interfacial transition zone in concrete [J]. Cement and Concrete Research，2004，34（6）：977-989.

[49] 杜修力，金浏. 考虑过渡区界面影响的混凝土宏观力学性质研究[J]. 工程力学，2012，29（12）：72-79.

[50] TRUSTRUM K，JAYATILAKA A D. On estimating the Weibull modulus for a brittle material [J]. Journal of materials science，1979，14（5）：1080-1084.

[51] 徐积善，何浙浙. 混凝土构件体积（尺寸）效应及抗裂塑性系数γ值的初步分析研究[J]. 力学学报，1986，18（4）：364-368.

[52] 高峰，谢和平. 脆性材料的分形统计强度理论[J]. 固体力学学报，1996，17（3）：239-245.

[53] 李靖华，李果，刘刚. 混凝土疲劳寿命规律预测新方法[J]. 大连理工大学学报，1997，37（增刊Ⅰ）：115-121.

[54] 杨成球，吴政. 全级配混凝土强度尺寸效应及变形特性研究[J]. 大连理工大学学报，1997，37(增刊Ⅰ)：129-134.

[55] 杜修力，金浏. 混凝土材料细观单元弹模非均匀统计特性研究[J]. 工程力学，2012，29（10）：106-115.

[56] SCHUTTER G D，TAERWE L. Random particle model for concrete based on Delaunay triangulation [J]. Materials and structures，1993，26（2）：67-73.

[57] GRASSL P，JIRÁSEK M. Meso-scale approach to modelling the fracture process zone of concrete subjected to uniaxial tension [J]. International journal of solids and structures，2010，47（7）：957-968.

[58] L'OPEZ C M，CAROL I，AGUADO A. Meso-structural study of concrete fracture using interface elements. I：numerical model and tensile behavior[J]. Materials and structures，2008，41（3）：583-599.

[59] BAZANT Z P，PIJAUDIER-CABOT G. Nonlocal continuum damage，localization instability and convergence[J]. Journal of applied mechanics，1988，55（2）：287-293.

[60] HILLERBORG A，MODÉEr M，PETERSSON P E. Analysis of crack formation and crack growth in concrete by means of fracture mechanics and finite elements [J]. Cement and concrete research，1976，6（6）：773-782.

[61] BAŽANT Z P，CEDOLIN L. Blunt crack band propagation in finite elements analysis [J]. ASCE journal of the engineering mechanics division，1979，105（2）：297-315.

第 3 章　多孔混凝土力学性能细观理论分析

混凝土材料是以水泥为主要胶结材料，拌和一定比例的砂、石和水以及各种添加剂，经过搅拌、振捣、养护等工序后，胶结体在水化硬化过程中在水泥砂浆内及其与粗骨料之间的界面区形成大量的微裂纹和微孔洞，逐渐凝固硬化而成的由固体基质和孔隙夹杂组成的复合材料[1]，具有复杂的力学性能。混凝土中的缺陷和孔隙，尤其是孔隙，是一个多尺度的概念，从纳米级的 C-S-H 层间孔隙，微米级的毛细孔到毫米级的空气气泡[2]。这些孔隙和缺陷，对混凝土力学特性影响重大，尤其是弹性模量和强度参数[3,4]。另外，大量混凝土工程结构，如大坝、深水桥墩、海洋平台及海岸结构物等均工作于水环境中，由于周围水压以及内部各种微裂纹和孔隙等初始缺陷的存在，致使混凝土可能处于饱和或半饱和状态。混凝土的力学性能将会受到孔隙、孔隙水含量、孔隙的离散度和混凝土材料渗透性等因素的影响。这表明湿态混凝土材料的力学性能将有别于普通的干燥混凝土。

本章借助复合材料多尺度解析理论，研究干燥和湿态（饱和与非饱和）混凝土宏观力学特性，包括有效弹性模量、泊松比、有效强度及对应的峰值应变等[5-9]。

3.1　多孔干燥混凝土有效力学性质

根据各相细观组分的力学特性和体积分数来预测复合材料的有效力学特性，是复合材料力学的基本问题之一[10]。国内外研究者已提出了众多理论预测方法，如经典的串联模型[11]和并联模型[12]、自洽法[10, 13]、M-T 法[14]、IDD 估计方法[15]及 PFM 法[16]等。这类理论预测方法能很好地预测复合材料的有效力学性能，尤其是对于弹性模量；但其难以获得复合材料的有效强度参数。

毋庸置疑，最理想最精确的方法是：在细观尺度上基于合适大小的代表性体积单元（representative volume element，RVE）采用精确的应力和变形分析来获得复合材料的有效力学性能[17]。该细观力学方法获得的结果是精确的，但获得的不是解析解，不能定量地体现细观组分构成和体积比的影响。

Huang 和 Gibson[18]提出了确定含孔复合材料弹性模量的数学方法，但是其结果只适用于较小空心球体积比（小于 8%）情况。基于最小势能和最小余能原理，

Paul[19]获得了空心球体有效弹性力学参数的上限和下限。Hashin[20,21]采用分层球形的物理模型来作为代表性体积单元，获得了复合材料的有效弹性性能。考虑到混凝土中聚合物浓度的影响，Manning 和 Hope[22]研究了孔隙率对聚合物浸渍混凝土有效弹性模量和抗压强度的影响。Zimmerman 等[23]和 Yaman 等[24]采用 K-T 模型[25]研究了孔隙率对水泥砂浆基质和混凝土弹性性能的影响，并将理论结果与试验结果进行了对比分析，发现 K-T 模型可以较好描述混凝土复合材料的有效力学性能。近年来，有不少研究者相继开始从多尺度角度出发，对多孔水泥砂浆基质和混凝土的有效力学性能，如弹性模量等进行了研究，如 Ulm 等[26]、Sanahuja 等[27]、Ghabezloo[2]以及 Pichler 和 Hellmich[28]等的研究工作。总体来说，孔隙率越大，混凝土（弹性模量和强度）越弱[29, 30]。

本节旨在探究孔隙率对混凝土宏观力学参数的定量影响，如弹性模量、有效泊松比、有效拉/压强度及其对应的峰值应变等。

3.1.1　多孔混凝土有效弹性性质

混凝土中各种尺度的孔隙包括凝胶孔、毛细孔、掺入的气体气泡以及微裂纹等，这些细观结构孔隙的尺寸从纳米级到毫米级 [31, 32]。

图 3.1 给出了一个典型的混凝土多尺度物理模型，其涵盖了细观尺度（混凝土由骨料、砂浆基质及界面过渡区组成）及微观尺度（砂浆基质的微观组成）。接下来，需要对该多尺度物理模型进行力学简化分析[5, 6]。

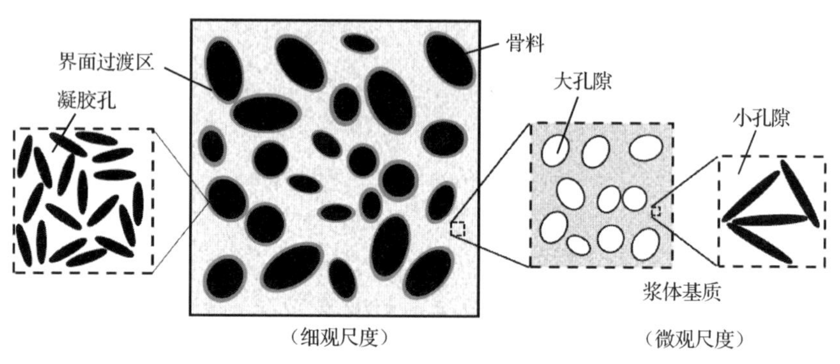

图 3.1　干燥混凝土典型的多尺度物理模型

1．有效体积模量

这里，多孔混凝土材料被看成是由混凝土基质（即孔隙率为零）和孔隙夹杂相所组成的两相复合材料介质，如图 3.2（a）所示的代表性体积单元。这里的孔隙夹杂相为各尺度下的孔隙之和。因此，孔隙率即为这些孔隙的体积分数之和。

对图 3.2（a）所示的含孔隙混凝土两相复合材料介质的物理模型简化分析，简化为如图 3.2（b）所示的各向同性弹性空心球模型。Christensen 和 Lo[10]和 Duan 等[33]也采用类似模型对多相复合材料介质的有效弹性性能进行研究。

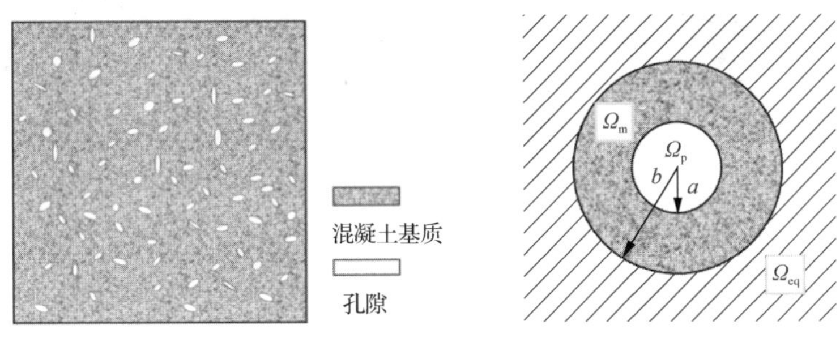

（a）多孔混凝土代表性体积单元　　（b）简化的计算模型（三相球模型）

图 3.2　含孔隙混凝土材料简化计算模型

孔隙或裂纹夹杂相为气相，相应的体积模量和剪切模量为零。图 3.3 所示为空心球的分析模型，设在无限远施加拉伸应力或静水压力 F，设基质为弹性。图 3.4 为从弹性体中割取的一个微小六面体，径向正应力为 σ_r，切向正应力为 σ_θ。由于对称，该六面体上不存在剪应力，K_r 代表径向体力。对于这个球对称问题，由于不考虑径向体力，则其微分方程为

$$\frac{\mathrm{d}^2 u_r}{\mathrm{d}r^2}+\frac{2}{r}\frac{\mathrm{d}u_r}{\mathrm{d}r}-\frac{2}{r^2}u_r=0 \tag{3.1}$$

外荷载 F 产生的位移场和应力场为

$$\begin{cases} u_{rm}=A_m r+B_m/r^2 \\ u_r^*=A^* r+B^*/r^2 \end{cases} \tag{3.2}$$

$$\begin{cases} \sigma_{rm}=3K_m A_m-4\mu_m B_m/r^3 \\ \sigma_r^*=3K^* A^*-4\mu^* B^*/r^3 \end{cases} \tag{3.3}$$

$$\begin{cases} \sigma_{\theta m}=3K_m A_m+2\mu_m B_m/r^3 \\ \sigma_\theta^*=3K^* A^*+2\mu^* B^*/r^3 \end{cases} \tag{3.4}$$

式中：角标“m”和“*”分别代表基质相和等效介质；r 为半径；K_m、μ_m 及 K^*、μ^*分别为基质和等效均匀介质的体积模量和剪切模量；A_m、B_m 为两待定参数。

不难看出，球体的应力分布是对称的，其边界条件为

$$\begin{cases} \tau_{r\theta}\big|_{r=a}=0, \quad \tau_{r\theta}\big|_{r=b}=0 \\ \sigma_{rm}\big|_{r=a}=0, \quad \sigma_{rm}\big|_{r=b}=\sigma_r^*\big|_{r=b}=F \end{cases} \tag{3.5}$$

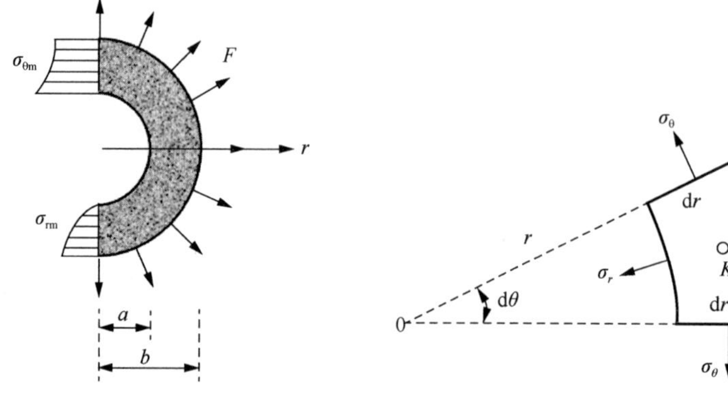

图 3.3　空心球分析模型　　　　图 3.4　微元应力

将式（3.5）边界条件代入式（3.3）应力场，得知

$$\begin{cases} A_{\mathrm{m}} = F / [3K_{\mathrm{m}}(1-p)] \\ B_{\mathrm{m}} = Fb^3 p / [4\mu_{\mathrm{m}}(1-p)] \end{cases} \tag{3.6}$$

式中：$p = a^3 / b^3$ 为孔隙或裂缝的体积分数。

根据位移连续条件 $u_{\mathrm{rm}}\big|_{r=b} = u_{\mathrm{r}}^{*}\big|_{r=b} = Fb / (3K^{*})$ 知

$$K^{*} = 4K_{\mathrm{m}}\mu_{\mathrm{m}}(1-p) / (4\mu_{\mathrm{m}} + 3K_{\mathrm{m}}p) \tag{3.7}$$

同样地，假设在无限远处施加均匀应变 ε，得到的体积模量与式（3.7）相同，说明按势能原理及余能原理求解可得到相同的体积模量，因而得到的理论解为体积模量的精确解。该结果与 Mackenzie[34]得到的结果相同。

2．有效剪切模量

很多研究者，包括 Kerner[35]、Christensen 和 Lo[10]及 Duan 等[33]采用三相球模型来计算非均质复合材料的有效剪切模量，该简化方法的优点是其考虑了夹杂相和周围等效基质之间的应力-应变场相互作用。但是，采用三相球模型来研究复合材料的有效剪切模量时，获得的剪切模量是一个一元二次方程组的根，方程系数是基体材料力学参数和孔隙率的函数，方程求解不便，不利于推广应用。

采用如图 3.5 所示的分析模型（简化为中空圆柱形管子两端受扭曲的分析模型）来计算含孔隙基质的有效剪切模量，在圆柱形管两端施加扭矩 T，使含孔基质产生扭转，图 3.6 为扭转时的变形情况。该中空圆柱形管子简化方法的思想，可以认为是 Christensen 和 Lo[10]方法的一种简化。中空圆柱形管基质的内半径为 n，外半径为 b，则孔隙率为 $p = n^2 / b^2$。

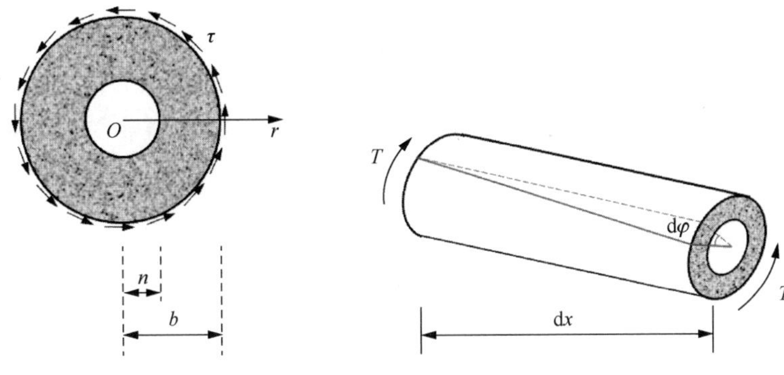

图 3.5　中空圆柱形管子扭转截面　　　　图 3.6　扭转微元应力

采用极坐标系，从图 3.5 中可得知：横截面上距圆心距离为 r 的点的剪应力 τ_{r} 为

$$\tau_{\mathrm{r}}=\frac{T}{I_{\mathrm{P}}}\cdot r \tag{3.8}$$

式中：T 为平面上的扭矩；I_{P} 为极惯性矩，对于实心截面及空心圆截面，其极惯性矩 I_{P} 分别为

$$I_{\mathrm{P}}=\frac{\pi(2b)^4}{32} \tag{3.9a}$$

$$I_{\mathrm{P}}=\frac{\pi(2b)^4}{32}(1-\beta^4)\qquad \beta=\frac{n}{b} \tag{3.9b}$$

（1）当截面为实心时，即 $n=0$ 时，图 3.5 中单位长度圆管的相对扭转角 φ 为

$$\varphi=\int_L\frac{T}{GI_{\mathrm{P}}}\mathrm{d}x=\frac{T}{GI_{\mathrm{P}}}=\frac{32T}{G\pi(2b)^4} \tag{3.10}$$

（2）当截面为空心时，中空单位长度圆柱的相对扭转角 φ 为

$$\varphi=\int_L\frac{T}{GI_{\mathrm{P}}}\mathrm{d}x=\frac{T}{GI_{\mathrm{P}}}=\frac{32T}{G\pi(2b)^4(1-\beta^4)} \tag{3.11}$$

有效剪切模量等效原则：空心截面在扭矩 T 作用下，使得单位长度圆管产生的相对扭转角 φ_1 与实心截面在扭矩 T 作用下产生的扭转角 φ_2 相同，即

$$\varphi_1=\frac{32T}{G_{\mathrm{m}}\pi(2b)^4(1-\beta^4)}=\frac{32T}{G^*\pi(2b)^4}=\varphi_2 \tag{3.12}$$

空心球情况下孔隙率 $p_{\text{sphere}}=a^3/b^3$，中空圆柱形材料基质简化等效模型的孔隙率为 $p_{\text{cylindrical}}=n^2/b^2$，为使两者的孔隙率相等，则 $n=a\sqrt{a/b}$ 。将其带入式（3.12）可得

$$G^*=G_{\mathrm{m}}(1-\beta^4)=G_{\mathrm{m}}\left[1-\left(\frac{n^2}{b^2}\right)^2\right]=G_{\mathrm{m}}\left[1-\left(\frac{a^3}{b^3}\right)^2\right]=G_{\mathrm{m}}(1-p^2) \tag{3.13}$$

从而可以得知，含孔隙基质的有效剪切模量为

$$\mu^* = G^* = G_m(1-p^2) \tag{3.14}$$

式中：G_m为基质的固有剪切模量（零孔隙率）；μ^*或 G^*为含孔混凝土基质的有效剪切模量。

3．有效弹性模量

经过上述推导，可以得到含孔隙基质的有效体积模量K^*和有效剪切模量μ^*。对于含有球形孔隙的混凝土复合材料，若基体材料是各向同性的，那么也可以认为孔隙是各向同性的。对于各向同性材料，独立的弹性常数只有两个，因此只要确定了含孔隙或裂纹复合材料的有效体积模量和有效剪切模量，就可以确定有效弹性模量E^*和泊松比ν^*，即

$$E^* = \frac{9K^*\mu^*}{3K^*+\mu^*}, \qquad \nu^* = \frac{3K^*-2\mu^*}{6K^*+2\mu^*} \tag{3.15}$$

3.1.2　多孔混凝土有效强度及峰值应变

多孔复合材料的有效力学性能与其细观孔隙结构紧密相关。混凝土的孔隙结构包括孔隙尺寸、孔隙连通性、孔隙表面粗糙度以及孔隙的体积分数（即孔隙率）[36]。人们早已知道孔隙结构对混凝土力学性能有很大的影响[37]，为预测有效强度与孔隙结构之间的关系，国内外研究者提出了很多关于孔隙结构与强度定量关系的经验公式，代表性的为半经验方程[38-42]。这些公式广泛应用于多孔混凝土复合材料的宏观力学性能中，如 Rößler 和 Odler[43]、Jons 和 Osbaeck[44]以及 Kearsley 和 Wainwrigh[45]等的研究工作。虽然如此，这些经验公式中有些方程仅仅适合于低孔隙率情况，而有些仅仅适合于很高的孔隙率情况。此外，研究表明[36]，大多数现有的表征强度和水泥基复合材料的孔隙尺寸特征的计算模型，对于混凝土复合材料来说存有很多不足之处。

混凝土的强度取决于水泥水化程度、化学和物理特性以及孔隙率。Powers 和 Brownyard[46]根据硬化水泥净浆的组成，给出了其抗压强度的表达式。Jabor[47]得出了低孔隙率水泥净浆基质抗压强度的公式，Huang 等[48]将孔隙的比表面积概念引入到混凝土有效强度表达式中，并给出了新的方程。由于压缩加载是混凝土材料最基本的加载模式，因此对混凝土的单轴抗压强度的研究相对较多。Roy 和 Gouda[49]、Beaudoin 和 Ramachandran[50]及 Kearsley 和 Wainwright[45]研究了孔隙率对混凝土抗压强度的影响。近年来，大量的研究工作依然集中于孔隙率对混凝土抗压强度的影响[28, 32, 51-53]。

总体来说，上述提及的研究工作主要是关于孔隙率与混凝土抗压强度之间的关系，而对于混凝土抗拉及抗剪强度与孔隙率之间关系的研究则相对很少，对于峰值拉伸和剪切应变与孔隙率关系的研究则更为少见。在地震作用和爆炸荷载等

外荷载作用下，混凝土大坝及其他的大型混凝土工程结构的主要破坏模式为拉伸或剪切破坏，这使得对混凝土拉伸及剪切力学的研究显得尤为重要。

1．有效抗拉强度及峰值拉伸应变

一般来说，多孔复合材料的宏观力学性能由孔隙率和孔隙尺寸、孔隙连通性等相关因素来决定。当然，研究表明[53, 54]孔隙率是最重要的影响多孔复合材料力学性能的参数，而其他参数的影响则相对很少。据此，本节将孔隙率作为唯一参数，并研究其对混凝土强度的影响。

图 3.7 是含孔隙基质等效化过程：外荷载 F_0 作用下使无孔基质[图 3.7（a）]达到其强度 S_0；而当基质含有孔隙时，外荷载为 F_1 时方能使基质体[图 3.7（b）]达到强度 S_0；那么外荷载依然为 F_1，若使得图 3.7（b）的等效体图 3.7（c）亦达到强度，那么等效体的弹性模量、泊松比、强度及临界应变等都将发生变化，与原基质固有的力学性质有什么样的关系呢？

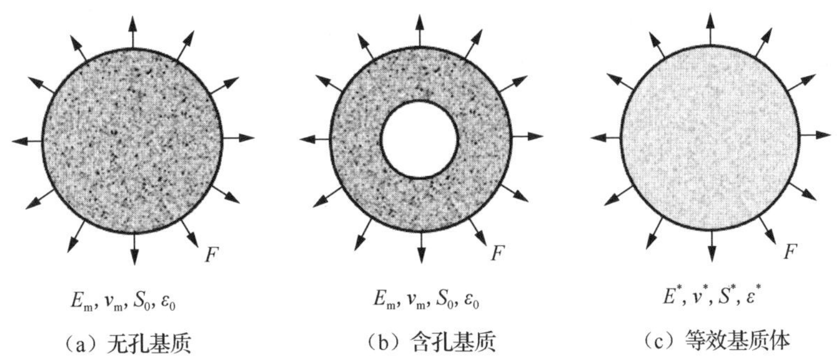

图 3.7　混凝土强度参数分析等效化过程

将式（3.6）代入式（3.3）、式（3.4）可得砂浆基质的径向及切向应力场为

$$\sigma_{rm} = \frac{3K_m F}{3K_m(1-p)} - \frac{4\mu_m F b^3 p}{4\mu_m(1-p)r^3} = \frac{F}{1-p} - \frac{Fb^3 p}{(1-p)r^3} \tag{3.16}$$

$$\sigma_{\theta m} = \frac{3K_m F}{3K_m(1-p)} + \frac{2\mu_m F b^3 p}{4\mu_m(1-p)r^3} = \frac{F}{1-p} + \frac{Fb^3 p}{2(1-p)r^3} \tag{3.17}$$

由于不存在坐标方向的剪应力分量，那么式（3.16）及式（3.17）所给出的径向正应力和切向正应力就是微元的两个主应力。

由式（3.16）及式（3.17），通过计算，不难得知多孔混凝土基质域的平均应力或等效应力 σ_{rm}^{eff} 及 $\sigma_{\theta m}^{eff}$（径向及切向）分别可以表述为

$$\sigma_{rm}^{eff} = \frac{1}{b-a}\int_a^b \sigma_{rm} dr = \frac{1}{b-a}\int_a^b \left[\frac{F}{1-p} - \frac{Fb^3 p}{(1-p)r^3}\right] dr = \frac{F}{1-p} - \frac{Fb(a+b)}{2a^2}\cdot\frac{p}{1-p} \tag{3.18}$$

$$\sigma_{\theta m}^{\text{eff}}=\frac{1}{b-a}\int_a^b\sigma_{\theta m}\mathrm{d}r=\frac{Pb^2}{b^2-a^2} \tag{3.19}$$

接下来，将分析径向平均应力σ_{rm}^{eff}与切向平均应力$\sigma_{\theta m}^{\text{eff}}$之间的大小关系。将孔隙率$p=a^3/b^3$代入式（3.18）及式（3.19），若$p\neq 0$，经计算得知：

$$\begin{cases}\sigma_{\theta m}^{\text{eff}}>\sigma_{rm}^{\text{eff}} & F>0,\quad \text{拉伸}\\ \sigma_{\theta m}^{\text{eff}}<\sigma_{rm}^{\text{eff}} & F<0,\quad \text{压缩}\end{cases} \tag{3.20}$$

若选取最大拉应变准则作为拉伸时强度判断准则，最小主应变作为压缩情况下的强度判断准则，则无论对于拉伸情况还是对于压缩情况，都是由“环向平均应力”来判断基质是否达到其强度S_0。

（1）当孔隙内径$a=0$，即孔隙率$p=0$时，基质域的有效应力σ_{rm}^{eff}和$\sigma_{\theta m}^{\text{eff}}$均为远场的静水压力$F_0$，即$\sigma_{rm}^{\text{eff}}=\sigma_{\theta m}^{\text{eff}}=F_0$，等效弹模$E^*$即为基质的弹模$E_m$。要说明的是，这里假设基质达到其强度前处于线弹性阶段，则当砂浆基质达到其固有强度S_0时所对应的临界应变ε_0为

$$\varepsilon_0=\frac{F_0}{E^*}=\frac{\sigma_{\theta m}^{\text{eff}}}{E_m}=\frac{S_0}{E_m} \tag{3.21}$$

（2）当孔隙率$p\neq 0$时，砂浆基质域的平均应变$\varepsilon_{rm}^{\text{eff}}$为

$$\varepsilon_{\theta m}^{\text{eff}}=\sigma_{\theta m}^{\text{eff}}/E_m=\left(\frac{Fb^2}{b^2-a^2}\right)\cdot\frac{1}{E_m} \tag{3.22}$$

对于砂浆基质来说，无论其含有孔隙还是不含孔隙，其达到强度S_0时的有效应变值是相同的；即砂浆基质达到其强度时，其基质域的有效应变$\varepsilon_{rm}^{\text{eff}}$与式（3.21）的临界应变值相同，则

$$\varepsilon_{\theta m}^{\text{eff}}=\left(\frac{Fb^2}{b^2-a^2}\right)\cdot\frac{1}{E_m}=\frac{S_0}{E_m}=\varepsilon_0 \tag{3.23}$$

由式（3.23）可知，要使含孔隙率为p的砂浆基质达到强度S_0，则其远场拉伸应力或静水压力F_1为

$$F_1=\frac{S_0(b^2-a^2)}{b^2}=S_0(1-p^{2/3}) \tag{3.24}$$

由式（3.21）可以得知，这里得到的远场外荷载P_1即对应含孔基质的有效强度。从而由式（3.24）便可以初步了解脆性含孔材料的有效强度与孔隙率之间的定量关系。该结果与Hansen模型[55]及Wisches公式[56]都具有类似的性质，即含孔隙复合材料的有效强度S^*与材料固有强度S_0的关系为

$$S^*=S_0(1-p^{2/3}) \tag{3.25}$$

此时，等效体达到强度S时对应的临界等效拉、压应变ε^*为

$$\varepsilon^* = \frac{S}{E^*} = \frac{S_0(1-p^{2/3})}{E^*} = \frac{E_m(1-p^{2/3})}{E^*}\varepsilon_0 \tag{3.26}$$

式中：E^*为多孔混凝土的有效弹性模量，由式（3.15）获得。总体来说，强度与孔隙率定量关系式（3.25）与 Hansen[55]、Wischers[56]及 Balshin[38]等的理论公式形式类似。

2．有效剪切强度及峰值剪切应变

本节将推导孔隙率与多孔干燥混凝土有效剪切强度及对应的峰值剪切应变的定量关系，探讨孔隙率的影响。如图 3.8 所示，对空心圆柱体截面取出一微元进行分析，不难得知微元面的平均剪应力 τ_r^{eff} 为

$$\tau_r^{eff} = \frac{\bar{d}F}{\bar{d}A} = \frac{\int_n^b \tau_r dA}{\frac{1}{2}(b^2-n^2)d\theta} = \frac{\int_n^b \left(\frac{\tau_{max}}{b} r\right)(r\cdot drd\theta)}{\frac{1}{2}(b^2-n^2)d\theta} = \frac{2}{3}\tau_{max}\cdot\frac{b^3-n^3}{b(b^2-n^2)} \tag{3.27}$$

式中：$\bar{d}F$、$\bar{d}A$为图 3.8 中微元的剪切力和面积；τ_{max}为截面外边缘的剪应力，为

$$\tau_{max} = \frac{T\cdot b}{I_P} \tag{3.28}$$

式中：I_P为圆截面的极惯性矩，详见式（3.9）。

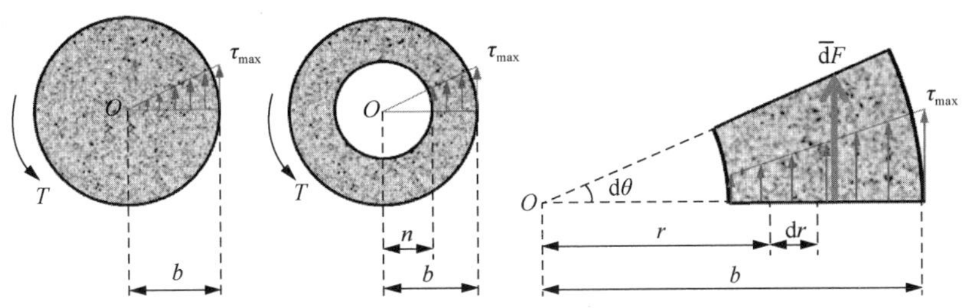

（a）无孔基质剪应力分布　（b）含孔基质剪应力分布　（c）微元应力分布

图 3.8　扭转截面剪切应力分布情况

若以最大剪应力作为判断材料是否失效的准则时，可以设基质材料的失效强度为 J_0，对应强度的临界剪应变为γ_0。

（1）当 $n=0$ 时，即为实心截面时，设在扭矩 T_1 作用下使基质达到强度 J_0，则此时截面的平均剪应力$\tau_r^{eff}\big|_{n=0}$及平均剪应变$\gamma_r^{eff}\big|_{n=0}$分别为

$$\tau_r^{eff}\big|_{n=0} = \frac{2}{3}\cdot\tau_{max}\big|_{n=0} = \frac{2}{3}\cdot\frac{T_1\cdot b}{\pi(2b)^4/32} \tag{3.29}$$

$$\gamma_{\mathrm{r}}^{\mathrm{eff}}\Big|_{n=0}=\frac{\tau_{\mathrm{r}}^{\mathrm{eff}}\Big|_{n=0}}{\mu_{\mathrm{m}}}=\frac{2}{3}\cdot\frac{T_1\cdot b}{\pi(2b)^4/32}\cdot\frac{1}{\mu_{\mathrm{m}}}\tag{3.30}$$

式（3.29）及式（3.30）得到的平均剪应力和平均剪应变即为基质材料的固有强度和其对应的临界应变值，即

$$J_0=\tau_{\mathrm{r}}^{\mathrm{eff}}\Big|_{n=0}\tag{3.31a}$$

$$\gamma_0=\gamma_{\mathrm{r}}^{\mathrm{eff}}\Big|_{n=0}\tag{3.31b}$$

（2）当 $n\neq 0$ 时，即为空心截面时，设扭矩达到 T_2 时使基质达到强度 J_0，此时截面的平均剪应力 $\tau_{\mathrm{r}}^{\mathrm{eff}}\Big|_{n\neq 0}$ 及平均剪应变 $\gamma_{\mathrm{r}}^{\mathrm{eff}}\Big|_{n\neq 0}$ 分别为

$$\tau_{\mathrm{r}}^{\mathrm{eff}}\Big|_{n\neq 0}=\frac{2}{3}\tau_{\max}\Big|_{n\neq 0}\cdot\frac{b^3-n^3}{b(b^2-n^2)}=\frac{2}{3}\cdot\frac{T_2\cdot b}{\pi(2b)^4(1-\beta^4)/32}\cdot\frac{b^3-n^3}{b(b^2-n^2)}\tag{3.32a}$$

$$\gamma_{\mathrm{r}}^{\mathrm{eff}}\Big|_{n\neq 0}=\frac{2}{3}\cdot\frac{T_2\cdot b}{\pi(2b)^4(1-\beta^4)/32}\cdot\frac{b^3-n^3}{b(b^2-n^2)}\cdot\frac{1}{\mu_{\mathrm{m}}}\tag{3.32b}$$

对于砂浆基质来说，无论含孔或不含孔，只要基质的平均应力（或有效应力）达到其剪切强度 J_0 时即认为其破坏。换句话说，若使得含孔材料破坏，则其平均剪应变 $\gamma_{\mathrm{r}}^{\mathrm{eff}}\Big|_{n\neq 0}$ 应等于 γ_0，那么对应于孔隙率为 p 基质的有效强度 J 与基质的固有强度 J_0 的关系为

$$J^*=\frac{b(b^2-n^2)(1-\beta^4)}{b^3-n^3}J_0\tag{3.33}$$

对于圆柱形模型，其孔隙率 $p=n^2/b^2$，将其代入式（3.33），经化简可得

$$J^*=\frac{1+\sqrt{p}}{1+\sqrt{p}+p}(1-p^2)J_0\tag{3.34}$$

式（3.34）即为含孔隙基质材料的有效强度与基质固有强度的定量关系。

那么含孔基质达到有效抗剪强度时所对应的临界等效剪应变 γ 为

$$\gamma=J/G^*\tag{3.35}$$

将式（3.34）及式（3.31）代入式（3.35），可知多孔混凝土材料的有效剪应变 γ^* 为

$$\gamma^*=\frac{J^*}{\mu^*}=\frac{\mu_{\mathrm{m}}}{\mu^*}\frac{1+\sqrt{p}}{1+\sqrt{p}+p}(1-p^2)\gamma_0\tag{3.36}$$

经化简得

$$\gamma^*=\frac{1+\sqrt{p}}{1+\sqrt{p}+p}\gamma_0\tag{3.37}$$

3.2　饱和混凝土有效力学性质

目前来说，虽然对普通干燥混凝土的力学行为能够很好地掌握，但在实际的工程结构分析中并未或很少考虑到孔隙水存在的影响。弹性模量是混凝土材料的主要力学参数之一，但迄今为止，对湿态混凝土弹性行为的定量研究还非常少[57-60]，而对另外一主要参数——强度的定量研究则更为少见。Yaman 等[24]和 Wang 等[57]对孔隙率与湿态混凝土有效弹性模量的关系进行了定量分析。白卫峰等[61]基于 Mori-Tanaka 平均应力场思想下的等效夹杂方法，对湿态混凝土的弹性模量进行了预测。但是，他们获得的理论解析公式与试验结果存在一些误差。Powers[62]以及 Feldman 和 Sereda[63]对水泥细观微观结构进行了研究，他们提出的模型反映了水泥的收缩和膨胀性与孔隙水紧密关联。Rossi[64]提出了一个物理模型，对动力加载条件下混凝土中自由水存在对其开裂过程的影响进行了解释说明。Harris 等[65]对大坝混凝土进行了动力加载试验研究，结果表明随着饱和度的增大混凝土的静态和动态抗压强度均随之降低，而静态和动态的劈裂抗拉强度有所提高。Bourgeois 等[66]基于多孔材料的多孔柔韧理论，提出了研究饱和与不饱和岩石、混凝土有效力学性能的弹塑性模型，研究了不同含水量对岩石、混凝土力学性能的影响。

在水环境中工作的混凝土结构受到外部荷载、外部水压力和孔隙水压力等作用，混凝土处于复杂的多轴应力加载状态。此外，化学腐蚀作用也都会使混凝土力学性能有所改变。针对这些问题，国内外学者进行了大量的研究工作。有些研究[67-72]表明，孔隙水的存在使混凝土强度降低而弹性模量则有所提高；而 Bjerkei 等[73]和 Morley[74]的试验研究表明孔隙水的存在对混凝土的弹性模量和强度没有影响。此外，还有研究者认为水环境条件下的混凝土强度将有所提高，这是因为水中混凝土处于三轴压缩状态，因此他们建议在工程设计中应该考虑到强度的提高。

无论如何，大多数的研究结果均表明水环境条件下混凝土的力学性能，如弹性模量、泊松比及强度等，受到混凝土孔隙和微裂纹中水体存在的影响。虽然如此，对于湿态混凝土力学性能，尤其是弹性模量和强度的研究还存在很大分歧，没有形成统一的认识。

本节在第 3.1 节的基础之上，对饱和混凝土的宏观力学性能进行研究，推导孔隙率与混凝土弹性模量、泊松比以及有效强度的关系，进而探讨孔隙水存在的定量影响，为混凝土水工结构工程数值仿真与抗震设计中材料参数的选取提供基本的理论基础。

3.2.1 饱和混凝土有效弹性性质

大量的关于湿态混凝土静态和动态力学特性的试验研究结果均表明，孔隙水对湿态混凝土的力学性能有很大的影响[58, 66, 75]。一些研究者的工作假定水环境中混凝土为完全饱和[76-80]，而有一些研究工作是基于混凝土为非饱和或半饱和状态假定，如Rossi[58]、Bourgeois 等[66]及 Chatterji [81]等的研究工作。近年来，关于湿态混凝土力学特性的研究有了很大的进展，但是关于湿态混凝土有效弹性模量与孔隙率等因素定量关系的研究却依然罕见[59]。Yaman 等[24,82]基于 M-T 方法[14]、K-T 模型等方法预测了饱和混凝土的弹性模量，并对比了各方法的理论结果，发现 K-T 模型比其他细观预测方法更为有效，但是其结果与试验结果仍然存在一些误差。Wang 等[59]提出了有效孔隙率的概念，对非饱和混凝土的有效弹性模量和有效泊松比进行了研究，其理论模型能很好地预测饱和混凝土的有效弹性模量和泊松比，很好地反映了水体存在的影响；但该方法在预测干燥混凝土有效力学特性时，与试验结果存在大的偏离，获得的干燥混凝土泊松比的理论解是不合理的。

本节在 3.1 节提出的三相球模型和中空圆柱形管模型的基础上，考虑孔隙水的影响，定量地研究完全饱和混凝土（注：当混凝土沉浸在水中很长一段时期后，可以认为混凝土内部孔隙或微裂纹等完全被水体充满，是完全饱和的）的有效弹性性质，包括有效弹性模量和有效泊松比[7, 8]。图 3.9 给出了一个典型的充满水的饱和混凝土多尺度物理模型，其涵盖了细观尺度（混凝土由骨料、砂浆基质及界面过渡区组成）及微观尺度（砂浆基质的微观组成，详见文献[83]）。

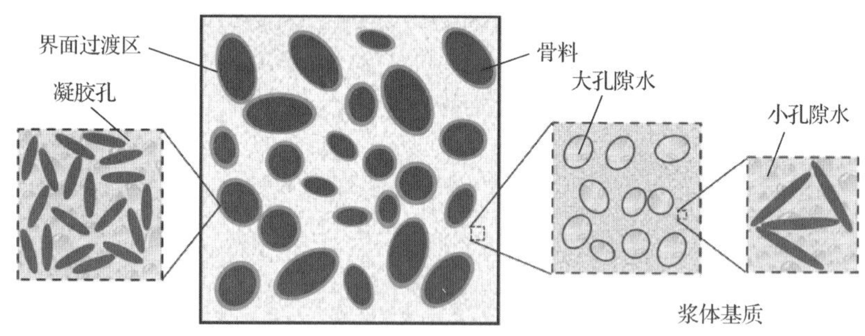

图 3.9　饱和混凝土典型的多尺度物理模型

1. 有效体积模量

将饱和混凝土材料被看成是由混凝土基质（也即是孔隙率为零）和孔隙水夹

杂相所组成的两相复合材料介质，如图 3.10（a）所示的代表性体积单元。这里的孔隙水夹杂相为各尺度下的孔隙水体的体积之和。因此，孔隙率即为这些孔隙水的体积分数之和。

对图 3.10（a）所示的饱和混凝土两相复合材料介质的物理模型简化分析，简化为如图 3.10（b）所示的各向同性弹性三相球模型。夹杂相为球形水体，设定为弹性，孔隙水相内径为 a，混凝土基质相外径为 b，如图 3.11（a）所示。因此，孔隙水的体积分数，即孔隙率 $p=a^3/b^3$。

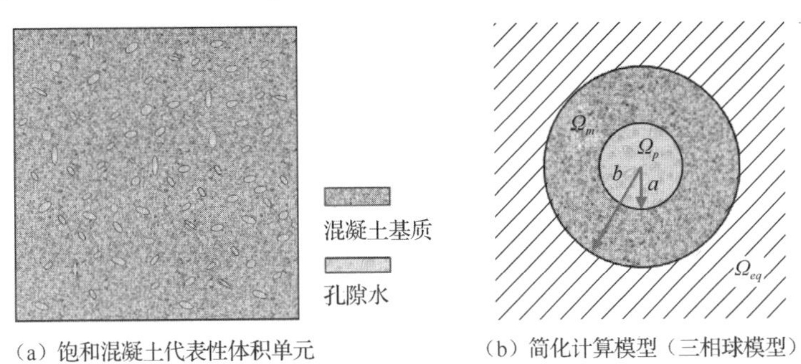

（a）饱和混凝土代表性体积单元　（b）简化计算模型（三相球模型）

图 3.10　饱和混凝土力学性能简化计算模型

孔隙水的体积模量为 K_w，一般来说水的体积模量小于混凝土材料的体积模量，即 $K_w<K_m$。对于图 3.11（b）所示的孔隙水夹杂，在进行力学等效分析时，水夹杂可以认为是由含有一定孔隙率的混凝土基质来表征其力学性能，可知该孔隙率 p_1 满足关系

$$\frac{4K_m\mu_m(1-p_1)}{4\mu_m+3K_m p_1}=K_w \tag{3.38}$$

根据式（3.38），可得知孔隙率 p_1 应为

$$p_1=\frac{4\mu_m(K_m-K_w)}{K_m(3K_w+4\mu_m)} \tag{3.39}$$

简单地说，具有孔隙率为 p_1 空心混凝土材料[图 3.11（b）]有效体积模量的大小，与水体的体积模量大小相同。当然，p_1 为某常数值。

为得如图 3.11（a）所示的饱和混凝土材料的有效体积模量，可以将其中半径为 a 的球形水体替换成外半径为 a 的具有 p_1 孔隙率的空心混凝土球体，最终形成如图 3.11（c）所示的具有孔隙率 p_2（p_2 为整体孔隙率）的空心混凝土。也就是说，图 3.11（c）空心混凝土球体的有效体积模量，与图 3.11（a）所示的饱和混凝土的体积模量相同。接下来，研究图 3.11（c）所示的具有孔隙率 p_2 的空心混凝土球体的有效体积模量。

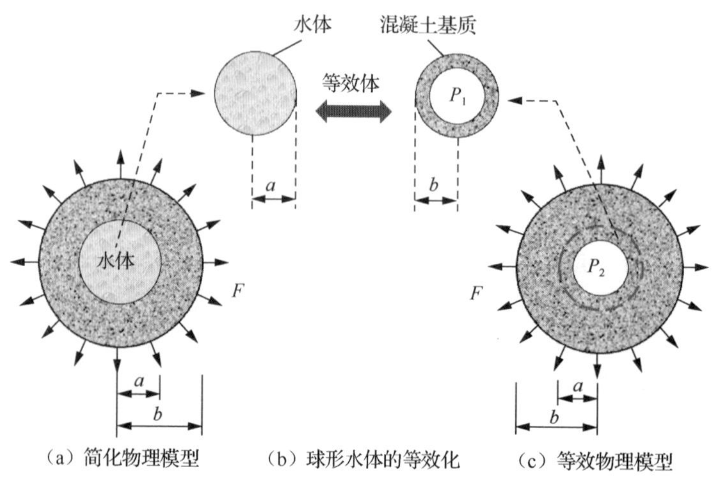

（a）简化物理模型　（b）球形水体的等效化　（c）等效物理模型

图 3.11　饱和混凝土复合材料等效化过程

图 3.11（c）空心球的孔隙率 p_2 为

$$p_2 = \frac{a^3 \cdot p_1}{b^3} = pp_1 \tag{3.40}$$

将孔隙率 p_2 代入式（3.7），便可以获得图 3.11（c）所示的空心混凝土弹性球体的有效体积模量 K_w^*。因此，可以获得图 3.11（a）所示的具有孔隙率为 p 的饱和混凝土的有效体积模量 K_w^*

$$K_w^* = \frac{4K_m\mu_m(1-p_2)}{4\mu_m + 3K_m p_2} = \frac{4K_m\mu_m(1-pp_1)}{4\mu_m + 3K_m pp_1} \tag{3.41}$$

2．有效弹性模量

一般来说，认为水不具有抗剪切能力[24, 82]。这里假设孔隙水的存在不影响湿态混凝土的宏观剪切性能，即不影响剪切模量的大小。也就是说，饱和混凝土的有效剪切模量 μ_w^*，与干燥混凝土（孔隙中不存在水体）的有效剪切模量相同，即

$$\mu_w^* = \mu^* = \mu_m(1-p^2) \tag{3.42}$$

根据弹性力学基本理论，有上述推导得到的饱和湿态混凝土有效体积模量 K_w^* 及有效剪切模量 μ_w^*，不难得知饱和湿态混凝土材料的有效弹性模量 E_w^* 和泊松比 ν_w^* 分别为

$$E_w^* = \frac{9K_w^*\mu_w^*}{3K_w^* + \mu_w^*}, \qquad \nu_w^* = \frac{3K_w^* - 2\mu_w^*}{6K_w^* + 2\mu_w^*} \tag{3.43}$$

3.2.2　饱和混凝土抗拉强度及峰值应变

近年来，有研究者开始探讨孔隙水对混凝土力学性能的影响。Pichler 等[31,32]采用了两个代表性体积单元，一个表征水泥砂浆基质，另一个表征喷射混凝土，考虑到排水及不排水条件对混凝土单轴抗压强度的影响，研究了喷射混凝土多尺度复合材料的弹性刚度和抗压强度。王海龙和李庆斌[84-86]采用断裂力学方法探讨了湿态混凝土在承受单轴压缩作用下孔隙水压力对混凝土开裂、扩展和抗压强度的影响，结果表明：较干燥混凝土相比，湿态混凝土的开裂应力和抗压强度都有所降低。有些研究[67-72]表明孔隙水的存在，使混凝土强度降低，弹性模量则有所提高；而 Bjerkei 等[73]和 Morley[74]的试验研究表明孔隙水的存在对混凝土的弹性模量和强度没有影响。

总地来说，关于湿态混凝土强度方面的研究多建立在试验研究的基础上，理论研究较少，且关于湿态混凝土有效力学特性方面的结论尚有很大分歧；现有的理论研究也大多是给予定性的解释，定量方面的研究相对少得多。此外，现有的研究更多关心或考虑混凝土抗压强度与孔隙水压及二者之间的关系，对抗拉强度方面的研究工作较少。混凝土大坝及其他的大型混凝土工程结构的主要破坏模式为拉伸或剪切破坏，这使得对混凝土拉伸及剪切力学的研究显得尤为重要。

为此，本节主要探讨饱和混凝土的抗拉强度及对应的峰值应变，建立其与孔隙率之间的定量关系。同样假设孔隙率是影响饱和混凝土强度的最主要参数，将其作为唯一的因变量参数。

1．简化计算模型

对于图 3.11（a）所示的饱和混凝土两相复合材料，在球体周围施加拉伸应力 F，混凝土基质假定为弹脆性材料。图 3.12 是含孔隙基质等效化过程：外荷载 F_0 作用下使图 3.12（a）所示的混凝土基质达到其强度 S_0（孔隙率为零时混凝土的强度）；而当基质含有孔隙时，外荷载为 F_1 时方能使得基质体[图 3.12（b）]达到强度 S_0；那么外荷载依然为 F_1，若使得图 3.12（b）的等效体[图 3.12（c）]亦达到强度，那么等效体的弹性模量、泊松比、强度及临界应变等都将发生变化。由 3.1 节理论推导，得知图 3.11（c）所示的混凝土基质径向及环向应力场为

$$\sigma_{\mathrm{rm}}=\frac{F}{1-p_2}-\frac{Fp_2\cdot b^3}{(1-p_2)\cdot r^3} \tag{3.44}$$

$$\sigma_{\theta\mathrm{m}}=\frac{F}{1-p_2}+\frac{Fp_2\cdot b^3}{2(1-p_2)\cdot r^3} \tag{3.45}$$

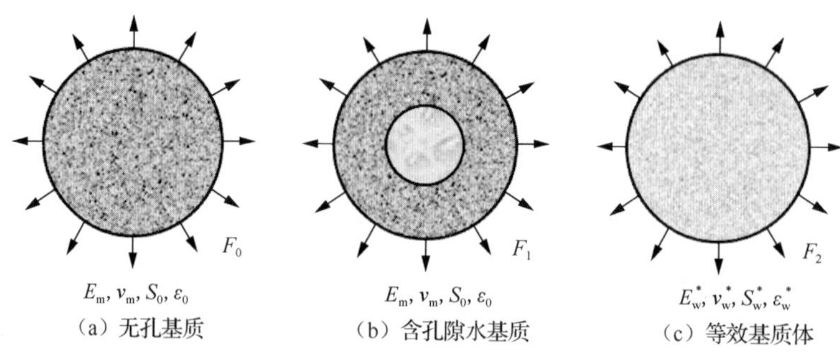

（a）无孔基质　（b）含孔隙水基质　（c）等效基质体

图 3.12　饱和混凝土强度参数等效化分析过程

2．强度与孔隙率关系

如图 3.4 所示，实际上径向应力 σ_{rm} 和环向应力 $\sigma_{\theta m}$ 正是分别对应微元的两个主应力。由式（3.44）和式（3.45），不难得知在远场拉伸荷载 $F(F>0)$ 作用下，径向应力 σ_{rm} 和环向应力 $\sigma_{\theta m}$ 总是满足

$$\sigma_{\theta m} > \sigma_{rm} \tag{3.46}$$

这里，选用最大主应力准则作为混凝土材料拉伸失效的破坏准则。

假定混凝土基质在达到其强度前始终处于弹性状态。那么由式（3.46）不难看出，由环向应力来决定混凝土是否达到其破坏强度。下面来简单计算图 3.11（a）中混凝土基质的环向平均应力 $\sigma_{\theta m}^{\text{eff}}$。

将球体切成上下两半，图 3.13（a）为两相球截面混凝土基质环向拉伸应力 $\sigma_{\theta m}$ 及孔隙水环向拉伸应力 $\sigma_{\theta w}$ 的分布情况，应力方向垂直于该截面。

外部混凝土基质传递给内部球形水体的径向应力[图 3.13（b）]为

$$\sigma_{rw}\big|_{r=a} = \frac{F}{1-p_2} - \frac{Fp_2 \cdot b^3}{(1-p_2)\cdot a^3} = \frac{F}{1-p_2} - \frac{Fp_2}{1-p_2}\cdot\frac{1}{p} \tag{3.47}$$

将孔隙水球体取出进行分析，由力的平衡条件知图 3.13（a）截面上孔隙水体的平均环向拉伸应力 $\sigma_{\theta w}^{\text{eff}}$ 为

$$\sigma_{\theta w}^{\text{eff}} = \sigma_{rw}\big|_{r=a} = \frac{F}{1-p_2} - \frac{Fp_2}{1-p_2}\cdot\frac{1}{p} \tag{3.48}$$

可知图 3.13 所示截面上混凝土基质部分的环向平均应力 $\sigma_{\theta m}^{\text{eff}}$ 为

$$\sigma_{\theta m}^{\text{eff}} = \frac{Fb^2 - \sigma_{\theta w}^{\text{eff}} a^2}{b^2 - a^2} = \frac{Fb^2}{b^2-a^2} - \left(\frac{F}{1-p_2} - \frac{Fp_1}{1-p_2}\right)\cdot\frac{a^2}{b^2-a^2} \tag{3.49}$$

（1）当 $a=0$，即孔隙水体积分数为零时，设定混凝土固相基质的固有强度为 S_0，则基质达到其强度 S_0 时所对应的临界应变 ε_0 满足

$$\varepsilon_0 = \frac{\sigma_{\theta m}^{\text{eff}}}{E_{\text{m}}} = \frac{p}{E_{\text{m}}} = \frac{S_0}{E_{\text{m}}} \tag{3.50}$$

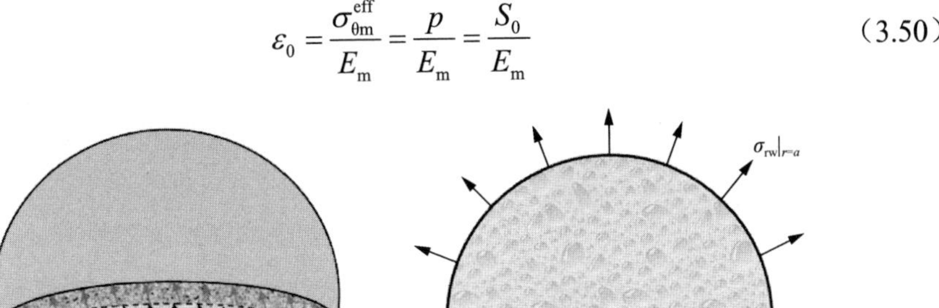

（a）两相球截面应力分布　　（b）孔隙水应力分布

图 3.13　半球截面上环向应力分布

（2）当 $a \neq 0$，对于混凝土基质来说，无论其含有孔隙还是不含孔隙，其达到强度 S_0 时的有效应变值都是相同的。混凝土基质达到其强度 S_0 时，其“基质域”的有效应变 $\varepsilon_{\theta m}^{\text{eff}}$ 与式（3.21）给出的临界应变值 ε_0 相同，即

$$\varepsilon_{\theta m}^{\text{eff}} = \left(\frac{b^2}{b^2 - a^2} - \frac{1 - p_1}{1 - p_2} \cdot \frac{a^2}{b^2 - a^2} \right) \cdot \frac{F}{E_{\text{m}}} = \frac{S_0}{E_{\text{m}}} = \varepsilon_0 \tag{3.51}$$

若使混凝土基质达到抗拉强度 S_0，需在无穷远处施加的拉伸应力荷载 F_1 为

$$F_1 = S_0 \Big/ \left(\frac{b^2}{b^2 - a^2} - \frac{1 - p_1}{1 - p_2} \cdot \frac{a^2}{b^2 - a^2} \right) \tag{3.52}$$

由上述分析可知，饱和湿态混凝土的等效抗拉强度 S_{w}^* 与荷载 F_1 相同，即

$$S_{\text{w}}^* = S_0 \Big/ \left(\frac{b^2}{b^2 - a^2} - \frac{1 - p_1}{1 - p_2} \cdot \frac{a^2}{b^2 - a^2} \right) \tag{3.53}$$

此时，等效体达到强度 S_{w}^* 时相对应的临界抗拉应变 ε_{w}^* 可表示为

$$\varepsilon_{\text{w}}^* = S_{\text{w}}^* / E_{\text{w}}^* \tag{3.54}$$

对式（3.53）进行简单的变化，不难得知

$$\frac{S_{\text{w}}^*}{S_0} = (1 - p^{2/3}) \cdot \frac{1 - p_2}{p_1 - p_2} \tag{3.55}$$

对于干燥混凝土，气体相夹杂的刚度为零，因此孔隙率 $p_1 = 0$。将其代入上式（3.55），可以得到干燥混凝土的抗拉强度 S_{d}^* 与混凝土基质的强度比为

$$\frac{S_{\text{d}}^*}{S_0} = 1 - p^{2/3} \tag{3.56}$$

对应的峰值拉伸应变为

$$\varepsilon_{\text{d}}^* = S_{\text{d}}^* / E^* \tag{3.57}$$

3.3　非饱和混凝土有效力学性质

Powers 和 Brownyard[87]将水泥基复合材料浸泡在水中 222 天后，发现其混凝土内部看起来依然干燥，混凝土是非饱和的。此外，Nilsson[88]和 Persson[89]的研究均发现即使混凝土存放在水中很长一段时间，其相对湿度依然小于 100%。近年来，对非饱和混凝土力学行为的研究取得了很大的进展。Bourgeois 等[66]基于多孔材料的多孔柔韧理论，提出了研究饱和与不饱和岩石、混凝土有效力学性能的弹塑性模型，研究了不同含水量对岩石、混凝土力学性能的影响。Chatterji[81]对水中混凝土呈现非饱和或半饱和状态给予了理论解释。Wang 和 Li[59]考虑到水的黏性影响，对非饱和混凝土的有效弹性模量和泊松比进行了预测。Ghabezloo[2]对排水及不排水条件下水泥浆进行了压缩试验，并采用多尺度均匀化方法来评估水泥浆材料的多孔弹性参数。

尽管如此，目前在非饱和混凝土宏观力学性能（如弹性模量和抗拉强度等）孔隙率与饱和度之间的定量关系方面，尤其是对抗拉强度方面的研究还很少见；此外，孔隙水对湿态混凝土力学性能，尤其是对强度影响的认识还存在分歧。

本节从混凝土细观尺度出发，提出了预测湿态混凝土力学特性的两步均匀化方法，进而对湿态混凝土的弹性模量、泊松比、抗拉强度及其峰值拉伸应变进行了理论预测[9]。

3.3.1　有效饱和度

类似于 Pichler 等[31,32]和 Sanahuja 等[83]的工作，图 3.14 给出了非饱和混凝土的一个典型的多尺度物理模型，该模型涵盖了细观尺度（混凝土由骨料、砂浆基质及界面过渡区组成）及微观尺度。接下来，需要对该多尺度物理模型进行力学简化分析。

在细观尺度下，可以将湿态混凝土看作是由混凝土基质、各种孔隙和气孔等组成的多相复合材料。这些孔隙可能是饱和的、半饱和的或干燥的。混凝土总孔隙率为各种孔隙体积之和，为简化起见，本节依然将孔隙率作为影响混凝土力学性能的一个独立变量。

饱和度一般是指孔隙水体积和孔隙体积之比。但该定义方法不适合用于对非饱和混凝土宏观力学性质的研究。如图 3.15 所示，水体在湿态混凝土中有 3 种存在形式，即饱和的、非饱和的和干燥的。饱和孔隙指混凝土孔隙中完全充满水[图 3.15（a）]，非饱和孔隙指孔隙中不仅有水还有空气[图 3.15（b）]，干燥孔隙表示混凝土是干燥的[图 3.15（c）]。

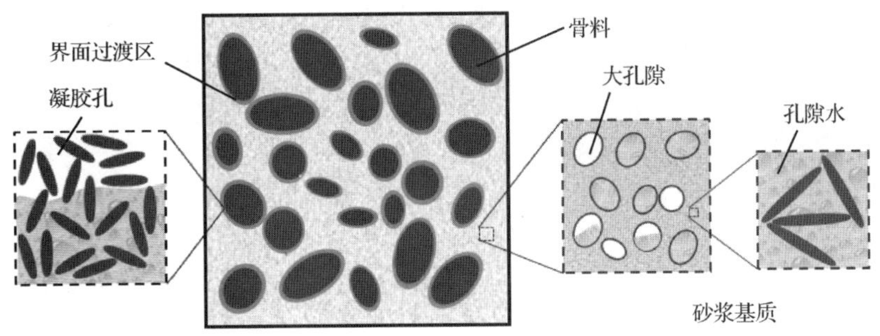

图 3.14　非饱和混凝土的典型多尺度物理模型

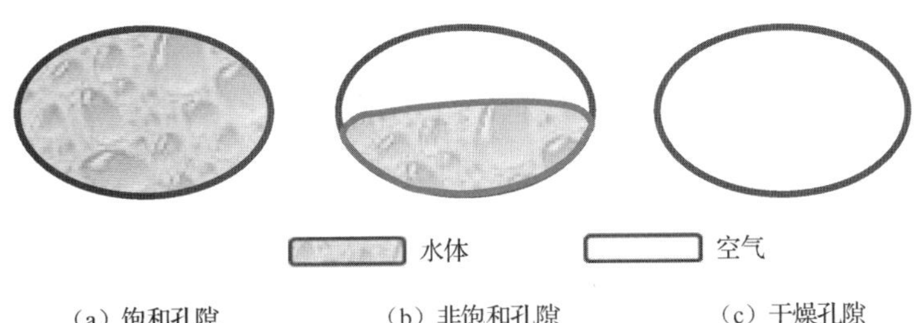

（a）饱和孔隙　（b）非饱和孔隙　（c）干燥孔隙

图 3.15　水体在孔隙中存在的 3 种状态

假定混凝土中饱和孔隙体积为V_{p-sat}，非饱和孔隙体积为$V_{p-unsat}$，干燥孔隙体积为V_{p-dry}，孔隙的总体积为V_p，它们满足如下关系

$$V_p = V_{p-sat} + V_{p-unsat} + V_{p-dry} \tag{3.58}$$

此外，混凝土总孔隙率p应为

$$p = p_{sat} + p_{unsat} + p_{dry} \tag{3.59}$$

式中：p_{sat}、p_{unsat}和p_{dry}分别为饱和孔隙、非饱和孔隙及干燥孔隙的孔隙率。

常态下空气的压缩性太高而不能使得孔隙刚硬，因此在外荷载作用下非饱和孔隙中的水体对混凝土的变形几乎没有影响，仅饱和的孔隙水对混凝土的变形有影响。因此，这里将干燥孔隙和非饱和孔隙均看作干燥孔隙。基于这个认识，这里提出“有效饱和度”S_{eff}的概念，它是指饱和孔隙体积占据所有孔隙体积的比值，即为

$$S_{eff} = \frac{V_{p-sat}}{V_p} = \frac{p_{sat}}{p} \tag{3.60}$$

3.3.2　有效弹性模量及有效强度

如前文所述，非饱和孔隙对混凝土的变形几乎没有影响，本质上与干燥孔隙作用相同，因此被看作干燥孔隙。细观尺度下，可以将非饱和混凝土看作一种由

混凝土基质、饱和孔隙水以及干燥孔隙（包括非饱和及干燥孔隙）组成的三相复合材料。为了获得该多相复合材料的宏观力学性能，图 3.16 给出了细观尺度下非饱和混凝土的一个代表性体积单元（RVE）及其均匀化思想。

将非饱和混凝土的均匀等效化过程分为两步。第一步，将如图 3.16（a）所示的由混凝土基质和干燥孔隙组成的两相复合材料的等效化，图 3.16（b）为对图 3.16（a）所示复合材料均匀化后获得的一种均匀各向同性的等效材料。第二步中，将孔隙水作为夹杂相材料，嵌入在第一步均匀化获得的等效体中[图 3.16（c）]，进而对该两相复合材料进行等效化分析。第二步均匀化获得的有效力学性质，即是如图 3.16（d）所示的非饱和混凝土 RVE 的有效力学性能。

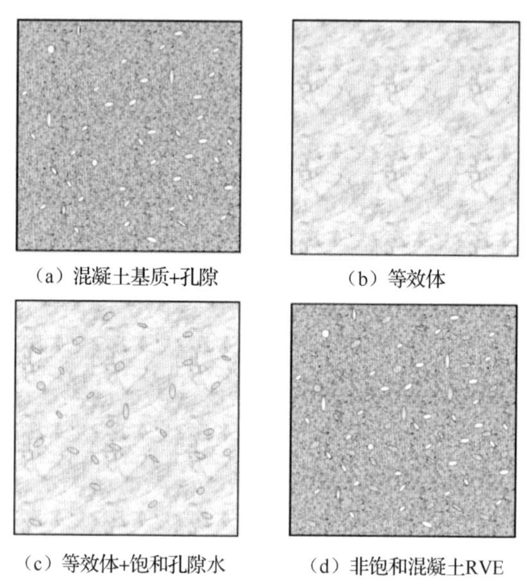

（a）混凝土基质+孔隙　（b）等效体

（c）等效体+饱和孔隙水　（d）非饱和混凝土RVE

图 3.16　非饱和混凝土代表性体积单元及等效化思想

为了获得如图 3.16 所示的非饱和混凝土的有效力学性质，建立了如图 3.17 所示的简化球形分析模型。该球形力学模型分为两层，即内层和外层。内层的物质为饱和孔隙水夹杂相；外层为多孔混凝土复合材料，其中将无孔混凝土看作基质相，非饱和孔隙及干燥孔隙看作夹杂。两步均匀化方法是：首先对图 3.17（a）所示的外层复合材料进行等效化分析；其次对图 3.17（b）所示的两相复合材料（孔隙水和等效体 A）进行等效处理。下面详细进行理论推导。

1. 第一步均匀化

第 3.1 节采用经典的三相球模型和中空圆柱形管模型获得了干燥混凝土的有效体积模量和剪切模量，并分别建立了干燥混凝土有效拉伸/剪切强度以及对应的峰值拉伸/剪切应变与孔隙率之间的定量关系。如图 3.17（a）所示，在外层中将混凝土设定为基质相，而将干燥孔隙和非饱和孔隙看作为夹杂相。这里，设定非饱和混凝土的总体积为 V，那么得知图 3.17（a）中外层复合材料的有效孔隙率为

$$p_{\mathrm{d-u}}=\frac{V(p_{\mathrm{dry}}+p_{\mathrm{unsat}})}{V(1-p_{\mathrm{sat}})}=\frac{p_{\mathrm{dry}}+p_{\mathrm{unsat}}}{1-p_{\mathrm{sat}}}=\frac{p-p\cdot S_{\mathrm{eff}}}{1-p\cdot S_{\mathrm{eff}}} \tag{3.61}$$

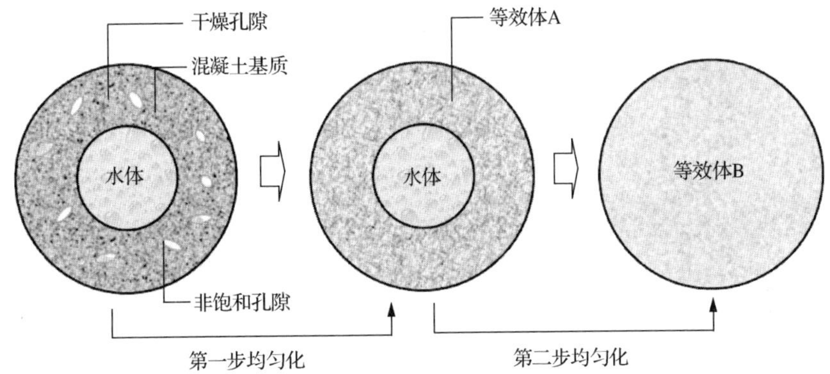

（a）非饱和混凝土　　（b）第一步等效化结果　　（c）第二步等效化结果

图 3.17　非饱和混凝土简化力学模型及两步均匀化过程

当外层多孔混凝土复合材料的孔隙率 $p_{\mathrm{d-u}}$ 确定之后，可以得知等效体 A 的有效体积模量 K_1^* 和剪切模量 μ_1^* 分别为

$$K_1^*=\frac{4K_{\mathrm{m}}\mu_{\mathrm{m}}(1-p_{\mathrm{d-u}})}{4\mu_{\mathrm{m}}+3K_{\mathrm{m}}p_{\mathrm{d-u}}} \tag{3.62}$$

$$\mu_1^*=\mu_{\mathrm{m}}(1-p_{\mathrm{d-u}}^2) \tag{3.63}$$

式中：K_{m} 和 μ_{m} 分别表示混凝土基质的体积模量和剪切模量。将式（3.60）和式（3.61）代入式（3.62）和式（3.63），可以得到图 3.17（a）外层多孔混凝土复合材料的有效体积模量 K_1^* 和剪切模量 μ_1^*，分别为

$$K_1^*=4K_{\mathrm{m}}\mu_{\mathrm{m}}\frac{1-p}{1-p\cdot S_{\mathrm{eff}}}\Bigg/\left(4\mu_{\mathrm{m}}+3K_{\mathrm{m}}\frac{p-p\cdot S_{\mathrm{eff}}}{1-p\cdot S_{\mathrm{eff}}}\right) \tag{3.64}$$

$$\mu_1^*=\mu_{\mathrm{m}}\left[1-\left(\frac{p-p\cdot S_{\mathrm{eff}}}{1-p\cdot S_{\mathrm{eff}}}\right)^2\right] \tag{3.65}$$

由式（3.64）和式（3.65）可知，当混凝土孔隙率 p 以及有效饱和度 S_{eff} 为已知时，图 3.17（b）所示的等效体 A 的有效体积模量和剪切模量便可确定。对于

均匀各向同性弹性材料，仅有两个独立的弹性参数。根据已确定的两个弹性参数，有效体积模量 K_1^* 和剪切模量 μ_1^*，可以获得等效体 A 的有效弹性模量 E_1^* 和泊松比 ν_1^* 为

$$E_1^* = \frac{9K_1^*\mu_1^*}{3K_1^* + \mu_1^*}, \qquad \nu_1^* = \frac{3K_1^* - 2\mu_1^*}{6K_1^* + 2\mu_1^*} \tag{3.66}$$

由式（3.66）可知，等效体 A 的弹性参数与有效度、孔隙率及混凝土基质力学参数密切相关。由 3.1 节理论推导可知，图 3.17（a）中外层多孔混凝土复合材料的有效抗拉强度 S_1^* 和峰值拉伸应变 ε_1^* 分别为

$$S_1^* = S_{\mathrm{m}}^{\mathrm{con}} \cdot (1 - p_{\mathrm{d-u}}^{2/3}) = S_{\mathrm{m}}^{\mathrm{con}} \cdot \left[1 - \left(\frac{p - p\cdot S_{\mathrm{eff}}}{1 - p\cdot S_{\mathrm{eff}}}\right)^{\frac{2}{3}}\right] \tag{3.67}$$

$$\varepsilon_1^* = \frac{E_{\mathrm{m}}}{E_1^*} \cdot \left[1 - \left(\frac{p - p\cdot S_{\mathrm{eff}}}{1 - p\cdot S_{\mathrm{eff}}}\right)^{\frac{2}{3}}\right] \cdot \varepsilon_{\mathrm{m}} \tag{3.68}$$

式中：$S_{\mathrm{m}}^{\mathrm{con}}$ 为混凝土基质的抗拉强度；ε_{m} 为对应的峰值拉伸应变。

2. 第二步均匀化

第二步均匀化的目的是对图 3.17（b）所示的两相复合材料（即等效体 A 和饱和孔隙水）进行等效化分析。在该等效化分析中，将等效体 A 看作一种基质相，而将孔隙水看作夹杂相。该均匀化过程与 3.2 节相似，图 3.17（c）中给出的等效体 B 的有效体积模量 K_2^* 和剪切模量 μ_2^* 为

$$K_2^* = \frac{4K_1^*\mu_1^*(1 - p_2)}{4\mu_1^* + 3K_1^* p_2} = \frac{4K_1^*\mu_1^*(1 - p_{\mathrm{sat}}\cdot p_1)}{4\mu_1^* + 3K_1^* p_{\mathrm{sat}}\cdot p_1} = \frac{4K_1^*\mu_1^*(1 - p\cdot p_1\cdot S_{\mathrm{eff}})}{4\mu_1^* + 3K_1^* p\cdot p_1\cdot S_{\mathrm{eff}}} \tag{3.69}$$

$$\mu_2^* = \mu_1^*(1 - p_{\mathrm{sat}}^2) = \mu_1^*(1 - p^2\cdot S_{\mathrm{eff}}^2) \tag{3.70}$$

式中：P_1 和 P_2 为两个参数，应为

$$p_1 = \frac{4\mu_1^*(K_1^* - K_{\mathrm{w}})}{K_1^*(3K_{\mathrm{w}} + 4\mu_1^*)} \tag{3.71}$$

$$p_2 = p_{\mathrm{sat}}\cdot p_1 = p\cdot p_1\cdot S_{\mathrm{eff}} \tag{3.72}$$

由等效介质 B（其本质上就是代表非饱和混凝土的等效体）的有效体积模量 K_2^* 和剪切模量 μ_2^*，根据弹性力学理论，可以获得非饱和混凝土的有效弹性模量 E_2^* 和泊松比 ν_2^*，分别为

$$E_2^* = \frac{9K_2^*\mu_2^*}{3K_2^* + \mu_2^*}, \qquad \nu_2^* = \frac{3K_2^* - 2\mu_2^*}{6K_2^* + 2\mu_2^*} \tag{3.73}$$

此外，当等效体 A 的力学参数（包括其弹性模量、强度和峰值应变等）、总孔隙率 p 以及饱和度 S_{eff} 都确定时，非饱和混凝土的宏观抗拉强度 S_2^* 及其对应的峰值拉伸应变 ε_2^* 为

$$S_2^* = S_1^* \cdot (1 - p_{\mathrm{sat}}^{2/3}) \cdot \frac{1 - p_2}{p_1 - p_2} = S_1^* \cdot (1 - p^{2/3} S_{\mathrm{eff}}^{2/3}) \cdot \frac{1 - pp_1 \cdot S_{\mathrm{eff}}}{p_1 (1 - p \cdot S_{\mathrm{eff}})} \tag{3.74}$$

$$\varepsilon_2^* = \frac{S_1^*}{E_2^*} \cdot (1 - p_{\mathrm{sat}}^{2/3}) \cdot \frac{1 - p_2}{p_1 - p_2} = \frac{S_1^*}{E_2^*} \cdot (1 - p^{2/3} S_{\mathrm{eff}}^{2/3}) \cdot \frac{1 - pp_1 \cdot S_{\mathrm{eff}}}{p_1 (1 - p \cdot S_{\mathrm{eff}})} \tag{3.75}$$

对于饱和混凝土，饱和度 S_{eff} 的值为 1。将 $S_{\mathrm{eff}} = 1$ 代入式（3.71）、式（3.74）和式（3.75），可以得到饱和混凝土的有效抗拉强度 S_{sat}^* 及峰值应变 $\varepsilon_{\mathrm{sat}}^*$ 分别为

$$S_{\mathrm{sat}}^* = S_2^* \Big|_{S_{\mathrm{eff}}=1} = S_{\mathrm{m}}^{\mathrm{con}} \cdot (1 - p^{2/3}) \cdot \frac{1 - pp_1}{p_1 (1 - p)} \tag{3.76}$$

$$\varepsilon_{\mathrm{sat}}^* = \varepsilon_2^* \Big|_{S_{\mathrm{eff}}=1} = \frac{S_{\mathrm{m}}^{\mathrm{con}}}{E_1^*} \cdot (1 - p^{2/3}) \cdot \frac{1 - pp_1}{p_1 (1 - p)} \tag{3.77}$$

对于干燥混凝土，饱和度 S_{eff} 的值为 0。将 $S_{\mathrm{eff}} = 0$ 代入式（3.76）和式（3.77），可以得到饱和混凝土的有效抗拉强度 S_{dry}^* 及峰值应变 $\varepsilon_{\mathrm{dry}}^*$ 分别为

$$S_{\mathrm{dry}}^* = S_2^* \Big|_{S_{\mathrm{eff}}=0} = S_{\mathrm{m}}^{\mathrm{con}} \cdot (1 - p^{2/3}) \tag{3.78}$$

$$\varepsilon_{\mathrm{dry}}^* = \varepsilon_2^* \Big|_{S_{\mathrm{eff}}=0} = \frac{S_{\mathrm{m}}^{\mathrm{con}}}{E_1^*} \cdot (1 - p^{2/3}) \tag{3.79}$$

3.4　解析理论方法验证与讨论

为验证本章理论计算方法的准确性，将所获理论结果与 Yaman 等[24,82]试验结果进行对比分析。Yaman 等[24,82]试验中所采用的材料组分弹性参数如表 3.1 所示。

表 3.1　各相材料组分弹性参数

材料相	弹性模量/GPa	体积模量/GPa	剪切模量/GPa	泊松比
混凝土基质	45.35	27.91	18.45	0.229
干燥孔隙	—	0	0	—

3.4.1　弹性模量与泊松比

图 3.18 是不同饱和度下（这里选取了 5 个饱和度，即 0、25%、50%、75%和 100%）混凝土有效体积模量与孔隙率之间的定量关系。随着孔隙率的增大湿态混凝土体积模量随之减小；饱和度越大，有效体积模量越大。

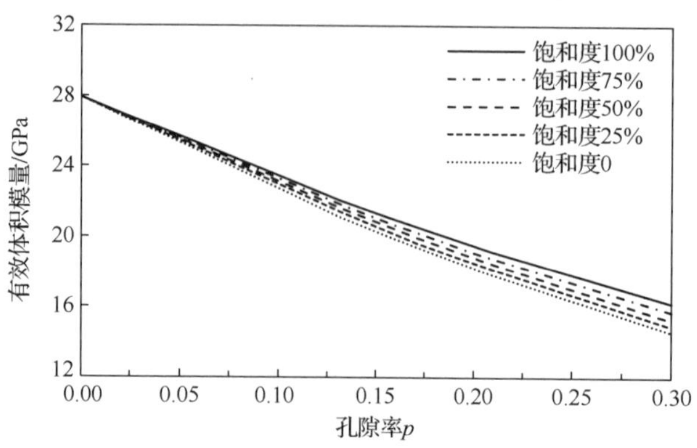

图 3.18　有效体积模量与孔隙率之间关系

图 3.19（a）给出的是多孔干燥混凝土有效弹性模量的试验结果和几组理论结果的对比曲线。几组理论结果分别由 Voigt 并联模型、M-T 方法、Hashin 模型和本章提出的理论分析方法。可以看出，本章理论方法、M-T 方法及 Hashin 模型都能够很好地描述多孔混凝土弹性模量与孔隙率之间的定量关系，与 Yaman 等试验结果吻合很好。而 Voigt 并联模型结果与试验结果相差很大，不能准确地描述弹性模量与孔隙率之间关系。

另外，Yaman 等[24, 82]试验中混凝土孔隙率的范围较小，大约在 9%～21%。为了更完整地说明本章理论方法的准确性和适用性，将本章理论分析结果与吴震[90]的关于 EPS 混凝土的试验结果进行对比分析，如图 3.19 （b）所示。可以看出所提出的理论分析结果依然与试验结果吻合很好，在大幅度的混凝土孔隙率范围（5%～80%）内，能够很准确地反映多孔混凝土的宏观有效弹性性能。

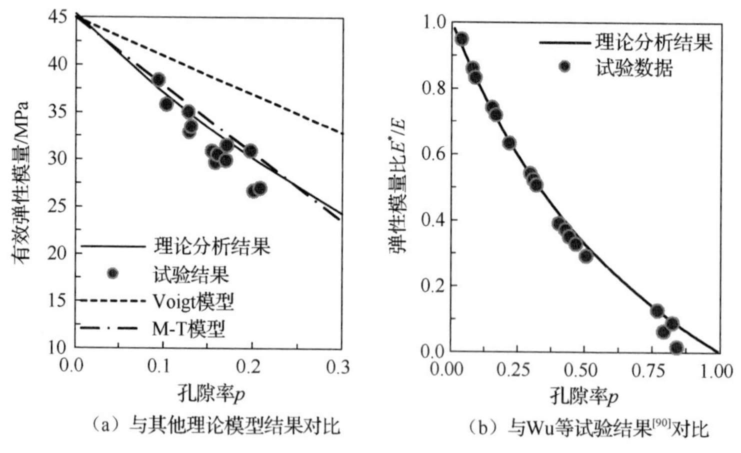

（a）与其他理论模型结果对比　　（b）与Wu等试验结果[90]对比

图 3.19　多孔干燥混凝土有效弹性模量与孔隙率之间关系

图 3.20 给出了不同饱和度下湿态混凝土有效弹性模量与孔隙率之间的关系，同时展示了本章理论预测结果与试验数据的对比。可以看出，本章所提出的理论模型获得的干燥及饱和混凝土的弹性模量与试验结果吻合良好，说明了该方法的可行性和精确性。此外还可以看出：随着饱和度的增大，湿态混凝土的有效弹性模量随之增大；混凝土宏观弹性模量随孔隙率增大而减小。

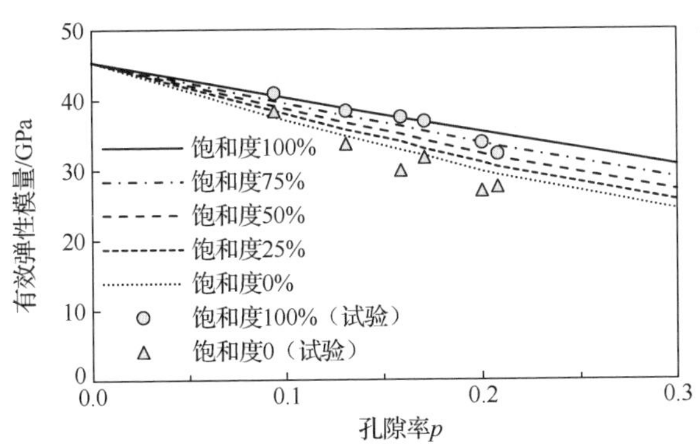

图 3.20　不同饱和度下混凝土有效弹性模量与孔隙率之间关系

提出的理论模型获得的不同饱和度下湿态混凝土有效泊松比与试验结果的对比情况如图 3.21 所示。从图 3.21（a）可以看出，理论分析结果与 Yaman 等[24, 82]的试验结果吻合很好。该理论方法不仅可以准确地预测干燥混凝土的有效泊松比，同时也可以很好地预测饱和混凝土的泊松比与孔隙率的关系。对于干燥混凝土，其宏观弹性模量随着孔隙率的增大而减小；而对于饱和及高饱和度的湿态混凝土，其弹性模量随着孔隙率的增大而增大。随着饱和度的增大，混凝土有效泊松比随之增大。之所以出现该现象，本质上还是因为混凝土内部孔隙和缺陷中的水体限制了周围混凝土基质向孔隙内部变形发展，致使饱和混凝土的泊松比大于干燥混凝土的泊松比。简而言之，混凝土中孔隙水的存在，使混凝土的有效弹性模量和泊松比均有所提高，且随着孔隙率的增大而提高更多。这与 Metha 等[91]及 Wang 等[55]获得的结论一致。

图 3.21（b）为孔隙率与多孔混凝土有效泊松比的定量关系图，本节方法与试验结果依然吻合很好，证明了本节方法的准确性。比较有意思的一个现象是以泊松比 0.2 为界限，当初始泊松比等于 0.2 时，无论孔隙率如何变化，含孔基质的有效泊松比总是保持不变；当初始泊松比大于 0.2 时含孔材料的泊松比随孔隙率的增大而减小；反之，初始泊松比小于 0.2 时，有效泊松比随着孔隙率的增大而增大。这一点与 Mori-Tanaka 法得到的结论一致。

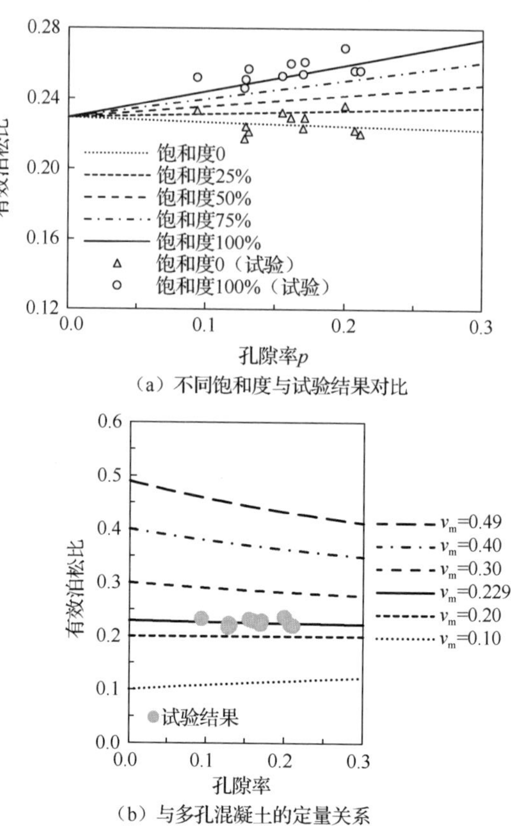

（a）不同饱和度与试验结果对比

（b）与多孔混凝土的定量关系

图 3.21　有效泊松比与孔隙率之间关系

3.4.2　有效强度及峰值应变

图 3.22 是多孔干燥混凝土的有效抗拉、抗压强度随孔隙率增大时的变化情况，从图中可以看出，当孔隙率在 10%以内时，本章理论分析方法得到的有效强度基本介于 Hansen 模型[92]及 Wischers 公式[56]之间，从一个侧面说明了本章理论方法的有效性。此外，从图 3.22 可以看出，当孔隙率达到 10%时，混凝土的宏观抗拉/抗压强度为无孔隙混凝土基质强度的 80%左右，这说明混凝土中孔隙和缺陷的影响很大，不可以忽略。

图 3.23（a）是抗拉、抗压强度与有效抗剪强度随孔隙率变化而变化的情况，发现干燥混凝土的有效抗拉、抗压强度随孔隙率增大而减小的幅度较大，当然其对应的临界应变减小的幅度也较大，如图 3.23（b）所示。

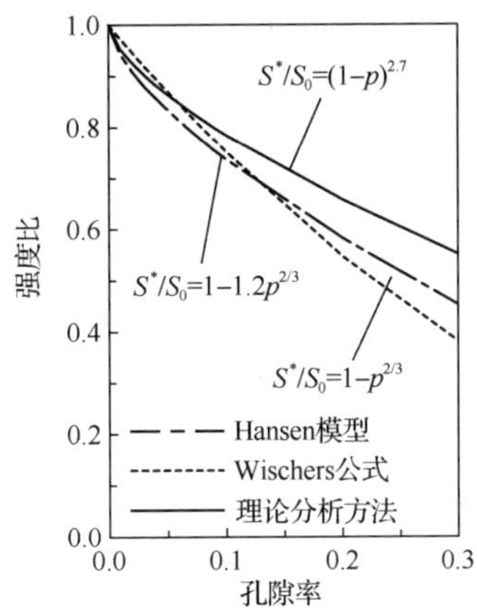

图 3.22　干燥混凝土有效抗拉、抗压强度

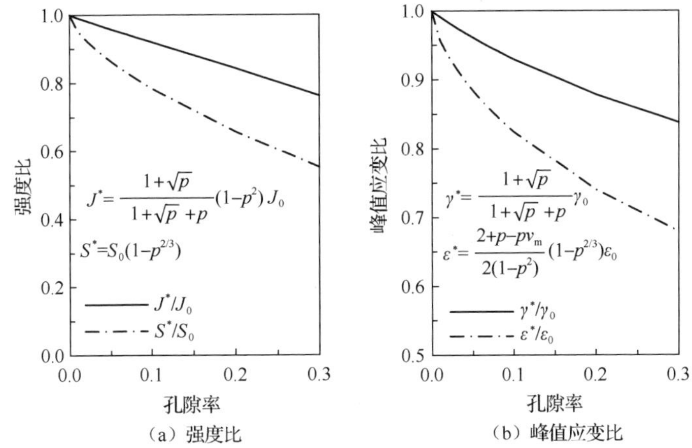

图 3.23　干燥混凝土有效强度及对应峰值应变

从图 3.24（a）可以看出，湿态混凝土的抗拉强度随孔隙率的增大而减小。当混凝土承受拉伸荷载时，由于孔隙水的存在，“阻碍”或“抑制”了在拉伸作用下混凝土内部裂纹的扩展，使得具有高饱和度的湿态混凝土强度大于具有低饱和度的混凝土。简单地说，饱和度越大，湿态混凝土强度越大。此外从图 3.24（a）还可以看出，当孔隙率达到 20%时，湿态混凝土的宏观抗拉强度约为混凝土基质的 70%，这说明了孔隙及孔隙水对混凝土材料强度具有很大的影响。

不同饱和度下非饱和混凝土的峰值拉伸应变与孔隙率关系如图 3.24(b)所示，湿态混凝土峰值应变随饱和度的增大而增大。当湿态混凝土的饱和度较小时，其峰值拉伸应变随孔隙率的增大而减小；而对于高饱和度的湿态混凝土，其峰值应变呈现先减小后逐渐增大的趋势。

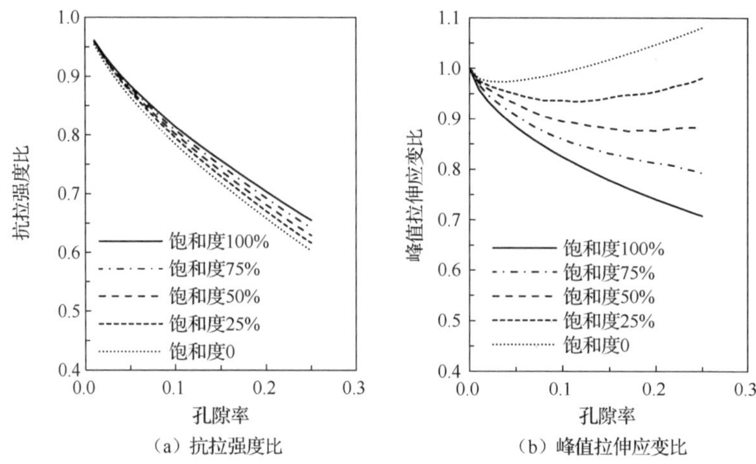

（a）抗拉强度比　（b）峰值拉伸应变比

图 3.24　不同饱和度混凝土有效抗拉强度及对应有效拉伸峰值应变

小　结

混凝土中的缺陷和孔隙，尤其是孔隙，是一个多尺度的概念，包含纳米级的 C-S-H 层间孔隙、微米级的毛细孔和毫米级的空气气泡。大量混凝土工程结构，如大坝、深水桥墩、海洋平台及海岸结构物等均工作于水环境当中，由于周围水压以及内部各种微裂纹和孔隙等初始缺陷的存在，致使混凝土可能处于饱和或半饱和状态。

本章从微-细观角度出发，将混凝土（包括干燥、非饱和及饱和）看作由混凝土基质（孔隙率为零）和孔隙（无水、半充满水及饱和水体）组成的两相复合材料介质。将孔隙率作为影响混凝土材料力学性能的最主要的独立的唯一变量，提出了“有效饱和度”的概念。采用三相球模型及中空圆柱形杆模型分别得到了混凝土的有效体积模量和有效剪切模量，进而推导获得了干燥、非饱和及饱和混凝土的有效力学性质，包括有效弹性模量和泊松比。基于最大拉应力破坏准则，推导得到了多孔混凝土有效抗拉、抗压、抗剪强度及对应的峰值应变等与孔隙率之间的定量关系。将本章理论分析模型得到的结果与已有试验结果进行对比，结果吻合良好，表明了理论方法的可靠性。获得的理论预测公式简单且易于应用。

参 考 文 献

[1] NAGARAJ T S，BANU Z. Generalization of Abrams' law [J]. Cement and concrete research，1996，26（6）：933-942.

[2] GHABEZLOO S. Association of macroscopic laboratory testing and micromechanics modelling for the evaluation of the poroelastic parameters of a hardened cement paste [J]. Cement and concrete research，2010，40（8）：1197-1210.

[3] DÄRR G M，LUDWIG U. Determination of permeable porosity [J]. Materials and structures，1973，6（3）：185-190.

[4] ROSTÁSY F S，WEIB R，WIEDEMANN G. Changes of pore structure of cement mortars due to temperature[J]. Cement and concrete research，1980，10（2）：157-164.

[5] DU X L，JIN L，MA G W. Macroscopic effective mechanical properties of porous dry concrete[J]. Cement and concrete research，2013，44（1）：87-96.

[6] 杜修力，金浏. 含孔隙混凝土复合材料有效力学性能研究[J]. 工程力学，2012，29（6）：70-77.

[7] JIN L，DU X L，MA G W. Macroscopic effective moduli and tensile strength of saturated concrete[J]. Cement and concrete research，2012，42（12）：1590-1600.

[8] 杜修力，金浏. 饱和混凝土有效模量及有效抗拉强度研究[J]. 水利学报，2012，43（6）：667-674.

[9] 杜修力，金浏. 细观均匀化方法预测非饱和混凝土宏观力学性质[J]. 水利学报，2013，44（11）：1317-1325，1332.

[10] CHRISTENSEN R M，LO K H. Solutions for effective shear properties in three phase sphere and cylinder models[J]. Journal of the mechanics and physics of solids，1979，27（4）：315-330.

[11] REUSS A. Berechnung der fließgrenze von mischkristallen auf grund der plastizitätsbedingung für einkristalle[J]. Zeitschrift für angewandte mathematik and mechanik，1929，9：49-58.

[12] VOIGT W. Über die beziehung zwischen den beiden elastizitätskonstanten isotroper körper[J]. Wied. Ann.，1889，38（2）：573-587.

[13] HILL R. A self-consistent mechanics of composite materials[J]. Journal of the mechanics and physics of solids，1965，13（4）：213-222.

[14] MORI T，TANAKA K. Average stress in matrix and average elastic energy of materials with misfitting inclusions[J]. Acta metallurgica，1973，21（5）：571-574.

[15] ZHENG Q S，DU D X. An explicit and universally applicable estimate for the effective properties of multiphase composites which accounts for inclusion distribution [J]. Journal of the mechanics and physics of solids，2001，49（11）：2765-2788.

[16] NI Y，CHIANG M Y M. Prediction of elastic properties of heterogeneous materials with complex microstructures[J]. Journal of the mechanics and physics of solids，2007，55（3）：517-532.

[17] LEE K J，WESTMANN R A. Elastic properties of hollow-sphere-reinforced composites [J]. Journal of composite materials，1970，4（2）：242-252.

[18] HUANG J S，GIBSON L J. Elastic moduli of a composite of hollow spheres in a matrix [J]. Journal of the mechanics and physics of solids，1993，41（1）：55-75.

[19] PAUL B. Prediction of elastic constants of multiphase materials [J]. Transactions of the metallurgical society of AIME，1960，218（1）：36-41.

[20] HASHIN Z. The elastic moduli of heterogeneous materials [J]. ASME journal of applied mechanics，1962，29（1）：143-150.

[21] HASHIN Z. Theory of mechanical behavior of heterogeneous media [J]. Applied mechanics reviews，1964，17（1）：1-9.

[22] MANNING D G，HOPE B B. The effect of porosity on the compressive strength and elastic modulus of polymer impregnated concrete [J]. Cement and concrete research，1971，1（6）：631-644.

[23] ZIMMERMAN R W，KING M S，MONTEIRO P J M. The elastic moduli of mortar as a porous-granular material[J]. Cement and concrete research，1986，16（2）：239-245.

[24] YAMAN I O，AKTAN H M，HEARN N. Active and non-active porosity in concrete part Ⅱ：evaluation of existing models [J]. Materials and structures，2002，35（2）：110-116.

[25] KUSTER G T，TOKSÖZ M N. Velocity and attenuation of seismic waves in two-phase media：part Ⅰ，theoretical formulations [J]. Geophysics，1974，39（5）：587-606.

[26] ULM F J，CONSTANTINIDES G，HEUKAMP H. Is concrete a poromechanics materials?：a multiscale investigation of poroelastic properties [J]. Materials and structures，2004，37（1）：43-58.

[27] SANAHUJA J，DORMIEUX L，CHANVILLARD G. Modelling elasticity of a hydrating cement paste [J]. Cement and concrete research，2007，37（10）：1427-1439.

[28] PICHLER B，HELLMICH C. Upscaling quasi-brittle strength of cement paste and mortar：a multi-scale engineering mechanics model [J]. Cement and concrete research，2011，41（5）：467-476.

[29] MEHTA，P K. Concrete：microstructure，properties and materials[M]. New York：The McGraw-Hill Companies，1986.

[30] BRANDT A M. Cement based composites：materials，mechanical properties and performance[C]. London：E & FN Spon，1995.

[31] PICHLER B，SCHEINER S，HELLMICH C. From micron-sized needle-shaped hydrates to meter-sized shotcrete tunnel shells：micromechanical upscaling of stiffness and strength of hydrating shotcrete [J]. Acta geotechnica，2008，3（4）：273-294.

[32] PICHLER B，HELLMICH C，EBERHARDSTEINER J. Spherical and acicular representation of hydrates in a micromechanical model for cement paste：prediction of early-age elasticity and strength [J]. Acta mechanica，2009，203（1）：137-162.

[33] DUAN H L，JIAO Y，YI X，et al. Solutions of inhomogeneity problems with graded shells and application to core-shell nanoparticles and composites[J]. Journal of the mechanics and physics of solids，2006，54（7）：1401-1425.

[34] MACHENZIE J K. The elastic constants of a solid containing spherical holes [J]. Proceedings of the physical society. section B，1950，63（1）：2-11.

[35] KERNER E H. The elastic and thermo-elastic properties of composite media[J]. Proceedings of the physical society，section B，1956，69（8）：808-813.

[36] KUMAR R，BHATTACHARJEE B. Porosity，pore size distribution and in situ strength of concrete [J]. Cement and concrete research，2003，33（1）：155-164.

[37] BEAUDOIN J J，FELDMAN R F，TUMIDAJSKI P J. Pore structure of hardened Portland cement pastes and its influence on properties [J]. Advanced cement based materials，1994，1（5）：224-236.

[38] BALSHIN M Y. Relation of mechanical properties of powder metals and their porosity and the ultimate properties of porous metal-ceramic materials [J]. Doklady akademii nauk SSSR，1949，67（5）：831-834.

[39] RYSHKEVITCH E. Compression strength of porous sintered alumina and zirconia [J]. Journal of the American Ceramic Society，1953，36（1）：65-68.

[40] SCHILLER K K. Strength of porous materials [J]. Cement and concrete research，1971，1（4）：419-422.

[41] TANG L P. A study of the quantitative relationship between strength and pore-size distribution of porous materials[J]. Cement and concrete research，1986，16（1）：87-96.

[42] LI L，AUBERTIN M. A general relationship between porosity and uniaxial strength of engineering materials[J]. Canadian journal of civil engineering，2003，30（4）：644-658.

[43] RÖBLER M，ODLER I. Investigations on the relationship between porosity，structure and strength of hydrated portland cement pastes I：effect of porosity [J]. Cement and concrete research，1985，15（2）：320-330.

[44] JONS E S，OSBAECK B. The effect of cement composition on strength described by a strength-porosity model[J]. Cement and concrete research，1982，12（2）：167-178.

[45] KEARSLEY E P，WAINWRIGHT P J. The effect of porosity on the strength of foamed concrete [J]. Cement and concrete research，2002，32（2）：233-239.

[46] POWERS T C，BROWNYARD T L. Studies of the physical properties of hardened Portland cement paste[C]. American concrete institute （ACI） proceedings，1946，43（10）：101-132.

[47] JAMBOR J. On pore structure and properties of materials[C]. Proceedings of the International Symposium RILEM/IUPAC，Prague，1973：75-96.

[48] HUANG Y Y，DING W，LU P. The influence of pore-structure on the compressive strength of hardened cement paste[J]，MRS proceedings，1984，42：123-131.

[49] ROY D M，GOUDA G R. Porosity-strength relation in cementitious materials with very high strengths [J]. Journal

of the American Ceramic Society，1973，56（10）：549-550.

[50] BEAUDOIN J J，RAMACHANDRAN V S. A new perspective on the hydration characteristic of cement phases[J]. Cement and concrete research，1992，22（4）：689-694.

[51] VODÁk F，TRTÍK K，KAPIČKOVÁ O，et al. The effect of temperature on strength-porosity relationship for concrete[J]. Construction and building materials，2004，18（7）：529-534.

[52] NAMBIAR E K K，RAMAMURTHY K. Models for strength prediction of foam concrete [J]. Materials and structures，2008，41（2）：247-254.

[53] LIAN C，ZHUGE Y，BEECHAM S. The relationship between porosity and strength for porous concrete[J]. Construction and building materials，2011，25（11）：4294-4298.

[54] YAVUZ C M. Advances in porous media [M]. Netherlands：Elsevier Science Publishers，1994.

[55] HANSEN T C. Cracking and fracture of concrete and cement paste [J]. American Concrete Institute，1968，20：43-66.

[56] WISCHERS G. Einfluss einer Temperätur anderung auf die festigkeit von zementstein und zementmöriel mit zuschlag-stoffen verschiedener würmedehnung[C]//DÜSSELDORF E V. Schriftenreihe der Zementindustrie Verein Deutscher Zementwerke，1961：50-53.

[57] WANG H L，JIN W L，LI Q B. Saturation effect on dynamic tensile and compressive strength of concrete[J]. Advances in structural engineering，2009，12（2）：279-286.

[58] ROSSI P. Influence of cracking in the presence of free water on the mechanical behaviour of concrete [J]. Magazine of concrete research，1991，43（154）：53-57.

[59] WANG H L，LI Q B. Prediction of elastic modulus and Poisson’s ratio for unsaturated concrete [J]. International journal of solids and structures，2007，44（5）：1370-1379.

[60] LIU D B，LV W J，LI L，et al. Effect of moisture content on static compressive elasticity modulus of concrete[J]. Construction and building materials，2014，69:133-142.

[61] 白卫峰，陈健云，孙胜男. 孔隙湿度对混凝土初始弹性模量影响[J]. 大连理工大学学报，2010，50（5）：712-716.

[62] POWERS T C. Structure and physical properties of hardened Portland cement paste [J]. Journal of the American Ceramic Society，1958，41（1）：1-6.

[63] FELMAN R F，SEREDA P J. A new model of hydrated cement and its practical implications[J]. Engineering journal，1970，53（1）：53-59.

[64] ROSSI P. A physical phenomenon which can explain the mechanical behaviour of concrete under high strain rates[J]. Materials and structures 1991，24（6）：422-424.

[65] HARRIS D W，MOHOROVIC C E，DOLEN T P. Dynamic properties of mass concrete obtained from dam cores[J]. ACI materials journal，2000，97（3）：290-296.

[66] BOURGEOIS F，SHAO J F，OZANAM O. An elastoplastic model for unsaturated rocks and concrete [J]. Mechanics research communications，2002，29（5）：383-390.

[67] BUTLER J E. The influence of pore pressure upon concrete [J]. Magazine of concrete research，1981，33（114）：3-17.

[68] HAYNES H H，HIGHBERG R S，NORDLY B A. Seawater absorption and compressive strength of concrete at ocean depths[C]. Proceedings of the International Conference on Concrete in the Marine Environment. California，USA，Port Hueneme，1976：29-51.

[69] OSHITA H，TANABE T A. Water migration phenomenon in concrete in prepeak region [J]. ASCE journal of engineering mechanics，2000，126（6）：565-572.

[70] PIHLAJAVAARA S E. On the main features and methods on investigation of drying and related phenomena in concrete [D]. Finland：University of Helsinki，1965.

[71] ROSS C A，JEROME D M，TEDESCO J W. Moisture and strain rate effects on concrete strength [J]. ACI materials journal，1996，93（3）：293-300.

[72] WITTMANN F H. Interaction of hardened cement paste and water [J]. Journal of the American Ceramic Society，

1973，56（8）：409-415.

[73] BJERKELI L，JENSEN J，LENSCHOW R. Strain development and static compressive strength of concrete exposed to water pressure loading[J]，ACI structural journal，1993，90（3）：310-315.

[74] MORLEY C T. Theory of pore pressure in concrete cylinders [J]. ACI materials journal，1979，76（3/4）：7-45.

[75] SWAMY N，RIGBY G. Dynamic properties of hardened paste，mortar and concrete [J]. Materials and structures，1971，4（19）：13-40.

[76] KARASTATHIS V K，KARMIS P N，DRAKATOS G，et al. Assessment of the dynamic properties of highly saturated concrete using one-sided acoustic tomography. Application in the Marathon Dam [J]. Construction and building materials，2002，16（5）：261-269.

[77] LEA F M. The chemistry of cement and concrete [M]. London：Edward Arnold，1988.

[78] XI Y P，BAŽANT Z P. Modeling chloride penetration in saturated concrete [J]. Journal of materials in civil engineering，1999，11（1）：58-65.

[79] YUAN Q，SHI C J，D E SCHUTTER G，et al. Numerical model for chloride penetration into saturated concrete[J]. Journal of materials in civil engineering，2011，23（3）：305-311.

[80] ZIMMERMAN R W，KING M S，MONTEIRO P J M. The elastic moduli of mortar as a porous-granular material[J]. Cement and concrete research，1986，16（2）：239-245.

[81] CHATTERJI S. An explanation for the unsaturated state of water stored concrete [J]. Cement and concrete research，2004，26（1）：75-79.

[82] YAMAN I O，HEARN N，AKTAN H M. Active and non-active porosity in concrete Part I：Experimental evidence[J]. Materials and structures，2002，35（2）：102-109.

[83] SANAHUJA J，DORMIEUX L，CHANVILLARD G. Modelling elasticity of a hydrating cement paste [J]. Cement and concrete research，2007，37（10）：1427-1439.

[84] 王海龙，李庆斌. 湿态混凝土抗压强度与本构关系的细观力学分析[J]. 岩石力学与工程学报，2006，25（8）：1531-1536.

[85] 王海龙，李庆斌. 饱和混凝土静动力抗压强度变化的细观力学机理[J]. 水利学报，2006，37（8）：958-962，968.

[86] 王海龙，李庆斌. 孔隙水对湿态混凝土抗压强度的影响[J]. 工程力学，2006，23（10）：141-145.

[87] POWERS T C，BROWNYARD T L. Studies of the physical properties of hardened Portland cement paste[J]. American Concrete Institute （ACI） Proceedings，1946，43（10）：101-132.

[88] NILSSON L O. Moisture problems at concrete floors [O]. Sweden：Lund Institute of Technology，1980，36-51.

[89] PERSSON B. Moisture in concrete subjected to different kinds of curing [J]. Materials and structures 1997，30（9）：533-544.

[90] 吴震. EPS 多孔混凝土力学性能试验及三维数值模拟研究[D]. 上海：上海交通大学，2012.

[91] MEHTA P K，MONTEIRO P J M. Concrete：Microstructure Properties and Materials [M]. NewYork：The McGraw-Hill Companies，1997.

[92] HANSEN T C. Cracking and fracture of concrete and cement paste [J]. American Concrete Institute，1968，20：43-66.

第 4 章　混凝土静态力学性能细观数值分析

混凝土是一种水泥基复合材料，因成分复杂，且呈现非线性及脆性破坏等特征，其力学性能非常复杂。细观力学理论的出现与发展，为用数值方法研究混凝土材料的断裂破坏机理、细观裂缝发展与宏观力学性能之间的关系提出了新思路。在细观水平上，混凝土被看作是由粗细骨料、砂浆基质及界面过渡区、微裂纹或微孔隙等组成的多相复合材料。

鉴于此，本章从细观角度出发，考虑非均质性的影响，基于细观随机骨料模型，并结合细观单元等效化方法、扩展有限元法、预插黏性界面单元法等细观力学分析方法对混凝土的静态力学行为进行二维与三维数值研究，分析实际混凝土材料的损伤直至断裂破坏的全过程及裂纹的扩展演化规律，获得了混凝土材料的宏观力学特性[1-15]。

4.1　混凝土单轴压缩力学行为

本节基于随机骨料模型和细观单元等效化方法对混凝土的单轴压缩行为进行模拟，并分析骨料粒径、骨料级配、试件尺寸等因素的影响，进而探讨不同骨料分布形式下混凝土单轴抗压强度及软化曲线的统计特性[1-4]。

4.1.1　随机骨料模型模拟

1．随机骨料几何模型

混凝土是由粗细骨料、水泥砂浆以及各类初始缺陷等组成的多相复合材料。将混凝土视为由骨料、砂浆基质和界面过渡区组成的三相复合材料，采用 2.1 节方法分别生成混凝土立方体试件二维与三维随机骨料模型，如彩图 3 所示。图中不同颜色表示不同的相，具有不同的力学性质。二维模型的边长为 150mm，为节省计算量，三维模型的边长取为 100mm。二维与三维模型中，骨料体积分数均约为 45%，采用二级配混凝土，即包含两种等效粒径：在二维模型中为小石粒径 6mm，中石粒径 12mm；在三维模型中小石粒径 8mm，中石粒径 16mm。为了较为真实地反映混凝土抗压强度测试中试件的边界与位移条件，将试件底面固定，在试件顶面施加竖向压缩荷载。

2．细观组分本构关系

在随机骨料模型中，考虑到骨料强度较高，一般不会发生破坏，将其设为弹性[图 4.1（a）]。界面过渡区和砂浆基质的力学性能则采用塑性损伤模型来描述，该模型由 Lubliner 等[16]提出，并经由 Lee 和 Fenves[17]改进，不仅能够表征混凝土在外荷载作用下的塑性永久变形，而且能够描述混凝土由于损伤累积而导致的刚度退化及达到强度后的材料软化力学行为。该混凝土材料本构模型可以描述单调加载、周期性往复加载、低围压下动力加载等，因此得到众多学者极为广泛的应用。

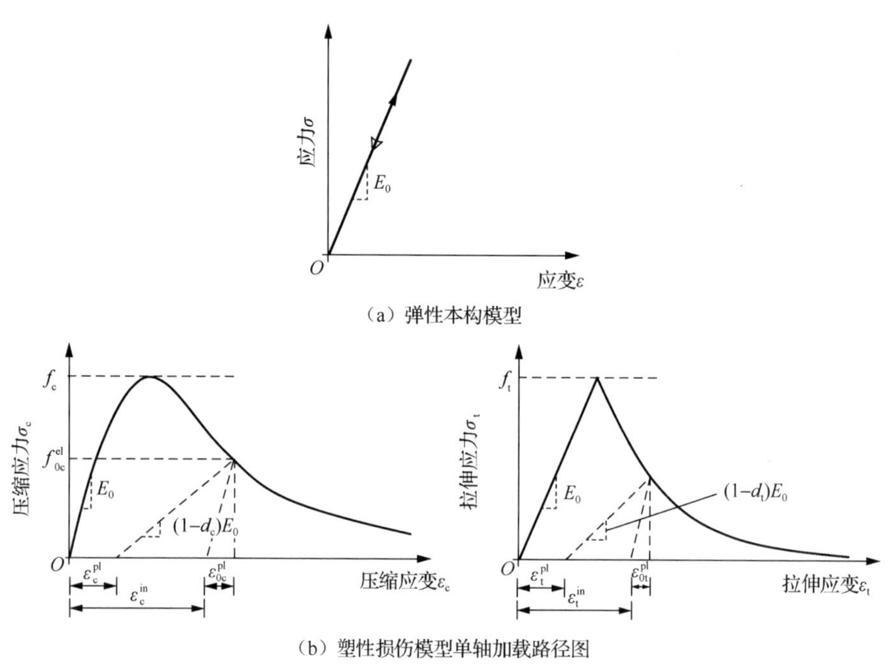

图 4.1　混凝土细观组分本构关系

该混凝土损伤模型的核心是假定混凝土的破坏形式是拉伸和压缩破坏，由各向同性的损伤变量来表征混凝土的拉伸断裂和压缩破坏导致的刚度退化，其应力(σ)-应变(ε)关系式可表示为

$$\boldsymbol{\sigma} = (1-d)\boldsymbol{D}_0^{\mathrm{el}} : (\varepsilon - \varepsilon^{\mathrm{pl}}) \tag{4.1}$$

式中：d 表示各向同性损伤变量；$\boldsymbol{D}_0^{\mathrm{el}}$ 表示初始无损伤的各向同性线弹性张量；$\varepsilon^{\mathrm{pl}}$ 表示塑性应变张量。拉伸和压缩损伤状态分别由两个独立的硬化参数来表征，$\tilde{\varepsilon}_{\mathrm{t}}^{\mathrm{pl}}$ 和 $\tilde{\varepsilon}_{\mathrm{c}}^{\mathrm{pl}}$（角标“t”和“c”分别表示拉伸和压缩），即拉伸和压缩对应的等效塑性应变，其演化方程可以从单轴加载条件扩展到多轴加载条件。

图 4.1（b）给出的是该塑性损伤模型在单轴加载或单轴循环加载下的行为，假定材料在达到其破坏强度 f_t 之前应力-应变关系为线弹性，而当超过强度后可采用软化的应力-应变关系或应力-位移曲线来表征材料的刚度退化行为。单轴拉伸和压缩应力-应变关系可以采用应力与塑性应变的形式来描述，为

$$\sigma_t = \sigma_t(\tilde{\varepsilon}_t^{pl}, \dot{\tilde{\varepsilon}}_t^{pl}, T, f_i) \tag{4.2a}$$

$$\sigma_c = \sigma_c(\tilde{\varepsilon}_c^{pl}, \dot{\tilde{\varepsilon}}_c^{pl}, T, f_i) \tag{4.2b}$$

式中：$\dot{\tilde{\varepsilon}}_t^{pl}$ 和 $\dot{\tilde{\varepsilon}}_c^{pl}$ 分别表示拉伸和压缩等效塑性应变率；T 为温度；$f_i(i=1,2\cdots)$ 为其他的自定义场变量。如图 4.1（b）所示，混凝土材料的刚度退化由两个独立的单轴损伤变量来描述，即拉伸损伤因子 d_t 和压缩损伤因子 d_c，那么材料在单轴拉伸和压缩条件下的应力-应变关系分别为

$$\sigma_t = (1-d_t)E_0(\varepsilon_t - \tilde{\varepsilon}_t^{pl}) \tag{4.3a}$$

$$\sigma_c = (1-d_c)E_0(\varepsilon_c - \tilde{\varepsilon}_c^{pl}) \tag{4.3b}$$

式中：E_0 为初始弹性模量。

在多轴加载条件下，需要对单轴条件下硬化参数的演化方程进行扩展，根据 Lee 和 Fenves [17]的工作，拉伸和压缩等效塑性应变分别为

$$\tilde{\varepsilon}_t^{pl} = r(\hat{\bar{\boldsymbol{\sigma}}})\hat{\varepsilon}_{max}^{pl} \tag{4.4a}$$

$$\tilde{\varepsilon}_c^{pl} = -[1 - r(\hat{\bar{\boldsymbol{\sigma}}})]\hat{\varepsilon}_{min}^{pl} \tag{4.4b}$$

式中：$\hat{\varepsilon}_{max}^{pl}$ 和 $\hat{\varepsilon}_{min}^{pl}$ 分别为塑性应变张量最大和最小特征值；$r(\hat{\bar{\boldsymbol{\sigma}}})$ 为应力权重系数，为

$$r(\hat{\bar{\boldsymbol{\sigma}}}) = \frac{\sum_{i=1}^{3}\hat{\bar{\sigma}}_i}{\sum_{i=1}^{3}\left|\hat{\bar{\sigma}}_i\right|}, \quad 0 \leqslant r(\hat{\bar{\boldsymbol{\sigma}}}) \leqslant 1 \tag{4.5}$$

式中：$\hat{\bar{\sigma}}_i$ 为主应力（二维时 $i=1, 2$；三维时 $i=1, 2, 3$）；符号 $\langle\cdot\rangle$ 定义为 $\langle x\rangle = 0.5\times(|x|+x)$。

该模型用有效应力表示的屈服函数 F 的形式为

$$F = F(\bar{\boldsymbol{\sigma}}, \tilde{\varepsilon}^{pl}) = \frac{1}{1-\alpha}[\bar{q} - 3\alpha\bar{p} + \beta(\tilde{\varepsilon}^{pl})\langle\bar{\sigma}_{max}\rangle - \gamma - \langle\bar{\sigma}_{max}\rangle] - \bar{\sigma}_c(\varepsilon_c^{pl}) = 0 \tag{4.6}$$

式中：$\bar{p} = -\frac{1}{3}\bar{\boldsymbol{\sigma}}:\boldsymbol{I}$，为有效静压力，$\boldsymbol{I}$ 为应力不变量；$\bar{q} = \sqrt{\frac{3}{2}\bar{\boldsymbol{S}}:\bar{\boldsymbol{S}}}$，为 Mises 有效应力，$\bar{\boldsymbol{S}} = \bar{p}\boldsymbol{I} + \bar{\boldsymbol{\sigma}}$，为有效应力张量的偏量部分；$\bar{\sigma}_{max}$ 为 $\bar{\boldsymbol{\sigma}}$ 的最大特征值；α、函数 $\beta(\tilde{\varepsilon}^{pl})$ 及 γ 分别为

$$\alpha = \frac{\dfrac{\bar{\sigma}_{cc}}{\bar{\sigma}_c} - 1}{\dfrac{2\bar{\sigma}_{cc}}{\bar{\sigma}_c} - 1} \tag{4.7a}$$

$$\beta(\tilde{\varepsilon}^{\text{pl}})=\frac{\bar{\sigma}_{\text{c}}(\tilde{\varepsilon}_{\text{c}}^{\text{pl}})}{\bar{\sigma}_{\text{t}}(\tilde{\varepsilon}_{\text{t}}^{\text{pl}})}(1-\alpha)-(1+\alpha) \tag{4.7b}$$

$$\gamma=\frac{3(1-K_{\text{c}})}{2K_{\text{c}}-1} \tag{4.7c}$$

式中：$\bar{\sigma}_{\text{c}}$ 为单轴初始屈服压应力；$\bar{\sigma}_{\text{cc}}$ 为双轴初始屈服压应力；K_{c} 为屈服常数，其控制混凝土屈服面在偏平面上的投影形状，如 $K_{\text{c}}=1.0$，则形状为圆形（类似于 D-P 准则），若 $K_{\text{c}}=0.5$，则为三角形（类似于 Rankine 准则）。图 4.2 即为平面应力条件下模型的屈服面，图 4.3 为偏平面上的屈服面。

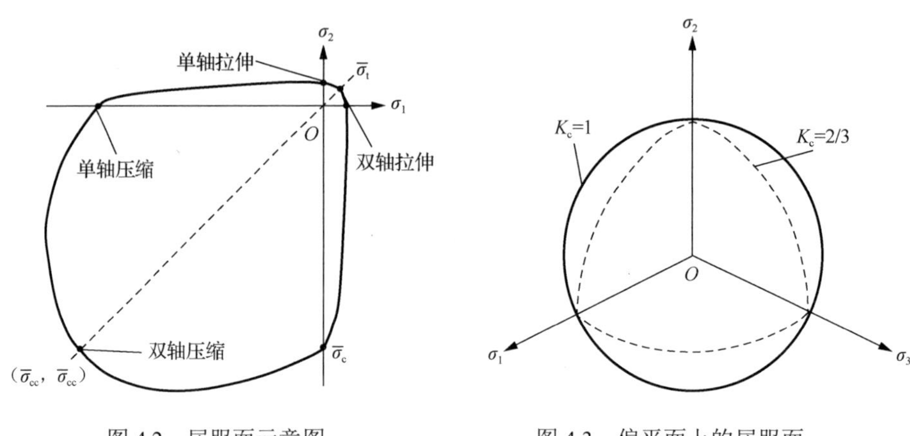

图 4.2　屈服面示意图　　　　图 4.3　偏平面上的屈服面

流动势函数 G 采用修正的 Drucker-Prager 双曲线函数

$$G=\sqrt{(\eta\sigma_{\text{t}}\tan\psi)^2+q^2}-p\tan\psi \tag{4.8}$$

式中：ψ 为高侧限压力条件下 p-q 面中测得的膨胀角；σ_{t} 为单轴抗拉强度；η 为偏心率。由于塑性流动函数是非关联的，形成的刚度矩阵不对称，故而需要求解非对称方程组。

塑性应变率 $\dot{\varepsilon}^{\text{pl}}$ 及有效塑性应变率 $\dot{\tilde{\varepsilon}}^{\text{pl}}$ 为

$$\dot{\varepsilon}^{\text{pl}}=\dot{\lambda}\frac{\partial G}{\partial\sigma} \tag{4.9a}$$

$$\dot{\tilde{\varepsilon}}^{\text{pl}}=h(\sigma,\ \tilde{\varepsilon}^{\text{pl}})\cdot\dot{\varepsilon}^{\text{pl}} \tag{4.9b}$$

式中：$\dot{\lambda}$ 为塑性乘子。

3．模拟结果与分析

基于随机骨料模型，选用如表 4.1 所示的混凝土细观组分力学参数对混凝土的单轴压缩力学行为进行模拟，对骨料级配、骨料分布形式等因素的影响进行分析，并探讨了不同骨料分布形式下混凝土抗压强度及软化曲线的统计特性。

表 4.1　混凝土细观组分力学参数

参数	骨料颗粒	砂浆基质	界面过渡区
抗压强度 σ_c /MPa		23*	18**
抗拉强度 σ_t /MPa		2.25*	1.8**
弹性模量 E/GPa	300*	30.8*	28**
泊松比 v	0.16*	0.2*	0.18**
剪胀角 ψ/（°）		30	30
偏心率 η/%		0.1	0.1
应力比 f_{b0}/f_{c0}		1.16	1.16
K		0.667	0.667

*试验实测值[18]；**反复试算选值；其他力学数据为默认值。

1）混凝土立方体试件单轴压缩行为

彩图 4 给出了二维模型获得的 4 组不同骨料分布的混凝土立方体试件在单轴压缩作用下的应力-应变曲线和相应的破坏模式，另外，彩图 4 还给出了应力-应变曲线模拟结果与 Dilger 等[18]试验结果的对比。图 4.4 则给出了混凝土试件单轴压缩破坏模式三维模拟结果与 Yan 和 Lin[19]以及施林林和宋玉普[20]试验结果的对比。由彩图 4 和图 4.4 的二维与三维破坏模式可以看到，与试验结果相似，在单轴压缩荷载下，模拟所得的混凝土试件表面出现许多宏观斜裂缝或剪切裂缝。并且，由彩图 4 可以看到，模拟所得的混凝土单轴压缩应力-应变曲线与试验数据吻合良好，从而说明了细观数值模型的合理性和有效性。

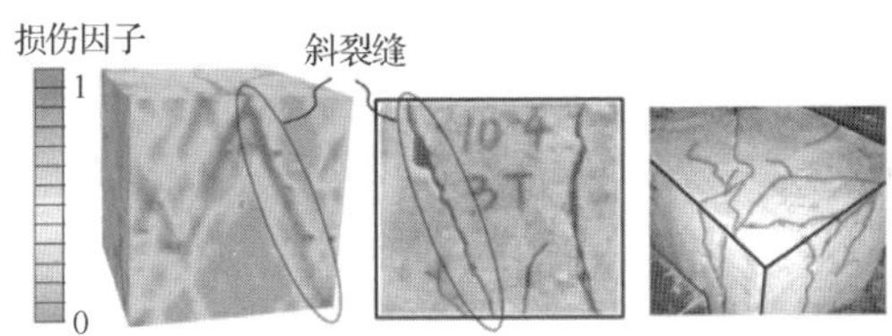

图 4.4　混凝土试件单轴压缩破坏模式三维模拟结果与试验结果[19, 20]的对比

此外，由彩图 4 还可以看到，不同骨料分布形式下，混凝土试件的单轴压缩应力-应变曲线和破坏模式十分相近，说明骨料分布形式对混凝土的应力-应变关系、强度和宏观破坏形态影响不大。

彩图5给出了混凝土立方体试件的单轴压缩应力-应变曲线及其不同阶段对应破坏模式。由此可以看出，混凝土内部的微裂缝首先出现在力学性能较薄弱区域（如 ITZ），有足够时间绕开骨料颗粒沿着 ITZ 发展演化，扩展到砂浆基质，最终在表面形成许多宏观裂缝。破坏时大部分骨料未出现损伤，而 ITZ 则出现大片破坏。

2）骨料级配的影响

粗骨料的粒径分布和空间分布对混凝土材料的断裂破坏行为具有显著的影响。这里首先考虑骨料粒径（即骨料级配）对混凝土材料力学性能的影响。为了节省计算量，采用表 4.2 中的模型参数建立了不同级配、不同尺寸的混凝土二维数值试件，对混凝土材料在单轴应力状态下的尺寸效应行为进行了分析与探讨。图 4.5 给出了单轴压缩加载下不同级配混凝土的最终破坏模式，从图中可以看到不同级配混凝土在单轴压缩加载下的失效模式基本相同，宏观层次上均是由贯穿整个试件的斜裂缝或受拉裂缝引起的，细观层次上裂缝均绕过强度相对较高的骨料颗粒，在界面过渡区和砂浆基质中形成剪切裂缝或受拉裂缝，最终导致整个试件的失效。由此，可以得到混凝土裂缝发生和扩展的一般规律：外荷载作用下，裂缝首先发生在力学性能相对薄弱的界面过渡区中，进而扩展进入砂浆基质，当遇到强度相对较高的骨料颗粒时选择绕行，因此裂缝扩展路径在细观层次上体现出一定的曲折性。此外，裂缝在粒径较大的骨料与砂浆基质之间的界面过渡区中产生的概率较粒径较小的骨料颗粒周围的界面过渡区中产生的概率大，并且最终使混凝土试件失效破坏的宏观裂缝形成的位置取决于粒径较大的骨料颗粒的空间分布。

表 4.2　不同级配数值混凝土模型参数

参数	一级配（记为 c1）		二级配（记为 c2）		三级配（记为 c3）		四级配（记为 c4）	
试件尺寸/mm	100	120	150	250	300	400	450	600
小石数量/粒	40	57	56	137	102	191	160	287
中石数量/粒	—	—	6	18	21	31	34	46
大石数量/粒	—	—	—	—	6	10	12	17
特大石数量/粒	—	—	—	—	—	—	3	4

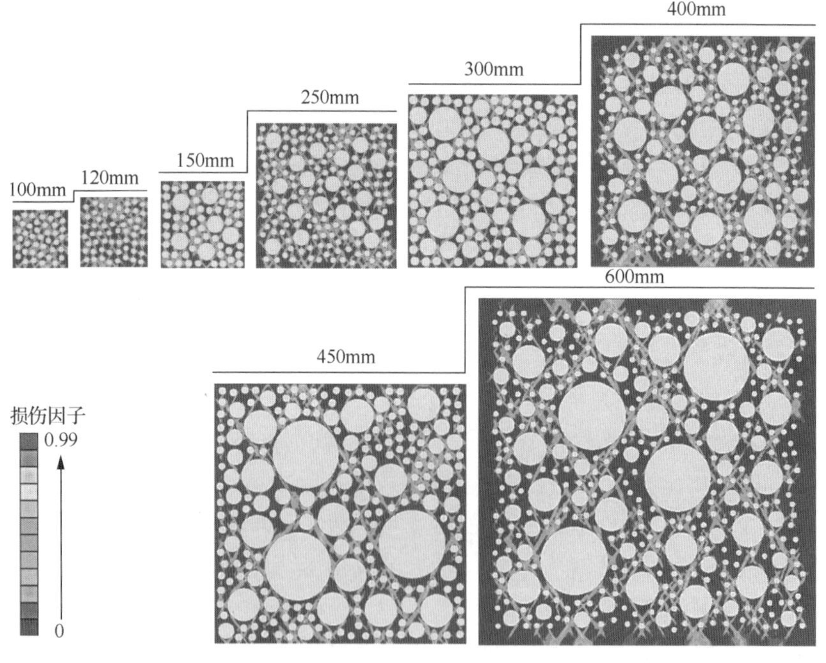

图 4.5　不同级配混凝土试件单轴受压破坏模式

图 4.6 给出了不同级配、不同尺寸方形混凝土试件在单轴压缩加载下的应力-应变曲线。图中曲线编号的含义为：连字符前的 c1～c4 代表混凝土骨料级配（表 4.2），连字符后的数字表示试件尺寸（单位：mm）。从图 4.6 中可以看到，随着试件尺寸的增大，混凝土抗压强度呈现出减小的趋势，即存在尺寸效应行为。

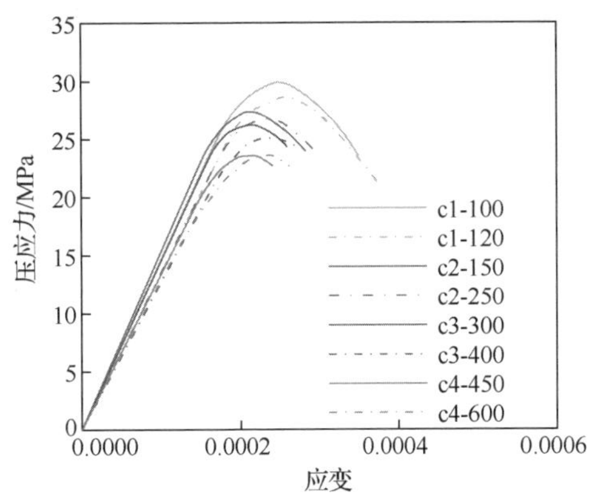

图 4.6　不同级配混凝土单轴受压应力-应变曲线

3）抗压强度及软化曲线的统计特性

混凝土内部组成的非均质性和随机性，不但导致了混凝土宏观非线性行为，也使混凝土的初始损伤分布及后续损伤演化过程都不可避免地出现随机性和离散性的特征。这种离散性可能会对混凝土工程结构大变形灾变破坏过程模拟研究的准确性产生很大的影响。因此，以单轴压缩加载为例，模拟了 64 组不同骨料分布形式下混凝土的单轴压缩力学行为，获得了不同骨料分布形式的混凝土试块破坏模式。进而基于概率理论，分析得到了抗压强度及软化曲线的统计特性，揭示了骨料分布形式对混凝土力学性能随机性的影响规律和机制。

图 4.7 所示为 64 组混凝土试件的宏观压缩应力-应变关系曲线。可以看出，应力-应变关系的上升段曲线基本重合，这说明骨料分布形式对混凝土宏观弹性模量影响可以忽略。需要说明的是，影响混凝土宏观强度和软化段曲线随机性和离散性的因素有很多，如初始缺陷、骨料形状以及骨料含量等。此处暂且仅考虑骨料分布形式的影响，因此获得的混凝土下降段曲线离散性比实际混凝土试验中获得结果的离散性弱。

选取峰值应力点及下降段曲线中的 A、B、C 和 D 等 4 点作为分析对象，各点应变与峰值应变ε_0之比分别为：$\varepsilon_A/\varepsilon_0=1.26$、$\varepsilon_B/\varepsilon_0=1.58$、$\varepsilon_C/\varepsilon_0=1.89$ 和$\varepsilon_D/\varepsilon_0=2.21$。64 个混凝土试件的峰值强度与 A、B、C 和 D 等 4 点应力的频数直方图如图 4.8 所示。从图 4.8 可知，各组数据分布形式大致服从 Weibull 分布。对于 Weibull 分布参数的求解，通常可以采用图解法、最大似然估计法等方法[21]。首先以图解法求解得到不同参数组合，然后用逐步回归法获得最优参数解。将各点应力参数值按由小到大次序排列，其概率分布满足式 $F(x)=(n-0.5)/N$，式中：x 为随机变量，N 为总样本数据，n 为第 n 个样本数据，$n\leqslant N$。

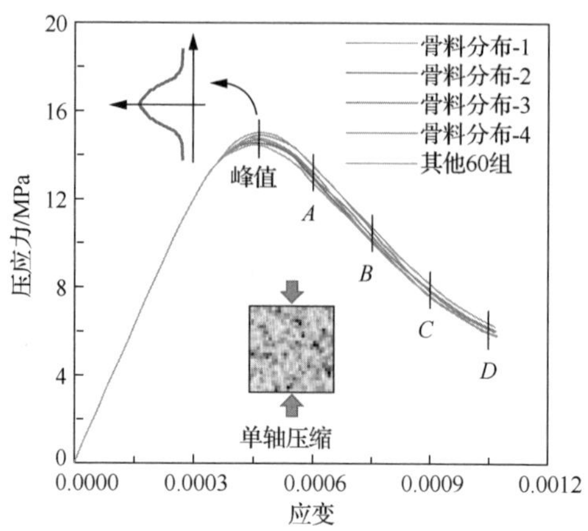

图 4.7　混凝土单轴压缩宏观应力-应变曲线（64 组试件）

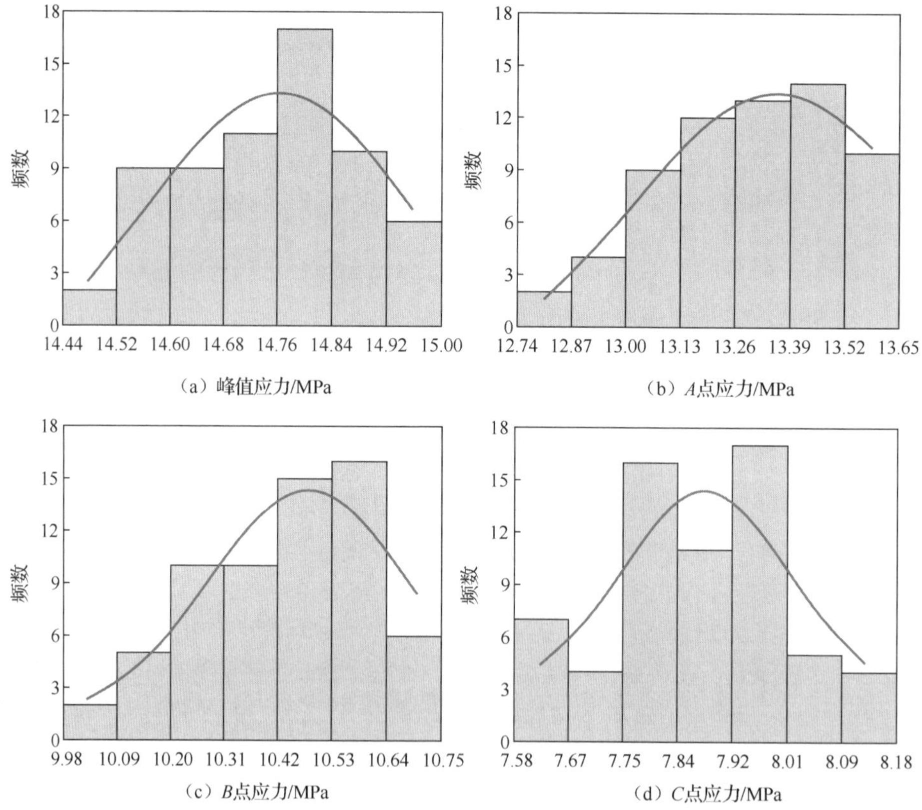

(a) 峰值应力/MPa

(b) A点应力/MPa

(c) B点应力/MPa

(d) C点应力/MPa

图 4.8　混凝土抗压强度频数直方图

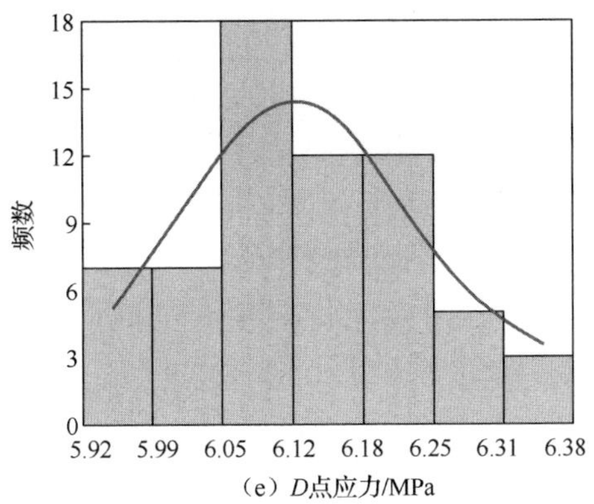

（e）D点应力/MPa

图 4.8（续）

对于双参数 Weibull 分布模型，有

$$1-F(x)=\exp\left[-\left(\frac{x}{\beta}\right)^m\right] \tag{4.10}$$

将式（4.10）两侧取双对数后可得

$$\ln\{-\ln[1-F(x)]\}=m\ln x-m\ln\beta \tag{4.11}$$

在 Weibull 分布概率图上，规定 ln$x$ 为横坐标，记为 X；$\ln\{-\ln[1-F(x)]\}$ 为纵坐标，记为 Y。从而由式（4.11）便可以写成一直线方程 $Y=bX+a$，这里 $b=m$，$a=-m\ln\beta$ 。直线方程的系数 a、b 采用最小二乘法求得，即

$$\begin{cases} b=\dfrac{\sum(X_i-\bar{X})(Y_i-\bar{Y})}{\sum(X_i-\bar{X})^2}=m \\ a=\bar{Y}-b\bar{X} \end{cases} \tag{4.12}$$

则得知

$$\beta=\exp\left(-\frac{\bar{Y}-b\bar{X}}{m}\right) \tag{4.13}$$

基于此，对不同骨料分布形式的二级配混凝土的抗压强度值及软化段上 A、B、C 和 D 等 4 点处应力值进行线性拟合分析，据拟合得到的线性拟合方程及 X 与 Y 的相关系数 R^2，进而可以对 Weibull 分布参数进行计算，获得了混凝土二级配模型不同骨料分布形式下抗压强度及软化段 A、B、C 和 D 等 4 点处应力数据的相关参数，如均值 E（x）、标准差 S 和离散系数 C，详见表 4.3。

表 4.3　不同样本数据的 Weibull 参数统计表

点位	线性拟合方程 $Y=bX+a$			Weibull 分布参数		$\Gamma\left(1+\frac{1}{a}\right)$	$\Gamma\left(1+\frac{2}{a}\right)$	均值 $E(x)$	标准差 S	$C=\frac{S}{E(x)}$
	b	$-a$	R^2	m	β					
峰值	140.51	378.60	0.9806	140.51	14.80	0.9959	0.9920	14.74	0.1338	0.0091
A	78.08	202.59	0.9843	78.08	13.39	0.9928	0.9858	13.29	0.2164	0.0163
B	72.87	171.42	0.9854	72.87	10.51	0.9923	0.9849	10.43	0.1817	0.0174
C	67.59	139.98	0.9674	67.59	7.93	0.9917	0.9838	7.87	0.1477	0.0188
D	68.14	124.10	0.9643	68.14	6.18	0.9917	0.9839	6.13	0.1141	0.0186

混凝土抗压强度及软化段 A、B、C、D 等 4 点处应力的分布问题实质上是一个非参数检验问题。K-S 检验法（即 Kolmogorov-Smirnov 法）[21]的基本思想是检验观测样本 x_i 的累积频率 $F_n(x)$ 与假设的理论概率分布 F（x）之间的差异程度。设观测样本 x_i 从小到大排列，样本容量为 n，需要检验的原假设 H_0：$F_n(x)=F(x)$，备选假设 H_1：$F_n(x)\neq F(x)$，其中 F（x）为理论函数，$F_n(x)$ 为样本分布函数。如果满足下式，则接受原假设；否则拒绝接受，即

$$D_n=\max_{-\infty<x<\infty}\left|F_n(x)-F(x)\right|<D_{n,\alpha} \tag{4.14}$$

式中：D_n 为一个随机变量，其分布依赖于 n；$D_{n,\alpha}$ 表示显著水平为 α 时的临界值。表 4.4 是混凝土单轴抗压强度及软化段 A、B、C 和 D 等 4 点处应力值的 K-S 检验结果，可以得知各统计量 D 的临界值 $D_{n,\alpha}$ 均大于计算值 D_n。据表 4.4 的检验情况，可以得出结论：在 95%的保证率（即 $\alpha=5\%$）下，可以认为混凝土抗压强度值及软化段 A、B、C 和 D 等 4 点处应力值均服从 Weibull 分布。

表 4.4　K-S 检验结果表

点位	区间	1	2	3	4	5	6	7	判定结果
峰值	$F(x)$	0.038	0.128	0.256	0.439	0.743	0.909	0.999	$D_{\max}=0.049<D_{n,a}=0.17$
	$F_n(x)$	0.023	0.164	0.305	0.477	0.742	0.898	0.992	
	D_n	0.015	0.036	0.049	0.038	0.001	0.011	0.007	
A	$F(x)$	0.042	0.089	0.184	0.355	0.610	0.832	0.989	$D_{\max}=0.059<D_{n,a}=0.17$
	$F_n(x)$	0.023	0.086	0.227	0.414	0.617	0.836	0.992	
	D_n	0.018	0.003	0.043	0.059	0.008	0.004	0.004	
B	$F(x)$	0.047	0.076	0.206	0.393	0.659	0.899	0.994	$D_{\max}=0.052<D_{n,a}=0.17$
	$F_n(x)$	0.023	0.102	0.258	0.414	0.648	0.898	0.992	
	D_n	0.023	0.025	0.052	0.021	0.010	0.001	0.002	
C	$F(x)$	0.082	0.172	0.338	0.560	0.829	0.932	0.999	$D_{\max}=0.076<D_{n,a}=0.17$
	$F_n(x)$	0.102	0.164	0.414	0.586	0.852	0.930	0.992	
	D_n	0.019	0.008	0.076	0.026	0.023	0.002	0.007	
D	$F(x)$	0.081	0.190	0.404	0.634	0.885	0.984	1.000	$D_{\max}=0.089<D_{n,a}=0.17$
	$F_n(x)$	0.102	0.211	0.492	0.680	0.867	0.945	0.992	
	D_n	0.020	0.021	0.089	0.046	0.018	0.039	0.008	

注：1～7 表示 7 个区间。

图 4.9 给出了样本数据的概率密度曲线。从图 4.9 中不难发现，*A*、*B*、*C* 和 *D* 等 4 点处概率密度函数曲线轮廓由低而宽变得高而窄，数据分布趋于集中，但是由于各组数据的平均值也在逐渐减小，从图中无法比较各组数据的离散性，而表 4.3 中 *A*、*B*、*C* 和 *D* 等 4 点离散系数相近，说明混凝土宏观应力-应变曲线下降段各处的离散程度相近；图 4.9（a）是抗压强度的概率密度函数曲线，抗压强度平均值和 *A* 点数据的平均值相近，而其概率密度函数曲线外形明显较 *A* 点的曲线外形窄而高，说明抗压强度的离散程度比软化段曲线要小，表 4.3 中抗压强度的离散系数显著小于软化段曲线各点的离散系数，则很好地说明了这一点。该结果可为混凝土结构可靠性分析或失效概率提供参考。

由以上分析可知，不同骨料分布形式下混凝土抗压强度和软化曲线均服从双参数 Weibull 分布；软化段上应力值的离散程度相近；软化段上应力值的离散性比峰值点应力的离散性大。

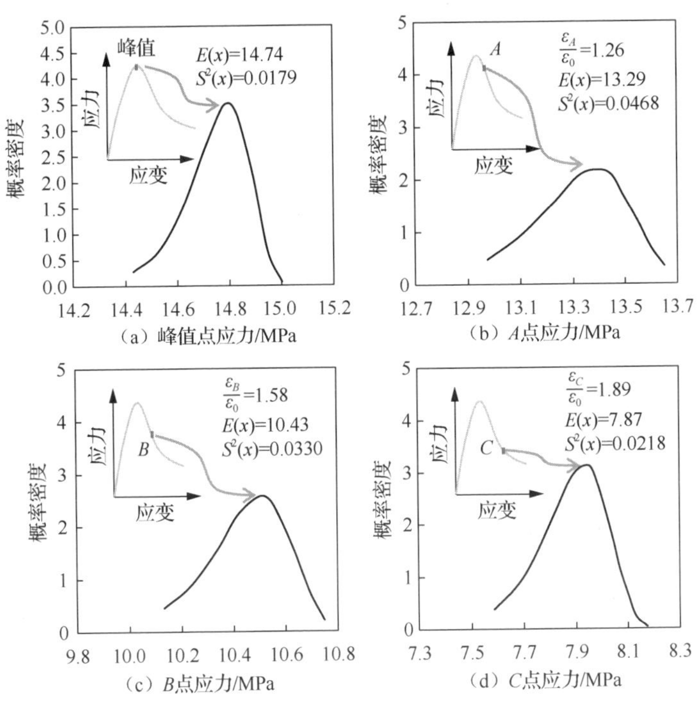

图 4.9　抗压强度及软化段 *A*、*B*、*C* 和 *D* 点处应力值的概率密度函数曲线

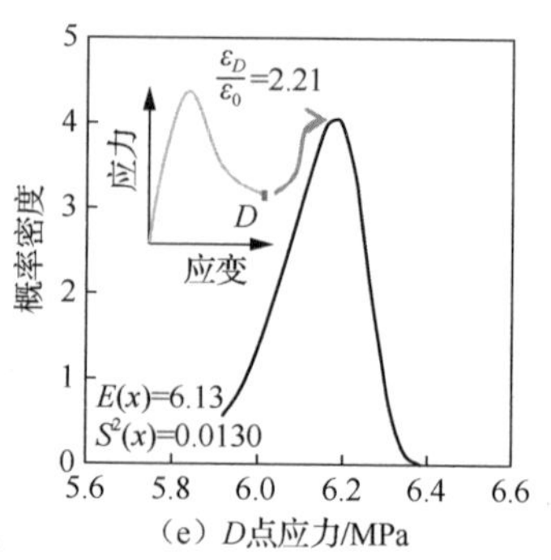

（e）D点应力/MPa

图 4.9（续）

4.1.2　细观单元等效化方法模拟

1．细观数值分析模型

图 4.10（a）所示为采用 2.1 节方法生成的边长为 150mm 二级配混凝土立方体试件的随机骨料模型。骨料设为球形，其中代表粒径为 30mm 的中骨料颗粒 45 颗，粒径为 15mm 的小骨料颗粒 438 颗，粗骨料的质量约占混凝土总质量的 47%。各粗骨料颗粒周围 1mm 厚度范围内的区域设定为“界面过渡区”。

图 4.10（b）即为对应于图 4.10（a）宏观力学性能的细观单元等效化模型，试件的网格特征单元尺寸为 10mm，共划分为 15 × 15 × 15 = 3375 个单元网格。细观单元等效化数值模型中，混凝土细观单元采用多折线损伤本构关系（详见 2.3 节）来表征其力学行为，单元的等效力学参数由表 4.5 中细观组分参数确定。采用位移加载控制，加载步长为 0.0003mm。

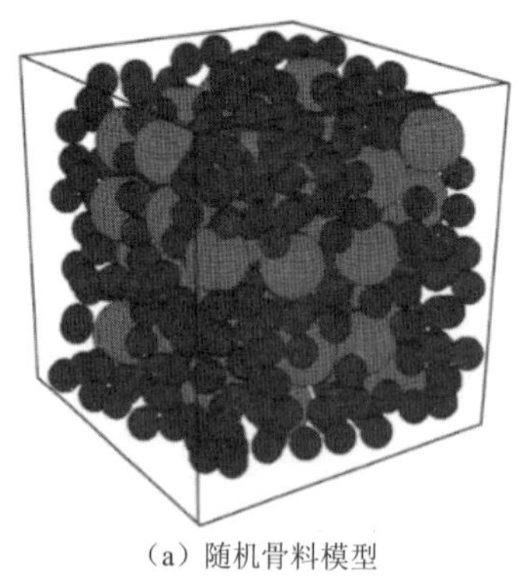
（a）随机骨料模型

（b）细观单元等效化模型

图 4.10　混凝土细观尺度计算模型

表 4.5　混凝土各相材料力学参数

材料	弹性模量 E/GPa	泊松比ν	强度（拉/压）σ_0/MPa	λ	η	ξ
砂浆基质	30	0.22	2.5/25	0.1	4	10
界面过渡区	22	0.20	1.8/18	0.1	4	10
骨料	50	0.16	6.0/80	0.1	5	10

注：λ 为材料残余强度系数，即残余强度与强度的比值；η 为材料残余应变系数。

2．模拟结果与分析

对图 4.10 所示的混凝土试件进行单轴压缩加载模拟。采用最小主应变破坏准则作为混凝土细观单元压缩破坏的准则。彩图 6 给出的是二级配混凝土试件在单轴压缩条件下最小主应变变化的全过程，简单演示了非均质混凝土试件从产生损伤直至破坏全过程。

图 4.11 为二维平面模型与 3 组具有不同骨料分布形式的三维实体试件（即 3D 试件 1～3D 试件 3）模拟所得的混凝土的单轴压缩应力-应变曲线。从图 4.11 的单轴压缩反映情况来看，二维平面模型与三维实体模型得到的初始弹性模量基本相同，但是其他力学性能参数均有所差别。此外，平面模型也难以真实地反映实际混凝土试件空间的裂纹扩展路径。这些说明采用平面模型研究混凝土的宏观力学行为及破坏断裂过程存在一定不足。

对比图4.11 中 3 组不同骨料分布形式三维混凝土试件的应力-应变曲线可以看到，3 条曲线的上升段及峰值十分接近，说明骨料空间分布形式对混凝土材料的宏观弹性模量及强度影响不大；但其达到强度后的下降段曲线有较大差别，说明混凝土中骨料的空间分布形式影响混凝土试件的破坏过程及破坏路径。

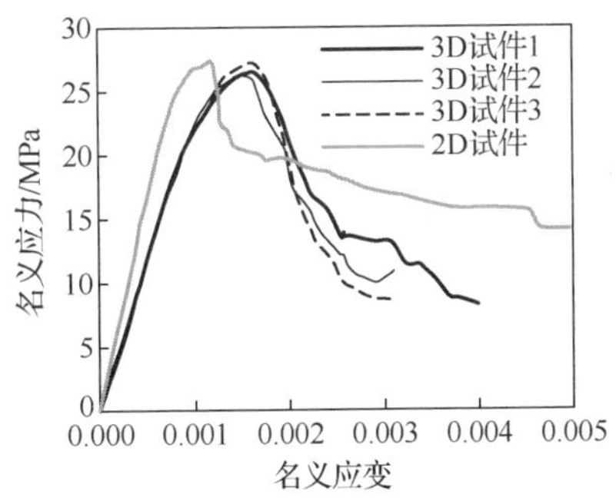

图 4.11　混凝土单轴压缩应力-应变关系

4.2　混凝土单轴拉伸力学行为

拉伸破坏是混凝土类脆性复合材料主要的断裂破坏方式，因此对混凝土单轴拉伸破坏性能的研究是非常必要的。本节基于随机骨料模型和细观单元等效化方法，并结合预插黏性界面单元法和扩展有限元法，对混凝土在单轴拉伸荷载作用下的破坏行为进行模拟分析[4-9]。

4.2.1　随机骨料模型模拟

1．随机骨料模型

用于探讨混凝土试件单轴拉伸力学行为的二维随机骨料模型如彩图 3（a）所示；三维哑铃型试件随机骨料细观拉伸模型如图 4.12 所示，哑铃型试件高度 h =200mm，中间部分宽度为 b = 70mm。骨料颗粒假定为球体，所占体积分数约为 45%，采用二级配混凝土，其等效粒径与彩图 3（b）相同。描述混凝土细观组分力学行为的本构模型同 4.1 节，即骨料设为弹性体，砂浆基质和界面过渡区的力学行为采用塑性损伤模型来表征。

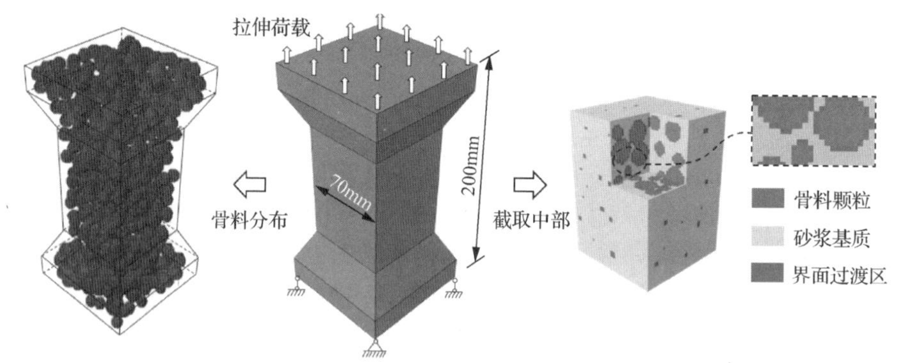

图 4.12　三维单轴拉伸混凝土哑铃型模型

2．模拟结果与分析

1）混凝土立方体试件单轴拉伸行为

图 4.13 给出了二维模型获得的 4 组不同骨料分布的混凝土立方体试件在单轴拉伸作用下的应力-应变曲线和相应的破坏模式。图 4.14 则给出了混凝土试件单轴拉伸破坏模式三维模拟结果与 Yan 和 Lin [22]试验结果的对比。由图 4.13 和图 4.14 的二维与三维破坏模式可以看到，在单轴拉伸荷载下，模拟所得的破坏模式为试件的中部区域出现一两条贯穿的宏观裂缝，这与试验结果相似，从而说明了细观数值模型的合理性和有效性。此外，由图 4.13 还可以看到，不同骨料分布形式下，混凝土试件的单轴压缩应力-应变曲线和破坏模式十分相近，说明骨料分布形式对混凝土的应力-应变关系、强度和宏观破坏形态影响不大。

彩图7给出了单轴拉伸荷载作用下混凝土哑铃型试件的拉伸应力-应变曲线及

其不同阶段对应的开裂破坏形态。同样地，可以看出混凝土内部的损伤首先出现在力学性能较薄弱区域（如 ITZ），微裂缝有足够时间绕开骨料颗粒沿着 ITZ 发展演化，扩展到砂浆基质，最终在中部区域出现一两条贯穿的宏观裂缝。试件破坏时大部分骨料未出现损伤。

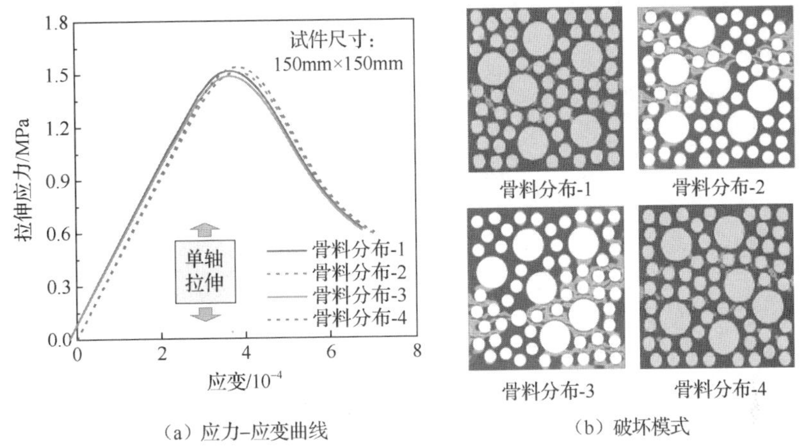

图 4.13　混凝土立方体试件单轴拉伸应力-应变关系及破坏模式二维模拟结果

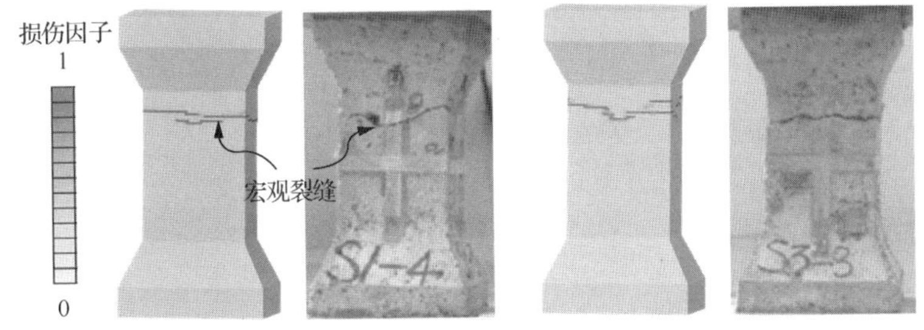

图 4.14　混凝土哑铃型模型单轴拉伸破坏模式模拟结果与试验结果[22]的对比

2）骨料级配的影响

采用表 4.2 中的参数建立了不同级配、不同尺寸混凝土二维数值试件，对混凝土材料在单轴拉伸状态下的尺寸效应行为进行了分析与探讨。图 4.15 给出了单轴拉伸加载下混凝土的最终破坏模式，从图中可以看到不同级配混凝土在单轴拉伸加载下的失效模式基本相同，宏观层次上均是由贯穿整个试件的斜裂缝或受拉裂缝引起的，细观层次上裂缝均绕过强度相对较高的骨料颗粒，在界面过渡区和砂浆基质中形成剪切裂缝或受拉裂缝，最终导致整个试件的失效。此外，裂缝在粒径较大的骨料与砂浆基质之间的界面过渡区中产生的概率较粒径较小的骨料颗粒周围的界面过渡区中产生的概率大，并且最终使混凝土试件失效破坏的宏观裂缝形成的位置取决于粒径较大的骨料颗粒的空间分布。

图 4.16 给出了混凝土试件相应的单轴拉伸应力-应变曲线。图中曲线编号的含义为：连字符前的 c1～c4 代表混凝土骨料级配（表 4.2），连字符后的数字表示试件尺寸（单位：mm）。从图图 4.16 可以看到，随着试件尺寸的增大，混凝土抗拉强度呈现出减小的趋势，即存在尺寸效应行为。

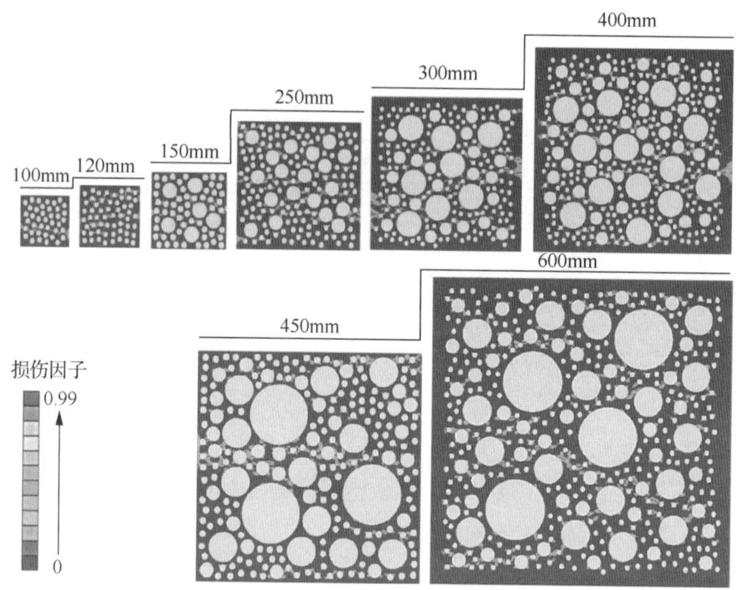

图 4.15　不同级配混凝土试件单轴受拉破坏模式

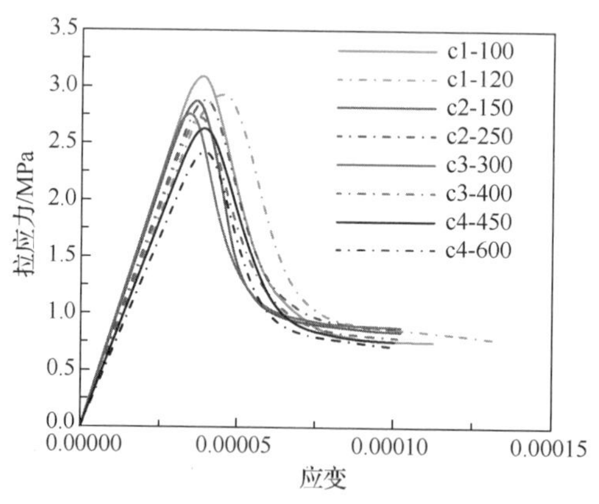

图 4.16　不同级配混凝土单轴受拉应力-应变曲线

4.2.2　细观单元等效化模拟

对图 4.10 所示的混凝土试件进行单轴拉伸加载模拟。采用最大主应变破坏准则作为混凝土细观单元拉伸破坏的准则。图 4.17 是混凝土试件在单轴拉伸条件下的 Mises 应力云图，由于单元间力学性质的差异，混凝土试件的应力分布不均匀，说明了混凝土材料非线性的本质根源。为了形象直观地演示非均质混凝土试件的破坏演化过程，对计算结果进行了处理。彩图 8 是二级配混凝土试件在单轴拉伸条件下的最大主应变变化全过程，简单地演示了非均质混凝土试件从产生损伤直至破坏全过程。计算结果中的混凝土应变分布的不均匀性，缘于混凝土材料的非均质性，反映整体力学行为的非线性。

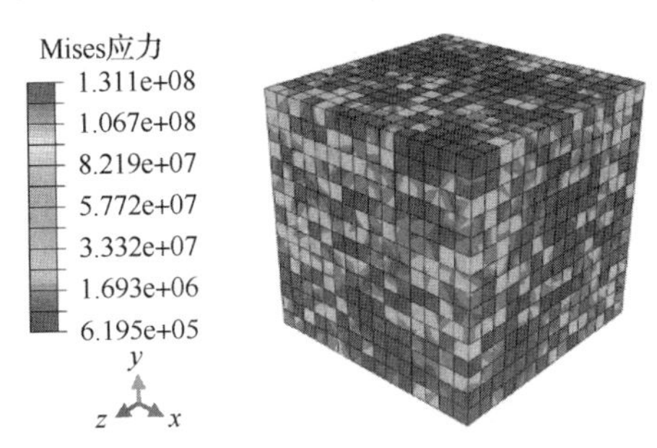

图 4.17 单轴拉伸下混凝土 Mises 应力云图

彩图 8 给出的最大主应变变化云图中灰黑色表示在外荷载作用下，单元的最大拉伸应变已达到或超过单元等效抗拉强度所对应的峰值应变，开始产生损伤甚至破坏。从彩图 8 可以看出，在加载初期，混凝土内部各单元均还处于弹性阶段；随着荷载的逐渐增加，由于各单元的等效强度的差异，混凝土内部累积变形和应力集中行为导致局部较薄弱的区域开始达到单元的等效抗拉或抗压强度，产生损伤，进入应变软化阶段；此后，混凝土内部单元不断有新的区域产生损伤，损伤区域不断扩大，随后出现的破坏单元越来越集中到某受损伤最严重的区域，整体试件模型刚度降低，出现负刚度行为，最终导致整个混凝土试件失去承载能力。此外，混凝土试件在单轴压缩时，由于试件中的裂纹不断萌生、扩展和贯通，试件在侧向产生较大膨胀。从数值模拟云图变化过程还可得知，混凝土材料破坏是内部材料细观分布的非均匀性所引起的，其破坏过程实际上就是微裂纹萌生、扩展、贯通产生宏观裂纹，最终导致整个混凝土试件失稳破裂的过程。

图 4.18 给出的是单轴拉伸荷载作用下，获得的二级配混凝土试件宏观应力-应变关系曲线图。从图 4.18 中可以看出，采用二维（2D）模型得到的混凝土宏观力学性能与采用三维（3D）模型得到的结果有一定的差别。两种模型得到的初始弹性模量基本相同，而对于宏观抗拉强度、峰值应变以及残余抗拉强度，都有较大差别。

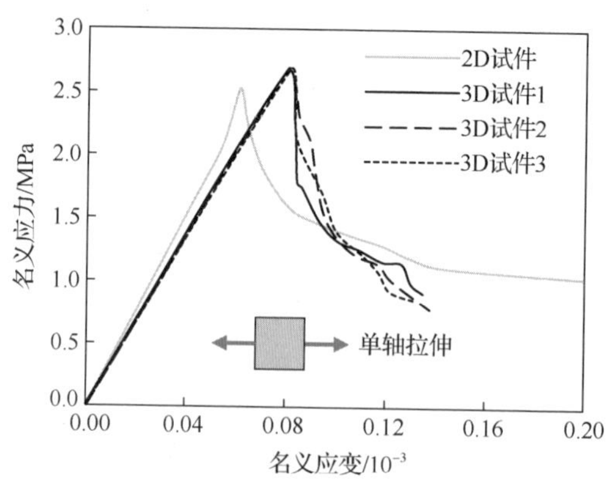

图 4.18　混凝土单轴拉伸应力-应变关系

另外，对比图 4.18 中骨料空间随机分布的 3 个不同样本（即 3D 试件 1～3D 试件 3，3 个样本骨料体积分数相同）的三维计算结果可以看到，得到的单轴抗拉强度差别不大，表明混凝土试件骨料空间分布不同对混凝土材料的宏观杨氏模量及强度影响不大；但其达到强度后的下降段曲线有较大差别，说明了混凝土中骨料的空间分布形式影响混凝土试件的破坏过程及破坏路径。

4.2.3　扩展有限元法模拟

1999 年，美国西北大学 Belytschko 教授提出了扩展有限元法（extended finite element method，XFEM）[23]，把诸如裂纹、节理等非连续性结构嵌入到单元内部，使得在进行非连续性结构（比如裂纹扩展）的演化计算时无须网格重剖分也可以顺利计算。该方法在短短的 20 年内，广泛应用到各个研究领域[24-28]，显示出其强大的生命力。Du 等[6,7]将扩展有限法运用到复合材料的断裂破坏研究中，结合随机骨料模型对细观尺度下混凝土的断裂破坏过程及宏观力学性能进行研究，探索其破坏机制。

1．扩展有限元基本原理

1）单位分解法

1996 年 Melenk 和 Babuska[29]及 Duarte 和 Oden[30]先后提出单位分解法（PUM），单位分解法基本思想是任意函数 $\varphi(x)$ 都可以用其域内一组局部函数 $N_i(x)\varphi(x)$ 来表示，即

$$\varphi(x)=\sum[N_i(x)\varphi(x)] \tag{4.15}$$

式中：$N_i(x)$ 为有限元形函数，它形成一个单位分解 $\sum N_i(x)=1$。PUM 从变分方程出发，提高试探空间对真实空间的逼近程度。

2）单元非连续位移场建立

图 4.19 是含有一条裂纹的有限元网格，在裂纹面和裂纹尖端附近的位移逼近函数相比常规有限元要有所增强，具体来说，裂纹面所影响的单元的位移逼近函数须包含不连续的 Heaviside 函数（阶跃函数）；而对于裂纹尖端的单元，要较为准确地模拟裂纹尖端的应力场，裂尖函数必须能体现出渐进裂尖位移场的径向和环向的性态。单元位移逼近函数都是基于单位分解（PUM）的概念，如以下形式[23]：

$$\begin{bmatrix} u^{\mathrm{h}}(x) \\ v^{\mathrm{h}}(x) \end{bmatrix}=\sum_{i\in I}\phi_i\begin{bmatrix} u_i \\ v_i \end{bmatrix}+\sum_{j\in J\cap I}\phi_j H(x)\begin{bmatrix} b_{1j} \\ b_{2j} \end{bmatrix}+\sum_{m\in M_k\cap I}\phi_m\begin{bmatrix} a_{1m}^{(\mathrm{tipk})} \\ a_{2m}^{(\mathrm{tipk})} \end{bmatrix} \tag{4.16}$$

式中：I 为此单元所有节点的集合；(u_i,v_i) 为节点 i 的常规自由度；ϕ_i 为与节点 i 相关的形函数；J 为裂纹面（即被裂纹完全穿过，但不包含裂纹尖端）单元的节点集（如图 4.19 中的实心方块所示）；函数 $H(x)$ 为 Heaviside 函数；(b_{1j},b_{2j}) 为相应的额外加强自由度；ϕ_j 为 j 节点域的形函数；M_k 为裂尖 k 周围需要改进的节点集合（如图 4.19 中的空心圆点所示）；$\left(a_{1m}^{(\mathrm{tipk})},a_{2m}^{(\mathrm{tipk})}\right)$ 为裂尖处与弹性渐近裂尖函数有关的节点加强自由度；ϕ_m 为裂尖单元的形函数。若一个节点同时属于裂尖单元和被裂纹分割单元时，则优先属于裂尖单元。式（4.16）表明：若单元中没有裂纹经过，则该单元的位移场为等式右边第一项；若单元被裂纹完全贯穿，则该单元的位移场为等式右边前两项；若单元是裂尖所在单元，则该单元的位移场为右边第一项和第三项之和。

采用广义 Heaviside 函数，其取值规则为在裂纹上方 $H(x)$ 取 1、在裂纹下方 $H(x)$ 取−1 来反映位移的不连续情况，在局部坐标系（图 4.20）内表达为

$$H(x)=\begin{cases} +1 & x-x^{*}\cdot\boldsymbol{n}\geqslant 0 \\ -1 & \text{其他} \end{cases} \tag{4.17}$$

式中：x 为所考察的点；x^{*} 为离 x 最近的裂纹面上的点；$\boldsymbol{n}$ 为 x^{*} 处裂纹的单位外法向矢量。

对于各向同性的弹性体，裂纹尖端附加的改进函数为 $\phi_m(x)$ 为[31]

$$[\phi_m(x)]=\sqrt{r}\left[\sin\frac{\theta}{2},\cos\frac{\theta}{2},\sin\theta\sin\frac{\theta}{2},\cos\theta\sin\frac{\theta}{2}\right]\quad m=1\sim 4 \tag{4.18}$$

式中：r 和 θ 为局部裂尖场坐标系统中的极坐标。

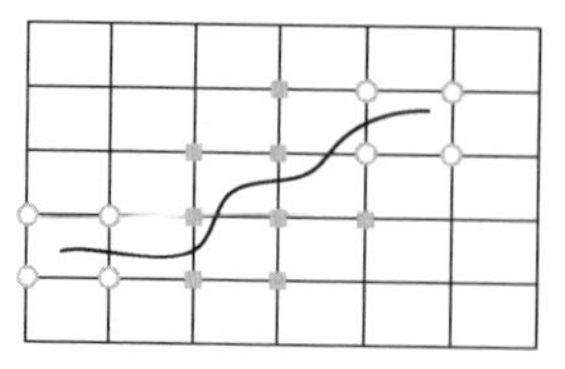

图 4.19　含有裂纹的网格

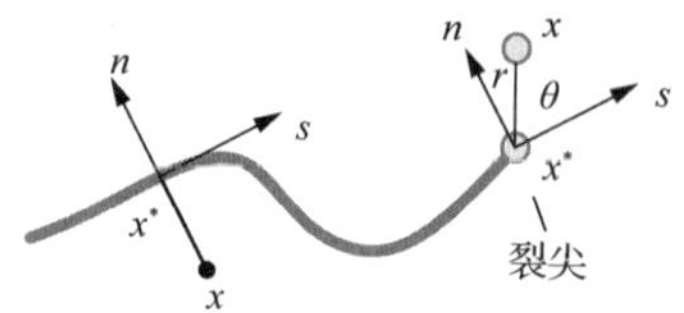

图 4.20　裂尖处局部极坐标系

3）水平集理论

水平集法是一种跟踪界面移动的数值技术，它将界面的变化表示成比界面高一维的水平集曲线。对于裂纹的描述，水平集函数常取下列符号距离函数，即[32]

$$\varphi(x,t)=\pm\min_{x_\Gamma\in\Gamma(t)}\|x-x_\Gamma\| \tag{4.19}$$

如果 x 位于 $\Gamma(t)$ 定义的裂纹上方，那么上式取正号，否则取负号。

裂纹生长可由 φ 的演化方程得到[33]

$$\varphi_t+F\|\nabla\varphi\|=0\qquad \varphi(x,0)\text{给定} \tag{4.20}$$

式中：F 为界面上的点在界面外法向的速度；∇ 为梯度算子。

2. 有限元支配方程建立

如图 4.21 所示的含裂纹的平面结构体系，考虑在区域 Ω 上有边界 Γ（包括 Γ_u、Γ_t 和 Γ_c）。Γ_t 有面力 $\hat{t}$，内部裂纹两侧面 Γ_c^+ 和 Γ_c^- 为自由表面。

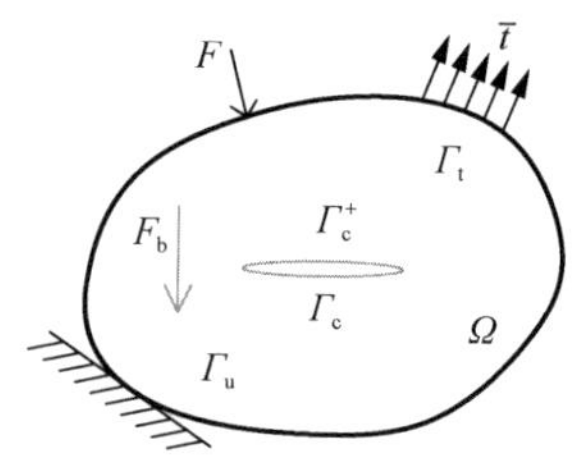

图 4.21　含裂纹的结构体系

平衡条件及边界条件为

$$\nabla\cdot\boldsymbol{\sigma}+F_b=0\qquad \text{在 }\Omega\text{ 内} \tag{4.21}$$

$$\boldsymbol{\sigma}\cdot\boldsymbol{n}=\hat{t}\qquad \text{在 }\Gamma_t\text{ 上} \tag{4.22}$$

$$\boldsymbol{\sigma}\cdot\boldsymbol{n}=0\qquad \text{在 }\Gamma_c\text{ 上} \tag{4.23}$$

$$u=\bar{u}\qquad \text{在 }\Gamma_u\text{ 上} \tag{4.24}$$

式中：$\boldsymbol{n}$ 为外法线矢量；$\boldsymbol{\sigma}$ 为 Cauchy 应力张量；F_b 为分布体力密度。

变形体本构关系为

$$\boldsymbol{\sigma}(u)=\boldsymbol{D}:\boldsymbol{\varepsilon}(u) \tag{4.25}$$

式中：$\boldsymbol{D}$ 为弹性矩阵。

位移模式构造后，就可以和常规有限元方法一样，由虚功原理推导其有限元求解的支配方程。对于图 4.21 所示的含裂纹结构体系，设产生一允许的虚位移 δu^{h}，虚位移插值函数模式符合式（4.16），则虚功方程为

$$\int_{\Omega}\varepsilon(u):\boldsymbol{D}:\delta\varepsilon^{\mathrm{h}}\mathrm{d}\Omega=\int_{\Omega}F_{\mathrm{b}}\delta u^{\mathrm{h}}\mathrm{d}\Omega+\int_{\Gamma_{\mathrm{t}}}\overline{t}\delta u^{\mathrm{h}}\mathrm{d}\Gamma+F\delta u^{\mathrm{h}} \tag{4.26}$$

式中：F_{b}、$\overline{t}$ 和 F 分别为分布体力、面力和集中力；$\varepsilon(u)$ 为应变。

将有限元近似位移表达式（4.16）代入虚功方程（4.26），就可以得到 XFEM 的支配方程为

$$\boldsymbol{Kd}=\boldsymbol{f} \tag{4.27}$$

式中：$\boldsymbol{f}$ 为等效节点力向量；$\boldsymbol{d}$ 为节点位移列向量，对于常规节点 $\boldsymbol{d}_i=[u_i\quad v_i]^{\mathrm{T}}$，而 J 型加强节点 $\boldsymbol{d}_i=[u_i\quad v_i\quad b_{1j}\quad b_{2j}]^{\mathrm{T}}$，$M_k$ 型加强节点 $\boldsymbol{d}_i=[u_i\quad v_i\quad a_{1m}^{(\mathrm{tipk})}\quad a_{2m}^{(\mathrm{tipk})}]^{\mathrm{T}}$；$\boldsymbol{K}$ 为总体刚度矩阵，由单元刚度矩阵 $\boldsymbol{k}_{ij}^{e}$ 组装而成，$\boldsymbol{k}_{ij}^{e}$ 为

$$\boldsymbol{k}_{ij}^{e}=\begin{bmatrix}\boldsymbol{k}_{ij}^{uu} & \boldsymbol{k}_{ij}^{ub} & \boldsymbol{k}_{ij}^{ua}\\ \boldsymbol{k}_{ij}^{bu} & \boldsymbol{k}_{ij}^{bb} & \boldsymbol{k}_{ij}^{ba}\\ \boldsymbol{k}_{ij}^{au} & \boldsymbol{k}_{ij}^{ab} & \boldsymbol{k}_{ij}^{aa}\end{bmatrix} \tag{4.28}$$

式（4.28）中子矩阵 $\boldsymbol{k}_{ij}^{rs}$ 计算式为

$$\boldsymbol{k}_{ij}^{rs}=\int_{\Omega^{e}}[(\boldsymbol{B}_i^{r})^{\mathrm{T}}\boldsymbol{D}\boldsymbol{B}_j^{s}]\mathrm{d}\boldsymbol{\Omega}\qquad r,s=u,a,b \tag{4.29}$$

式中：$\boldsymbol{D}$ 为弹性本构矩阵；u、b、a 分别为单元位移向量的连续部分、被裂纹完全分割单元和裂纹尖端所在单元的结点改进自由度；i、j 为单元结点数目；$\boldsymbol{B}_i^{u}$、$\boldsymbol{B}_i^{b}$、$\boldsymbol{B}_i^{a}$ 为常规应变矩阵、裂纹贯穿单元以及裂纹尖端单元的附加应变矩阵，表达式分别为

$$\boldsymbol{B}_i^{u}=\begin{bmatrix}N_{i,x} & 0\\ 0 & N_{i,y}\\ N_{i,y} & N_{i,x}\end{bmatrix} \tag{4.30}$$

$$\boldsymbol{B}_i^{b}=\begin{bmatrix}(N_iH)_{,x} & 0\\ 0 & (N_iH)_{,y}\\ (N_iH)_{,y} & (N_iH)_{,x}\end{bmatrix} \tag{4.31}$$

$$\boldsymbol{B}_i^{b}=[\boldsymbol{B}_i^{b1}\quad \boldsymbol{B}_i^{b2}\quad \boldsymbol{B}_i^{b3}\quad \boldsymbol{B}_i^{b4}] \tag{4.32}$$

$$\boldsymbol{B}_i^{am}=\begin{bmatrix}(N_i\phi_m)_{,x} & 0\\ 0 & (N_i\phi_m)_{,y}\\ (N_i\phi_m)_{,y} & (N_i\phi_m)_{,x}\end{bmatrix}\qquad m=1,2,3,4 \tag{4.33}$$

整体荷载列阵 $\boldsymbol{f}$ 由荷载列阵集合而成：

$$\boldsymbol{f}_i^{e}=[f_i^{u}\quad f_i^{b}\quad f_i^{a1}\quad f_i^{a2}\quad f_i^{a3}\quad f_i^{a4}]^{\mathrm{T}} \tag{4.34}$$

式中：$\boldsymbol{f}_i^u$ 为常规单元的荷载列阵向量；$\boldsymbol{f}_i^b$ 为被裂纹贯穿单元荷载附加列阵；$[\boldsymbol{f}_i^{a1}\quad \boldsymbol{f}_i^{a2}\quad \boldsymbol{f}_i^{a3}\quad \boldsymbol{f}_i^{a4}]^{\mathrm{T}}$ 为裂尖单元的荷载列阵。

$$\boldsymbol{f}_i^u=\int_{\Omega^e}N_iF_b\mathrm{d}\Omega+\int_{\Gamma_t}N_i\bar{t}\mathrm{d}\Gamma+N_iF \tag{4.35}$$

$$\boldsymbol{f}_i^b=\int_{\Omega^e}N_iHF_b\mathrm{d}\Omega+\int_{\Gamma_t}N_iH\bar{t}\mathrm{d}\Gamma+N_iHF \tag{4.36}$$

$$\boldsymbol{f}_i^{bm}=\int_{\Omega^e}N_i\phi_mF_b\mathrm{d}\Omega+\int_{\Gamma_t}N_i\phi_m\bar{t}\mathrm{d}\Gamma+N_i\phi_mF\qquad m=1,2,3,4 \tag{4.37}$$

上述理论推导中，均假定单元的位移模式为式（4.16）给出的 3 项，即常规位移模式、裂纹贯穿单元及裂纹尖端单元的附加位移模式。需要说明的是，这里仅是对该理论做简单的说明，在接下来的探讨中，采用的假设为：单元发生开裂时裂纹贯穿该单元。简单地说，仅考虑式（4.16）右端的前面两项，不考虑反映裂纹尖端单元位移模式的第三项。

3．开裂准则及裂纹扩展方向

开裂准则采用最大主应力准则，平面应变状态下，对于Ⅰ型和Ⅱ型复合型裂纹附近应力场分量解析式为

$$\sigma_x=\frac{K_{\mathrm{I}}}{\sqrt{2\pi r}}\cos\frac{\theta}{2}\left(1-\sin\frac{\theta}{2}\sin\frac{3\theta}{2}\right)-\frac{K_{\mathrm{II}}}{\sqrt{2\pi r}}\sin\frac{\theta}{2}\left(2+\cos\frac{\theta}{2}\cos\frac{3\theta}{2}\right) \tag{4.38a}$$

$$\sigma_y=\frac{K_{\mathrm{I}}}{\sqrt{2\pi r}}\cos\frac{\theta}{2}\left(1+\sin\frac{\theta}{2}\sin\frac{3\theta}{2}\right)+\frac{K_{\mathrm{II}}}{\sqrt{2\pi r}}\sin\frac{\theta}{2}\cos\frac{\theta}{2}\cos\frac{3\theta}{2} \tag{4.38b}$$

$$\tau_{xy}=\frac{K_{\mathrm{I}}}{\sqrt{2\pi r}}\cos\frac{\theta}{2}\sin\frac{\theta}{2}\sin\frac{3\theta}{2}+\frac{K_{\mathrm{II}}}{\sqrt{2\pi r}}\cos\frac{\theta}{2}\left(1-\sin\frac{\theta}{2}\sin\frac{3\theta}{2}\right) \tag{4.38c}$$

平面问题主应力表达式为

$$\sigma_{\max}=\frac{\sigma_x+\sigma_y}{2}+\sqrt{\frac{(\sigma_x-\sigma_y)^2}{4}+\tau_{xy}^2} \tag{4.39a}$$

$$\sigma_{\min}=\frac{\sigma_x+\sigma_y}{2}-\sqrt{\frac{(\sigma_x-\sigma_y)^2}{4}+\tau_{xy}^2} \tag{4.39b}$$

联立以上两式得最大主应力为

$$\sigma_{\max}=\frac{K_{\mathrm{I}}}{\sqrt{2\pi r}}\cos\frac{\theta}{2}-\frac{K_{\mathrm{II}}}{\sqrt{2\pi r}}\sin\frac{\theta}{2}+\sqrt{\frac{K_{\mathrm{I}}^2}{8\pi r}\sin^2\theta+\frac{K_{\mathrm{II}}^2}{2\pi r}\left(1-\frac{3}{4}\sin^2\theta\right)} \tag{4.40}$$

式中：K_{I}、K_{II} 为Ⅰ型、Ⅱ型裂纹的应力强度因子。认为 $\sigma_{\max}$ 达到允许应力 σ_{t} 时，裂纹失稳扩展。裂纹沿着垂直于最大拉应力方向开展，即

$$(\partial\sigma_{\max}/\partial\theta)_{r=\mathrm{const}}=0 \tag{4.41}$$

则开裂角 θ_{c} 为

$$\theta_{\mathrm{c}}=\cos^{-1}[(3K_{\mathrm{II}}^2+\sqrt{K_{\mathrm{I}}^4+8K_{\mathrm{I}}^2K_{\mathrm{II}}^2})/(K_{\mathrm{I}}^2+9K_{\mathrm{II}}^2)] \tag{4.42}$$

式中：θ_c 的方向从前段裂纹延伸线逆时针方向量起。

4. 模拟结果与分析

本节数值计算中，仍然采用随机骨料模型来表征混凝土的细观几何结构。混凝土细观组分均采用虚拟裂纹模型来表征其力学行为，引入前文所述的单元发生开裂时裂纹贯穿该单元的假定[33, 34]，相应采用单元平均应力作为起裂判据，当平均最大主应力达到材料抗拉强度时单元发生开裂，开裂方向与最大主应力方向垂直。本节采用各组分的物理力学参数如表 4.6 所示。

表 4.6　混凝土各组分力学性质

参数	骨料颗粒相	界面过渡区相	砂浆基质
弹性模量/GPa	58.54	25	26.6
泊松比	0.16	0.16	0.22
抗拉强度/MPa	10.0	2.4	3.5
断裂能/（N/m）	288	17.2	168

1）骨料空间分布模式的影响

对 4 组具有不同骨料分布的混凝土试件（相同的骨料体积分数和骨料级配）的单轴拉伸加载，获得的宏观应力-应变关系如图 4.22（a）所示。图 4.22（b）给出的是其他 40 组不同骨料分布形式混凝土试件的宏观应力-应变关系曲线统计图。图 4.23 为 4 组样本的最终破坏模式。

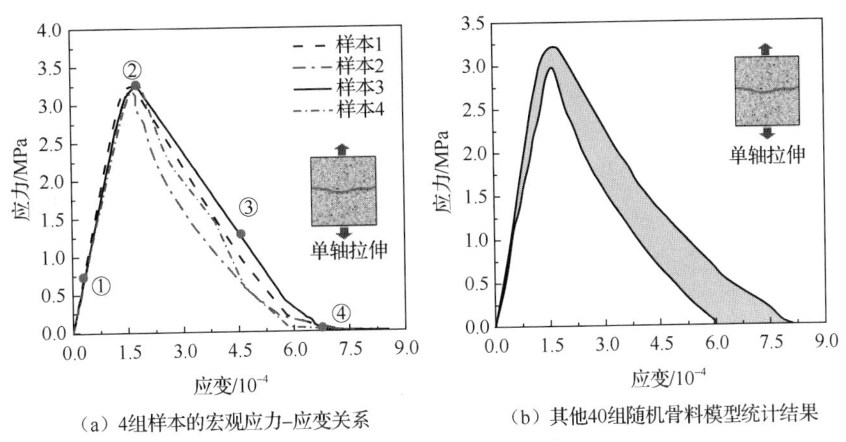

（a）4组样本的宏观应力–应变关系　（b）其他40组随机骨料模型统计结果

图 4.22　4 组随机样本的宏观应力-应变关系

从图 4.22（a）的数据曲线可看出，4 组随机样本达到其强度前的上升段曲线几乎是重合的，获得的抗拉强度也基本相同；下降段曲线却有所不同，这是不同样本裂纹扩展路径的差异所造成的。图 4.23 也说明了这一点。Grassl 和 Jirásek[35]以及 López 等[36]也获得了相同的结果。

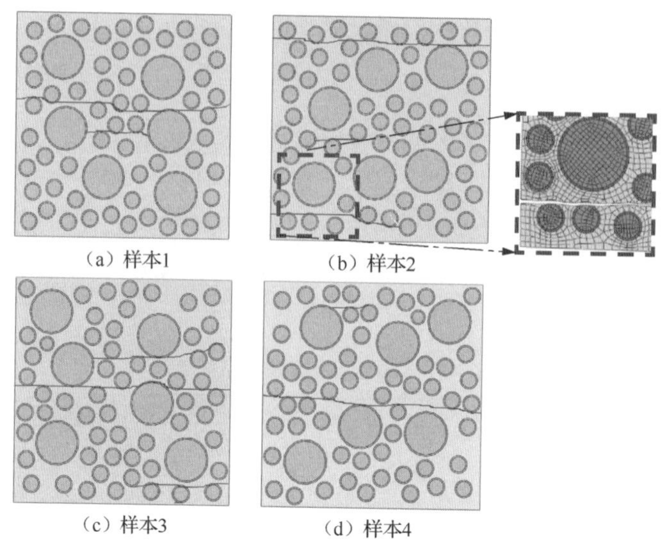

图 4.23　4 组样本的最终破坏模式

图 4.23 给出了 4 组样本最终破坏模式。从图 4.23 可以看出，拉伸微裂纹最先出现在混凝土的薄弱区域（加载位移为 8.7μm），即界面过渡区，且裂纹的扩展方向与加载方向垂直。随着裂纹的不断扩展，混凝土试件将达到其抗拉强度（加载位移为 24.2μm），宏观裂纹出现，进而进入软化阶段，最终达到混凝土试件的拉伸失效。骨料空间分布不同，将导致裂纹扩展路径的差异（图 4.23），即裂纹的扩展路径依赖于骨料的分布形式。此外，从图 4.23 还可以得知不均匀的骨料空间分布使裂纹的扩展路径比较曲折。

据以上分析，不难发现骨料空间分布基本不影响混凝土的宏观弹性模量和强度，但影响其裂纹扩展路径，使软化曲线有所区别。

2）界面过渡区强度的影响

本节对不同界面强度下混凝土试件的破坏过程进行了数值研究。考虑到计算效率问题，本节设定界面过渡区的厚度为 1mm，界面过渡区的抗拉强度 (f_{itz}) 变化范围设定为 0.35～3.5MPa（等同于砂浆基质强度），界面过渡区的弹性模量为定值，该假定与 Zhou 和 Hao[37]的研究工作相同。图 4.24（a）给出了不同界面过渡区强度条件下，混凝土试件的宏观应力-应变关系曲线。图 4.25 为对应于图 4.24(a)中的 4 组不同界面过渡区强度(即分别为 0.35MPa、1.5MPa、2.4MPa 和 3.5MPa）的混凝土试件的最终破坏模式。

从图 4.24（a）可以看出，随着界面过渡区强度的增大，混凝土抗拉强度及其对应的峰值应变随之增大，且混凝土的断裂能也同时增大。图 4.24（b）给出了不同的界面过渡区强度条件下各组混凝土试件的抗拉强度，其中横坐标为界面过渡区强度与砂浆基质强度（3.5MPa）的比值。从图 4.24（b）可以看出，当界面过渡区强度大于砂浆基质强度的 30%时，获得的混凝土抗拉强度随界面过渡区强度增大而增大；而小于 30%时，混凝土的抗拉强度基本保持不变。也就是说界面过渡区强度与砂浆基质强度比值小于 30%时，界面过渡区强度基本不影响混凝土的宏观力学性能。这是因为当界面过渡区强度足够小时，在外荷载作用下，薄弱的界面过渡区将非常容易产生损伤和断裂，而此时试件中骨料相和砂浆基质仍然处于弹性阶段并可以继续承载更大的荷载。Kim 和 Abu Al-Rub[38]也获得了类似的研究结果。

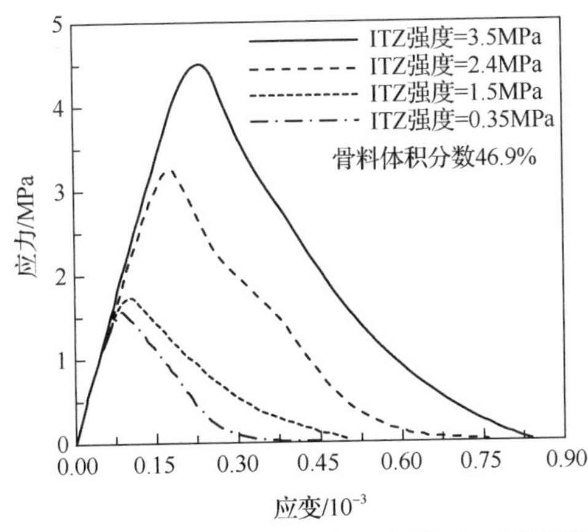

（a）不同界面过渡区强度下混凝土宏观应力–应变关系

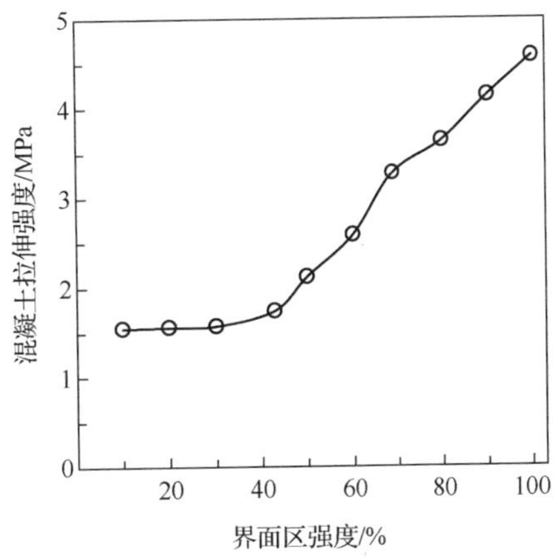

（b）界面过渡区的强度与混凝土抗拉强度关系

图 4.24　界面强度对混凝土宏观强度的影响

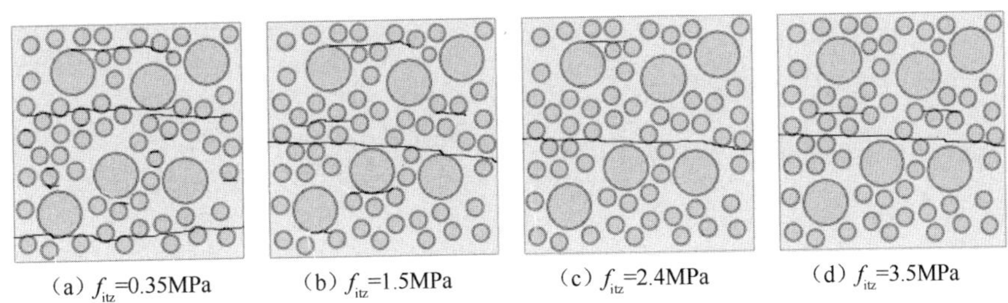

（a）f_{itz}=0.35MPa　（b）f_{itz}=1.5MPa　（c）f_{itz}=2.4MPa　（d）f_{itz}=3.5MPa

图 4.25　界面过渡区强度对混凝土破坏模式的影响

从图 4.25 可以看出，界面过渡区强度对混凝土的破坏模式有很大的影响，界面过渡区强度较低的混凝土试件的微裂纹数量明显大于界面过渡区强度高的混凝土试件。总而言之，随着界面过渡区强度的提高，混凝土强度以及对应的峰值应变随之提高，试件内部微裂纹数量减少，混凝土断裂能增大。

3）骨料形状的影响

3 组试件的骨料体积分数为 46.9%，骨料形状分别为椭圆形、圆形以及多边形的试件的宏观应力-应变关系曲线如图 4.26 所示，对应的 3 组混凝土随机样本的最终破坏模式（包括竖向加载和水平向加载）如图 4.27 所示。

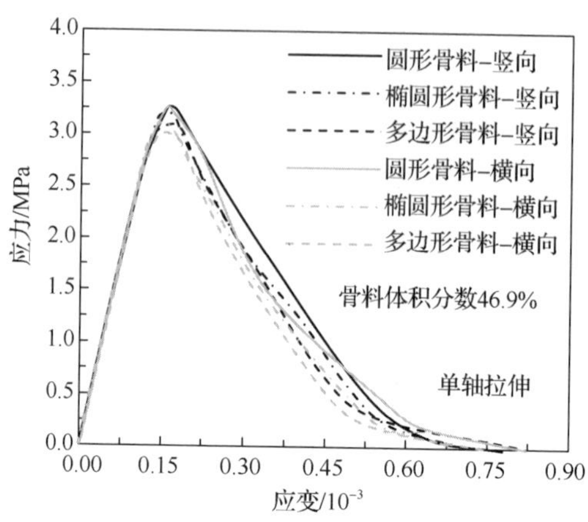

图 4.26　不同骨料形状下混凝土应力-应变关系

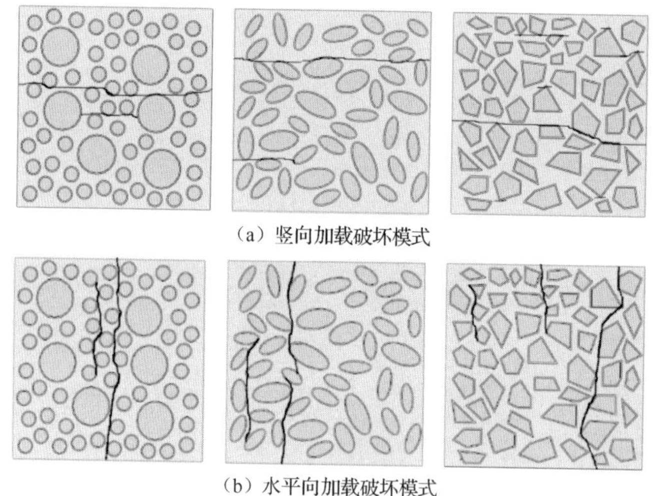

图 4.27　骨料形状对混凝土破坏模式的影响

从图4.26中可以看出，获得的6组宏观应力-应变曲线的上升段曲线几乎重合，骨料形状基本不影响混凝土的弹性模量；3 组试件的抗拉强度相差不大，在 10%之内；下降段曲线各异，说明骨料形状对混凝土的破坏路径有一定影响。

图 4.27 给出的破坏模式表明骨料形状影响混凝土材料的裂纹演化及扩展过程。相比圆形和椭圆形骨料的混凝土试件，不规则的多边形骨料试件中在界面过

渡区明显具有更多的微裂纹，这与 Du 等[39]的研究结果相同。

据以上分析，骨料形状基本不影响混凝土弹性模量，对宏观抗拉强度影响不大，对混凝土材料的裂纹演化扩展过程有较大影响。

4）骨料尺寸的影响

骨料尺寸是影响混凝土宏观力学性能及断裂破坏过程的重要因素之一。为研究骨料尺寸的影响，本节对 4 组一级配（即只有一种骨料尺寸）具有相同骨料体积分数（即为 45%）而骨料尺寸却相互区别的混凝土试件进行了数值研究。4 组混凝土试件中圆形骨料的直径分别为 32.78mm、23.18mm、19.20mm 和 14.08mm，对应的颗粒数分别为 12、24、35 和 65。获得的 4 组宏观应力-应变关系曲线如图 4.28 所示，与之对应的混凝土试件最终破坏模式如图 4.29 所示。

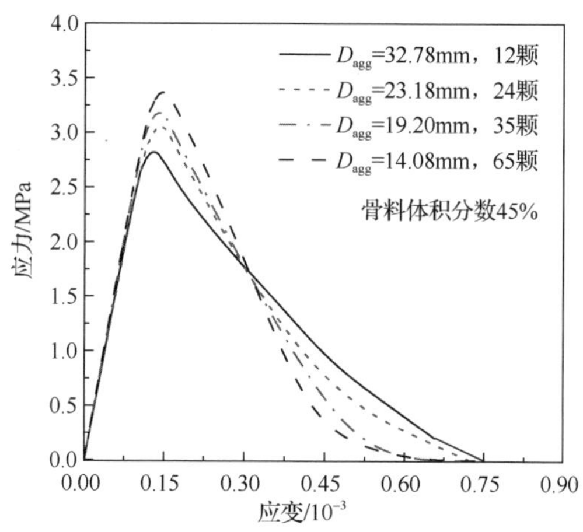

图 4.28　不同骨料尺寸下混凝土宏观应力-应变关系

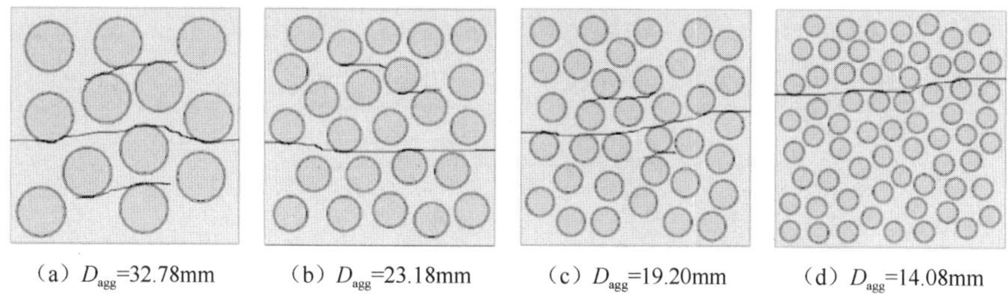

（a）D_{agg}=32.78mm　（b）D_{agg}=23.18mm　（c）D_{agg}=19.20mm　（d）D_{agg}=14.08mm

图 4.29　骨料尺寸对混凝土破坏模式的影响

从图 4.28 可以发现随着骨料尺寸的增大，混凝土的弹性模量略微有所降低，而抗拉强度则下降很多，这或许与界面过渡区参数（如界面过渡区所占据的体积分数）有关。随着骨料尺寸的增大，混凝土软化后的脆性减弱，而断裂能却随之增大（软化曲线与横坐标构成的面积增大）。因此，混凝土的断裂过程区宽度

（fracture process zone，FPZ）也随着骨料尺寸的增大而增大，该结果与 Elices 和 Rocco [40]的试验结果以及 López 等[36]的数值结果相一致。

从图 4.29 给出的 4 组混凝土破坏模式可以发现，最大骨料尺寸 (D_{agg}) 对混凝土试件的裂纹扩展路径具有明显的影响。从图 4.29（a）中可以看出，大骨料混凝土试件中，裂纹更易于穿透骨料颗粒，因此裂纹扩展需要更大的断裂能，进而导致混凝土的断裂能更大。相反，对于小骨料试件，如图 4.29（d），裂纹选择“绕过”骨料，在薄弱的界面过渡区中扩展演化。

简而言之，混凝土弹性模量和抗拉强度随着骨料尺寸的增大而减小；骨料体积分数相同时，骨料尺寸越大，混凝土断裂能及断裂过程区宽度越大。

4.2.4 联合细观单元等效化方法和扩展有限元法模拟

4.2.3 节探讨了扩展有限元法在混凝土非均质复合材料断裂破坏中的应用，证明了其可行性。尽管如此，依然存在计算量巨大这一缺点，尤其是对于三维情况，计算效率更是低下。本节拟将细观单元等效化方法在连续介质力学领域的应用，延伸或扩展到非连续介质力学范畴，从而更便于认识混凝土材料内部裂纹的扩展演化过程。杜修力等[8]采用扩展有限元法，在细观单元等效化模型的基础上对混凝土材料的细观拉伸断裂破坏过程及其宏观力学性能进行了数值研究。

1. 二维混凝土单轴拉伸破坏过程

图 4.30（a）为混凝土试件的二维细观随机骨料模型，试件尺寸为 150mm × 150mm。图 4.30（b）为采用混凝土材料特征单元尺度对图 4.30（a）进行网格划分后，对细观单元进行等效化而获得的细观单元等效化模型。混凝土试件底面竖向固定约束，侧面为自由面，顶面为荷载输入面，这里采用位移加载控制。将最大主应力准则作为混凝土细观单元拉伸破坏的断裂准则。

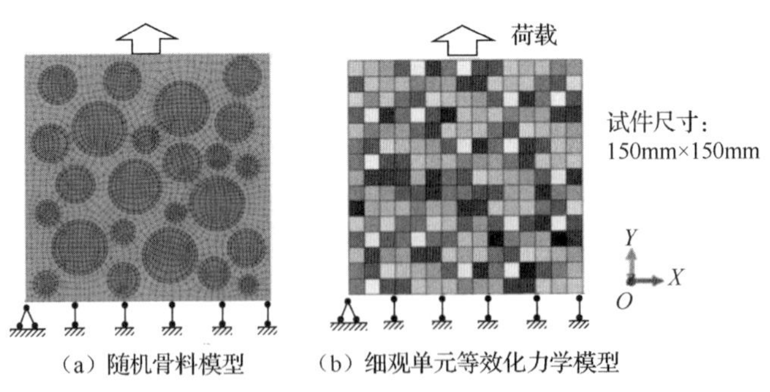

图 4.30　混凝土二维细观有限元模型

基于细观单元等效化模型思想，采用扩展有限元数值方法，对单轴拉伸行为下混凝土的断裂破坏过程进行数值研究，得到两组样本及其对应细观单元等效化分析方法的裂纹扩展路径，并获得对应的宏观应力-应变关系曲线，如图 4.31 所示。可以看出：①采用细观单元等效化模型，能很好地模拟混凝土试件的裂纹扩展过程及裂纹模式，与采用细观随机骨料模型所得到的最终裂纹路径基本相同；②相对于细观随机骨料模型（两个样本的单元数分别为 3826 和 3625）而言，采用细观单元等效化模型，在使用很少的网格单元下（该算例模型为 225 个单元）便可以较为准确地获得混凝土材料的宏观力学性能。

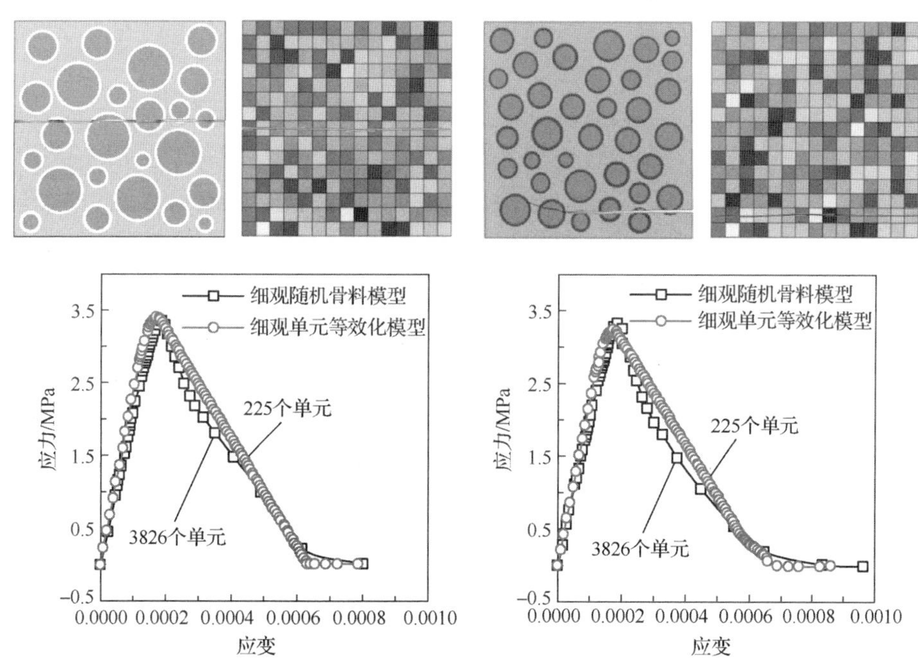

图 4.31　两组混凝土试件裂纹路径及宏观应力-应变关系

2．三维混凝土单轴拉伸破坏过程

细观单元等效化模型的高效性使三维混凝土细观裂纹扩展过程及宏观力学性能的研究成为可能。本节所采用的混凝土三维随机骨料模型及相应的细观单元等效化模型如图 4.10 所示。

对混凝土两组样本试件进行分析研究，获得其宏观应力-应变关系曲线如图 4.32 所示，分别得到混凝土单轴抗拉强度为 3.45MPa 和 3.38MPa。

图 4.33 为混凝土一组随机样本试件在单轴拉伸条件下的最大主应力变化云图及试件的裂纹扩展演化过程。材料的不均匀分布导致混凝土内部应力分布的不均

匀，最终导致混凝土材料的非线性。裂纹扩展状态 A、B、C、D、E、F 下，混凝土宏观力学性能对应于图 4.32 中应力-应变关系曲线的几个状态点。

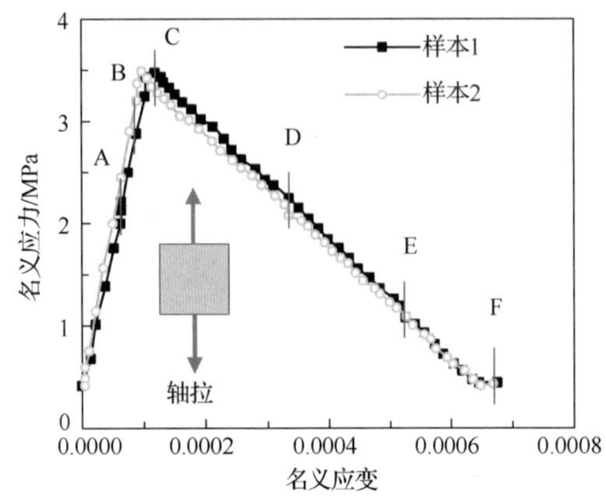

图 4.32　混凝土材料单轴拉伸宏观应力-应变关系曲线

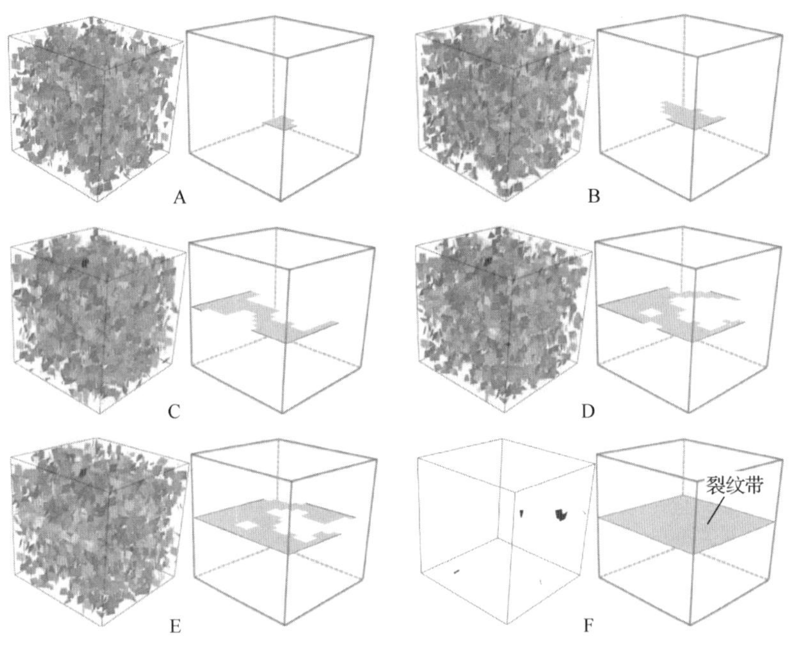

图 4.33　裂纹带扩展演化过程

从图 4.33 中可以看出，在外荷载作用下，混凝土试件首先在内部薄弱的区域产生应力集中，进而达到细观单元的抗拉强度而产生断裂；随着荷载增大，裂纹面不断扩展，较大的区域产生宏观裂纹面；当其到 C 状态时，混凝土宏观平均应力达到最大值，继而试件整体刚度突降，裂纹面不断扩展演化，经历 D、E 状态而直至最终的完全断裂，即 F 状态，混凝土试件应力全部释放。混凝土试件内应变能、内部能量及断裂耗散能与宏观应变的关系曲线如图 4.34 所示。混凝土应变能随外荷载的增大呈现先增大后减小直至为零的趋势；体系的断裂耗散能在试件达到一定的宏观应变时突然产生，并逐渐增大直至达到恒定值。

图 4.35 为两组不同随机样本（骨料空间分布形式不同）的细观单元等效化模型在单轴拉伸条件下的最终裂纹模式图。两个裂纹带的不同，说明了骨料空间分布的不同影响混凝土材料的裂纹扩展路径，这从图 4.32 的宏观应力-应变关系曲线下降段的区别也可以得到体现。

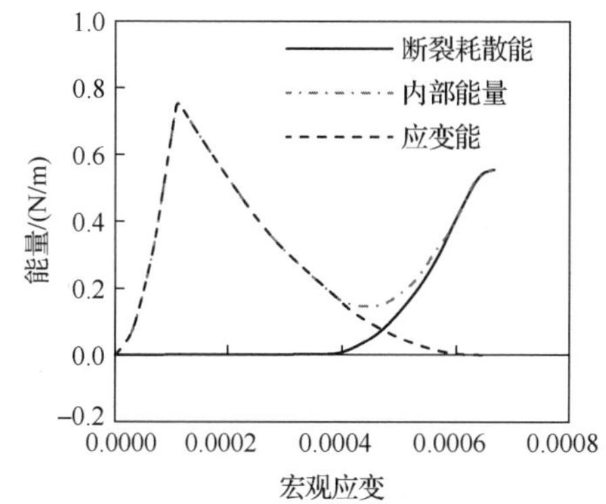

图 4.34　混凝土细观结构体系能量

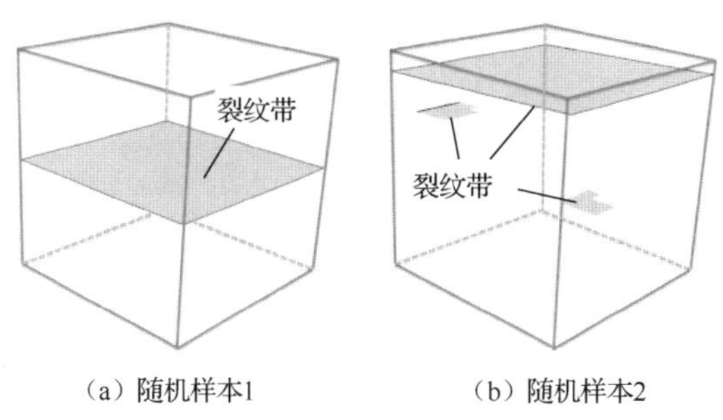

图 4.35　两个不同样本的最终裂纹模式

这些研究结果表明，采用本节细观单元等效化方法来研究混凝土细观断裂破坏过程，在较低计算量的情况下便可以获得较为准确的计算结果，这解决了其他细观力学模型（如随机骨料模型、随机力学特性模型及格构模型等）计算效率低下的“瓶颈”问题，使从细观层次上研究更为复杂的大体积混凝土材料及混凝土构件的破坏机理及力学性能成为可能。

4.2.5 基于预插黏性界面单元模拟

黏性裂缝模型提出在裂缝尖端存在一个过渡区，假定在这个区域存在内聚力（法向、切向或者混合），以此来分担集中于尖端的应力，从而避免在解有限元方程过程中的奇异问题，而且可以高效简便地在各种数值方法中得以实现，受到了学者们的持续关注[41]。徐海滨等[9]基于内聚力模型的模拟方法，通过自编的黏性界面单元插入程序，将黏性界面单元嵌入到随机骨料模型中骨料和砂浆基质及二者公共界面处，用界面单元模拟混凝土的断裂过程和扩展路径。

1．内聚力模型

在单轴受拉情况下，内聚力模型可以很好地预测混凝土中离散裂缝的扩展，如图 4.36 所示。此模型把裂缝分解为两部分：真实物理裂缝和粘结裂缝。粘结裂缝中，开口位移与粘结裂缝扩展区（B-A）中应力的非线性关系如图 4.37 所示。G_f 为内聚力断裂能，表示为

$$G_f = \int_0^{u^{sep}} \sigma(u)\mathrm{d}u = \frac{1}{2}\sigma_0 u^{sep} \tag{4.43}$$

式中：σ_0 为内聚力强度（即材料强度）；u^{sep} 为临界开口位移。σ_0 和 G_f 这两个参数可通过试验测得，作为两个独立的参数控制混凝土材料的黏聚软化行为。

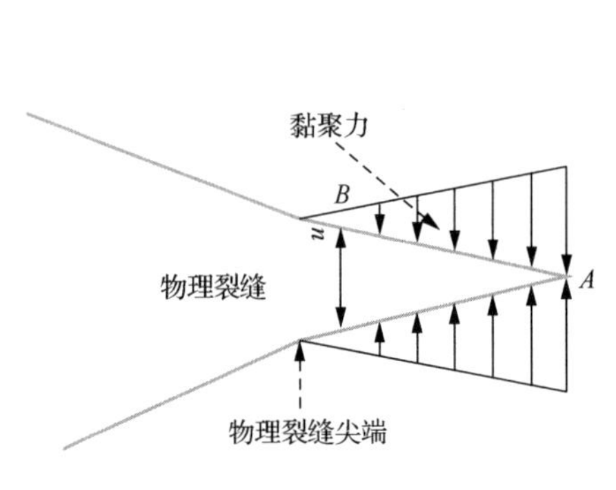

图 4.36　张开位移与内聚力

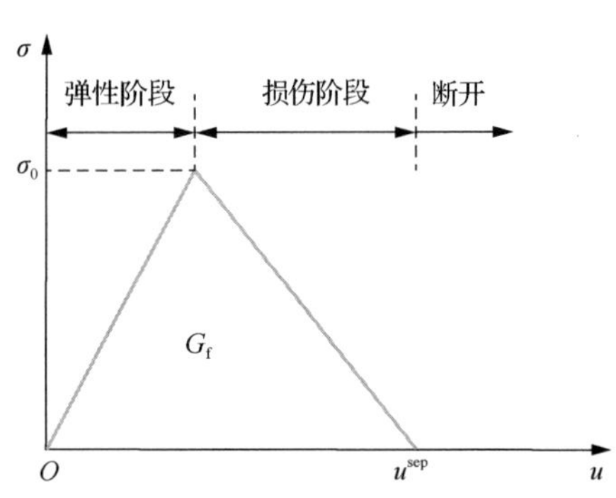

图 4.37　力-张开位移的关系

每个预插黏性界面单元的内聚力由两部分组成：垂直于裂缝的法向应力和平行于裂缝的切向应力。采用图 4.38 所示的应力-裂缝宽度曲线。当裂缝尖端的拉应力小于混凝土的抗拉极限强度时，没有裂缝，应力-位移曲线线性增大；当达到混凝土的极限抗拉强度时，内聚力区域开始发展，裂缝的开展位移决定了裂缝面上传递应力的大小，峰值后的应力-位移曲线替代了应力-应变曲线的下降段，表现为张拉软化行为。软化曲线与坐标轴包围的面积 G_{f1} 和 G_{f2} 为法向和切向部分的断裂能。

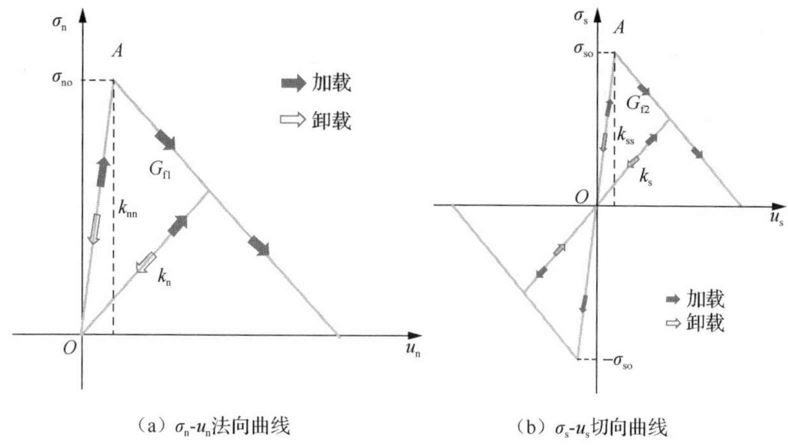

（a）σ_n-u_n法向曲线　　（b）σ_s-u_s切向曲线

图 4.38　黏性界面单元应力-位移的关系

当满足式（4.44）时，内聚力模型开始出现损伤。

$$\left\{\frac{\langle\sigma_n\rangle}{\sigma_{no}}\right\}^2+\left\{\frac{\sigma_s}{\sigma_{so}}\right\}^2+\left\{\frac{\sigma_t}{\sigma_{to}}\right\}^2=1 \tag{4.44}$$

式中：σ_n 和 σ_s、σ_t 分别为黏性界面单元的法向和两个切向的应力；σ_{no} 和 σ_{so}、σ_{to} 分别为单元法向和两个切向的极限拉应力。σ_n 的取值为

$$\langle\sigma_n\rangle=\begin{cases}\sigma_n & \sigma_n\geqslant 0(受拉)\\ 0 & \sigma_n<0(受压)\end{cases} \tag{4.45}$$

进入软化阶段后，裂缝单元出现损伤，由于材料的损伤单元的刚度将减小。损伤变量 D 介于 0～1，是有效相对位移 u_m 的函数

$$u_m=\sqrt{\langle u_n\rangle^2+u_s^2+u_t^2} \tag{4.46}$$

式中：u_n 和 u_s、u_t 分别为黏性界面单元法向和两个切向的相对位移；$\langle u_n\rangle$ 的取值为

$$\langle u_n\rangle=\begin{cases}u_n & u_n\geqslant 0(受拉)\\ 0 & u_n<0(受压)\end{cases} \tag{4.47}$$

在图 4.38 所示的线性软化准则中，损伤指标为

$$D=\frac{u_{mf}(u_{m,max}-u_{mo})}{u_{m,max}(u_{mf}-u_{mo})} \tag{4.48}$$

式中：$u_{m,max}$ 为加载历史中的最大有效相对位移；u_{mo} 和 u_{mf} 分别为裂缝起裂和完全破坏时的有效相对位移。

用黏性界面单元法向和两个切向的初始刚度 k_{nn}、k_{ss} 和 k_{tt} 表示退化后的刚度 k_n、k_s 和 k_t 以及应力 σ_n、σ_s 和 σ_t 分别为

$$\begin{cases} k_{\mathrm{n}} = (1-D)k_{\mathrm{nn}} \\ k_{\mathrm{s}} = (1-D)k_{\mathrm{ss}} \\ k_{\mathrm{t}} = (1-D)k_{\mathrm{tt}} \end{cases} \tag{4.49}$$

$$\begin{cases} \sigma_{\mathrm{n}} = \begin{cases} (1-D)k_{\mathrm{nn}}u_{\mathrm{n}} & u_{\mathrm{n}} \geqslant 0 \\ k_{\mathrm{nn}}u_{\mathrm{n}} & u_{\mathrm{n}} < 0 \end{cases} \\ \sigma_{\mathrm{s}} = (1-D)k_{\mathrm{ss}}u_{\mathrm{s}} \\ \sigma_{\mathrm{t}} = (1-D)k_{\mathrm{tt}}u_{\mathrm{t}} \end{cases} \tag{4.50}$$

2. 二维模拟

本节采用随机骨料模型对二级配混凝土试件的单轴受拉断裂破坏进行数值模拟，模型中骨料填充率为 46.9%。单轴拉伸作用下，混凝土细观力学试件模型的边界条件为底边约束，底边中点水平和竖向均约束以防止试件水平的平动；两侧为自由边界；上边界为荷载施加边界，采用位移加载控制，选用二次应力准则为开裂准则。运用 ABAQUS/EXPLICIT 显式有限元求解器进行计算，采用准静态光滑位移加载方法。

模型中嵌入的黏性界面单元认为细观组分在达到各自的峰值应力之前，应力-应变关系是线弹性的；当达到峰值应力之后，采用线性应力-裂缝宽度关系表征混凝土材料的软化力学行为，混凝土各组分力学性质见表 4.7[39]。值得说明的是，该方法不需要设置初始裂纹，初始裂纹在黏性裂缝单元满足其断裂准则时产生。

表 4.7　混凝土各组分力学性质

组分	弹性模量/GPa	泊松比	抗拉强度/MPa	断裂能/（N/m）
骨料	55.5	0.16	6	—
砂浆基质	26	0.22	3	170.4
界面过渡区	25	0.16	1.5	85.2

考虑到裂纹扩展路径的精确性，采用三角形平面应力单元如图 4.39（a）所示，本节的模拟方法是通过自编 Fortran 程序将黏性界面单元嵌入各实体单元边上，对初始有限元网格进行处理，图 4.39 为嵌入黏性界面单元前后的有限元网格以及黏性界面单元的示意图。需要说明的是，插入的黏性界面单元在几何上厚度为零，为了示意裂缝位置，在图 4.39（b）中显示为带一定厚度的单元。由于骨料的强度较大很难破坏，通常情况下裂缝都是在骨料和砂浆基质的界面过渡区处产生，因此这里只在砂浆基质和界面过渡区处嵌入了黏性界面单元来模拟裂缝的扩展。

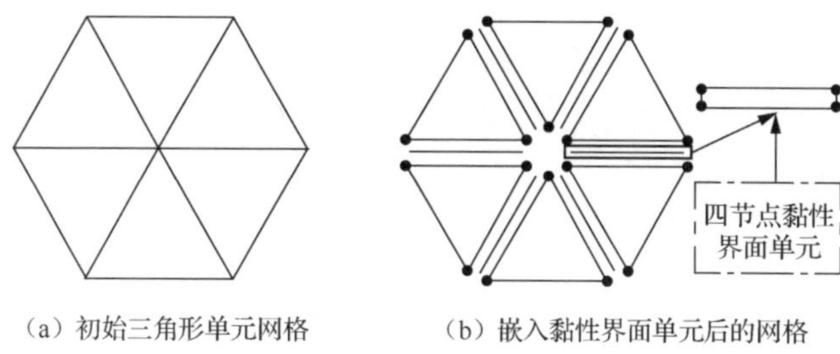

(a) 初始三角形单元网格　(b) 嵌入黏性界面单元后的网格

图 4.39　嵌入黏性裂缝界面前后网格示意图

图 4.40 给出了 3 种不同网格密度模型的断裂模式，从图中可以看出主裂缝的位置和形式几乎一样，只是在微裂纹处稍有差别。

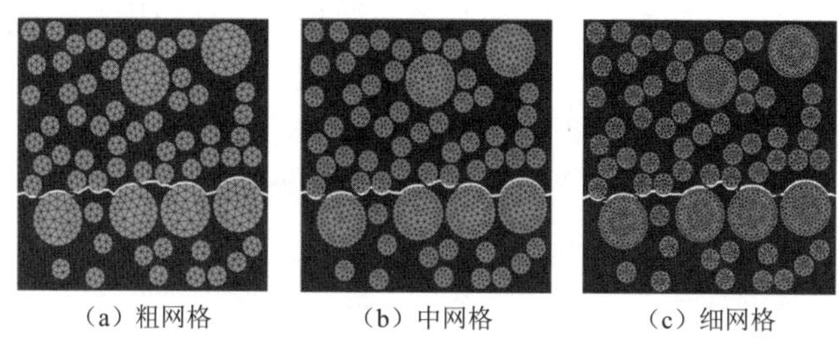
(a) 粗网格　(b) 中网格　(c) 细网格

图 4.40　不同网格密度模型的断裂模式

混凝土在外荷载作用下，内部骨料间会产生复杂应力场，不同的骨料分布会产生不同的应力场。图 4.41 给出了 4 种不同的骨料随机分布模型的裂纹扩展。由图可知，4 个试件中裂纹路径截然不同，表明骨料的随机分布对混凝土的破坏模式产生影响。在图 4.42 的应力-位移曲线中，峰值前的线性阶段基本重合，说明骨料的随机分布对混凝土的弹性模量及强度影响极小，软化阶段则出现明显的不同。图 4.43 断裂能-位移曲线的线性阶段几乎重合，峰值点过后各模型的断裂能开始不同，这是因为骨料的随机位置不同导致裂缝扩展路径不同，进而使得耗能不同。因此，骨料的随机分布对混凝土裂纹扩展和破坏过程有很大的影响。

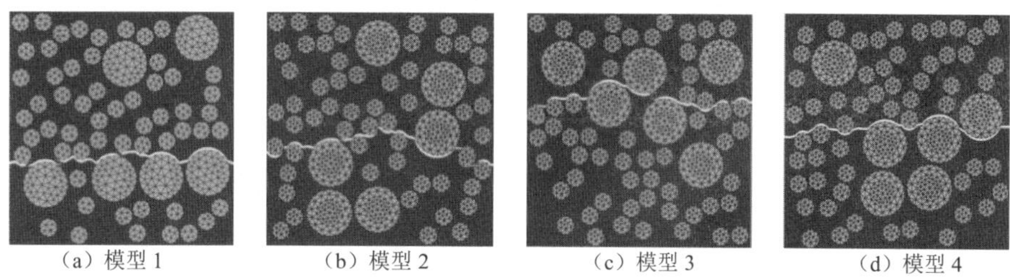
(a) 模型 1　(b) 模型 2　(c) 模型 3　(d) 模型 4

图 4.41　不同随机骨料模型的断裂模式

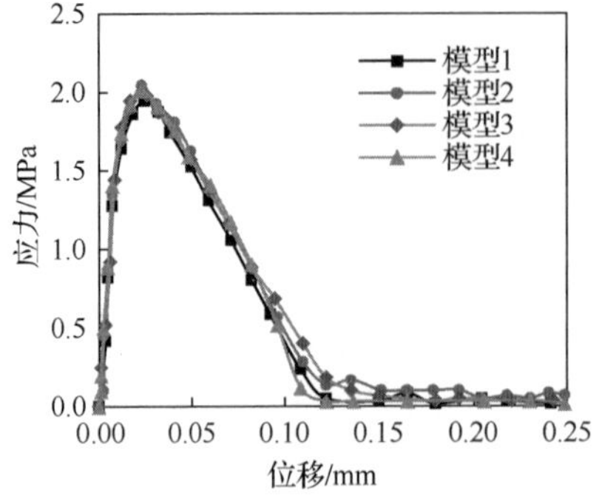

图 4.42　4 种骨料分布的应力-位移曲线

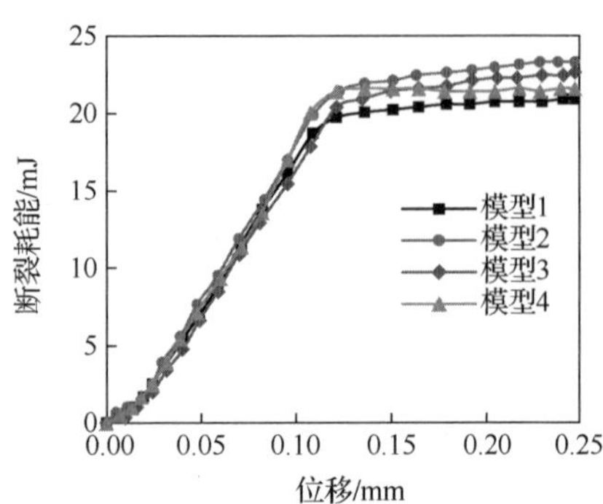

图 4.43　断裂能-位移曲线

相比于骨料和砂浆基质，界面过渡区是混凝土材料的相对薄弱部位，因此混凝土的裂缝常在界面过渡区处产生和发展。这里，对界面过渡区中黏性裂缝单元的断裂参数进行了研究，探究其对混凝土力学性能和断裂模式的影响。图 4.44 中 4 种界面过渡区处的黏性裂缝单元的黏聚力强度为 1.2MPa、1.5MPa、1.8MPa 和 2.0MPa，但是其断裂耗能均为 0.08522mJ。从图 4.44 可以看出，界面过渡区处的黏聚力强度影响着混凝土的极限抗拉强度，随着界面过渡区黏聚力强度提高极限抗拉强度也在提高，分别为 1.75MPa、2.02MPa、2.24MPa 和 2.4MPa，达到峰值后软化阶段明显不同。

图 4.45 界面过渡区处的黏性裂缝单元的断裂耗能分别为 0.0552mJ、0.0852mJ、0.1152mJ 和 0.1704mJ，黏聚力强度保持为 1.5MPa。从图 4.45 中可以看出，界面过渡区处的断裂耗能对曲线的峰值影响不大，分别为 1.96MPa、2.02MPa、2.02MPa、2.04MPa 和 2.03MPa；界面过渡区断裂能对软化阶段的曲线有明显的影响，随着断裂耗能的增加软化曲线逐渐趋于平缓，开口位移也越来越大。

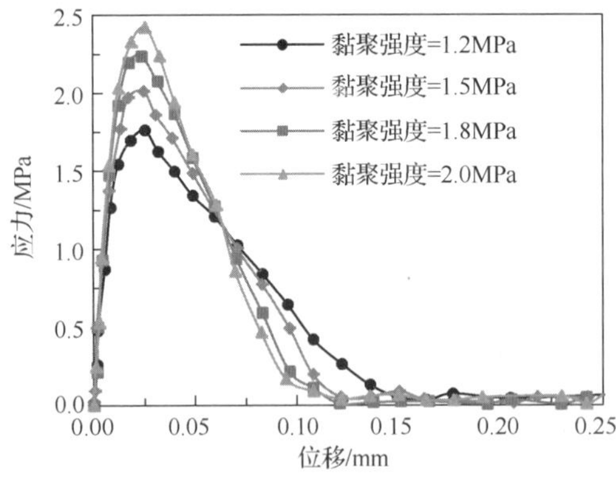

图 4.44　不同黏聚强度下的应力-位移曲线

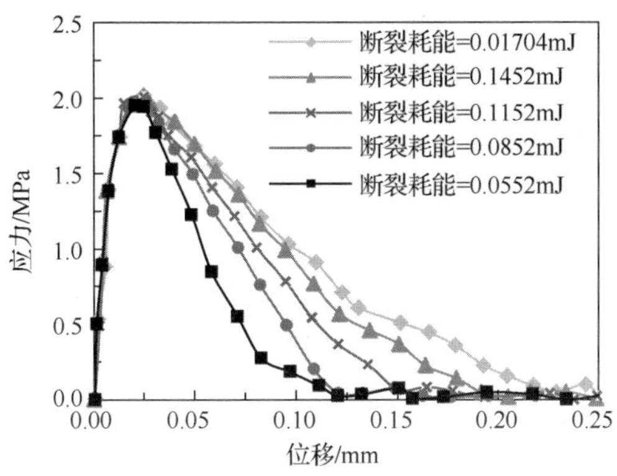

图 4.45　不同断裂耗能下应力-位移曲线

3．三维模拟

采用内聚力模型的断裂模拟方法，对文献[42]中试件的单轴受拉断裂破坏进行数值模拟。生成的三维随机骨料模型如图 4.46 所示，试件尺寸为 150mm×150mm×150mm，采用典型的二级配混凝土，中石和小石的体积比为 55∶45，中石粒径为 30mm，共 45 粒，小石粒径为 12mm，共 438 粒，骨料质量比为 46.9%。单轴拉伸作用下，混凝土细观力学试件模型的边界条件为试件底边约束，上边界为荷载施加边界，采用位移加载控制，选用二次应力准则为开裂准则[即式（4.44）]。

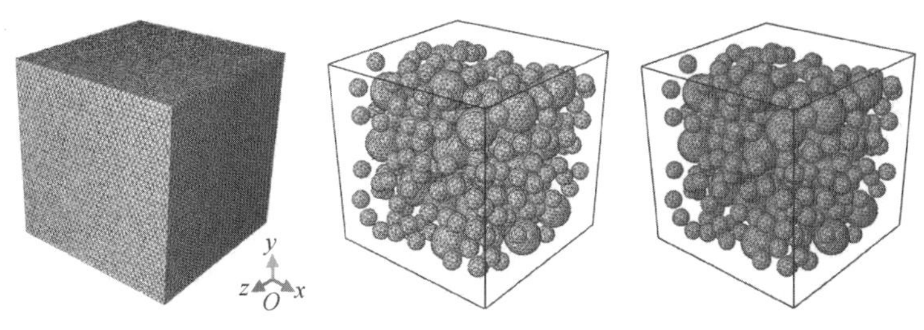

图 4.46　三维随机骨料模型

同样考虑到三维裂纹扩展路径的精确性，采用四面体单元。通过自编程序将黏性界面单元嵌入到砂浆基质及其与骨料的界面处作为过渡区的界面单元，如图 4.47 所示。插入的黏性界面单元在几何上厚度为零，为了示意裂缝位置，在图 4.47（c）中显示为带一定厚度的单元。因为骨料很难破坏，所以未在骨料中嵌入该单元。

图 4.48 为混凝土试块的位移荷载曲线，峰值荷载为 46.5kN，可以计算其抗拉强度极限值为 2.07MPa，与文献[42]中的抗拉强度 1.94MPa 非常接近。图 4.49 为

细观混凝土试块的断裂过程，当位移荷载 d 较小时[图 4.49（a）]，裂缝首先出现在抗拉强度较弱的部位；随着位移 d 的逐步增加，微裂缝产生、发展、交汇形成一条主裂缝[图 4.49（b）和（c）]；当主裂缝完全断裂时[图 4.49（d）]，裂缝间的应力得到释放，致使其他的微裂缝闭合。

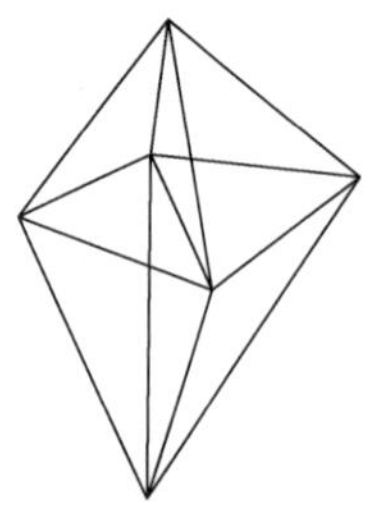

（a）初始四面体网格

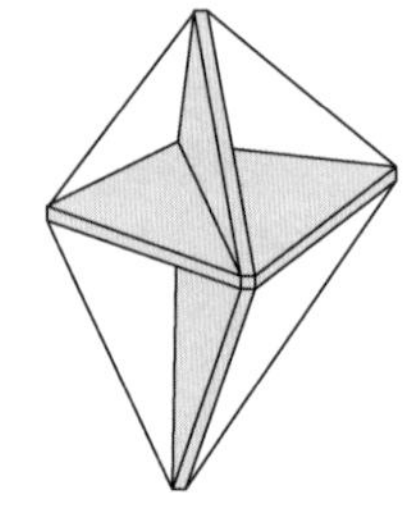

（b）嵌入黏性界面单元后的网格

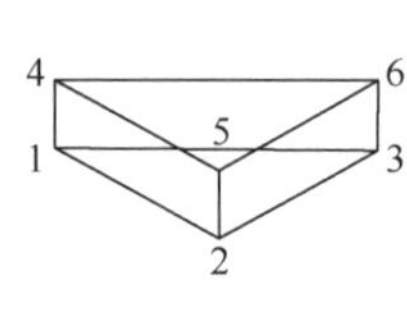

（c）黏性界面单元（COH3D6）

图 4.47　砂浆基质嵌入黏性界面单元示意图（三维）

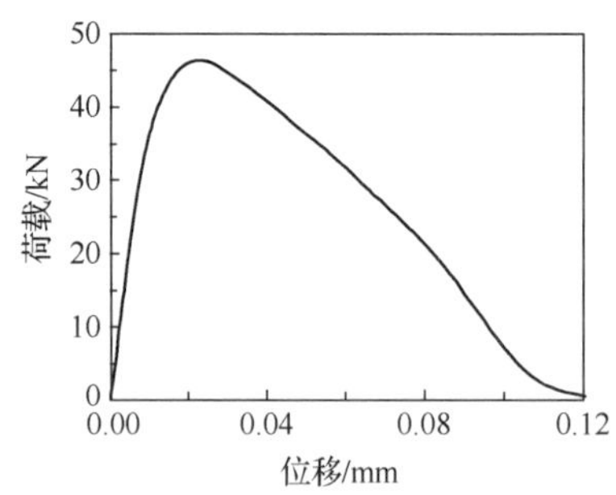

图 4.48　荷载位移曲线

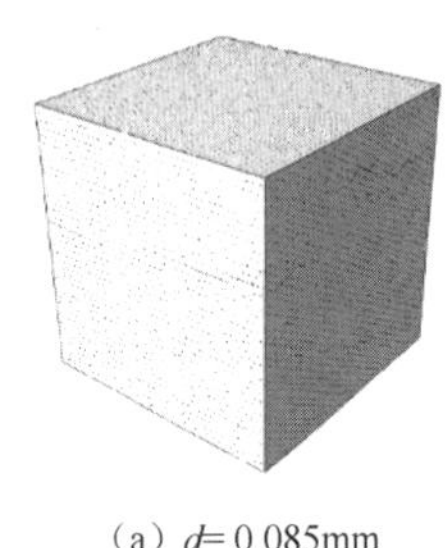

（a）d= 0.085mm

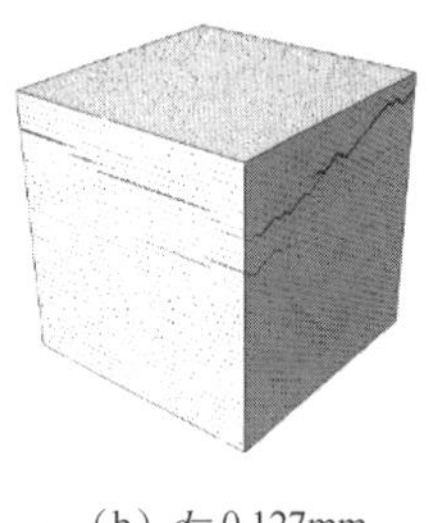

（b）d= 0.127mm

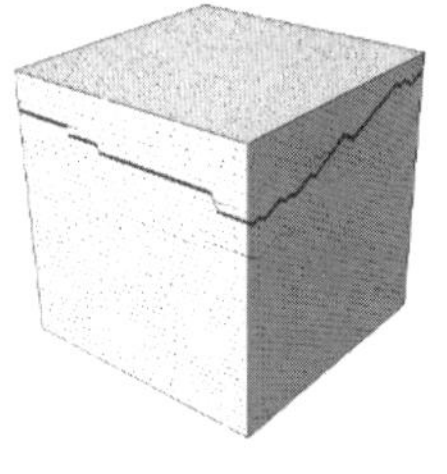

（c）d= 0.16mm

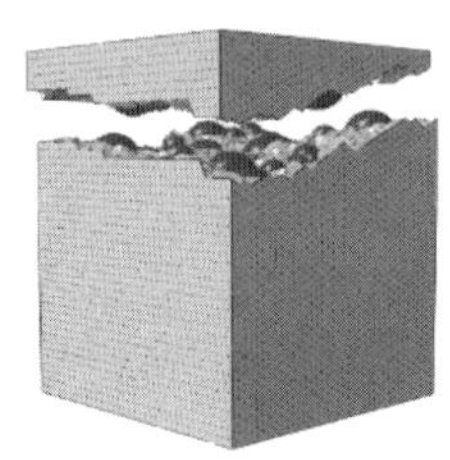

（d）d= 0.3mm

图 4.49　单轴拉伸荷载（位移加载）作用下混凝土试件的断裂过程

彩图 9 给出了外荷载作用下混凝土内部裂纹的产生和发展过程。由图可知，裂纹的起裂位置发生在骨料和砂浆基质的界面过渡区处，说明此处是混凝土的薄弱部分；此后随着荷载增加，裂纹不断向砂浆基质中扩展，汇聚成裂纹面直至破坏失去承载能力。

4.3　混凝土劈裂拉伸破坏行为

劈裂抗拉强度是混凝土材料的基本力学参数，是判断混凝土结构开裂、发生脆性破坏的重要指标。本节采用随机骨料模型，对混凝土的劈裂拉伸破坏行为进行二维和三维细观尺度数值模拟，分析骨料粒径的影响，并探讨了混凝土劈裂抗拉强度的尺寸效应[10, 11]。

4.3.1　混凝土劈裂拉伸破坏模式

1. 细观尺度数值模型

基于第 2 章细观力学分析方法，建立研究混凝土劈裂拉伸行为的二维与三维细观随机骨料模型，如图 4.50 所示。试件的边长分别为 150mm、250mm 和 350mm，最大骨料粒径分别为 10mm、20mm、30mm 和 40mm。数值模型中加载条件参照《混凝土物理力学性能试验方法标准》[43]而设置。具体而言，文献[43]规定，劈裂拉伸试验时采用钢制弧形垫块施加集中荷载；为防止混凝土局部受压破坏，弧形垫块下部可加设胶合板垫条。在数值模型中，试件底面和顶面中点处的集中荷载通过设置参考点进行加载，为防止局部压坏，将试件底面和顶面上与垫条等宽度范围内所有节点与参考点耦合。文献[44]和文献[45]表明，混凝土劈裂抗拉强度随着垫条宽度增大而有所提高，当垫条宽度和试件尺寸比例为常数时可以消除垫条宽度的影响，这里取垫条宽度与试件边长之比为 0.06，如图 4.50 所示。混凝土细观组分的本构关系参见 4.1.1 节。

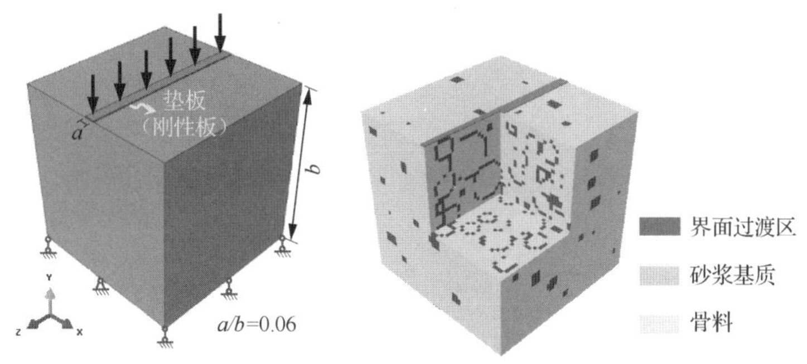

图 4.50　混凝土劈裂拉伸加载三维随机骨料模型

2. 混凝土劈裂拉伸破坏特性

数值模拟与强度试验的破坏形态对比如彩图 10 所示。彩图 10（a）是边长

150mm 立方体混凝土试件劈裂试验的破坏形态，可以看出骨料粒径越大，劈裂破坏裂缝越复杂越曲折。类似的破坏形态也出现在彩图 10（b）的二维数值模拟结果里。在劈裂破坏面上还可以看出，骨料粒径越小，损伤破坏区域越大且更均匀，并且破坏面附近产生损伤的骨料越多，使得劈裂断裂面越粗糙。对比破坏模式的模拟结果与试验结果可知，细观数值方法能够较好地模拟混凝土的劈裂拉伸破坏行为。

各数值模型加载点处的荷载-位移曲线如图 4.51 所示，可以看出外荷载较小时，各模型均处于线弹性变形阶段，模型的整体刚度较大，不同骨料粒径模型的荷载-位移曲线在线弹性变形阶段基本相同，峰值荷载后的软化阶段出现明显差异。

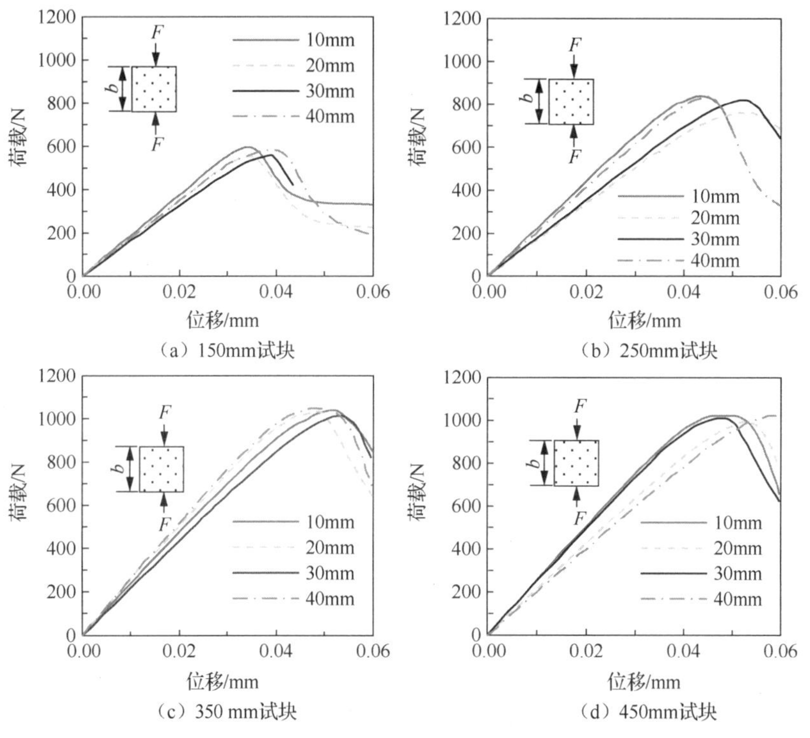

（a）150mm试块
（b）250mm试块
（c）350 mm试块
（d）450mm试块

图 4.51　数值模型的荷载-位移曲线

相同模型尺寸和骨料体积率下，骨料粒径增大，骨料颗粒数减少，界面过渡区面积减小，材料细观非均质性改变，因而造成荷载-位移曲线在软化阶段的差异。随着外荷载进一步增大，模型整体刚度降低，损伤破坏区域扩大，劈裂裂缝不断延伸和扩展，混凝土材料进入塑性变形阶段，最后达到极限承载而发生脆性破坏。

混凝土劈裂拉伸数值模拟时，每组试块模型共建立 3 种具有不同骨料颗粒空间分布的细观力学分析模型，取其劈裂抗拉强度的均值作为该组试块模型的劈裂抗拉强度代表值，数值模拟得到的混凝土劈裂抗拉强度的均值、标准差见表 4.8，模拟结果与试验数据的对比如图 4.52 所示。

表 4.8　数值模拟和试验结果对比

最大骨料粒径/mm	试件尺寸/mm	数值结果/MPa		试验结果/MPa		误差率/%
		均值	标准差	均值	标准差	
10	150	2.53	0.06	2.68	0.12	5.6
	250	2.12	0.05	2.01	—	5.5
	350	1.88	0.02	1.73	0.15	8.7
	450	1.84	0.06	—	—	—
20	150	2.51	0.07	2.44	0.17	2.9
	250	1.93	0.06	1.97	0.16	2.0
	350	1.86	0.04	1.92	0.13	3.0
	450	1.83	0.05	—	—	—
30	150	2.40	0.05	2.18	0.14	10
	250	1.97	0.07	1.88	0.15	4.8
	350	1.82	0.07	1.99	0.05	8.5
	450	1.84	0.04	—	—	—
40	150	2.45	0.07	2.38	0.08	2.9
	250	2.07	0.03	2.11	0.08	1.9
	350	1.89	0.08	2.21	0.14	14.5
	450	1.92	0.07	—	—	—

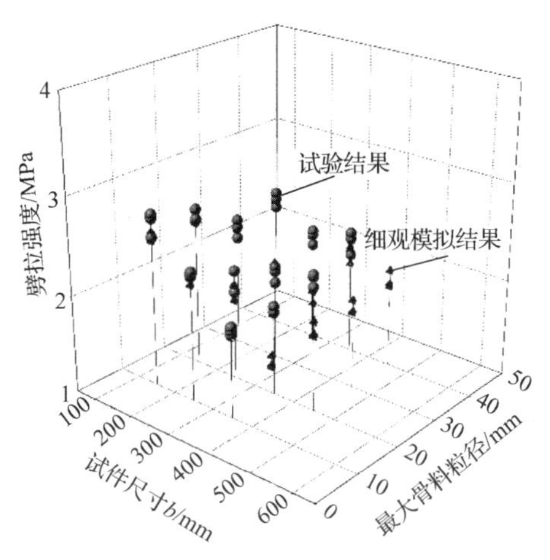

图 4.52　数值模拟与试验结果对比

由图 4.52 和表 4.8 可见，除了骨料粒径 40mm、边长 350mm 尺寸试块模型外，其他数值模拟与试验结果的误差均在 10%以内，吻合较好。验证了本节混凝土劈裂拉伸细观数值方法的可行性和实用性。另外扩展模拟得到更大尺寸（边长 450mm）试块模型的劈裂抗拉强度，此时劈裂抗拉强度趋于稳定，数值模拟的尺寸效应规律与文献[46]的混凝土劈裂拉伸试验研究结果相吻合。

4.3.2　混凝土劈裂抗拉强度尺寸效应

1．最大骨料粒径对劈裂抗拉强度影响

不同骨料粒径分布下混凝土模型的劈裂抗拉强度数值模拟结果如图 4.53 所示。由图可见，随着粗骨料粒径的增大，混凝土材料的劈裂抗拉强度略有降低。骨料粒径达到 30mm 左右时，劈裂抗拉强度保持稳定，或略有增加。在模型尺寸和骨料体积率不变的情况下，粗骨料粒径增大，粗骨料颗粒数随之减少，损伤裂纹间的黏聚力和桥接能力降低，引起混凝土劈裂抗拉强度随骨料粒径增大而略微降低。

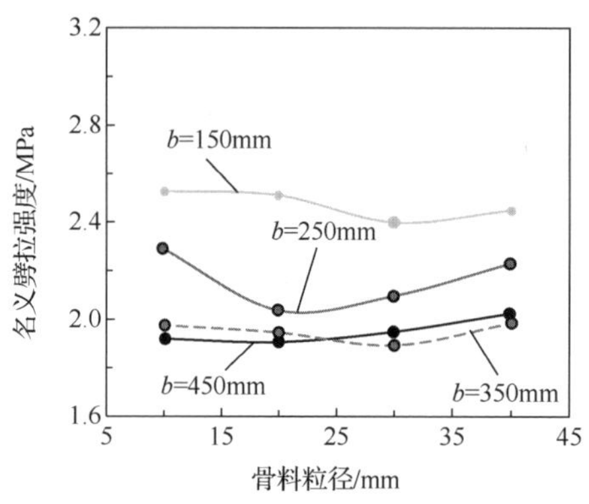

图 4.53　骨料粒径对劈裂抗拉强度影响

混凝土材料内部存在初始微细裂缝，在外界荷载作用下，微细裂缝进一步扩展与贯通。混凝土材料劈裂破坏时具有很大的脆性，除将个别粗骨料颗粒拉断外，劈裂裂缝基本围绕着大骨料颗粒发生。骨料粒径越大，阻碍微细裂缝的能力越强，造成微细裂缝分叉，裂纹扩展曲折度增大，破坏断面的粗糙度增加，进而对混凝土材料的劈裂抗拉强度产生影响。这可能是粗骨料粒径超过 30mm 后，混凝土劈裂抗拉强度略有提高的原因。

图 4.54 是 4 种骨料分布的模型强度随边长尺寸变化的曲线，可见各模型的强度均随着试件尺寸的增大而降低，存在尺寸效应现象。但对比图 4.54 强度下降的曲线斜率，可以发现各模型强度降低速度并不相同。小骨料试件（最大粒径 10mm），由于在劈裂破坏过程中裂缝容易绕过小骨料颗粒，破坏展现出更大的脆性，因而其尺寸效应更为显著。大骨料试件（最大粒径 30mm 和 40mm）强度降低速度相对缓慢，其损伤破坏时，裂纹扩展的曲折度增大，微细裂纹众多，缓和了材料内部的应力集中，削弱了混凝土劈裂破坏的脆性，导致随尺寸增大其强度降低更平缓。试件尺寸达到 450mm 时，强度逐渐趋于稳定。

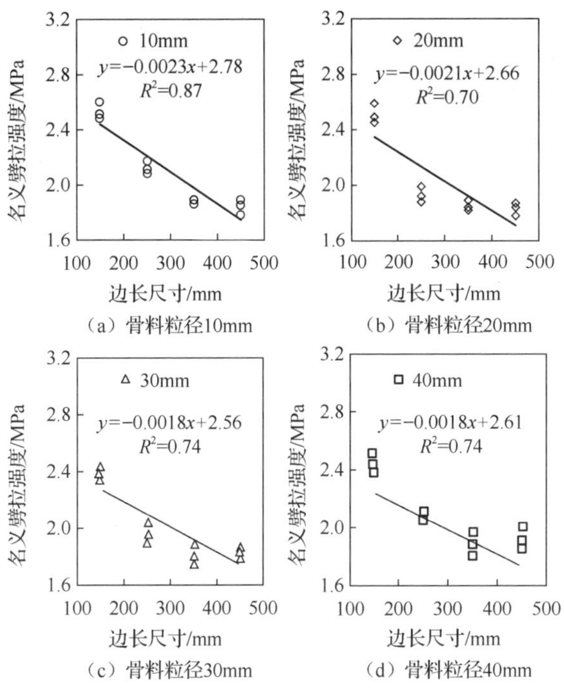

图 4.54　4 种骨料粒径模型劈裂抗拉强度与尺寸关系

2. 与 Bažant 尺寸效应律对比

Bažant[47]指出，混凝土材料的尺寸效应是在达到最大荷载前，由于大裂纹或微裂纹区的发展而产生的应力重分布和贮存的能量释放引起的。在大量试验基础上，Bažant 等[48]提出了和塑性理论或弹性理论相符合的统一表达式：

$$\sigma_{\mathrm{N}}=\frac{Bf_{\mathrm{t}}}{\sqrt{1+\beta}},\qquad \beta=\frac{D}{D_0} \tag{4.51}$$

式中：σ_{N} 为名义强度；f_{t} 为材料抗拉强度；B 、D_0 为依赖于结构的几何常数（由模拟数据拟合获得）；D 为试件尺寸参数；β 为反映材料脆性大小的参数，β 数值越大，表征材料破坏时脆性越大。根据数值模拟结果回归分析确定常数项 Bf_{t} 和 D_0，f_{t} 采用尺寸 150mm、最大骨料粒径 20mm 试块劈裂抗拉强度的试验数值 2.44MPa，式（4.51）转化成线性方程：

$$y=Ax+C \tag{4.52}$$

式中：$x=D$；$y=1/\sigma_{\mathrm{N}}^2$；$C=1/(Bf_{\mathrm{t}})^2$；$A=C/D_0$。求解得到系数 A、C 数值，从而得到 Bažant 尺寸效应参数（表 4.9）。

表 4.9　Bažant 尺寸效应参数

骨料粒径/mm	A	C	Bf_t/MPa	D_0/mm	150mm 模型 β
10	0.0029	0.57	3.23	196.83	0.76
20	0.0026	0.74	2.87	278.85	0.54
30	0.0024	0.80	2.73	333.83	0.45
40	0.0022	0.77	2.78	350.45	0.43

图 4.55 为 4 种最大骨料粒径下混凝土试件劈裂抗拉强度数据与 Bažant 尺寸效应律（size effect law，SEL）、线弹性断裂力学理论（LEFM，针对完全脆性材料）以及塑性强度理论（strength criterion，针对塑性材料，不考虑尺寸效应）拟合的关系曲线，拟合相关系数 R^2 为 0.90，说明数值模拟结果与 Bažant 尺寸效应律吻合良好。由图 4.55 还知，混凝土试件尺寸越大，破坏时的脆性越强，脆性指数 β 越高，数据点更接近于线弹性断裂力学（LEFM）曲线；尺寸越小，数据点越趋近于塑性强度理论线。

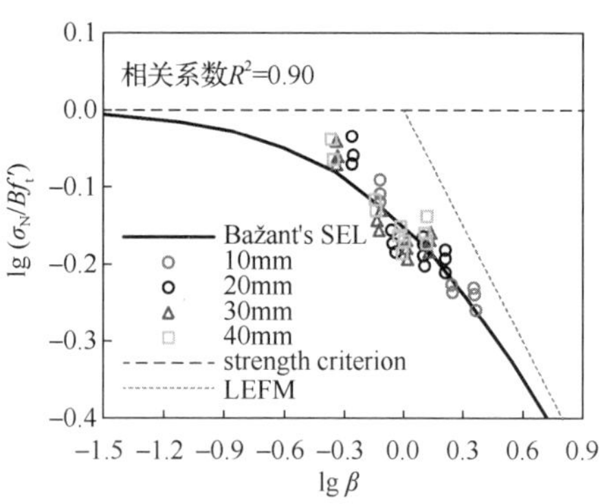

图 4.55　Bažant 尺寸效应律拟合曲线

另外，对比 4 种不同最大骨料粒径下混凝土强度数据点的分布情况，可以看出：最大骨料粒径为 10mm 的混凝土试件的强度数据点最趋近于 LEFM，即斜率为-1/2 的直线；骨料粒径越大（最大粒径 30mm 和 40mm 模型），数据点越远离该直线，更趋近于斜率为零的水平渐近线。简言之，骨料粒径越小，混凝土的破坏更具脆性，强度下降越为明显，表现出更为明显的尺寸效应。

4.4　混凝土弯曲拉伸破坏行为

混凝土材料弯曲抗拉强度测试较为简单，试验数据离散性小，常用来间接测量混凝土材料的抗拉强度。本节结合混凝土细观随机骨料模型、细观单元等效化方法对混凝土梁的弯曲拉伸破坏行为进行数值模拟，探讨了骨料粒径的影响[4, 12-14]。

4.4.1 随机骨料模型模拟

1．混凝土梁弯曲拉伸破坏模式细观模拟

本节建立的素混凝土梁三维细观随机骨料模型的几何尺寸为 100mm × 100mm × 400mm，骨料粒径范围为 5～10mm、5～20mm、5～30mm 3 组，界面过渡区厚度为 1mm。采用四节点线性等参单元划分混凝土试件，网格单元平均尺寸为 1mm。混凝土细观组分本构关系参见 4.1.1 节。模型的边界与荷载条件参照《混凝土物理力学性能试验方法标准》[43]设置，如图 4.56 所示，采用位移加载控制。

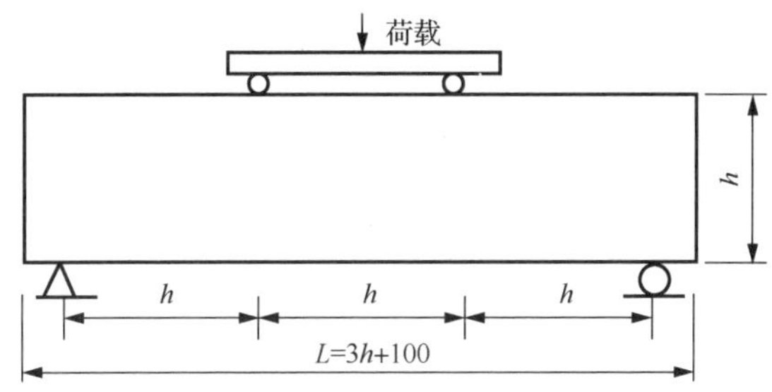

图 4.56　混凝土梁弯曲拉伸加载示意图

最大骨料粒径 20mm 的混凝土梁试件在弯曲拉伸荷载作用下的损伤云图如图 4.57 所示。由图可见，试件模型的弯曲拉伸破坏断面位于两个集中力加载点之间的纯弯段，此处弯矩最大。由于混凝土材料细观的非均质性，破坏具有一定的随机性，即弯曲破坏断面位于纯弯段某个骨料颗粒与砂浆基质间的界面过渡区是最薄弱区域，混凝土梁弯曲拉伸破坏裂缝首先从模型底部某处薄弱的界面过渡区形成。随着外界荷载的增大，损伤区域扩大，并不断向砂浆基质延伸，梁底弯曲拉伸损伤裂缝迅速向上延伸扩展，最终扩展形成一条宏观主裂缝，试件模型最终失去承载能力。

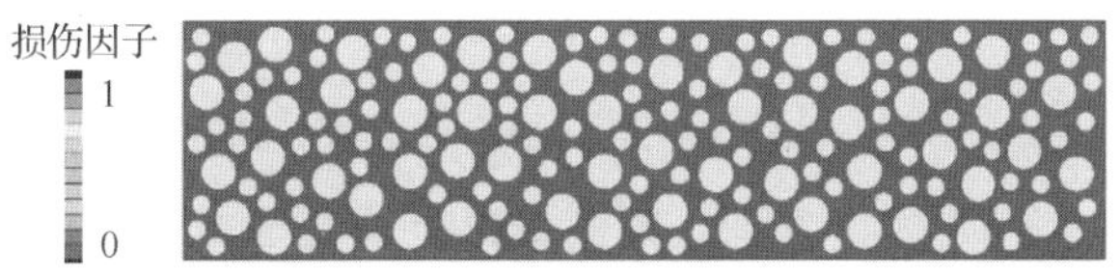

图 4.57　混凝土弯曲受拉损伤过程

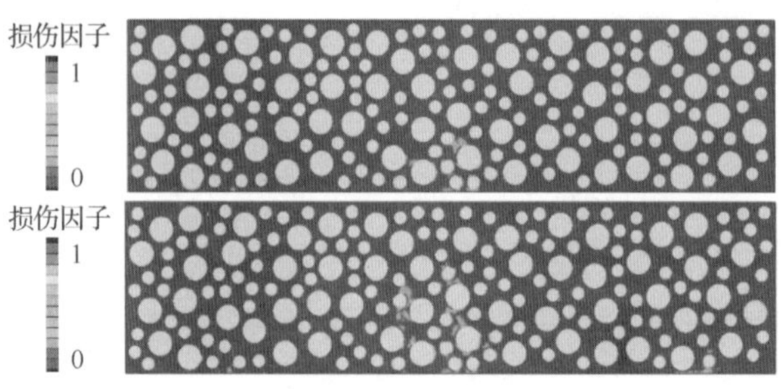

图 4.57（续）

最大骨料粒径 10mm 的试件在弯曲拉伸加载下损伤破坏模式与试验结果[49]的对比如图 4.58。由图 4.58 可见，混凝土细观力学模型较好地体现了混凝土材料细观非均质性的特点，真实再现了混凝土材料在弯曲拉伸荷载作用的损伤破坏全过程，数值模拟与试验破坏形态吻合良好，验证了数值模拟方法的有效性。

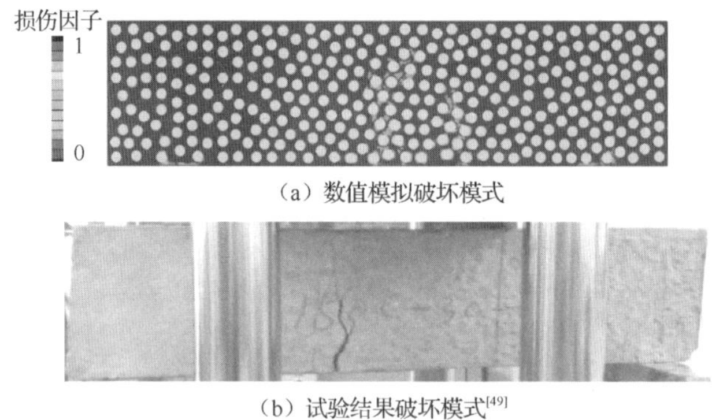

（a）数值模拟破坏模式

（b）试验结果破坏模式[49]

图 4.58　数值模拟与试验破坏形态对比

2．混凝土梁弯曲抗拉强度及与试验对比

对最大骨料粒径 10mm、20mm、30mm，梁高 100mm、150mm、200mm 的试件进行弯曲拉伸加载，记录试件模型破坏荷载，计算其弯曲抗拉强度 f_{f} 为

$$f_{\mathrm{f}}=\frac{Fl}{bh^2} \tag{4.53}$$

式中：f_{f} 为弯曲抗拉强度；F 为极限荷载；l 为支座间距离，取 $l=3h$；b 为试件模型宽度；h 为试件模型高度。数值模拟结果见表 4.10，试验结果的对比如图 4.59 所示。可以看到，数值模拟结果与试验结果的误差在 5%以内，二者吻合较好。

表 4.10　数值模拟和试验结果对比

骨料最大粒径/mm	截面高度 h/mm	数值结果/MPa	试验结果/MPa	误差率/%
10	100	4.53	4.61	1.7
	150	4.41	4.28	3.0
	200	4.10	4.01	2.2
20	100	4.48	4.57	2.0
	150	4.26	4.18	1.9
	200	4.09	4.04	1.2
30	100	4.40	4.48	1.8
	150	4.17	4.01	4.0
	200	4.05	3.96	2.3

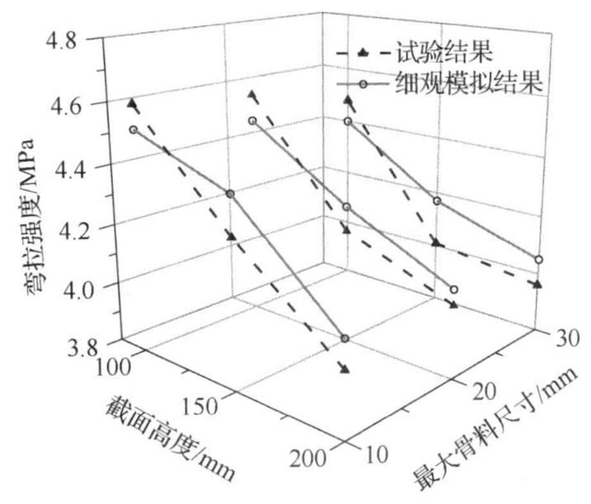

图 4.59　数值模拟与试验结果对比

3．骨料粒径对混凝土弯曲抗拉强度的影响

各尺寸试件梁模型的弯曲抗拉强度随骨料粒径的变化规律如图 4.60 所示。由图可见，混凝土弯曲抗拉强度受到骨料粒径影响，除梁高 200mm 模型在骨料粒径 30mm 时弯曲抗拉强度比骨料粒径 20mm 时略有提高外，其他尺寸试件模型的弯曲抗拉强度均随骨料粒径增大而降低。

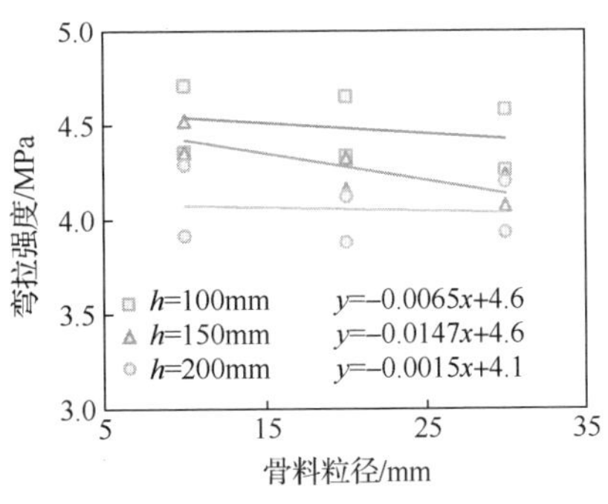

图 4.60　骨料粒径对混凝土弯曲抗拉强度影响

模型体积、骨料体积率及水灰比一定时，随着骨料粒径增大，骨料颗粒数减少，损伤裂纹间的黏聚力和桥接力降低，从而引起混凝土弯曲抗拉强度随骨料粒径增大而略微降低。外界荷载作用下，砂浆基质与界面过渡区中微细裂缝的扩展与贯通受到骨料颗粒的阻碍，且骨料粒径越大，阻碍裂缝发展的能力越强。3 组尺寸试件中，梁高 200mm 梁模型的截面高度最大，损伤破坏裂缝最长，裂缝扩展延伸过程中遇到较多的粗细骨料颗粒，损伤裂缝遇到阻碍后，裂缝分形分叉，路径的曲折度增大，损伤破坏区域增大，因而可能引起大骨料模型的弯曲抗拉强度略有提高。相对于另外两组尺寸试件，梁高 200mm 模型随着骨料粒径的增大，弯曲抗拉强度降低幅度更平缓。

4.4.2　细观单元等效化模型模拟

建立的混凝土梁细观单元等效化模型尺寸为 450mm × 150mm × 150mm，均匀划分成 45 × 15 × 15 个单元网格，即共 10125 个单元，如图 4.61 所示。采用位移控制加载的方法作为外荷载输入条件，以最大拉应变准则作为混凝土弯曲拉伸力学行为的单元破坏准则。

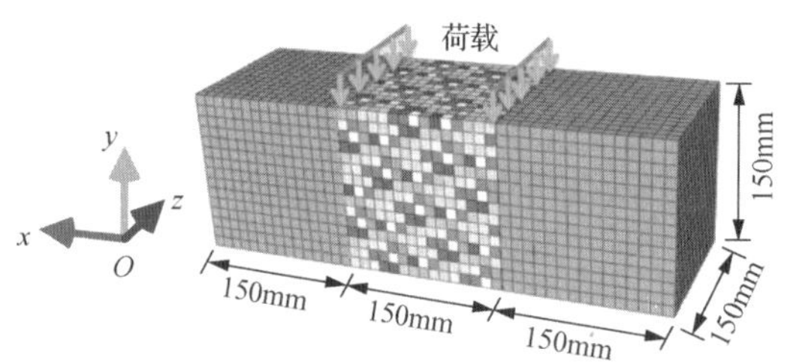

图 4.61　二级配混凝土梁三维弯曲拉伸数值试验模型

计算得到的弯曲拉伸应力-位移曲线如图 4.62 所示，得到的静态弯曲抗拉强度分别为 3.80MPa、3.98MPa 和 3.85MPa（对应骨料空间分布的 3 个不同随机样本），与试验结果[50]基本吻合。此外，不难发现，在同等精度要求下，采用细观单元等效化分析方法相比于随机骨料模型，计算量要小很多，这点从表 4.11 中计算模型的单元数可以看出来。

彩图 11 是二级配混凝土梁在弯曲拉伸荷载作用下最大主应变变化截面云图，这些变化云图直观地描述了混凝土梁在外荷载作用下的损伤直至破坏的全过程。在外荷载作用下，最先在混凝土内部薄弱的区域以及梁跨中下边缘区域产生拉伸损伤；随荷载的增加，混凝土内部破坏单元增加，并从梁跨中底部向上部扩展延伸，直至最终失稳破坏。

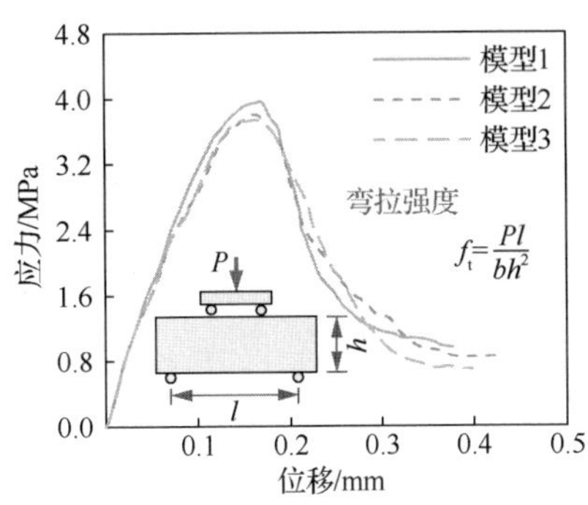

图 4.62　不同骨料空间分布的二级配混凝土梁弯曲拉伸应力-位移曲线

表 4.11　计算所需单元数量对比

方法	立方体拉压试验	混凝土梁弯曲拉伸试验
细观单元等效化分析方法	3375	10125
随机骨料模型[51]	64000	112020

4.4.3　基于预插黏性界面单元模拟

基于内聚力模型，将黏性界面单元预插到不同材料和区域的实体单元边界处，对全级配混凝土梁进行弯曲拉伸断裂过程的数值模拟，研究其力学行为。

为了与文献[50]中的试验结果对比，三级配混凝土的骨料比例为小∶中∶大=3∶3∶4，粒径分别为 60mm、30mm 和 12.5mm。选用尺寸为 300mm × 300mm × 1100mm 的三维混凝土梁进行弯曲拉伸试验。加载时跨中的弯矩最大，故选取中间 300mm × 300mm × 300mm 区域作为研究对象，进行细观剖分，如图 4.63 所示。四级配混凝土的骨料比例为小∶中∶大∶特大 = 2∶2∶3∶3，粒径分别为 120mm、60mm、30mm 和 15mm。选用尺寸为 450mm × 450mm × 1700mm 的混凝土梁进行弯拉试验，选取中间 450mm × 450mm × 450mm 区域作为研究对象，如图 4.64 所示。网格采用三角形单元进行剖分，跨中细观部分网格尺寸为 3.75mm，两侧部分视为均质材料。

图 4.65 和图 4.66 分别为三级配和四级配梁的跨中部分裂缝扩展过程。单元的破坏程度通过一个无量纲量 SDEG（scalar stiffness degradation）来表征，范围为 0～1，断裂的界面单元的 SDEG 均大于 0.99。从图中可以看出微裂缝首先在砂浆基质和骨料的界面过渡区处产生，随着荷载的增加，砂浆基质和界面过渡区处的微裂缝逐渐扩展汇聚成一条贯穿的主裂缝。模拟得到的三级配和四级配梁的极限荷载分别为 77.2kN 和 164.8kN，文献[52]和文献[53]给出二者的破坏荷载分别为 77.4kN 和 168.4kN，且试验得到两种梁的极限荷载范围为 70～80kN 和 155～

172kN。以上结果说明数值结果与文献结果吻合良好，数值方法可以很好地模拟混凝土梁的弯曲拉伸断裂破坏过程。

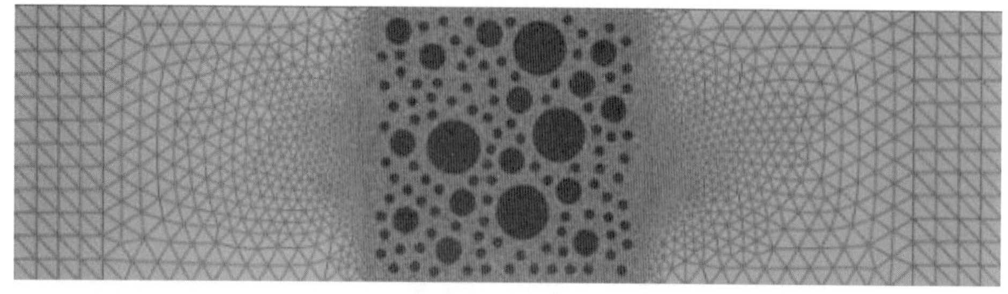

图 4.63　三级配混凝土梁单元网格剖分

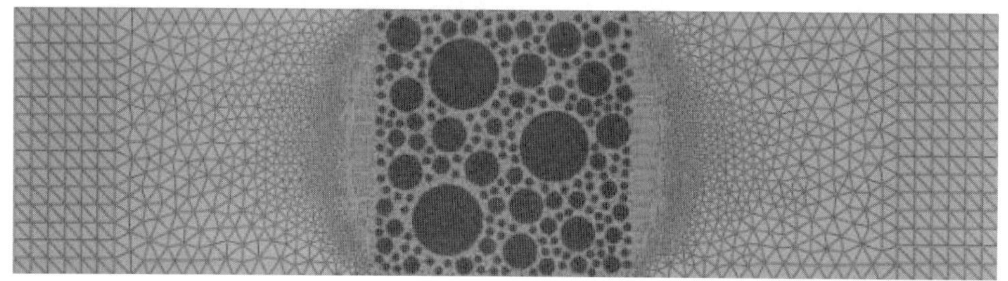

图 4.64　四级配混凝土梁单元网格剖分

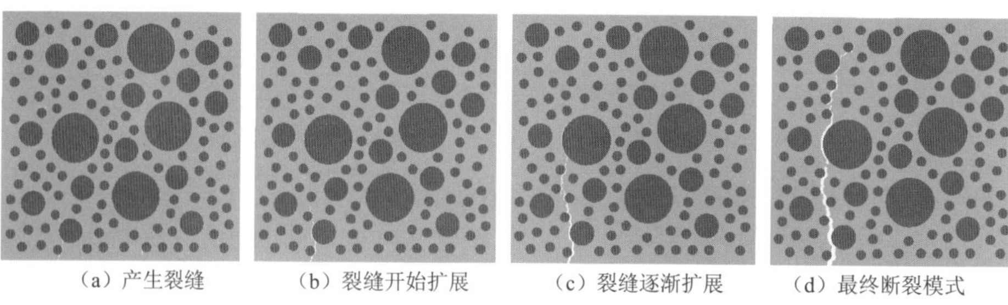

（a）产生裂缝　（b）裂缝开始扩展　（c）裂缝逐渐扩展　（d）最终断裂模式

图 4.65　三级配混凝土梁的裂缝扩展过程

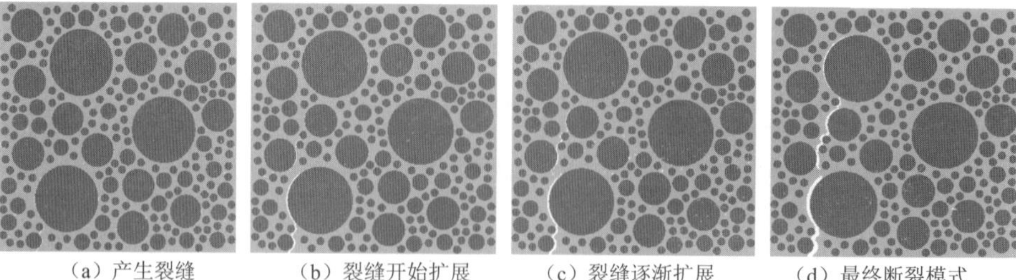

（a）产生裂缝　（b）裂缝开始扩展　（c）裂缝逐渐扩展　（d）最终断裂模式

图 4.66　四级配混凝土梁的裂缝扩展过程

4.5　混凝土双轴加载破坏行为

在实际工程中，混凝土均是在复杂应力状态下工作。由于混凝土细观结构的高度非均质性，相比简单的一维加载状态，在双轴或三轴加载状态下混凝土内部应力状态非常复杂。本节采用随机骨料模型，对混凝土的双轴压缩行为进行细观尺度数值模拟，并探讨双轴抗压强度的尺寸效应[15]。

4.5.1　双轴压缩破坏行为

1．随机骨料模型

基于第 2 章方法，建立混凝土双轴压缩加载二维细观尺度随机骨料模型，如图 4.67 所示。其中试件尺寸为 150mm × 150mm。数值模型中，中石的等效粒径为 30mm，小石的等效粒径为 12mm，考虑到计算量问题，参同文献[54]，界面过渡区厚度均取为 1mm。混凝土各细观组分的力学本构关系及参数参见 4.1.1 节。

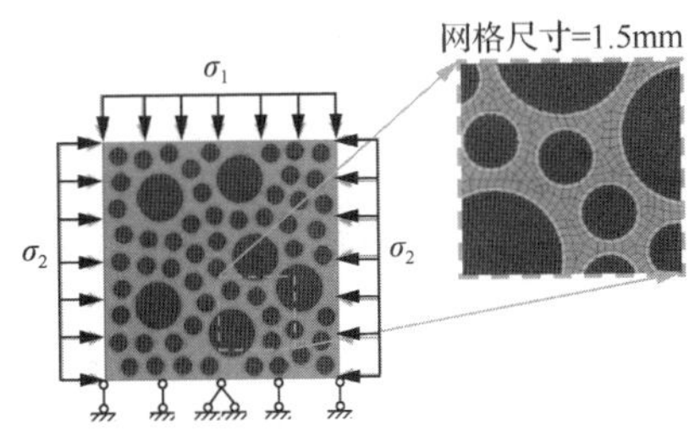

图 4.67　混凝土双轴压缩加载随机骨料模型

采用位移控制对数值混凝土试件进行不同应力比 (σ_1/σ_2) 状态加载，其加载方式为底边固定，顶部和侧面为位移加载边界。采用四节点等参线性单元对混凝土各组分进行有限单元网格划分，网格平均尺寸为 1.5mm，其中界面过渡区（厚度 1mm）部分通过局部划分网格方法进行处理。

2．混凝土双轴压缩破坏行为

以 150mm×150mm 二维混凝土试件为例，图 4.68 给出了应力比 $\sigma_1/\sigma_2=1.0$ 时的双轴压缩破坏过程，从图中可以看到，损伤首先发生在力学性能相对薄弱的界面过渡区中，并且首先发生在粒径较大的骨料颗粒与砂浆基质的界面过渡区，继而损伤裂缝沿着界面过渡区持续发展，逐步由大骨料界面过渡区扩展到小骨料界面过渡区，最后扩展到砂浆基质，裂缝逐渐贯通，最终形成一条或多条裂缝，试件被破坏。本节数值模拟结果与文献[55]中的模型试验得到的细观尺度破坏过程描述基本一致。

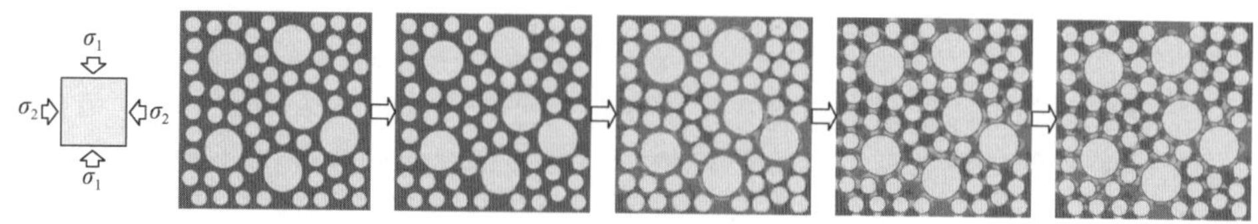

图 4.68 150mm×150mm 方形混凝土试件双轴受压破坏过程 ($\sigma_1 / \sigma_2 = 1.0$)

图 4.69 给出了 150mm × 150mm、300mm × 300mm 和 600mm × 600mm 二维混凝土试件在应力比分别为 0.2、0.5 和 1.0 时的双轴受压破坏模式。从细观尺度分析，试件破坏时，裂缝主要分布在骨料颗粒与砂浆基质之间的界面过渡区，大致沿着与较大主应力平行的方向扩展，形成垂直交叉、纵横交错的裂缝。裂缝分布形式与应力比密切相关，应力比较小（如 $\sigma_1 / \sigma_2 = 0.2$）时，裂缝以横向（较大主应力 σ_2 方向）为主，这与单轴受压加载下的破坏模式基本相同，如文献[55]对混凝土单轴受压破坏模式进行了详细的试验研究，但由于 σ_1 方向施加的“约束”主应力限制了混凝土内部微裂缝的扩展和侧向变形的产生，因此其抗压强度变大；应力比逐渐变大并接近 1.0 时，混凝土周围约束作用也逐渐增强，裂缝扩展逐渐变为垂直交叉、纵横交错，形成均匀的双向受压破坏模式。从图中可以看到，混凝土试件由损伤表征的宏观破坏裂缝分布与文献[56]和文献[57]中混凝土试件在应力比分别为 0.25、0.5 和 0.75 加载下的宏观破坏裂缝分布（图 4.70）基本相同，说明了细观数值方法的可靠性。

从各混凝土试件应力比为 1.0 时破坏模式的对比可以发现，随尺寸增大，损伤裂缝扩展形式也发生变化，小尺寸试件的损伤裂缝由大骨料界面过渡区逐步扩展到小骨料界面过渡区，最后试件所有界面过渡区均参与损伤发展；大尺寸试件的损伤裂缝则主要沿着大骨料界面过渡区扩展，最终破坏时小骨料界面过渡区中的损伤裂缝还未发展完全，如图 4.69（c）所示。以应力比为 1.0 时尺寸为 150mm × 150mm 和 600mm × 600mm 的混凝土试件的破坏模式为例，从混凝土断裂所需能量的角度分析，任取 600mm × 600mm 混凝土试件中 150mm × 150mm 的局部区域（如图 4.71 中区域-1、区域-2 和区域-3），与 150mm × 150mm 混凝土试件的破坏模式进行对比可以发现：大尺寸试件在大骨料周围界面过渡区达到损伤破坏后即破坏，而小尺寸试件在所有界面过渡区均达到损伤破坏时试件才破坏，换言之，使单位面积混凝土破坏，小尺寸试件破坏所需要的能量相对较多，因而表现出较高的强度。

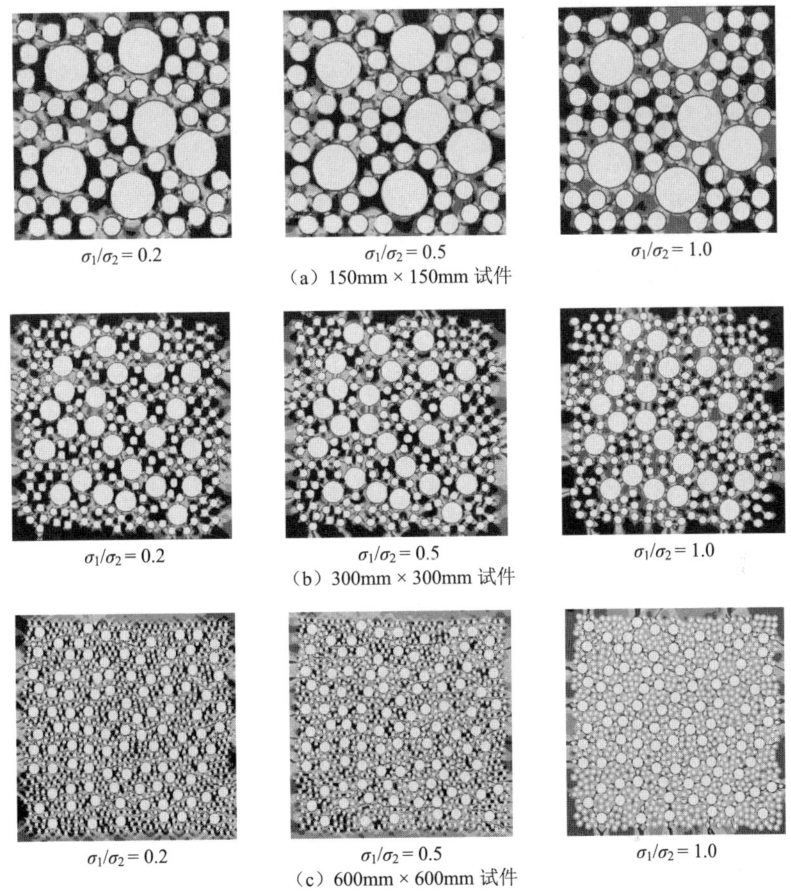

$\sigma_1/\sigma_2=0.2$　$\sigma_1/\sigma_2=0.5$　$\sigma_1/\sigma_2=1.0$

（a）150mm × 150mm 试件

$\sigma_1/\sigma_2=0.2$　$\sigma_1/\sigma_2=0.5$　$\sigma_1/\sigma_2=1.0$

（b）300mm × 300mm 试件

$\sigma_1/\sigma_2=0.2$　$\sigma_1/\sigma_2=0.5$　$\sigma_1/\sigma_2=1.0$

（c）600mm × 600mm 试件

图 4.69　方形混凝土试件在不同应力比下双轴受压破坏模式

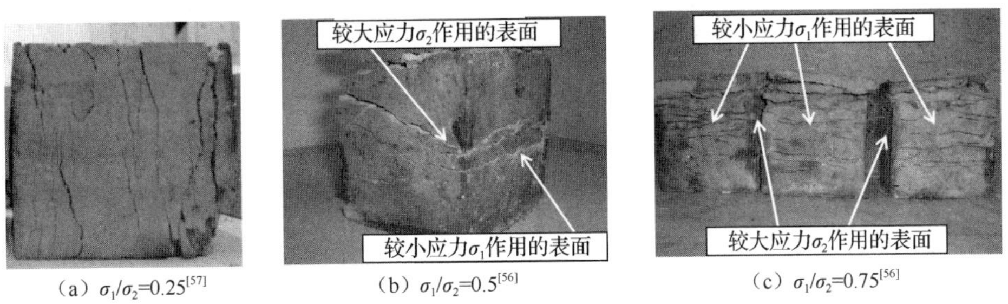

（a）$\sigma_1/\sigma_2=0.25$[57]　（b）$\sigma_1/\sigma_2=0.5$[56]　（c）$\sigma_1/\sigma_2=0.75$[56]

图 4.70　文献[56]和文献[57]中混凝土试件在应力比为 0.25、0.5 和 0.75 加载下的破坏模式

简言之，由于混凝土内部组成的非均质性，外荷载作用下其内部产生变形及应力集中现象，损伤破坏形式随试件尺寸发生变化，试件最终破坏消耗的断裂能不同是导致混凝土双轴抗压强度产生尺寸效应的主要原因。

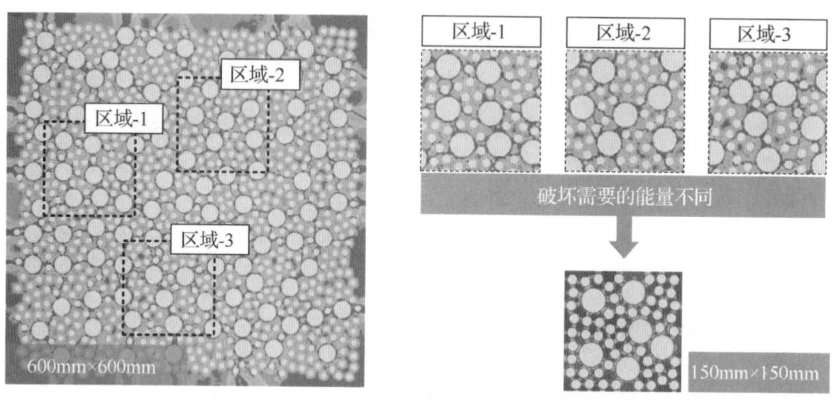

图 4.71　混凝土双轴抗压强度尺寸效应机理分析

4.5.2　双轴抗压强度尺寸效应

建立尺寸分别为 150mm × 150mm、300mm × 300mm 和 600mm × 600mm 的二级配混凝土二维细观力学分析模型，探讨混凝土双轴强度尺寸效应产生的机理。

图 4.72 给出了不同尺寸混凝土试件在不同应力比下获得的双轴受压应力-应变关系曲线。图中 c150-0.6 表示尺寸为 150mm × 150mm 混凝土试件在应力比 $\sigma_1 / \sigma_2 = 0.6$ 时 σ_2 方向的受压应力-应变曲线，此外，这里混凝土双轴抗压强度取较大应力 σ_2 方向上的峰值强度。从图 4.72 中可以看到，各试件在初始阶段无论是单轴还是双轴受压加载下，初始刚度基本相同；接近峰值时，在不同应力比下，同一尺寸双轴受压混凝土试件表现出的峰值强度不同，但均高于单轴加载条件下的峰值强度；进入下降段后，不同应力比加载下的软化曲线存在差异。

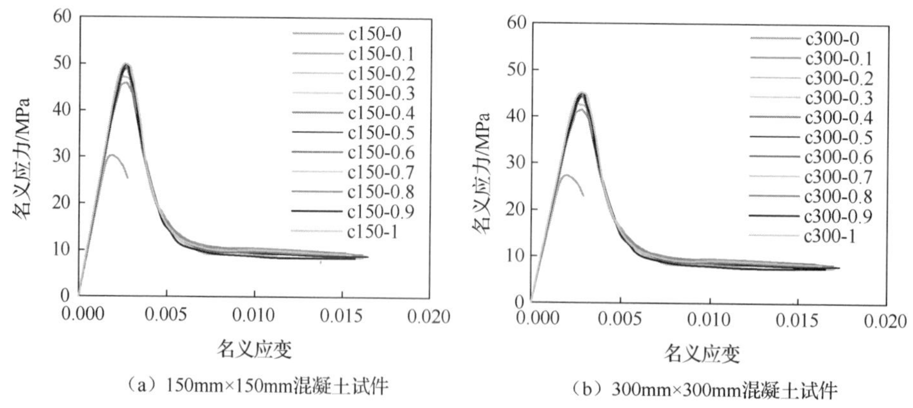

（a）150mm×150mm混凝土试件　（b）300mm×300mm混凝土试件

图 4.72　不同应力比下混凝土试件受压应力-应变关系

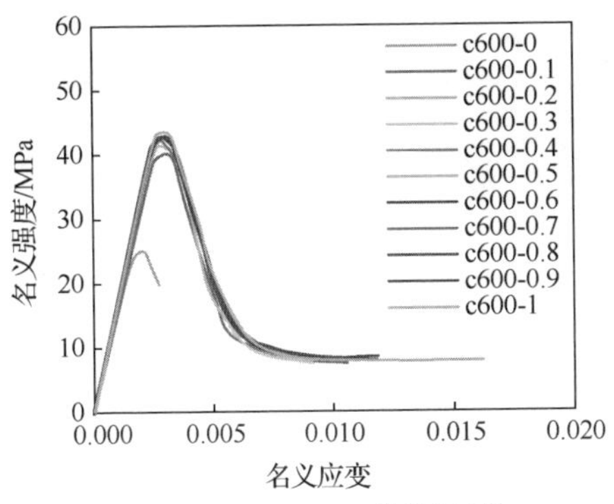

（c）600mm×600mm混凝土试件

图 4.72（续）

混凝土双轴抗压强度较单轴抗压强度提高，是由于 σ_1 方向施加的较小应力限制了混凝土内部微裂缝的扩展和侧向变形的产生，延缓了其在较大应力 σ_2 方向的破坏，这与 Buyukozturk[55]试验研究结果一致。此外，从图 4.72 中还可以看到，随试件尺寸增加，混凝土单轴及双轴抗压强度均减小，表现出明显尺寸效应现象。

表 4.12 给出了不同应力比下混凝土双轴抗压强度的数值试验结果。图 4.73(a) 给出了不同尺寸混凝土试件双轴抗压强度随应力比的变化关系曲线，从图中可以看到，不同应力比下，混凝土双轴抗压强度均有不同程度提高，应力比 $\sigma_1/\sigma_2=0.7$ 左右时达到最大，且小尺寸试件在不同应力下的双轴抗压强度均大于大尺寸试件。图 4.73（b）给出了不同应力比下，混凝土双轴抗压强度随试件尺寸的变化趋势，可以看到，随试件尺寸增大，双轴抗压强度逐渐减小，表现出明显的尺寸效应；此外，从图 4.73（b）中还可以看到，混凝土双轴抗压强度随试件尺寸下降趋势相对单轴抗压强度随试件尺寸下降趋势较缓，表明混凝土材料在单轴受压加载下，更易在细观层次发生混凝土材料内部的短柱失稳现象，因而表现出更强的脆性，其尺寸效应现象亦更为明显。

表 4.12　混凝土试件双轴抗压强度

σ_1/σ_2	边长 150 mm （c150）		边长 300 mm （c300）			边长 600 mm （c600）		
	$\sigma_{2,150}$	$\sigma_2/f_{c,150}$	$\sigma_{2,300}$	$\sigma_2/f_{c,300}$	$\sigma_2/f_{c,150}$	$\sigma_{2,600}$	$\sigma_2/f_{c,600}$	$\sigma_2/f_{c,150}$
0	30.2	1.00	27.3	1.00	0.90	25.0	1.00	0.83
0.1	46.0	1.52	41.7	1.53	1.38	40.2	1.60	1.33
0.2	47.3	1.57	43.0	1.57	1.42	41.3	1.65	1.37
0.3	48.4	1.60	43.9	1.61	1.45	42.3	1.69	1.40
0.4	48.8	1.62	44.5	1.63	1.47	43.0	1.72	1.42
0.5	48.9	1.62	45.1	1.65	1.49	43.5	1.74	1.44
0.6	49.5	1.64	45.2	1.65	1.50	43.7	1.75	1.45
0.7	50.1	1.66	45.2	1.65	1.50	43.5	1.74	1.44
0.8	49.9	1.65	44.9	1.64	1.49	43.2	1.73	1.43
0.9	49.2	1.63	44.2	1.62	1.46	42.5	1.70	1.41
1	48.7	1.61	43.3	1.59	1.43	41.8	1.67	1.38

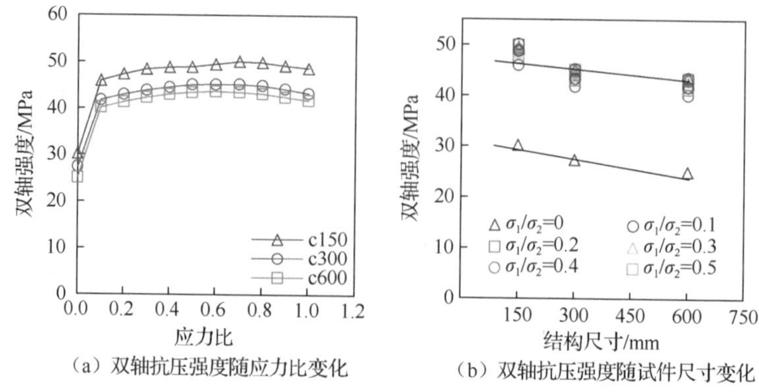

（a）双轴抗压强度随应力比变化　　（b）双轴抗压强度随试件尺寸变化

图 4.73　双轴抗压强度随应力比及试件尺寸变化关系曲线

图 4.74 给出了不同尺寸混凝土试件双轴抗压强度包络图及尺寸效应。从图 4.74（a）中可以看到，在双轴受压加载下，混凝土抗压强度增加幅度随尺寸增大而增大，这与 Rossi 和 Ulm[58]的试验结果相符；从图 4.74（b）中可以看到，混凝土双轴抗压强度存在明显的尺寸效应，即大尺寸试件的强度包络图内缩。

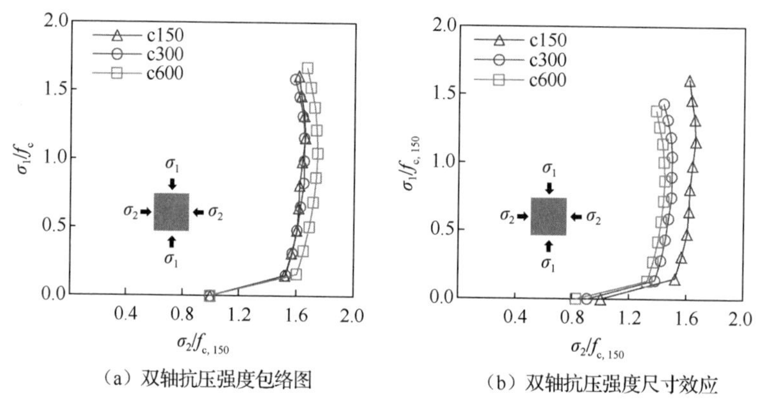

（a）双轴抗压强度包络图　　（b）双轴抗压强度尺寸效应

图 4.74　不同尺寸试件混凝土双轴抗压强度包络图及尺寸效应

小　　结

本章基于随机骨料模型，并结合细观单元等效化方法扩展有限元法、预插黏性界面单元法等细观力学分析方法模拟研究了混凝土单轴压缩、拉伸、劈裂拉伸、弯曲拉伸和双轴压缩加载作用下的破坏行为，获得的主要结论如下。

（1）细观数值方法能够更加真实地反映混凝土在静态荷载作用下的开裂破坏过程，即混凝土内部的微裂缝首先出现在力学性能较薄弱区域（如 ITZ），并绕开骨料颗粒沿着 ITZ 发展演化，扩展到砂浆基质，最终在表面形成宏观裂缝。因此，混凝土试件的破坏过程及破坏路径受骨料的形状、粒径、级配和空间分布形式的影响。

（2）借助于细观力学方法，讨论分析了骨料粒径、空间分布、体积分数和界面过渡区等细观因素对混凝土力学性能的影响，结果表明：不同骨料分布形式基本不影响混凝土的宏观弹性模量，但使强度和软化曲线服从双参数 Weibull 分布；界面过渡区强度、骨料粒径对混凝土强度影响显著；混凝土弹性模量和抗拉强度随骨料尺寸增大而减小；骨料体积分数相同时，骨料尺寸越大，混凝土断裂能越大。

（3）混凝土材料的非均质性使其内部在外荷载作用下产生应力集中现象，引起宏观损伤破坏形式随试件尺寸发生变化，使得试件最终断裂破坏消耗的能量不同，从而导致混凝土的强度表现出尺寸效应。细观力学分析方法能够反映混凝土材料非均质性这一本质特征，从而可以有效地揭示混凝土强度（包括单轴压缩、单轴拉伸、劈裂拉伸、弯曲拉伸和双轴压缩等）的尺寸效应规律。

参 考 文 献

[1] JIN L，YU W X，DU X L. Effect of initial static load and dynamic load on concrete dynamic compressive failure[J]. ASCE journal of materials in civil engineering，2020，32（12）：0420351.

[2] 李冬. 混凝土及钢筋混凝土柱尺寸效应分析[D]. 北京：北京工业大学，2017.

[3] 杜修力，韩亚强，金浏，张仁波. 骨料空间分布对混凝土压缩强度及软化曲线影响统计分析[J]. 水利学报，2015，46（6）：631-639.

[4] 杜修力，金浏. 非均质混凝土材料破坏的三维细观数值模拟[J]. 工程力学，2013，30（2）：82-88.

[5] 金浏，余文轩，杜修力. 应变率突增对混凝土动态拉伸破坏影响的细观模拟[J]. 振动与冲击，2021，40（2）：39-48.

[6] Du X L，JIN L，MA G W. Numerical modeling tensile failure behavior of concrete at meso-scale using extended finite element method[J]. International journal of damage mechanics，2014，23（7）：872-898.

[7] 杜修力，金浏，黄景琦. 基于扩展有限元法的混凝土细观断裂破坏过程[J]. 计算力学学报，2012，29（6）：940-947.

[8] 杜修力，金浏. 用细观单元等效化方法模拟混凝土细观破坏[J]. 土木建筑与环境工程，2012，34（6）：1-7.

[9] 徐海滨，杜修力. 基于预插黏性界面单元的混凝土细观拉伸断裂过程数值模拟[J]. 北京工业大学学报，2014，40（11）：1666-1672，1686.

[10] 杜敏，金浏，李冬，等. 骨料粒径对混凝土劈拉性能及尺寸效应影响的细观数值研究[J]. 工程力学，2017，34（9）：54-63.

[11] JIN L，YU W X，DU X L，et al. Size effect on static splitting tensile strength of concrete：experimental and numerical studies[J]. ASCE journal of materials in civil engineering，2020，32（10）：0420308.

[12] 杜敏. 混凝土与约束混凝土柱尺寸效应研究[D]. 北京：北京工业大学，2017.

[13] DU X L，JIN L，MA G W. Meso-element equivalent method for the simulation of macro mechanical properties of concrete [J]. International journal of damage mechanics，2013，22（5）：617-642.

[14] 徐海滨，杜修力. 基于预插粘性界面单元的全级配混凝土梁弯拉破坏模拟[J]. 建筑科学与工程学报，2014，31（2）：99-104.

[15] 李冬，金浏，杜修力，等. 混凝土双轴压缩强度尺寸效应机理[J]. 北京工业大学学报，2017，43（8）：1190-1198.

[16] LUBLINER J，OLIVER J，OLLER S，et al. A plastic-damage model for concrete [J]. International journal of solids and structures，1989，25（3）：299-326.

[17] LEE J，FENVES G. Plastic-damage model for cyclic loading of concrete structures [J]. ASCE journal of engineering mechanics，1998，124（8）：892-900.

[18] DILGER W H，KOCH R，KOWALCZYK R. Ductility of plain and confined concrete under different strain rates[M]. Farmington：American Concrete Institute，1978.

[19] YAN D M，LIN G. Influence of initial static stress on the dynamic properties of concrete [J]. Cement and concrete composites，2008，30（4）：327-333.

[20] 施林林，宋玉普. 预加静载对大骨料混凝土动态抗压性能的影响[J]. 混凝土，2018（6）：35-38.

[21] 杜修力，金浏. 混凝土材料细观单元弹模非均匀统计特性研究[J]. 工程力学，2012，29（10）：106-115.

[22] YAN D M，LIN G. Dynamic properties of concrete in direct tension [J]. Cement and concrete research，2006，36（7）：1371-1378.

[23] BELYTSCHKO T，BLACK T. Elastic crack growth in finite element with minimal remeshing [J]. International journal for numerical methods in engineering，1999，45（5）：610-620.

[24] STAZI F L，BUDYN E，CHESSA J，et al. An extended finite elements method with higher-order elements for curved cracks [J]. Computational mechanics，2003，31（1/2）：38-48.

[25] ELGUEDJ T，GRAVOUIL A，COMBESCURE A. Appropriate extended functions for XFEM simulation of plastic fracture mechanics [J]. Computer methods in applied mechanics and engineering，2006，195（7/8）：501-515.

[26] ASFERG J L，POULSEN P N，NIELSEN L O. A consistent partly cracked XFEM element for cohesive crack growth[J]. International journal for numerical methods in engineering，2007，72（4）：464-485.

[27] 余天堂，万林林. 非均质材料热传导问题的扩展有限元法[J]. 计算力学学报，2011，28（6）：884-890.

[28] 方修君，金峰，寇立夯，等. 一种曲折裂纹尖端单元位移场的构造方法[J]. 计算力学学报，2010，27（1）：95-101.

[29] MELENK J M，BABUSKA I. The partition of the unity finite element method：basic theory and applications[J]. Computer methods in applied mechanics and engineering，1996，139（1/4）：289-314.

[30] DUARTE C A，ODEN J T. An H-P adaptive method using clouds [J]. Computer methods in applied mechanics and engineering，1996，139（1/4）：237-262.

[31] FLEMING M，CHU Y A，MORAN B，et al. Enriched element free Galerkin methods for crack tip fields[J]. International journal for numerical methods in engineering，1997，40（8）：1483-1504.

[32] SUKUMAR N，CHOPP D L，MOËS N，et al. Modeling holes and inclusions by level sets in the extended finite element method [J]. Computer methods in applied mechanics and engineering，2001，190（46/47）：6183-6200.

[33] OSHER S，SETHIAN J A. Fronts propagation with curvature dependent speed：algorithms based on Hamilton-Jacobi formulations [J]. Journal of computational physics，1988，79（1）：12-49.

[34] NG K，DAI Q L. Investigation of fracture behavior of heterogeneous infrastructure materials with extended finite element method and image analysis [J]. ASCE journal of materials in civil engineering，2011，23（12）：1662-1671.

[35] GRASSL P，JIRÁSEK M. Meso-scale approach to modelling the fracture process zone of concrete subjected to uniaxial tension [J]. International journal of solids and structures，2010，47（7/8）：957-968.

[36] LÓPEZ C M，CAROL I，AGUADO A. Meso-structural study of concrete fracture using interface elements. I：numerical model and tensile behavior[J]. Materials and structures，2008，41（3）：583-599.

[37] ZHOU X Q，HAO H. Mesoscale modelling of concrete tensile failure mechanism at high strain rates [J]. Computers and structures，2008，86（21/22）：2013-2026.

[38] KIM S M，AL-RUB R K A. Meso-scale computational modeling of the plastic-damage response of cementitious composites [J]. Cement and concrete research，2011，41（3）：339-358.

[39] DU C B，SUN L G. Numerical simulation of aggregate shapes of two-dimensional concrete and its application[J]. ASCE journal of aerospace engineering，2007，20（3）：172-178.

[40] ELICES M，ROCCO C G. Effect of aggregate size on the fracture and mechanical properties of a simple concrete[J]. Engineering fracture mechanics，2008，75（13）：3839-3851.

[41] SHET C，CHANDRA N. Analysis of energy balance when using cohesive zone models to simulate fracture processes[J]. Journal of engineering materials and technology，2002，124（4）：440-450.

[42] 刘文彦，叶文瑛，葛辉，等. 东江拱坝全级配混凝土力学性能的试验研究[J]. 水利水电技术，1982（5）：8-14.

[43] 中华人民共和国住房和城乡建设部. 混凝土物理力学性能试验方法标准：GB/T 50081—2019[S]. 北京：中国建筑工业出版社，2019.

[44] ROCCO C，GUINEA G，PLANAS J，et al. Review of the splitting-test standards from a from a fracture mechanics point of view [J]. Cement and concrete research，2001，31（1）：73-82.

[45] 王立成，邢立坤，宋玉普. 混凝土劈裂抗拉强度和弯曲抗压尺寸效应的细观数值分析[J]. 工程力学，2014，31（10）：69-76.

[46] 周红. 混凝土强度尺寸效应的试验研究[D]. 大连：大连理工大学，2010.

[47] BAŽANT Z P. Size effect in blunt fracture：Concrete，rock，metal[J]. ASCE Journal of engineering mechanics，1984，110（4）：518-535.

[48] BAŽANT Z P，PLANAS J. Fracture and size effect in concrete and other quasibrittle materials [M]. Boca Raton，FL：CRC Press，1998.

[49] 杜敏，金浏，李冬，等. 粗骨料粒径对混凝土弯拉强度尺寸效应影响的试验研究[J]. 北京工业大学学报，2016，42（6）：912-918.

[50] 邓宗才. 高性能大坝混凝土的强度与变形[M]. 北京：科学出版社，2006.

[51] 马怀发，陈厚群，周永发，等. 大坝混凝土试件三维细观力学并行计算研究[J]. 工程力学，2007，24（10）：74-79.

[52] 杜成斌，尚岩. 三级配混凝土静、动载下力学细观破坏机制研究[J]. 工程力学，2006，23（3）：125，141-146.

[53] 田瑞俊，杜修力，彭一江. 全级配混凝土梁弯拉应力-应变全曲线的细观力学模拟[J]. 水力发电，2008，34（2）：23-25.

[54] ŠAVIJA B，PACHECO J，SCHLANGEN E. Lattice modeling of chloride diffusion in sound and cracked concrete[J]. Cement and concrete composites，2013，42：30-40.

[55] BUYUKOZTURK O，NILSON A H，SLATE F. Stress-strain response and fracture of a concrete model in biaxial loading [J]. ACI structural journal，1971，68（8）：590-599.

[56] SHANG H S，SONG Y P. Experimental study of strength and deformation of plain concrete under biaxial compression after freezing and thawing cycles [J]. Cement and concrete research，2006，36（10）：1857-1864.

[57] CHEN E，LEUNG C K Y. Effect of uniaxial strength and fracture parameters of concrete on its biaxial compressive strength [J]. ASCE journal of materials in civil engineering，2014，26（6）：693-715.

[58] ROSSI P，ULM F J. Size effects in the biaxial tensile-compressive behaviour of concrete：Physical mechanisms and modelling [J]. Materials and structures，1997，30（4）：210-216.

第 5 章　混凝土动态力学性能细观数值分析

混凝土工程结构，如高层建筑、桥梁、大坝及核反应堆等，除承受正常的设计荷载外，往往还不可避免地要承受如地震、爆炸及冲击等动态荷载作用。在动态荷载作用下，混凝土所表现出的宏观强度及变形特性与静态荷载作用下的强度和变形有明显区别，随着加载速率的增大，混凝土的力学特性及破坏模式等表现出不同的性态，即所谓的率相关特性[1]。研究混凝土材料在动态荷载作用下的力学特性及破坏过程具有十分重要的科学意义。

一般可以采用霍普金森杆试验（SHPB）[2,3]、落锤试验[4]及一些其他的试验方法[5]来获得混凝土的动态压缩力学特性。大量的研究工作[6-15]表明混凝土的动态抗压强度及破坏模式与应变率密切相关，可以认为动态强度的提高是材料的固有特性。混凝土动态压缩力学性质是研究局部冲击力学行为（如穿透问题）的前提条件之一；动态拉伸行为在混凝土剥落（spalling）问题中起控制作用，且被认为是混凝土动态断裂的主要机制。

本质上来说，试验中所观察到的动态强度提高或放大行为，可以通过数值模拟方法来揭示其物理机制和根源。鉴于此，本章从细观角度出发，考虑非均质性的影响，分别采用细观随机骨料模型及细观单元等效化方法[16-18]对混凝土的动态破坏行为进行了数值研究工作，揭示混凝土材料的动态破坏机理及宏观力学性能[9-15]。

5.1　细观组分动态本构关系

5.1.1　弹脆性损伤动态本构模型

塑性力学、连续损伤力学、断裂力学、弹性损伤力学及弹塑性损伤力学等被广泛地运用于描述混凝土材料的本构力学行为。尽管从宏观上讲混凝土材料可能具有明显的宏观非线性性质，但从细观层面上来说，局部细观单元体的破裂性可以假定为弹-脆性行为。对混凝土开展的声发射检测说明了这种弹-脆性行为的存在性。

地震、爆炸及冲击等动态荷载作用下，混凝土破坏模式及力学性质（如弹性模量和强度）表现出不同的形态，即所谓的率效应。图 5.1（a）中“黑色实线”

即为典型的各向同性弹性损伤本构关系[9]，连续损伤力学模型虽然难以描述材料的不可逆变形、体积变化及剪切失效等行为，但其被证明能够有效地描述混凝土等准脆性复合材料的力学性能及破坏行为，得到广泛的应用，如 Mazars 和 Pijaudier-Cabot[19]、Jirásek 和 Bažant[20]及 Tang 等[21]。

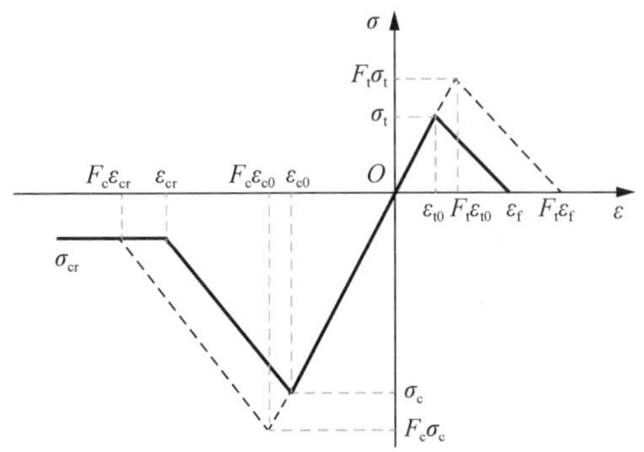

（a）考虑率效应的本构关系模型

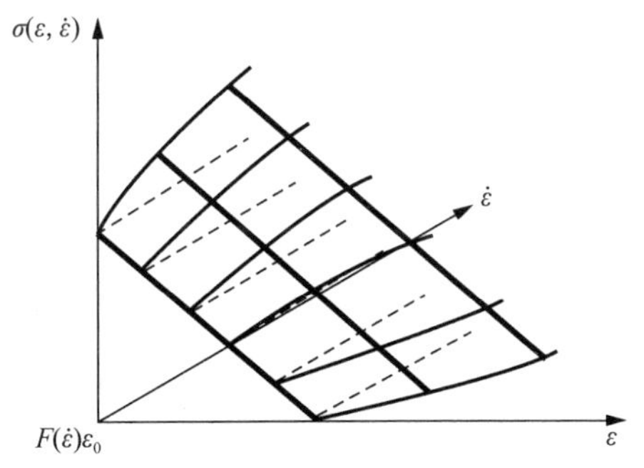

（b）静态和动态软化曲线

图 5.1　混凝土细观组分动态本构关系模型

这里，骨料、砂浆基质及界面过渡区均被看作均匀各向同性材料，采用相同的损伤本构关系，但赋予不同的材料力学参数。如图 5.1（a）所示，达到强度前，细观组分的应力-应变关系曲线设为弹性；达到强度后，设定为线性软化，随着外荷载的增大材料刚度逐渐减小。损伤材料的有效弹性模量 E 定义为

$$E = \begin{cases} (1-D_t)E_0 \\ (1-D_c)E_0 \end{cases} \tag{5.1}$$

式中：E_0 为未损伤材料的初始弹性模量；D_t 和 D_c 分别表示拉伸和压缩损伤变量。

本章数值工作中，混凝土细观组分的力学性质采用了如下几个假定[9]。

（1）不考虑弹性模量和泊松比的增强效应。相比于混凝土的抗拉和抗压强度，其弹性模量、泊松比及耗能能力等其他力学参数的应变率敏感性较弱[1,22,23]，

Cusatis[24]的数值研究工作中亦忽略了细观组分弹性模量及泊松比的率效应；此外，欧洲 CEB 规范中亦设定泊松比是应变率无关的。

（2）考虑细观组分材料抗拉和抗压强度的放大效应，即细观组分的应变率效应用其强度的放大系数 DIF 来表征。Grote 等[2]、Bažant 和 Gettu[25]、Gary 和 Bailly[26]等关于混凝土动态性能的试验研究表明混凝土达到强度后的下降段软化曲线具有相似性，且近乎平行。本节设定动载下的下降段曲线与静态下的软化曲线平行，如图 5.1（b）所示[9]。

基于以上假设，同 Brara 等[27]及 Cusatis[24]的工作，本节数值研究中细观组分（骨料、砂浆基质及界面过渡区）不同应变率 $\dot{\varepsilon}$ 下的动态本构关系如图 5.1（a）所示。图 5.1 中，下角标“t”和“c”分别表示拉伸和压缩；ε_0 为峰值应变，ε_r 为残余应变，ε_f 为拉伸失效应变；σ_t 和 σ_c 分别表示静态单轴抗拉和单轴抗压强度；F_t 和 F_c 分别为抗拉和抗压强度放大系数。

动态加载下，细观组分材料的拉伸损伤因子 D_{td} 及压缩损伤因子 D_{cd} 分别为

$$D_{td}=\begin{cases}0 & \varepsilon\leqslant F_t\varepsilon_{t0}\\ 1-\dfrac{F_t\varepsilon_f-\varepsilon}{F_t\varepsilon_f-F_t\varepsilon_{t0}} & F_t\varepsilon_{t0}<\varepsilon\leqslant F_t\varepsilon_f\\ 1 & \varepsilon>F_t\varepsilon_f\end{cases} \tag{5.2a}$$

$$D_{cd}=\begin{cases}0 & \varepsilon\leqslant F_c\varepsilon_{c0}\\ 1-\dfrac{\eta-\lambda}{\eta-1}\dfrac{F_c\varepsilon_{c0}}{\varepsilon}+\dfrac{1-\lambda}{\eta-1} & F_c\varepsilon_{c0}<\varepsilon\leqslant F_c\varepsilon_{cr}\\ 1-\lambda F_c\dfrac{\varepsilon_{c0}}{\varepsilon} & \varepsilon>F_c\varepsilon_{cr}\end{cases} \tag{5.2b}$$

式中：压缩残余应变 $\varepsilon_{cr}=\eta\varepsilon_0$，$\eta$ 表示残余应变系数，$2\leqslant\eta\leqslant5$；λ 为残余强度系数，$0\leqslant\lambda\leqslant0.1$，$\sigma_{cr}=\lambda\sigma_c$。

本质上，骨料、界面过渡区以及砂浆基质材料的率效应是相互区别的。尽管如此，试验结果[2,3]表明砂浆基质的动态力学行为与混凝土相似；Wang 等[28]、Li 等[29]及 Zhao[30]对岩石强度的率效应增强行为进行了试验及数值研究，发现岩石的动态增强行为亦与混凝土非常相近。此外，界面过渡区实际上是一层具有较高孔隙率的砂浆基质[31]，故而界面过渡区也可以认为与混凝土具有类似的率效应行为。鉴于此，这里认为对骨料、界面过渡区以及砂浆基质采用与混凝土材料率效应增强行为相同的动态放大系数是可行、合理的。该简化处理与 Zhou 和 Hao[32, 33]相同。

5.1.2 动态强度放大系数

大量的试验及理论研究[2,3,22,34]均表明混凝土及水泥基材料具有明显的率敏感

性。相比抗压强度及抗拉强度，混凝土的其他力学参数如弹性模量、泊松比、能量耗散能力及峰值应变等率敏感性弱[22,35,36]。本章中考虑材料强度的放大行为，即细观组分的应变率效应用其强度的放大系数 DIF（=动力强度/静力强度）来表示。

采用 CEB 规范[37]中给出的公式来表征混凝土抗压强度的放大效应（CDIF），为

$$\mathrm{CDIF}=\frac{f_{\mathrm{cd}}}{f_{\mathrm{cs}}}=\left(\frac{\dot{\varepsilon}_{\mathrm{d}}}{\dot{\varepsilon}_{\mathrm{cs}}}\right)^{1.026\alpha}\qquad \dot{\varepsilon}_{\mathrm{d}}\leqslant 30\mathrm{s}^{-1}\tag{5.3a}$$

$$\mathrm{CDIF}=\frac{f_{\mathrm{cd}}}{f_{\mathrm{cs}}}=\gamma(\dot{\varepsilon}_{\mathrm{d}})^{1/3}\qquad \dot{\varepsilon}_{\mathrm{d}}>30\mathrm{s}^{-1}\tag{5.3b}$$

式中：f_{cd} 为应变率 $\dot{\varepsilon}_{\mathrm{d}}$ 时的混凝土动力抗压强度；f_{cs} 为静态抗压强度 ($\dot{\varepsilon}_{\mathrm{cs}}=30\times 10^{-6}\mathrm{s}^{-1}$)；$\lg\gamma=6.156\alpha-0.49$，其中 $\alpha=(5+34f_{\mathrm{c}}/f_{\mathrm{cu}})^{-1}$，$f_{\mathrm{cu}}$ 为混凝土立方体抗压强度（MPa）。对于混凝土抗拉强度放大效应（TDIF），采用修正的 CEB 模型来描述，即

$$\mathrm{TDIF}=\frac{f_{\mathrm{td}}}{f_{\mathrm{ts}}}=\left(\frac{\dot{\varepsilon}_{\mathrm{d}}}{\dot{\varepsilon}_{\mathrm{ts}}}\right)^{\delta}\qquad \dot{\varepsilon}_{\mathrm{d}}\leqslant 1\mathrm{s}^{-1}\tag{5.4a}$$

$$\mathrm{TDIF}=\frac{f_{\mathrm{td}}}{f_{\mathrm{ts}}}=\beta\left(\frac{\dot{\varepsilon}_{\mathrm{d}}}{\dot{\varepsilon}_{\mathrm{ts}}}\right)^{1/3}\qquad \dot{\varepsilon}_{\mathrm{d}}>1\mathrm{s}^{-1}\tag{5.4b}$$

式中：f_{td} 为应变率 $\dot{\varepsilon}_{\mathrm{d}}$ 时的混凝土动力抗拉强度；f_{ts} 为混凝土静态抗拉强度 ($\dot{\varepsilon}_{\mathrm{ts}}=10^{-6}\mathrm{s}^{-1}$)；$\lg\beta=6\delta-2$，其中 $\delta=1/(1+8f_{\mathrm{c}}'/f_{\mathrm{c0}}')$，$f_{\mathrm{c0}}'=10\mathrm{MPa}$，$f_{\mathrm{c}}'$ 为准静态下混凝土轴心抗压强度（MPa）。

5.1.3　细观单元等效动态本构关系

用细观单元等效化方法[16-18]研究混凝土宏观力学行为及破坏机理时，需要对细观“大”单元的力学特性进行等效化处理。静态加载情况下，第 2.2 节考虑界面过渡区的影响，通过两步等效化方法获得了混凝土三相复合材料细观单元的等效本构关系模型，如图 5.2 中“黑色实线”所示。

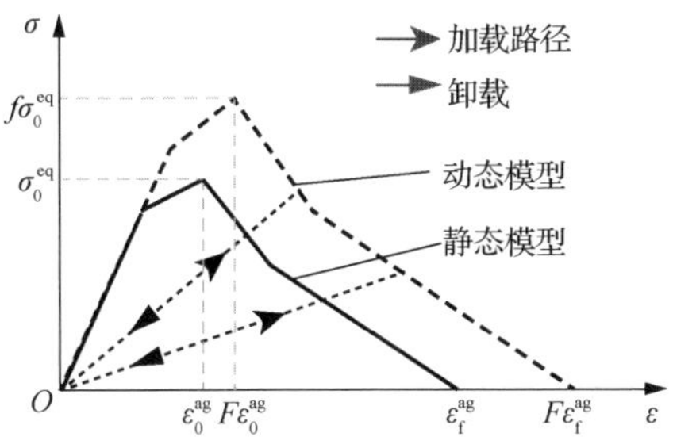

图 5.2　细观单元动/静态等效本构关系

为简便起见，设定骨料、界面过渡区及砂浆基质三相材料具有相同的应变率放大效应。因此，动态加载情况下细观单元的动态本构关系亦可通过该等效化方法计算获得，得知单调拉伸和压缩加载下混凝土三相复合材料细观“大”单元的等效关系分别为[9]

$$\sigma=\begin{cases}E_{\mathrm{B}}^{1}\varepsilon & \varepsilon\leqslant F\zeta\varepsilon_{\mathrm{t0}}^{\mathrm{mo}}\\ \sigma_{\mathrm{B}}^{1}+E_{\mathrm{B}}^{2}\cdot(\varepsilon-F\zeta\varepsilon_{\mathrm{t0}}^{\mathrm{mo}}) & F\zeta\varepsilon_{\mathrm{t0}}^{\mathrm{mo}}<\varepsilon\leqslant F\varepsilon_{\mathrm{t0}}^{\mathrm{ag}}\\ \sigma_{\mathrm{B}}^{2}+E_{\mathrm{B}}^{3}\cdot(\varepsilon-F\varepsilon_{\mathrm{t0}}^{\mathrm{ag}}) & F\varepsilon_{\mathrm{t0}}^{\mathrm{ag}}<\varepsilon\leqslant F\zeta\varepsilon_{\mathrm{f}}^{\mathrm{mo}}\\ \sigma_{\mathrm{B}}^{3}+E_{\mathrm{B}}^{4}\cdot(\varepsilon-F\zeta\varepsilon_{\mathrm{f}}^{\mathrm{mo}}) & F\zeta\varepsilon_{\mathrm{f}}^{\mathrm{mo}}<\varepsilon\leqslant F\varepsilon_{\mathrm{f}}^{\mathrm{ag}}\\ 0 & \varepsilon>F\varepsilon_{\mathrm{f}}^{\mathrm{ag}}\end{cases}\tag{5.5a}$$

$$\sigma=\begin{cases}E_{\mathrm{B}}^{1}\varepsilon & \varepsilon\leqslant F\zeta\varepsilon_{\mathrm{c0}}^{\mathrm{mo}}\\ \sigma_{\mathrm{B}}^{1}+E_{\mathrm{B}}^{2}\cdot(\varepsilon-F\zeta\varepsilon_{\mathrm{c0}}^{\mathrm{mo}}) & F\zeta\varepsilon_{\mathrm{c0}}^{\mathrm{mo}}<\varepsilon\leqslant F\varepsilon_{\mathrm{c0}}^{\mathrm{ag}}\\ \sigma_{\mathrm{B}}^{2}+E_{\mathrm{B}}^{3}\cdot(\varepsilon-F\varepsilon_{\mathrm{c0}}^{\mathrm{ag}}) & F\varepsilon_{\mathrm{c0}}^{\mathrm{ag}}<\varepsilon\leqslant F\zeta\varepsilon_{\mathrm{cr}}^{\mathrm{mo}}\\ \sigma_{\mathrm{B}}^{3}+E_{\mathrm{B}}^{4}\cdot(\varepsilon-F\zeta\varepsilon_{\mathrm{cr}}^{\mathrm{mo}}) & F\zeta\varepsilon_{\mathrm{cr}}^{\mathrm{mo}}<\varepsilon\leqslant F\varepsilon_{\mathrm{cr}}^{\mathrm{ag}}\\ \sigma_{\mathrm{B}}^{4} & \varepsilon>F\varepsilon_{\mathrm{cr}}^{\mathrm{ag}}\end{cases}\tag{5.5b}$$

式中：E_{B}^{1}、E_{B}^{2}、E_{B}^{3}及E_{B}^{4}分别代表细观单元等效本构关系中各折线段的等效切线模量，其由骨料、砂浆基质及界面过渡区的体积分数根据第 2.2 节所述等效方法确定；σ_{B}^{1}、σ_{B}^{2}、σ_{B}^{3}及σ_{B}^{4}是各转折点的应力值；F 为强度放大系数，由式（5.3）和式（5.4）确定。ζ 为含孔隙复合材料基质的有效峰值应变与固相无孔基质峰值应变的比值，为

$$\zeta=\frac{2+\phi-\phi\nu_{\mathrm{mo}}}{2(1-\phi^{2})}(1-\phi^{2/3})\tag{5.6}$$

式中：ϕ 为孔隙体积分数，一般可取为 15%；ν_{mo} 为砂浆基质的泊松比。

式(5.5)给出细观单元动态及拟静态等效本构关系曲线如图 5.2 所示，其中 σ_{0}^{eq} 为拟静态情况下三相复合材料细观单元的有效强度，为

$$F\sigma_{0}^{\mathrm{eq}}=\max(\sigma|_{\varepsilon=F\zeta\varepsilon_{0}^{\mathrm{mo}}},\sigma|_{\varepsilon=F\varepsilon_{0}^{\mathrm{ag}}})\tag{5.7}$$

单轴拉伸条件下，混凝土破坏表现为典型的拉伸脆性失效，可以采用最大主应变准则来描述其破坏行为；单轴压缩条件下，混凝土压缩损伤产生，其失效机理为压碎，可以将最大主应变和最小主应变同时作为破坏准则来表征其破坏。

各混凝土细观单元的等效质量密度 ρ_{eq} 为

$$\rho_{\mathrm{eq}}=\rho_{\mathrm{agg}}C_{\mathrm{agg}}+\rho_{\mathrm{itz}}C_{\mathrm{itz}}+\rho_{\mathrm{mor}}C_{\mathrm{mor}}\tag{5.8}$$

式中：角标“agg”、“itz”和“mor”分别表示骨料、界面过渡区和砂浆基质；C 为细观单元中各相材料所占据的体积（面积）分数。

混凝土细观单元 t 时刻的应变率 $\dot{\varepsilon}_{d}(t)$ 为

$$\dot{\varepsilon}_{\mathrm{d}}(t)=\frac{\overline{\varepsilon}^{t+\Delta t}-\overline{\varepsilon}^{t}}{\Delta t} \tag{5.9}$$

式中：Δt 为时间增量步长；$\overline{\varepsilon}$ 为等效应变，按照如下关系定义[38]：

$$\overline{\varepsilon}=\sqrt{\langle\varepsilon_1\rangle^2+\langle\varepsilon_2\rangle^2+\langle\varepsilon_3\rangle^2} \tag{5.10}$$

式中：ε_1、ε_2 和 ε_3 为主应变；$\langle\cdot\rangle$ 是一个函数，为

$$x=\begin{cases}x & x\geqslant 0\\ 0 & x<0\end{cases} \tag{5.11}$$

5.2　混凝土动态拉伸破坏行为

近年来，不少研究者如 Ross 等[39]、Yan 和 Lin[40]及 Brara 和 Klepaczko[41]等，对不同应变率范围下混凝土的动态拉伸破坏行为进行了试验研究，证明了混凝土动态抗拉强度及破坏模式的加载速率相关性。在数值方面，国内外不少研究者也做了大量工作，如 Sluy 等[42]基于弥散裂纹模型来研究应变率对混凝土裂纹扩展速度及路径的影响；Ožbolt 和 Sharma[43]以双边缺口混凝土试件及 L 形试件作为分析对象，基于微平面模型研究了加载速率对混凝土动态拉伸破坏模式的影响。这些研究工作将混凝土看作各向同性的均匀介质，未考虑混凝土细观结构非均质性的影响。实际上，混凝土是一种典型的非均质多相复合材料，大量研究工作[24,32,33,44,45]表明混凝土非均质性对混凝土动态破坏模式具有很大的影响。

考虑到混凝土细观非均质性的影响，不少研究者，如 Zhou 和 Hao[32]、Qin 和 Zhang[45]及 Cusatis[25]等对混凝土的动态拉伸破坏行为进行了数值研究，探讨了混凝土材料的动态破坏机制及宏观力学性质的动态增强行为。这些研究工作促进了对混凝土动态拉伸破坏机制的认识。尽管如此，混凝土的拉伸破坏机理及破坏模式仍然未能有满意的解释，如仍然不清楚强度增加的物理根源。此外，不同加载速率下混凝土的破坏模式及裂纹扩展问题，以及细观结构形式对破坏模式的影响等依然是悬而未决的问题。

本节分别采用细观随机骨料模型[10,11]及细观单元等效化分析模型[9]来研究混凝土的动态拉伸力学性能及破坏机制。

5.2.1　随机骨料模型模拟

1．双边缺口混凝土试件

混凝土的力学行为及破坏模式与其细/微观结构密切关联，数值计算中需要考虑到混凝土材料的非均质性[32, 46]。混凝土材料细观动态破坏机理问题，仅可以通

过微-细观数值分析方法来揭示。

考虑到计算效率问题，可以采用细观力学方法来进行研究。细观尺度下常常将混凝土看作由骨料、砂浆基质、界面过渡区（ITZ）及缺陷等组成的多相复合材料。由于界面过渡区动态行为的复杂性，这里暂且不考虑其对混凝土破坏模式的影响。参同文献[47]～文献[49]的工作，本节将混凝土看作仅由骨料和砂浆基质组成。

为说明细观力学模型的合理性，对如彩图 12（a）所示的双边缺口混凝土试件在不同加载速率下的动态单轴拉伸破坏行为进行数值研究，试件宽度为 100mm，长度为 200mm。彩图 12（b）即为获得的不同宏观应变率 $\dot{\varepsilon}(=v/h$，即加载速率/试件长度）下的混凝土试件破坏模式。可以看出，混凝土的动态破坏模式具有明显的率相关效应。从彩图 12（b）可以看出，当应变率相对较低时，裂纹（损伤区域）集中于试件中部的缺口区域。随着加载速率的增大，损伤区域的宽度增大，裂纹数量增多，进而混凝土在破坏过程中耗散掉更多的能量。当应变率很高时（如当应变率达到 100/s），整个试件几乎全部产生损伤。

图 5.3 对比了随机骨料数值模型计算得到的动态抗拉强度放大系数（动态强度与静态强度比值）与相关的试验结果。不难看出，细观力学模型获得的数值结果与试验结果吻合很好，这证明了方法的准确性和合理性。

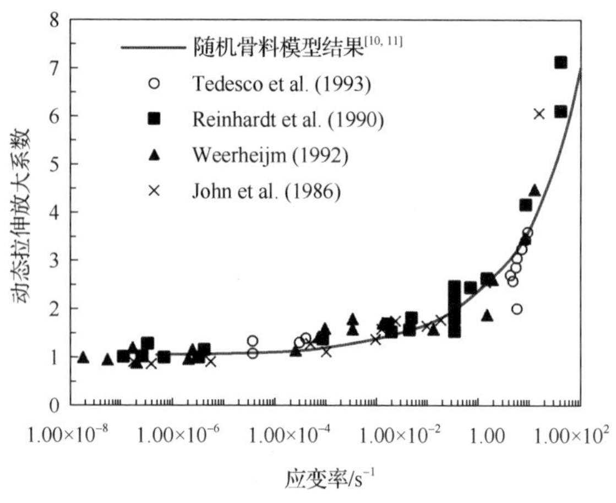

图 5.3　随机骨料模型得到的动态抗拉强度放大系数与试验结果对比

2. 单边缺口混凝土试件

为探讨动态加载情况下混凝土拉伸破坏模式，对单边缺口混凝土试块及 L 形试件在不同加载速率下的破坏模式进行数值研究。采用如图 5.4 所示的单边缺口混凝土试块来研究不同加载速率下混凝土的动态力学行为。图 5.4 给出了试块的几何形状及具体尺寸，在孔洞处施加水平向速率 v（F 为节点处的反力）。

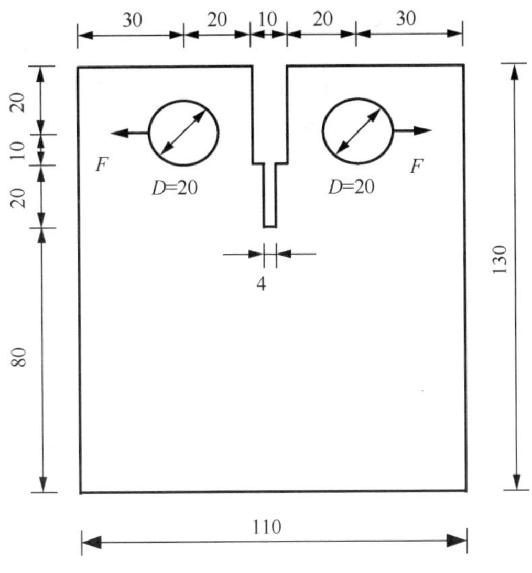

图 5.4　单边缺口混凝土试块（单位：mm）

为反映混凝土的细观非均匀性，建立了图 5.5 所示的 3 组具有不同细观结构形式的混凝土试块作为研究对象，试块中绿色区域为骨料相，灰色区域表示砂浆基质。该 3 组试块分别含有 1 颗骨料[图 5.5（a）]、5 颗骨料[图 5.5（b）]和大量随机骨料[图 5.5（c）]，表征骨料/骨料以及骨料/砂浆基质之间相互作用的复杂程度。采用四节点等参线性单元来划分混凝土试件网格，网格单元平均尺寸为 1mm。3 组试件分别划分为 14205、14376 和 15248 个单元。

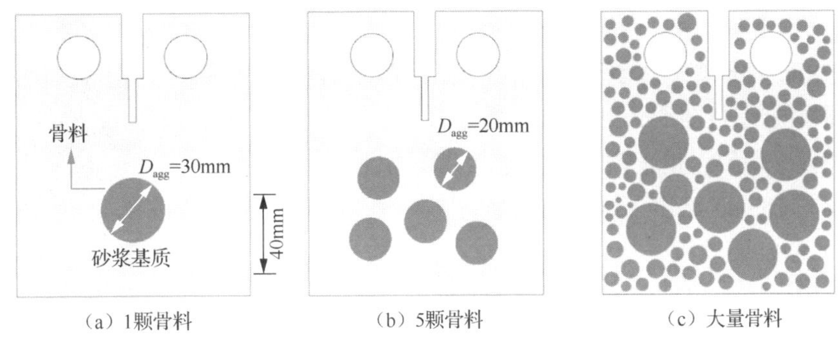

（a）1颗骨料　（b）5颗骨料　（c）大量骨料

图 5.5　混凝土细观尺度 3 组缺口试块

Zhou 和 Hao[32, 33]以及 Snozzi 等[50]研究了高应变率下混凝土的动态拉伸和压缩行为，数值结果表明由于骨料具有较高强度，没有产生断裂破坏。此外，在 Pedersen 等[44]关于混凝土动态拉伸破坏行为的数值工作中，将骨料设定为线弹性体。鉴于此，本章亦设定骨料相在加载过程中一直保持弹性，不会断裂；而对于砂浆基质，则采用耦合应变率效应的塑性损伤本构关系来描述其动态力学行为。

为缓解或减轻因材料软化而导致数值计算的网格依赖性，应力峰值后以拉应力-裂缝宽度曲线来代替应力-应变全曲线的下降段，从而使混凝土材料破坏的断裂能具有唯一性。数值计算中，采用的骨料及砂浆基质的力学参数取自文献[32]，详见表 5.1。接下来对不同加载速率，即速率为 $v=0$（静态）、0.01mm/s、0.05mm/s、0.1mm/s 和 1.0mm/s 下的混凝土动态力学行为进行数值研究，探讨加载速率对混凝土破坏模式及宏观力学性能的影响。

表 5.1　两相材料的力学参数

材料	本构模型	力学参数	数值
砂浆基质	塑性损伤模型	密度 ρ/（kg/m^3）	2.75×10^3
		弹性模量/GPa	38
		泊松比	0.20
		膨胀角 ψ/（°）	30
		抗拉强度 σ_t/MPa	3.6
		抗压强度 σ_{c0}/MPa	45
		极限抗压强度 σ_{cu}/MPa	2.8
骨料	弹性	密度 ρ/（kg/m^3）	2.75×10^3
		弹性模量/GPa	73
		泊松比	0.16

图 5.6 给出了加载速率为 0.05mm/s 下试件的水平向应力分布图。可以直观地从图 5.6 看出应力在混凝土内部的传播过程。由于混凝土试件的非均质性，两相材料力学性质的差异，骨料的分布影响了试件中的应力分布情况。从图 5.6（c）可以看出，对于含有大量骨料颗粒的混凝土试块，其内部的应力分布比含有 1 颗骨料颗粒的试件[图 5.6（a）]或含有 5 颗骨料颗粒的试件[图 5.6（b）]的应力分布要复杂且不均匀，也正体现了混凝土非均质性的影响。

彩图 13（a）给出了含有大量骨料颗粒混凝土试件在 1mm/s 加载速率下裂纹（损伤）的扩展过程。从彩图 13（a）可以看出，裂纹首先出现在试件中最为薄弱的缺口区域（这里产生应力集中现象），继而不断地向内部扩展演化。此外，随着加载的继续，试件中产生了明显裂纹分支现象（crack branching），最后致使混凝土试件出现“格状”的破坏模式（如加载时间为 69.97 ms 时的破坏形态）。彩图 13（b）给出的是对应于彩图 13（a）中试件损伤分布时的试件最大主应力分布状态，随着加载的继续，试件中最大拉主应力峰值的位置不断改变。此外，从彩图 13（b）还可以发现，混凝土试块的加载破坏过程即伴随着应力释放及应力的重分布。

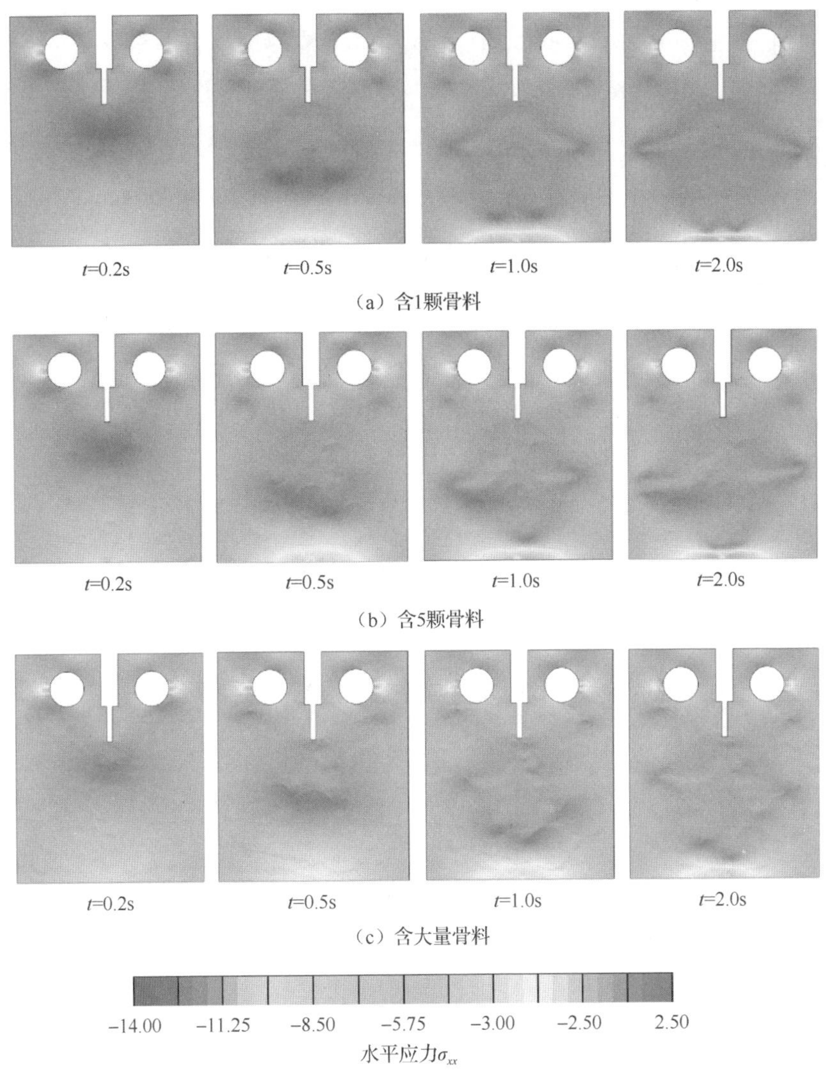

图 5.6　加载速率为 0.05mm/s 下试件的水平向应力分布

图 5.7 给出了不同加载速率下 3 组混凝土缺口试块的破坏模式。裂纹首先出现在试块缺口处，也即应力集中明显的地方，进而裂纹不断向试件下部扩展延伸。此外，从图 5.7 给出的混凝土破坏模式还可以得出以下结论。

（1）当加载速率相对较低时，如 v = 0.01mm/s 时，3 组含有不同骨料颗粒数试块的破坏模式与静态加载破坏模式较为相似；当加载速率较高时，裂纹路径呈现出复杂多样化，试块的破坏形式从 I-型到混合型模式转变。

（2）随着加载速率的增加，可以看出裂纹的数量及试块内部拉伸破坏区域的宽度随之增大，表明混凝土的破坏过程中耗散掉了更多的能量。对于含有 1 颗骨料的试件，从缺口处产生并向内部扩展的2条主裂纹间形成的夹角（图中所示），亦随着加载速率的增大而增大；对于含有5颗骨料的试块，加载速率的增大导致试块损伤区域的宽度明显增大；对于含有大量骨料的试块，随加载速率的增大，裂纹分支行为变得极为明显。

（3）随着试块中含有的骨料颗粒数量的增加，试块中骨料/骨料及骨料/砂浆基质之间的相互作用显著增强，试件内部的应力状态也变得更加复杂，一方面试块裂纹的数量相对增加，另一方面试块内部裂纹的分支现象更加明显，对于含有大量骨料颗粒的混凝土试块在高加载速率下的裂纹路径则呈现出“网格”形状。

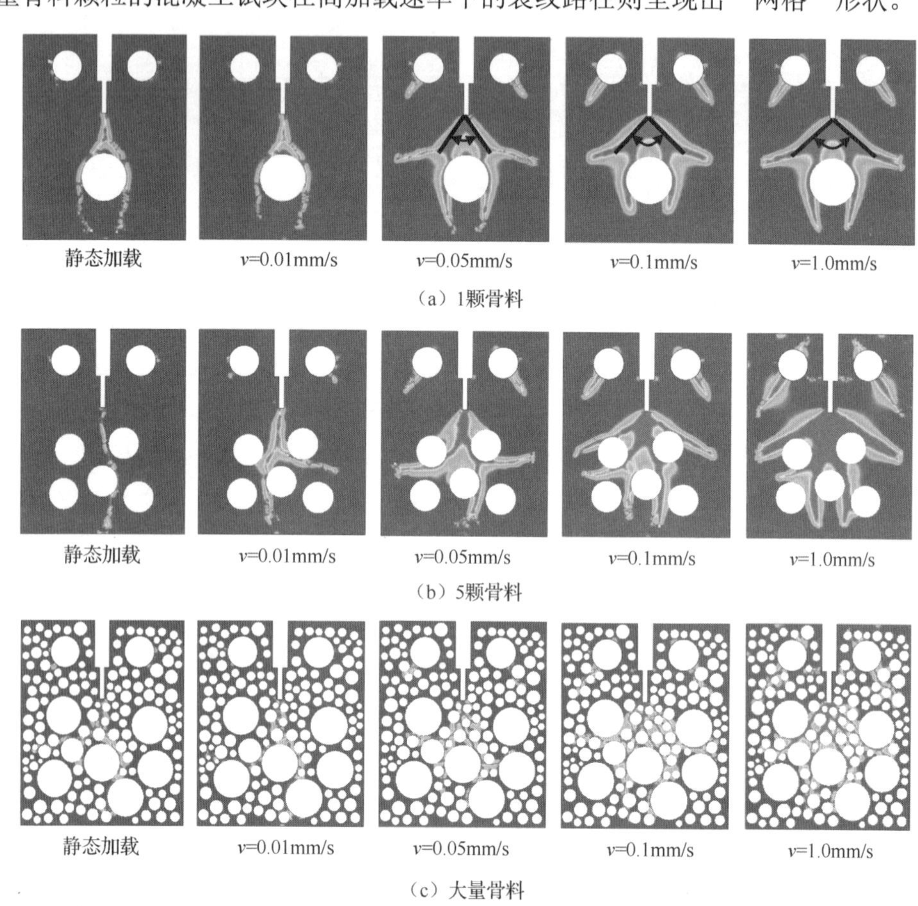

图 5.7　不同加载速率下3组混凝土缺口试块破坏模式

3组混凝土试块的峰值荷载与加载速率之间的关系曲线如图5.8所示，可以看出随着加载速率的增大，峰值荷载亦增大，1mm/s 速率（对应的应变率 $\dot{\varepsilon}_{\mathrm{d}}=2\times10^{-2}\mathrm{s}^{-1}$）下对应的峰值荷载几乎是静态情况下的1.9倍。随着加载速率的提高，混凝土破坏时产生更多的裂纹扩展路径（分支裂纹）、损伤区域宽度增大等行为导致混凝土在高应变率破坏过程中消耗更多的能量，是混凝土材料动态强度提高的主要原因。

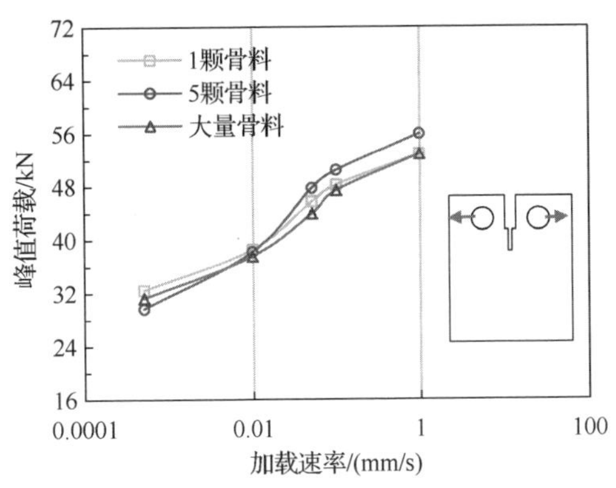

图 5.8　混凝土试件峰值荷载与加载速率关系

3．L 形混凝土试件

L 形试件常被用来研究混凝土裂纹扩展过程、验证材料模型的合理性及网格敏感性问题。最近，Ožbolt 和 Sharma[43]基于微平面模型对 L 形试件的动态拉伸破坏模式进行了数值研究，结果表明 L 形试件破坏模式具有加载速率相关性。该模型中采用宏观尺度模型（即混凝土被认为是均匀各向同性的）来描述混凝土材料，尚未考虑到混凝土细观结构非均质性对破坏模式和裂纹路径的影响。

针对如图 5.9（a）所示的混凝土 L 形试件，建立了如图 5.9（b）所示的混凝土随机骨料试件，对其进行网格划分后，获得了如图 5.9（c）所示的有限元数值计算模型。试件具体尺寸、加载条件及边界条件如图 5.9（a）所示，长度和宽度为 500mm，在试件的加载点采用速度加载控制，对加载速率为 v=0（静态）、0.1mm/s、0.5mm/s、1mm/s、5mm/s、10mm/s、100mm/s、500mm/s 及 1000mm/s 下试件的动态破坏行为进行细观数值研究。这里，骨料相和砂浆基质相材料力学行为与上一节数值算例相同，材料力学参数同表 5.1。

图 5.10 给出了细观力学模型的数值结果[10]、试验结果及宏观模型结果（取自文献[43]）。从图 5.10 给出的 L 形试件的静态破坏模式可以看出，相比于宏观尺度模型数值结果，本章的细观力学模型获得的试件破坏模式与试验结果更为吻合。宏观尺度模型获得的裂纹路径是平坦的，而本章的细观尺度模型结果可以展示出由于混凝土细观结构的非均质性而导致的试件断裂裂纹路径的曲折性，同时也说明了本章方法的有效性。

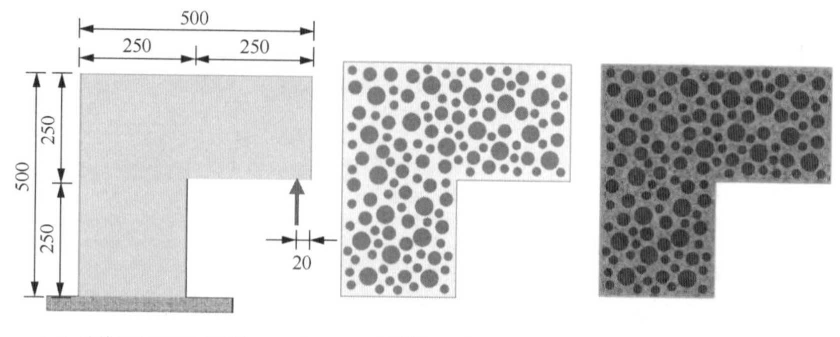

（a）试件几何模型（单位：mm）　（b）试件细观随机骨料模型　（c）试件网格剖分

图 5.9　L 形试件几何及数值计算模型

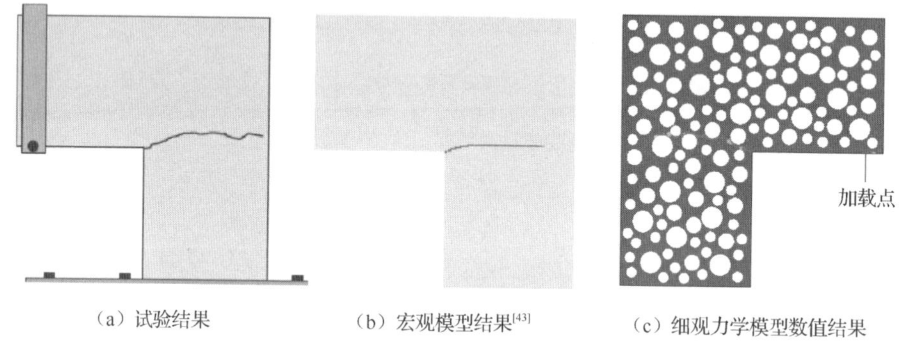

（a）试验结果　（b）宏观模型结果[43]　（c）细观力学模型数值结果

图 5.10　静态加载下 L 形试件的破坏模式

图 5.11 给出了不同加载速率下 L 形试件的动态破坏模式。在外荷载作用下，混凝土内部裂纹从 L 形板的角缘处起裂，随外荷载增大裂纹绕开骨料扩展，并逐渐向试件内部扩展延伸；不同加载速率下试件的破坏模式具有很大的差异，即证明了试件的破坏模式具有明显的率加载相关性。

此外，从图 5.11 还可以发现：

（1）随着加载速率的增大，试件内裂纹数量不断增加，严重损伤区域的宽度也慢慢增大，且伴有裂纹分支现象产生（如加载速率为 0.1mm/s、0.5mm/s 及 1mm/s），而当加载速率较大，如 $v = 100$mm/s 时混凝土大片区域将产生严重损伤。

（2）随着加载速率的增大，裂纹的破坏形式从 I-型模式逐渐向混合型模式转变。这是因为当裂纹扩展速度相对较快时，裂纹尖端的惯性力将会抑制裂纹的扩展，进而使单条裂纹被分裂成两条斜裂纹（裂纹分支），即裂纹尖端的应力强度因子随着裂纹速率的增加而减小。

（3） 随着加载速率的增加，L 形混凝土试件损伤的区域或位置不断改变，试件的裂纹扩展方向明显依赖于加载速率。在加载速率很小，如 $v < 0.5$mm/s 时，试件损伤破坏区域集中于试件的中部区域，裂纹路径趋于平坦；当加载速率为 1～

10mm/s 时，试件拉伸破坏区域集中于试件下部右侧；当加载速率在 100～500mm/s 时，破坏区域开始从试件下部右侧区域向上部区域慢慢转移；而当加载速率很高，如 1000mm/s 时，大量的拉伸损伤集中在试件上部的右下侧区域，并有向顶部右侧发展的趋势，此时加载速率远大于裂纹扩展速率，惯性效应主导或控制着试件的破坏形式。

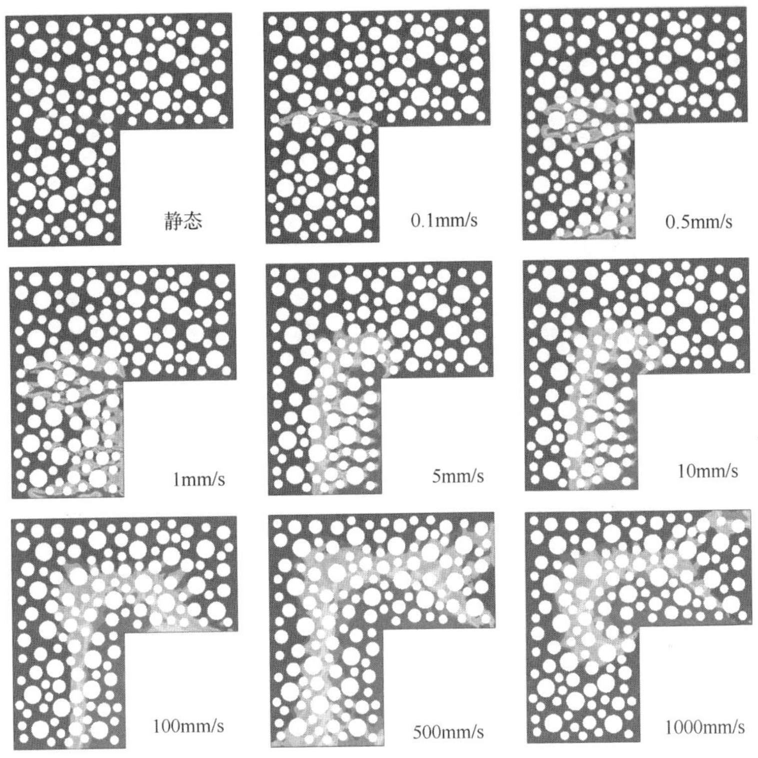

图 5.11　不同加载速率下 L 形试件破坏模式

5.2.2　细观单元等效化模型模拟

由于计算量的限制，上述细观尺度研究工作仅仅局限于二维模型。简化的二维模型能否真实地表征实际混凝土材料三维空间的动态损伤直至断裂破坏全过程及裂纹扩展规律，能否准确地描述混凝土材料的宏观力学特性，尚需进一步的验证。为更真实直观地研究混凝土材料在不同加载速率下的动态破坏过程及宏观力学性质，本节将细观单元等效化方法扩展运用到混凝土动态力学行为的数值研究中。鉴于此，首先基于复合材料均匀化思想推导了考虑材料强度应变率效应的细观单元等效本构关系，并建立了非均质混凝土材料的细观单元等效化模型。对比了平面模型下本节数值结果与试验数据及随机骨料模型结果，分析了三维混凝土试件在不同加载速率下的单轴动态拉伸和压缩破坏行为[9]。

1．算例基本情况

基于 Monte Carlo 法生成如图 5.12（a）所示的边长为 150mm 二级配混凝土立方体试件的随机骨料模型。骨料设为球形，其尺寸分布采用 Fuller 级配公式确定，其中代表粒径为 30mm 的中骨料颗粒 45 颗，粒径为 15mm 的小骨料颗粒 438 颗，粗骨料的质量约占混凝土总质量的 47%。各粗骨料颗粒周围 1mm 厚度范围内的区域设定为界面过渡区。

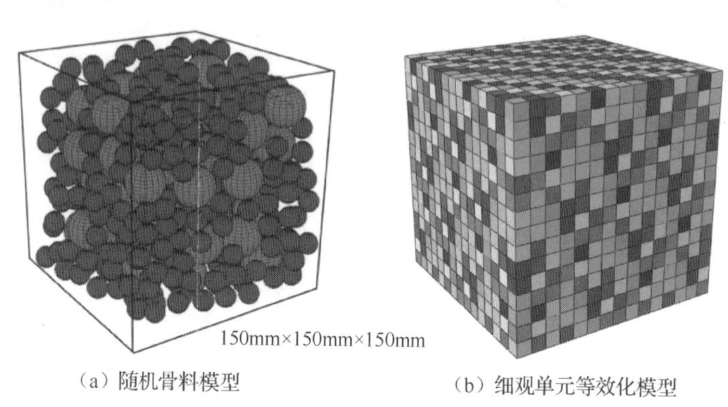

（a）随机骨料模型　（b）细观单元等效化模型

图 5.12　混凝土细观尺度计算模型

图 5.12（b）即为对应于图 5.12（a）随机骨料模型的细观单元等效化模型，试件的网格特征单元尺寸为 10 mm，共划分为 15×15×15=3375 个单元网格。不同单元具有不同颜色，表示具有不同力学性质。图 5.12（b）所示的细观单元等效化数值模型中，混凝土细观单元采用前述图 5.2 所示的多折线损伤本构关系来表征其力学行为，单元的等效力学参数由表 5.2 中细观组分参数确定。

表 5.2　混凝土各相材料的力学参数

力学参数	砂浆基质	界面过渡区	骨料颗粒
密度 ρ/（kg/m^3）	2.75×10^3	2.75×10^3	2.88×10^3
弹性模量 E/GPa	35	28	73
泊松比	0.18	0.18	0.16
强度（拉/压）σ_0/MPa	2.25/23	1.8/18	8.0/80
残余强度系数 λ	0.1	0.1	0.1
残余应变系数 η	4	4	5

对混凝土单轴拉伸及压缩破坏行为的加载速率效应进行研究，该混凝土试件边界条件为：试件顶面是荷载输入边界，采用速度加载控制，施加恒定的加载速率 v; 底面采用法向固定约束，侧面为自由边界。试件的名义应变率为 $\dot{\varepsilon}=v/h$(h 为试件的高度)，反映的是宏观特性。由于混凝土细观非均质性及试验的动态特性，试件内部各点的应变及应变率分布是不均匀的，即具有时空分布差异特性。

2．模型的验证

为验证细观数值方法的准确性，分别采用二维细观单元等效化模型及随机骨料模型对 Dilger 等[23]的动态压缩试验进行模拟。由于试验资料（如混凝土的级配、界面过渡区力学性能等）不够完整，采用试算法确定了骨料、砂浆基质及界面过渡区的力学参数（表 5.2），进而采用细观随机骨料模型（RAM）模拟了该试验。

彩图 14（a）即为采用二维随机骨料模型（RAM）获得的不同宏观应变率$\dot{\varepsilon}$下混凝土试件（尺寸为 150mm×150mm）的损伤破坏模式。从彩图 14（a）可以看出，当应变率较小时，如$\dot{\varepsilon}$为（3.33×10^{-5}）～（3.33×10^{-3}）s^{-1}时，混凝土试件产生一条贯穿试件的斜向裂纹（云图中所示的“红色”区域，即损伤最为严重的区域），是明显的剪切破坏形式；而当应变率相对较高时，如为 3.33×10^{-3}～$1s^{-1}$时，裂纹路径呈现复杂多样化趋势，裂纹数量增大很多，并出现裂纹分支和交叉现象。当应变率很高，如$\dot{\varepsilon}=200s^{-1}$时，试件大片区域产生损伤破坏，混凝土试件在压缩荷载作用下几乎是粉碎性破坏，该现象与大量的试验结果相吻合，如彩图 14（c）所示。

彩图 14（b）为对应彩图 14（a）细观随机骨料结构的细观单元等效化模型的数值计算结果，彩图 14（b）中“灰色”区域表示单元达到其抗拉或抗压强度后产生损伤，进入软化阶段。正如彩图 14（b）所示，随着加载速率的增大，混凝土试件压缩加载作用下损伤区域明显不断增大，试件的破坏过程耗散掉了更多的能量，是混凝土材料动态抗压强度提高的主要原因。总体来说，彩图 14（b）中 MEEM 的破坏模式表现出与彩图 14（a）中 RAM 破坏模式一致性。

图 5.13 给出的是 3 组加载速率下，即应变率$\dot{\varepsilon}$为 $3.33\times10^{-5}s^{-1}$、$3.33\times10^{-3}s^{-1}$和 $0.2s^{-1}$时 MEEM 得到的动态宏观应力-应变关系曲线与 RAM 结果及 Dilger 等[23]试验结果的对比情况。可以发现，建议的 MEEM 法得到的全过程曲线与试验数据及 RAM 结果吻合良好，证明了该方法的准确性和可靠性。

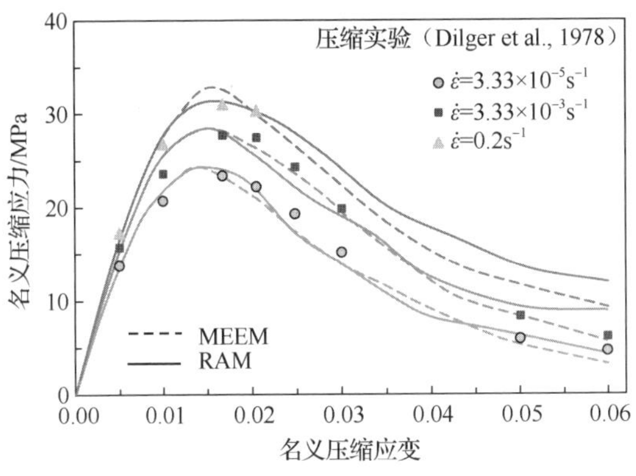

图 5.13　单轴压缩情况下混凝土宏观应力-应变曲线

3. 模拟结果与分析

图 5.14 给出的是混凝土试件在动态单轴拉伸作用下的破坏模式，应变率 $\dot{\varepsilon}$ 为 10^{-5}～$100s^{-1}$，图 5.14 中“灰黑色”区域为单元最大主应变达到或超过单元等效抗拉强度所对应的峰值应变。随着加载速率的增大，试件的损伤区域明显随之增大，试件的拉伸破坏耗散了更多的能量，因此试件的宏观抗拉强度随之增大，如图 5.14 所示。图 5.15 是 MEEM 三维模型及 RAM 二维模型获得的混凝土动态抗拉强度放大系数与名义应变率之间的关系曲线。可以发现数值结果与已有文献中试验数据吻合很好，再次证明本节细观单元等效化方法能够很好地模拟混凝土的动态破坏行为。

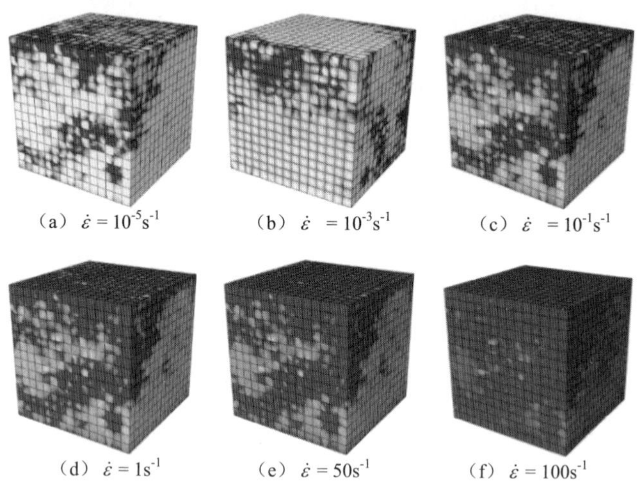

图 5.14　三维混凝土模型单轴动态拉伸破坏模式

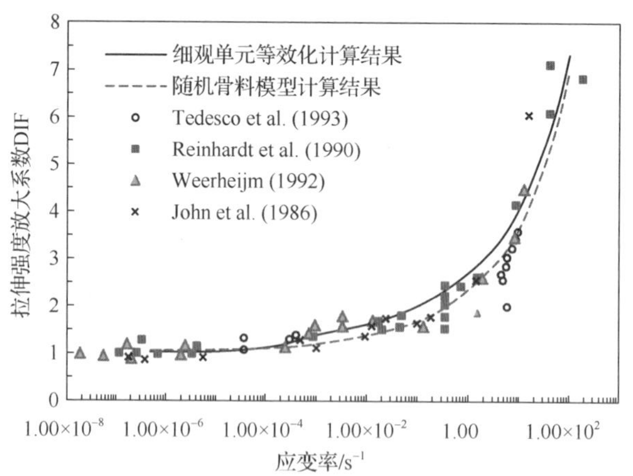

图 5.15　混凝土抗拉强度放大系数与应变率关系

5.3　混凝土动态抗拉强度统计特性

混凝土是由砂浆基质及其内部随机分布的骨料、初始缺陷等组成的非均质复合材料，其内部组成的非均质性，导致了混凝土力学性质特别是强度的随机性和离散性。这种随机离散性可能会对混凝土工程结构大变形损伤破坏过程模拟研究的准确性产生很大的影响。在混凝土结构设计时，不仅要考虑静荷载，还需考虑动荷载如地震荷载（应变率约为 $10^{-4}\sim10^{-1}s^{-1}$）作用的影响。因此，对混凝土在地震荷载作用下的抗拉强度离散性规律的研究具有重要的工程意义[13]。

5.3.1　动态拉伸破坏模式与分析

针对 5.2.1 节双边缺口混凝土试件，为探讨混凝土动态抗拉强度的随机离散性，选取了 5 组应变率：准静态荷载 $1\times10^{-5}s^{-1}$；地震荷载（应变率约为 $10^{-4}\sim10^{-1}s^{-1}$）$1\times10^{-4}s^{-1}$、$1\times10^{-3}s^{-1}$、$1\times10^{-2}s^{-1}$ 和 $1\times10^{-1}s^{-1}$。基于已验证的细观尺度力学分析方法，对 64 组具有不同骨料空间分布形式的混凝土试件的单轴动态拉伸破坏行为进行了数值研究。图 5.16（a）和（b）为随机选择的两组混凝土试件的损伤状况，可以看出，骨料空间分布不同时，加载速率相同的两试件在拉伸荷载作用下产生的裂缝路径（损伤区域）是不同的。

当应变率较低时（$1\times10^{-5}s^{-1}$ 和 $1\times10^{-4}s^{-1}$），试件的最终破坏模式大致是一条连接试件两缺口的贯通裂纹。裂纹路径沿着骨料周围相对薄弱的界面过渡区发展，裂纹的长短决定了拉伸破坏耗能的多少。而试件两缺口之间骨料的分布影响了裂纹的长度，进而影响着宏观抗拉强度。因此，两块骨料分布位置不同的试件，虽然内部骨料总数是相同的，但在缺口附近骨料的分布则有较大差异，且这种差异会表现在不同试件的宏观抗拉强度上。随着应变率的增大（$1\times10^{-3}s^{-1}$ 和 $1\times10^{-2}s^{-1}$），试件拉伸破坏时裂纹的路径发生了变化，裂纹逐渐变宽且数量逐渐增多，试件拉伸破坏所耗费的能量增加。当应变率达到 $1\times10^{-1}s^{-1}$ 时，试件拉伸破坏时两缺口之间及其附近全部变成损伤区，损伤耗能明显增加。本质上来说，正是这种损伤裂纹路径及损伤区域分布的不同导致了混凝土宏观抗拉强度的离散性和随机性。

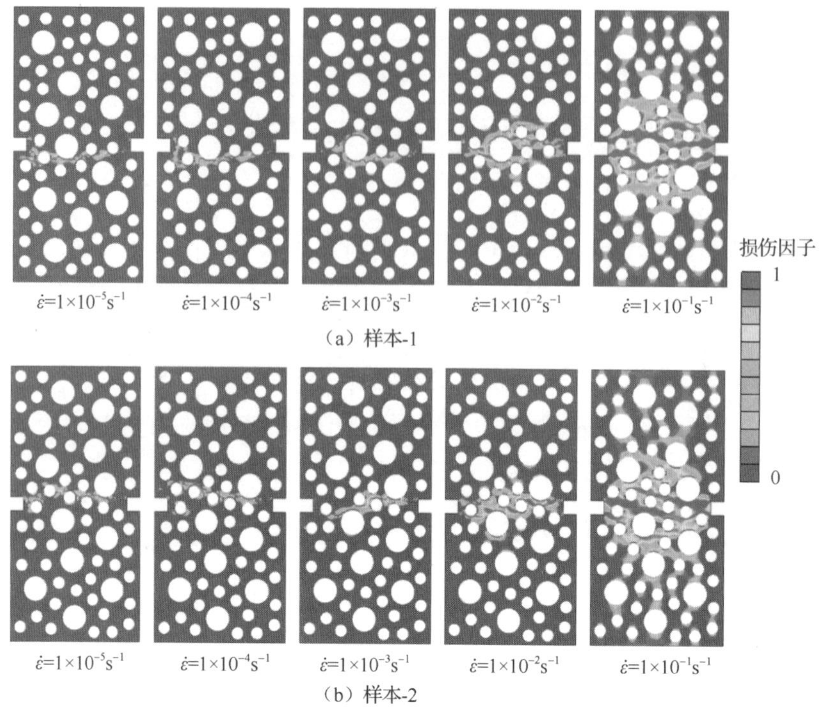

图 5.16　不同应变率下混凝土拉伸损伤状况

5.3.2　动态抗拉强度统计特性

1. 分布参数估计

采用绘制数据频数直方图法来粗略估计概率密度函数。为了能够较为准确地反映概率密度函数的形状，根据经验法划分直方图区间的数目 k 为

$$k = 1 + \log_2 N \tag{5.12}$$

由于 5 组应变率下的样本数量均为 N=64，因此区间数目均为 k=7。将每组数据值由小到大排列，绘制如图 5.17 所示的频数直方图。由图 5.17 可知，各组数据均大致服从 Weibull 分布。

通过图解法、最大似然估计等方法对 Weibull 分布参数进行求解，首先以图解法求解得到不同的参数组合，然后用逐步回归法获得最优参数解。将每组应变率的强度值按升序排列，其概率分布满足式 $F(x) = (n - 0.5) / N$，式中：x 为随机变量；n 为样本编号；N 为总样本数据，$n \leqslant N$。

对于双参数 Weibull 分布模型，有

$$1 - F(x) = \exp\left[-\left(\frac{x}{\beta}\right)^m\right] \tag{5.13}$$

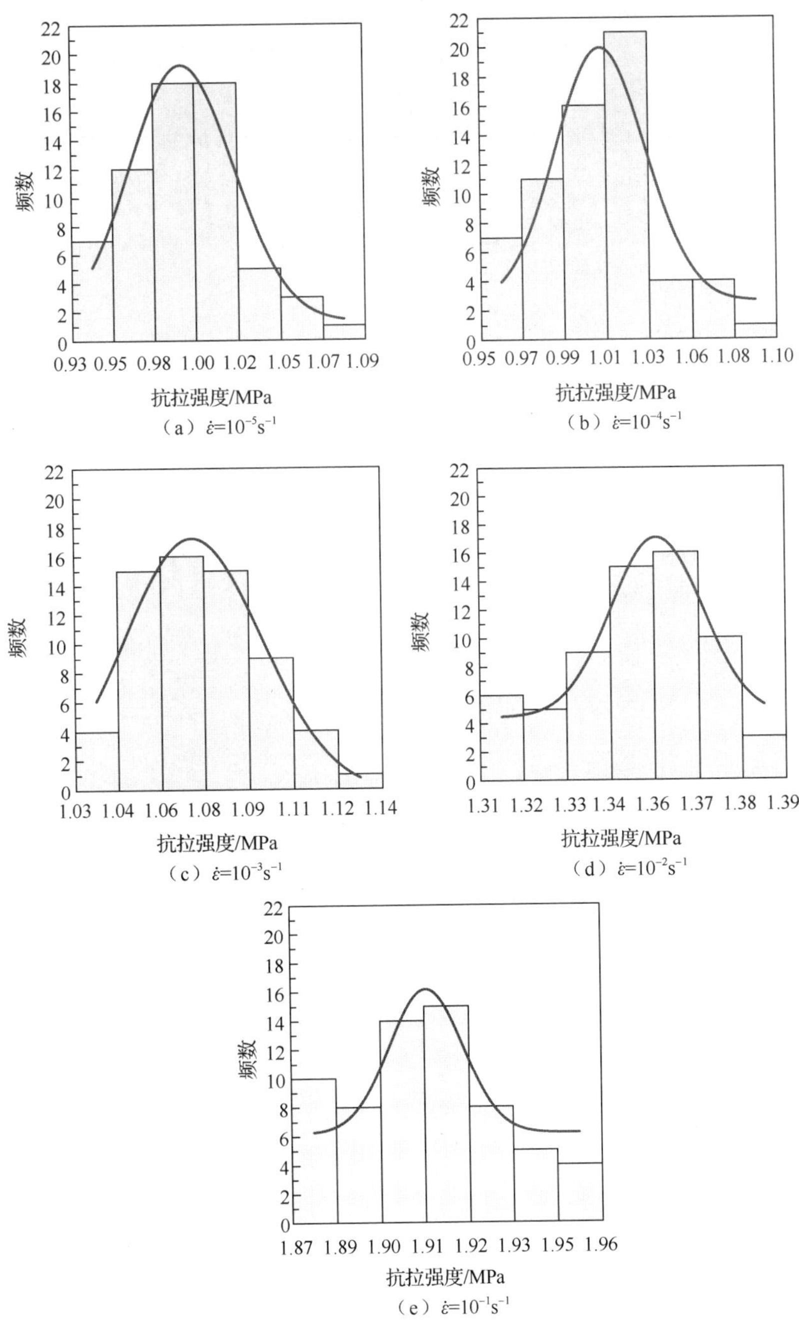

图 5.17　混凝土试件抗拉强度分布直方图

对式（5.13）两侧取双对数，可知：

$$\ln\{-\ln[1-F(x)]\} = m\ln x - m\ln\beta \tag{5.14}$$

Weibull 参数分析的线性拟合图上，规定 $\ln x$ 为横坐标，记为 X；$\ln\{-\ln[1-F(x)]\}$ 为纵坐标，记为 Y。从而上式便可以写成直线方程 $Y = bX + a$ 的形式，其中 $a = -m\ln\beta$，$b = m$。直线方程的截距 a 和斜率 b 均由最小二乘法解得

$$\begin{cases} b = \dfrac{\sum (X_i - \bar{X})(Y_i - \bar{Y})}{\sum (X_i - \bar{X})^2} = m \\ a = \bar{Y} - b\bar{X} \end{cases} \tag{5.15}$$

$$\beta = \exp\left[-\left(\frac{\bar{Y} - b\bar{X}}{m}\right)\right] \tag{5.16}$$

基于此，对不同应变率下（$10^{-5}\,\mathrm{s}^{-1}$、$10^{-4}\,\mathrm{s}^{-1}$、$10^{-3}\,\mathrm{s}^{-1}$、$10^{-2}\,\mathrm{s}^{-1}$ 和 $10^{-1}\,\mathrm{s}^{-1}$）混凝土抗拉强度数值进行线性拟合分析，拟合结果如图 5.18 所示。据线性拟合方程及 X 与 Y 的相关系数 R^2，求解 Weibull 分布参数 m 和 β，进而可以获得如均值 $E(x)$、标准差 S 和离散系数 C 等不同骨料分布形式下混凝土抗拉强度数值的统计特性参数，详见表 5.3。

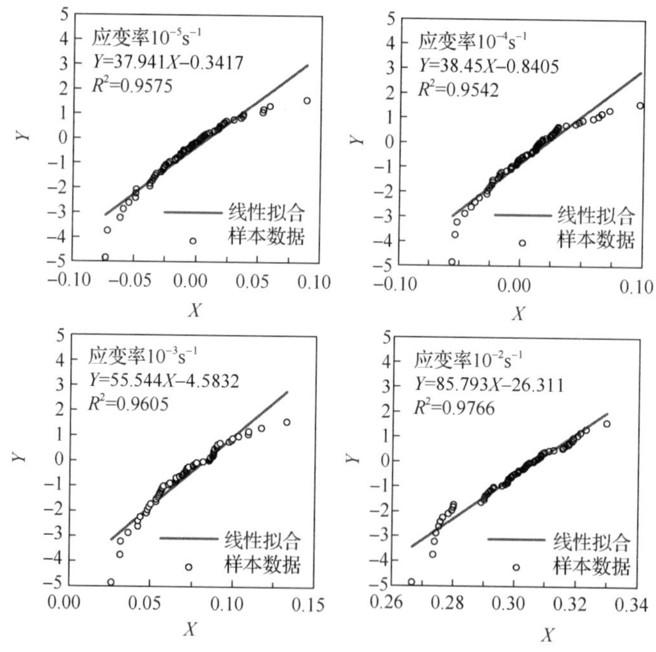

图 5.18　Weibull 参数分析的 X 与 Y 线性拟合图

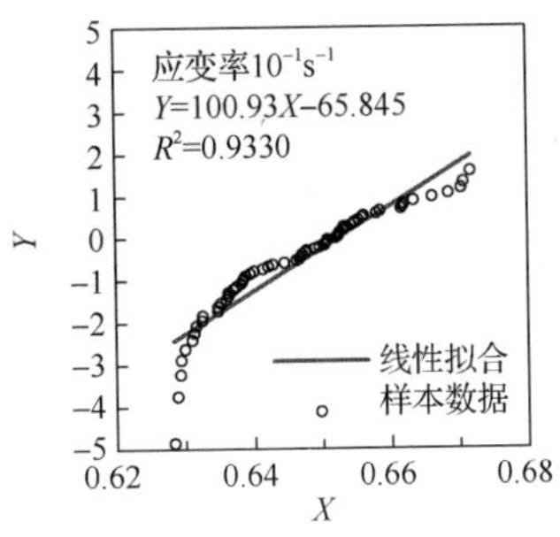

图 5.18（续）

表 5.3　不同样本数据的 Weibull 参数统计表

应变率/ s^{-1}	线性拟合方程 $Y=bX+a$			Weibull 分布参数		$\Gamma\left(1+\frac{1}{\alpha}\right)$	$\Gamma\left(1+\frac{2}{\alpha}\right)$	均值 $E(x)$	标准差 S	$C=\frac{S}{E(x)}$
	b	$-a$	R^2	m	β					
10^{-5}	37.941	0.3417	0.9575	37.94	1.009	0.986	0.972	0.994	0.0330	0.0332
10^{-4}	38.450	0.8405	0.9542	38.45	1.022	0.986	0.973	1.007	0.0330	0.0328
10^{-3}	55.544	4.5832	0.9605	55.54	1.086	0.990	0.981	1.075	0.0245	0.0228
10^{-2}	85.793	26.311	0.9766	85.79	1.359	0.993	0.987	1.345	0.0200	0.0148
10^{-1}	100.93	65.845	0.9330	100.9	1.920	0.994	0.989	1.909	0.0241	0.0126

2．Weibull 分布模型检验

频数直方图的形状会随着划分区间数目的变化而产生很大的差异，以直方图的形状来估计数据的分布形式并不完全可靠，尚需对假设分布进行检验。不同应变率下（10^{-5}s^{-1}、10^{-4}s^{-1}、10^{-3}s^{-1}、10^{-2}s^{-1}和10^{-1}s^{-1}）混凝土抗拉强度的分布问题实质上也是一个非参数检验问题。K-S 检验法的基本思想是检验假设的理论概率分布 F（x）与观测样本 x_i 的累积频率 $F_n(x)$ 之间差异的大小。将观测样本 x_i 按升序排列，样本容量为 n，待检验的原假设为 H_0：$F_n(x)=F(x)$，相应的备选假设为 H_1：$F_n(x)\neq F(x)$。其中 $F_n(x)$ 为样本分布函数，$F(x)$ 为理论函数。如果满足式（5.17），则原假设成立。

$$D_n=\max_{-\infty}^{+\infty}\left|F_n(x)-F(x)\right|<D_{n,\alpha}\tag{5.17}$$

式中：D_n 是一个分布依赖于 n 的随机变量；$D_{n,\alpha}$ 代表显著水平为 α 时的临界值。

表 5.4 是各应变率下混凝土抗拉强度的 K-S 检验情况，可知各统计量 D 的临界值 $D_{n,\alpha}$ 均大于计算值 D_n。据表 5.4 的检验结果，得出结论：在 95%保证率（即 α=5%）的情况下，可以认为不同应变率下混凝土抗拉强度均服从 Weibull 分布。

表 5.4　K-S 检验结果表

应变率/ s^{-1}	参数	区间							结果
		1	2	3	4	5	6	7	
10^{-5}	$F(x)$	0.106	0.245	0.492	0.803	0.946	0.999	1	$D_{\max}=0.078<D_{n,\alpha}=0.17$
	$F_n(x)$	0.102	0.289	0.570	0.852	0.930	0.977	0.992	
	D_n	0.004	0.044	0.078	0.049	0.016	0.022	0.008	

续表

应变率/s^{-1}	参数	区间							结果
		1	2	3	4	5	6	7	
10^{-4}	$F(x)$	0.111	0.241	0.498	0.751	0.950	0.999	1	$D_{max}=0.101<D_{n,\alpha}=0.17$
	$F_n(x)$	0.102	0.273	0.523	0.852	0.914	0.977	0.992	
	D_n	0.009	0.032	0.025	0.101	0.036	0.022	0.008	
10^{-3}	$F(x)$	0.073	0.216	0.442	0.739	0.922	0.999	1	$D_{max}=0.097<D_{n,\alpha}=0.17$
	$F_n(x)$	0.055	0.289	0.539	0.773	0.914	0.977	0.992	
	D_n	0.018	0.073	0.097	0.034	0.008	0.022	0.008	
10^{-2}	$F(x)$	0.068	0.097	0.268	0.520	0.767	0.960	0.999	$D_{max}=0.067<D_{n,\alpha}=0.17$
	$F_n(x)$	0.086	0.164	0.305	0.539	0.789	0.945	0.992	
	D_n	0.018	0.067	0.037	0.019	0.022	0.015	0.007	
10^{-1}	$F(x)$	0.126	0.250	0.443	0.662	0.842	0.951	0.999	$D_{max}=0.117<D_{n,\alpha}=0.17$
	$F_n(x)$	0.148	0.367	0.492	0.727	0.852	0.914	0.992	
	D_n	0.022	0.117	0.049	0.065	0.010	0.037	0.007	

3．动态抗拉强度随机性特征

图 5.19 给出了样本数据的概率密度函数曲线。从图 5.19 中不难发现，随着应变率的增加，概率密度函数曲线轮廓由低而宽变得高而窄，数据分布逐渐趋于集中，离散性减小，与表 5.3 中离散系数反映的情况一致。

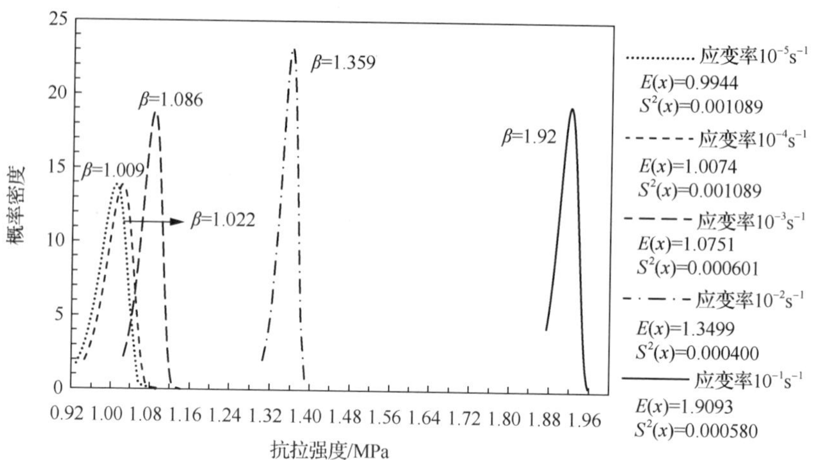

图 5.19　应变率对动态抗拉强度的概率密度函数曲线影响

同时可以注意到，表 5.3 中各应变率下混凝土抗拉强度的离散系数均小于 Wang 等[51]的计算结果（离散系数为 0.041），可能是由于模型中并未考虑初始孔隙的影响造成的。

图 5.20 为动态抗拉强度-概率分布函数曲线，从图 5.20 中可以看出，样本数据均落在了理论曲线附近，这也反映了假设分布的合理性。

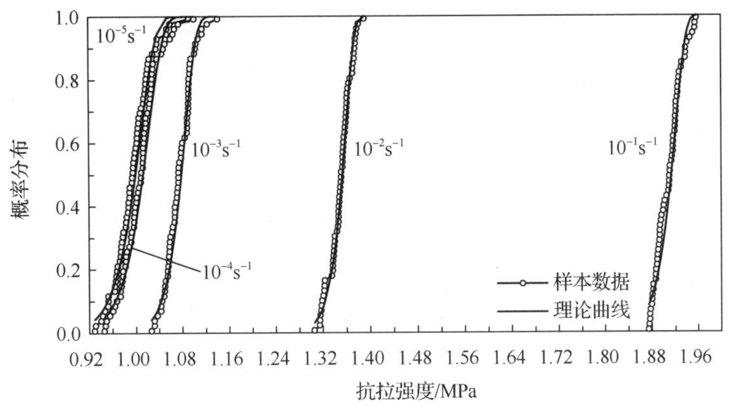

图 5.20　应变率对动态抗拉强度概率分布函数曲线影响

5.4　混凝土动态压缩破坏行为

试验研究表明，混凝土的动态抗压强度及破坏模式具有明显的应变率相关性，抗压强度随着应变率的增大而增大，可以认为动态强度的提高是材料的固有特性[2, 6, 22, 39, 52]。一般地，采用动态强度放大系数（DIF），即材料的动态强度与静态强度的比值来表征混凝土材料力学性能的应变率效应。基于大量试验结果，国内外学者提出了一些关于抗压强度放大系数的经验公式，如 CEB 规范公式[37]，Tedesco 等[34]及 Grote 等[2]提出的经验公式。这些经验公式将混凝土强度放大效应分为两个不同的阶段：当应变率相对较小时，DIF 随应变率增大而缓慢增大；而当应变率超过某一临界值时，DIF 则显著增大。一般来说，强度的动态增强行为可以归结为两种因素，即结构（如惯性效应）[24]和材料（应变率效应）[50]。

为揭示混凝土强度增强的本质机理，近年来，国内外不少研究者[25, 44, 50, 52-54]开始采用数值手段来研究混凝土的动态力学行为。一些研究者认为硬化水泥砂浆的黏性特性及微裂纹扩展的时间相关性导致了混凝土的应变率效应。还有研究者，如 Cotsovo 和 Pavlović[53]认为混凝土单轴动态强度的提高仅与惯性约束效应相关。Mu 等[54]认为混凝土抗压强度的提高是侧向惯性约束效应的间接结果，此外其数值研究结果表明侧向约束行为由侧向惯性行为及边界效应（即界面摩擦，存在于试验装置与加载试件之间）共同产生。Li 和 Meng[52]认为混凝土动态抗压强度的提高与细观组分的应变率无关，仅与侧向惯性约束效应和界面摩擦有关；而 Zhou 和 Hao[33]认为当应变率低于 200s^{-1} 时，惯性约束效应可以忽略，混凝土动态强度增强行为主要是由材料应变率效应造成的。

通过以上研究工作可以看出，关于混凝土动态抗压强度提高的物理机制，国内外研究者仍未形成统一的理解，认识上还存在很多分歧。因此，依然需要对混凝土材料的动态压缩力学行为，如破坏模式的率效应及动态抗压强度的增强行为等进行深入的研究。本节主要探讨率效应对混凝土压缩破坏行为的影响机制[9, 13]。

目前现有的关于混凝土材料动态破坏行为的研究工作大都局限于恒定加载速率，而实际的工程结构中混凝土材料在动态荷载作用下不可避免地会出现加载速率突变（突然增大和突然减小）行为，如弹体冲击和穿透混凝土行为，这将对混凝土的破坏模式、裂纹扩展及宏观力学性能产生怎样的影响，将是本节探讨的另一目标。

5.4.1　随机骨料模型模拟

1. 动态压缩破坏的率效应

本节以二级配湿筛混凝土为例，建立了尺寸为150mm×150mm的二维混凝土随机骨料模型试件。对不同加载速率，包括 $v = 0.015\text{mm/s}$、1.5mm/s、9.5mm/s、150mm/s、15000mm/s 和 30000mm/s 下的混凝土试件压缩破坏过程进行了数值研究，对应的宏观名义应变率分别为 $\dot{\varepsilon} = 1\times10^{-4}/\text{s}$、$1\times10^{-2}/\text{s}$、$5\times10^{-2}/\text{s}$、$1\times10^{0}/\text{s}$、100/s 及 200/s。图 5.21 给出了不同名义应变率下混凝土试件的损伤破坏模式。从图 5.21 可以看出，当应变率较小时，如 $\dot{\varepsilon}$ 为 3.33×10^{-5}～$1\times10^{-4}/\text{s}$ 时，混凝土试件产生一条贯穿试件的斜向裂纹，是明显的剪切破坏形式；而当应变率相对较高时，如 $\dot{\varepsilon}$ 为 3.33×10^{-3}～1/s 时，裂纹路径呈现复杂多样化趋势，裂纹数量增大很多，并出现裂纹分支和交叉现象；当应变率很高，如 $\dot{\varepsilon} > 100/\text{s}$ 时，试件大片区域产生损伤破坏，混凝土试件在压缩荷载作用下几乎是粉碎性破坏，与大量的试验结果相吻合[55]。

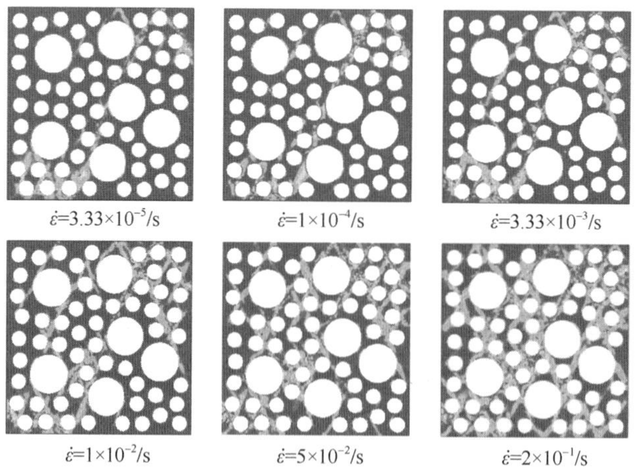

图 5.21　不同应变率下混凝土试件压缩破坏模式

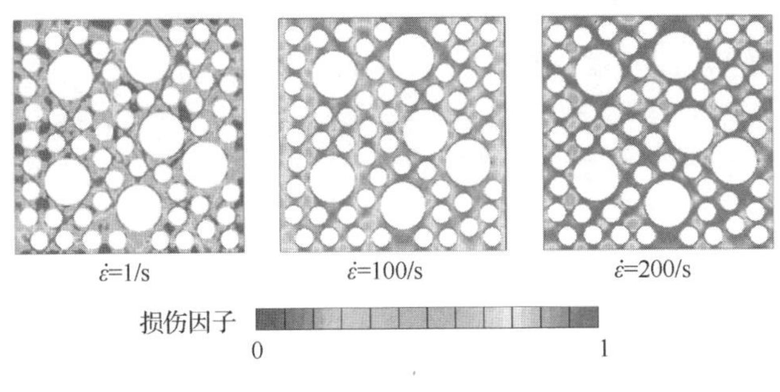

图 5.21（续）

总地来说，可以得出如下结论：随着加载速率的增加，宏观名义应变率增大，混凝土试件压缩加载作用下裂纹数量明显不断增大，裂纹分支及交叉行为变得更加明显，并呈现“网格”状的裂纹路径；随着加载速率的增加，混凝土试件的破坏过程中耗散掉了更多的能量，是混凝土材料动态抗压强度提高的主要原因。

试验结果[41, 56]表明混凝土破坏过程中耗散的能量随加载速率的增大而增大。但对于该现象产生的物理机制仍然不清楚。对这种耗散能量的增加行为，不同研究者有不同的认识，一般可以归结为两种因素，即结构（如惯性效应）和材料（应变率效应）。这里，对考虑及不考虑混凝土细观组分材料率效应下混凝土破坏过程进行数值模拟。

以宏观应变率 $\dot{\varepsilon}$ = 1/s 为例，图 5.22 对比了考虑及不考虑材料细观组分应变率效应下混凝土试件的动态压缩破坏过程，给出了 t = 2.59ms、3.24ms、4.02ms、4.81ms 及 6.00ms 时刻的损伤破坏形态。与图 5.22（a）所示的不考虑材料应变率效应所获得的破坏模式相比，图 5.22（b）给出的考虑应变率效应的破坏模式具有更多的裂纹分支，试件的破坏过程耗散了更多的能量，因此使得试件具有更大的宏观抗压强度。

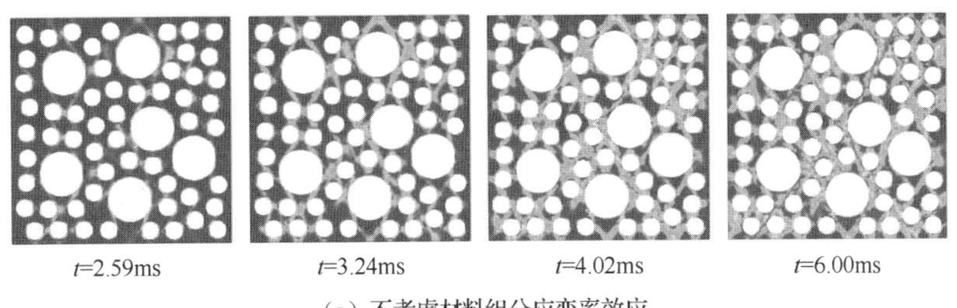

（a）不考虑材料组分应变率效应

图 5.22　应变率 $\dot{\varepsilon}$ = 1/s 时混凝土试件压缩损伤破坏过程

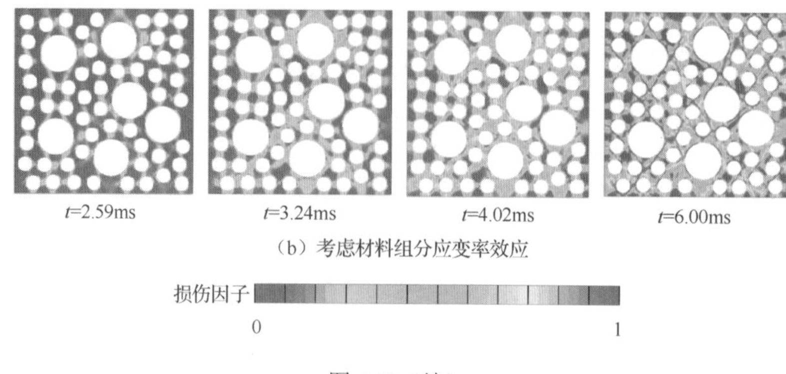

（b）考虑材料组分应变率效应

图 5.22（续）

图 5.23 给出了试验和本节数值模拟（包括考虑和不考虑组分应变率效应的两组计算结果）获得的抗压强度放大系数 DIF（DIF=动态抗压强度/静态抗压强度）与名义应变率的关系。从图 5.23 可以看出，由于破坏过程中耗散更多的能量，考虑细观组分应变率效应时获得的混凝土 DIF 明显更大。此外，还可以看出，当混凝土名义应变率 $\dot{\varepsilon}$ < 1/s 时，考虑及不考虑组分率效应下的两组数值结果相近，与试验结果吻合很好；而当名义应变率 $\dot{\varepsilon}$ > 1/s 时，两组结果相差较大，考虑细观组分率效应的数值结果与试验结果能更好地吻合，表明了材料应变率效应的重要性。该结果与 Zhou 和 Hao[33]以及 Snozzi 等[50]的研究结果相一致。

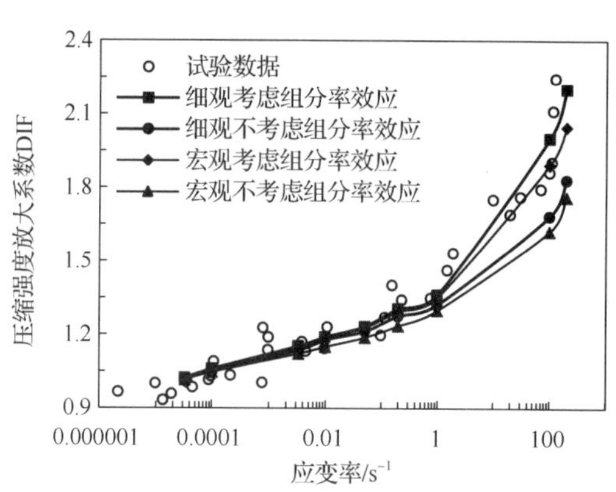

图 5.23　试验及数值模拟获得的抗压强度放大系数的对比

此外，图 5.23 还对比了混凝土细观模型和宏观均匀模型获得的抗压强度放大系数。从图 5.23 可以看出，细观尺度模型数值计算获得的 DIF 明显大于宏观均匀模型得到的 DIF，这表明混凝土细观尺度模型比宏观均匀模型具有更显著的加载速率效应。实际上，这是因为两个模型的破坏机制不同所导致的：宏观均匀模型的破坏是纯压缩破坏；而细观模型中，混凝土内部组分间具有很强的相互作用，大量裂纹存在于骨料与骨料之间，裂纹路径崎岖不平，极为复杂。

2. 加载速率突变对破坏行为影响

这里拟对混凝土软化阶段中加载速率的突变行为（突然增大和突然减小）进行初步数值研究[13]。以应变率 $\dot{\varepsilon}$ = 0.00333/s 突然增加至 $\dot{\varepsilon}$ = 0.2 /s 和突然减小至 $\dot{\varepsilon}$ = 0.0000333 /s 为例，基于前文数值手段探究应变率突变行为对混凝土软化阶段力学行为的影响。

图 5.24（a）和（b）分别给出了当混凝土宏观力学行为处于软化阶段（负刚度或峰值后下降段曲线阶段）时，名义应变率突然增大 60 倍和突然减小 100 倍对混凝土宏观应力-应变关系曲线的影响。此外，从图 5.24（a）可以看出，软化阶段时的应变率突然增大会使得混凝土由“软化”行为转变为“硬化”行为。这种再次“硬化”使混凝土宏观应力-应变曲线出现第二次“峰值点”，此后混凝土的软化曲线沿着“高”应变率 $\dot{\varepsilon}$ = 0.2/s 的下降段曲线不断发展直至破坏。第二次峰值应力高于或低于第一次峰值应力，这取决于加载速率增大的幅度以及应变率突变时对应的应力状态。而当宏观应变率突然减小时，如图 5.24（b）所示，将会导致混凝土试件内部应力产生释放，混凝土的宏观应力-应变关系曲线近乎是垂直下降至“低”应变率 $\dot{\varepsilon}$ = 0.0000333/s 的下降段曲线上。该数值结果与 Tandon 等[57]及 Bažant 等[58, 59]获得的试验和数值结果相吻合。

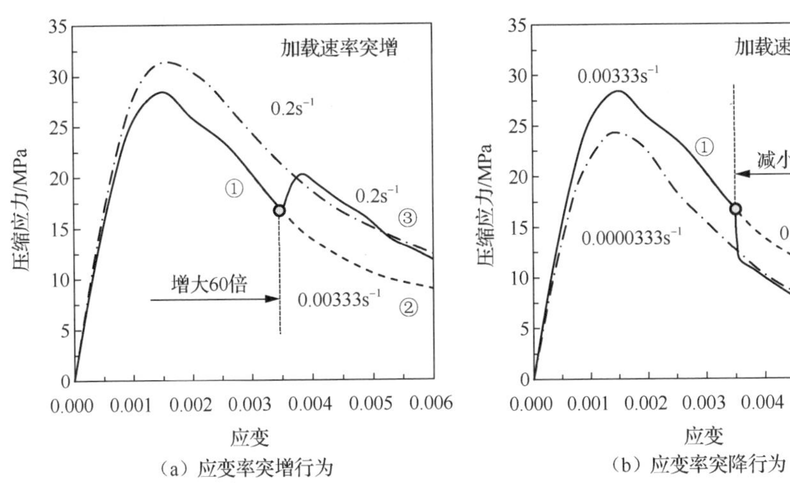

（a）应变率突增行为　　（b）应变率突降行为

图 5.24　加载速率变化对混凝土宏观应力-应变关系影响

图 5.24 所示的混凝土宏观应力-应变关系中①～④等 4 个状态时刻所对应的混凝土试件当前损伤破坏形式如图 5.25（a）～（d）所示。对于图 5.25（b）和（c）可以发现，加载速率突然增加后试件损伤区域变大，产生更多的裂纹分支，耗散掉了更多的能量；对比（c）和（d）可知，应变率突降后，应力释放，试件裂纹主要沿着应变率突降前的主要斜裂纹进行扩展。

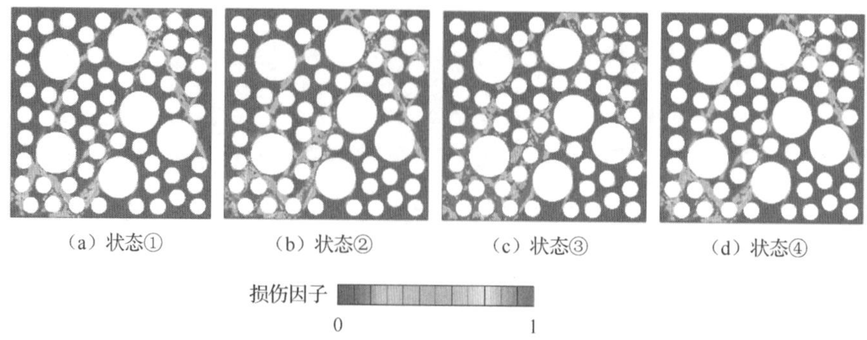

（a）状态①　（b）状态②　（c）状态③　（d）状态④

图 5.25　不同阶段混凝土试件中损伤分布

5.4.2　细观单元等效化模型模拟

5.4.1 节基于细观随机骨料模型，探讨了动态加载情况下混凝土试件的压缩破坏行为。本节采用细观单元等效化方法，对 5.2.2 节中混凝土立方体试件的动态压缩破坏行为进行数值研究[9]。所采用的本构模型及力学参数同 5.2.2 节。

图 5.26 是不同加载速率下混凝土试件的动态压缩破坏模式。同样，随着加载速率的增大，混凝土试件损伤破坏区域不断增大，其破坏模式不断改变。获得的混凝土宏观动态抗压强度放大系数亦随着加载速率的增大而增大，如图 5.27 所示。

此外，从图 5.27 所示的抗压强度放大系数与应变率的关系曲线中，可以发现，三维模型获得的强度放大系数略大于二维模型计算结果，这是由于三维约束效应造成的。Lu 等[60]也获得了类似的数值结果。

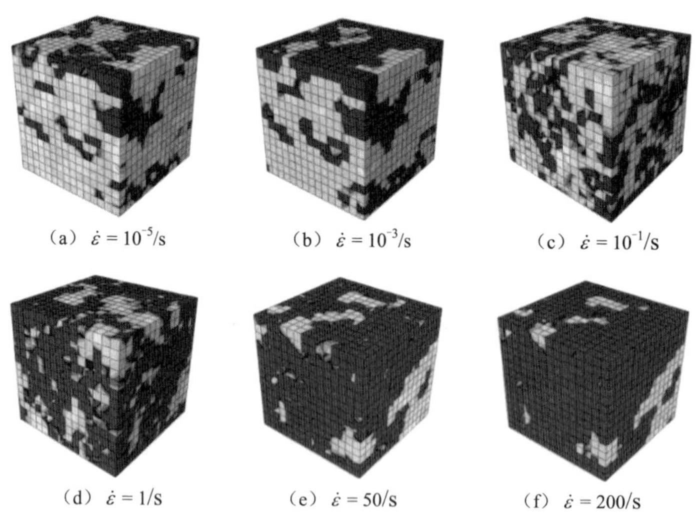
（a）$\dot{\varepsilon}=10^{-5}$/s　（b）$\dot{\varepsilon}=10^{-3}$/s　（c）$\dot{\varepsilon}=10^{-1}$/s

（d）$\dot{\varepsilon}=1$/s　（e）$\dot{\varepsilon}=50$/s　（f）$\dot{\varepsilon}=200$/s

图 5.26　三维混凝土模型单轴动态压缩破坏模式

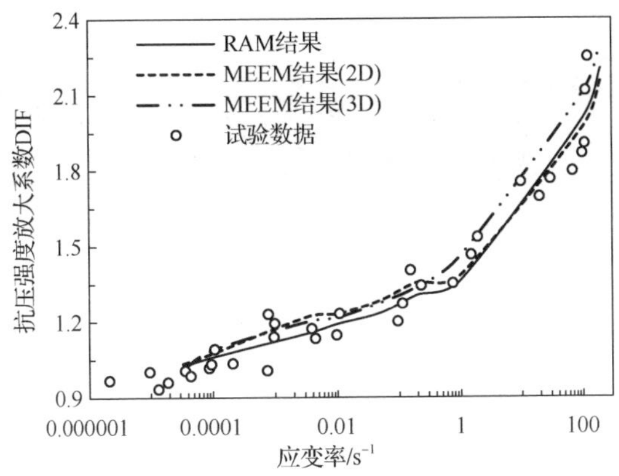

图 5.27　混凝土抗压强度放大系数与应变率关系

5.5　端部摩擦对动态压缩性能影响分析

大量试验工作均表明混凝土动态强度随应变率的增大而增大，但其试验数据呈现出很大的离散性，该行为可归因于试验装置、试件尺寸及试验元件等。实际上，在混凝土单轴动态压缩试验中，试件与试验设备之间不可避免地会存在着摩擦约束作用。那么，这种摩擦约束作用是否对混凝土的动态力学特性产生影响，以及产生多大的影响，正是本节将阐释的主要问题[14, 15]。

5.5.1　混凝土试件细观模型设计

建立了如图 5.28 所示的考虑端部摩擦约束效应的二维混凝土细观力学模型。为研究端部摩擦作用对混凝土动态抗压强度的影响规律，在试件上、下端面设置了刚性垫块，通过设定摩擦系数来表征端部约束作用。试件中各种代表粒径的圆形骨料的等效颗粒数为：中石（粒径 $d = 30$mm）颗粒数为 6，小石（粒径 $d = 12$mm）颗粒数为 56。考虑到计算量的限制，界面过渡区厚度设定为 1mm。二维混凝土试件的尺寸为 150mm × 150mm，刚性垫块尺寸为 200mm × 25mm。

细观数值模型中，砂浆基质及界面过渡区采用耦合率效应的塑性损伤模型来描述其力学行为；骨料设为弹性体。数值计算中，混凝土细观各相参数取值详见表 5.5。

为探究端部摩擦约束对混凝土单轴动态抗压强度的影响，设定该数值分析模型的边界条件为：试块上、下两表面分别与两块刚性垫块接触，且与上、下两垫块之间的摩擦系数相同；试件左右两侧为自由边界；下部刚性垫块下表面采用竖向固定约束，底边左侧节点采用水平向及竖向同时约束；上部刚性垫块的上表面是荷载输入边界，采用恒定速度 v 进行加载控制。

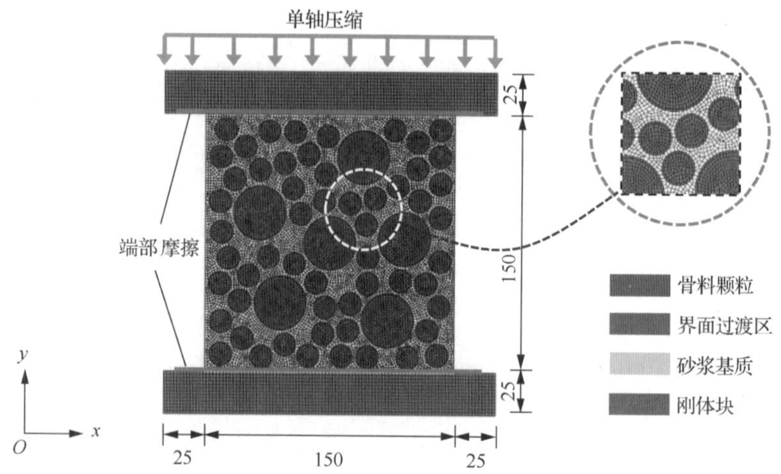

图 5.28 考虑端部摩擦约束的混凝土轴压细观力学计算模型（单位：mm）

表 5.5 混凝土细观组分的力学参数

参数	砂浆基质	界面过渡区	骨料颗粒
密度 ρ /（kg/m^3）	2.75×10^3	2.75×10^3	2.88×10^3
弹性模量/GPa	30	25	70
泊松比	0.2	0.22	0.16
剪胀角 ψ /（°）	30	30	
偏心率 η	0.1	0.1	
K_c	0.667	0.667	
应力比 $\bar{\sigma}_{cc}/\bar{\sigma}_c$	1.16	1.16	
拉伸屈服应力 σ_t /MPa	1.43	1.2	
压缩屈服应力 σ_{c0} /MPa	14.3	12	

5.5.2 端部摩擦对动态抗压强度影响

对不同端面摩擦系数的数值模型进行模拟，采用的加载速率 v 由低到高依次为 1.5×10^{-6}m/s、1.5×10^{-4}m/s、1.5×10^{-3}m/s、$1.5\times10^{-2.5}$m/s、1.5×10^{-2}m/s、$1.5\times10^{-1.5}$m/s 和 1.5×10^{-1}m/s，对应的宏观名义应变率 $\dot{\varepsilon}$ 分别为 $1\times10^{-5}s^{-1}$（准静态）、$1\times10^{-3}s^{-1}$、$1\times10^{-2}s^{-1}$、$1\times10^{-1.5}s^{-1}$、$1\times10^{-1}s^{-1}$、$1\times10^{-0.5}s^{-1}$ 和 $1\times10^{0}s^{-1}$。

图 5.29 为 4 组不同摩擦系数取值以及 5 组不同加载速率下混凝土达到峰值应力（抗压强度）时等效塑性应变分布。从图 5.29 中可以看出，同一摩擦系数下，随着应变率的增大，混凝土内部等效塑性应变增大。另外，当摩擦系数从零增大到∞时，混凝土内等效塑性应变不断变化。

对于摩擦系数 μ 为 0 和 0.3 的混凝土试件，混凝土等效塑性应变的分布存在显著差异；而当摩擦系数大于 0.3 时，混凝土中等效塑性应变分布差异较小；当摩擦系数大于 0.8 时，混凝土中塑性应变分布几乎完全相同。

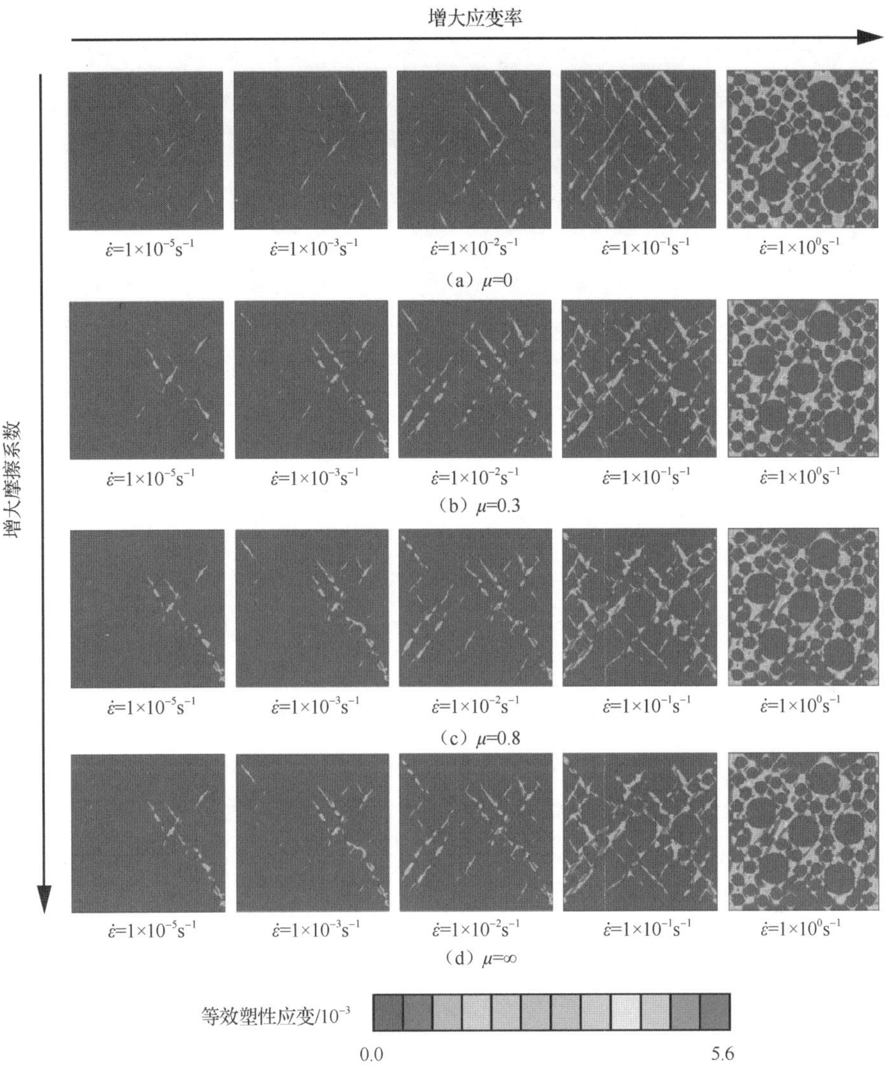

图 5.29　不同加载速率下混凝土达到峰值应力（抗压强度）时等效塑性应变分布

对应于图 5.29 所给出工况的混凝土试件损伤破坏状态如图 5.30 所示，白色区域为骨料相，不产生损伤破坏。可以看出，同一摩擦系数下，随着名义应变的增大，损伤区域明显增大。当应变率较低时，如低于 $1\times10^{-5}s^{-1}$，混凝土达到其峰值应力时的损伤区域（裂纹带）窄且短，且裂纹数量有限。当应变率从 $1\times10^{-5}s^{-1}$ 到 $1\times10^{0}s^{-1}$ 时，损伤区域及裂纹数量显著增大。当应变率更高时（如达到 $1\times10^{0}s^{-1}$），损伤区域很大，且裂纹带变宽，形成裂缝网。简言之，随着加载速率的增大，混凝土达到其峰值应力时的裂缝数量及损伤区域明显增大，因而加载过程中能量耗散显著增大。这实际上是混凝土抗压强度提高的主要原因。

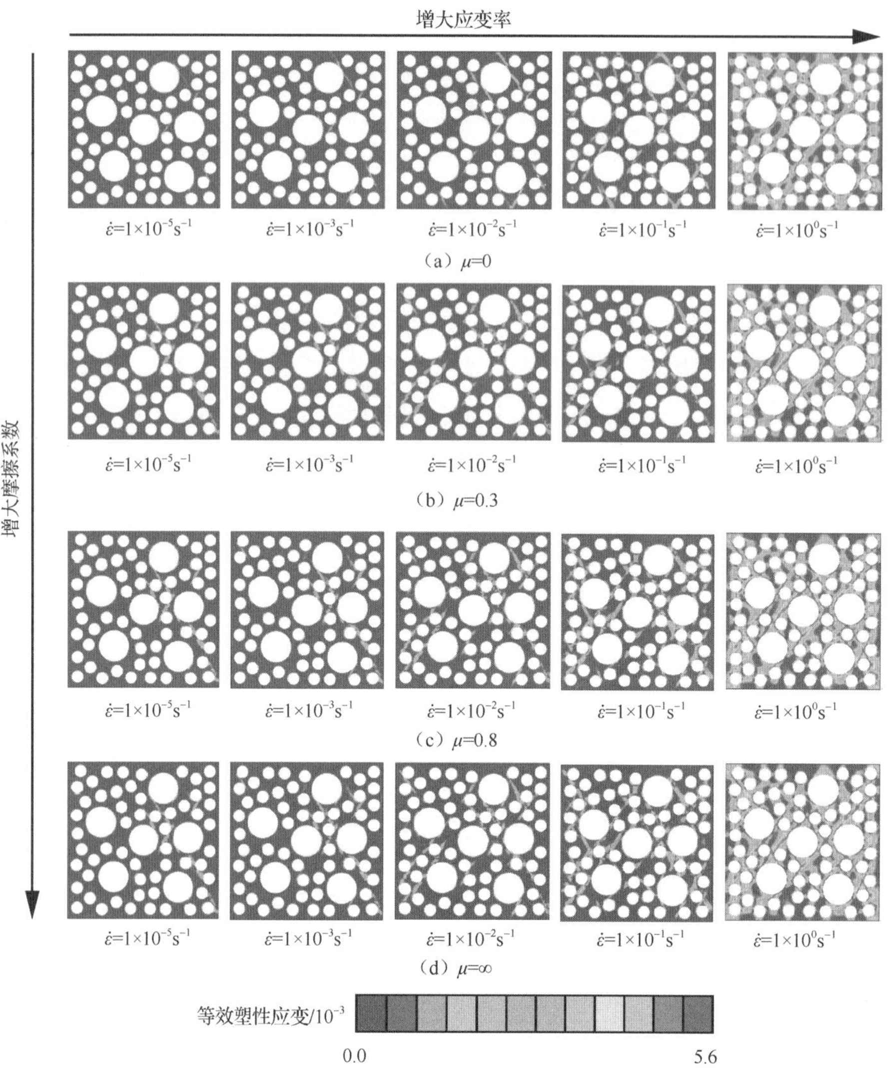

图 5.30　不同加载速率下混凝土达到峰值应力（抗压强度）时的损伤状态

对比图 5.30（a）～（d）可知，端部约束作用及加载速率对混凝土的宏观力学性能及破坏模式具有很大的影响。对比摩擦系数为 0（无端部摩擦约束作用）的混凝土试件，摩擦系数 $\mu>0$ 的混凝土试件两端面的变形明显被约束或限制了。另外，随着摩擦系数的增大，这种约束或限制的程度明显提高。当混凝土试件端部完全被约束住，即 $\mu=\infty$ 时，两端的水平变形完全被约束住，使得约束作用非常强。

从图 5.30 还可以看出，同一应变率下，摩擦系数越大，混凝土试件端部的损伤破坏越轻。此外，对于摩擦系数大的混凝土试件，损伤主要集中于远离上端和下端的中部区域，损伤区域由上下两端向中部靠拢，这是由于端部摩擦约束改变了局部混凝土的单轴受力状态造成的。由图 5.29 亦可得出相同结论。

对端面摩擦系数μ为 0（试件与加载设备接触面完全光滑无摩擦）、0.1、0.2、0.3、0.6、0.8 和∞（试件上下端面水平向完全约束）的情况，进行了不同加载速率下的单轴压缩模拟，得到了如图 5.31 所示的混凝土单轴压缩应力-应变关系曲线，各曲线的峰值（混凝土轴向抗压强度）如表 5.6 所示。不同加载速率下混凝土应力-应变关系及名义轴压强度值均证实了混凝土动态力学行为的率效应。

从图 5.31 和表 5.6 可以看出，由于端部摩擦约束作用，混凝土的名义轴压强度有所提高。尽管如此，不同摩擦系数下，压缩应力-应变关系曲线的上升段几乎是重合的，说明混凝土的弹性模量不受摩擦系数的影响；但由于约束作用的差异，裂缝路径不同，因而下降段曲线则具有明显区别。

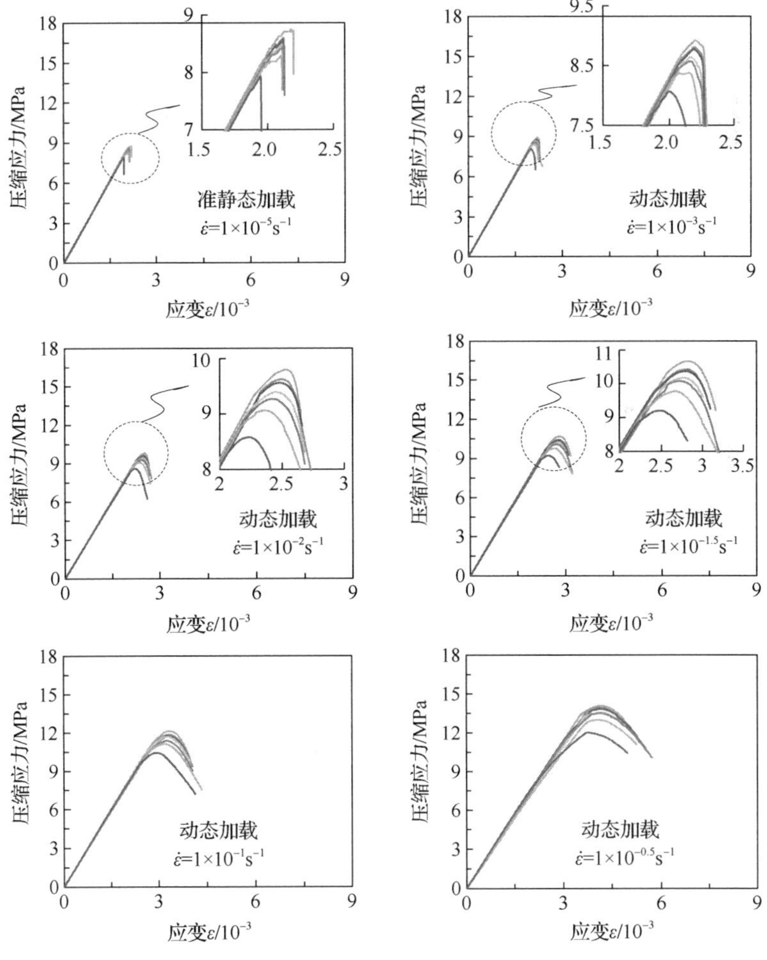

图 5.31　不同应变率下混凝土单轴压缩应力-应变关系曲线

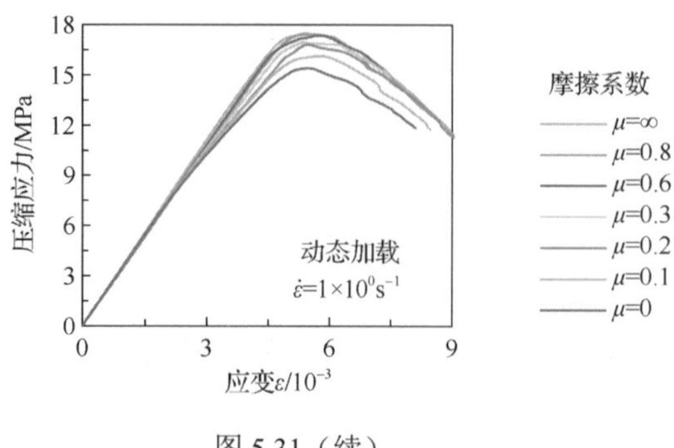

图 5.31（续）

表 5.6　不同端面摩擦系数下单轴抗压强度表　（单位：MPa）

μ	$1\times10^{-5}s^{-1}$	$1\times10^{-3}s^{-1}$	$1\times10^{-2}s^{-1}$	$1\times10^{-1.5}s^{-1}$	$1\times10^{-1}s^{-1}$	$1\times10^{-0.5}s^{-1}$	$1\times10^{0}s^{-1}$
0	7.93	8.06	8.58	9.19	10.42	11.97	15.39
0.1	8.29	8.38	9.06	9.77	11.13	12.97	16.12
0.2	8.46	8.57	9.26	10.07	11.37	13.49	16.82
0.3	8.49	8.64	9.39	10.16	11.67	13.55	16.96
0.6	8.57	8.77	9.55	10.36	11.75	13.82	17.36
0.8	8.60	8.81	9.62	10.42	11.85	13.91	17.45
∞	8.75	8.92	9.80	10.67	12.12	14.06	17.49

图 5.32 给出的是混凝土名义轴压强度与摩擦系数之间的关系曲线。很明显，随着摩擦系数的增大，同一应变率下混凝土动态抗压强度随之增大；随着应变率的增大，混凝土抗压强度呈增大趋势。另外，从图 5.32 可知，当摩擦系数小于 0.3 时，同一应变率下混凝土抗压强度随摩擦系数增大而显著增大；当摩擦系数大于 0.3 时，摩擦系数的增大对于混凝土动态抗压强度增大的程度明显减弱；当摩擦系数大于 0.8 时，其约束作用与混凝土端部完全约束（$\mu=0.8$）时效果几乎一致。

另外，可以发现不同应变率下，混凝土端部摩擦约束作用是类似的，均是当摩擦系数大于 0.3 时，摩擦系数的影响显著减弱。

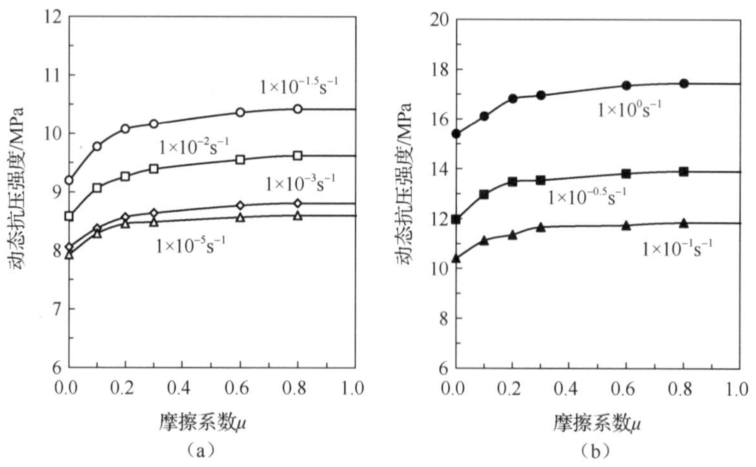

图 5.32　混凝土动态抗压强度与试件端面摩擦系数关系曲线

图 5.33（a）为加载速率相对较低的情况（$\dot{\varepsilon}=1\times10^{-2}\mathrm{s}^{-1}$），可以看出对于端部无摩擦$(\mu=0)$，试件内部只有少数几条损伤裂纹，且损伤程度较小；随着端面摩擦系数的增大$(\mu=0.1、0.2)$，试件内部损伤裂纹逐渐增多，但在上下端面处有减少的趋势；当摩擦系数$\mu\geqslant0.3$之后（μ为 0.3、0.6、0.8 和∞），试件内部损伤裂纹数目增加较少，但裂纹由窄变宽，损伤程度逐渐增大并趋于稳定。图 5.33（b）则表示加载速率相对较高的情况（$\dot{\varepsilon}=1\times10^{-0.5}\mathrm{s}^{-1}$），端部无摩擦$(\mu=0)$时，试件内部损伤裂纹路径大致呈均匀的“网格”状分布；比较摩擦系数μ为 0、0.1 和 0.2 的情况可知，随着摩擦系数的增加，试件内部损伤由上下两端向中部靠拢，呈现端部损伤减小而中部损伤增大的趋势；当摩擦系数$\mu\geqslant0.3$之后，随着端面摩擦系数增大，各试件达到其强度时内部发生损伤的位置基本无变化，但损伤程度逐渐增加并趋于稳定。这很好地解释了图 5.31 中曲线先快速上升（$0<\mu<0.3$）而后趋于平缓（$\mu>0.3$）的变化过程。

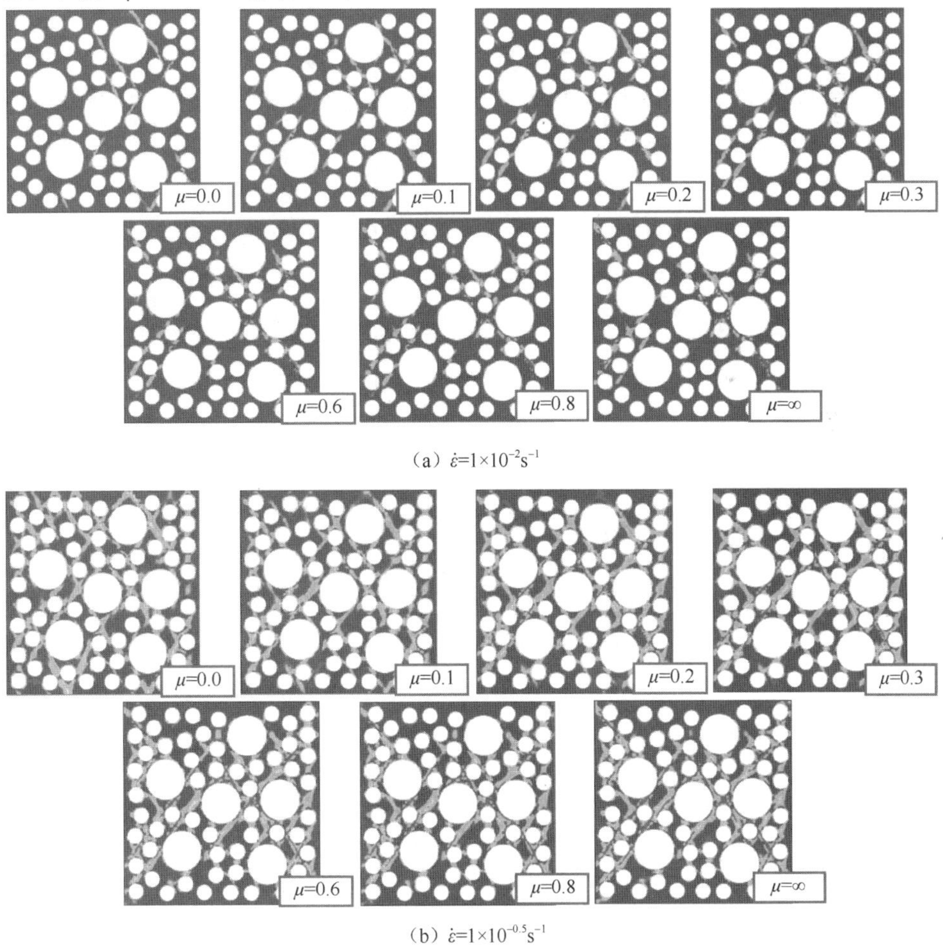

（a）$\dot{\varepsilon}=1\times10^{-2}\mathrm{s}^{-1}$

（b）$\dot{\varepsilon}=1\times10^{-0.5}\mathrm{s}^{-1}$

图 5.33　峰值应力时损伤破坏模式

5.5.3 端部摩擦对动态放大系数影响

Li 和 Meng[52]研究了高应变率下端面摩擦约束对动态强度放大系数（DIF）的影响。为了进一步探究中低应变率下端面摩擦约束效应对 DIF 的影响，本节针对不同的端面摩擦系数进行了一系列数值模拟，分别获得了 6 组不同摩擦系数下 DIF 和宏观名义应变率 $\dot{\varepsilon}$（图中表示成对数形式）的关系曲线，如图 5.34 所示。从图 5.34（a）中可以发现，数值结果和已有文献中的试验数据吻合较好。由图 5.34（b）可知，当应变率 $\dot{\varepsilon} \leqslant 1\times10^{-3}\text{s}^{-1}$（$\lg\dot{\varepsilon} \leqslant -3$）时，动态抗压强度仅产生微弱的提高；而当应变率 $\dot{\varepsilon} \geqslant 1\times10^{-2}\text{s}^{-1}$（$\lg\dot{\varepsilon} \geqslant -2$）时，混凝土动态抗压强度具有明显的提高。鉴于此，下文重点考察应变率 $\dot{\varepsilon} \geqslant 1\times10^{-2}\text{s}^{-1}$ 时端部摩擦对 DIF 的影响。

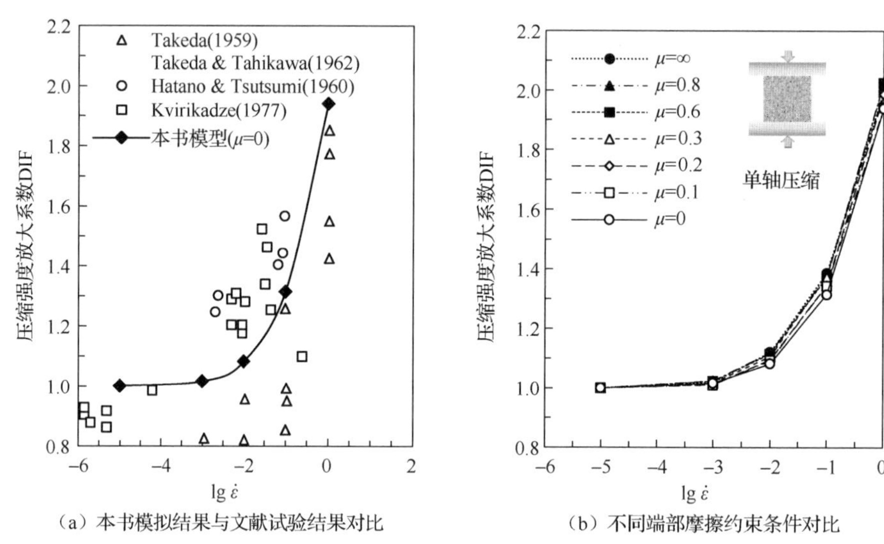

（a）本书模拟结果与文献试验结果对比　（b）不同端部摩擦约束条件对比

图 5.34　抗压强度放大系数与名义应变率（对数表示）关系

这里，定义 $\beta_{\mu\dot{\varepsilon}}$ 为摩擦贡献因子，即在动态单轴压缩加载情况下，混凝土强度提高部分中端部摩擦约束贡献所占的比例[14,15]：

$$\beta_{\mu\dot{\varepsilon}} = \frac{\text{DIF}_{\mu\dot{\varepsilon}} - \text{DIF}_{0\dot{\varepsilon}}}{\text{DIF}_{\mu\dot{\varepsilon}} - 1} \tag{5.18}$$

式中：角标 μ 代表端面摩擦系数；角标 $\dot{\varepsilon}$ 代表宏观名义应变率；$\text{DIF}_{\mu\dot{\varepsilon}}$ 表示端面摩擦系数为 μ，宏观名义应变率为 $\dot{\varepsilon}$ 时的动态强度放大系数；$\text{DIF}_{0\dot{\varepsilon}}$ 表示端面完全光滑无摩擦（μ=0）、宏观名义应变率为 $\dot{\varepsilon}$ 时的动态强度放大系数。

图 5.35（a）表示加载速率恒定的情况下，摩擦贡献因子 $\beta_{\mu\dot{\varepsilon}}$ 随端面摩擦系数 μ 的变化规律。由图 5.35（a）可知，当端面摩擦系数 μ 为 0.1～0.3，摩擦贡献因子整体呈现快速增长的趋势；当摩擦系数 $\mu > 0.3$ 之后，摩擦贡献因子增长变缓并

趋于平稳。另外，可以看出当应变率为$1\times10^{-2}s^{-1}$、端面摩擦系数$\mu=0.6$时，端部摩擦贡献系数达到了约 28.5%。

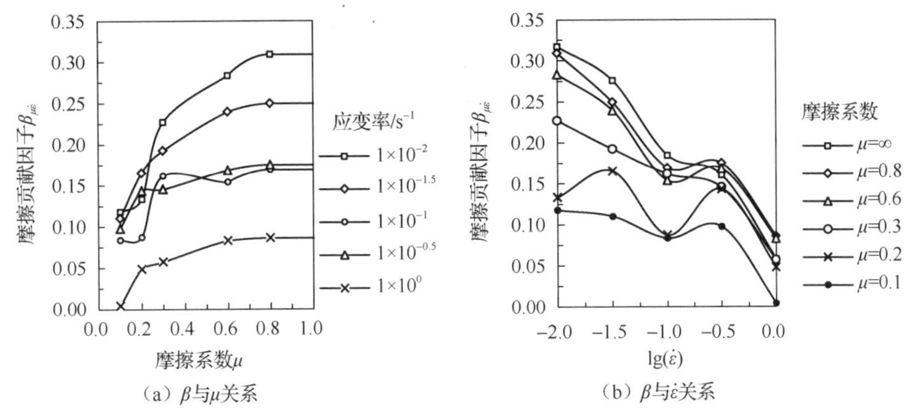

（a）β与μ关系　　（b）β与$\dot{\varepsilon}$关系

图 5.35　摩擦系数μ和应变率$\dot{\varepsilon}$对摩擦贡献因子β的影响

图 5.35（b）则表示端面摩擦约束条件相同的情况下，摩擦贡献因子$\beta_{\mu\dot{\varepsilon}}$随宏观名义应变率$\dot{\varepsilon}$（图中表示成对数形式）的变化情况。可以看出，随着应变率的增大，摩擦贡献因子呈减小的趋势，且端面摩擦系数越大，减小的趋势越明显。

为进一步揭示这一规律，以端面约束极端情况($\mu=\infty$)为例，选取中等应变率的较小值$\dot{\varepsilon}=1\times10^{-2}s^{-1}$（前文已提到$\dot{\varepsilon}\leqslant1\times10^{-3}s^{-1}$时，动态抗压强度几乎没有提高，故重点考察$\dot{\varepsilon}\geqslant1\times10^{-2}s^{-1}$的情况）和较大值$\dot{\varepsilon}=1\times10^{0}s^{-1}$，得到如图 5.36 所示的混凝土应力-应变曲线上升段。

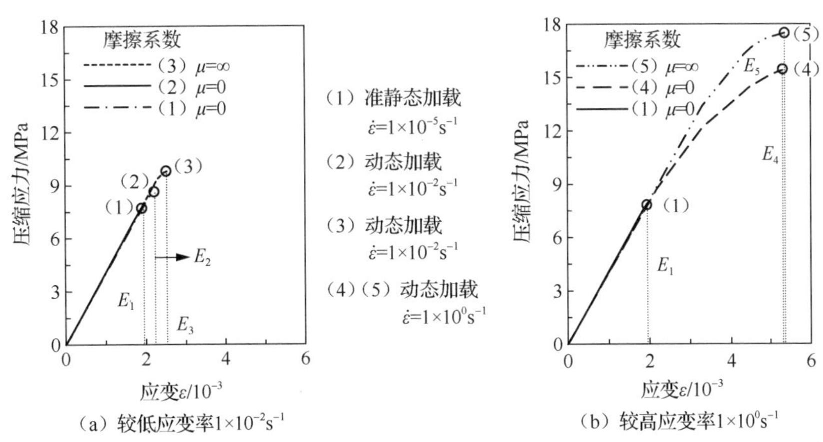

（a）较低应变率$1\times10^{-2}s^{-1}$　　（b）较高应变率$1\times10^{0}s^{-1}$

图 5.36　混凝土动态单轴压缩应力-应变曲线上升段

图 5.36（a）和（b）中，E_1表示无端面摩擦（$\mu=0$）准静态加载下混凝土达

到抗压强度时消耗的能量；E_2和E_4表示由应变率效应导致的抗压强度增加所消耗的能量；而E_3和E_5则表示由于端面摩擦效应导致的动态抗压强度增加所消耗的能量。从图 5.36（a）和（b）的对比中可以看出

$$\frac{E_3}{E_2+E_3} > \frac{E_5}{E_4+E_5} \tag{5.19}$$

即应变率较低时$(\dot{\varepsilon}=1\times10^{-2}\mathrm{s}^{-1})$，端面摩擦效应对于动态强度提高的贡献较大；而应变率较高时$(\dot{\varepsilon}=1\times10^{0}\mathrm{s}^{-1})$，贡献则较小。从损伤耗能的角度出发，解释了图 5.35（b）中摩擦贡献因子随应变率的增大而减小的趋势。该数值结果与 Hao 等[61]分析结果一致。

小　结

本章基于细观力学分析方法模拟研究了混凝土动态拉伸、动态压缩破坏行为，揭示了混凝土材料动态抗拉、抗压强度增大行为的物理机制。

关于混凝土动态拉伸破坏方面，获得认识如下：①加载速率增大时，混凝土动态拉伸破坏模式从 I-型模式转变到混合型模式。②混凝土非均质模型比均匀模型更具有应变率敏感性；混凝土细观结构越复杂，组分间相互作用越强，应力状态越复杂，导致裂纹扩展路径越复杂，裂纹分支现象越为明显。③随着加载速率的增加，混凝土试件的裂纹数量增大，并伴随着裂纹分支及交叉行为，裂纹呈现出“网格”状。④加载速率的增加，混凝土的破坏将耗散更多的能量，被认为是混凝土动态强度提高的主要原因。另外，发现混凝土动态抗拉强度具有离散性，主要源于细观组分的随机分布。

关于混凝土动态压缩破坏方面，在软化阶段时加载速率突然增大，会使混凝土由“软化”行为转变为“硬化”行为，混凝土应力-应变关系曲线将出现“第二次”峰值；而加载速率突然降低，导致应力释放，下降段曲线垂直下降回落到“低”应变率的软化曲线上。另外，端部摩擦约束效应改变了局部混凝土的受力状态及损伤破坏模式，对混凝土单轴动态抗压强度提高具有明显贡献。

参 考 文 献

[1] 宁建国，商霖，孙远翔．混凝土材料动态性能的经验公式、强度理论与唯象本构模型[J]．力学进展，2006，36（3）：389-405.

[2] GROTE D L，PARK S W，ZHOU M．Dynamic behavior of concrete at high strain rates and pressures：Ⅰ．experimental characterization [J]．International Journal of Impact Engineering，2001，25（9）：869-886.

[3] PARK S W，XIA Z，ZHOU M．Dynamic behavior of concrete at high strain rates and pressures：Ⅱ．numerical

simulation [J]. International journal of impact engineering，2001，25（9）：887-910.

[4] PERRY S H，PRICHARD S J. Sleeved concrete cylinders subjected to hard impact [C]. 3rd Asia-Pacific Conference on Shock & Impact Loads on Structures，Singapore，1999，359-371.

[5] FORQUIN P，GARY G，GATUINGT F. A testing technique for concrete under confinement at high rates of strain [J]. International journal of impact engineering，2008，35（6）：425-446.

[6] ROSS C A，THOMSON P Y，TEDESCO J W. Split-Hopkinson pressure-bar test on concrete and mortar in tension and compression [J]. ACI materials journal，1989，86（5）：475-481.

[7] TEDESCO J W，ROSS C A. Experimental and numerical analysis of high strain rate splitting-tensile tests [J]. ACI materials journal，1993，90（2）：162-169.

[8] KIM D J，SIRIHAROONCHAI K，EL-TAWIL S，et al. Numerical simulation of the Split Hopkinson Pressure Bar test technique for concrete under compression [J]. International journal of impact engineering，2010，37（2）：141-149.

[9] 金浏，杜修力. 基于细观单元等效化方法的混凝土动态破坏行为分析[J]. 工程力学，2015，32（4）：33-40.

[10] DU X L，JIN L，MA G W. Numerical simulation of dynamic tensile-failure of concrete at meso-scale[J]. International journal of impact engineering，2014，66：5-17.

[11] 金浏，杜修力. 加载速率对混凝土拉伸破坏行为影响的细观数值分析[J]. 工程力学，2015，32（8）：42-49.

[12] 金浏，韩亚强，杜修力. 混凝土单轴动态拉伸强度随机性的统计特性分析[J]. 振动与冲击，2016，35（24）：6-13.

[13] 金浏，杜修力. 加载速率及其突变对混凝土压缩破坏影响的数值研究[J]. 振动与冲击，2014，33（19）：187-193.

[14] JIN L，XU C S，HAN Y Q，et al. Effect of end friction confinement on the dynamic compressive mechanical behavior of concrete under medium and low strain rates[J]. Shock and vibration，2016：6309073.

[15] 金浏，韩亚强，丁子星，等. 端部摩擦约束对混凝土单轴动态压缩强度影响分析[J]. 振动与冲击，2016，35（11）：12-19.

[16] DU X L，JIN L，MA G W. Meso-element equivalent method for the simulation of macro mechanical properties of concrete[J]. International journal of damage mechanics，2013，22（5）：617-642.

[17] DU X L，JIN L，MA G W. A meso-scale analysis method for the simulation of nonlinear damage and failure behavior of reinforced concrete members[J]. International journal of damage mechanics，2013，22（6）：878-904.

[18] 杜修力，金浏. 混凝土材料宏观力学特性分析的细观单元等效化模型[J]. 计算力学学报，2012，29（5）：654-661.

[19] MAZARS J，PIJAUDIER-CABOT G. Continuum damage theory-application to concrete [J]. ASCE journal of engineering mechanics，1987，115（2）：345-365.

[20] JIRÁSEK M，BAŽANT Z P. Particle model for quasi brittle fracture and application to sea ice [J]. ASCE journal engineering mechanics，1995，129（9）：1016-1025.

[21] TANG X W，ZHOU Y D，ZHANG C H，et al. Study on The Heterogeneity of Concrete and Its Failure Behavior Using the Equivalent Probabilistic Model [J]. Journal of materials in civil engineering，2011，23（4）：402-413.

[22] BISCHOFF P H，PERRY S H. Compressive behaviour of concrete at high strain rates [J]. Materials and structures，1991，24（6）：425-450.

[23] DILGER W H，KOCH R，KOWALCZYK R. Ductility of plain and confined concrete under different strain rates[M]. NewYork：American Concrete Institute，1978.

[24] CUSATIS G. Strain-rate effects on concrete behavior [J]. International journal of impact engineering，2011，38（4）：162-170.

[25] BAZANT Z P，GETTU R. Rate effects and load relaxation in static fracture of concrete [J]. ACI materials journal，1992，89（5）：456-468.

[26] GARY G，BAILLY P. Behaviour of quasi-brittle material at high strain rate：experiment and modelling [J]. European journal of mechanics A/solids，1998，17（3）：403-420.

[27] BRARA A，CAMBORDE F，KLEPACZKO J R，et al. Experimental and numerical study of concrete at high strain rates in tension [J]. Mechanics of materials，2001，33（1）：33-45.

[28] WANG Q Z，LI W，SONG X L. A method for testing dynamic tensile strength and elastic modulus of rock materials using SHPB [J]. Pure and applied geophysics，2006，163（5/6）：1091-1100.

[29] LI H B，ZHAO J，LI J R，et al. Experimental studies on the strength of different rock types under dynamic compression [J]. International journal of rock mechanics and mining science，2004，41（S1）：68-73.
[30] ZHAO J. Applicability of Mohr-Coulomb and Hoek-Brown strength criteria to the dynamic strength of brittle rock[J]. International journal of rock mechanics and mining sciences，2000，37（7）：1115-1121.
[31] NADEAU J C. A multiscale model for effective moduli of concrete incorporating ITZ water-cement ratio gradients，aggregate size distributions，and entrapped voids [J]. Cement and concrete research，2003，33（1）：103-113.
[32] ZHOU X Q，HAO H. Mesoscale modelling of concrete tensile failure mechanism at high strain rates [J]. Computers and structures，2008，86（21/22）：2013-2026.
[33] ZHOU X Q，HAO H. Modelling of compressive behaviour of concrete-like materials at high strain rate[J]. International journal of solids and structures，2008，45（17）：4648- 4661.
[34] TEDESCO J W，HUGHES M L，ROSS C A. Numerical simulation of high strain rate concrete compression testes[J]. Computers and structures，1994，51（1）：65-77.
[35] ZHAO H，GARY G. On the use of SHPB techniques to determine the dynamic behavior of materials in the range of small strains[J]. International journal of solids and structures，1996，33（23）：3363-3375.
[36] HENTZ S，DONŹE F V，DAUDEVILLE L. Discrete element modelling of concrete submitted to dynamic loading at high strain rates [J]. Computers and structures，2004，82（29/ 30）：2509-2524.
[37] Comite Euro-International du Beton. CEB-FIP model code 1990[S]. London：Thomas Telford，1993.
[38] MAZARS J. A description of microscale and macroscale damage of concrete structures [J]. Engineering fracture mechanics，1986，25（5/6）：729-737.
[39] ROSS C A，TEDESCO J W，KUENNEN S T. Effects of strain rate on concrete strength[J]. ACI materials journal，1995，92（1）：37-45.
[40] YAN D M，LIN G. Dynamic properties of concrete in direct tension [J]. Cement and concrete research，2006，36（7）：1371-1378.
[41] BRARA A，KLEPACZKO J R. Fracture energy of concrete at high loading rates in tension [J]. International journal of impact engineering，2007，34（3）：424-435.
[42] SLUYS L J. Wave propagation and localization in a rate-dependent cracked medium-model formulation and one dimensional example [J]. International journal of solids and structures，1992，29（12）：2945-2958.
[43] OŽBOLT J，SHARMA A. Numerical simulation of dynamic fracture of concrete through uniaxial tension and L-specimen [J]. Engineering fracture mechanics，2012，85（1）：88-102.
[44] PEDERSEN R R，SIMONE A，SLUYS L J. Mesoscopic modeling and simulation of the dynamic tensile behavior of concrete [J]. Cement and concrete research，2013，50（1）：74-87.
[45] QIN C，ZHANG C H. Numerical study of dynamic behavior of concrete by meso-scale particle element modeling[J]. International journal of impact engineering，2011，38（12）：1011-1021.
[46] PYO S，EL-TAWIL S. Crack velocity-dependent dynamic tensile behavior of concrete [J]. International journal of impact engineering，2013，55（1）：63-70.
[47] RIEDEL W，WICKLEIN M，THOMA K. Shock properties of conventional and high strength concrete：Experimental and meso-mechanical analysis[J]. International journal of impact engineering，2008，35（3）：155-171.
[48] OŽBOLT J，SHARMA A，REINHARDT H W. Dynamic fracture of concrete-compact tension specimen[J]. International journal of solids and structures，2011，48（10）：1534 -1543.
[49] TEHRANI F F，ABSI J，ALLOU F，et al. Heterogeneous numerical modeling of asphalt concrete through use of a biphasic approach：porous matrix/inclusion [J]. Computational materials science，2013，69（1）：186-196.
[50] SNOZZI L，CABALLERO A，MOLINARI J F. Influence of the meso-structure in dynamic fracture simulation of concrete under tensile loading [J]. Cement and concrete research，2011，41（11）：1130-1142.
[51] WANG X F，YANG Z J，YATES J R. Monte carlo simulations of mesoscale fracture modelling of concrete with random aggregates and pores[J]. Construction and building materials，2015，75（1）：35-45.
[52] LI Q M，MENG H. About the dynamic strength enhancement of concrete-like materials in a split Hopkinson pressure bar test [J]. International journal of solids and structures，2003，40（2）：343-360.
[53] COTSOVOS D M，PAVLOVIĆ M N. Numerical investigation of concrete subjected to high rates of uniaxial tensile loading[J]. International journal of impact engineering，2007，35（2）：319-335.

[54] MU Z C，DANCYGIER A N，ZHANG W，et al．Revisiting the dynamic compressive behavior of concrete-like materials [J]．International journal of impact engineering，2012，49（1）：91-102.

[55] 刘传雄，李玉龙，吴子燕，等．混凝土材料的动态压缩破坏机理及本构关系[J]．振动与冲击，2011，30（5）：1-5.

[56] DAHL H，BRINCKER R. Fracture energy of high-strength concrete in compression[C]．Proceedings of International conference on fracture of concrete and rock，Cardiff，Elsevier 1989，523-536.

[57] TANDON S，FABER K T，BAŽANT Z P，et al. Cohesive crack modeling of influence of sudden changes in loading rate on concrete fracture [J]．Engineering fracture mechanics，1995，52（6）：987-997.

[58] BAŽANT Z P，GU W H，FABER K T. Softening reversal and other effects of a change in loading rate on fracture of concrete [J]．ACI materials journal，1995，92（1）：3-9.

[59] BAŽANT Z P，CANER F C，ADLEY M D，et al．Fracturing rate effect and creep in micro-plane model for dynamics[J]．ASCE journal of engineering mechanics，2000，126（9）：962-970.

[60] LU Y，SONG Z H，TU Z G．Analysis of dynamic response of concrete using a mesoscale model incorporating 3D effects [J]．International journal of protective structures，2010，1（2）：197-217.

[61] HAO Y，HAO H，LI Z X．Influence of end friction confinement on impact tests of concrete material at high strain rate [J]．International journal of impact engineering，2013，60：82-106.

第6章　界面过渡区及缺陷对混凝土静动态性能影响分析

混凝土微观结构实验和数值模拟结果均表明，普通混凝土中骨料和水泥石基体之间存在着物理力学性能截然不同的过渡界面层[1-6]。Nielsen 和 Monteiro[1]通过实验结果证明了混凝土两相模型（认为混凝土由骨料和砂浆基质两相材料组成）违反了 Hashin 和 Strikman[7]的上下限公式。Simeonov 和 Ahamd[4]、Lee 和 Park[6]的研究工作表明，界面过渡区对混凝土的宏观力学性能具有很大的影响[8]。

另外，混凝土材料是以水泥为主要胶结材料，拌和一定比例的砂、石和水而成。在水化硬化过程中，水泥砂浆内及其与粗骨料之间的界面过渡区形成大量的微裂纹和微孔洞，形成由固体基质和孔隙夹杂组成的复合材料[9]，具有复杂的力学性能。混凝土中的缺陷和孔隙，尤其是孔隙，是一个多尺度的概念，从纳米级的 C-S-H 层间孔隙、微米级的毛细孔到毫米级的空气气泡[10]。这些孔隙和缺陷，对混凝土力学特性影响很大，尤其是弹性模量和强度参数[11,12]。

本章基于细观力学分析方法研究界面过渡区及初始缺陷（孔隙或微裂纹）对混凝土静、动态宏观力学性能及破坏机理的影响[13-19]。

6.1　界面过渡区对混凝土静态力学性能影响

组成混凝土的砂浆基质和粗骨料的力学性质基本上是线性的，但混凝土的力学性能却表现出明显的非线性，这主要是由于砂浆基质和粗骨料之间的界面过渡区所造成的。本节借助细观力学方法，研究界面过渡区对混凝土宏观力学性能的定量影响。

6.1.1　细观力学模型及界面过渡区参数

1．混凝土细观力学模型

这里以二级配湿筛混凝土为例，借助 Fuller 级配曲线，采用第 2 章所述“取-放”方法建立二维混凝土细观随机骨料结构（边长为 150mm），如图 6.1（a）所示。与其对应的细观单元等效化分析模型如图 6.1（b）所示，该模型特征单元尺寸为 10mm×10mm，共划分为 225 个单元。

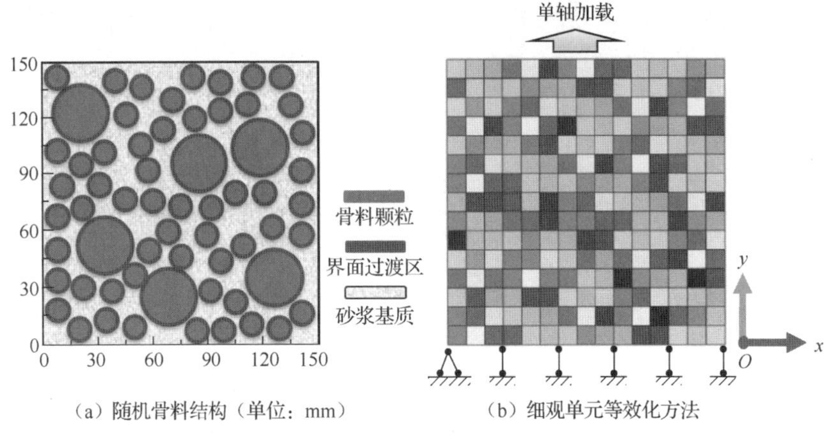

（a）随机骨料结构（单位：mm）　（b）细观单元等效化方法

图 6.1　湿筛混凝土细观力学数值模型

细观单元等效化模型中，采用第 2.3.4 节所给出的细观单元等效本构关系模型来描述其力学行为。同时，采用最大拉伸应变和最小压缩应变准则来描述单轴加载作用下混凝土的强度准则。简单地说，当混凝土细观单元的压缩应变达到给定的峰值压缩应变值，或当细观单元的最大主应变达到细观单元等效的拉伸峰值应变（抗拉强度对应的应变值），损伤产生。

混凝土细观各相材料力学参数如表 6.1 所示，各参数的物理意义详见 2.3 节。表 6.1 给出了界面过渡区的力学参数，目的是便于进行随机骨料模型结果与细观单元等效化方法结果的对比分析。

表 6.1　混凝土各相材料力学参数

材料	弹性模量 E/GPa	泊松比 ν	（拉/压）强度 σ_0 /MPa	λ	η	ξ
砂浆	30	0.22	2.5/25	0.1	4	10
骨料	50	0.16	7.0/80	0.1	5	10

2．参数选取与模拟工况

界面过渡区的厚度、力学特性、骨料形状、骨料大小及骨料分布形式都将对混凝土的宏观力学行为有很大的影响[20]。由于细观组成结构的复杂性及现有测量技术存在的缺陷，关于界面过渡区的力学性能至今尚未获得统一的明确的认识[21-23]。一般来说，界面过渡区的厚度大约为 10～50μm。但是，在进行数值模拟时，由于计算效率问题，难以做到采用“微米”量级的单元尺度作为混凝土过渡区有限元细观计算分析的尺度。本节数值模型中，将骨料颗粒周围 2mm 厚度范围内的区域设定为界面过渡区。实际上，可以通过试验测量来获得界面过渡区的力学性能，进而可以借助第 3 章的理论方法来反演计算出该厚度范围内砂浆基质的孔隙率。

为探究界面过渡区对混凝土宏观力学性能的影响，对不同界面过渡区性质（主要是弹性模量及强度）下混凝土试件的破坏行为进行数值研究。这里，通过在界面过渡区中设定不同的孔隙率来表征界面过渡区力学性能的差异。表 6.2 给出了几组近场砂浆基质（界面过渡区）孔隙率与其等效弹性模量、等效强度的定量关系，$E_{\mathrm{mo}}^{*}/E_{\mathrm{mo}}$ 及 $S_{\mathrm{mo}}^{*}/S_{\mathrm{mo}}$ 分别表示界面过渡区的弹性模量、强度与远场砂浆基质的弹模、强度的比值。

表 6.2　等效弹性模量及等效强度与孔隙率关系　（单位：%）

孔隙率 p	$E_{\mathrm{mo}}^{*}/E_{\mathrm{mo}}$	$S_{\mathrm{mo}}^{*}/S_{\mathrm{mo}}$	孔隙率 p	$E_{\mathrm{mo}}^{*}/E_{\mathrm{mo}}$	$S_{\mathrm{mo}}^{*}/S_{\mathrm{mo}}$
5	97.7	85.4	15	73.9	71.8
10	95.1	78.5	20	67.7	65.8
12.5	77.8	75			

下文将针对非均质混凝土材料，开展不同界面过渡区力学性能下混凝土单轴拉伸、单轴压缩以及混凝土弯拉力学性能的模拟研究，旨在揭示界面过渡区的影响规律。

6.1.2　界面过渡区对静态力学性能影响分析

1．混凝土单轴拉伸力学行为

图 6.2 为过渡区孔隙率等于 15%时二级配混凝土试件在单轴拉伸条件下的最大主应变变化云图。云图中“灰黑色区域”表示单元最大拉伸应变已达到或超过等效拉伸残余强度所对应的残余应变，产生破坏。可以看出，随着位移荷载增大，混凝土最大主应变慢慢增大并不断在混凝土内扩展；起初阶段整个模型基本处于线弹性状况，当局部单元达到其抗拉强度后，进入应变软化阶段，相继出现损伤并扩展直至产生断裂，随位移继续增大，不断有新的单元达到抗拉强度而进入软化损伤阶段，整体试件模型刚度随之降低，出现负刚度行为，变形也迅速增大。

可以看出混凝土材料的非均质性导致了混凝土内部反应的不均性，进而导致其宏观的非线性。混凝土非均质性的本质特性从图 6.3 也可以得到说明，图 6.3 是界面过渡区孔隙率为 15%的混凝土试件内部，同一水平线上 4 个节点的竖向位移随强制位移荷载变化而变化的情况。可以看出：起初外荷载（即强制位移）较小时，4 个节点竖向变形基本一致；随荷载继续增大，4 个节点变形出现了差别，这差别正是由于混凝土材料的非均质性所造成的。

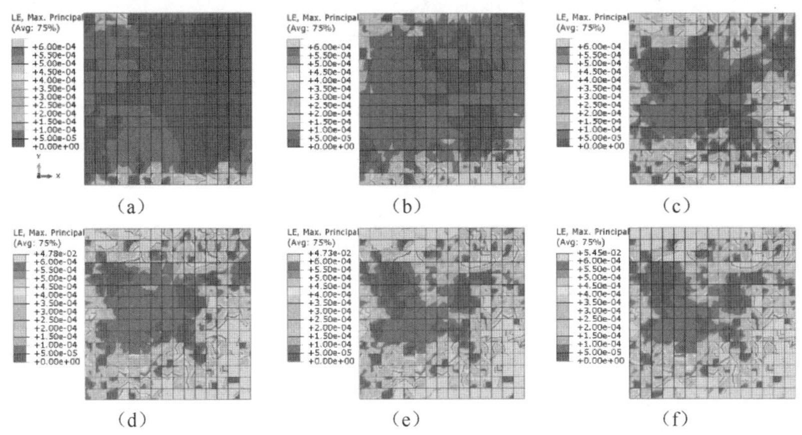

图 6.2　单轴拉伸下混凝土试件最大主应变变化过程

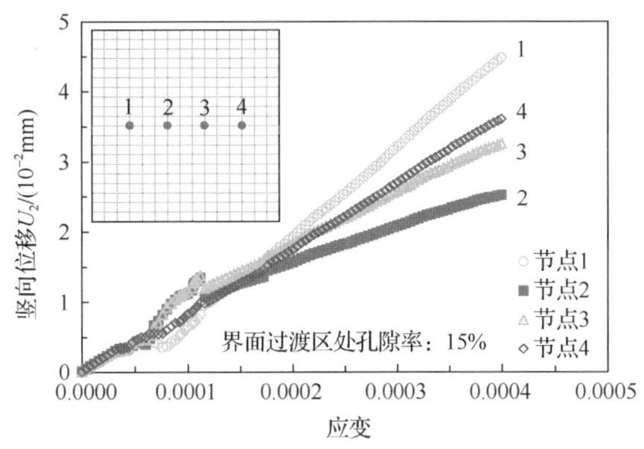

图 6.3　节点竖向位移变化图

图 6.4 是单轴拉伸条件下，采用细观单元等效化力学模型及随机骨料模型（RAM）得到的混凝土宏观应力-应变关系曲线图。针对界面过渡区的近场砂浆基质孔隙率为 0、10%、12.5%及 15%等 4 种不同特性，得到的混凝土单轴抗拉强度分别为 2.98MPa、2.78MPa、2.67MPa 和 2.52MPa；采用随机骨料模型（RAM）得到的混凝土单轴抗拉强度为 2.49MPa。界面过渡区的孔隙率为 15%时，两种方法得到的抗拉强度仅相差 1.2%，且宏观应力-应变曲线也基本相同。本章细观单元等效化模型中所采用的网格单元尺寸为 10mm×10mm，随机骨料模型则采用 2mm×2mm（小于或等于该尺寸时才可以获得稳定的计算结果）。

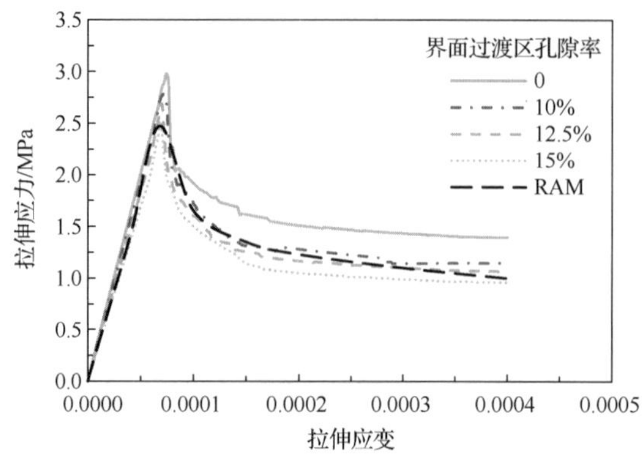

图 6.4　混凝土单轴拉伸应力-应变关系

从上述分析，可以得知：①界面过渡区的存在对混凝土的破坏过程及宏观力学性能具有很大影响，与不考虑界面过渡区相比，获得的宏观弹性模量及强度都有很大减少，因而不能忽略界面过渡区的影响；②界面过渡区孔隙率为 15%所获得的宏观力学性能与随机骨料模型获得结果基本吻合；③本章的细观单元等效化模型在保证计算精度的情况下可以高效地获得理想计算结果。

2．混凝土单轴压缩力学行为

界面过渡区孔隙率为 15%时的混凝土在单轴压缩荷载作用下的最小主应变变化过程如图 6.5 所示，混凝土内部组分的不均匀性使得其内部反应不均匀，云图中“灰黑色”区域表示该细观单元的最小主应变达到抗压强度所对应的峰值应变，开始产生损伤直至破坏。混凝土材料破坏是内部材料细观分布的非均匀性所引起的，其破坏过程实际上就是微裂纹萌生、扩展、贯通直至产生宏观裂纹，导致整个混凝土试件失稳破裂的过程。

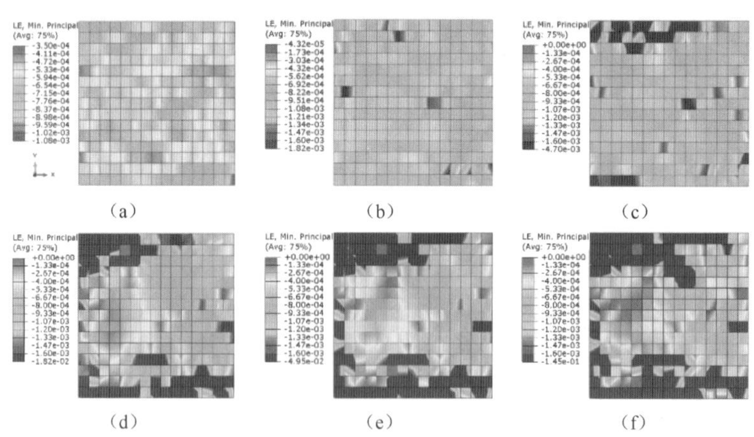

图 6.5　单轴压缩下混凝土最小主应变变化过程

图 6.6 是单轴压缩条件下不同界面过渡区力学性质时混凝土材料宏观应力-应变关系曲线。曲线包括上升段、峰值和下降段，4 种不同界面过渡区参数（0、10%、12.5%及 15%的近场砂浆基质孔隙率）下得到的抗压强度分别为 30.6MPa、27.2MPa、25.1MPa 和 25.2MPa。发现随着界面过渡区力学性能越来越弱（孔隙率越来越高），混凝土宏观弹性模量、抗压强度甚至其峰值应变和残余强度等力学性能都随之减小。

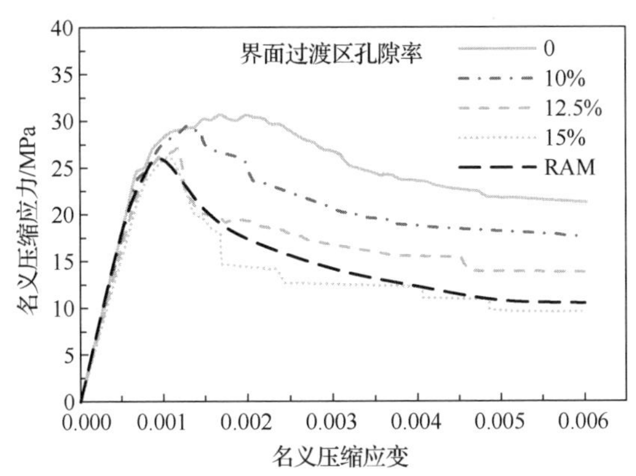

图 6.6　混凝土单轴压缩应力-应变关系

图 6.6 中还给出了采用随机骨料模型（RAM）得到的混凝土宏观应力-应变关系曲线，计算得到混凝土抗压强度为 25.7 MPa。同样发现采用 15%的界面过渡区孔隙率时计算得到的结果与随机骨料模型基本相同，有所区别的仅是混凝土达到其抗压强度后的软化段曲线。此外还可以发现在试样受力的起初，荷载位移较小，各单元基本处于弹性状态，混凝土宏观应力-应变保持着较好的线性状态。当试件的平均应力约达到抗压强度的 80%时，应力-应变关系开始出现较为明显的非线性，事实上此时混凝土试件内部存在着变形的局部化现象。

随着位移加载量的增大，有大量的单元开始产生损伤或破坏，并发展成裂纹，且损伤的单元相互贯通，应力-应变关系变得更具非线性。当位移加载不断增大使得混凝土达到其强度后，试件中损伤的单元相互作用并且贯通形成宏观裂纹带，此时混凝土试件发生失稳，但也还保留着一定的残余强度，逐渐失去承载能力，直至试件完全断裂破坏。

3．混凝土梁弯拉破坏行为

建立的湿筛混凝土弯拉梁二维模型如图 6.7 所示，混凝土梁的试件尺寸为 450mm × 150mm，分为 3 个区域，中部为细观考察区域，该区域内认为混凝土是由骨料、砂浆基质及界面过渡区组成的三相复合材料。两端部分为弹性混凝土，弹性模量 E_{con} 为 35GPa。在 M、N 两点同时采用以位移控制的加载方式作为外荷载，位移加载步长为 0.001mm。采用最大拉应变准则作为混凝土梁弯曲拉伸的破坏准则。

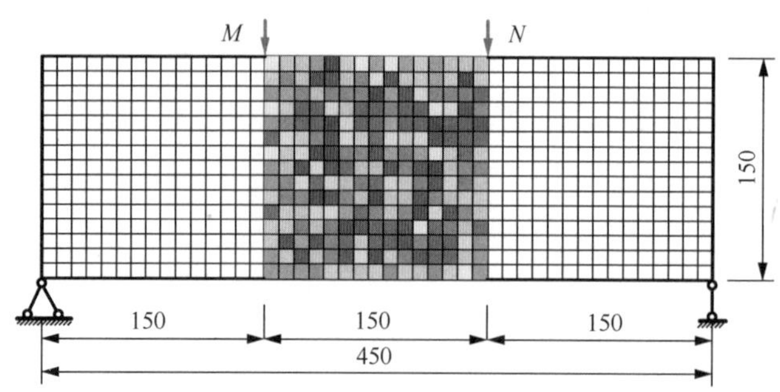

图 6.7　二级配混凝土梁弯拉试验示意图

图 6.8 为界面过渡区孔隙率为 15%时，混凝土梁在不同荷载情况下，梁弯拉变形的最大主应变变化云图。从图 6.8 中可以看出，由于梁的跨中承受的弯矩最大，因此首先在梁的跨中底部区域产生较大的拉伸变形，距下边缘较近的跨中内部最先开始有单元产生损伤或破坏；随着荷载的持续增加，变形逐渐发展，当施加荷载达到 29.75kN 时，混凝土梁达到弯拉强度而慢慢失稳破坏。

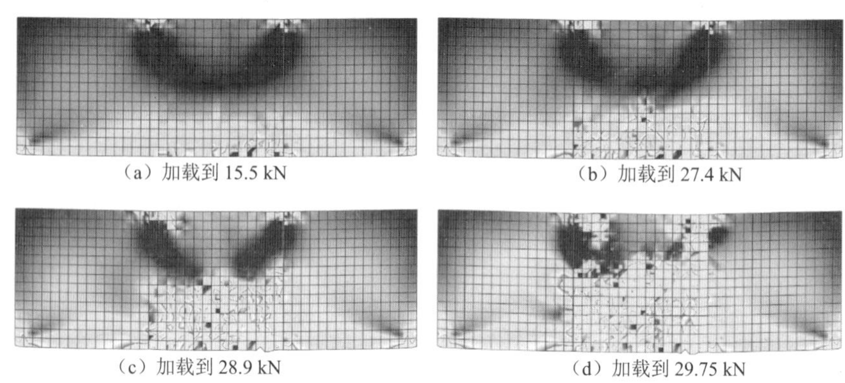

（a）加载到 15.5 kN　（b）加载到 27.4 kN

（c）加载到 28.9 kN　（d）加载到 29.75 kN

图 6.8　混凝土梁弯拉过程最大主应变云图

由于混凝土组成材料的非均质性，混凝土断裂不是单一裂纹的增长，而是很多裂纹不断成核的过程，随着加载位移的增大，梁底部受弯曲变形增大，破坏单元数量也慢慢增多，拉伸破坏从跨中底部向上部不断扩展，裂纹也不断从底部向上部延伸，直至混凝土梁达到弯拉强度而失稳破坏。据我国《水工混凝土试验规程》[24]知，混凝土梁的弯曲应力 λ_t 公式近似为

$$\lambda_t = \frac{F \cdot L}{b \cdot h^2} \tag{6.1}$$

式中：F 为弯曲荷载（与两支座反力合力值等同）；L 为支座间距（即跨度）；b 为试件截面宽度（对二维平面模型，取单位“1”）；h 为试件截面高度。

对界面过渡区的孔隙率分别为 0、10%、12.5%和 15%的 4 种情况进行分析，数值计算得到的荷载与加载点位移曲线如图 6.9 所示，得到对应的极限荷载为 35.5kN、32.4kN、30.8kN 和 29.75kN，相对应的混凝土梁的弯拉强度分别为 4.99MPa、4.32MPa、4.12MPa 和 3.97MPa。采用随机骨料模型计算得到二级配混凝土梁 4 点弯曲的极限荷载为 29.5kN，即混凝土弯拉强度为 3.93MPa。较之文献[25]给出的湿筛混凝土静态弯拉强度 3.84MPa，发现当设定混凝土界面过渡区的孔隙率为 15%时所得到的混凝土弯拉强度 3.97MPa 与之很接近。

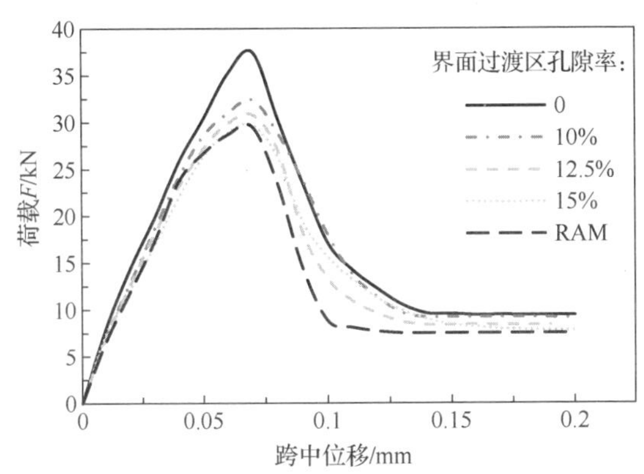

图 6.9　混凝土梁的荷载-加载点位移曲线

不难看出，考虑界面过渡区影响时混凝土的弯拉强度比不考虑界面过渡区时的混凝土强度小很多，如当骨料周围近场砂浆基质孔隙率为 15%时，得到的混凝土强度是无界面过渡区（不考虑界面过渡区影响，即孔隙率为零）时的 80%左右。这再次说明了界面过渡区的影响是不可忽略的。

6.2　界面过渡区对混凝土动态力学性能影响

6.1 节探讨了界面过渡区对混凝土静态力学性能的影响。实际上，混凝土工程结构或构件在工作中往往不可避免地要承受地震、碰撞甚至爆炸等动态荷载作用。正如第 5 章所述，动态加载下混凝土破坏模式及宏观力学性能（尤其是强度）与静态加载具有显著的区别，存在典型的率相关效应，而目前对于混凝土动态破坏机制的认识尚不统一，依然存在很多分歧。动态加载情况下，作为薄弱区域的界面过渡区会对混凝土的动态破坏模式及宏观力学性能产生怎样的影响，是个值得关注的科学问题，亦是本节探讨的主要问题[14, 15]。

6.2.1　细观力学模型与工况参数

1. 细观混凝土试件

为探讨动态加载条件下混凝土细观破坏行为，拟对图 6.10 所示的三组混凝土试件进行细观数值研究，即对图 6.10（a）所示的混凝土双边缺口试件进行单轴动态拉伸数值试验，对图 6.10（b）所示的混凝土立方体试件进行单轴压缩试验研究，对图 6.10（c）所示的混凝土三分点梁进行动态弯拉试验。

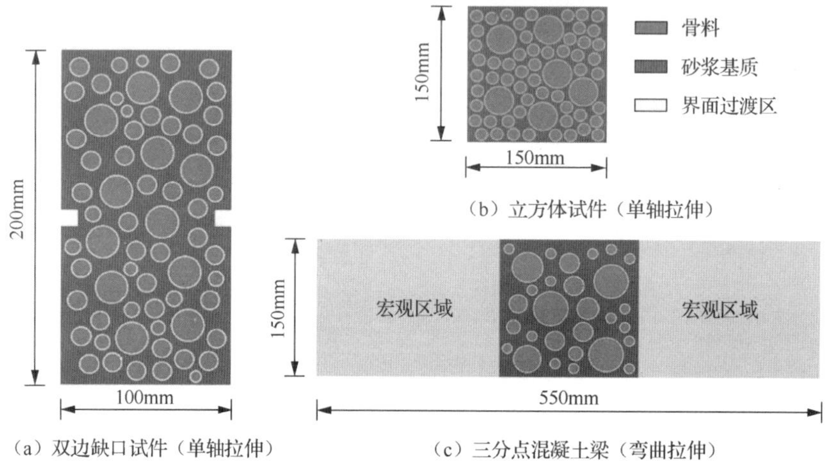

（a）双边缺口试件（单轴拉伸）　（b）立方体试件（单轴拉伸）　（c）三分点混凝土梁（弯曲拉伸）

图 6.10　3 组混凝土数值试验模型

混凝土双边缺口试件模型采用全截面细观力学数值模型建模，柱高 200mm，宽度为 100mm。混凝土立方体试件模型边长为 150mm。弯拉荷载作用下混凝土梁在跨中出现最大弯矩，因此在研究该混凝土梁的破坏过程时，为考虑计算效率问题，可以将跨中区域作为重点研究对象，采用细观力学数值模型建模，对梁跨中以外的区域可以采用宏观力学模型（即采用混凝土宏观力学性能）来描述。混凝土简支梁数值试件长为 550mm，梁高为 150mm，细观区域为跨中边长 150mm 的正方形区域。为简化计算，假定骨料均为圆形，图 6.10 中 3 组混凝土数值试件的骨料分布采用 Fuller 级配来描述，并基于 Fortran 程序生成实现。粗骨料粒径设定为 3～35mm，粒径小于 3mm 的细骨料颗粒认为与浆体构成砂浆基质。界面过渡区为骨料周围的一层薄弱层，其厚度取为 1mm。

骨料设为弹性体，砂浆基质及界面过渡区采用第 4 章给出的塑性损伤模型来描述其力学特性，其率效应按 5.1 节内容考虑。混凝土及其细观组分材料的力学参数见表 6.3。采用四边形等参单元来划分有限元网格，单元网格尺寸为 1mm。

2. 加载条件与模拟工况

为研究界面过渡区力学性质对混凝土动态破坏行为及宏观力学性质的影响，选用 4 组界面过渡区力学参数（即表 6.3 所示的 ITZ-1、ITZ-2、ITZ-3 和 ITZ-4）来进行数值研究。相对于普通砂浆基质，界面过渡区是一层具有较高孔隙率的砂浆基质，可以采用弱化的力学参数来表征界面过渡区的力学性质。选用的界面过渡区抗拉强度介于砂浆基质抗拉强度的 30%～100%，其抗压强度介于 40%～100%。表 6.3 中 ITZ-4 的力学参数与砂浆基质的力学参数完全相同。

混凝土试件的边界和加载条件：①对于图 6.10（a）和（b）所示的试件，在试件的顶面施加恒定速率 v，而在底边施加法向固定约束；②对于图 6.10（c）所示的混凝土简支梁，在顶面细观与宏观尺度模型交界点（两个点）同时施加竖向速率 v。

表 6.3　混凝土细观组分材料力学参数

组分	力学参数	砂浆基质	ITZ-1	ITZ-2	ITZ-3	ITZ-4	混凝土
界面过渡区与砂浆基质	密度 ρ /（10^3kg/m^3）	2.75	2.75	2.75	2.75	2.75	2.75
	弹性模量/GPa	38	28	30	32	38	50
	泊松比	0.20	0.20	0.20	0.20	0.20	0.20
	剪胀角 ψ /（°）	18	15	15	15	15	20
	偏心率 η	0.1	0.1	0.1	0.1	0.1	0.1
	K_c	0.667	0.667	0.667	0.667	0.667	0.667
	应力比	1.16	1.16	1.16	1.16	1.16	1.16
	拉伸屈服应力 σ_t /MPa	3.1	1.0	1.8	2.4	3.1	3.5
	压缩屈服应力 σ_{c0} /MPa	23	10	18	20	23	30
骨料	密度 ρ /（kg/m^3）	2.75×10^3					
	弹性模量/GPa	73					
	泊松比	0.16					

6.2.2　界面过渡区对动态力学性能影响分析

1. 混凝土动态拉伸力学行为

为研究界面过渡区力学性质对图 6.10（a）所示的双边缺口混凝土试件动态破坏行为的影响，选用了 4 组不同加载速率来进行对比分析，分别为：$v_1=0.01\text{m/s}$，$v_2=0.2\text{m/s}$，$v_3=10\text{m/s}$ 及 $v_4=20\text{m/s}$，对应的名义应变率 $\dot{\varepsilon}$ 分别为 $\dot{\varepsilon}_1=5\times10^{-2}/\text{s}$，$\dot{\varepsilon}_2=1/\text{s}$，$\dot{\varepsilon}_3=50/\text{s}$ 及 $\dot{\varepsilon}_4=100/\text{s}$。在该 4 组加载速率下，具有不同界面过渡区力学性能的混凝土试件的破坏模式如图 6.11（a）～（d）所示，获得的对应的宏观应力-应变关系曲线如图 6.12 所示。

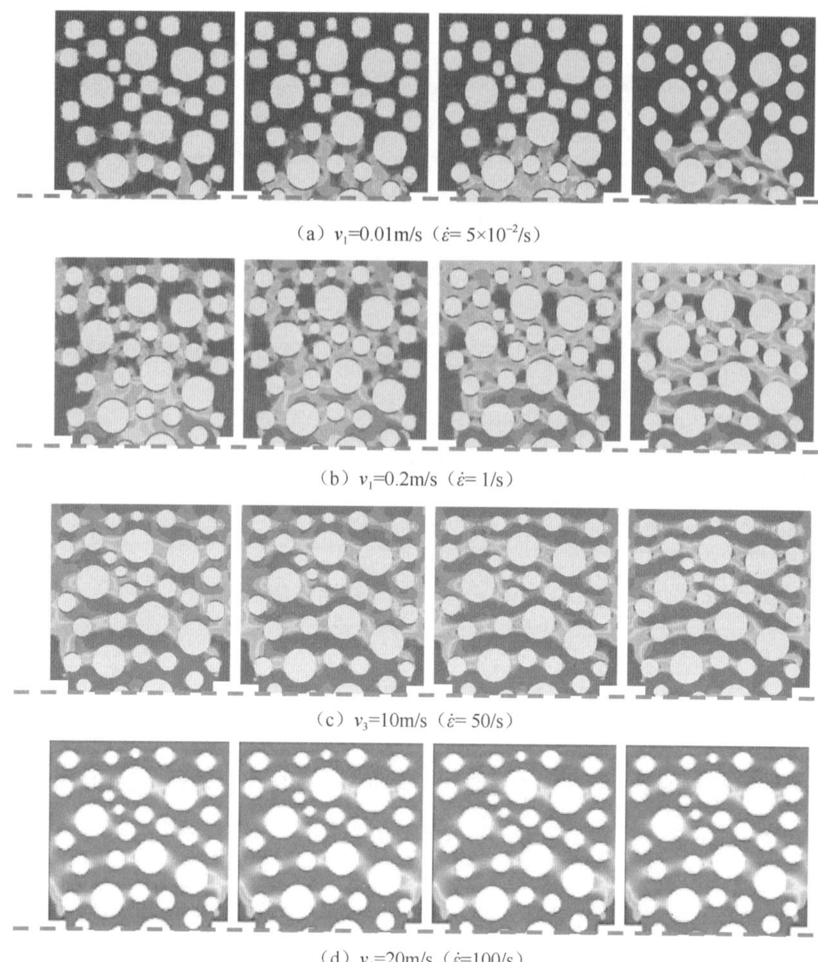

（a）v_1=0.01m/s（$\dot{\varepsilon}$= 5×10^{-2}/s）

（b）v_1=0.2m/s（$\dot{\varepsilon}$= 1/s）

（c）v_3=10m/s（$\dot{\varepsilon}$= 50/s）

（d）v_4=20m/s（$\dot{\varepsilon}$=100/s）

图 6.11　不同界面过渡区的混凝土双边缺口试件（截取上半部分）动态破坏模式

对于相对较低的应变率 $\dot{\varepsilon}_1 = 5\times10^{-2}\,/\,\mathrm{s}$，如图 6.11（a）所示，试件的破坏模式随着界面过渡区抗拉强度的变化而显著变化。此外，当界面过渡区抗拉强度较弱时，几乎在所有的界面过渡区产生损伤破坏。Kim 和 Abu Al-Rub[26]亦获得类似的破坏模式。当界面过渡区的强度逐渐增大并达到砂浆基质的抗拉强度时（即 ITZ-4，其抗拉强度 f_t = 3.1MPa），混凝土试件的损伤破坏集中于缺口区域。这与 Perdersen 等[27]的数值结果相同。简言之，在较低的加载速率下，随着界面过渡区力学性能的增强，试件中裂纹从界面过渡区扩展到基质中，宏观力学性能进而随之增强，如图 6.12 所示。

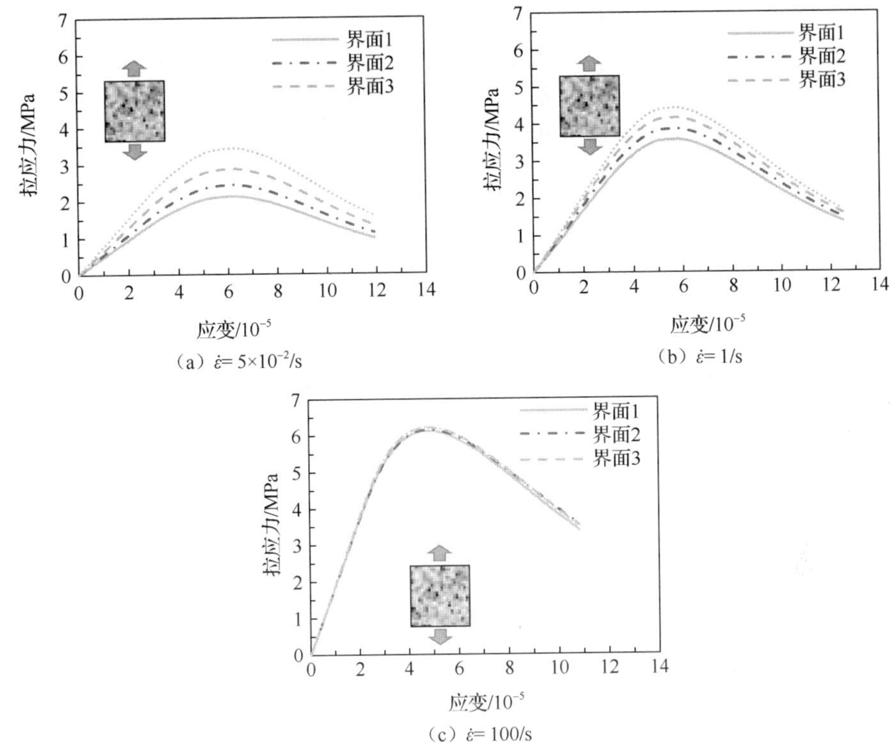

图 6.12　3 种加载速率下双边缺口试件宏观拉伸应力-应变曲线

对于加载应变率 $\dot{\varepsilon}_2$ = 1/s，如图 6.11（b）所示，试件的破坏模式亦随着界面过渡区性质的变化而变化。对比图 6.11（b）和（a）可以看出，试件中产生的裂纹数或损伤区域明显增大，界面过渡区对混凝土宏观力学性能的影响减弱，这从图 6.12（b）的宏观应力-应变关系曲线可以得到证实。

对于高加载应变率 $\dot{\varepsilon}_3$ = 50/s 和 $\dot{\varepsilon}_4$ = 100/s，从图 6.11（c）和（d）可以看出 4 组界面过渡区力学参数下获得的混凝土试件破坏模式近乎完全相同，其宏观应力-应变关系亦基本重合，如图 6.12（c）所示。简单地说，在高应变率下，界面过渡区强度对混凝土动态拉伸破坏行为影响很小，可以忽略。

当加载速率较小时，裂纹优先从较为薄弱的界面过渡区穿过；而当加载速率很大时，如 $\dot{\varepsilon}_3$ > 50/s 时，裂纹扩展速度变得越来越大，裂缝路径亦变得复杂。正如 Ožbolt 和 Sharma[28]研究结果所示，裂纹扩展速度达到一定临界值时将导致裂纹分支现象产生，并且将导致裂纹路径更加随机和复杂（即裂纹将不选择薄弱的区域作为其扩展路径）。

此外，对比图 6.11（a）～（d）可以看出，随着加载速率的增大，试件中损伤区域不断增大，耗散更多的能量，因而可以认为是导致混凝土宏观强度增大的原因之一。从图 6.12 的宏观应力-应变关系曲线可以发现随着加载速率的增大，界面过渡区对混凝土宏观力学性能的影响不断减小。当加载速率 v 分别为 10m/s 和 20m/s 时（应变率为 $\dot{\varepsilon}$= 50/s 和 100/s），具有较低界面过渡区强度（即 ITZ-1）混凝土试件的宏观动态抗拉强度分别是具有高界面过渡区强度（即 ITZ-4）混凝土试件宏观强度的 98.5%和 99.3%。

2. 混凝土动态压缩力学行为

为探讨界面过渡区性质对混凝土动态压缩力学特性的影响，选取了 5 组不同加载速率进行数值研究，分别为 $v_1 = 1.5\times10^{-6}$m/s，$v_2 = 1.5\times10^{-4}$m/s，$v_3 = 0.15$m/s，$v_4 = 15$m/s 和 $v_5 = 30$m/s，对应的名义应变率 $\dot{\varepsilon}_1 = 1\times10^{-5}$/s，$\dot{\varepsilon}_2 = 1\times10^{-2}$/s，$\dot{\varepsilon}_3 = 1$/s，$\dot{\varepsilon}_4 = 100$/s 和 $\dot{\varepsilon}_5 = 200$/s。获得的方形混凝土试件的单轴压缩动态破坏模式如图 6.13 所示，对应的单轴压缩宏观应力-应变关系曲线如图 6.14 所示。

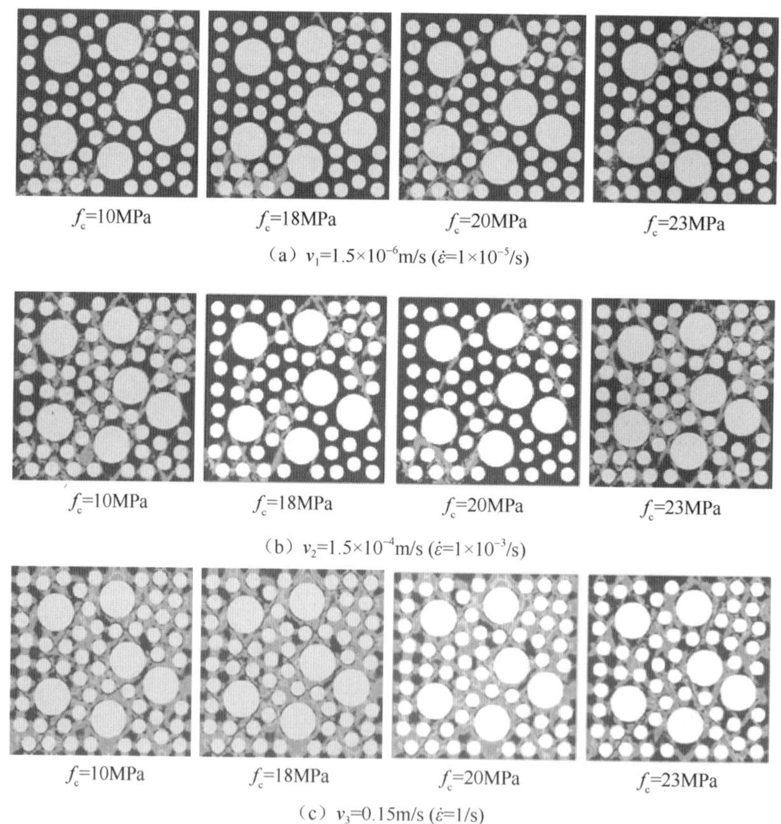

图 6.13　不同界面过渡区力学参数下混凝土单轴压缩动态破坏模式

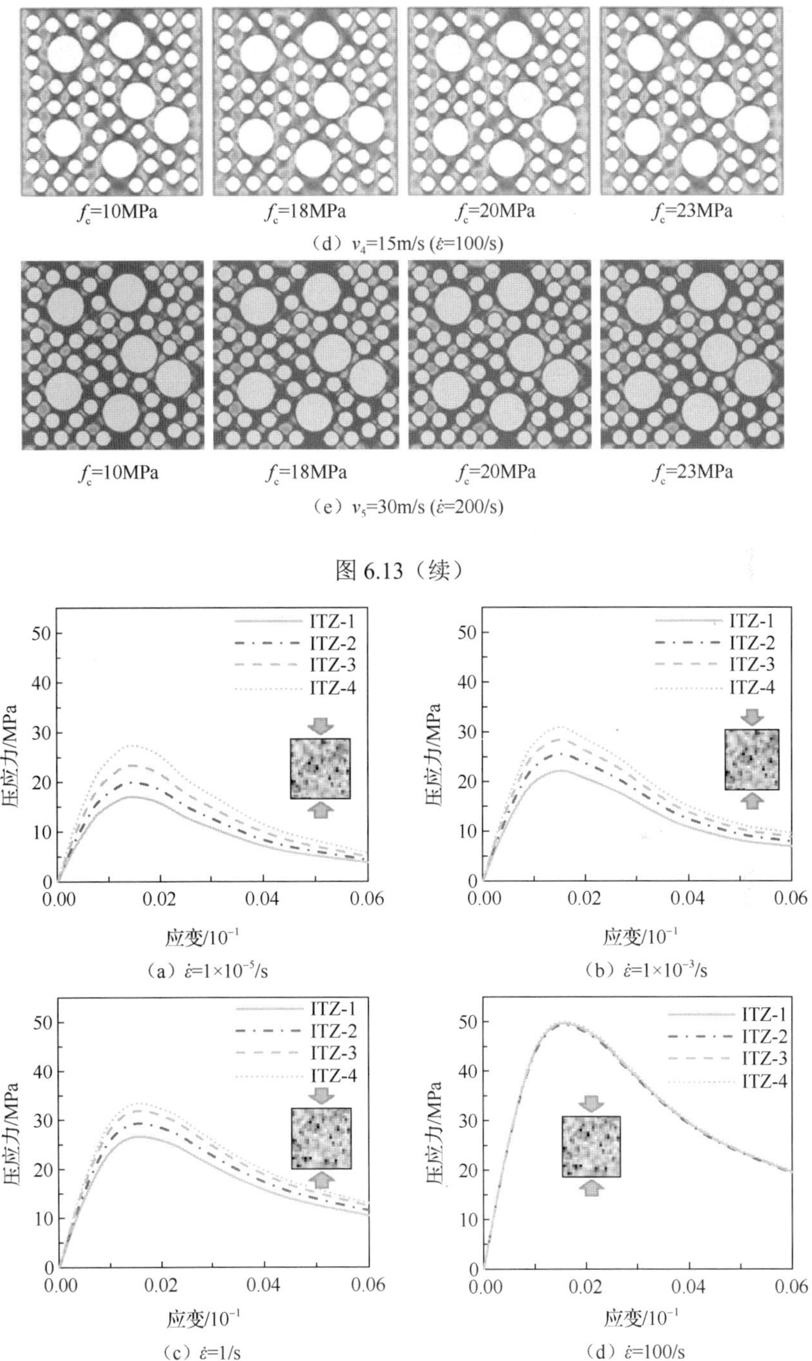

（d）v_4=15m/s ($\dot{\varepsilon}$=100/s)

（e）v_5=30m/s ($\dot{\varepsilon}$=200/s)

图 6.13（续）

（a）$\dot{\varepsilon}=1\times10^{-5}$/s　（b）$\dot{\varepsilon}=1\times10^{-3}$/s

（c）$\dot{\varepsilon}$=1/s　（d）$\dot{\varepsilon}$=100/s

图 6.14　不同加载速率下的混凝土单轴压缩宏观应力-应变曲线

从图 6.13 可以看出，当应变率 $\dot{\varepsilon}$ 介于 1×10^{-5}/s 到 1×10^{-3}/s 时，仅仅一条或几条斜裂纹贯穿混凝土试件。当应变率接近 1/s 时，则产生大量的裂纹，并伴有裂纹分支行为产生。而当应变率达到 100/s 时，试件中大部分区域均产生损伤，致使混凝土试件产生压碎破坏。该结果与 Chen 等[29]试验结果一致。

对于加载应变率 $\dot{\varepsilon}_1 = 1\times10^{-5}$/s（即趋于拟静态），如图 6.13（a）所示，试件的压缩破坏模式随界面过渡区性质改变而显著变化。从图 6.13（a）及图 6.14（a）可以得知在低应变率下界面过渡区性质对混凝土宏观力学行为产生很大影响。

当应变率 $\dot{\varepsilon}$ 介于 $1\times10^{-5}\sim1\times10^{-3}$/s 时，可以看出不同界面过渡区性质下获得的试件裂纹路径是各异的，其对应的宏观应力-应变曲线也具有很大的区别，如图 6.14（b）和（c）所示。尽管如此，随着应变率的增加，4 组界面过渡区力学参数下获得的宏观抗压强度的差异逐渐减小。当应变率达到 100/s 或 200/s 时，试件大部分区域损伤破坏，此时 4 组不同界面过渡区力学参数下获得的宏观应力-应变关系曲线几乎完全重合。如图 6.14（d）所示，界面过渡区 ITZ-1 参数下获得的动态抗压强度是界面过渡区 ITZ-4 时的 98.8%。

简言之，低应变率下，界面过渡区对混凝土动态破坏行为产生显著影响；而在高应变率下（如 $\dot{\varepsilon}$ 达到 100/s），界面过渡区性质的影响可以忽略。

3. 混凝土梁动态弯拉力学行为

对图 6.10（c）所示的混凝土梁的动态弯拉行为进行数值研究，探讨界面性质的影响，选取 3 种加载速率，即 $v_1 = 0.075$m/s，$v_2 = 0.15$m/s，$v_3 =9.5$m/s。获得的混凝土梁动态弯拉破坏模式如图 6.15 所示，对应的宏观弯拉应力-位移曲线如图 6.16 所示。需要说明的是，弯拉应力 $\sigma_{\mathrm{ft}} = P\cdot l/(b\cdot h^2)$，其中 P 为两个加载点反力的合力，l 为两个支座间距，b 为梁宽，h 为梁高。从图 6.15 可以看出，随着加载速率的增大，梁中产生的裂纹数量急剧增大。

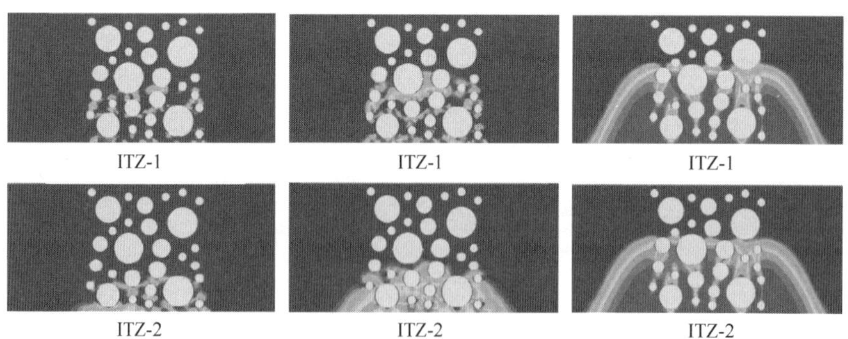

图 6.15　不同界面过渡区的混凝土简支梁动态破坏模式

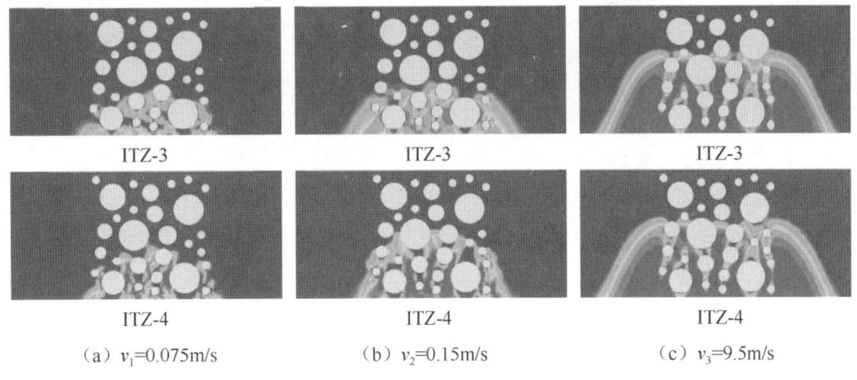

（a）v_1=0.075m/s　　（b）v_2=0.15m/s　　（c）v_3=9.5m/s

图 6.15（续）

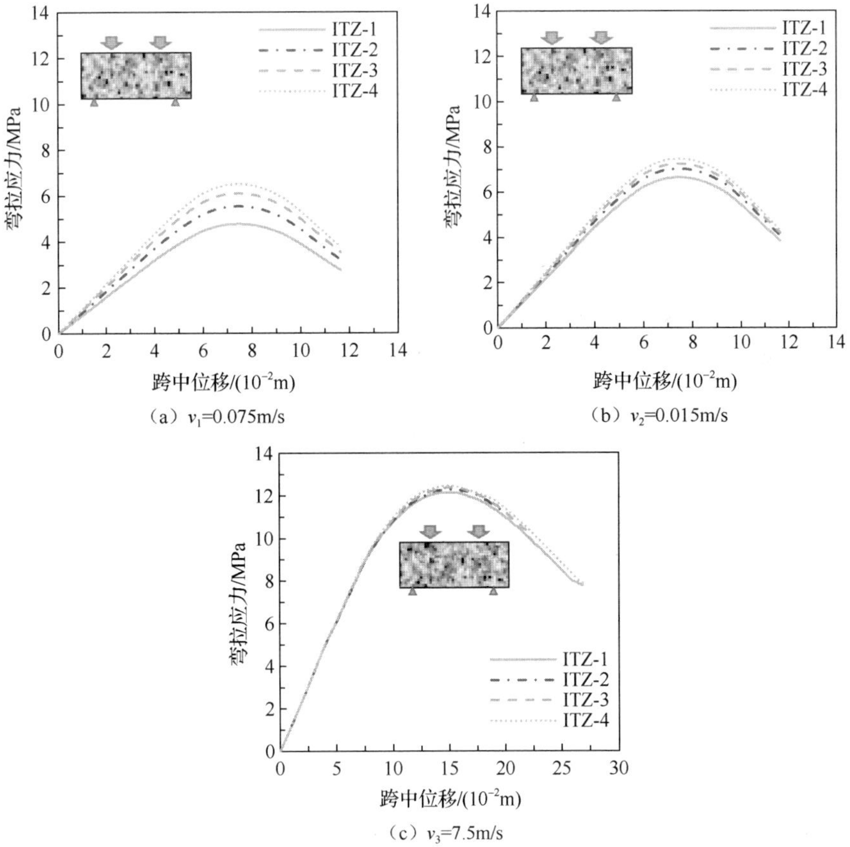

弯拉应力/MPa
跨中位移/(10^{-2}m)
ITZ-1　ITZ-2　ITZ-3　ITZ-4

（a）v_1=0.075m/s

弯拉应力/MPa
跨中位移/(10^{-2}m)
ITZ-1　ITZ-2　ITZ-3　ITZ-4

（b）v_2=0.015m/s

弯拉应力/MPa
跨中位移/(10^{-2}m)
ITZ-1　ITZ-2　ITZ-3　ITZ-4

（c）v_3=7.5m/s

图 6.16　3 种不同加载速率下简支梁模型的宏观应力-竖向集中位移曲线

当加载速率为 0.075m/s 时，如图 6.15（a）所示，随着界面过渡区强度的增大，混凝土梁的裂纹扩展路径明显改变，裂纹扩展路径从界面过渡区转移到砂浆基质中，进而导致更强的宏观弯拉强度。显然，界面过渡区力学性能对梁的宏观力学性能及破坏模式有显著影响。

当加载速率为 0.15m/s 时，4 组不同界面过渡区强度下的梁破坏模式如图 6.15(b)所示。在该加载速率下，界面过渡区强度依然对梁的破坏行为产生很大的影响。尽管如此，对比图 6.16（b）和（a）可以看出，加载速率的增加导致界面过渡区性质的影响产生减弱的趋势。

图 6.15（c）和图 6.16（c）给出了高加载速率（即 $v_3 = 9.5\text{m/s}$）下混凝土梁的动态弯拉破坏行为。从图 6.15（c）可以看出，4 组界面过渡区力学参数下获得的梁的动态弯拉破坏模式近乎完全相同，说明界面过渡区的影响很小，可以忽略；图 6.16（c）中宏观弯拉应力与加载点位移关系曲线重合的现象也说明了界面过渡区的影响很弱。如图 6.16（c）所示，界面过渡区 ITZ-1 力学参数下获得的梁的宏观弯拉强度约为界面过渡区 ITZ-4 下混凝土梁动态弯拉强度的 98.7%。同样说明，低应变率下，界面过渡区对混凝土梁的动态破坏行为产生显著影响；而在高应变率下，界面过渡区性质的影响可以忽略。

总地来说，通过上述算例的细观数值研究，可得知：①低加载速率条件下界面过渡区的力学性能对混凝土损伤破坏模式和宏观力学性能有显著影响；随着界面过渡区力学性能的增强，试件中裂纹从界面过渡区扩展到基质中。②高加载速率（名义应变率>50s^{-1}）很大时，如冲击荷载作用下混凝土动态破坏模式基本不受界面过渡区力学性能的影响。③在对高速冲击、碰撞或爆炸条件下关于混凝土破坏的数值研究中可忽略界面过渡区的影响。

6.3　缺陷对混凝土静态力学性能影响

第 3 章基于经典复合材料多尺度解析模型，推导获得了多孔和湿态混凝土材料的宏观力学参数，包括弹性模量、泊松比、强度及对应峰值应变等与孔隙率及饱和度之间的定量关系。本节从细观角度出发，分别借助细（微）观随机骨料模型及细观单元等效化分析模型，探究初始缺陷（孔隙和微裂纹）对水泥基复合材料破坏机理及宏观力学特性的影响[16, 17, 19]。

6.3.1　缺陷对水泥基材料静态性能影响分析

多孔复合材料的有效力学性质与其微/细观孔隙结构紧密关联[30,31]。水泥基复合材料的孔隙结构包括孔隙尺寸、孔隙的连通性、孔隙表面粗糙度及孔隙的体积分数（即孔隙率）等。正如前文所述，在所有因素中，孔隙率被认为是孔隙材料微观结构的最重要的参数[32,33]。同第 3 章，这里亦主要探讨孔隙率对水泥基复合材料宏观力学特性的定量影响[19]。

1．微-细观力学模型

为探讨孔隙结构尤其是孔隙率对水泥砂浆基质宏观力学性能的影响，假定微观尺度上干燥多孔水泥浆体由内部闭口孔（即“孔隙夹杂”）和浆体基质（孔隙率为零）组成，建立了如图 6.17（a）所示的三维多孔水泥浆体试件的代表性体积单元（RVE），其尺寸为 150mm × 150mm × 150mm。从 Chen 等[34]的试验结果可以看出，水泥浆体中 “孔隙夹杂”的形状近似为球形或椭球形。为简化起见，这里假定水泥浆体中的孔隙（或缺陷）为球形，将球形孔隙夹杂投放进水泥浆体基质中。

需要说明的是，试验测试获得的缺陷尺寸分布存在一个所谓的中值粒径[31,35]，因此数值模型中采用该中值粒径。典型的水泥浆体试件中孔隙空间分布情况（孔隙率为 20%）如图 6.17（b）和（c）所示，对应图 6.17（a）所示的 4 个切面（i—i、ii—ii、iii—iii 和 iv—iv）中孔隙的分布如图 6.17（d）所示。

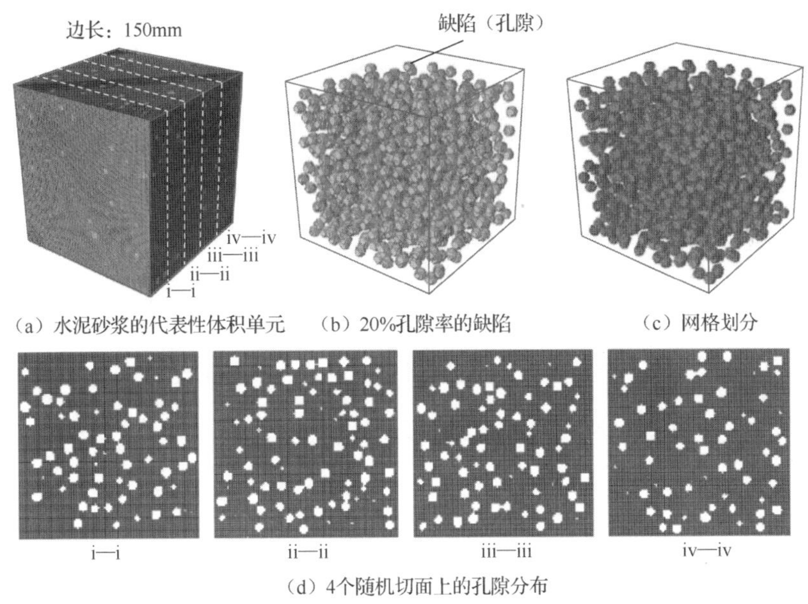

（a）水泥砂浆的代表性体积单元　（b）20%孔隙率的缺陷　（c）网格划分

（d）4个随机切面上的孔隙分布

图 6.17　含初始缺陷水泥砂浆基质微-细观力学计算模型

采用第 4 章所述的塑性损伤本构关系模型来描述浆体的力学行为。这里，浆体基质材料力学参数通过对 Chen 等[34]试验反复试算来确定。针对试验中出现的不同孔隙率工况问题，分别建立了相对应的三维数值模型。对同一孔隙率的数值模型分别赋予不同的材料参数进行反复模拟，当模拟结果与该孔隙率下对应的试验结果相同时，则将该次模拟所用材料参数用于后续的模拟研究中。由于试验的离散性，共进行了 8 组力学参数的试算，获得了 8 组相互之间略有差异的材料参数。进而在后续的数值研究工作中，对同一孔隙率下的模型亦分别赋予上述 8 组不同力学参数进行模拟。

2．数值模型验证

Chen 等[34]试验研究了孔隙率对水泥砂浆基质抗压强度、劈裂抗拉强度和弯曲抗拉强度的影响，试验制备的水泥砂浆试块实测孔隙率为 10%～35%，进而探讨了现有半经验半解析理论公式的合理性。这里，首先对该试验开展数值模拟，分别获得其轴压和抗拉强度与孔隙率之间的关系，并与试验结果进行对比验证。进而，开展具有更大孔隙率（最大为 75%）水泥浆体力学性能的数值试验，从而提出了能够预测较大孔隙率范围的多孔水泥基复合材料强度/弹性模量-孔隙率关系模型。

基于图 6.17 所示的数值计算模型，对孔隙率介于 0～75%的 16 组不同孔隙率下的水泥砂浆基质试块的单轴压缩和单轴直接拉伸行为进行了数值模拟。考虑“孔隙夹杂”空间分布的不同，结合获得的 8 组力学参数，对每个孔隙率开展 8 组不同孔隙空间分布的数值试验。彩图 15 给出的是孔隙率为 20%的某一水泥砂浆基质试块在单轴拉伸和单轴压缩荷载作用下的破坏模式。

从彩图 15（a）可知，在单轴拉伸荷载作用下，试块内部形成了数条长短不一的水平裂缝。可以看出，试块内部随机分布着若干孔隙，而试块受荷后的应力分布与其内部孔隙分布密切相关，因此试块内部的应力分布极其复杂。同一试块内不同水平面的孔隙率也不尽相同，导致在孔隙率较大的平面内应力值较大，而孔隙率较小的平面内则应力值较小，故而数条水平裂缝主要集中在孔隙较多的平面。

由彩图 15（a）所示的 4 个竖直切面可以看出，在试块中部偏下的水平面内集中了较多的孔隙，各孔隙之间由水平裂缝相互连通，进而贯通形成了试块受拉破坏的主裂缝。而对于单轴受压的情况则如彩图 15（b）所示，试件的 4 个竖直切面中主要裂缝均呈 45° 倾斜分布。

数值获得的单轴拉伸及单轴抗压强度与 Chen 等[34]试验结果的对比如图 6.18 所示。此外，图 6.18 亦给出了强度与孔隙率定量关系的拟合曲线。这里，参同最新修订的 Fédération Internationale du Béton（FIB）规范[36]，将水泥基材料的直接抗拉强度视为劈裂抗拉强度。Chen 等[34]试验研究工作中水泥基混凝土材料的孔隙率介于 10%～35%，对于孔隙率为 40%～70%的情况，进一步选取了 Nambiar 和 Ramamurthy[37]的试验数据与数值模拟结果进行对比验证，如图 6.19 所示。从图 6.19

可以看到，Nambiar 和 Ramamurthy[37]的试验结果散落在本节模型模拟结果曲线两侧。总体来说，图 6.18 和图 6.19 的模拟结果与试验结果的良好吻合说明了模拟方法的准确性。

3．强度与孔隙率关系

对于抗压强度和孔隙率之间的关系，如前文所述，表征水泥基材料强度和孔隙率 p 之间关系的研究成果已有很多，部分研究成果以函数形式列于表 6.4 中。图 6.18 依据模拟结果，给出了对应的拟合曲线，即为五次函数型经验关系式（表 6.4）。针对 Chen 等[34]试验结果，给出了各组函数如图 6.20 所示。

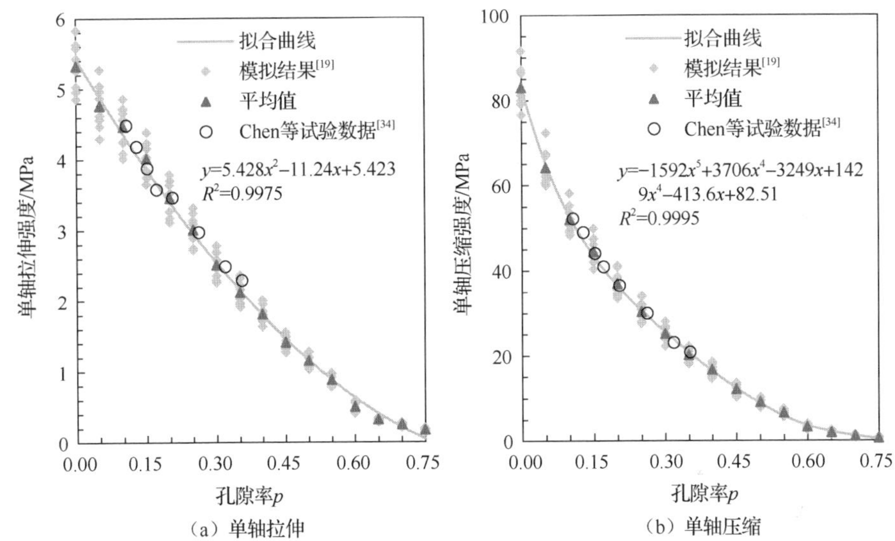

图 6.18　数值模拟结果和 Chen 等[34]试验结果

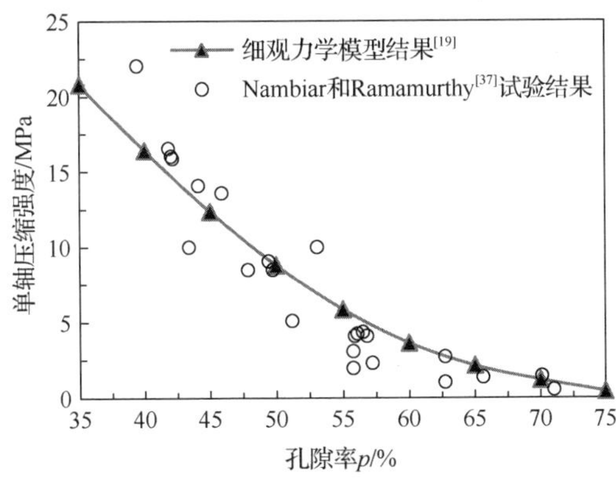

图 6.19　模拟结果与 Nambiar 和 Ramamurthy[37]试验结果对比

表 6.4　描述抗压强度-孔隙率关系经验公式的拟合参数

文献来源	函数类型	表达式	参数	
Balshin[38]	Power	$\sigma=\sigma_c(1-p)^n$	$\sigma_c=70.8$	$n=2.91$
Ryshkewitch[39]	Exponential	$\sigma=\sigma_c\exp(-cp)$	$\sigma_c=77.0$	$c=3.74$
Schiller[40]	Logarithmic	$\sigma=k\ln(p_0/p)$	$k=26.3$	$p_0=0.78$
Hasselmann[41]	Linear	$\sigma=\sigma_c-bp$	$\sigma_c=62.6$	$b=123.1$
Wischers[42]	Power	$\sigma=\sigma_c(1-p)^{2.7}$	$\sigma_c=70.0$	—
Hansen[43]	Power	$\sigma=\sigma_c(1-1.2p^{2/3})$	$\sigma_c=70.0$	—
拟合曲线	Polynomial	$\sigma=82.51-413.6p+1429p^2-3249p^3+3706p^4-1592p^5$		

注：σ_c 代表孔隙率为零时水泥砂浆基质的抗压强度。

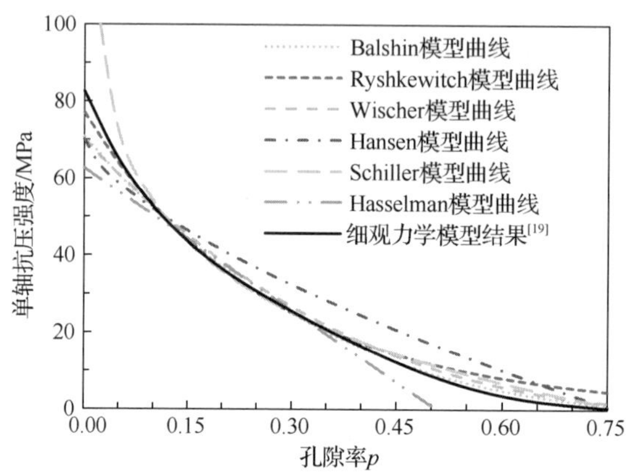

图 6.20　抗压强度-孔隙率关系预测模型及部分经验公式

从图 6.20 中可以看出，随着孔隙率的增大强度逐渐减小。不同预测模型曲线之间有重合的部分，但在某些孔隙率范围内也有较大的差异。当孔隙率小于 10%时，Schiller[40]的模型曲线与其他曲线之间有很大的差异，这与其所选函数形式密切相关；在 10%～20%孔隙率范围内，从图 6.20 可以看出所有预测模型曲线基本吻合；当孔隙率大于 20%时，Hansen 的模型曲线开始与其他曲线之间表现出差异；而当孔隙率大于 40%时，Hasselman 的模型曲线亦开始明显区别于其他曲线。

总体来说，当孔隙率小于 10%时，Ryshkewitch[39]提出的模型曲线能很好地描述抗压强度与孔隙率之间的关系，即与本节拟合曲线吻合最优；而当孔隙率介于 10%～75%之间，拟合曲线与 Balshin[38]的模型曲线吻合程度较高。

针对 Chen 等[34]关于劈裂抗拉强度的试验结果，表 6.5 给出了现有不同抗拉强度-孔隙率关系经验公式及相关的拟合参数，另外给出了本节拟合获得的二次多项式关系式。图 6.21 为不同预测模型下对应的抗拉强度与孔隙率之间的定量关系，抗拉强度随着孔隙率的增大而逐渐减小。

表 6.5　描述抗拉强度-孔隙率关系经验公式的拟合参数

文献来源	函数类型	表达式	参数	
Balshin [38]	Power	$\sigma=\sigma_t(1-p)^n$	$\sigma_t=5.36$	$n=2.03$
Ryshkewitch[39]	Exponential	$\sigma=\sigma_t\exp(-cp)$	$\sigma_t=5.71$	$c=2.63$
Schiller[40]	Logarithmic	$\sigma=k\ln(p_0/p)$	$k=1.75$	$p_0=1.33$
Hasselmann[41]	Linear	$\sigma=\sigma_t-bp$	$\sigma_t=5.08$	$b=8.19$
Wischers[33]	Power	$\sigma=\sigma_t(1-p)^{2.7}$	$\sigma_t=6.0$	—
Hansen[32]	Power	$\sigma=\sigma_t(1-1.2p^{2/3})$	$\sigma_t=6.0$	—
拟合曲线	Polynomial	$\sigma=5.423-11.24p+5.428p^2$		

注：σ_t 代表孔隙率为零时水泥砂浆基质的抗拉强度。

从图 6.21 中可以看出抗拉强度-孔隙率经验关系曲线有交叉亦有分歧。同样，由于函数形式的影响，当孔隙率小于 10%时，Schiller[40]模型曲线与其他曲线之间差异较大；而在 10%～35%的孔隙率范围内，除了 Wischer[42]模型曲线外，其他所有曲线基本重合；当孔隙率超过 35%时，不同模型曲线之间的差异开始明显增大。

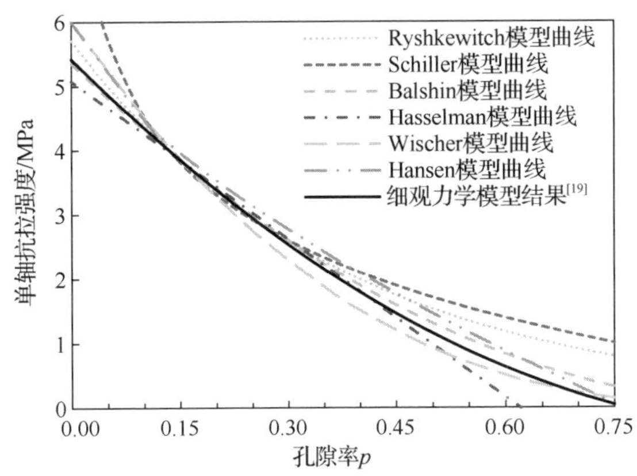

图 6.21　抗拉强度-孔隙率关系预测模型

从图 6.21 还可以看出，当孔隙率在 0～30%之间时，Wischer 模型曲线[42]和 Balshin[38]模型曲线与本节拟合曲线基本重合。当孔隙率大于 30%之后，Wischer 模型曲线[33]更能合理地描述抗拉强度与孔隙率间定量关系，与拟合曲线吻合最好。而当孔隙率大于 60%后，各经验模型的预测结果差异明显增大，此时 Hansen 模型[32]与 Ryshkewitch 模型[39]已与本节模拟结果存在很大差异。

通过对抗压强度和抗拉强度与孔隙率关系的分析，可以发现：相对来说，当孔隙率介于 10%～30%时，大多数现有经验公式都能很好地表征水泥基复合材料宏观力学性能与孔隙率之间的关系；在孔隙率小于 10%和大于 30%时，大多数现有经验公式则很难表征多孔水泥基材料与孔隙率的关系。

幂函数成为描述抗压强度和间接抗拉强度之比与孔隙率关系的主要形式，Chen 等[34]基于试验结果获得的函数关系为

$$\frac{\sigma_c}{\sigma_t}=7.45p^{-0.221} \tag{6.2}$$

式中：σ_c 为水泥砂浆基质的抗压强度；σ_t 为水泥砂浆基质的劈裂抗拉强度；p 为孔隙率，具体函数曲线的形式如图 6.22 所示。

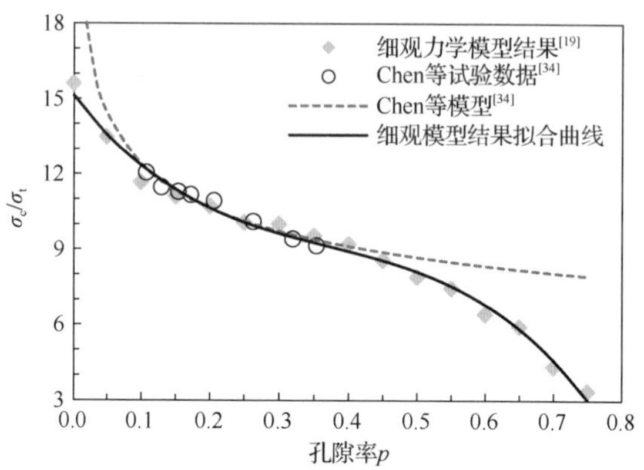

图 6.22　压/拉强度之比-孔隙率关系回归曲线

从图 6.22 可以看出，本节数值模拟涉及的孔隙率范围较大（0～75%），依据数值模拟结果，建议采用指数函数来描述压/拉强度比 σ_c/σ_t 的定量关系，表达式为

$$\frac{\sigma_c}{\sigma_t}=14.323\mathrm{e}^{-1.246p} \tag{6.3}$$

从图 6.22 可知，该指数型函数能很好表征模拟结果及试验结果的发展趋势。另外，从图 6.22 还可以看出，当孔隙率介于 10%～40%时，Chen 等[34]给出的幂函数模型曲线能很好地表征压/拉强度之比与孔隙率之间的关系。而当孔隙率较低（小于 10%）及较高（大于 40%）时，幂函数形式方程曲线预测的准确性较差。此外，Older 和 Rößler[42]认为压/拉强度之比随着孔隙率的增大而呈线性降低，在趋势上与本节计算结果吻合。

6.3.2　缺陷对混凝土静态性能影响分析

6.3.1 节借助含缺陷水泥基复合材料的微-细观结构特征，采用细观随机骨料模型（孔隙作为夹杂相）来研究其宏观力学性能。本节将采用第 2 章提出的细观单元等效化模型来探究缺陷对混凝土破坏行为的影响[16, 17]。

1. 含缺陷混凝土细观力学模型

采用 Monte Carlo 法将骨料及孔隙或微裂纹（简化为圆孔）随机地投放在 150mm × 150mm 的方形区域内，建立了含孔隙的混凝土三相复合材料二维试件模型，如图 6.23（a）所示。采用材料特征单元尺度方法来进行网格剖分，在此基础上采用复合材料等效化方法建立单元内各向同性、单元间性质各异的细观单元等效化模型，如图 6.23（b）所示。

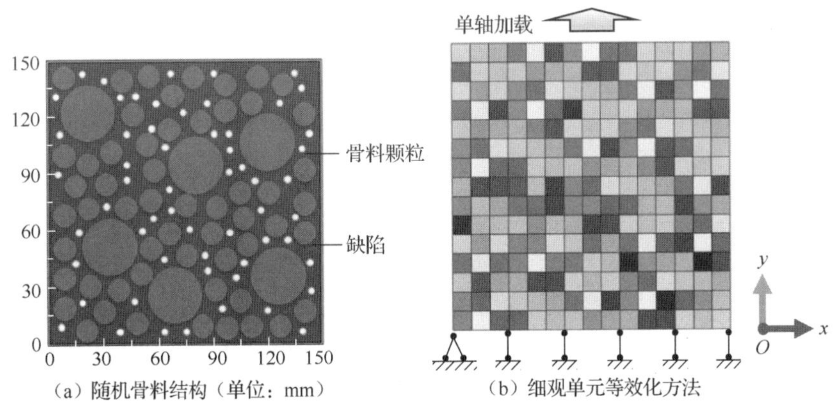

（a）随机骨料结构（单位：mm）　（b）细观单元等效化方法

图 6.23　多孔混凝土细观尺度力学分析模型

本模型中，骨料及砂浆基质材料参数的选取如表 6.6 所示。试件中骨料各种代表粒径的等效颗粒数：中石（$d=30$mm）6 颗，小石（$d=12$mm）56 颗；对于孔隙或微裂纹，这里我们对孔隙等效粒径不做要求，而是以满足具体的体积分数为基准，如采用 1mm 的粒径和 2mm 的粒径皆可，仅要求孔隙总体积分数相同。

表 6.6　混凝土在拉伸及压缩下的材料参数

材料	弹性模量/GPa	泊松比 ν	强度（拉/压）/MPa	λ	η	ξ
砂浆基质	30	0.22	2.5/25	0.1	4	10
骨料	50	0.16	6.0/80	0.1	5	10

注：λ 为材料残余强度系数，即残余强度与强度的比值；η 为材料残余应变系数。

各细观单元本构关系模型，采用第 2 章给出的含缺陷混凝土细观单元等效化本构关系。单轴拉伸时取用最大拉应变准则作为混凝土材料的破坏准则，而单轴压缩时则采用最小主应变准则作为破坏准则。

2. 力学参数与孔隙率关系

含孔隙混凝土复合材料加载后，其当前孔隙率 p 与初始孔隙率 p_0 及体应变 ε_V 关系如图 6.24 所示，压缩时（即 $\varepsilon_V > 0$）当前孔隙率随体应变增大而减小，而拉伸时（即 $\varepsilon_V < 0$）则随体应变增大而增大。图 6.25 和图 6.26 分别给出了不同初始

孔隙率时，含孔隙混凝土（这里混凝土基质弹性模量 $E_{\mathrm{m}}=35\mathrm{GPa}$，泊松比 $\nu_{\mathrm{m}}=0.2$）当前有效弹性模量 $E_{\mathrm{p}}^{\mathrm{eq}}$ 和峰值应变变化系数 ζ 与体应变 ε_{V} 的关系曲线。可以看出：初始孔隙率越大，有效弹性模量及峰值应变变化系数越大；压缩时（$\varepsilon_{\mathrm{V}}>0$）$E_{\mathrm{p}}^{\mathrm{eq}}$ 及 ζ 均随体应变的增大而增大，拉伸时（$\varepsilon_{\mathrm{V}}<0$）则随体应变的增大而减小。

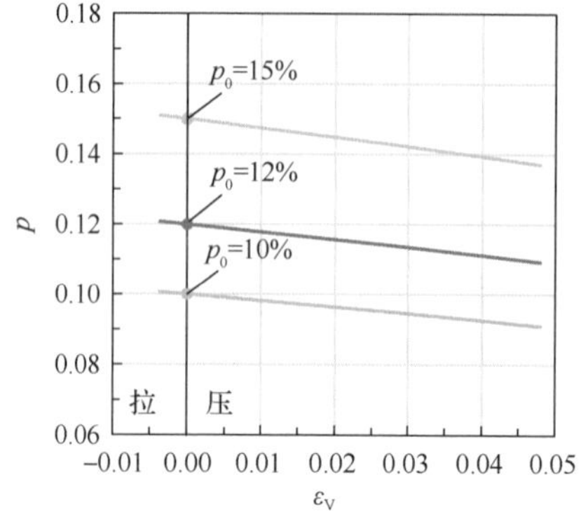

图 6.24　当前孔隙率 p 与体应变 ε_{V} 关系

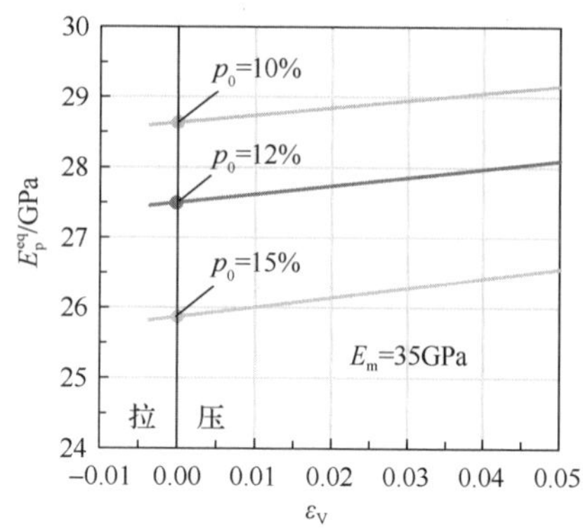

图 6.25　当前有效弹性模量 $E_{\mathrm{p}}^{\mathrm{eq}}$ 与体应变 ε_{V} 关系

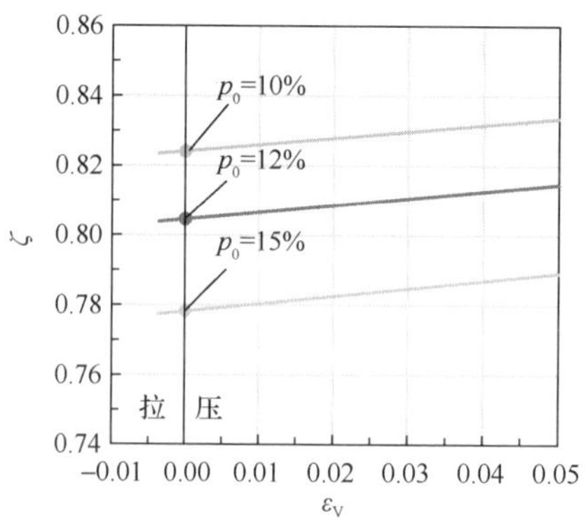

图 6.26　峰值应变变化系数 ζ 与体应变 ε_{V} 关系

3．混凝土单轴拉伸/压缩破坏模式

为研究含孔隙混凝土在外荷载加载过程中孔隙率的变化规律，及其对混凝土变形过程的影响，对单轴拉伸及单轴压缩条件下不同初始孔隙率（包括 2%、5% 和 8%）的混凝土试件进行数值研究。

图 6.27 及图 6.28 分别是初始孔隙率为 5%的二级配混凝土试件，在单轴拉伸及单轴压缩条件下的最大主应变和最小主应变反应变化全过程，演示了在外载作用下非均质混凝土试件从产生损伤直至破坏的全过程。

图 6.27 给出的最大主应变变化云图中“灰黑色区域”表示：在单轴拉伸作用

下，单元的拉伸应变已达到或超过单元等效拉伸残余强度所对应的残余应变，产生破坏；而图 6.28 给出的最小主应变云图中“灰黑色区域”则表示压缩荷载作用下，细观单元达到其等效残余强度，进入破坏阶段。简而言之，混凝土材料的破坏是内部材料细观分布的非均匀性所引起的，并导致了其宏观非线性行为。其破坏过程实际上就是微裂纹萌生、扩展、贯通直至产生宏观裂纹，最终导致整个混凝土试件失稳破裂的过程。

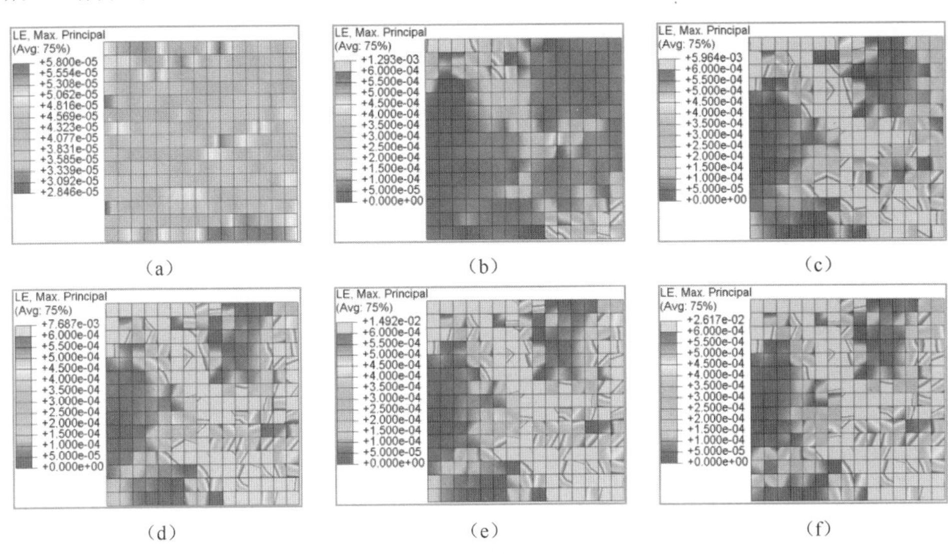

图 6.27　单轴拉伸时混凝土试件最大主应变云图（5%孔隙率）

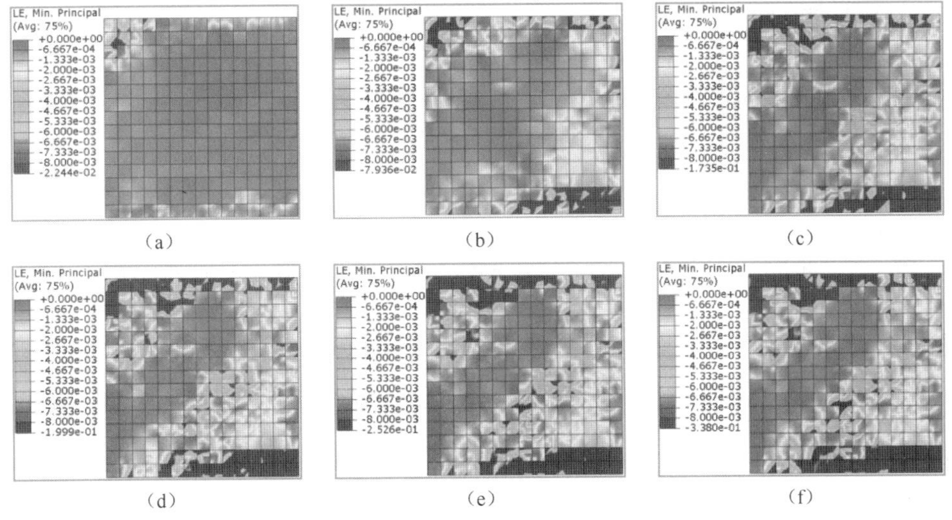

图 6.28　单轴压缩时混凝土最小主应变云图（5%孔隙率）

4. 混凝土宏观应力-应变关系

图 6.29 是单轴拉伸加载情况下含有不同孔隙率的混凝土试件宏观应力-应变关系曲线图。通过计算得到，无孔（0）、1%、2%、5%及 8%的孔隙率时混凝土的单轴抗拉强度分别为 2.98MPa、2.95MPa、2.87MPa、2.71MPa 及 2.49MPa。相对于无缺陷情况时的混凝土试件，后面 4 种含孔隙模型抗拉强度 S 与无孔时强度 S_0 的比值分别为 98.6%、96.3%、90.9%和 83.5%。从图 6.29 的宏观应力-应变曲线中可以看出，随着混凝土材料含有孔隙体积分数的增加，不单是混凝土材料的强度降低，其达到抗拉强度前的混凝土宏观弹性模量及达到抗拉强度时的临界应变值也随之降低；当然混凝土材料的残余强度也随着孔隙率的增大而减小。

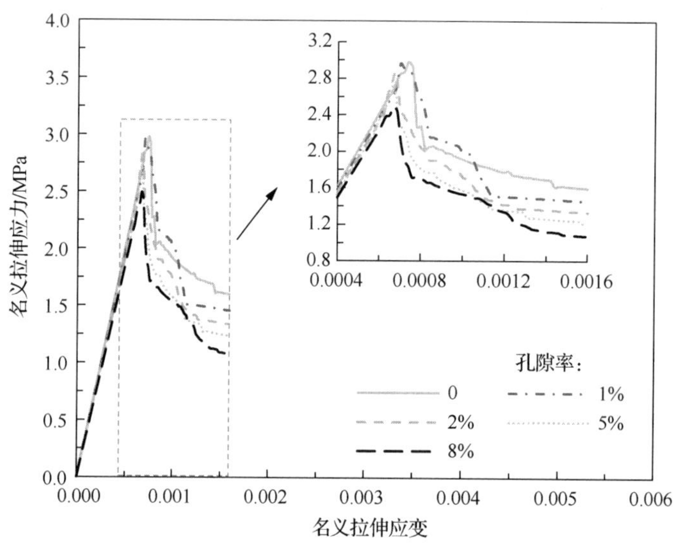

图 6.29　单轴拉伸条件下湿筛混凝土宏观应力-应变关系

前面所提到的，本章对于含孔隙模型，由于微裂纹尺寸的尺度范围较大，本节没有对孔隙的等效粒径作要求。那么，孔隙粒径的大小对混凝土力学性质有怎样的影响也是本章研究的一个重要问题。为研究这一问题，对 3 种总孔隙体积分数相同而粒径不同情况下的混凝土模型（单轴拉伸）进行研究。分别采用 2mm、2.5mm 及 3mm 3 种等效孔隙情况进行分析，其模型总孔隙率为 5%，分析得到的混凝土宏观应力-应变曲线如图 6.30 所示，3 种方案的抗拉强度分别为 2.73MPa、2.71MPa 和 2.69MPa，基本相差不大。

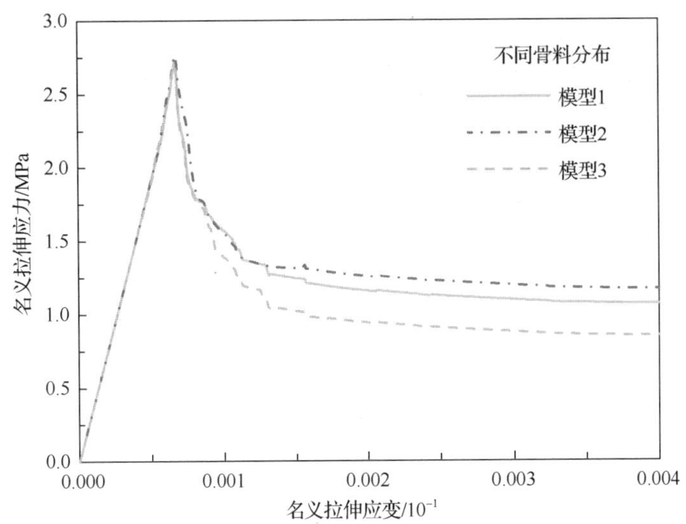

图 6.30　孔隙随机分布形式对混凝土宏观应力-应变关系的影响

此外可以看出，总孔隙率相同时，孔隙等效粒径的不同基本不会影响混凝土材料的宏观弹性模量及强度；但是混凝土的残余强度有一定的差别，残余强度随着孔隙等效粒径的增大而减小。

图 6.31 是不同孔隙率混凝土在单轴压缩条件下的宏观应力-应变关系曲线。通过计算分析，得到无孔、2%、5%及 8%的孔隙率时二级配混凝土的单轴抗压强度分别为 30.70MPa、29.47MPa、27.60MPa 及 24.61 MPa。当孔隙率达到 8%时，其混凝土抗压强度仅为无孔隙有效强度的 80.3%。

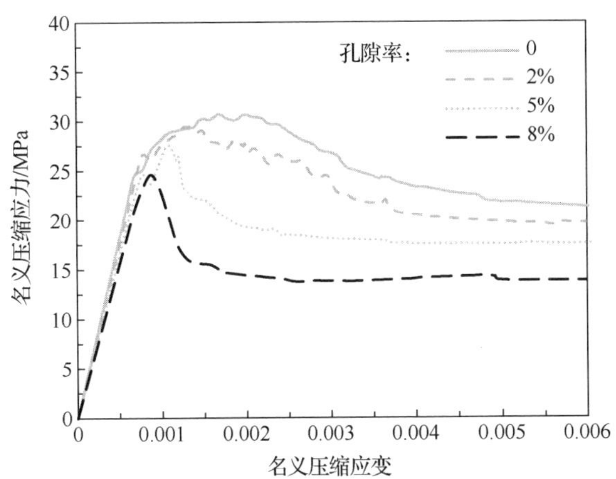

图 6.31　单轴压缩条件下湿筛混凝土宏观应力-应变关系

从图 6.31 中，还可以看出，混凝土的抗压强度随孔隙率的增大而减小，且达到抗压强度时对应的临界应变值也随之减小；混凝土宏观初始弹性模量随着孔隙率的增大而减小，其残余强度亦随着孔隙率的增大而减小。这一点，与单轴拉伸时得到的反应是一致的。

初始孔隙及微裂纹的存在，对混凝土宏观力学特性有较大的影响，无论受拉还是受压，都将降低混凝土复合材料的宏观弹性模量及有效强度等力学性质；孔隙及微裂纹亦会影响混凝土裂纹扩展直至断裂的方式和方向。对混凝土力学特性以及混凝土损伤和断裂的研究均不应忽略初始孔隙和微裂纹的影响。

6.4　缺陷对混凝土动态力学性能影响

6.3 节借助细观随机骨料模型主要讨论了初始缺陷对混凝土静态力学性能及破坏模式的影响。地震、冲击及爆炸等荷载作用下混凝土材料的动态破坏机制与静态荷载作用下存在显著区别，动态加载下初始缺陷对混凝土动态破坏行为的影响机制，是本节尝试解决的主要问题[18]。

6.4.1　细观力学模型与工况参数

1．混凝土简支梁细观力学模型

为探讨初始缺陷对混凝土材料动态破坏力学行为的影响，这里以简支梁为例，基于细观随机骨料模型来研究其在动态加载情况下的力学响应。建立了如图 6.32 所示的含孔隙混凝土二维简支梁模型，拟对其进行 4 点动态弯曲拉伸数值试验研究。图 6.32 所示的混凝土简支梁长度 550mm，梁高为 150mm。在三分点处同时施加荷载，在弯曲拉伸荷载作用下，混凝土梁跨中出现最大弯矩，因此在研究该混凝土梁的破坏过程时，可以将跨中区域作为重点研究对象。将中部边长 150mm 的主要破坏区域进行“精细模拟”——作为细观模拟区域，其他区域为宏观模拟区域。在有限元网格划分时，选择四边形单元作为基本单元，单元分割步长为 1mm，简支梁试件剖分后得到的网格如图 6.32 所示。

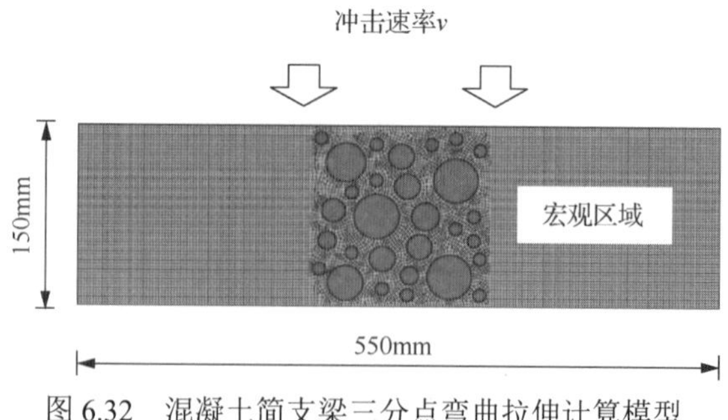

图 6.32　混凝土简支梁三分点弯曲拉伸计算模型

细观区域中，将混凝土看作由骨料、砂浆基质、界面过渡区和初始缺陷组成的四相复合材料。据统计，混凝土、石灰石和白云石等材料孔隙率可低至 2%～5%。这里对于初始缺陷影响的研究，主要探讨低孔隙率的影响问题：考虑无初始缺陷的情况（孔隙率为零），以及 2%、5%两种初始孔隙率。在重点关注的混凝土细观区域内，利用 Monte Carlo 法随机生成骨料和初始孔隙分布，如图 6.33 所示。为简化计算，假定骨料均为圆形；界面过渡区为骨料周围的一层薄弱层，厚度取为 1mm。对于初始缺陷，简单地取为圆孔形状，孔隙直径取为 1～3mm。

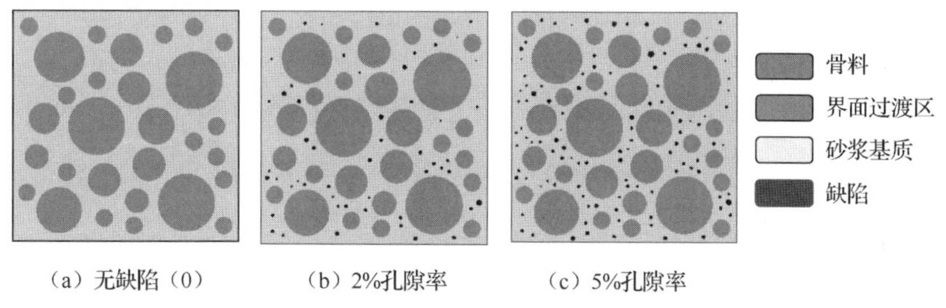

（a）无缺陷（0）　（b）2%孔隙率　（c）5%孔隙率

图 6.33　3 组不同初始孔隙率的细观混凝土试件

2. 本构模型及力学参数

在混凝土细观结构组分中，砂浆基质与界面过渡区采用第 4 章所给出的塑性损伤本构关系模型来描述其力学行为，其率效应按照 5.1 节介绍考虑。假定骨料在加载过程中不发生破坏，设为弹性体。对于初始缺陷相，将其设置为弹性体，可采用小的弹性模量来表征其力学行为，计算中取为 1 MPa。宏观区域中，混凝土采用塑性损伤本构模型来描述其力学行为。混凝土及其细观组分的主要力学参数如表 6.7 所示。

表 6.7　混凝土组分材料力学参数

材料	弹性模量/GPa	泊松比	单轴抗拉强度/MPa
骨料	60	0.2	—
砂浆基质	35	0.2	4.0
界面过渡区	25	0.2	3.0
混凝土	40	0.2	3.4

3. 加载方式

数值计算模型中，在混凝土简支梁上侧施加强制冲击速率 v 荷载来获得其动态破坏行为。这里，选取的几组冲击速率 v 为 0.0015mm/s（拟静态）、0.015mm/s、7.5mm/s、750mm/s 和 7500mm/s。

6.4.2 缺陷对混凝土梁动态弯曲拉伸性能影响分析

1．破坏模式

图 6.34 为不同初始孔隙率下混凝土简支梁试件的动态破坏模式。由图 6.34 知，初始孔隙率为 2%时，在准静态加载（v = 0.0015mm/s）和低加载速率（v = 0.015mm/s）时，裂纹路径优先沿孔隙分布的方向扩展。在孔隙率较低的区域，裂纹开始向附近骨料与砂浆基质的界面过渡区扩展。由于孔隙、界面过渡区均为混凝土细观层面上的薄弱部分，因此成为裂纹优先扩展和损伤破坏发生的区域。

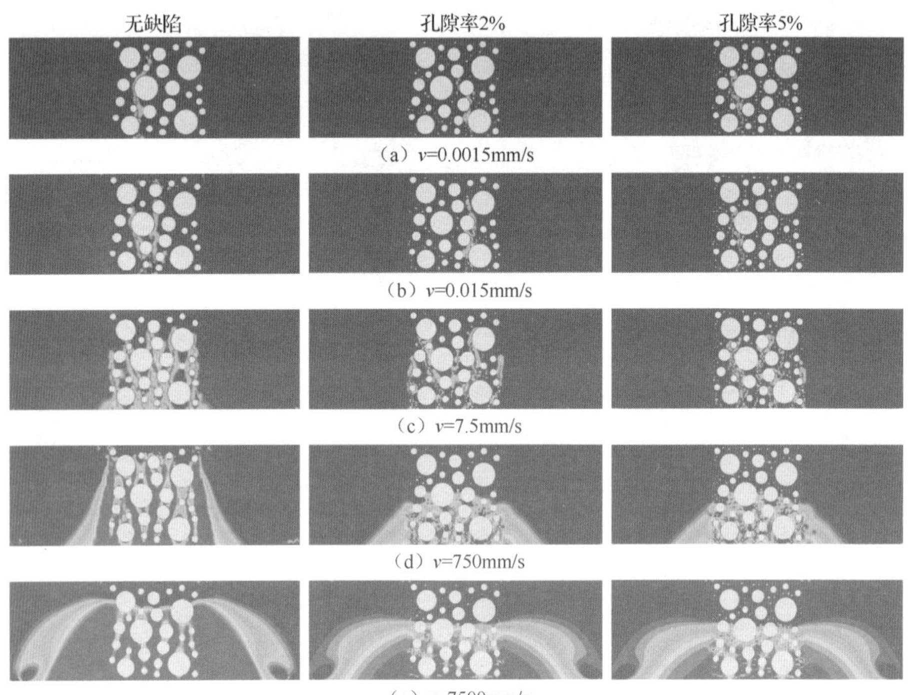

（a）v=0.0015mm/s

（b）v=0.015mm/s

（c）v=7.5mm/s

（d）v=750mm/s

（e）v=7500mm/s

图 6.34　不同初始孔隙率下混凝土简支梁试件动态破坏模式

进一步比较图 6.34 中初始孔隙率为 2%和 5%的试件在准静态加载（v = 0.0015mm/s）和低加载速率（v = 0.015mm/s）加载时的破坏模式可以看到，裂纹起裂位置出现在梁底孔隙率较大的区域，并沿着孔隙密布的方向扩展。考虑初始孔隙影响时，裂纹宽度明显小于不考虑孔隙的情况，孔隙率较大时裂纹宽度要明显小于孔隙率较小的情况。孔隙率较大时，孔隙分布更加紧密，考虑到孔隙强度比周围的砂浆基质要薄弱得多，在较低的加载速率下裂纹优先向孔隙区域扩展而不是向周边砂浆基质延伸。因此，孔隙率的增大使裂纹更加集中于孔隙周围区域。

在加载速率较大时，和不考虑初始缺陷的情况类似，裂纹扩展沿多条路径乃至整个受拉区进行，孔隙率大小对于破坏模式的影响已不显著。

提取了加载速率 7.5mm/s 时，初始孔隙率 2%、5%的混凝土梁加载破坏过程中 5 个不同竖向集中位移 Δ 所对应的损伤模式图，并与不考虑初始孔隙率的情况进行对比，如图 6.35 所示。

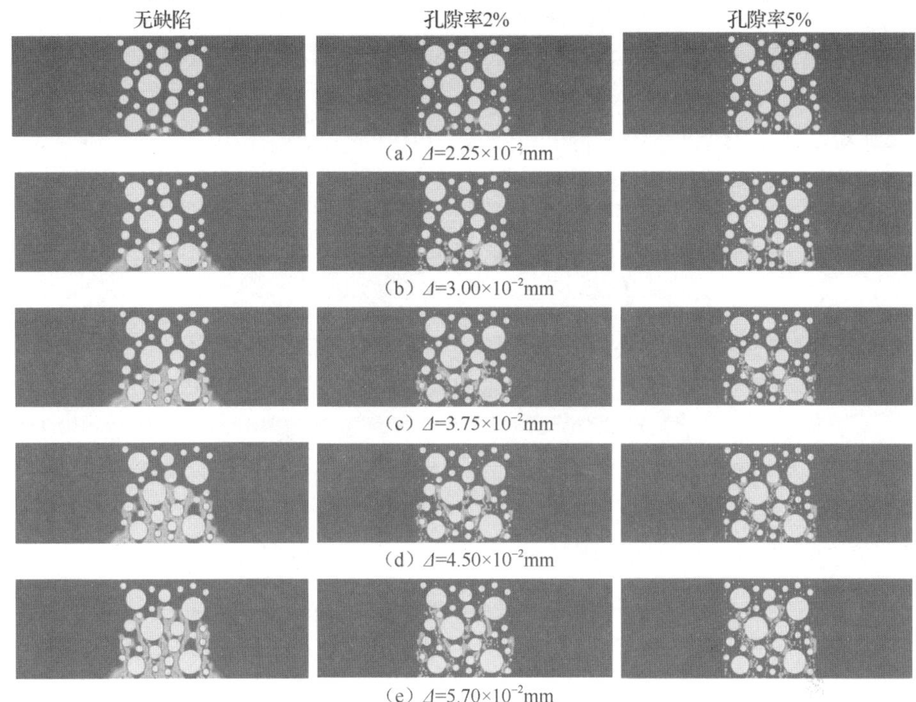

图 6.35　加载速率为 7.5mm/s 时不同孔隙率下混凝土试件动态破坏过程

图 6.36 所示为最大主应力云图，随着加载点位移 Δ 的增大，变形区域（最大主应力较大的部分）的变化以及应力硬化、软化过程和不考虑缺陷的情况相似。

2. 动态弯曲拉伸应力-偏移曲线

通过对于宏观应力-位移曲线的分析可以看到，弯曲抗拉强度大小随加载速率的增大而提高，在准静态加载条件即 0.0015mm/s 下，获得的弯曲抗拉强度为 1.83MPa，0.015mm/s 时为 2.69MPa，7.5mm/s 时为 3.52MPa，750mm/s 时为 4.12MPa，7500mm/s 时提高至 6.32MPa（表 6.8），这证明了混凝土材料的率效应，即混凝土的动态强度随着应变率的增大而增大。另一方面，随着加载速率和孔隙率的增大，混凝土简支梁在达到其弯曲抗拉强度时所对应的集中加载位移也逐渐增大，具体位移值如表 6.9 所示。

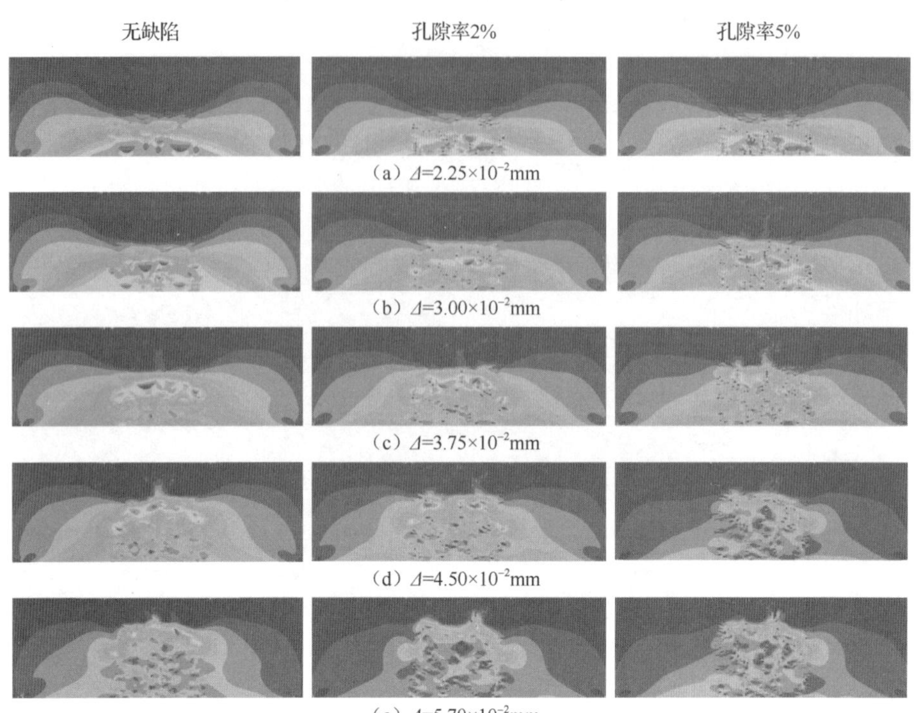

（a）$\Delta=2.25\times10^{-2}$mm

（b）$\Delta=3.00\times10^{-2}$mm

（c）$\Delta=3.75\times10^{-2}$mm

（d）$\Delta=4.50\times10^{-2}$mm

（e）$\Delta=5.70\times10^{-2}$mm

图 6.36　加载速率为 7.5mm/s 时不同孔隙率下混凝土试件破坏的最大主应力云图

表 6.8　不同孔隙率及加载速率下混凝土梁的弯曲抗拉强度

加载速率/（mm/s）	无空隙（0）	孔隙率（2%）	孔隙率（5%）
0.0015	1.83	1.54	1.42
0.015	2.69	2.43	2.34
7.5	3.52	3.25	3.09
750	4.12	3.83	3.61
7500	6.32	6.05	5.89

表 6.9　混凝土梁达到弯曲抗拉强度时的加载位移

加载速率/（mm/s）	无空隙（0）	孔隙率（2%）	孔隙率（5%）
0.0015	1.977	1.800	1.729
0.015	2.244	2.163	2.081
7.5	3.209	3.098	2.975
750	4.434	4.379	4.311
7500	6.780	6.304	6.135

对于考虑初始孔隙率情况下混凝土梁的弯曲抗拉强度，数值结果表明，其大

小随着加载速率的增大而提高，变化幅度及趋势与不考虑初始缺陷的情况类似。如图 6.37 所示，初始孔隙率的存在会直接降低简支梁的弯曲抗拉强度，降低幅度随孔隙率的增大而增大。以加载速率 0.015mm/s 的情况为例，不考虑初始缺陷时弯曲抗拉强度为 2.69MPa，初始孔隙率为 2%时弯曲抗拉强度为 2.43MPa，初始孔隙率为 5%时弯曲抗拉强度为 2.34MPa，分别为无初始缺陷弯曲抗拉强度的 90.3%和 86.9%，其他工况统计结果如表 6.8 所示。由图 6.37 宏观弯曲拉伸应力-位移曲线还可以看出，初始孔隙率会降低混凝土梁的弹性模量，降低幅度随孔隙率增大而增加。

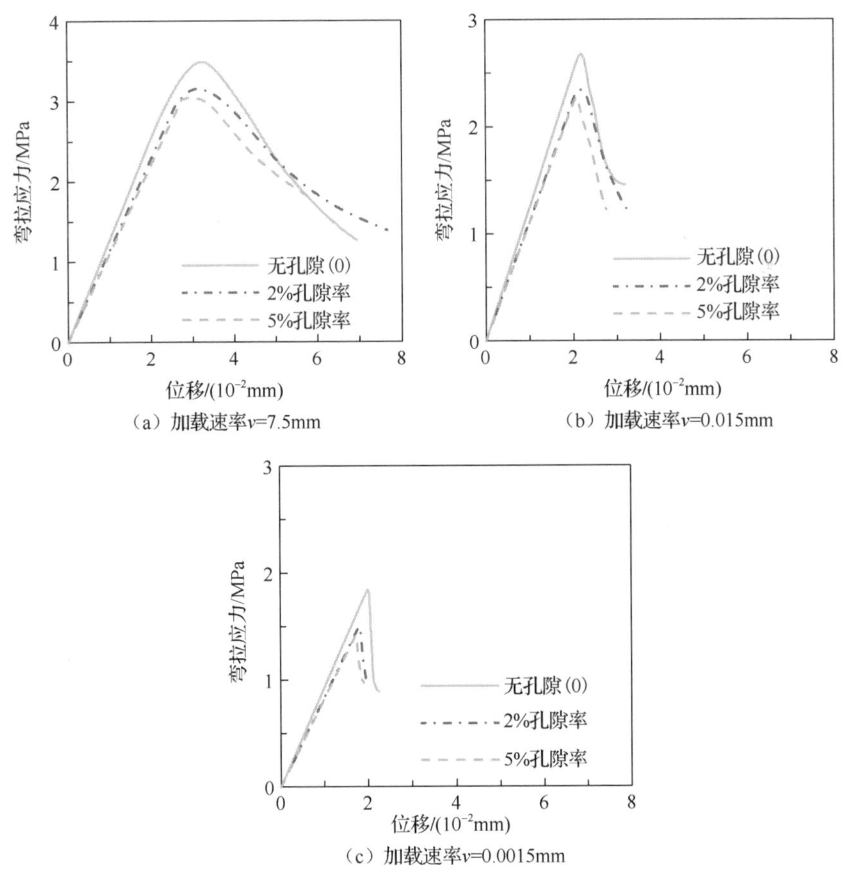

图 6.37　3 种加载速率下混凝土梁的弯曲拉伸应力-位移曲线

由以上分析可知：①加载速率的大小显著影响混凝土简支梁的动态破坏模式、弯曲抗拉强度和相应的竖向集中位移；②随着初始孔隙率增大，简支梁的弯曲抗拉强度和对应的竖向集中位移较不考虑初始缺陷的情况逐渐降低。简单地说，初始缺陷对动态破坏模式会产生显著影响，数值计算中不能忽略初始缺陷的影响。

小　　结

本章借助细观力学数值模拟方法——细观随机骨料模型及细观单元等效化分析模型，主要研究了影响混凝土静、动态力学性能的两个重要因素——界面过渡区及初始缺陷的影响规律。

关于界面过渡区对混凝土力学性能影响方面，研究发现：相比于混凝土作为两相复合材料模型，考虑界面过渡区影响时得到的混凝土的宏观弹模、强度、达到强度时的临界应变值以及残余强度等力学特性都降低很多，其破坏机理也都有很大区别，故而对混凝土静态力学特性及破坏机理进行力学分析时不能忽视界面过渡区的影响。而在动态加载下，当加载速率（名义应变率>50/s）很大时，如冲击荷载作用下混凝土动态破坏模式基本不受界面过渡区力学性能的影响；在对高速冲击、碰撞或爆炸下关于混凝土破坏的数值研究中可忽略界面过渡区的影响。

在初始缺陷对混凝土力学性能影响研究方面，模拟结果表明：孔隙率对混凝土宏观力学性能有较大的影响，当孔隙率达到8%时，混凝土的宏观有效抗拉强度及抗压强度仅为无孔时的80%左右，数值模拟中不能忽略初始缺陷对混凝土破坏模式及宏观力学性能的影响。

参 考 文 献

[1] NILSEN A U，MONTEIRO P J M．Concrete：a three phase material [J]．Cement and concrete research，1993，23（1）：147-151.

[2] GARBOCZI E J，BENTZ D P．Digital simulation of the aggregate-cement paste interfacial zone in concrete[J]．Journal of materials research，1991，6（1）：196-201.

[3] OLLIVIER J P，MASO J C，Bourdette B．Interfacial transition zone in concrete[J]．Advanced cement based materials，1995，2（1）：30-38.

[4] SIMEONOV P，AHAMD S．Effect of transition zone on the elastic behavior of cement-based composites[J]．Cement and concrete research，1995，25（1）：165-177.

[5] NADEAU J C．A multiscale model for effective moduli of concrete incorporating ITZ water-cement ratio gradients，aggregate size distributions，and entrapped voids [J]．Cement and concrete research，2003，33（1）：103-113.

[6] LEE K M，PARK J H．A numerical model for elastic modulus of concrete considering interfacial transition zone[J]．Cement and concrete research，2008，38（3）：397-402.

[7] HASHIN Z，SHTRIKMAN S．A variational approach to the theory of the elastic behaviour of multiphase materials[J]．Journal of the mechanics and physics of solids，1963，11（2）：127-140.

[8] ZHOU X Q，HAO H．Mesoscale modelling of concrete tensile failure mechanism at high strain rates[J]．Computers and structures，2008，86（21）：2013-2027.

[9] NAGARAJ T S，BANU Z．Generalization of Abrams' law [J]．Cement and concrete research，1996，26（6）：

933-942.
[10] GHABEZLOO S. Association of macroscopic laboratory testing and micromechanics modelling for the evaluation of the poroelastic parameters of a hardened cement paste [J]. Cement and concrete research，2010，40（8）：1197-1210.
[11] DÄRR G M，LUDWIG U. Determination of permeable porosity [J]. Matériaux de construction，1973，6（3）：185-190.
[12] ROSTASY F S，WEIB R，WIEDEMANN G. Changes of pore structure of cement mortars due to temperature [J]. Cement and concrete research，1980，10（2）：157-164.
[13] 杜修力，金浏. 考虑过渡区界面影响的混凝土宏观力学性质研究[J]. 工程力学，2012，29（12）：72-79.
[14] 杜修力，金浏. 界面过渡区对混凝土动态力学行为影响分析[J]. 地震工程与工程振动，2015，35（1）：11-19.
[15] 杜修力，揭鹏力，金浏. 不同加载速率下界面过渡区对混凝土破坏模式的影响[J]. 水利学报，2014，45（S1）：19-23.
[16] 杜修力，金浏. 考虑孔隙及微裂纹影响的混凝土宏观力学特性研究[J]. 工程力学，2012，29（8）：101-107.
[17] 金浏，杜修力. 孔隙率变化规律及其对混凝土变形过程的影响[J]. 工程力学，2013，30（6）：183-190.
[18] 杜修力，揭鹏力，金浏. 考虑初始缺陷影响的混凝土梁动态弯拉破坏模式分析[J]. 工程力学，2015，32（2）：74-81.
[19] 韩亚强. 混凝土力学性质的细观数值研究[D]. 北京：北京工业大学，2016.
[20] WRIGGERS P，MOFTAH S O. Mesoscale models for concrete：homogenisation and damage behaviour [J]. Finite elements in analysis and design，2006，42（7）：623-637.
[21] KIM S M，AL-RUB R K A. Meso-scale computational modeling of the plastic-damage response of cementitious composites [J]. Cement and concrete research，2011，41（3）：339-358.
[22] MONDAL P，SHAH S P，MARKS L D. Nano scale characterization of cementitious materials [J]. ACI materials journal，2008，105（2）：174-179.
[23] SCRIVENER K L，CRUMBIE A K，LAUGESEN P. The interfacial transition zone（ITZ） between cement paste and aggregate in concrete [J]. Interface science，2004，12（4）：411-421.
[24] 电力行业水电施工标准化技术委员会. 水工混凝土试验规程：DL/T 5150—2017[S]. 北京：中国电力出版社，2018.
[25] 邓宗才. 高性能大坝混凝土的强度与变形[M]. 北京：科学出版社，2007.
[26] KIM S M，ABU AL-RUB R K. Meso-scale computational modeling of the plastic-damage response of cementitious composites [J]. Cement and concrete research，2011，41（3）：339-358.
[27] PEDERSEN R R，SIMONE A，SLUYS L J. Mesoscopic modeling and simulation of the dynamic tensile behavior of concrete [J]. Cement and concrete research，2013，50（1）：74-87.
[28] OŽBOLT J，SHARMA A. Numerical simulation of dynamic fracture of concrete through uniaxial tension and L-specimen [J]. Engineering fracture mechanics，2012，85（1）：88-102.
[29] CHEN X D，WU S X，ZHOU J K. Experimental and modeling study of dynamic mechanical properties of cement paste，mortar and concrete [J]. Construction and building materials，2013，47：419-430.
[30] ULM F J，CONSTANTINIDES G，HEUKAMP F H. Is concrete a poromechanics materials? – a multiscale investigation of poroelastic properties [J]. Materials and structures，2004，37（1）：43-58.
[31] YAVUZ C M. Advances in porous media [M]. Amsterdam：Elsevier Scientific Pub. Company，1994.
[32] HANSEN T C. Cracking and fracture of concrete and cement paste [J]. American concrete institute，1968，20：43-66.
[33] WISCHERS G. Einfluss einer Temperätur anderung auf die festigkeit von zementstein und zementmöriel mit zuschlag stoffen verschiedener würmedehnung[C] //DÜSSELDORF E V. Schriftenreihe der Zementindustrie Verein Deutscher Zementwerke，1961：50-53.
[34] CHEN X D，WU S X，ZHOU J K. Influence of porosity on compressive and tensile strength of cement mortar[J]. Construction and building materials，2013，40：869-874.
[35] 吴震. EPS多孔混凝土力学性能试验及三维数值模拟研究[D]. 上海：上海交通大学，2012.

[36] Fédération Internationale du Béton. Model code for concrete structures 2010 [S]. Switzerland: Lausanne, 2010.

[37] NAMBIAR E K K, RAMAMURTHY K. Models for strength prediction of foam concrete [J]. Materials and structures, 2008, 41 (2) : 247-254.

[38] BALSHIN M Y. Relation of mechanical properties of powder metals and their porosity and the ultimate properties of porous metal-ceramic materials[J]. Dokl akad nauk SSSR, 1949, 67 (5) : 831-834.

[39] RYSHKEWITCH E. Compression strength of porous sintered alumina and zirconia [J]. Journal of the American Ceramic Society, 1953, 36 (2) : 65-68.

[40] SCHILLER K K. Strength of porous materials [J]. Cement and concrete research, 1971, 1 (4) : 419-422.

[41] HASSELMAN D P H. Griffith flaws and the effect of porosity on tensile strength of brittle ceramics [J]. Journal of the American Ceramic Society, 1969, 52 (8) : 457-459.

[42] ODLER I, RÖBLER M. Investigations on the relationship between porosity, structure and strength of hydrated Portland cement pastes. Ⅱ. Effect of pore structure and of degree of hydration[J]. Cement and concrete research, 1985, 15 (3) : 401-410.

第 7 章　高温作用对混凝土静动态性能影响分析

随着国民经济的快速发展，城市建筑越来越高且密度越来越大，增大了火灾的危险性及扑救的难度。在可燃物集中的城市环境中，火灾事故频发，对人员安全和财产安全造成严重威胁。作为当代最重要的土木工程材料之一，混凝土热惰性较强，具有远优于钢材、木材等建筑材料的耐热性能。尽管如此，经历火灾高温作用后，混凝土内部将发生一系列物理与化学变化，从而产生不同程度的开裂或损伤，致使其力学性能（如弹性模量和强度等）产生严重退化，进而导致构件承载能力下降，影响结构安全和使用寿命。因而，混凝土材料及钢筋混凝土结构的抗火性能研究受到了国内外学者的广泛关注[1-5]。

本章从细观角度出发，考虑混凝土内部结构的非均质性，将混凝土视为由骨料、砂浆基质和界面过渡区等组成的多相复合材料，根据文献试验数据确定各细观组分在高温下的热工性能，采用细观数值方法确定高温下混凝土材料的有效导热性能[6,7]。并且建立了“热学-力学”单向耦合分析方法，对力学损伤混凝土的导热行为进行了分析[8,9]。在热传导分析的基础上，基于“热学-力学”单向耦合的思想，考虑混凝土细观组分力学性能随温度的退化行为，对素混凝土及钢纤维混凝土在高温作用下的静/动态压缩和劈裂拉伸行为进行细观尺度数值模拟，揭示温度退化效应和应变率效应等因素的影响机制[10-14]。

7.1　热传导基本理论

7.1.1　瞬态热传导控制方程

瞬态热传导行为由能量守恒定律得出，其弱积分形式为[15]

$$\int_V \rho \dot{U} \mathrm{d}V = \int_S q \mathrm{d}S + \int_V r \mathrm{d}V \tag{7.1}$$

式中：V 为材料微元体积，其表面积为 S；$\dot{U}$ 为单位时间内的内能增量；q 为单位面积进入微元的热通量；r 为单位体积外部提供的热量。

其本构关系通常写为比热容的形式：

$$c(T) = \frac{\mathrm{d}U}{\mathrm{d}T} \tag{7.2}$$

式中：c 为比热容；T 为温度；U 为内能。

热传导行为由 Fourier 定律控制，有

$$\boldsymbol{q} = -\boldsymbol{k}\frac{\partial T}{\partial \boldsymbol{x}} \tag{7.3}$$

式中：$\boldsymbol{k}$ 为导热系数矩阵，$\boldsymbol{k} = \boldsymbol{k}\ (T)$，可以考虑为完全各向异性、正交各向异性或各向同性；$\boldsymbol{q}$ 为热流密度；$\boldsymbol{x}$ 为空间位置向量。

7.1.2　有限元离散化与时间积分

将式（7.3）代入式（7.1），采用标准 Galerkin 方法获得其变分形式为

$$\int_V \rho \dot{U} \delta T \mathrm{d}V + \int_V \frac{\partial \delta T}{\partial \boldsymbol{x}} \cdot \boldsymbol{k} \cdot \frac{\partial T}{\partial \boldsymbol{x}} \mathrm{d}V = \int_V \delta T r \mathrm{d}V + \int_{S_q} \delta T q \mathrm{d}S \tag{7.4}$$

式中：δT 为满足基本边界条件的任意变分场。

计算区域采用有限元法进行空间离散，其温度场插值函数为$T = N^N(\boldsymbol{x})T^N$，$N=1, 2, \cdots$，其中$T^N$为节点温度。在 Galerkin 方法中，令变分场δT 为$\delta T = N^N \delta T^N$。由此，式（7.4）的插值形式为

$$\delta T^N \left(\int_V N^N \rho \dot{U} \mathrm{d}V + \int_V \frac{\partial N^N}{\partial \boldsymbol{x}} \cdot \boldsymbol{k} \cdot \frac{\partial T}{\partial \boldsymbol{x}} \mathrm{d}V \right) = \delta T^N \left(\int_V N^N r \mathrm{d}V + \int_{S_q} N^N q \mathrm{d}S \right) \tag{7.5}$$

并且，由于δT^N为任意量，则有

$$\int_V N^N \rho \dot{U} \mathrm{d}V + \int_V \frac{\partial N^N}{\partial \boldsymbol{x}} \cdot \boldsymbol{k} \cdot \frac{\partial T}{\partial \boldsymbol{x}} \mathrm{d}V = \int_V N^N r \mathrm{d}V + \int_{S_q} N^N q \mathrm{d}S \tag{7.6}$$

一般采用后差分法来求解式（7.6），即

$$\dot{U}_{t+\Delta t} = (U_{t+\Delta t} - U_t)(1/\Delta t) \tag{7.7}$$

将式（7.7）代入式（7.6），可得

$$\frac{1}{\Delta t}\int_V N^N \rho (U_{t+\Delta t} - U_t) \mathrm{d}V + \int_V \frac{\partial N^N}{\partial \boldsymbol{x}} \cdot \boldsymbol{k} \cdot \frac{\partial T}{\partial \boldsymbol{x}} \mathrm{d}V - \int_V N^N r \mathrm{d}V + \int_{S_q} N^N q \mathrm{d}S = 0 \tag{7.8}$$

有限元方法中采用修正 Newton-Raphson 法求解上述非线性方程组。计算求解过程中根据设定的最大温度变化量以及收敛性来自动调整时间步长Δt。

7.2　无应力状态混凝土导热行为

本节考虑混凝土细观结构的非均质性，考虑各细观组分热工性能的温度相关性，根据文献试验数据确定高温下材料的热工参数，从而建立细观尺度有限元数值模型，对无应力状态下混凝土的导热行为进行分析，并探讨相关因素的影响[6, 7]。

7.2.1　热工参数温度相关性

对混凝土热传导过程进行分析所需的热工参数包括导热系数 k、密度 ρ 和比

热容 c。目前，大多数研究者均在室温下测量混凝土材料的热工参数，然而，在高温下，材料中将产生温度应力，从而使材料内部产生损伤，进而改变其物理力学性能。因而，材料的热工性能实际是具有温度相关性的。

1．导热系数

室温下，砂浆基质的导热系数一般在 0.7～1.1W/（m·K）范围内变化。Harmathy[16]测量了水灰比分别为 0.25、0.33 和 0.50 的砂浆基质在不同温度下的导热系数，如图 7.1 所示。由图 7.1 可知，400℃以下，砂浆基质的导热系数变化不大；超过 400℃，砂浆基质导热系数随温度升高而明显下降。Maraveas 等[17]指出，可采用欧洲混凝土结构设计规范[18]给出的混凝土导热系数下界计算公式来描述砂浆基质导热系数随温度的变化关系。这里亦采用该公式来描述高温下砂浆基质导热系数与其室温下参考值的比率，如

$$\frac{k_{\mathrm{m}}}{k_{\mathrm{m},0}} = 1.026 - 0.103\left(\frac{T}{100}\right) + 0.0043\left(\frac{T}{100}\right)^2 \tag{7.9}$$

式中：k_{m} 和 $k_{\mathrm{m},0}$ 分别为砂浆基质在高温下与室温下的导热系数。

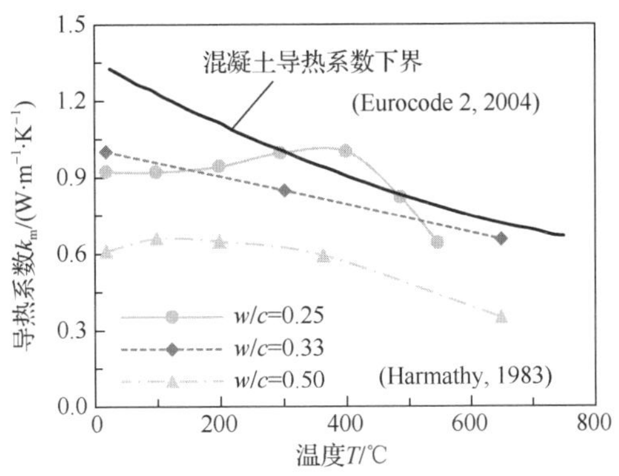

图 7.1　砂浆基质导热系数随温度的变化曲线

另外，由于目前难以直接测量界面过渡区的物理力学参数，其导热系数同样采用式（7.9）进行描述。Zoth 和 Hänel[19]总结了各类岩石导热系数随温度的变化公式为

$$k_{\mathrm{a}} = \frac{770}{B(350+T)} + 0.7 \tag{7.10}$$

式中：k_{a} 为不同温度下岩石的导热系数；B 为与岩石类型相关的系数。根据表 7.1 所列出的石灰岩、玄武岩、粉砂岩和石英岩的导热系数，可得出其对应的参数 B 的值分别为 0.62、0.84、0.26 和 0.73。由此可得砂浆基质和骨料导热系数与温度的关系曲线，如图 7.2 所示。

表 7.1　室温（25℃）下细观组分的热工参数

细观组分		导热系数 k/[W/（m·K）]	密度 ρ/（kg/m³）	比热容 c/[J/（kg·K）]
骨料	石灰岩	3.15[a]	2690[a]	798[b]
	玄武岩	3.52[a]	2700[a]	
	粉砂岩	4.03[a]	2660[a]	
	石英岩	8.58[a]	2670[a]	
界面过渡区		0.4/0.7/1.0	1125	906
砂浆		1.9[a]	2250[c]	813[c]

注：标有上标“a”的数据取自文献[20]；标有上标“b”的数据取自文献[21]；标有上标“c”的数据取自文献[22]。

2．比热容

如图 7.3 和图 7.4 所示，Černý 等[22]以及 Vosteen 和 Schellschmidt[21]分别测量了高温下砂浆基质与岩石的比热容。由图明显可知，砂浆基质的比热容随温度升高而线性增大；而岩石的比热容与温度的变化关系是非线性的，这里采用幂函数来描述。因此，高温下砂浆基质与骨料的比热容（分别为 $c_{\rm m}$ 和 $c_{\rm a}$）可由式（7.11）和式（7.12）计算。

$$c_{\rm m} = 790 + 0.9T \tag{7.11}$$

$$c_{\rm a} = (1+T)^{0.075} \tag{7.12}$$

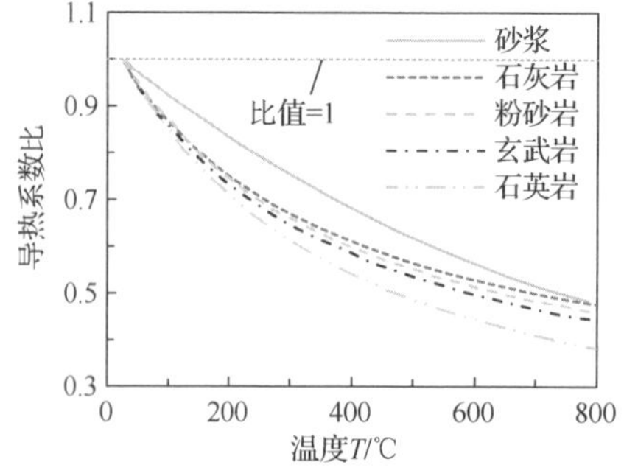

图 7.2　砂浆基质和骨料高温与室温（25℃）下的导热系数比

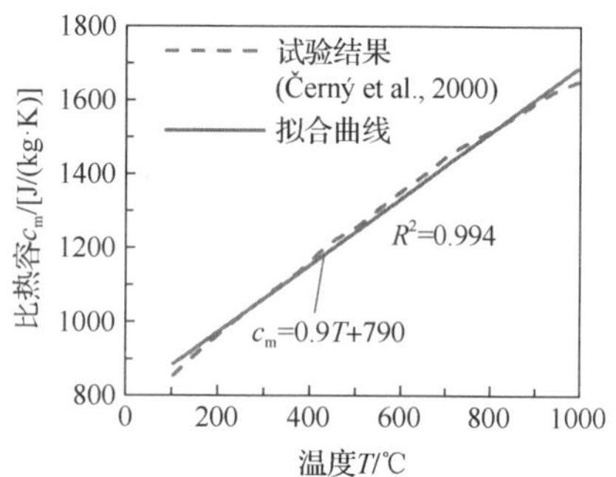

图 7.3　砂浆基质比热容随温度的变化曲线

3．密度

高温下，由于水分散失和组分化学变化，砂浆基质的固体质量会下降。Černý 等[22]测量了高温下砂浆基质的质量损失，如图 7.5 所示。由图 7.5 可知，砂浆基质质量损失与温度的关系可采用分段函数来描述。由此，高温下砂浆基质的密度 $(\rho_{\rm m})$ 与室温参考值 $(\rho_{\rm m,0})$ 的比值可由式（7.13）计算。

此外，由于岩石的热膨胀系数非常小，这里与 Vosteen 和 Schellschmidt[21]的研究相同，暂不考虑高温下骨料的质量损失，假定升温过程中骨料的密度为常数。

$$\frac{\rho_{\mathrm{m}}}{\rho_{\mathrm{m},0}}=\begin{cases}0.996-0.000125T & T\leqslant 630℃\\ 0.603-0.00075T & 630℃<T\leqslant 725℃\\ 0.876-0.00003T & T>725℃\end{cases} \tag{7.13}$$

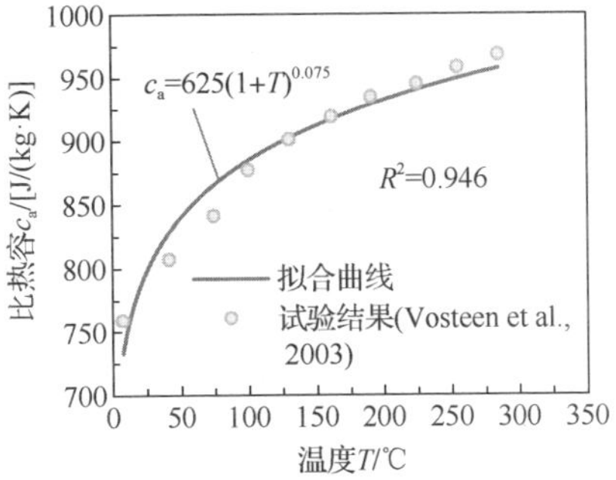

图 7.4　岩石比热容随温度的变化曲线

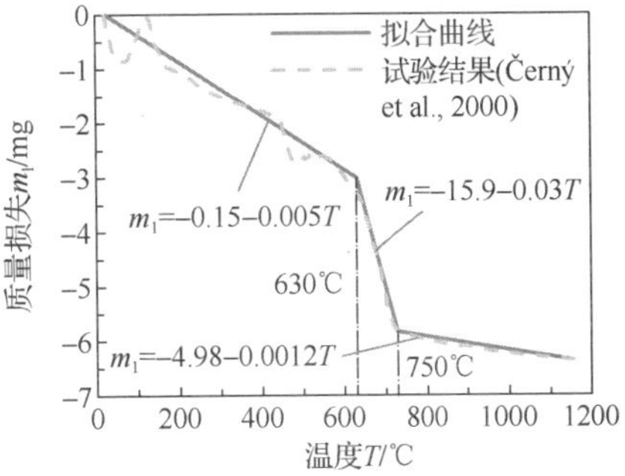

图 7.5　高温下砂浆基质的质量损失

7.2.2　细观数值模型

采用第 2 章介绍的方法建立混凝土随机骨料模型如图 7.6 所示。简便起见，骨料设为圆形（球形）。二维模型中骨料体积分数为 47%，特征粒径取为 6mm、8mm、10mm 和 14mm。三维模型的骨料体积分数为 35%，等效特征粒径为 15mm 和 30mm。界面过渡区厚度取为 0.5mm，平均网格尺寸为 0.5mm。

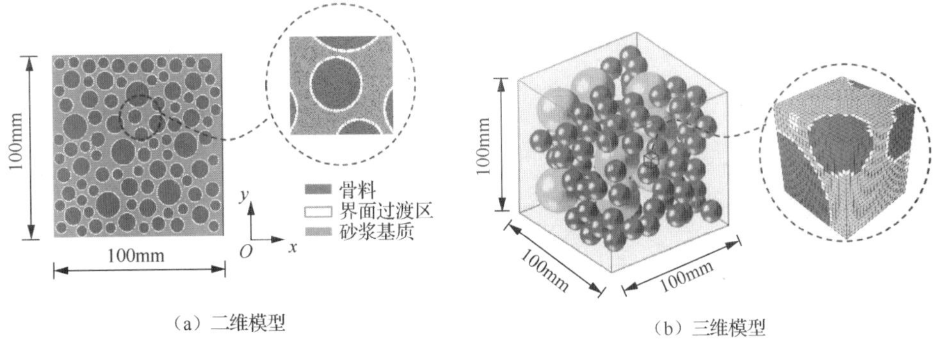

（a）二维模型　　（b）三维模型

图 7.6　混凝土热传导行为细观数值分析模型

室温下，混凝土各细观组分的热工参数见表 7.1。由于缺少界面过渡区热工性能的实测数据，采用 3 组数据进行试算，将细观数值方法所得的混凝土的有效导热系数与 Khan[20]的试验结果进行对比，从而选取合适的参数。在试算中，界面过渡区的导热系数 $k_{\mathrm{itz},0}$ = 0.4W/（m·K）、0.7W/（m·K）和 1.0W/（m·K）（与砂浆

基质导热系数 $k_{m,0}$ 的比值分别为 $k_{itz,0}/k_{m,0}$ = 0.21、0.37 和 0.53)。考虑到界面过渡区实际上是一种多孔近场砂浆基质，其孔隙多充满空气，其密度与比热容简单取为砂浆基质与空气二者的平均值。

7.2.3 有效导热系数

1. 计算方法与验证

为了获得混凝土试件的有效导热系数 k_{eff}，考虑如图 7.7 所示的一维热传导过程。在图 7.7（a）中，试件的上下表面边界分别设为恒定温度 T_1 和 T_2（$T_1 > T_2$）；两个侧面设为隔热边界，即假定两个侧面不会与外界发生能量交换。由于 $T_1 > T_2$，试件内部将产生热流。达到稳态后，对于均质材料，其内部的热流密度处处相同。根据 Fourier 定律，试件的有效导热系数 k_{eff} 可由式（7.14）给出[23, 24]。

$$k_{eff} = \frac{Q}{(T_1 - T_2)/L} \tag{7.14}$$

式中：Q 为通过试件的总热量；L 为试件沿热传导方向的长度。

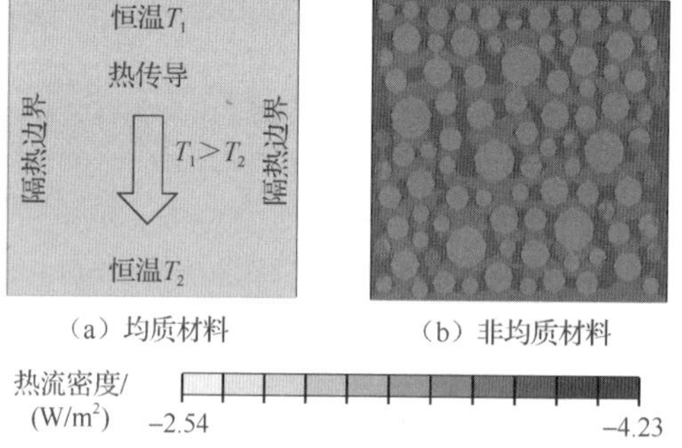

图 7.7　有效导热系数计算示意图

对于非均质材料或复合材料，其内部的热流密度分布亦是非均匀的，如图 7.7（b）所示。因而需要采用均匀化方法来计算其有效导热系数[23]，有

$$k_{eff} = \frac{Q}{(T_1 - T_2)/L} = \frac{QA}{A(T_1 - T_2)/L} = \frac{Q\sum_{i=1}^{n} a_i}{A(T_1 - T_2)/L} = \frac{\sum_{i=1}^{n} Qa_i}{A(T_1 - T_2)/L} \tag{7.15}$$

式中：A 为二维试件的面积；a 为第 i 个微元的面积；n 为微元总数。对于有限元方法来说，微元可取为单元，则有

$$k_{eff} = \frac{\sum_{i=1}^{n} q_i a_i}{A(T_1 - T_2)/L} \tag{7.16}$$

式中：q_i为第 i 个单元的热流密度。

因此，当考虑材料热工性能的温度相关性时，混凝土的有效导热系数是受 T_1 和 T_2 影响的[23]。在本节中，计算温度 T 下的有效导热系数时，二者分别近似取为 $T_1 = T + 0.1℃$，$T_2 = T$。

为了验证本节的数值方法，对 Khan[20]的试验进行稳态细观尺度模拟，根据式（7.16）计算混凝土的有效导热系数，并与测量值进行对比。在 Khan 的试验中，混凝土水灰比为 0.60，共采用 4 种骨料（即石灰岩、玄武岩、粉砂岩和石英岩），骨料体积分数均为 47%，相关参数见表 7.1。数值模拟所得的混凝土有效导热系数与试验结果的对比如图 7.8 所示。另外，图 7.8 亦给出了几种经典理论模型（表 7.2）的计算结果。

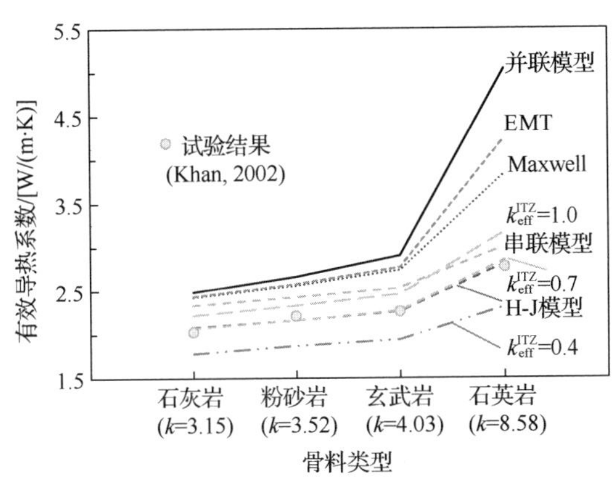

图 7.8　试验研究、理论分析与本节数值方法所得的有效导热系数的对比

由图 7.8 可知，当界面过渡区的导热系数 $k_{eff}^{ITZ}=0.7W/(m·K)$ 时，细观数值结果与试验结果吻合良好，从而说明了该细观数值方法的合理性与准确性。另外，由图可知，与试验结果相比，表 7.2 中理论模型给出的结果均明显偏大，而 H-J（Hassenlman-Johnson）模型[25]能够较好地预测混凝土的有效导热系数。

表 7.2　非均质材料有效导热系数经典理论模型

模型	结构示意图	有效导热系数 k_{eff} 计算公式
并联模型		$k_{eff} = Pk_1 + (1-P)k_2$
串联模型		$k_{eff} = \frac{k_1 k_2}{Pk_2 + (1-P)k_1}$

续表

模型	结构示意图	有效导热系数 k_{eff} 计算公式
Maxwell 模型		$k_{\text{eff}} = k_2 \dfrac{k_1 + 2k_2 + 2P(k_1 - k_2)}{k_1 + 2k_2 - P(k_1 - k_2)}$
有效介质理论（EMT）		$P\dfrac{k_1 - k_{\text{eff}}}{k_1 + 2k_{\text{eff}}} + (1-P)\dfrac{k_2 - k_{\text{eff}}}{k_2 + 2k_{\text{eff}}} = 0$

注：P 为夹杂相的体积分数；（$1-P$）为基质相的体积分数；k_1 和 k_2 分别为对应的导热系数。

这是由于表 7.2 中的理论模型均为二相模型，没有考虑界面过渡区的影响。而 H-J 模型是在 Maxwell 模型[26]的基础上引入了界面热阻效应，如：

$$k_{\text{eff}} = k_2 \frac{k_1(1+2\beta) + 2k_2 + 2P[k_1(1-\beta) - k_2]}{k_1(1+2\beta) + 2k_2 - P[k_1(1-\beta) - k_2]} \tag{7.17}$$

式中：P 为夹杂相（这里为骨料）的体积分数；（$1-P$）为基质相（砂浆基质）的体积分数；k_1 和 k_2 分别为对应的导热系数；β 为界面热阻系数，与骨头类型、界面粗糙程度、砂浆基质的组分有关[27]，这里对于含有表 7.1 中骨料的混凝土，$\beta = 0.226$。

2．骨料形状的影响

为了研究骨料形状的影响，以石灰岩骨料为例，取其体积分数为 35%，分别将其形状设为圆形、椭圆形和方形，其他参数与前文保持一致，对混凝土试件的有效导热系数进行细观数值模拟计算，其结果如图 7.9 所示。可知，在各温度下，3 种形状的骨料所得的结果仅表现出很微小的差异。该差异一方面可归因于混凝土细观结构本身的非均质性；另一方面，对于 3 种形状的骨料，界面过渡区的厚度相同，导致界面过渡区总体积分数随骨料形状不同而发生变化，从而对混凝土中的热传导行为产生一定影响。尽管如此，仍可认为骨料形状对混凝土有效导热系数的影响可以忽略。

3．骨料类型的影响

在实际工程中，往往就近取材配制混凝土，特别是粗骨料，大多采用当地的材料。为了分析骨料类型的影响，对分别含有石灰岩、玄武岩、粉砂岩和石英岩这 4 种骨料的混凝土中的热传导行为进行细观数值计算。计算中骨料设为圆形，其体积分数取为 47%，各细观组分的热工参数见表 7.1，计算所得混凝土有效导热系数随温度的变化如图 7.10 所示。

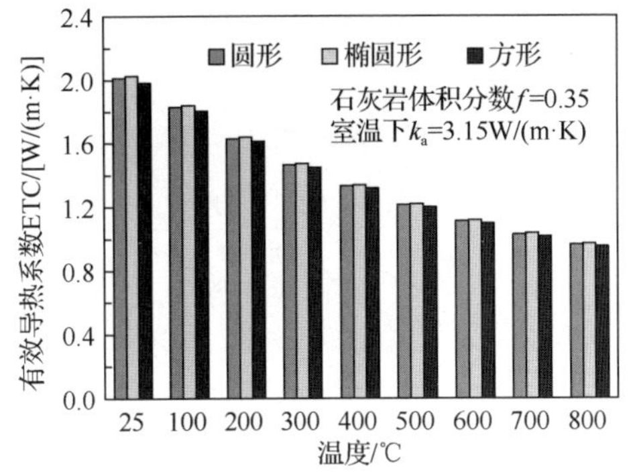

图 7.9　骨料形状对有效导热系数的影响

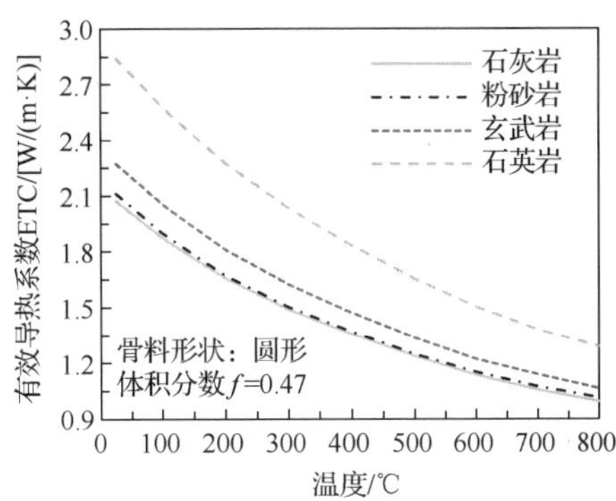

图 7.10　骨料类型对有效导热系数的影响

由图 7.10 可知，含不同骨料混凝土的有效导热系数随温度的变化趋势大致相同，但大小有差异。具体而言，骨料的导热性能越好，由其配制成的混凝土的有效导热系数越大。因而，骨料类型显著影响混凝土的有效导热系数。

4．骨料体积分数的影响

以圆形石灰岩骨料为例，对 25～800℃范围内 5 种骨料体积分数下（0.1、0.2、0.35、0.47 和 0.6）混凝土的有效导热系数进行细观数值计算，结果如图 7.11 所示。可知，骨料体积分数一定时，混凝土有效导热系数随温度升高而降低。而当温度一定时，混凝土的有效导热系数随骨料体积分数增大而增大。这是因为在混凝土的细观组分中，骨料的导热系数最大，因而，混凝土中骨料含量越多，其宏观导热性能越好，这与 Kim 等[28]的结论一致。

7.2.4　温度场模拟

为了更好地理解混凝土的热传导行为，令界面过渡区的导热系数 $k_{\text{eff}}^{\text{ITZ}}=0.7\text{W/(m·K)}$，采用前述细观数值方法对混凝土的温度场瞬态分析。在模拟中，混凝土试件的初始温度设为室温 25℃。在二维模拟中，在试件的上表面及两个侧面施加温度荷载，而在三维模拟中仅在试件上表面施加温度荷载，其他边界视为隔热边界（即不与外界发生热量交换）。

计算中，采用 GB/T 9978.1—2008[29]建议的标准升温曲线（图 7.12）。作为对比，对考虑与不考虑热工参数温度相关性（以有无后缀“-T”区分）的两种情形分别做了宏观与细观数值模拟，因而共有 4 种工况的二维模拟结果。在细观数值分析中，材料参数见表 7.1。宏观模拟中材料的有效热工参数采用 7.2.3 节的方法来进行计算与分析。

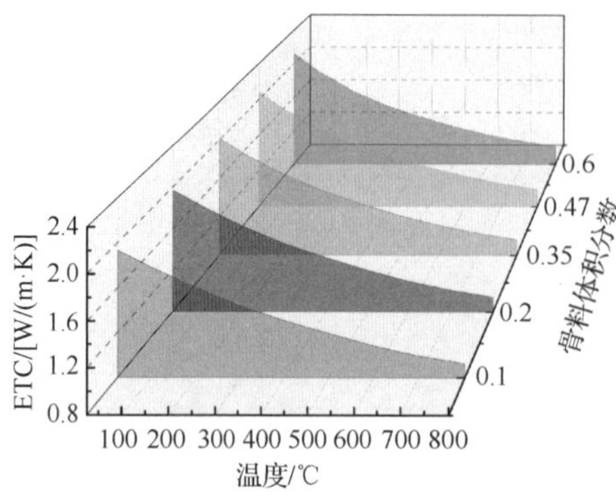

图 7.11　骨料体积分数对有效导热系数影响

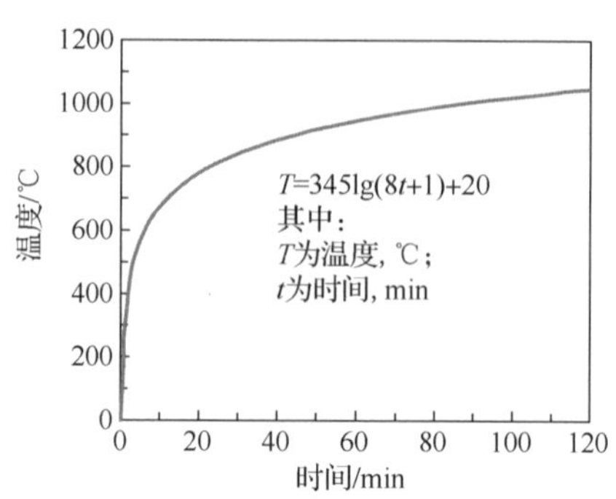

图 7.12　GB/T 9978.1—2008 标准升温曲线

升温 1h 后，其三维模拟结果如彩图 16 所示，4 种工况的二维模拟结果如图 7.13～图 7.15 所示。接下来，对模拟结果给予分析。

1．三维数值结果

如彩图 16 所示，细观数值模拟所得的混凝土内部距受热面相同深度处的热流密度与温度并不相同，这体现了模拟热传导行为时考虑混凝土细观非均质性的重要性。另外由图可知，界面过渡区的热流密度小于骨料与砂浆基质处，说明由于导热系数较小，界面过渡区在一定程度上阻碍了热量的通过，这亦说明了分析混凝土热传导行为时考虑界面过渡区的必要性与重要性。

2．宏/细观结果对比

观察图 7.13～图 7.15 可以进一步发现宏观与细观数值结果的差异。在图 7.13 中，宏观数值模拟所得的热流密度等值线是连续的，而细观模拟结果中，热流密度等值线在界面过渡区处是间断的，再一次表明了界面过渡区的热阻效应。宏/细观模拟所得温度场（图 7.14）的差异表现在，宏观结果温度等值线更加光滑。由于混凝土细观组分导热性能的差异，细观结果温度等值线相对曲折。由图 7.15 明显可知，宏/细观模拟所得的温度值亦相差较大。因此，为了准确把握混凝土的导热行为，其细观结构的非均质性不能忽视。

另外，由图 7.13～图 7.15 可知，考虑材料热工参数的温度相关性时，模拟所得的热流密度分布与温度场更加不均匀，可以明显观察到骨料与砂浆基质二者导热性能的差异。并且，由图 7.15 可知，不考虑材料热工参数的温度相关性计算所得的温度偏高，从而会过度估计温度导致的混凝土力学性能退化，其结果偏保守。

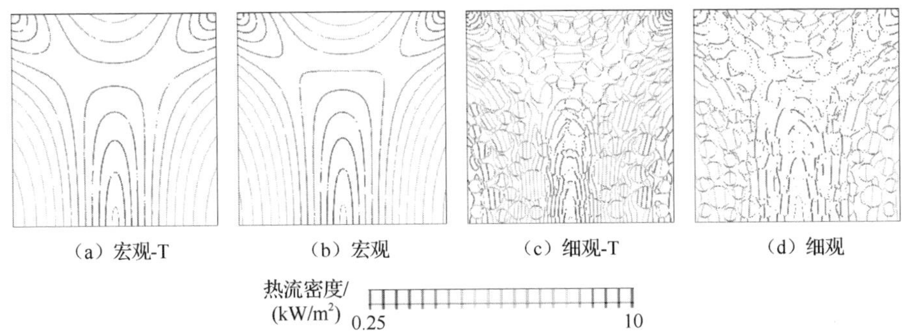

图 7.13　三面受火 1h 后混凝土内的热流密度

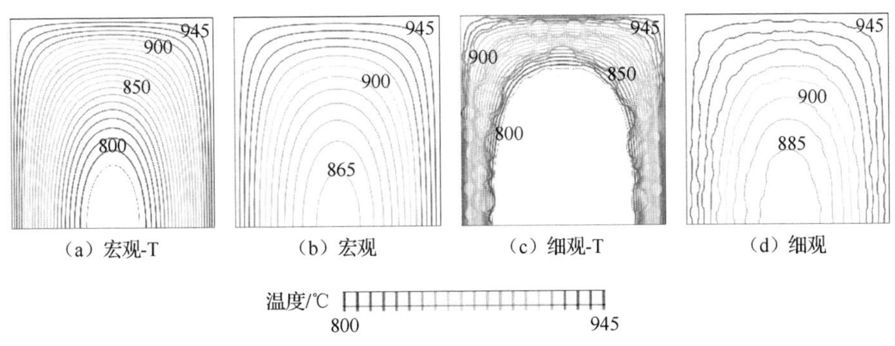

图 7.14　三面受火 1h 后混凝土内的温度场

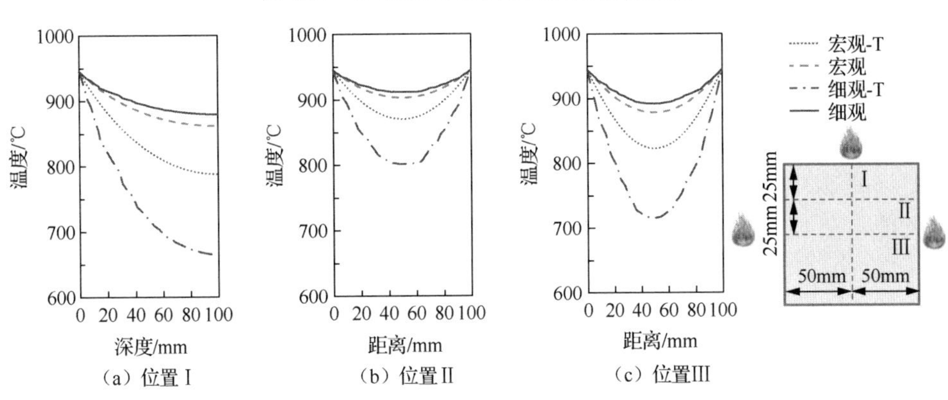

图 7.15　三面受火 1h 后混凝土内的温度曲线

综上，与考虑界面热阻效应的理论分析模型（如 H-J 模型[25]）相比，本节的细观数值模拟方法在考虑材料热参数温度相关性的基础上，不仅可以准确预测高温下混凝土的宏观有效导热系数，还可以更加准确地获得其内部的温度场，从而更加全面地把握非均质混凝土的热传导行为。

需要说明的是，本节仅做了一些初步探索。为了更加全面准确地理解混凝土的热传导行为，在混凝土细观组分影响的基础上，其他因素（如混凝土内部的孔隙与微裂缝等初始缺陷[23, 30]、力学损伤[24]与饱和度[27]等）的影响需要进一步考虑。

7.3　力学损伤混凝土导热行为

几乎所有混凝土在其服役期内会受到力学荷载、化学侵蚀和温度变化等多种因素的共同作用。其中，力学荷载会改变混凝土内部孔隙结构，产生微/宏观裂纹，引起混凝土损伤劣化，从而导致包括导热系数在内的一系列材料参数发生变化。换言之，忽略荷载作用得到的混凝土导热性能研究结果具有一定的片面性。本节从细观角度出发，结合混凝土非均质性的影响，将其视为由骨料、砂浆基质和二者之间的界面过渡区（ITZ）组成的三相复合材料，建立混凝土热-力耦合相互作用研究的细观数值分析模型。力学荷载作用后混凝土热传导行为研究的思想为：首先，对混凝土试件进行力学分析，获得其内部的混凝土开裂或损伤分布；进而，将力学模拟结果作为热传导行为模拟的初始条件，结合复合材料均匀化理论得到开裂或损伤单元的有效导热系数，进而获得开裂或损伤混凝土的宏观导热特性数值[8, 9]。

7.3.1　损伤单元的导热系数

在服役过程中，由于力学荷载等的作用，混凝土结构内部不可避免地会产生一定程度的损伤。对于各向同性材料中的一个细观单元，采用损伤因子 d 来表征其损伤程度，变量 d 取值为 0 和 1 分别表示材料完好和完全损伤。相应地，材料完好（$d=0$）时，其导热性能与原材料相同；而材料完全损伤（$d=1$）时，其导热性能与空气相同（假定损伤开裂的区域由空气填充）。当损伤因子 d 的值介于 0 到 1 之间时，可将该单元视为由完好材料基质相和裂缝（损伤）相（包含微/宏观裂缝）组成的两相复合材料。此时，可认为该单元的表观导热性能与损伤因子 d 直接相关。问题的关键转变为确定单元的表观导热系数 k_a 与损伤因子 d 的定量关系。实际上，可以将损伤因子 d 等效为单元中损伤区域（裂缝）的体积分数，从而可以运用复合材料均匀化方法获得该单元的表观物理性能[31]。

如图 7.16 所示，忽略损伤区域的尺寸及分布影响，将损伤区域与完好材料分别集中于连续均匀的裂缝相和基质相。其中，单元的总体面积为 A，裂缝相的体积分数为 d，相应的基质相体积分数为（$1-d$）。显然，当裂缝相与基质相的排列方式不同时，将获得不同的表观物理性能。

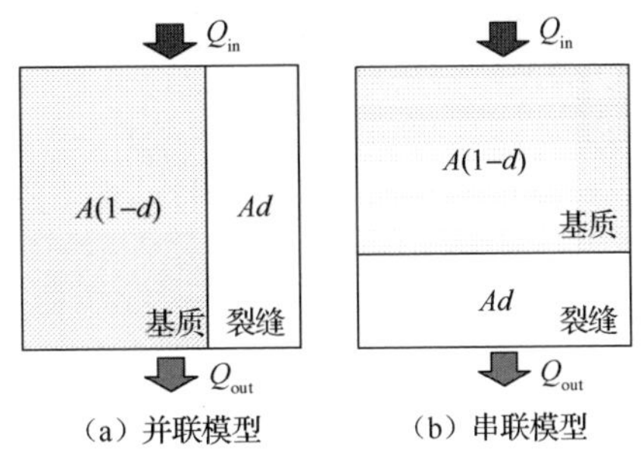

（a）并联模型　（b）串联模型

图 7.16　复合材料均匀化模型示意图

如图 7.16（a）所示，当裂缝相与损伤相与温度传导的方向平行时，根据复合材料均匀化理论，损伤单元当前状态表观导热系数 k_a 可由并联模型获得[32]

$$k_a = dk_c + (1-d)k_m \tag{7.18}$$

式中：k_c 和 k_m 分别表示裂缝相与基质相的导热系数。

当裂缝相与损伤相与温度传导的方向平行时[图 7.16（b）]，损伤单元的表观系数 k_a 由串联模型得到[32]

$$k_a = \frac{k_c k_m}{dk_m + (1-d)k_c} \tag{7.19}$$

7.3.2　分析步骤

在外荷载作用下，由于孔隙变形和微/宏细观裂缝的产生，混凝土的细观结构将发生变化，在本节中表现为各单元的损伤因子 d 将随着荷载水平的变化而不断改变，进而导致各单元的导热系数随之不断发生变化，最终影响混凝土试件的宏观整体有效导热性能。因而，首先对混凝土在外荷载作用下的力学行为进行模拟分析；然后参照 Šavija 等[33]的处理方法，将荷载作用后的“结果输出”作为混凝土导热行为分析的“初始输入”条件。这样处理实际上是一种单向耦合行为，即假定混凝土力学行为的退化影响温度传导行为，但是温度传导行为不会影响其力学行为。

计算流程如图 7.17 所示，具体分析步骤如下所述。

（1）在荷载 F 作用下，计算细观混凝土内任意单元的损伤状态，得到其损伤因子 d。

（2）根据各单元的初始导热系数（如砂浆基质、界面过渡区和裂缝三者导热系数分别表示为 k_{mor}、k_{itz}、k_c）和损伤因子 d，采用式（7.18）或式（7.19）计算各单元当前表观导热系数 k_a。

（3）基于各单元当前导热性能，已知试件的初始及边界条件，模拟分析温度在混凝土中的传导行为。

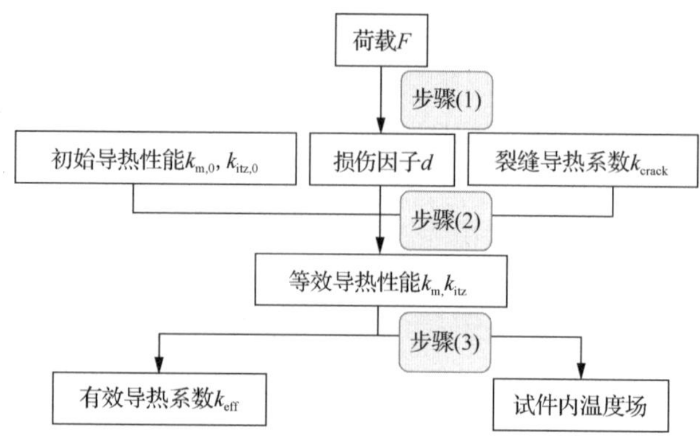

图 7.17　荷载作用下混凝土中温度传导行为计算流程图

7.3.3　力学及热学耦合计算模型

随机骨料模型是一种描述混凝土细观结构的典型的唯象模型，可表征骨料颗粒在空间的随机分布情况，概念比较清晰，常被用来研究混凝土的细观断裂破坏行为、宏观力学性能及扩散性能等[34-37]。本节首先应用该模型获得混凝土在荷载作用下的响应，进而模拟分析温度在混凝土中的传导行为[8, 9]。

1. 混凝土细观结构及组分本构关系

如图 7.18 所示，方便起见，假定骨料为圆形[34, 38]，采用 Monte Carlo 方法[34, 37]确定每颗骨料的位置，建立二维混凝土细观随机骨料结构。图 7.18 中，混凝土试件尺寸为 150mm × 150mm，骨料体积分数约为 47%，其中小石（直径 6mm）数目为 56 颗，中石（直径 12mm）数目为 6 颗。为了节省计算量，界面过渡区的厚度取为 1mm[33, 38]。当试件承受压缩荷载后，由于损伤分布不同，试件导热性能变得更加不均匀。

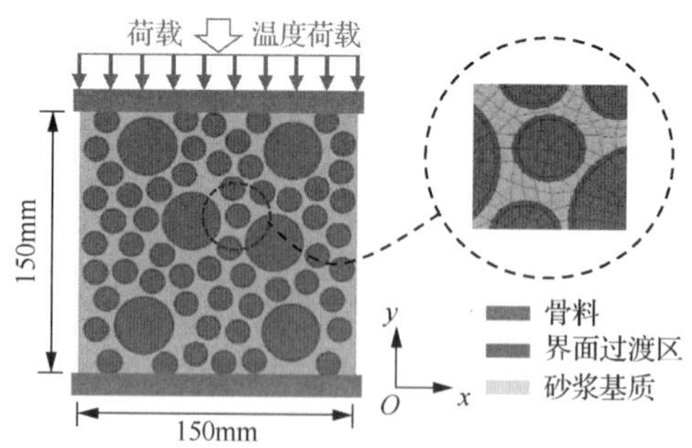

图 7.18　混凝土细观尺度分析模型及网格划分

一般来说，骨料的抗拉/抗压强度远大于砂浆基质和界面过渡区，可假定骨料为弹性体。采用第 4 章所述的塑性损伤本构关系模型[39, 40]来描述砂浆基质及界面过渡区力学行为。各细观组分的力学参数见表 7.3。基于这些力学参数对图 7.18 所示的混凝土试件进行单轴压缩行为数值研究，获得其单轴抗压强度为 35.0MPa，与 Zhang 等[27]的试验数据十分接近（Zhang 等的试验结果将被用来验证本节细观方法的有效性）。

表 7.3　混凝土细观组分力学参数

细观组分	弹性模量 E/GPa	泊松比	抗压强度 f_c/MPa	抗拉强度 f_t/MPa
骨料	70	0.16	—	—
界面过渡区	27	0.22	22	2.2
砂浆基质	30	0.2	27	2.7

混凝土各细观组分的初始热学参数见表 7.4。由于界面过渡区的物理性能参数很难直接测得，这里根据试验测得的混凝土导热系数对其进行反演试算。基于以上参数，可以获得完好混凝土试件的有效导热系数为 1.74W/（m·K），与 Zhang 等[27]的实测值一致。对于裂缝相，由于裂缝一般会充满空气，因而其热学参数取值同空气[24]。

表 7.4　完好混凝土细观组分热学参数

细观组分	导热系数 k_0/[W/(m·K)]	密度 ρ/(kg/m^3)	比热 c/[J/(kg·K)]
骨料	2.77*	2733*	710**
界面过渡区	1.10	1500	1150
砂浆基质	1.20*	2078**	1175**
空气	0.026	1.29	1100

*该数据取自文献[37]；**该数据取自文献[41]。

2．力学/热学加载及边界条件

分析单轴压缩力学响应时的边界条件为：试件顶面为荷载输入边界，采用位移加载控制；底边采用法向固定约束，底边中点采用水平向及竖向同时约束；两侧为自由边界。计算混凝土的有效导热系数和温度场分布时，试件内部的初始温度均设为 20℃（即室温）。前者边界条件：顶面和底面分别为 100℃和 60℃恒温边界，两侧为绝热边界。后者边界条件：顶面施加 GB/T 9978.1—2008 标准升温曲线[29]，其余边界为绝热边界。

3．有限元网格及计算

采用有限元法对荷载作用下非均质混凝土中的温度传导行为进行研究，采用四节点单元对混凝土试件进行网格划分，平均网格尺寸为 1mm。单元形式在力学行为模拟时，为线性等参数单元；在温度传导计算时，为线性热传导单元。

7.3.4 数值计算结果及分析

1. 模拟结果与试验结果对比

为了验证上述力学-热学单向耦合细观分析方法的合理性，这里以单轴压缩加载为例，获得了荷载作用后混凝土的导热性能。当荷载水平（试件当前应变与混凝土达到峰值应力时对应应变之比）$\sigma_r = 0.7$ 时，模拟所得的试件的有效导热系数与 Zhang 等[27]的试验数据的对比如图 7.19 所示。为了考察该方法是否具有网格敏感性，同时给出了平均网格尺寸为 0.5mm、1mm、2mm 和 3mm 时的计算结果。在 Zhang 等[27]的试验中，粗骨料类型为石灰石，水灰比为 0.5。养护 28d 后，混凝土的平均抗压强度与弹性模量分别为 34.77MPa 和 36.2GPa。

由图 7.19 可知，在 4 种网格尺寸下，混凝土在平行与垂直荷载方向上的有效导热系数均变化很小，可以认为该细观方法对网格不敏感。对比模拟结果与试验数据可知，试验测得的混凝土在两个方向上的有效导热系数几乎全部介于基于串联和并联方法所获得的模拟结果之间，且更接近于串联模型的结果。然而，由于缺乏相关试验数据，对于其他情形仍需深入研究。尽管如此，仍可认为本节的细观数值方法能够有效地模拟荷载后混凝土的导热行为。

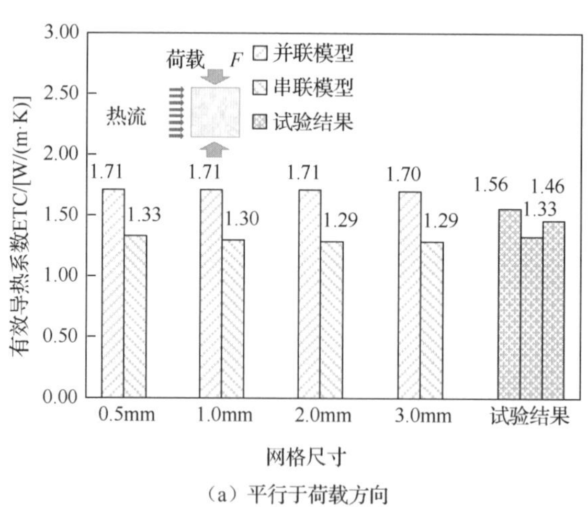

（a）平行于荷载方向

图 7.19　细观模拟结果与 Zhang 等[27]试验结果对比

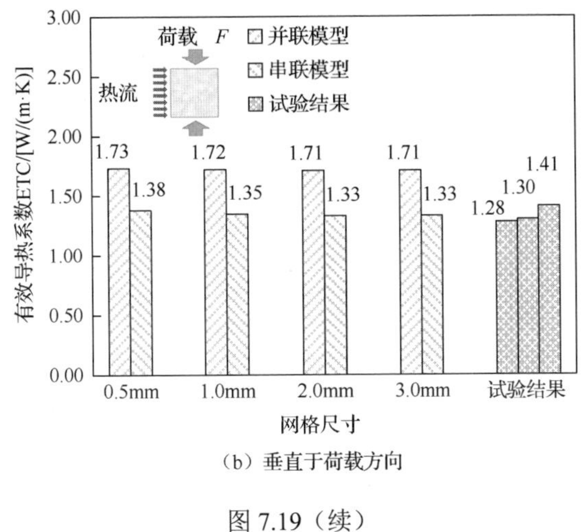

（b）垂直于荷载方向

图 7.19（续）

2. 力学行为分析

图 7.20 和图 7.21 分别给出了不同荷载水平 σ_r 下，混凝土中损伤分布云图及压缩应力、宏观损伤水平随应变的变化关系曲线。由图 7.20 可知，在低荷载水平（如 $\sigma_r = 0.40$）下，混凝土的反应接近于弹性，其内部产生的微裂缝很少，因而宏观损伤水平非常低（图 7.21）。随着荷载水平增大，混凝土薄弱区（即界面过渡区）微裂缝增多，其宏观损伤水平迅速增大。当混凝土宏观应力达到其抗压强度（$\sigma_r = 1.0$）后，损伤在界面过渡区继续发展并且进入砂浆基质，逐渐贯通形成宏观裂缝，其宏观损伤水平继续增大。最终，混凝土中裂缝发展减缓，相应地宏观损伤水平逐渐趋近于 1。

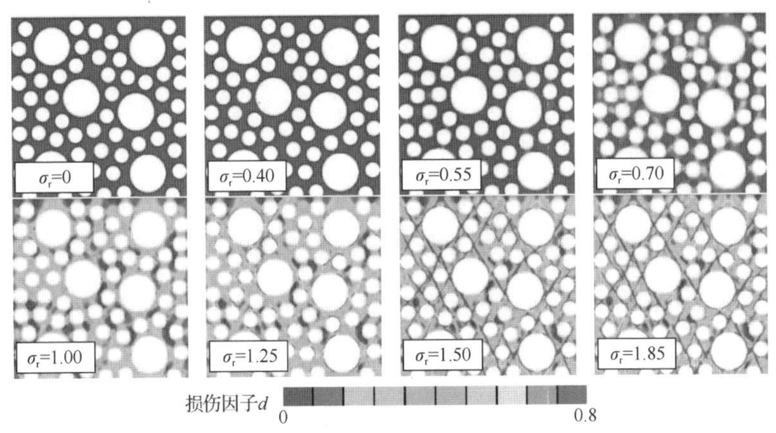

图 7.20　不同荷载水平下混凝土中损伤分布云图

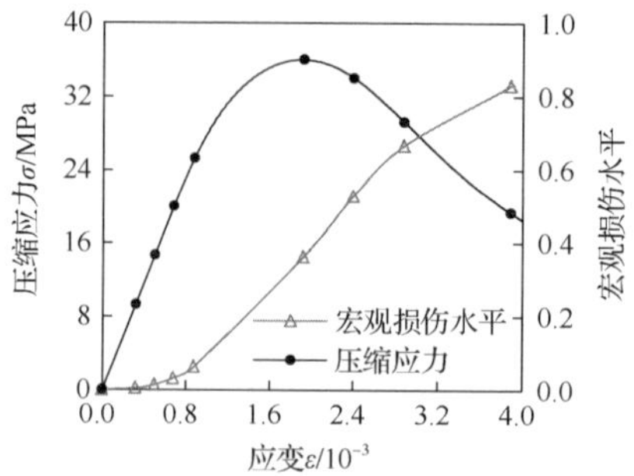

图 7.21　混凝土压缩应力、宏观损伤水平随应变的变化曲线

3. 热流密度与有效导热系数

基于已验证的细观数值方法，获得不同荷载水平 σ_r 下混凝土中热流密度分布如图 7.22 所示。另外，取混凝土试件中心位置，做出不同荷载（损伤）水平下热流密度随深度的变化曲线如图 7.23 所示。

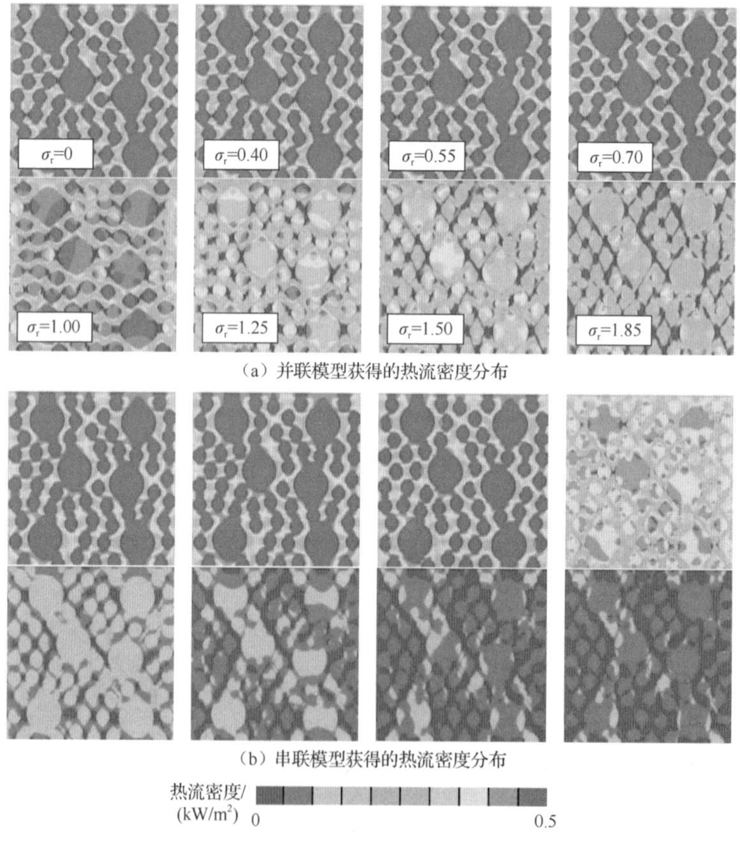

图 7.22　不同压缩荷载水平下混凝土中热流密度分布

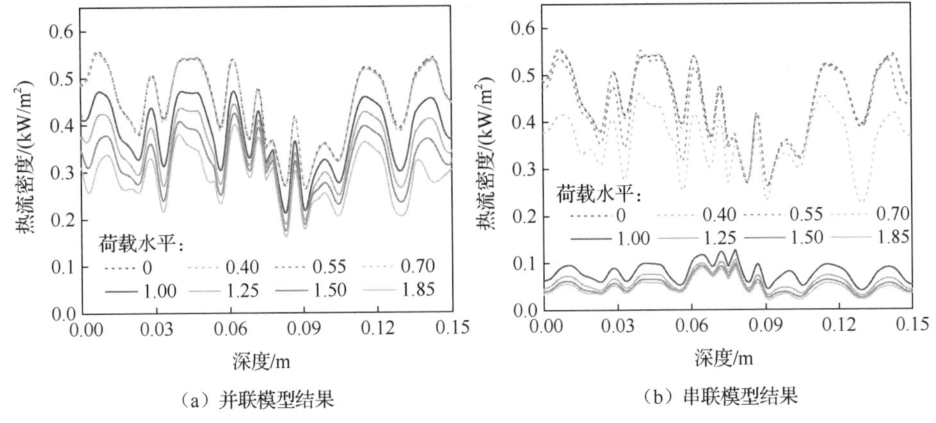

（a）并联模型结果　（b）串联模型结果

图 7.23　不同损伤水平下试件内部热流密度随深度的变化曲线

由热流密度与导热系数的关系可知，对于稳态下给定尺寸的截面，热流密度仅随导热系数变化，因而热流密度的分布实际上反映了混凝土内部不同位置的导热性能。通过图 7.22 不难发现，在低荷载水平（如 $\sigma_r = 0$ 或 0.40）下，混凝土宏观损伤很小，力学荷载对混凝土导热性能的影响很小，此时混凝土中热流密度分布与无荷载作用时几乎相同。这一点在图 7.23 中体现尤为明显。由于骨料导热性能优于砂浆基质及界面过渡区，热流优先通过骨料，从而使得骨料热流密度明显大于砂浆基质，骨料之间形成“热桥”[24]。因此，图 7.23 中热流密度随深度的变化曲线十分曲折。随着应力进一步增大，损伤亦进一步发展。当荷载水平 σ_r 大于 0.7 时，混凝土中损伤迅速发展，与完好混凝土相比，采用串联方法获得的热流密度分布变得更加均匀，说明“热桥效应”明显减弱。当混凝土宏观应力达到其抗压强度（$\sigma_r = 1.0$）后，宏观裂缝形成，由于裂缝被空气充满，导热能力很低，从而形成了明显的热量阻隔带。这在并联模型结果中体现十分明显；对于串联模型结果，其对损伤较为敏感，由于裂缝的阻隔，此时混凝土内部热流密度均较低，整体导热性能明显下降。最终，混凝土中损伤发展变缓，相应热流密度分布趋于稳定。

由图 7.23 明显可知，随着荷载（损伤）水平增大，混凝土中不同深度处热流密度减小。当荷载水平 $\sigma_r > 1.0$ 时，由于混凝土中损伤发展明显，相比于并联模型，串联模型得到的热流密度明显较低。

图 7.24 为由并联模型和串联模型获得的混凝土试件的有效导热系数随宏观损伤水平的变化。由图可知，当混凝土反应接近于弹性时，由于其宏观损伤水平很低，串联模型与并联模型结果相差很小。

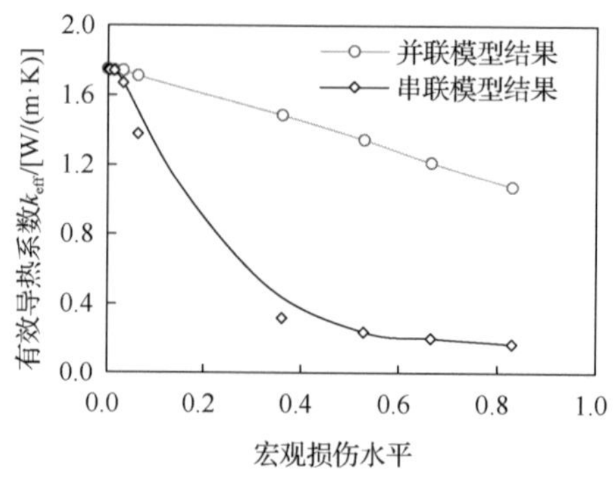

图 7.24　混凝土试件宏观损伤水平对其有效导热系数的影响

随着荷载水平增大，混凝土宏观损伤水平增大，两种模型获得的有效导热系数均降低。其中，并联模型有效导热系数随宏观损伤水平近似线性降低，而串联模型有效导热系数在损伤水平小于 0.5 时下降剧烈，之后逐渐趋于稳定。

4. 混凝土内部温度场

将混凝土的顶面边界替换为 GB/T 9978.1—2008 标准升温曲线[29]，其余各边设为绝热边界，得到 1h 后不同荷载水平下混凝土试件的温度场如图 7.25 所示，并绘制试件中部处温度-深度变化曲线如图 7.26 所示。

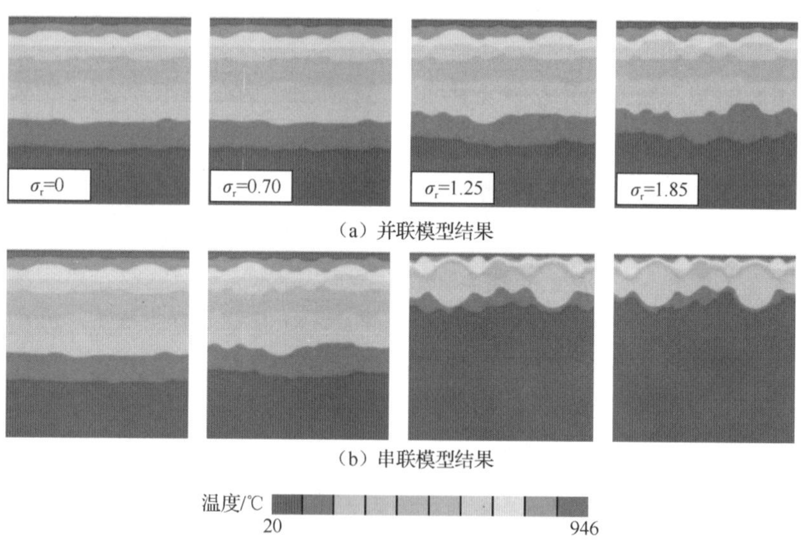

（a）并联模型结果

（b）串联模型结果

图 7.25　不同荷载水平下混凝土内部温度分布

由图 7.25 及图 7.26 可知，随着荷载水平升高，混凝土内的温度场变得越来越不均匀。由于力学损伤减缓了热量传导，对于试件内某一位置，其温度随荷载水平升高而降低。另外，由于串联模型对于损伤更加敏感，峰值应力后，随着荷载水平的增大，基于串联模型获得的温度的下降程度更大。

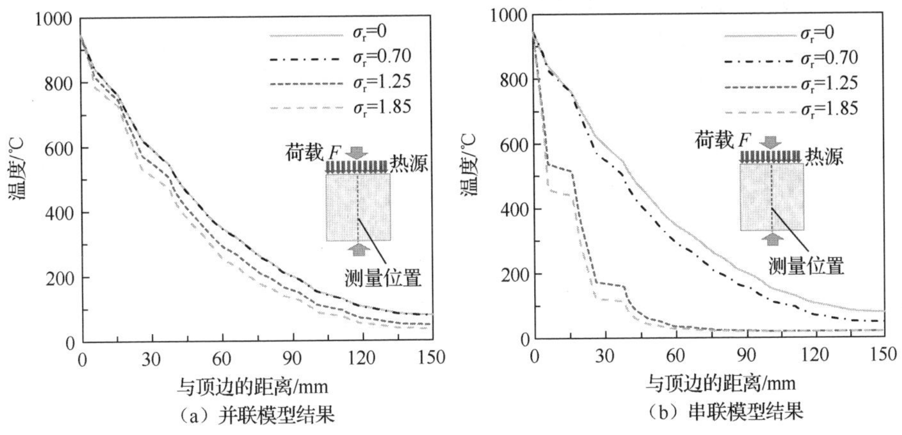

图 7.26　不同荷载水平下混凝土内部温度-深度曲线

7.3.5　分析与讨论

从上述数值研究工作可以发现：①对于本节研究工况，串联模型效果优于并联模型；然而，对于其他情况，需要更多物理试验验证。②随着荷载水平升高，混凝土有效导热性能降低，混凝土中温度场分布更加不均匀。

需要说明的是，本节方法作为一种单向耦合方法，仅考虑了混凝土力学性能退化对其导热性能的影响。实际上，温度传导产生温度梯度，会进一步引起混凝土开裂，从而影响其力学性能。

7.4　混凝土高温压缩/劈裂拉伸力学行为分析

在对混凝土材料进行了热传导行为细观数值分析的基础上，本节探讨高温下及高温后混凝土的力学性能，研究高温加热后混凝土的动态单轴压缩与劈裂拉伸破坏行为及其细观破坏机制，对比不同应变率及加热温度下混凝土的应力-应变关系，揭示混凝土应变率效应与温度退化效应间的相互影响规律[10-12]。

7.4.1　本构关系与力学参数

1. 温度退化效应

混凝土的高温力学性能主要取决于其组成材料的矿物化学成分、配合比及含水量等，由于高温时混凝土中的自由水蒸发，导致矿物化学成分改变，因此混凝土的力学性能与其经历的最高温度有关[42]。试验研究[43]表明混凝土在高温下的抗压强度、抗拉强度和弹性模量均随温度升高而显著下降。

在常温下，骨料强度较高，一般不会发生破坏；而在高温下，相关研究表明[44]：骨料的峰值应力、弹性模量均有不同幅度的降低，且经历的温度越高，降低的幅度越大。这里采用文献[45]中建议的不同温度下骨料的力学性能参数。由于砂浆基质和界面过渡区在高温下的力学性能试验研究薄弱，没有可以直接借用的计算公式，这里暂假定高温下砂浆基质和界面过渡区力学性能退化规律与混凝土相同，采用 CEB 规范[46]给出的混凝土力学性能随温度退化关系表征（图 7.27），具体如下：

$$f_{cT} / f_c = 1.037 - 2\times10^{-3}T - 8\times10^{-7}T^2 \tag{7.20}$$

$$f_{tT} / f_t = 1 - (T - 100) / 500 \tag{7.21}$$

$$E_{cT} / E_c = 1.084 - 1.384\times10^{-3}T \tag{7.22}$$

式中：T 为温度（℃）；f_c 与 f_{cT} 分别为室温下和高温下混凝土的抗压强度；f_t 与 f_{tT} 分别为室温下和高温下混凝土的抗拉强度；E_c 与 E_{cT} 分别为室温下和高温下混凝土的弹性模量。其中，式（7.20）为拟合公式。

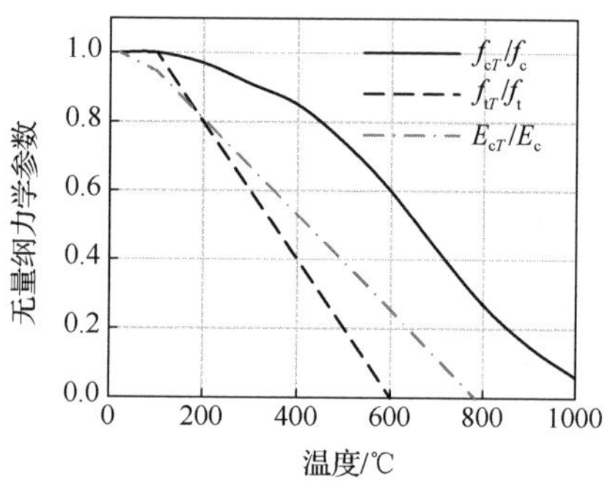

图 7.27　高温下混凝土力学性能退化

2．应变率效应

混凝土的应变率效应一般通过动态强度放大系数（DIF）来表征，即动态强度与静态强度之比。大量研究表明，混凝土动态强度的提高是材料的固有属性，强度和破坏形式与应变率密切相关[47-51]。与抗压和抗拉强度相比，弹性模量、泊松比及断裂能等力学参数的应变率敏感性较弱[52, 53]。

关于高温下混凝土的应变率效应还没有形成较为一致的结论。Chen 等[54]结合其试验结果，提出了普通混凝土在高温作用下动态强度放大系数的表达式。尽管如此，关于混凝土中各细观组分高温时率效应的相关研究则更为少见，目前尚未给出充分完善的关系式。这里为简便起见，暂不考虑高温对混凝土细观组分率效应的影响。并且，仅考虑强度的放大效应，对于混凝土强度的应变率效应，CEB 规范[46]中根据试验数据拟合得到的计算公式是最常用的模型。CEB 规范中用来表征混凝土动态抗压强度放大系数（CDIF）的公式为

$$\mathrm{CDIF}=\frac{f_{\mathrm{c,imp,k}}}{f_{\mathrm{cm}}}=\begin{cases}(\dot{\varepsilon}_{\mathrm{c}}/\dot{\varepsilon}_{\mathrm{c0}})^{0.014} & \dot{\varepsilon}_{\mathrm{c}}\leqslant 30\mathrm{s}^{-1}\\ 0.012(\dot{\varepsilon}_{\mathrm{c}}/\dot{\varepsilon}_{\mathrm{c0}})^{1/3} & \dot{\varepsilon}_{\mathrm{c}}>30\mathrm{s}^{-1}\end{cases}\tag{7.23}$$

式中：$f_{\mathrm{c,imp,k}}$ 表示应变率等于 $\dot{\varepsilon}_{\mathrm{c}}$ 时的混凝土动态抗压强度；f_{cm} 表示应变率 $\dot{\varepsilon}_{\mathrm{c0}}=30\times10^{-6}\mathrm{s}^{-1}$ 时的准静态抗压强度。针对抗拉强度增大行为（TDIF），这里采用修正的 CEB 模型来表征，为

$$\mathrm{TDIF}=\frac{f_{\mathrm{ct,imp,k}}}{f_{\mathrm{ctm}}}=\begin{cases}(\dot{\varepsilon}_{\mathrm{t}}/\dot{\varepsilon}_{\mathrm{ct0}})^{0.018} & \dot{\varepsilon}_{\mathrm{t}}\leqslant 10\mathrm{s}^{-1}\\ 0.0062(\dot{\varepsilon}_{\mathrm{t}}/\dot{\varepsilon}_{\mathrm{ct0}})^{1/3} & \dot{\varepsilon}_{\mathrm{t}}>10\mathrm{s}^{-1}\end{cases}\tag{7.24}$$

式中：$f_{\mathrm{ct,imp,k}}$ 表示应变率等于 $\dot{\varepsilon}_{\mathrm{ct}}$ 时的混凝土动态抗拉强度；f_{ctm} 表示应变率 $\dot{\varepsilon}_{\mathrm{ct0}}=1\times10^{-6}\mathrm{s}^{-1}$ 时的准静态抗拉强度。

3. 本构关系

常温静载下，骨料一般不会发生破坏；而在高温下，骨料强度、峰值应力、弹性模量均会发生不同程度的降低，经历温度越高，降低幅度越大。同时，在高应变率荷载作用下，骨料很可能破坏。鉴于此，暂采用理想弹塑性模型来描述骨料的力学行为，采用文献[45]中不同温度下的骨料材料参数。砂浆基质、界面过渡区与混凝土力学行为类似，采用塑性损伤模型来描述其力学行为。

在混凝土高温后材料动态力学行为的数值模拟中，采用同时耦合温度退化效应及应变率效应的塑性损伤本构模型来描述砂浆基质与界面过渡区的力学行为。室温下（即 20℃）混凝土各细观组分主要力学参数详见表 7.5。

表 7.5　室温下混凝土各细观组分力学参数

细观组分	抗压强度 f_c/MPa	抗拉强度 f_t/MPa	弹性模量 E/GPa	泊松比 ν
骨料	152.0*	—	35*	0.2
界面过渡区	32.5	3.25	30	0.2
砂浆基质	40.0	4.0	25	0.2

*数据取自文献[45]，其中骨料抗压强度为屈服强度。

7.4.2 边界条件及加载制度

高温下，混凝土单轴动态压缩破坏行为模拟的加载和边界条件为：试件底边采用法向固定约束；试件两侧自由；顶部为荷载输入边界，采用速度 v 加载控制。试件的应变率为 $\dot{\varepsilon}=v/h$（这里，h 为混凝土试件高度）。

《混凝土物理力学性能试验方法标准》[55]规定，劈裂拉伸试验时采用钢制弧形垫块施加集中荷载。为防止混凝土发生局部受压破坏，弧形垫块下部可加设

胶合板垫条。高温下，混凝土动态劈裂拉伸破坏行为模拟的加载和边界条件为：试件底边与垫条等宽度处采用竖向固定约束；底边中点处采用水平向与竖向约束；两侧自由；试件顶部与垫条等宽度处为荷载输入边界，采用速度 v 加载控制。

7.4.3　模拟方法验证

为验证细观数值分析模型与方法的可靠性和准确性，分别对混凝土在不同加载形式下的破坏模式以及应力-应变关系与相关试验进行对比[10-12]。

Su 等[56]利用自行设计的 SHPB 系统测试了混凝土在高温下的动态压缩力学性能。将厚度为 49mm±0.5mm、直径为 98mm±0.5mm 的圆柱形混凝土试样养护 28d，根据配合比计算其骨料含量为 42.7%（骨料级配：粒径 5～10mm 占 15%，粒径 10～20mm 占 85%）。与试验中一致，采用圆柱形混凝土数值模型，其尺寸、骨料含量和骨料级配亦与试验设置一致。如图 7.28 所示，将混凝土数值模型在高温下的动力压缩破坏模式与试验结果进行对比可以看出，数值结果与实验现象吻合较好。

杜敏[57]采用液压式万能试验机对不同尺寸的混凝土立方体试件开展了劈裂拉伸试验。对室温下的标准立方体混凝土试件进行准静态劈裂拉伸破坏模拟，数值模拟及试验获得的劈裂拉伸破坏模式如图 7.29 所示。由图 7.29 可知，本节数值模拟获得的拉伸损伤模式与试验结果吻合良好，说明细观数值模型能够很好地模拟混凝土的劈裂拉伸力学破坏行为。

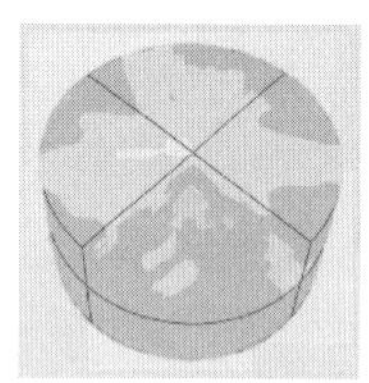
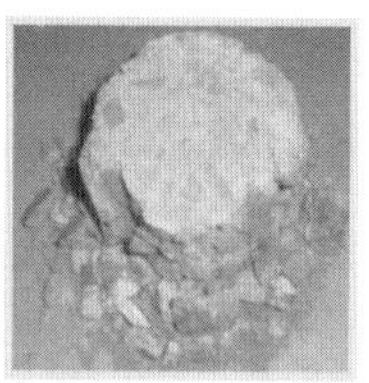
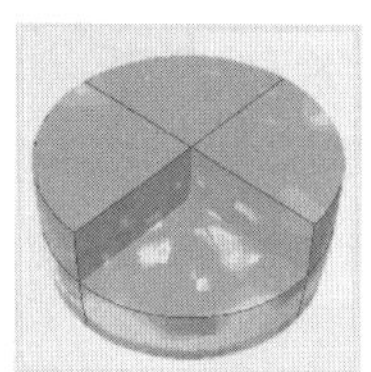

图 7.28　数值模拟得到的压缩破坏模式与试验结果对比

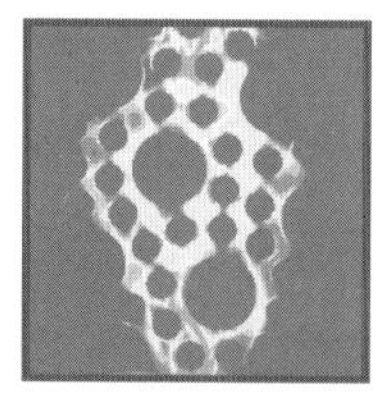
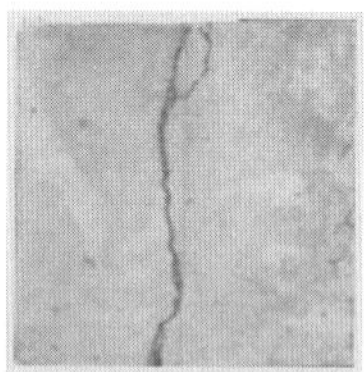
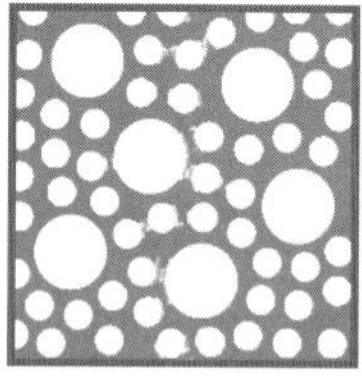

图 7.29　数值模拟得到的劈裂拉伸破坏模式与试验结果对比

此外，对 Zhai 等[58]关于混凝土高温后的动态力学性能进行模拟分析。600℃与 1000℃高温后名义应变率为 0.0001s^{-1} 和 0.003s^{-1} 的两组混凝土试件的动态压缩应力-应变曲线如图 7.30 所示。由图 7.30 可知，本节数值模拟获得的应力-应变关系曲线与试验结果吻合良好，能够很好地模拟高温下混凝土的动态力学行为。

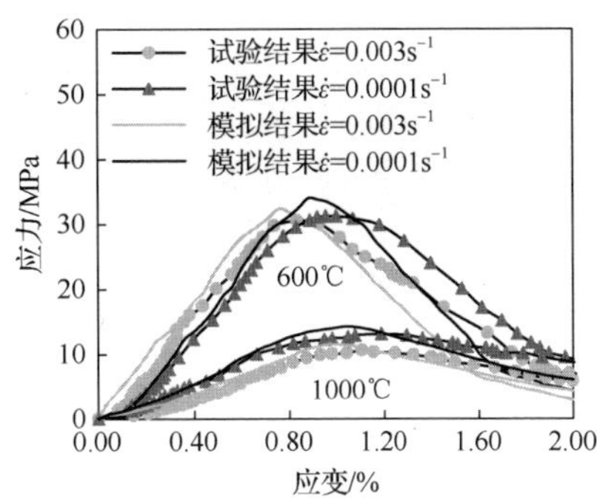

图 7.30　模拟的应力-应变关系与试验结果对比

7.4.4　数值计算结果及分析

基于上述已验证的细观数值分析方法，分别对混凝土试件在高温下的动态压缩与动态劈裂拉伸破坏行为进行模拟，研究高温后混凝土的动态细观破坏机制，揭示混凝土应变率效应与温度退化效应的相互影响规律。

1．混凝土高温动态破坏行为

彩图 17 表征了混凝土试件细观结构在加热 60min、名义应变率为 $\dot{\varepsilon}=1\text{s}^{-1}$ 时的二维及三维压缩破坏过程[10, 11]。可以看到，混凝土试件最先在加载方向两端边界（即高温后非均质混凝土中力学性能退化显著的区域）出现严重破坏，随加载时间增大，损伤越来越明显，并沿界面过渡区及砂浆基质区域向试件内部开展。

图 7.31 为混凝土试件细观结构在加热 60min、名义应变率为 $\dot{\varepsilon}=1\text{s}^{-1}$ 时的竖向应力和等效塑性应变变化过程。由图 7.31（a）可以看到，加载点附近区域处于受压状态，加载点连线两侧区域处于均匀的受拉状态。观察图 7.31（b）可以发现，由于局部受压以及高温后非均质混凝土的力学损伤分布不均匀，微裂纹首先出现在试件的约束和加载处，随加载时间发展，裂纹沿着试件顶部、底部相向延伸并向中心线两侧扩展，损伤越来越明显。综合比较应力、应变分布变化过程，当应力达到峰值时，混凝土试件在界面过渡区及砂浆基质产生贯通的劈裂拉伸裂缝，随后应力逐渐降低，塑性应变持续增大。

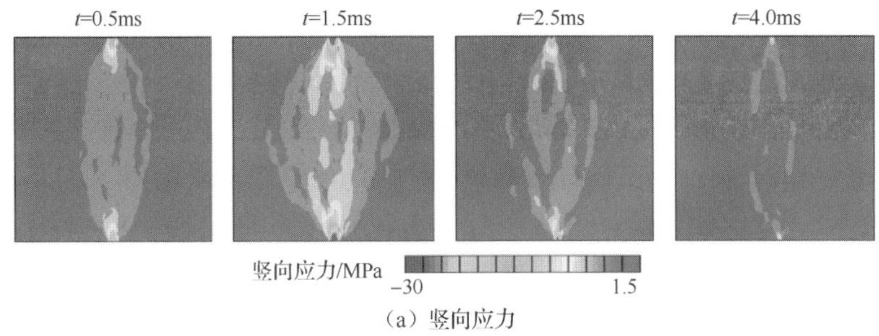

（a）竖向应力

图 7.31　混凝土试件的动态劈裂拉伸损伤过程

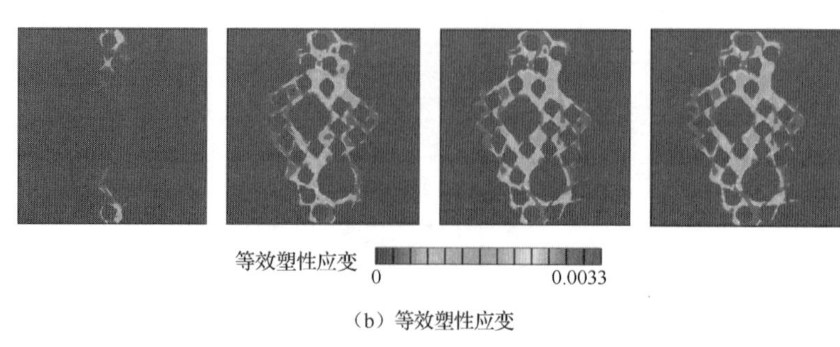

（b）等效塑性应变

图 7.31（续）

对名义应变率分别为 $\dot{\varepsilon}=1\times10^{-5}\text{s}^{-1}$、$1\times10^{-4}\text{s}^{-1}$、$1\times10^{-2}\text{s}^{-1}$、$1\text{s}^{-1}$ 及 100s^{-1} 的混凝土试件压缩破坏过程进行数值研究，获得的常温下、高温下以及高温后混凝土试件的损伤破坏模式如图 7.32 所示。可以看出，裂纹形态受温度和应变速率的影响较大。其中，“高温下”是指试件正处于高温传热状态；而“高温后”是指试件经历高温作用后又自然冷却到室温条件。

由于混凝土内部温度场的不均匀性，试件周边温度损伤尤为严重，高温下混凝土试件损伤集中在加载和约束边界上，随着名义应变率增加，裂纹变宽并向内扩展。与室温下相似，混凝土试件高温后的损伤均匀地分布在整个截面上。随着名义应变率的增加，裂纹沿界面过渡区扩展，呈现网状交叉路径。如图 7.32 所示，由于混凝土材料在高温下随着强度的降低和延性的增大变得越来越松散，高温作用下混凝土的破坏比室温下更为严重。同时，由于冷却过程中体积膨胀以及试件内外的温度场极不均匀，混凝土试件在高温后的强度较其在高温下会进一步降低，裂缝也越来越宽；在相同温度下，随着应变速率的增加，混凝土试件的动态破碎更加剧烈。常温下及高温下裂纹都主要出现在更为薄弱的砂浆基质及界面过渡区；名义应变率较小时，试件为裂纹破坏，名义应变率较大时 $(\dot{\varepsilon}=100\text{s}^{-1})$，混凝土试件呈粉碎状破坏，此现象与艾晓芹[59]以及 Ren 等[60]试验结果较为一致。

不同加热时间后，名义应变率为 $1\times10^{-6}\text{s}^{-1}$（准静态）、$1\times10^{-4}\text{s}^{-1}$、$1\times10^{-2}\text{s}^{-1}$、$1\times10^{-1}\text{s}^{-1}$、$1\text{s}^{-1}$、$10\text{s}^{-1}$ 及 100s^{-1} 的混凝土试件的劈裂拉伸破坏形态如图 7.33 所示。从图 7.33 可以看出，混凝土试件连接加载处与约束处产生贯通的劈裂拉伸裂缝。常温下，试件沿破坏面损伤的分布均匀连续，随名义应变率增大，裂纹向两侧扩展；高温下，由于温度场不均匀，试件周边温度损伤尤为严重，主要集中在加载点及约束处附近区域，随名义应变率增大，裂纹变宽并向内部延伸。随加热时间增加，损伤由边界向混凝土试件内部发展，裂纹由细长形延伸至带状。

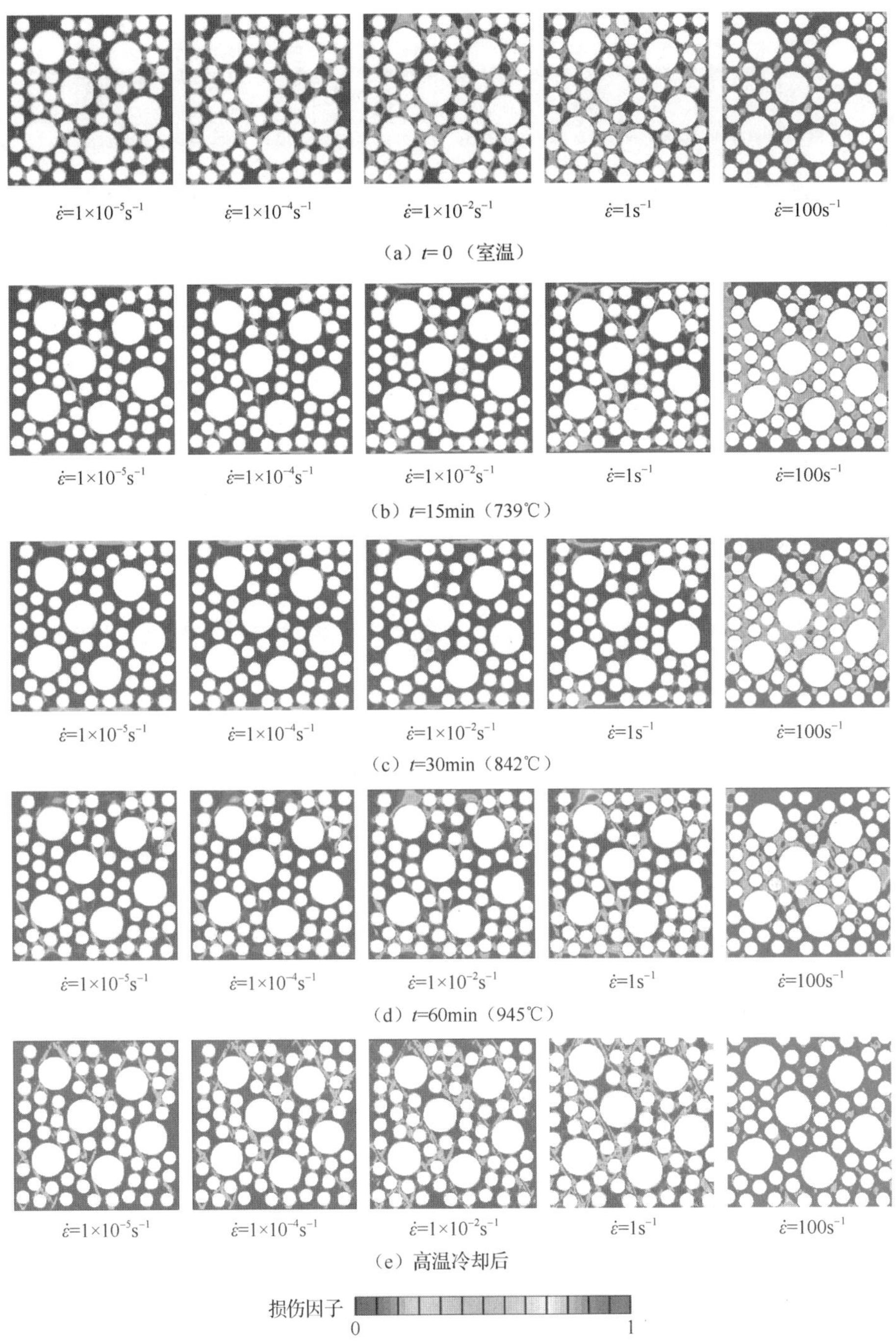

图 7.32　不同应变率下混凝土试件压缩破坏模式

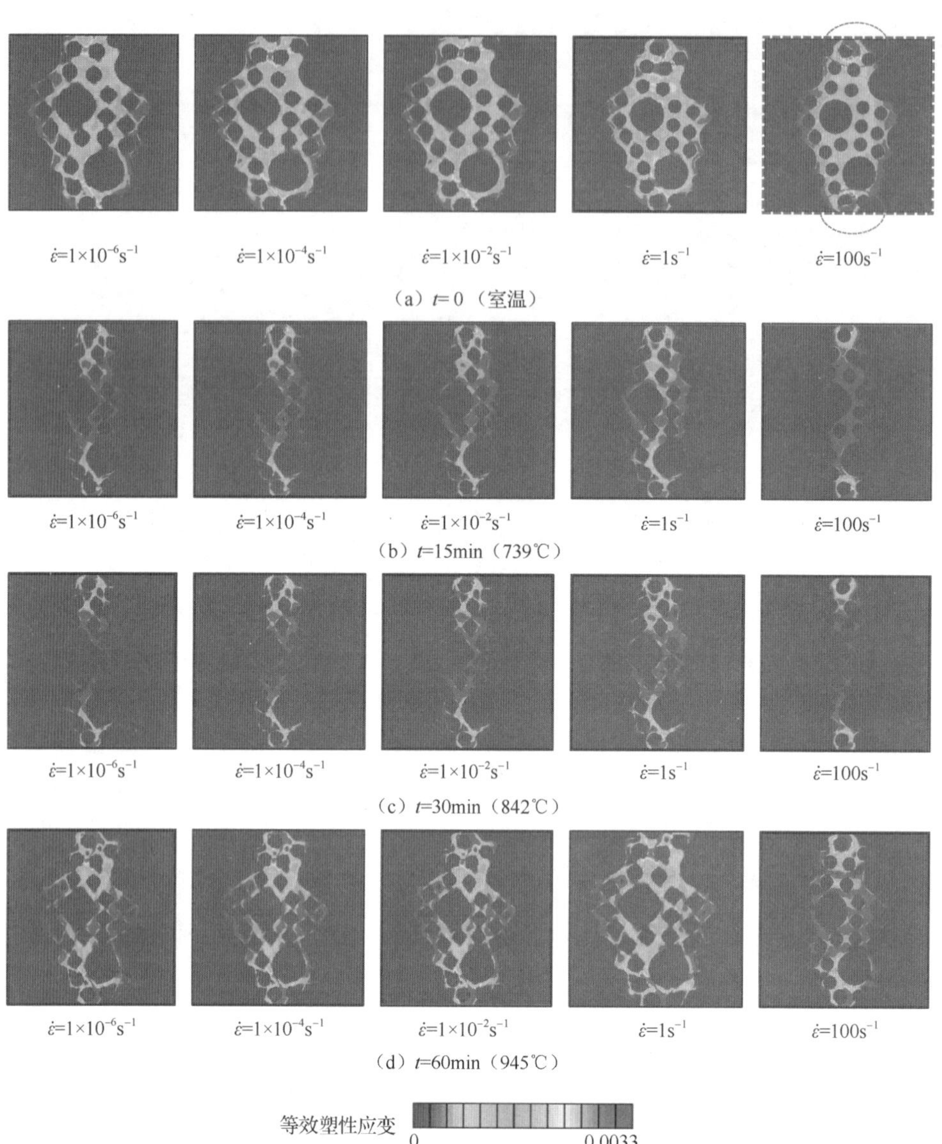

图 7.33　不同应变率下峰值应力处混凝土试件等效塑性应变

常温下及高温下试件损伤都主要出现在砂浆基质及界面过渡区，骨料几乎不受影响，图 7.34 给出了高温、高应变率下混凝土各细观组分的损伤分布情况。应变率较大时 ($\dot{\varepsilon}=100s^{-1}$)，由于冲击速度较大，混凝土试件破坏过程急促，出现局部损伤。常温下，塑性变形较小，属脆性破坏，骨料本身发生破坏（图 7.33 中圈记处）。而经历高温后，由于骨料变得松软，塑性变形非常大，破坏荷载低，骨料基本没有破坏，裂缝沿着界面过渡区延伸开来，这与项凯等[61]试验结果较为一致。

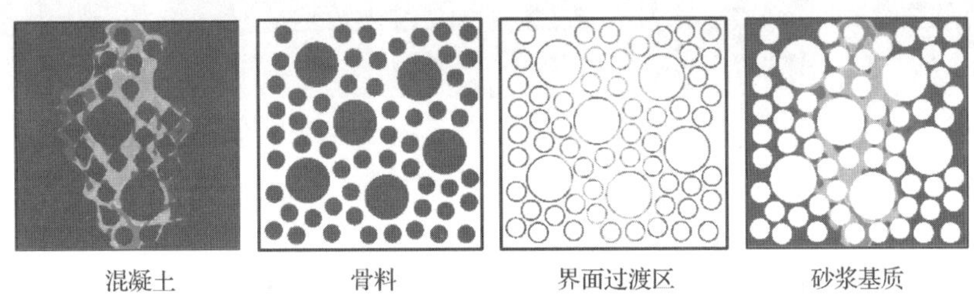

图 7.34　各细观组分的损伤分布情况

2．应变率空间分布规律

图7.35给出了经历不同加热时间后的混凝土试件在峰值应力时的应变率空间分布。可以看出，由于混凝土试件细观结构的非均质性，其内部应变率分布不均匀，应变率较大区域主要集中在相对薄弱的界面过渡区和砂浆基质。同一温度下，随名义应变率增大，混凝土试件应变率空间分布更加均匀，高应变率区域明显减少，并且分布于加载端边界。名义应变率相同时，常温下应变率较为分散地分布在整个截面；高温下，随加热时间递增，混凝土试件高温劣化愈发严重，获得更大的应变率，应变率较大区域更加集中，并且由边界处逐渐向试件内部传递。与损伤模式相似，混凝土试件在室温和自然冷却后的应变率分布较高温下更为分散。

3．宏观应力-应变关系

不同应变速率和不同温度下混凝土试件的动态压缩应力-应变关系如图 7.36 所示。可见，无论常温下还是高温下混凝土试件均表现出显著的应变率效应，峰值应力随应变率的增大而增大，峰值应变轻微增大，应力-应变曲线形状不变。并且，在高应变率下，峰值应力及峰值应变出现突增现象，这是因为高应变率时，惯性影响起主导控制作用。经历高温作用后，应力-应变曲线趋于平缓，峰值应力显著减小，峰值应变显著增大，出现了塑性流动，说明高温对混凝土有明显的劣化作用。高温后的应力-应变曲线没有明显的下降分支，虽然看起来是延性增强了，但是考虑到混凝土的强度降低明显，这种现象并不是一种优势。混凝土高温后的峰值应变大约是常温下的 5 倍，是高温下的 3 倍，同时，其峰值应力降低到高温下的 1/3。

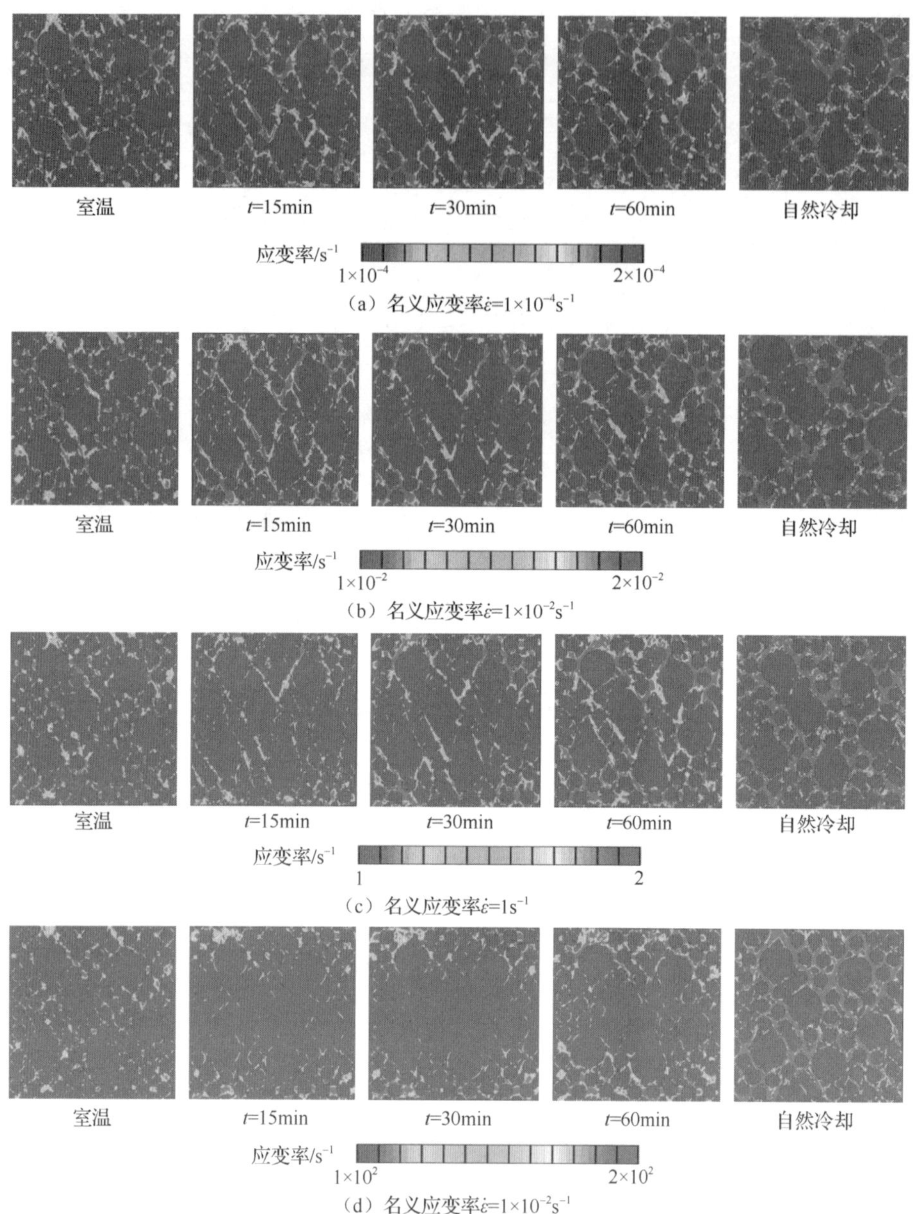

（a）名义应变率$\dot{\varepsilon}$=1×10^{-4}s^{-1}

（b）名义应变率$\dot{\varepsilon}$=1×10^{-2}s^{-1}

（c）名义应变率$\dot{\varepsilon}$=1s^{-1}

（d）名义应变率$\dot{\varepsilon}$=1×10^{-2}s^{-1}

图 7.35　峰值应力处混凝土试件的应变率分布

图 7.37 给出了不同应变率及不同高温条件加热下混凝土试件的动态拉伸应力-应变关系。相比于常温，高温下混凝土材料的劈裂拉伸应力显著降低。与压缩曲线相比，受拉曲线更陡，脆性更加明显。不难发现，无论常温下还是高温下混凝土试件均表现出显著的应变率效应。相比于应变率效应，混凝土强度受温度退

化效应影响更为显著，这与等众多研究者试验所得结果[62]一致。图 7.38 所示为混凝土试件在峰值应力处割线模量随应变率变化关系。可见，随着温度升高，割线模量明显减小，当加热 60min 后，即最高温度达到 945℃时，割线模量仅约为室温下的 1/6。另外可知，相同温度下，随名义应变率增大，割线模量变化微小。总体而言，相比于应变率效应，割线模量受温度退化效应影响更为显著。

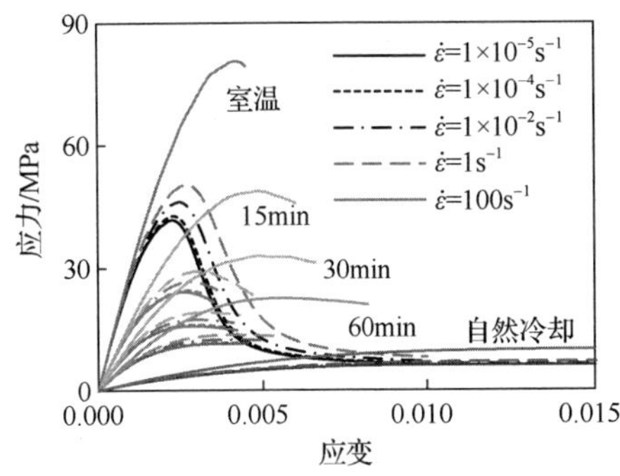

图 7.36　混凝土试件动态压缩应力-应变关系

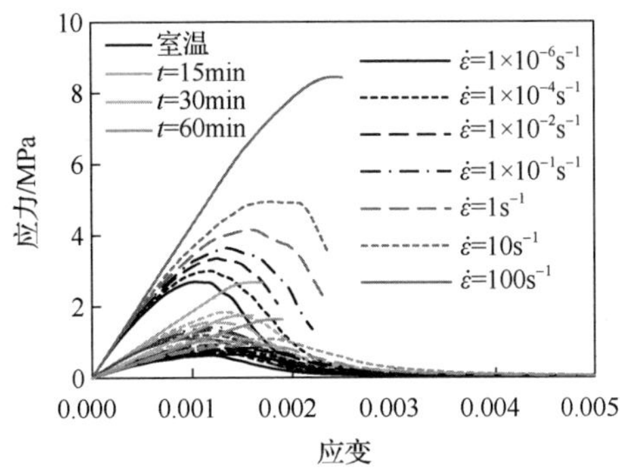

图 7.37　混凝土试件拉伸应力-应变关系

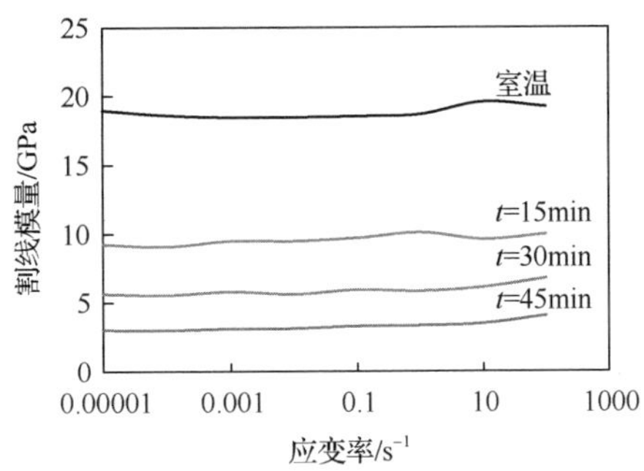

图 7.38　峰值应力处割线模量

4．温度损伤残余因子

混凝土力学性能随温度的劣化程度可以用温度损伤残余因子δ(即高温下力学性能 P_T 与室温下力学性能 P_0 的比值）来描述[10-14]：

$$\delta = P_T / P_0 \tag{7.25}$$

表 7.6 为不同应变率下混凝土试件抗压强度和峰值割线模量的温度损伤残余因子。不难发现，随着温度的升高，混凝土的抗压强度和峰值割线模量的损伤残余因子呈现出明显的下降趋势，尤其是对于自然冷却后的混凝土试件。同时，图 7.39 对比了混凝土试件抗压强度与峰值割线模量的温度损伤残余因子。由图 7.39 可知，不同应变率下温度损伤残余因子曲线的斜率较为接近，说明应变率对混凝土试件的

温度退化规律影响不大。此外，可以发现高温影响下混凝土的弹性模量曲线比相应的抗压强度曲线下降更明显。因此，火灾后混凝土结构容易产生较大的残余变形。

表 7.6　不同应变率下的混凝土温度损伤残余因子

项目	温度/℃	温度损伤残余因子				
		$1\times10^{-5}s^{-1}$	$1\times10^{-4}s^{-1}$	$1\times10^{-2}s^{-1}$	$1s^{-1}$	$100s^{-1}$
抗压强度	20	1	1	1	1	1
	739	0.577	0.573	0.575	0.581	0.605
	842	0.378	0.375	0.375	0.381	0.409
	945	0.274	0.272	0.269	0.270	0.280
	自然冷却	0.147	0.145	0.142	0.140	0.125
峰值割线模量	20	1	1	1	1	1
	739	0.488	0.488	0.514	0.541	0.519
	842	0.296	0.297	0.303	0.311	0.351
	945	0.159	0.160	0.169	0.177	0.210
	自然冷却	0.028	0.025	0.031	0.029	0.026

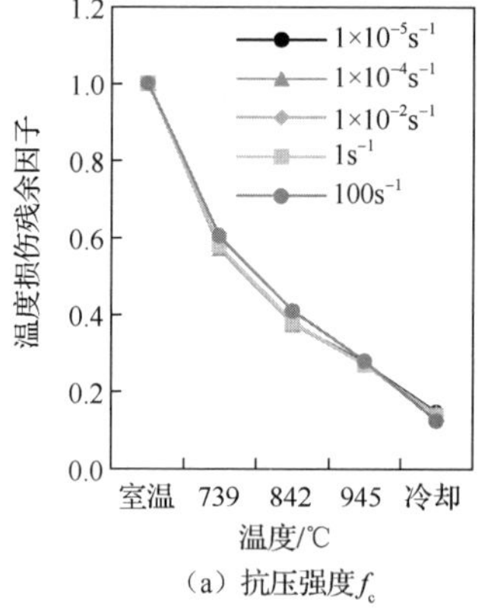

（a）抗压强度f_c

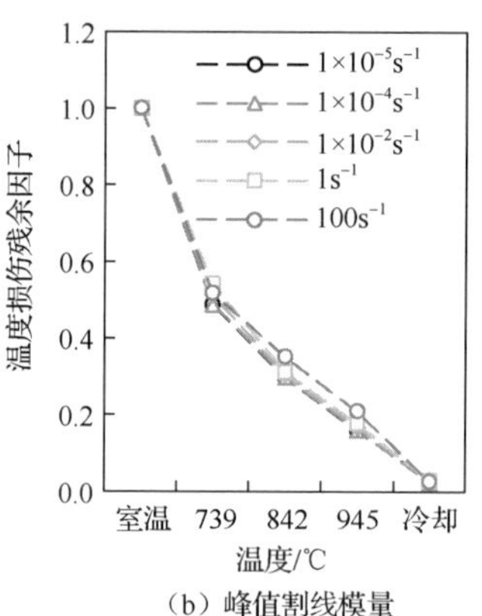

（b）峰值割线模量

图 7.39　不同应变率下的温度损伤残余因子

5．动态强度放大系数（DIF）

采用动态强度放大系数（DIF），即动态强度与准静态强度（本书压缩取$\dot{\varepsilon}=1\times10^{-5}s^{-1}$时强度，拉伸取$\dot{\varepsilon}=1\times10^{-6}s^{-1}$时强度）之比来描述材料强度随应变率增大而提高的现象。图 7.40（a）给出了在不同温度下混凝土 CDIF 与应变率间的散点关系，并与 CEB 规范拟合公式进行了比较，具体数值可参见表 7.7。可以发现，无论是常温还是高温混凝土试件都表现出明显的应变率效应，但混凝土高温后的应变率敏感性明显低于常温和高温下的应变率敏感性。这可以解释为混凝土材料在高温后极度疏松，导致侧向惯性效应减弱。

图 7.40（b）给出了不同加热时间（温度）下混凝土 TDIF 与应变率间的散点及其拟合关系。由图可知，常温下混凝土较高温下混凝土有更强的应变率敏感性，进一步说明高温和冲击荷载联合作用下，温度退化效应对应变率效应存在抑制作

用。相比动态抗压强度放大系数（CDIF），TDIF 增长更为迅速，率敏感性更明显，具体数值可参见表 7.8。

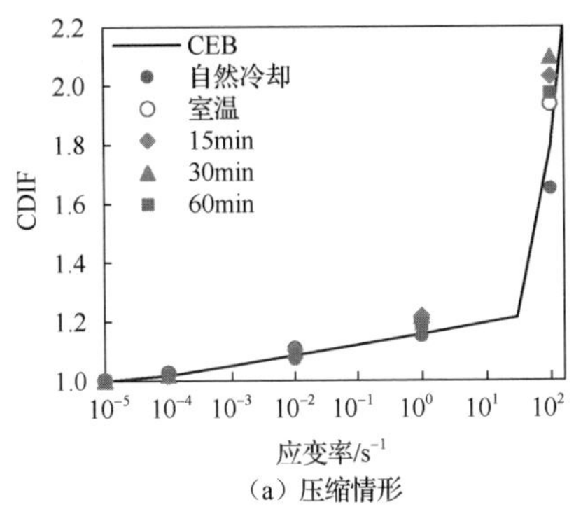

（a）压缩情形

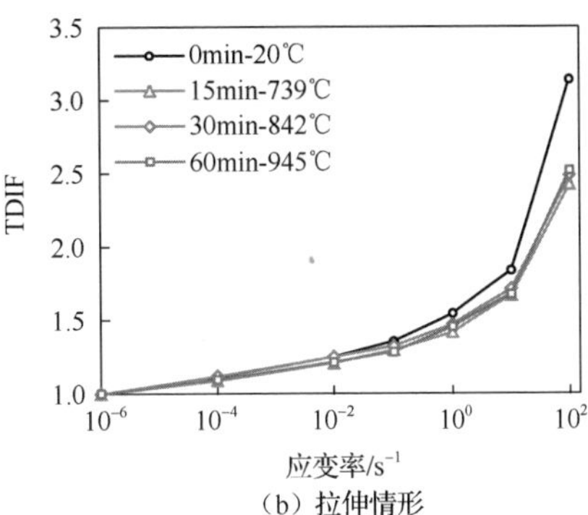

（b）拉伸情形

图 7.40　不同温度下 DIF 与应变率关系

表 7.7　高温时不同应变率下的混凝土 CDIF

应变率 /s^{-1}	CEB	0min	15min	30min	60min	自然冷却
1×10^{-5}	1	1	1	1	1	1
1×10^{-4}	1.017	1.025	1.019	1.019	1.017	1.009
1×10^{-2}	1.085	1.106	1.104	1.100	1.086	1.071
1	1.157	1.207	1.216	1.207	1.187	1.148
100	1.793	1.934	2.208	2.096	1.971	1.649

表 7.8　高温时不同应变率下的混凝土 TDIF

应变率 /s^{-1}	CEB	0min	15min	30min	60min
1×10^{-6}	1	1	1	1	1
1×10^{-4}	1.086	1.113	1.087	1.118	1.095
1×10^{-2}	1.180	1.249	1.207	1.250	1.214
1	1.282	1.544	1.416	1.470	1.455
100	2.878	3.137	2.423	2.487	2.519

7.4.5　分析与讨论

由以上数值工作可知：①常温下与高温冷却后冲击压缩，试件内部损伤分布均匀，呈现出网状交叉路径；高温下冲击压缩，混凝土破坏集中在力学性能薄弱的加载端，逐渐向内发展。②名义应变率较大时，混凝土试件在常温下发生脆性破坏，骨料本身亦会破坏；经历高温后，骨料基本没有破坏，裂缝沿着界面过渡区延伸发展。③应变率效应加剧了温度损伤效应，温度退化抑制了应变率效应。相比于应变率效应，温度退化效应对混凝土力学性能的影响更为显著。

7.5　钢纤维混凝土高温力学性能分析

钢纤维具有良好的韧性和较高的抗拉强度，可以很好地弥补素混凝土脆性明显等不足。本节从细观角度出发，将钢纤维混凝土（steel fiber reinforced concrete，SFRC）视为由骨料、砂浆基质及二者之间的界面过渡区以及纤维组成的四相复合材料，建立了钢纤维混凝土细观尺度数值分析模型，模拟了不同温度与应变率作用下纤维混凝土的力学行为，分析了高温作用与应变率效应对纤维增强作用的影响规律[13, 14]。

7.5.1　钢纤维混凝土细观数值模型

为了探讨钢纤维对高温混凝土动态力学行为的影响，首先对钢纤维混凝土试件的热传导过程进行模拟，获得其中的温度场；接着，以温度场模拟结果为初始状态，采用与温度相关的力学参数，模拟压缩荷载作用下混凝土试件的力学行为。

1．纤维混凝土细观结构

对于纤维混凝土而言，纤维的加入使得混凝土的内部结构更加不均匀。为了显式地考虑纤维对混凝土力学行为的影响，这里混凝土视为骨料、砂浆基质、界面过渡区及纤维组成的四相复合材料，在素混凝土随机骨料模型的基础上，将纤维随机分布于砂浆基质与界面过渡区中，建立纤维混凝土三维细观数值模型。简便起见，这里采用以下假定：①采用一维线单元对纤维进行离散；②考虑到试验过程中，试件出现宏观裂缝甚至严重开裂前，并无纤维断裂或被拔出，假定纤维与素混凝土之间的相互作用为完好粘结。

模型建立的过程如下。

（1）按照第 2 章方法建立素混凝土随机骨料数值模型。

（2）根据试件尺寸、纤维体积分数、纤维长度和直径等参数确定纤维数目。

（3）依照与投放骨料相似的方法，将纤维投放于砂浆基质与界面过渡区中。这里纤维的端点及方向均随机确定，需要满足的条件为两端点均在试件范围内，后投放的纤维不能与已有纤维发生重叠，且纤维不能插入到骨料中。

（4）采用线单元对纤维进行有限元网格划分，并赋予相应的力学性能。

（5）定义纤维与混凝土基质之间的相互作用，这里将纤维“嵌入”到混凝土中基质中，即认为二者具有相同的平动自由度[15]。

在步骤（3）中，判断纤维与骨料是否相交比较复杂。以三维模型为例，首先检查纤维端点与骨料球心是否重合，若二者重合，则重新生成纤维；否则，构造以纤维所在直线为法线、分别通过纤维两个端点的两个平面，然后根据骨料球心与两平面的相对位置，将纤维与骨料的相对位置关系分为两类（图 7.41）：第一类，骨料球心在两平面上或两平面之间；第二类，骨料球心在两平面之外。对于第一种情况，需要保证骨料球心到纤维所在直线的距离大于骨料半径；而对于第二种情况，则需要保证骨料球心到纤维端点的距离大于骨料半径。若满足上述条件，则接受该纤维，进入下一根纤维的构造程序。

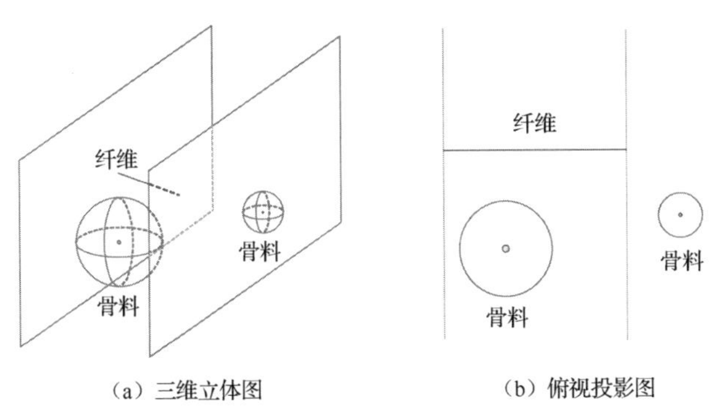

（a）三维立体图　（b）俯视投影图

图 7.41　纤维与骨料的相对位置关系

彩图 18 给出了典型的钢纤维混凝土试件二维与三维模型，模型中骨料体积分数为 40%，钢纤维体积分数为 1%。二维模型中钢纤维长度为 30mm，直径 0.6mm；三维模型中，钢纤维的长度为 6mm，直径为 0.2mm。

钢纤维采用二节点线单元来模拟，并且假定其与周围介质（砂浆基质和界面过渡区）的相互作用为完好粘结，暂不考虑二者的相对滑移。二维模型中，混凝土基质部分采用四节点等参单元。热传导与力学行为模拟中采用的单元类型分别为热传导与平面应变单元；三维模型中，在热传导模拟时，混凝土基质采用八节点六面体热传导单元（DC3D8）进行离散，钢纤维采用二节点热传导单元（DC1D2）离散。在力学模拟中，则替换为八节点六面体减缩积分单元（C3D8R）和一维桁架单元（T3D2）。二维与三维模型中，平均网格尺寸取为 1mm。

2．本构关系及力学参数

首先对钢纤维混凝土进行热传导模拟，混凝土各细观组分热工参数见 7.2 节；对于钢纤维，根据规范规定，认为其热工参数不随温度变化，其导热系数为 45W/（m·K），比热容为 600J/（kg·K），密度为 7850kg/m^3。

与 7.4 节普通混凝土的高温动态力学行为模拟过程相同，采用理想弹塑性模型来描述骨料的力学行为，采用由 Lubliner 等[39]提出并由 Lee 和 Fenves[40]改进的塑性损伤模型（详见第 4 章）来表征砂浆基质和界面过渡区的力学性质，钢纤维视为理想弹塑性材料。温度退化效应与应变率效应根据 CEB 规范[46]来确定。混凝土各细观组分材料在室温条件下的力学参数见表 7.5。钢纤维的屈服强度为

1100MPa，弹性模量为 210GPa，泊松比为 0.3。

3. 边界条件及加载制度

在热传导模拟中，假定试件内部初始温度为室温。采用 GB/T 9978.1—2008 标准升温曲线 $T = T_0 + 345\lg(8t+1)$ [29]对整个试件施加高温荷载。试件周围温度到达目标值后，保持恒温一段时间，保证试件内外温度一致。

热传导模拟之后，约束试件底面边界的竖向位移，在其顶面施加速度为 v 的竖向位移，而将其他表面设为自由边界。由此可知，试件的宏观名义应变率为 $\dot{\varepsilon} = v/h$，其中，h 为试件高度。

7.5.2　模拟方法验证

对钢纤维体积分数为 2%的试件进行高温动态压缩行为模拟。模拟所得的试件中心测点处的温度-时间曲线与试验数据[63]的对比如图 7.42 所示。由图可以看到，由于在数值模型中未考虑实际试验中的水分蒸发及混凝土剥落等现象造成的温度损失，温度上升段模拟结果与试验结果存在一定差异。尽管如此，加热完成时，试件中心的温度已经达到目标温度，且模拟结果与试验数据吻合良好，这说明所建立的细观尺度数值模型可以合理反映钢纤维混凝土的热传导行为，从而为钢纤维混凝土的高温力学行为模拟奠定基础。

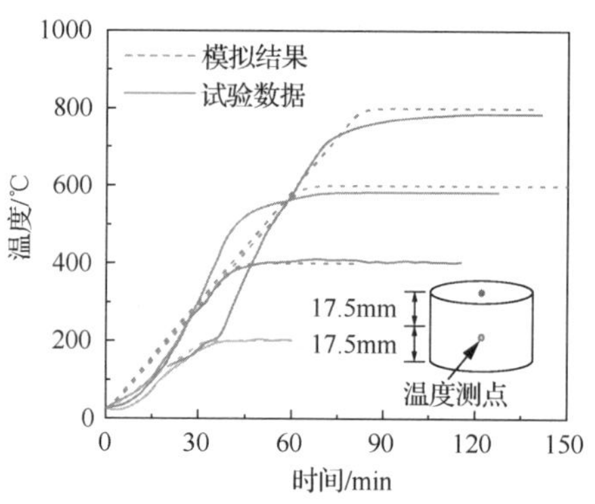

图 7.42　温度-时间曲线模拟结果与试验结果的对比

获得试件的温度场后，进而对目标温度为 600℃的试件进行准静态与应变率为$150\mathrm{s}^{-1}$的动态压缩加载细观尺度数值模拟，获得的试件破坏形态与应力-应变关系曲线分别如图 7.43 和图 7.44 所示。由图 7.43 可知，动态加载作用下试件破坏形态模拟结果与试验结果较为相似，均为表面严重龟裂。另外，细观数值模拟结果中，外围钢纤维，特别是分布方向更接近于荷载方向的纤维，承受较大的压应力，这与试验中试件外围严重开裂相对应。模拟结果中，垂直于荷载方向（即横向）的纤维则主要承受拉应力，说明钢纤维对试件的横向变形起到了约束作用。

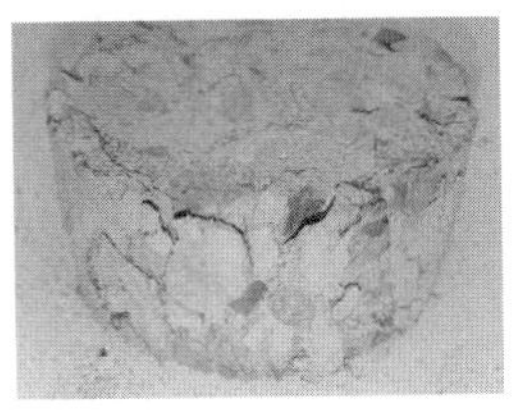

（a）破坏形态试验结果

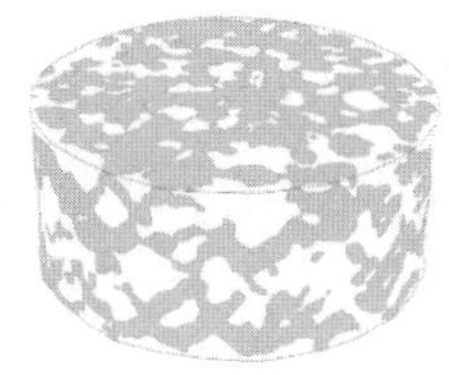
（b）破坏形态模拟结果

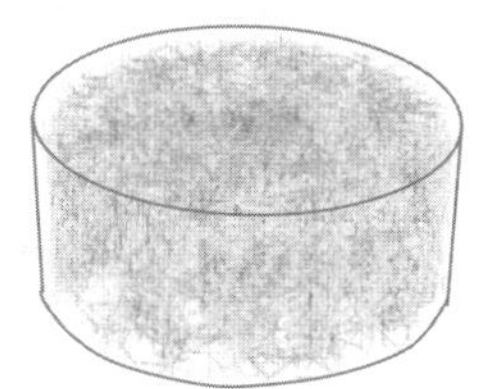
（c）钢纤维应力模拟结果

图 7.43　高温下钢纤维混凝土破坏形态与钢纤维应力分布

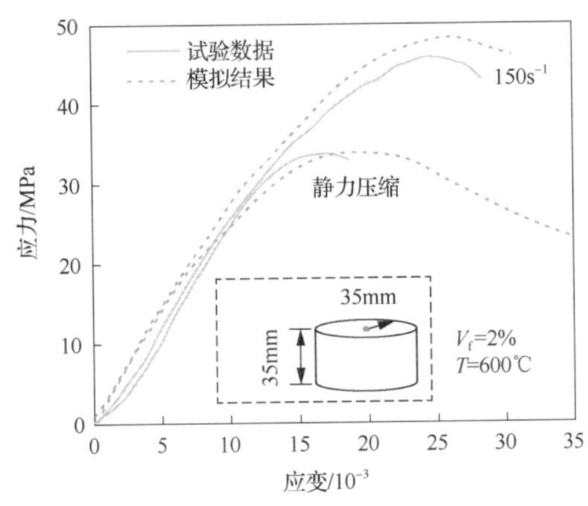

图 7.44　高温下钢纤维混凝土动态应力-应变关系曲线试验结果与模拟结果的对比

观察图 7.44，明显可见，不论是在准静态还是动态荷载作用下，细观数值模拟获得的钢纤维混凝土的应力-应变曲线均与试验结果吻合较好，再一次说明了本书细观数值方法的合理性和有效性。

综上，本书的细观数值模拟方法能够合理地反映高温作用下钢纤维混凝土的温度传导行为和力学行为，可以为进一步表征钢纤维混凝土失效破坏行为并揭示其破坏机理提供帮助。

7.5.3　二维模拟结果与分析

基于上述细观数值分析方法，首先探讨纤维含量对混凝土试件破坏模式及破坏强度的影响，进而研究高温后钢纤维混凝土的动态细观破坏机制，揭示应变率与高温作用对纤维增强效应的影响规律。

1. 纤维长度的影响

图 7.45 比较了名义应变率 $\dot{\varepsilon}=1\text{s}^{-1}$ 时素混凝土与纤维长度分别为 10mm、20mm 及 30mm 的钢纤维混凝土试件在不同温度条件下的动态破坏模式。可以看出，由

于钢纤维的加入，混凝土试件的裂缝明显细化且数量减少，且随着纤维长度的增大，横向拉结作用也越来越明显，说明钢纤维良好的桥接作用与阻裂作用。

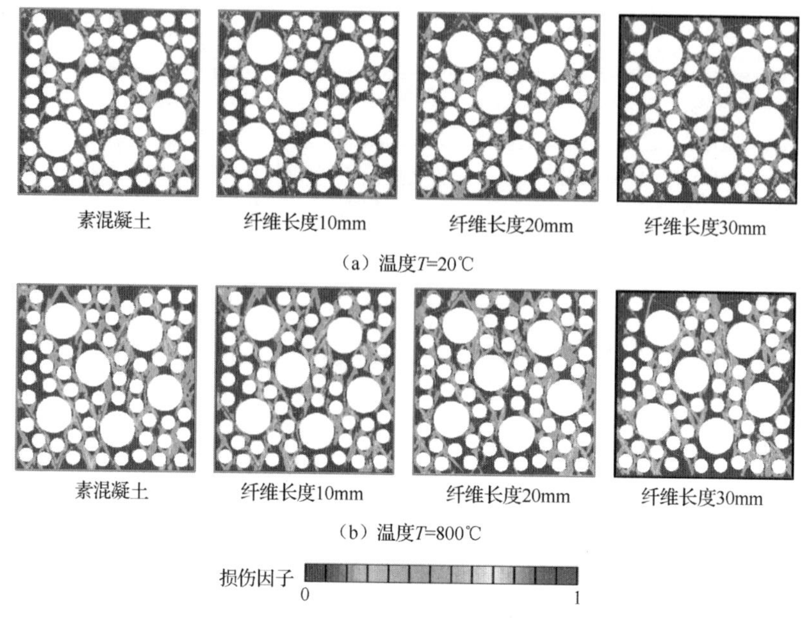

图 7.45　应变率 $\dot{\varepsilon}=1\mathrm{s}^{-1}$ 时不同纤维长度的 SFRC 破坏模式对比

此外，含有不同长度钢纤维的 SFRC 的应力-应变关系如图 7.46 所示。由图可知，无论是在常温下还是在高温下，混凝土试件的极限强度和残余强度都随着纤维长度的增加而增加。这一现象说明钢纤维能够有效提高混凝土在高温下的强度和韧性（通过应力-应变曲线包围的面积反映）。

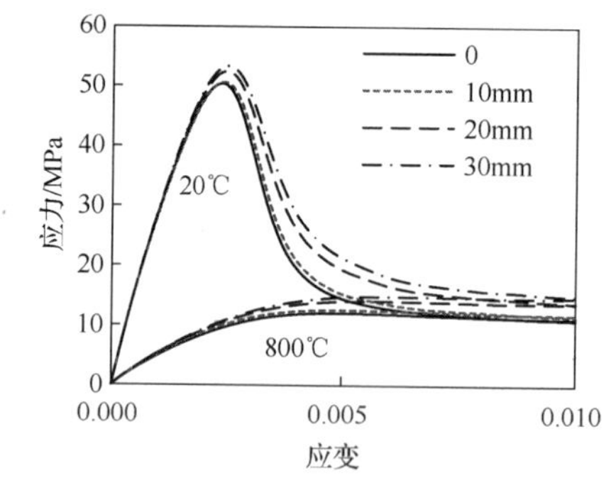

图 7.46　不同纤维长度下 SFRC 的应力-应变关系

2. 纤维混凝土破坏模式

恒温 800℃，名义应变率为 $\dot{\varepsilon}=10\mathrm{s}^{-1}$ 的 SFRC 试件的等效塑性应变（PEEQ）

和钢纤维的 von Mises 应力分布变化过程如图 7.47 所示。可以看到，应力和应变集中在与加载方向相同的竖向纤维上，裂纹起始于竖向纤维附近，随着加载时间的增加，逐渐延伸到界面过渡区和砂浆基质区域。

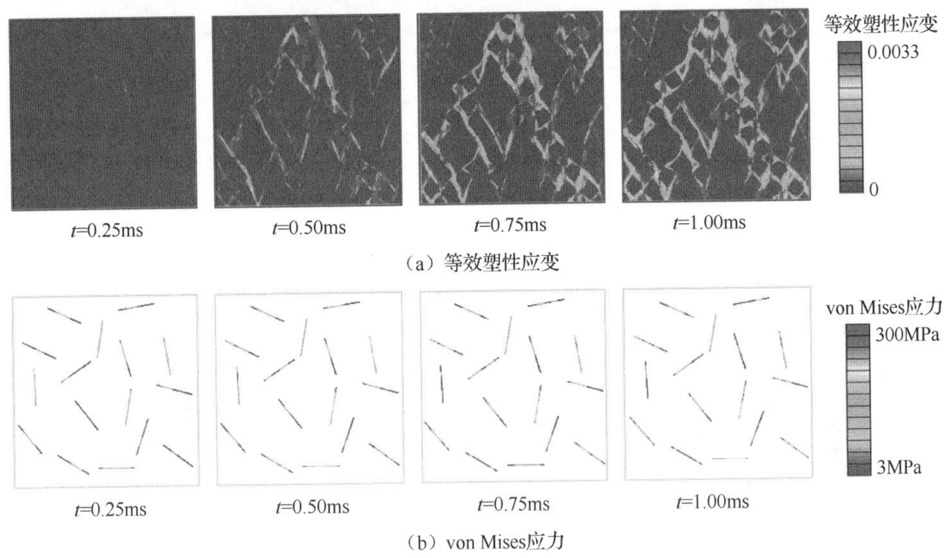

图 7.47　800℃高温下应变率为 $\dot{\varepsilon}=10\mathrm{s}^{-1}$ 时的 SFRC 动态压缩损伤过程

图 7.48 给出了不同应变率下钢纤维混凝土在高温下的压缩损伤破坏模式。由图可知，温度和应变率对裂纹形态影响很大。横向观察图 7.48 可以发现，相同温度下，随着名义应变率增加，混凝土的破碎程度越来越严重。与素混凝土相同，随着冲击速度越来越大，SFRC 试件的裂纹逐渐增多变宽，破坏形式由裂纹破坏演变为破碎模式。纵向观察图 7.48，同一名义应变速率下，随着温度的升高，动态损伤程度有减缓趋势。这是由于混凝土材料在高温下越来越松散，强度下降而延性增加。此外，由于钢纤维在试件内的随机分布及其良好的导热性能降低了非均质混凝土材料的温度应力，钢纤维对高温混凝土材料的改善作用较常温下更加明显。

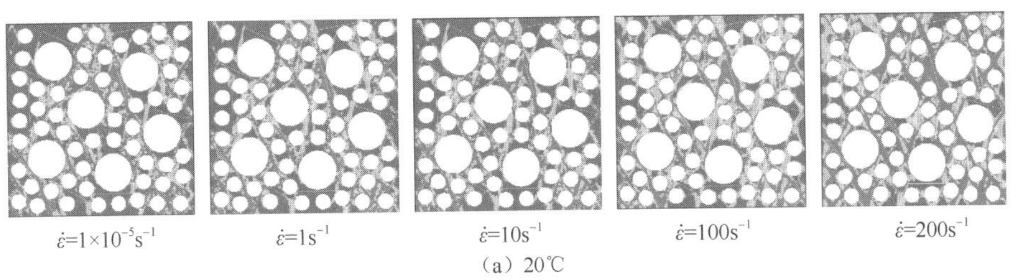

图 7.48　不同应变率下高温 SFRC 试件的压缩破坏模式

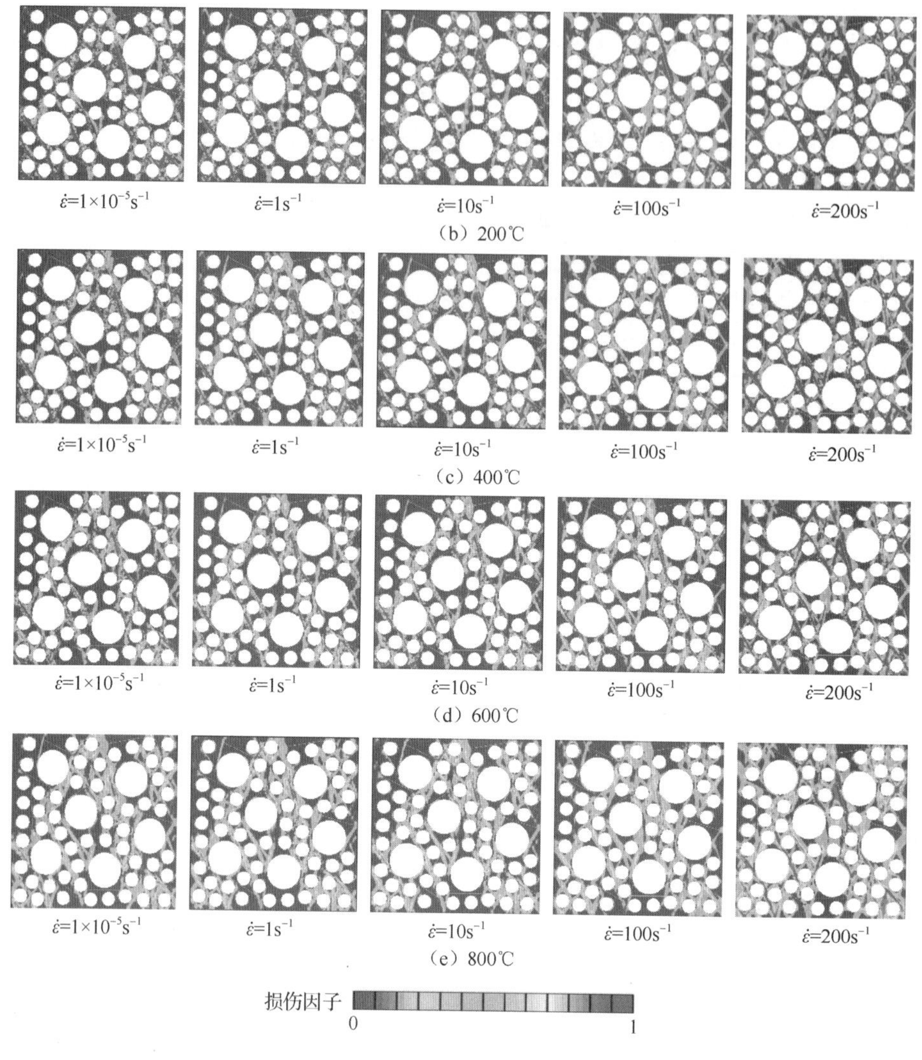

图 7.48（续）

3．钢纤维应力分布云图

高温下钢纤维在不同应变速率下的应力分布如图 7.49 所示。结果表明，纤维的随机分散和混凝土试件细观结构的非均质性导致了钢纤维应力分布不均匀。由图 7.49 可知，应变率较低时 ($\dot{\varepsilon}\leqslant 10s^{-1}$)，由于应力只分散到与加载方向相同的竖向纤维上，大部分钢纤维没有参与受力；但在高应变率下，应力扩散至更多的纤维上，钢纤维的改善效果更为明显。

图 7.49　高温下钢纤维在不同应变率下的应力分布

此外，图 7.50 比较了钢纤维在不同温度条件下的极限应力，图例中最大值表示钢纤维的屈服应力。结果表明，在相同的应变率下，钢纤维的应力随温度的升高而逐渐减小。一方面，可以解释为钢纤维在高温下也会受到损伤；另一方面，在高温软化条件下，钢纤维充分发挥其作用之前混凝土已经发生破碎，导致试件失效。

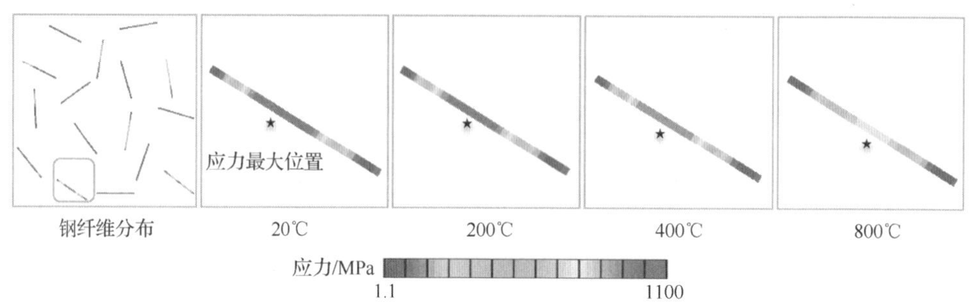

图 7.50　钢纤维在不同温度下的应力对比

4. *宏观应力-应变关系*

图 7.51 给出了不同应变率下钢纤维混凝土的动态压缩应力-应变关系。由图可知，随着温度的升高，峰值应力明显减小，应力-应变曲线趋于平缓。这一现象说明高温对钢纤维混凝土有明显的劣化作用，这与 Ren 等[64]所得结论一致。此外，由图 7.51 可以看出，钢纤维混凝土仍然表现出显著的应变率效应，同一温度下，随名义应变率增大，峰值应力及峰值应变增大，应力-应变曲线形状不变。值得注意的是，在高应变率 ($\dot{\varepsilon} \geqslant 100\mathrm{s}^{-1}$) 下，由于惯性效应占主导作用，峰值应力急剧增大。金凤杰等[65]将这一现象解释为由于高速撞击的荷载作用时间很短，材料变形较小，不能积累能量，只能通过增加应力来抵消外部冲量或能量。

图 7.52 分别描述了低应变率和高应变率下的钢纤维在不同温度下的应力-应变曲线。可以发现，低应变率时，钢纤维在高温下几乎不屈服，高温后的极限应力仅为其屈服强度的 70%～80%；相反，高应变率时，钢纤维在所有温度下均达到了屈服强度。此外，由图可知，钢纤维在室温下的极限应变大约是在高温（600～800℃）下的 2～3 倍。结合图 7.49 和图 7.50 中钢纤维的应力分布可以看出，在高应变率下钢纤维发挥的作用更加明显。然而，由于高温退化效应，钢纤维混凝土的极限损伤取决于急剧下降的混凝土基质强度，这也解释了钢纤维的极限应变随温度的升高而减小的现象。

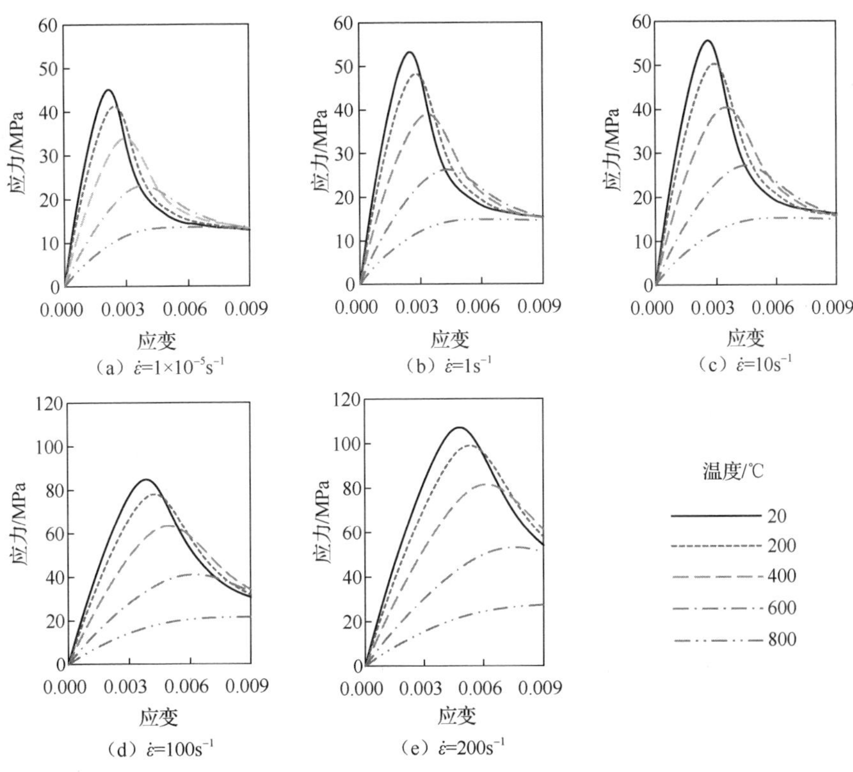

图 7.51　不同应变率下钢纤维混凝土的应力-应变关系

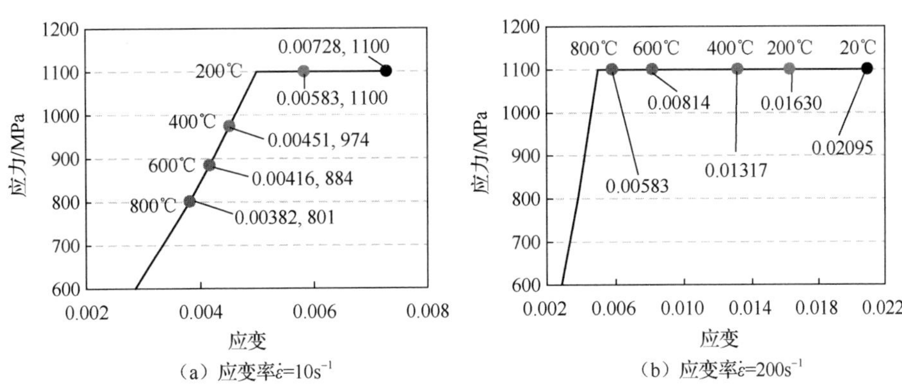

图 7.52　不同温度下钢纤维的应力-应变曲线

5. 动态强度放大系数（DIF）

采用动态抗压强度放大系数（CDIF），即动态抗压强度与准静态抗压强度（本书取 $\dot{\varepsilon}=1\times10^{-5}s^{-1}$ 时的强度）之比来描述材料强度随应变率增大而提高的现象。

图 7.53 给出了在室温（$T=20℃$）与高温（$T=800℃$）下钢纤维混凝土的 CDIF 与应变率间的散点关系，并对其进行拟合。不同应变率下钢纤维混凝土和素混凝土 CDIF 的具体数值可详见表 7.9。由图 7.53 可知，与素混凝土相同，钢纤维混凝土试件在室温和高温下也表现出明显的应变率效应，但是钢纤维混凝土的应变率敏感性低于素混凝土。此外，在高温时的 CDIF 明显比室温时低，这是因为混凝土材料在高温后变得松散，致使其横向惯性效应弱化。同时，这一现象也表明与应变率效应相比，温度损伤效应对钢纤维混凝土抗压强度的影响更加显著。

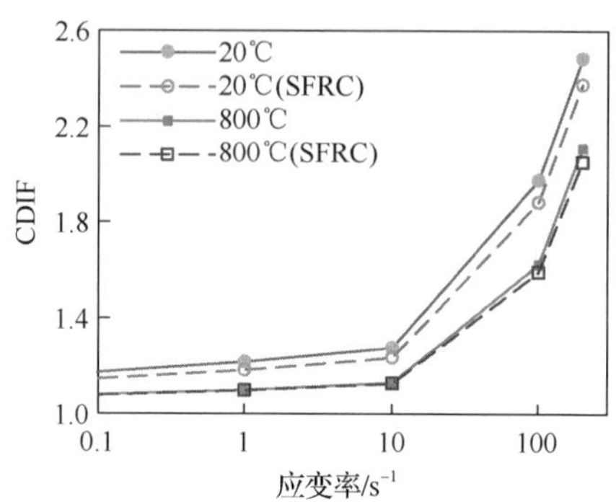

图 7.53　不同温度下 CDIF 与应变率间关系

表 7.9　高温时不同应变率下的 CDIF

温度/℃	CDIF			
	$1s^{-1}$	$10s^{-1}$	$100s^{-1}$	$200s^{-1}$
20（素混凝土）	1.215	1.276	1.975	2.484
20（SFRC）	1.181	1.233	1.881	2.375
400（素混凝土）	1.159	1.210	2.015	2.600
400（SFRC）	1.148	1.193	1.872	2.404
800（素混凝土）	1.098	1.128	1.624	2.108
800（SFRC）	1.095	1.124	1.590	2.050

6. 纤维增强效应

通过纤维增强系数（即钢纤维混凝土与素混凝土的抗压强度之比）来定量描述钢纤维对 SFRC 抗压强度的增强作用。纤维增强系数与温度及名义应变率间的关系如图 7.54 所示。由图可知，随着应变率的增大，纤维增强效果减弱，且应变率越大下降趋势越明显。一方面，在高速冲击下混凝土的破碎致使试件失效，而钢纤维未能充分发挥其作用；另一方面，钢纤维增强系数只是表达了对试件强度的增强效果，并不能说明对其破坏过程的增韧效果。因此，这一现象并不能说明钢纤维与应变率间的相互影响效应。实际上，观察试件破坏形态发现，随着应变率的增加，钢纤维的改善作用越来越明显。此外，随着温度的升高，纤维增强增韧效应越来越显著。如前文所述，这是由于钢纤维具有较好的导热性能，可以减少 SFCR 试件内部的温度损伤。同时，钢纤维具有较高的强度和抗裂性能，随着温度的升高，钢纤维在非均质混凝土中也发挥了越来越重要的作用。表 7.10 给出了不同应变率下及不同温度下的纤维增强系数，不难发现，钢纤维对高温下混凝土的力学性能改善作用较室温下混凝土更加明显。

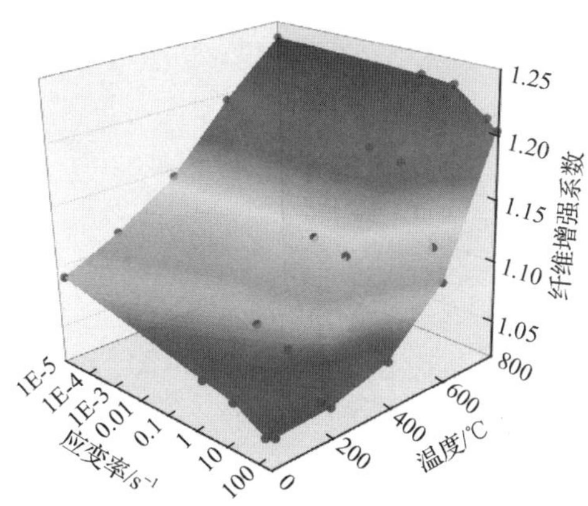

图 7.54　不同温度、应变率下的纤维增强系数

表 7.10　不同温度、应变率下钢纤维混凝土抗压强度的纤维增强系数

温度/℃	纤维增强系数				
	$1\times10^{-5}s^{-1}$	$1s^{-1}$	$10s^{-1}$	$100s^{-1}$	$200s^{-1}$
20	1.090	1.059	1.053	1.038	1.042
200	1.112	1.084	1.075	1.045	1.044
400	1.144	1.134	1.128	1.064	1.058
600	1.195	1.189	1.185	1.126	1.101
800	1.237	1.233	1.231	1.211	1.203

7.5.4　三维模拟结果与分析

1．热传导模拟结果

对钢纤维体积分数为 0 和 2%的试件进行热传导模拟。图 7.55 给出了加热时间分别为 15min、30min、45min 和 60min 时试件内部和外部的温度分布云图。为了定量分析试件中的温度分布，图 7.56 和图 7.57 分别给出了试件中温度随位置与时间的变化曲线。

观察图 7.55 不同时刻试件的温度分布云图可以看到，在加热过程中，试件内外存在一定的温度差异，但这一差异并不大，这在图 7.56 中体现尤为明显。可以预见，在其后的温度保持阶段，试件内外的温差会进一步缩小，最终使得试件内外温度均匀恒定（图 7.57），且均接近于目标温度。这进一步说明，试验中采取的加热制度可以使试件快速升温，并达到预定目标。

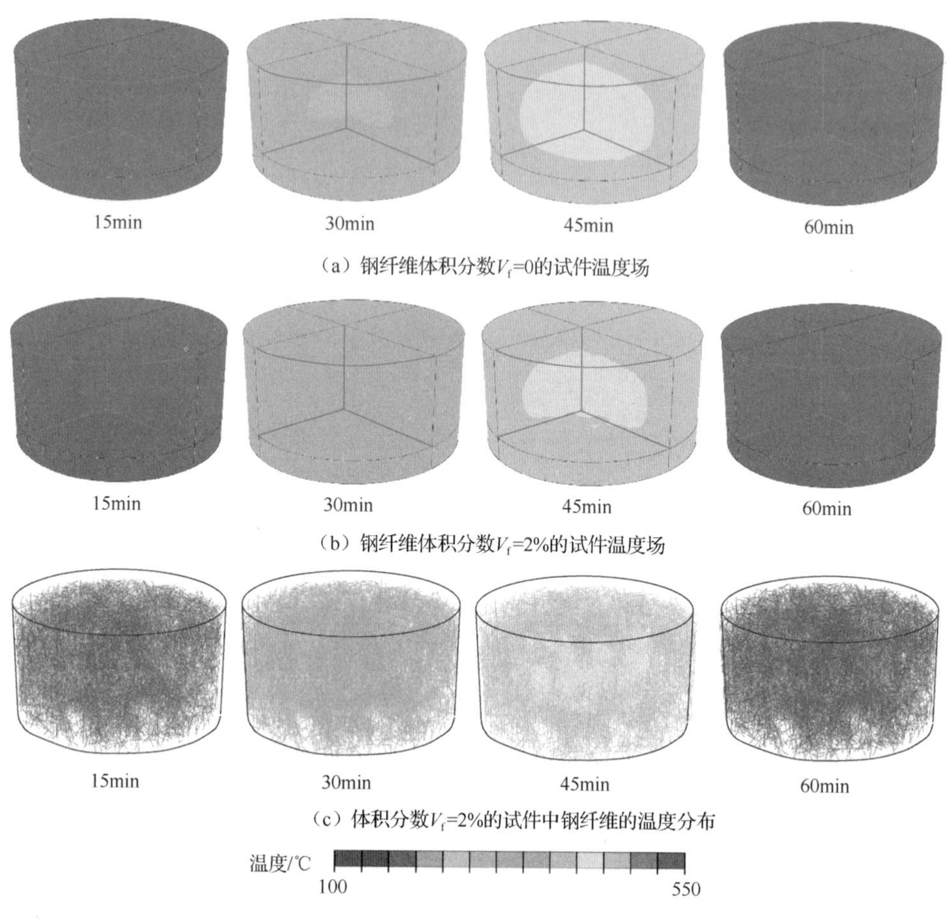

图 7.55　钢纤维混凝土试件温度分布云图

此外，可以看到尽管钢纤维的导热系数远大于混凝土基质，试件中钢纤维的温度与周围混凝土十分接近。对比不同钢纤维体积分数下试件的温度变化可知，V_f 为 0 和 2%的试件的温度仅在上升阶段存在微小差异；在恒温阶段曲线则几乎重合。这说明此时钢纤维对混凝土热传导行为的影响十分轻微，可以忽略。该结论与 Lie 和 Kodur[66]、Nagy 等[67]和 Heek 等[68]的结论一致。实际上，这是由于混凝土的导热系数主要与密度（孔隙率）有关[67]，钢纤维掺量较小时对混凝土密度影响较小，故对其导热系数影响轻微。

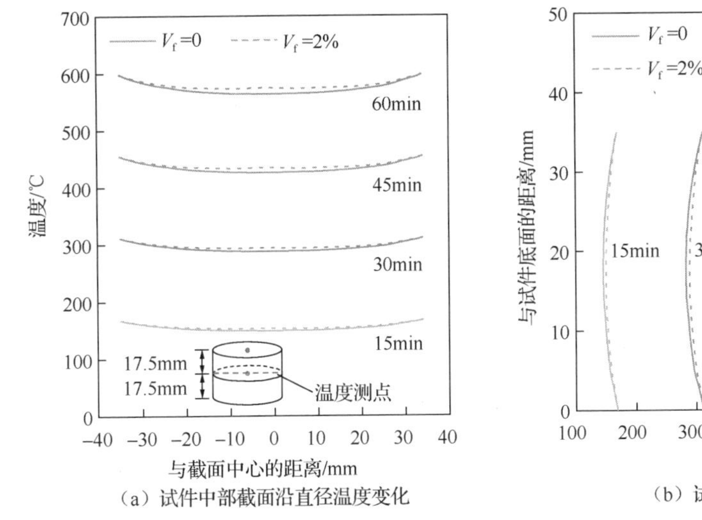

（a）试件中部截面沿直径温度变化

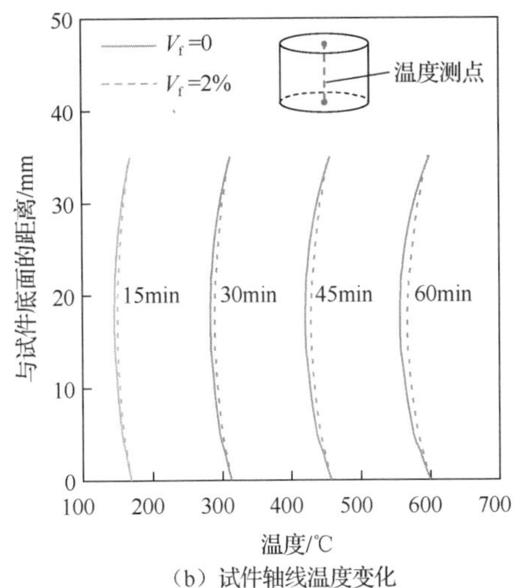

（b）试件轴线温度变化

图 7.56　钢纤维混凝土试件中温度-位置曲线

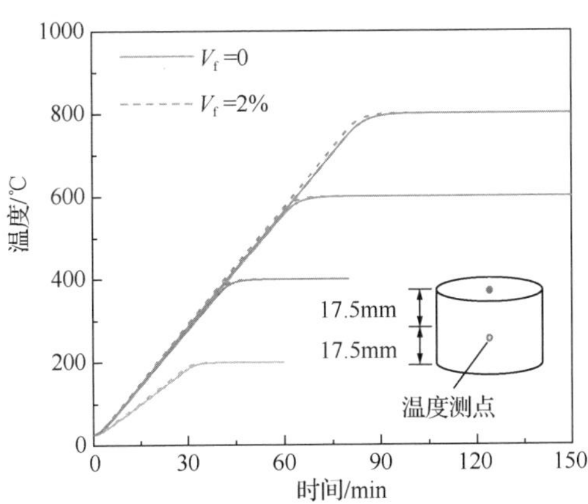

图 7.57　不同钢纤维体积分数下试件中心测点的温度-时间曲线

2．力学行为模拟结果

以钢纤维体积分数为 2%、目标温度 600℃的工况为例，应变率为$150s^{-1}$时模拟所得的钢纤维混凝土应力-应变关系曲线及试件的应变与应力云图分别如图 7.58 和彩图 19 所示。

由图 7.58 可以看到，温度为 600℃、应变率为$150s^{-1}$时，钢纤维混凝土的抗压强度为 48.4MPa，对应的应变为 0.0267。与试验结果[63]对比可以发现，高温下强度和应变分别为常温时相同工况的 80%和 2.5 倍，说明由于材料的高温劣化效应，钢纤维混凝土的应力-应变曲线趋于平缓，强度降低，对应的应变增大。

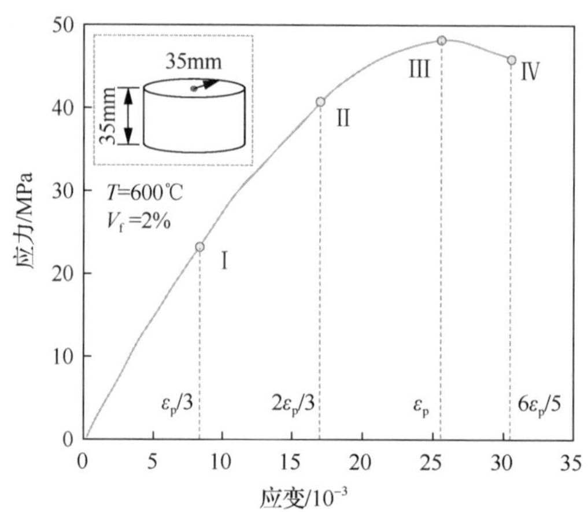

图 7.58　高温下钢纤维混凝土动力压缩应力-应变关系（$\dot{\varepsilon}=150s^{-1}$）

彩图 19 给出了钢纤维混凝土试件宏观应变ε分别为$\varepsilon_p/3$、$2\varepsilon_p/3$、ε_p和 $6\varepsilon_p/5$（即图 7.58 中时刻 I ～IV）时试件表面和内部的等效塑性应变及钢纤维的应力分布，其中ε_p为峰值应力对应的应变。可以看到，在加载初期，试件边缘由于约束较弱，首先发生变形，试件内部变形较小。与之对应，试件外围钢纤维应力较大，其中与荷载方向（竖向）接近的纤维承受压应力，而垂直于荷载方向的纤维承受拉应力，说明纤维起了约束试件横向变形的作用，从而在一定程度上提高了混凝土强度。并且，由于高温下钢纤维的屈服强度下降（约为 400MPa），部分钢纤维接近或达到屈服。当应变达到 $2\varepsilon_p/3$ 时，试件边缘处的表面出现轻微损伤，而在试件内部，损伤主要出现在砂浆基质和界面过渡区中[彩图 19（b）]，骨料颗粒由于本身强度较高，变形较小。此时，钢纤维应力明显增大，承受拉应力的纤维数量增多，达到屈服应力的钢纤维数量亦增多。随着荷载进一步增大，当应力达到混凝土强度时，试件表面裂缝贯通，形成网状路径，此时混凝土内部的裂缝围绕骨料，在砂浆基质与界面过渡区中亦呈网状分布。从钢纤维的应力分布情况来看，承受压应力的纤维数量有所减少，这可能是由于混凝土基质开裂，释放了部分能量。并且，混凝土开裂还可能造成纤维与混凝土相互脱离，削弱了二者之间的传力机制。当混凝土应变进一步增大到 $6\varepsilon_p/5$ 时，试件表面裂缝贯通变粗，试件内部砂浆基质与界面过渡区亦损伤严重。此时，骨料边缘亦出现较大变形，而承受压应力的钢纤维数量进一步减少，且横向纤维的拉应力略有下降。这些现象说明，此时钢纤维混凝土内部结构损伤严重，十分疏松，并且钢纤维的作用也越来越弱。尽管如此，部分钢纤维仍然可以起到桥接作用，减少混凝土的碎裂。

总体而言，细观数值模拟结果显示，高温作用下，钢纤维混凝土在动态荷载作用下裂缝仍然主要分布于砂浆基质与界面过渡区中。钢纤维在高温作用下仍然能够在一定程度上限制混凝土的变形碎裂，从而提高混凝土强度及韧性。

对素混凝土（$V_f = 0$）和钢纤维体积分数为 2%的试件分别在 25℃和 600℃下施加应变率为 $3 \times 10^{-5}s^{-1}$、$3 \times 10^{-3}s^{-1}$、$3 \times 10^{-1}s^{-1}$、$3 \times 10^{1}s^{-1}$ 和 $3 \times 10^{2}s^{-1}$ 的压缩荷载，获得混凝土抗压强度放大系数 DIF，如图 7.59 所示。作为对比，图 7.59 中还给出了相应的试验结果[63]。可以看到，在 30～150s^{-1} 应变率范围内，模拟所得的 DIF 随应变率的变化趋势与试验结果较为一致，但二者的具体数值存在一定差异。一方面，试验过程中由于材料、设备等原因，总会导致试验数据存在一定的离散性；另一方面，由于目前缺少相关研究，数值模型中假定高温下材料的应变率效应与常温相同，且假定钢纤维与混凝土之间的相互作用为完好粘结，可能会在一定程度上影响模拟结果。尽管如此，仍可认为数值模型可以较为合理地反映 DIF 随应变率的变化趋势。

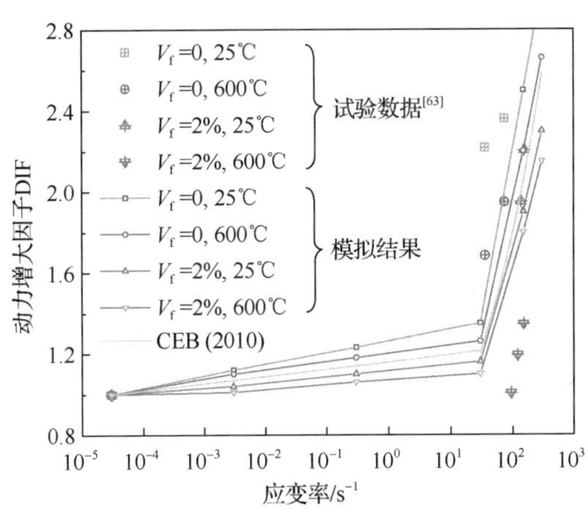

图 7.59　钢纤维混凝土动态抗压强度放大系数

考察温度的影响可以看到，高温下素混凝土与钢纤维混凝土抗压强度的 DIF 均较小，说明高温作用削弱了应变率效应。这是由于高温作用使混凝土结构变得较为松散，能够通过变形来吸收更多的能量，通过提高强度吸收的能量减少，宏观表现为应变率效应较低。

对比素混凝土与钢纤维混凝土抗压强度的 DIF 可以发现，不论是常温还是高温作用下，钢纤维混凝土的 DIF 均低于素混凝土，说明钢纤维的加入削弱了混凝土的应变率效应。并且，对于钢纤维混凝土而言，其室温下与 600℃时的 DIF 的差异小于素混凝土，这可能是由于钢纤维的导热性能较好，在加热过程中减小了混凝土内部的温度差异，从而减轻了温度损伤，缩小了与常温状态的差距。

在试验过程中，由于难以精确控制试件的应变率，因而很难获得相同的应变率，从而不便定量比较钢纤维的贡献。基于细观尺度数值模拟，获得不同温度、应变率下钢纤维的贡献因子，见表 7.11。

表 7.11　不同温度、应变率下钢纤维混凝土抗压强度的钢纤维贡献因子

温度/℃	钢纤维体积分数 $V_f=1\%$					钢纤维体积分数 $V_f=2\%$				
	3×10^{-5}	3×10^{-3}	3×10^{-1}	3×10^{1}	3×10^{2}	3×10^{-5}	3×10^{-3}	3×10^{-1}	3×10^{1}	3×10^{2}
25	1.11	1.10	1.07	1.06	1.04	1.22	1.19	1.14	1.10	1.05
200	1.14	1.12	1.09	1.06	1.04	1.25	1.20	1.15	1.09	1.06
400	1.24	1.19	1.12	1.07	1.03	1.31	1.24	11.16	1.11	1.04
600	1.36	1.28	1.20	1.12	1.02	1.42	1.32	1.20	1.12	1.02
800	1.02	1.02	1.02	1.01	1.01	1.03	1.03	1.01	1.02	1.01

观察表 7.11 可以发现，温度不超过 800℃时，钢纤维的贡献因子随温度上升和钢纤维体积分数增大而增大。这可能是由于在一定范围内，高温作用使得钢纤维体积膨胀，增强了与混凝土基质之间的相互作用，从而起到更好的阻裂作用，进而提高了混凝土强度。当温度较高（如高于 800℃）时，混凝土基质本身变得较为疏松，钢纤维的影响不再明显，表现为钢纤维贡献因子较小。

另一方面，由表 7.11 可以看到，温度相同时，钢纤维贡献因子随应变率增大而降低。这是由于在应变率较低时，混凝土中裂缝沿薄弱区域发展，钢纤维通过阻裂作用提高混凝土强度。应变率较高时，混凝土达到强度前，混凝土中裂缝发展路径分散，钢纤维的作用不明显；因而，钢纤维的影响不再体现为提高强度，而在于改善混凝土的峰值后韧性。

此外，仍以钢纤维体积分数为 2%、目标温度为 600℃的工况为例，考察了钢纤维长度对混凝土力学行为的影响，数值模拟中纤维直径为 0.2mm，长度分别为 6mm、13mm 和 19mm。模拟所得的应变率为150s^{-1}钢纤维混凝土试件的破坏形态和钢纤维应力分布如图 7.60 所示，相应的宏观应力-应变关系如图 7.61 所示。

试件外部破坏形态

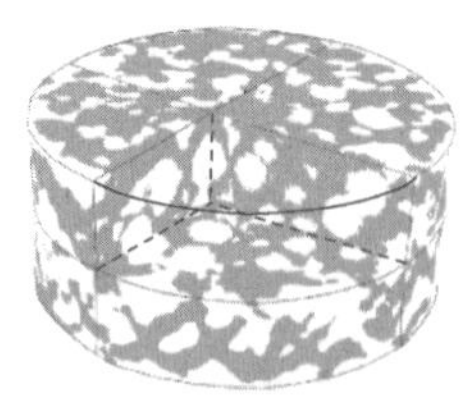

试件内部破坏形态

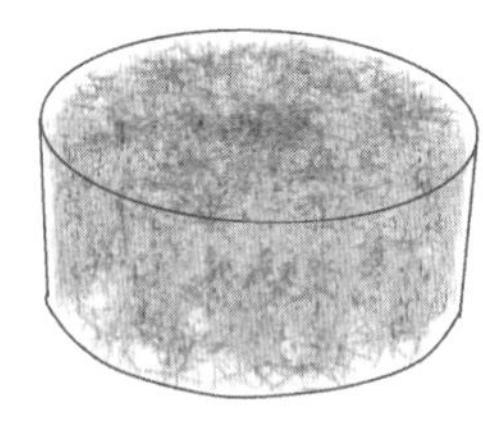

钢纤维应力分布

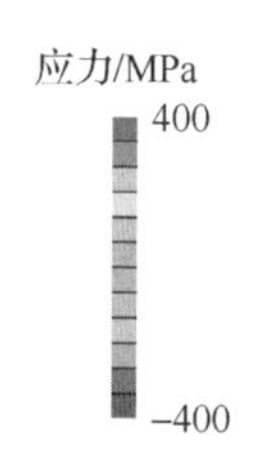

（a）钢纤维长度l_f=6mm

图 7.60　钢纤维长度对钢纤维混凝土破坏形态和应力分布的影响

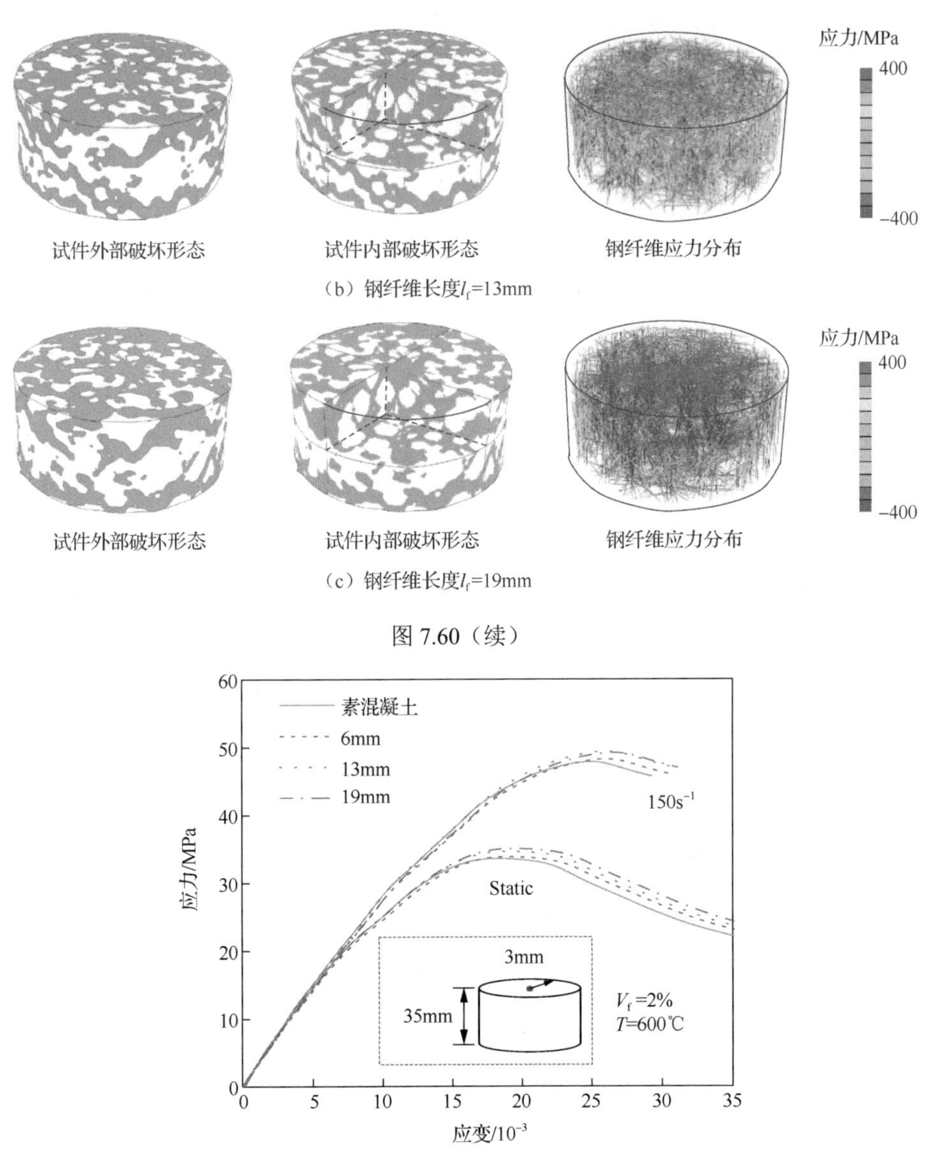

（b）钢纤维长度l_f=13mm

（c）钢纤维长度l_f=19mm

图 7.60（续）

图 7.61　不同钢纤维长度下钢纤维混凝土的应力-应变关系

观察图 7.60 易知，钢纤维长度分别为 6mm、13mm 和 19mm 时，试件的外部破坏形态及内部损伤分布十分相似。然而，3 个试件中钢纤维的应力分布存在明显差异。具体而言，钢纤维长度较小时，钢纤维的应力比较均匀，最大值与最小值差值较小；随着钢纤维长度增大，钢纤维的应力越来越不均匀，最大值与最小值差值增大。这是由于各试件钢纤维体积分数相同，增大钢纤维长度，则相应减小了钢纤维的数量，使得混凝土中钢纤维分布的均匀性降低，从而增大了单根纤维应力的离散性。

尽管这样，由图 7.61 可知，钢纤维体积分数相同时，钢纤维长度对混凝土的应力-应变关系及抗压强度影响较小，这与 Wu 等[69]、Kim 等[70]和 Han 等[71]在常温条件下的试验结果一致。并且，随着温度升高，钢纤维长度的影响进一步缩小。实际上，在工程中为了使钢纤维均匀分散并保证湿态混凝土的工作性能，仍然需要对钢纤维的长度继续进行研究，以期得到合理的长度值。

7.5.5　分析与讨论

本节对高温作用下钢纤维混凝土的力学性能进行了细观尺度数值模拟，发现：①钢纤维由于抗拉强度较高、抗裂性能与导热性能良好，对混凝土有明显的增韧作用，能够有效地改善混凝土材料在高温下的宏观力学性能与破坏模式。②应力和应变集中在与加载方向相同的竖向纤维上，裂纹起始于竖向纤维附近，逐渐延伸至界面过渡区和砂浆基质区域。③钢纤维对试件抗压强度的增强效应随应变率的增大而减弱，随温度的升高而增强。钢纤维对高温下混凝土力学性能的改善作用较室温下更加明显。

小　　结

本章依然从细观角度出发，考虑混凝土内部结构的非均质性，将混凝土视为由骨料、砂浆基质和界面过渡区等组成的多相复合材料，根据文献试验数据确定各细观组分在高温下的热工性能，采用细观数值方法确定高温下混凝土材料的宏观有效导热性能。并且建立了“力学-热学”单向耦合分析方法，对力学损伤混凝土的导热行为进行了分析。在热传导分析的基础上，基于“热学-力学”单向耦合的思想，考虑混凝土细观组分力学性能随温度的退化行为，对素混凝土及钢纤维混凝土在高温作用下的静/动态压缩和劈裂拉伸行为进行细观尺度数值模拟，揭示温度退化效应和应变率效应等因素的影响机制，得到以下主要结论。

(1)与试验结果的良好吻合说明细观数值方法能够合理反映混凝土在高温下的热工性能与力学行为；考虑材料热工参数温度相关性可以更准确地获得混凝土的有效导热系数与内部温度场。

(2）骨料形状对混凝土有效导热系数的影响可忽略；由于导热性能的差异，骨料类型明显影响混凝土的有效导热性能；混凝土的有效导热系数随骨料体积分数增大而增大，随温度升高而减小。

(3）随着荷载水平升高，混凝土有效导热性能降低，混凝土中温度场分布更加不均匀。

(4）常温下与高温冷却后冲击压缩，试件内部损伤分布均匀，呈现出网状交叉路径；高温下冲击压缩，混凝土破坏集中在力学性能薄弱的加载端。

（5）加载速率越大，温度损伤越明显，应变率加剧了温度损伤效应；随温度升高，混凝土的率敏感性弱化，温度退化抑制了应变率效应。相比于应变率效应，温度退化效应对混凝土力学性能的影响更为显著。

（6）钢纤维由于抗拉强度较高、抗裂性能与导热性能良好，对混凝土有明显的增韧作用，这一增韧作用随应变率增大而减弱，随温度升高而增强。

参 考 文 献

[1] ZENDE A，KULKARNI A，HUTAGI A．Behavior of reinforced concrete subjected to high temperatures-a review [J]．Journal of structural fire engineering，2013，4（4）：281-295．

[2] VENKATESH K．Properties of concrete at elevated temperatures [J]．ISRN civil engineering，2014，2014：1-15．

[3] MA Q M，GUO R X，ZHAO Z M，et al．Mechanical properties of concrete at high temperature-A review[J]．Construction and building materials，2015，93：371-383．

[4] SHAH S N R，AKASHAH F W，SHAFIGH P．Performance of high strength concrete subjected to elevated temperatures：A review [J]．Fire technology，2019，55（5）：1571-1597．

[5] 金浏，张仁波，杜修力．混凝土与钢筋混凝土结构抗火抗冲击研究评述[J]．防灾减灾工程学报，2018，38（3）：575-590．

[6] JIN L，ZHANG R B，DU X L．Characterisation of the temperature-dependent heat conduction in heterogeneous concretes [J]．Magazine of concrete research，2018，70（7）：325-339．

[7] 张仁波，金浏，杜修力．混凝土温度相关热传导行为细观分析[J]．北京工业大学学报，2018，44（12）：1503-1512．

[8] JIN L，ZHANG R B，DU X L．Computational homogenization for thermal conduction in heterogeneous concrete after mechanical stress [J]．Construction and building materials，2017，141：222-234．

[9] 金浏，张仁波，杜修力．力学损伤混凝土热传导行为细观研究[J]．工程力学，2018，35（2）：84-91．

[10] JIN L，HAO H M，ZHANG R B，et al．Determination of the effect of elevated temperatures on dynamic compressive properties of heterogeneous concrete：a meso-scale numerical study [J]．Construction and building materials，2018，188：685-694．

[11] 金浏，郝慧敏，张仁波，等．高温下混凝土动态压缩行为细观数值研究[J]．工程力学，2019，36（6）：70-78，118．

[12] 金浏，郝慧敏，张仁波，等．混凝土高温动态劈拉行为细观数值分析[J]．爆炸与冲击，2020，40（5）：053102．

[13] JIN L，HAO H M，ZHANG R B，et al．Mesoscale simulation on the effect of elevated temperature on dynamic compressive behavior of SFRC [J]．Fire technology，2020，56（4）：1801-1823．

[14] 张仁波．火灾与冲击联合作用下钢纤维混凝土材料及梁破坏行为[D]．北京：北京工业大学，2020．

[15] DASSAULT SYSTÈMES SIMULIA．ABAQUS theory manual，version 6.14 [M]．Providence，RI，USA：Dassault Systèmes，2014．

[16] HARMATHY T Z．Properties of building materials at elevated temperatures[D]．Ottawa：National Research Council of Canada，1983．

[17] MARAVEAS C，WANG Y C，SWAILES T．Thermal and mechanical properties of 19th century fireproof flooring systems at elevated temperatures [J]．Construction and building materials，2013，48：248-264．

[18] European Committee for Standardization．Eurocode 2：Design of concrete structures-Part 1-2：General rules-structural fire design：EN 1992-1-2:2004[S]．Brussels：the Committee，2004．

[19] ZOTH G，HÄNEL R．Appendix[C]//HAENEL R，RYBACH L，STEGENA L．Handbook of terrestrial heat-flow density determination．Dordrecht：Kluwer Academic Publishers，1988:449-468．

[20] KHAN M I. Factors affecting the thermal properties of concrete and applicability of its prediction models[J]. Building and environment，2002，37（6）：607-614.

[21] VOSTEEN H D，SCHELLSCHMIDT R. Influence of temperature on thermal conductivity，thermal capacity and thermal diffusivity for different types of rock [J]. Physics and chemistry of the earth，Parts A/B/C，2003，28（9/11）：499-509.

[22] ČERNÝ R，MADĚRA J，PODĚBRADSKÁ J，et al. The effect of compressive stress on thermal and hygric properties of Portland cement mortar in wide temperature and moisture ranges [J]. Cement and concrete research，2000，30（8）：1267-1276.

[23] CHEN J Q，WANG H，LI L. Determination of effective thermal conductivity of asphalt concrete with random aggregate microstructure[J]. ASCE journal of materials in civil engineering，2015，27（12）：04015045.

[24] SHEN L，REN Q W，XIA N，et al. Mesoscopic numerical simulation of effective thermal conductivity of tensile cracked concrete [J]. Construction and building materials，2015，95：467-475.

[25] HASSELMAN D P H，JOHNSON L F. Effective thermal conductivity of composites with interfacial thermal barrier resistance [J]. Journal of composite materials，1987，21（6）：508-515.

[26] MAXWELL J C. A treatise on electricity and magnetism [M]. New York：Dover Publication，1954.

[27] ZHANG W P，MIN H G，GU X L，et al. Mesoscale model for thermal conductivity of concrete [J]. Construction and building materials，2015，98：8-16.

[28] KIM K H，JEON S E，KIM J K，et al. An experimental study on thermal conductivity of concrete [J]. Cement and concrete research，2003，33（3）：363-371.

[29] 全国消防标准化技术委员会建筑构件耐火性能技术委员会. 建筑构件耐火试验方法 第一部分：通用要求：GB/T 9978.1—2008[S]. 北京：中国标准出版社，2008.

[30] WANG J F，CARSON J K.，NORTH M F，et al. A new structural model of effective thermal conductivity for heterogeneous materials with co-continuous phases [J]. International journal of heat and mass transfer，2008，51（9/10）：2389-2397.

[31] Xi Y P，NAKHI A. Composite damage models for diffusivity of distressed materials [J]. ASCE journal of materials in civil engineering，2005，17（3）：286-295.

[32] KADDOURI W，El MOUMEN A，KANIT T，et al. On the effect of inclusion shape on effective thermal conductivity of heterogeneous materials [J]. Mechanics of materials，2016，92：28-41.

[33] ŠAVIJA B，PACHECO J，SCHLANGEN E. Lattice modeling of chloride diffusion in sound and cracked concrete [J]. Cement and concrete composites，2013，42：30-40.

[34] JIN L，ZHANG R B，DU X L，et al. Investigation on the cracking behavior of concrete cover induced by corner located rebar corrosion [J]. Engineering failure analysis，2015，52：129-143.

[35] 杜修力，韩亚强，金浏，等. 骨料空间分布对混凝土压缩强度及软化曲线影响统计分析[J]. 水利学报，2015，46（6）：631-639.

[36] DU X L，JIN L，MA G W. A meso-scale numerical method for the simulation of chloride diffusivity in concrete[J]. Finite elements in analysis and design，2014，85：87-100.

[37] WRIGGERS P，MOFTAH S O. Mesoscale models for concrete：homogenization and damage behaviour [J]. Finite elements in analysis and design，2006，42（7）：623-636.

[38] 杜修力，金浏，张仁波. 压缩荷载作用下混凝土中氯离子扩散行为细观模拟[J]. 建筑材料学报，2016，19（1）：65-71.

[39] LUBLINER J，OLIVER J，OLLER S，et al. A plastic-damage model for concrete [J]. International journal of solids and structures，1989，25（3）：299-326.

[40] LEE J，FENVES G L. Plastic-damage model for cyclic loading of concrete structures [J]. ASCE journal of engineering mechanics，1998，124（8）：892-900.

[41] ZHAO J，ZHENG J J，PENG G F，et al. A meso-level investigation into the explosive spalling mechanism of high-performance concrete under fire exposure [J]. Cement and concrete research，2014，65：64-75.

[42] ZHAI C C，CHEN L，XIANG H B，et al. Experimental and numerical investigation into RC beams subjected to blast after exposure to fire [J]．International journal of impact engineering，2016，97：29-45.

[43] XIAO J Z，XIE Q H，XIE W G．Study on high-performance concrete at high temperatures in China （2004－2016）- an updated overview [J]．Fire safety journal，2018，95：11-24.

[44] 朱合华，闫治国，邓涛，等. 3 种岩石高温后力学性质的试验研究[J]．岩石力学与工程学报，2006，25（10）：1945-1950.

[45] 邱一平，林卓英．花岗岩样品高温后损伤的试验研究[J]．岩土力学，2006，27（6）：1005-1010.

[46] Comité Euro-International Du béton，Fédération Internationale de la Précontrainte．Fib Bulletin 55：Model Code 2010[S]．Lausanne：International Federation for Structural Concrete，2010.

[47] BISCHOFF P H，PERRY S H．Compressive behaviour of concrete at high strain rates [J]．Materials and structures，1991，24（6）：425-450.

[48] GROTE D L，PARK S W，ZHOU M. Dynamic behavior of concrete at high strain rates and pressures：I. experimental characterization [J]．International journal of impact engineering，2001，25（9）：869-886.

[49] COTSOVOS D M，PAVLOVIĆ M N．Numerical investigation of concrete subjected to high rates of uniaxial tensile loading [J]．International journal of impact engineering，2008，35（5）：319-335.

[50] ERZAR B，FORQUIN P．An experimental method to determine the tensile strength of concrete at high rates of strain[J]．Experimental mechanics，2010，50（7）：941-955.

[51] 肖诗云，张剑．不同应变率下混凝土受压损伤试验研究[J]．土木工程学报，2010，43（3）：40-45.

[52] ZHAO H，GARY G．On the use of SHPB techniques to determine the dynamic behavior of materials in the range of small strains [J]．International journal of solids and structures，1996，33（23）：3363-3375.

[53] HENTZ S，DONZÉ F V，DAUDEVILLE L．Discrete element modelling of concrete submitted to dynamic loading at high strain rates [J]．Computers and structures，2004，82（29/30）：2509-2524.

[54] CHEN L，FANG Q，JIANG X Q，et al. Combined effects of high temperature and high strain rate on normal weight concrete [J]．International journal of impact engineering，2015，86：40-56.

[55] 中华人民共和国住房和城乡建设部．混凝土物理力学性能试验方法标准：GB/T 50081—2019[S]．北京：中国建筑工业出版社，2019.

[56] SU H Y，XU J Y，REN W B．Experimental study on the dynamic compressive mechanical properties of concrete at elevated temperature [J]．Materials & design，2014，56：579-588.

[57] 杜敏．混凝土与约束混凝土柱尺寸效应研究[D]．北京：北京工业大学，2017.

[58] ZHAI C C，CHEN L，FANG Q，et al．Experimental study of strain rate effects on normal weight concrete after exposure to elevated temperature [J]．Materials and Structures，2017，50（1）：40.

[59] 艾晓芹．混凝土高温后静动态力学性能研究[D]．西安：长安大学，2015.

[60] REN W B，XU J Y，SU H Y．Dynamic compressive behaviour of concrete after exposure to elevated temperatures[J]．Materials and structures，2016，49（8）：3321-3334.

[61] 项凯，余江滔，陆洲导．多因素影响下高温后混凝土劈裂抗拉强度试验[J]．武汉理工大学学报，2008，30（10）：51-55.

[62] 何远明，霍静思，陈柏生，等．高温下混凝土 SHPB 动态力学性能试验研究[J]．工程力学，2012，29（9）：200-208.

[63] LI L，ZHANG R B，JIN L，et al．Experimental study on dynamic compressive behavior of steel fiber reinforced concrete at elevated temperatures [J]．Construction and building materials，2019，210：673-684.

[64] REN W B，XU J Y，SU H Y．Dynamic compressive behavior of basalt fiber reinforced concrete after exposure to elevated temperatures [J]．Fire and materials，2015，40（5）：738-755.

[65] 金凤杰，许金余，范飞林，等．钢纤维混凝土的高温动态强度特性[J]．硅酸盐通报，2013，32（4）：683-686.

[66] LIE T T，KODUR V K R．Thermal properties of fibre-reinforced concrete at elevated temperatures[R]．National research council canada，1995.

[67] NAGY B，NEHME S G，SZAGRI D．Thermal properties and modeling of fiber reinforced concretes [J]．Energy

procedia，2015，78：2742-2747.

[68] HEEK P，TKOCZ J，MARK P. A thermo-mechanical model for SFRC beams or slabs at elevated temperatures[J]. Materials and structures，2018，51（4）：87.

[69] WU Z，SHI C，HE W，et al. Uniaxial compression behavior of ultra-high performance concrete with hybrid steel fiber[J]. ASCE journal of materials in civil engineering，2016，28（12）：06016017.

[70] KIM M，YOO D，KIM S，et al. Effects of fiber geometry and cryogenic condition on mechanical properties of ultra-high-performance fiber-reinforced concrete [J]. Cement and concrete research，2018，107：30-40.

[71] HAN J，ZHAO M，CHEN J，et al. Effects of steel fiber length and coarse aggregate maximum size on mechanical properties of steel fiber reinforced concrete [J]. Construction and building materials，2019，209：577-591.

第 8 章　钢筋混凝土构件破坏行为细观分析

钢筋混凝土结构是由混凝土和钢筋组成的复合结构，其力学性能直接取决于其组成材料——混凝土和钢材的力学性能。相对于复杂的混凝土材料，钢筋组成较为均匀，性质较为简单，因此钢筋混凝土结构材料力学性能研究的重点是混凝土材料以及混凝土与钢筋的相互作用问题。

在宏观尺度上，混凝土被当作均匀材料；在细观尺度上，混凝土则是由骨料、砂浆基质和缺陷等组成的非均匀材料。研究者基于断裂力学理论[1]和非局部本构理论[2-5]，在宏观尺度上建立了众多混凝土非线性断裂模型，这些模型大多采用定义一个能够体现混凝土微观结构特性的“特征长度 l”的概念来描述混凝土宏观力学性能的非线性行为。然而，混凝土的力学性能与其内部细观结构密切相关，在细观尺度建立的混凝土力学模型更能够充分反映混凝土材料组成等对其宏观力学性能的影响，并且能够充分揭示混凝土宏观非线性等力学行为。此外，结合钢筋/混凝土非线性相互作用等影响因素，细观力学分析模型在揭示钢筋混凝土构件尺寸效应、形状效应、长细比效应等行为的产生机理方面也较宏观模型有更佳的效果。

本章借助细观力学数值分析手段，考虑细观非均质性及钢筋/混凝土间复杂的非线性相互作用行为，主要探究钢筋混凝土构件——柱和梁的大变形破坏行为及尺寸效应规律，揭示细观组分及相关因素等对钢筋混凝土构件破坏机理及尺寸效应的影响[6-20]。

8.1　钢筋混凝土构件破坏的细观模拟方法

8.1.1　钢筋混凝土构件细观模型

1．素混凝土构件数值模型

在细观尺度上，将混凝土视为由骨料颗粒、砂浆基质以及界面过渡区（ITZ）组成的三相复合材料，关于细观层次混凝土材料的生成及细观组分参数的确定等在上述各章节中已有详细描述，这里不再赘述。简言之，骨料颗粒均假定为球体（3D）或圆形（2D），根据 Fuller 级配曲线及 Walraven 公式，基于 Monte-Carlo 方法采用 Fortran 编程对骨料进行随机投放，最终生成细观素混凝土构件。

2. 钢筋/混凝土相互作用数值模型

以某钢筋混凝土柱为例，图 8.1 给出了典型的 3D 细观力学分析模型。图 8.1（a）为数值混凝土骨料投放完成后，将钢筋笼嵌入混凝土的示意图。由于钢筋/混凝土相互作用力学行为的高度复杂性，目前尚未得到统一的理论与力学模型。这里为了考虑钢筋与混凝土之间的粘结滑移等因素对钢筋混凝土构件受力力学性能的影响，采用我国《混凝土结构设计规范》（2015 年版）（GB 50010—2010）[21]推荐的钢筋-混凝土粘结滑移本构关系模型。

具体的操作方法如下。

首先，将钢筋（采用梁单元进行离散）“埋入”到混凝土（采用六面体八节点线性等参单元进行离散）中；进而，在钢筋单元与混凝土单元之间设置非线性弹簧单元，如图 8.1（b）所示，并采用如图 8.1（c）所示的多折线 τ-s（剪应力-滑移）曲线作为判定钢筋与混凝土间粘结应力随滑移量变化的度量标准。该本构关系模型中，各转折点参数，包括劈裂应力 τ_{cr}、峰值应力（即为粘结强度）τ_u 以及残余应力 τ_r 等，采用如表 8.1 所示的计算公式来确定。

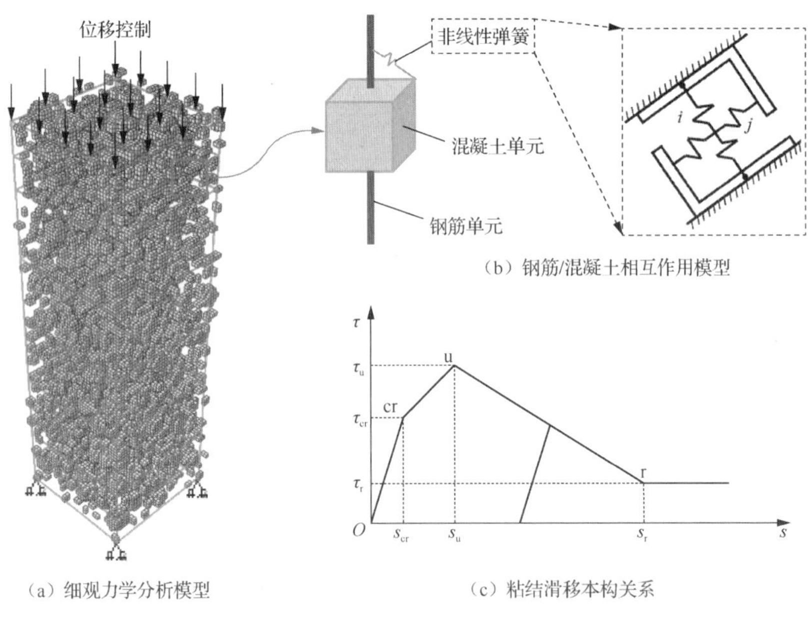

图 8.1　典型钢筋混凝土柱 3D 细观力学分析模型

这里需要说明的是，该粘结滑移本构模型仅考虑了钢筋与混凝土材料之间的切向滑移，即切线方向（j）可以产生位移，法向（i）则由于“互不侵入”条件而认为钢筋与混凝土之间的交界面刚度无穷大，因此不考虑其法向位移。在数值模拟中，可设定一较大的弹簧系数来反映法向的接触关系。

表 8.1　混凝土与钢筋间粘结应力-滑移曲线的参数值

参数	劈裂点（即 cr）	峰值点（即 u）	残余点（即 r）
粘结应力 τ/MPa	$\tau_{cr}=2.5f_t$	$\tau_u=3f_t$	$\tau_r=f_t$
纵筋相对滑移 s/mm	$s_{cr,l}=0.025d_l$	$s_{u,l}=0.04d_l$	$s_{r,l}=0.55d_l$
箍筋相对滑移 s/mm	$s_{cr,t}=0.025d_t$	$s_{u,t}=0.04d_t$	$s_{r,t}=0.55d_t$

注：f_t 为实测混凝土抗拉强度；d_l 为纵筋直径；d_t 为箍筋直径。

8.1.2　细观组分本构关系模型

材料本构关系选取是否合理，是数值模拟结果是否合理的重要条件之一。与 4.1 节相同，在细观数值模型中，由于骨料颗粒强度较高，假定加载过程中其不产生破坏，将骨料设定为弹性体；采用塑性损伤本构模型来描述砂浆基质和界面过渡区的力学行为。钢筋材料较均匀，为简单起见，一般可采用理想弹塑性本构模型描述其力学行为，如图 8.2 所示。

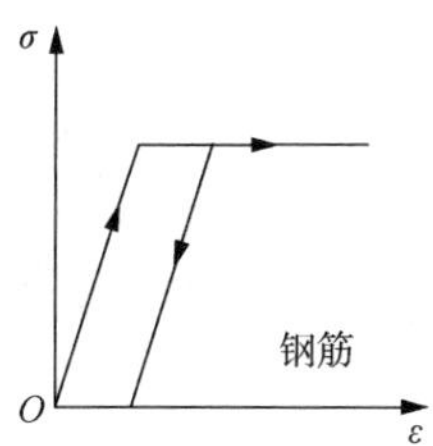

图 8.2　钢筋理想弹塑性本构关系模型

8.2　钢筋混凝土柱轴压破坏模拟及分析

本节以钢筋混凝土柱轴心受压行为为例，建立用于钢筋混凝土构件宏观力学行为研究的二维/三维细观尺度力学分析数值模型，进而对钢筋混凝土柱轴心受压加载下的大变形破坏行为进行数值研究[6, 8, 12, 14, 15]。

8.2.1　钢筋混凝土柱二维轴压破坏行为

1．钢筋混凝土柱二维细观随机骨料模型

1）二维数值模型建立

作者进行了钢筋混凝土柱轴心受压力学性能尺寸效应的试验研究[14]，试验按照相似关系设计了 3 组二维正方形截面钢筋混凝土柱，其尺寸分别为 200mm×200mm×900mm、400mm×400mm×1800mm 和 600mm×600mm×2700mm，试验中纵筋采用 HRB335 级钢筋，箍筋采用 HPB235 级钢筋，混凝土强度等级为 C30，纵筋平均配筋率为 1.5%，体积配箍率均为 0.65%。

这里，针对该钢筋混凝土柱轴心受压破坏行为开展 2D 细观数值模型进行模拟。考虑混凝土细观非均质性的影响，采用表 8.2 所示的骨料物理参数，建立了钢筋混凝土细观尺度力学分析数值模型，如图 8.3 所示，其中界面过渡区厚度为 1mm。

表 8.2　2D 数值模型骨料参数

参数	方形试件	轴压柱	轴压柱	轴压柱
尺寸	150mm×150mm	200mm×900mm	400mm×1800mm	600mm×2700mm
小石数量/粒	49	394	1576	3547
中石数量/粒	6	52	206	464

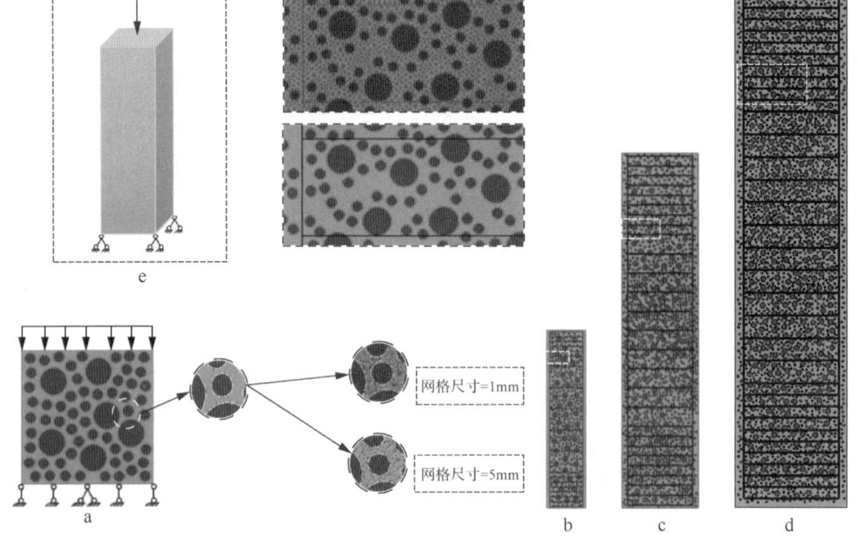

a. 150mm×150mm　b. 200mm×900mm　c. 400mm×1800mm　d. 600mm×2700mm　e. 200mm×200mm×900mm

图 8.3　钢筋混凝土柱细观力学分析模型

图 8.3 中试件 a 为 150mm×150mm 二维方形试件用于反演混凝土细观尺度数值模型，试件 b～试件 d 为钢筋混凝土柱的 2D 细观尺度力学分析数值模型，尺寸分别为 200mm×900mm、400mm×1800mm 和 600mm×2700mm。为简化钢筋/混凝土相互作用以及提高模型的计算效率，这里暂假定钢筋与混凝土粘结完好，两者界面间不产生分离及滑移等行为，将钢筋“嵌入”素混凝土中。采用位移控制对数值模型进行加载，其加载方式如图 8.3 所示试件 e，即底边固定，顶部为位移加载边界。采用三角形单元对混凝土进行有限单元网格划分，网格平均尺寸采用 1mm 和 5mm 两种工况。对于平均网格尺寸为 5mm 的情况，界面过渡区仍按网格

尺寸为 1mm 局部细化，避免了界面过渡区厚度过小导致的网格畸形等问题。网格平均尺寸为 1mm 时的有限单元数量为 49504，网格平均尺寸为 5mm 时的有限单元数量仅为 3304，较前者小一个数量级，对于计算效率的提升有显著效果。

针对钢筋混凝土柱轴心受压尺寸效应及长细比效应的研究均采用 3D 细观数值模型进行模拟。在细观尺度上，建立了 1 组尺寸为 150mm×150mm×150mm 混凝土立方体试件和若干组钢筋混凝土柱数值模型，采用的圆形骨料颗粒的具体参数如表 8.3 所示。

表 8.3　3D 数值模型骨料参数

试件类型	试件尺寸*	小石数量/粒	中石数量/粒	1mm 网格数量	5mm 网格数量	长细比 λ
立方体	150×150×150	313	32	3375000	29791	—
方柱	267×267×800				362925	3
	400×400×1200					3
	600×600×1800					3
	800×800×2400					3
圆柱（d×H）	256×768					3
	384×1152					3
	576×1728					3
	864×2592					3
方柱	200×200×600	2459	231	—	193600	3
	200×200×900	3343	346	—	288000	4.5
	200×200×1200	4457	462	—	385600	6
	200×200×1800	6685	692	—	576000	9
	200×200×3600	13370	1385	—	1152000	18
	200×200×7200	26740	2769	—	2304000	36

*本列数字单位均为 mm。

2）界面过渡区力学参数的确定

对于 2D 钢筋混凝土柱模型，采用 150mm×150mm 二维方形试件进行混凝土材料力学性能试验模拟，反演数值模型中各细观组分的力学参数。混凝土及其细观组分的力学参数如表 8.4 所示。其中，钢筋依据宏观模型的实际配筋率对其进行二维模型的等效。

表 8.4　2D 模型混凝土及其细观组分力学参数

参数	骨料颗粒	砂浆基质	界面过渡区	混凝土	纵筋	箍筋
弹性模量 E/GPa	300*	30.8*	24.7**	50*	210	200
泊松比 ν	0.2*	0.2*	0.2**	0.2*	0.3	0.3

续表

参数	骨料颗粒	砂浆基质	界面过渡区	混凝土	纵筋	箍筋
剪胀角 ψ/（°）		38	38	38		
抗压强度 σ_c/MPa		25.3*	20.2**	33*		
抗拉强度 σ_t/MPa		2.8*	2.3**	3.2*		
屈服强度 f_y/MPa					380	250
配筋率 ρ/%					1.5	0.65
钢筋截面面积 A/mm^2	200×900				1.5	0.12
	400×1800				3	0.24
	600×2700				4.5	0.36

*该数据为试验实测数据；**该数据为作者反复试算选值；其他力学数据为默认值。

图 8.4 为边长 150mm 的不同网格尺寸的二维数值模型模拟结果对比。可以看到，单轴受压加载下，模拟得到的不同网格尺寸下混凝土试件的压缩损伤破坏云图基本相同，应力-应变曲线差别不大，其中网格平均尺寸为 1mm 的试件得到的立方体抗压强度为 f_{cu}=33.1MPa，网格平均尺寸为 5mm 的方形试件得到的立方体抗压强度为 f_{cu}=34.2MPa，实测立方体抗压强度为 f_{cu}=33.2MPa。数值模拟结果与实测结果吻合良好，说明确定的混凝土细观尺度力学分析数值模型中各细观组分力学参数是合理的。考虑到计算量问题，后续数值计算中，采用的平均网格尺寸均为 5mm。

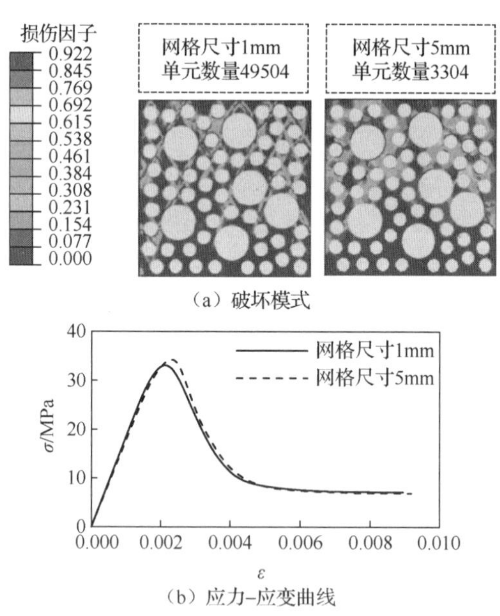

图 8.4　不同网格尺寸二维模型数值模拟结果

2．钢筋混凝土柱二维轴压破坏行为

这里，为了探讨混凝土材料的细观非均质性对钢筋混凝土构件的宏观力学非线性、破坏模式及其尺寸效应的影响，对钢筋混凝土柱的宏观力学模型及细观力学模型均进行了模拟分析。

1）宏/细观尺度模型结果对比

图 8.5 是 200mm×900mm 钢筋混凝土柱二维宏观尺度数值模型在轴心受压加载下的损伤破坏云图。无论是压缩损伤还是拉伸损伤均是从柱端产生，并且沿着初始损伤继续发展，最终在柱两端形成两道斜损伤带。宏观尺度模型结果显示钢筋混凝土柱最终为剪切破坏。

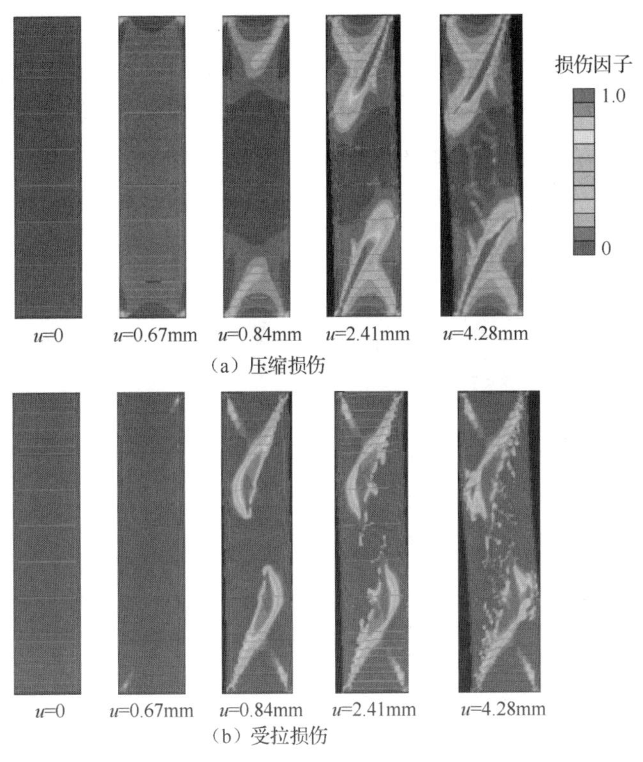

图 8.5　钢筋混凝土柱损伤发展过程（宏观尺度模拟结果）

图 8.6 是宏观尺度钢筋混凝土模型最终破坏时的应力、应变及位移分布。从图 8.6（a）中混凝土材料的应力分布云图中可以看到混凝土受到压剪破坏（拉应力为“+”，压应力为“−”），柱边缘压应力达到 25.3MPa，中心区拉应力达到 2.49MPa；图 8.6（b）显示了钢筋的应力分布，从图中可以看到沿斜损伤带箍筋均已屈服，纵筋未屈服；图 8.6（c）是钢筋混凝土柱在轴向压缩加载下的最大主应变分布，

从最大主应变的分布可以清楚地看到裂缝的最终发展形态；图 8.6（d）显示了钢筋混凝土柱的变形位移分布情况，表明其变形特征符合压剪破坏。

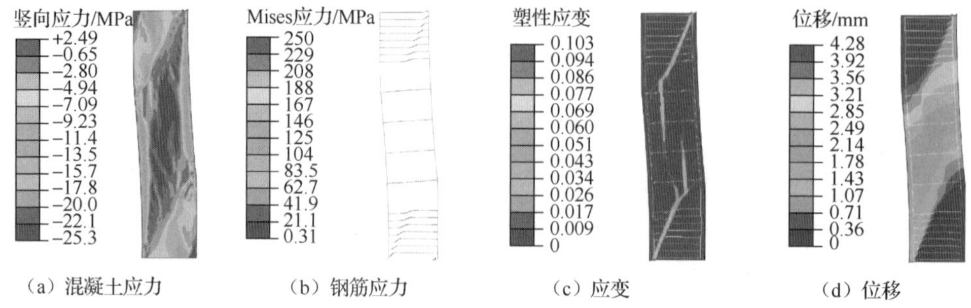

图 8.6　钢筋混凝土柱应力、应变及位移分布（宏观尺度模拟结果）

图 8.7 表现钢筋混凝土柱细观尺度数值模型在轴心受压加载下的损伤破坏发展过程，当钢筋混凝土柱受到轴心受压加载时，柱端虽有损伤出现，但从整体看损伤主要集中于柱中位置；随荷载增大，柱中损伤面积增加，并形成若干条斜损伤带；随后损伤带继续扩展形成一条主裂缝，柱变形加大；最后，钢筋混凝土柱剪切破坏。

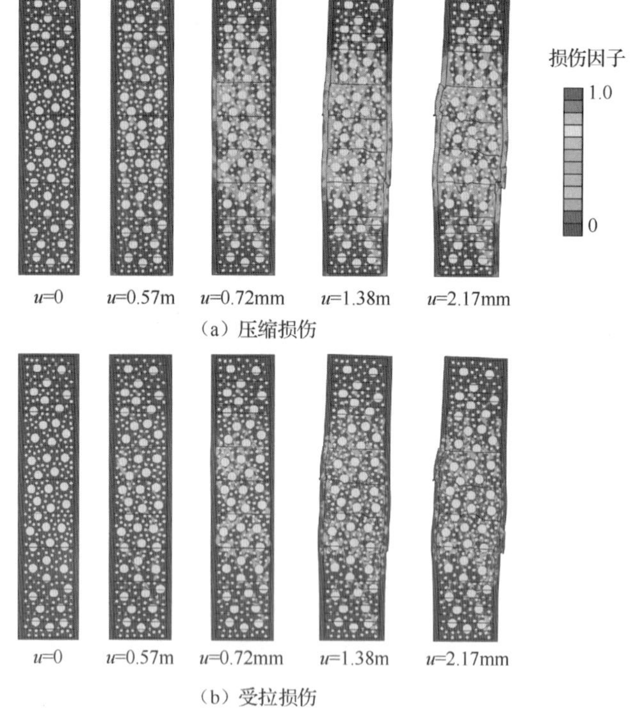

图 8.7　钢筋混凝土柱损伤发展过程（细观尺度模拟结果）

图 8.8 表现细观尺度下钢筋混凝土柱在轴心受压加载下所获得的最终破坏时的应力、应变及位移分布。从图 8.8（a）中混凝土材料应力分布可以看到混凝土受到压剪破坏；图 8.8（b）显示了钢筋的应力分布，从图中可以看到沿斜损伤带箍筋均已达到屈服应力，纵筋也达到了屈服应力，并且发生屈曲；图 8.8（c）是钢筋混凝土柱在轴向压缩加载下的最大主应变分布，从最大主应变的分布可以清楚地看到裂缝的发展形态，并且相对宏观尺度模型，可以看到裂缝发展过程中骨料分布对其发展方向的影响；图 8.8（d）显示了钢筋混凝土柱的变形位移分布情况，表明其变形特征符合压剪破坏。

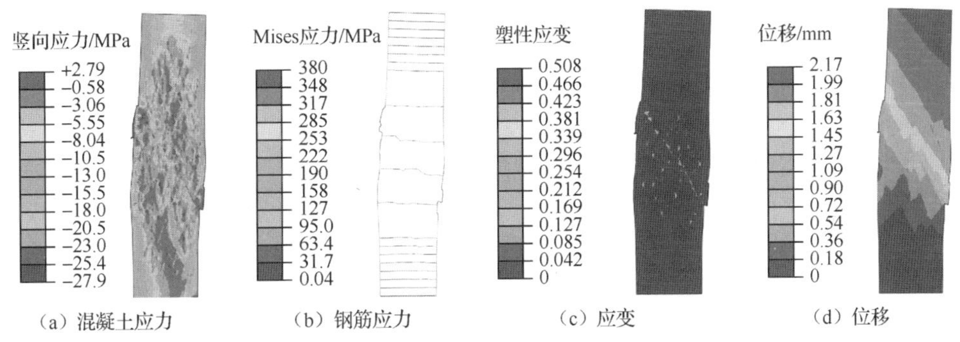

图 8.8　钢筋混凝土柱应力、应变及位移分布（细观尺度模拟结果）

2）模拟结果稳定性及与试验结果对比

为了验证骨料分布对钢筋混凝土柱轴心受压加载下破坏模式的影响，对 200mm×900mm 钢筋混凝土柱进行了多组不同骨料分布情况下轴心受压破坏过程的模拟。图 8.9 是四组典型的具有不同骨料分布的钢筋混凝土柱在轴心受压加载下的最终破坏模式云图。从图 8.9 中可以观察到，骨料分布对钢筋混凝土柱最终破坏模式影响不大，均是从柱中位置破坏，从而验证了所建立的细观力学模型的可靠性。

图 8.10 是钢筋混凝土柱的最终破坏模式，对比发现细观尺度模型的模拟结果较宏观尺度模型与试验结果更加吻合。细观尺度模型能够抓住混凝土非均质性的特征，因此可以更真实地反映钢筋混凝土构件受荷载作用的破坏过程和破坏模式。另外，当外荷载逐渐增大并达到钢筋混凝土的极限承载力后，混凝土内部裂纹发展加快，轴向变形迅速增大，随着箍筋逐渐屈服，混凝土保护层逐渐脱落，纵筋也达到极限承载力，变形继续增大后，纵筋发生屈曲。如图 8.11 所示，钢筋混凝土细观尺度数值模型能够反映纵筋屈曲行为，与试验结果吻合良好，说明了本节模拟方法也能够很好地描述钢筋的力学响应。

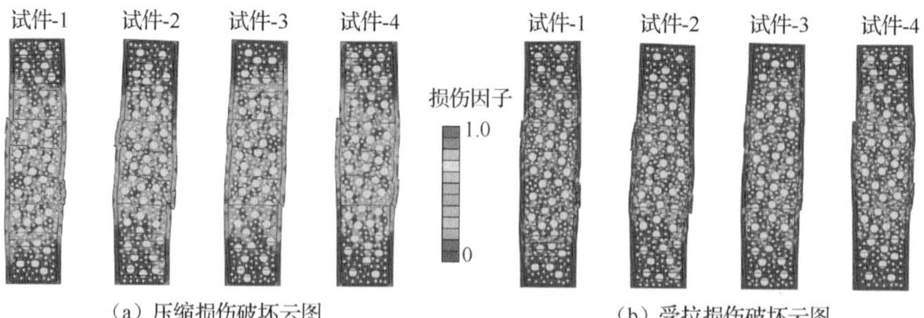

（a）压缩损伤破坏云图　（b）受拉损伤破坏云图

图 8.9　不同骨料分布时钢筋混凝土柱最终破坏模式对比

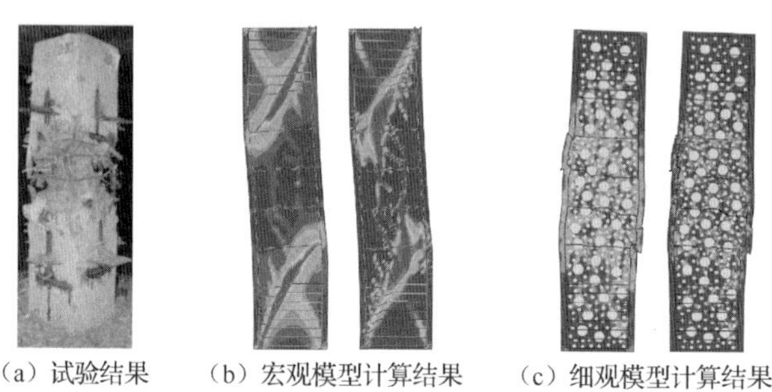

（a）试验结果　（b）宏观模型计算结果　（c）细观模型计算结果

图 8.10　钢筋混凝土柱最终破坏模式对比

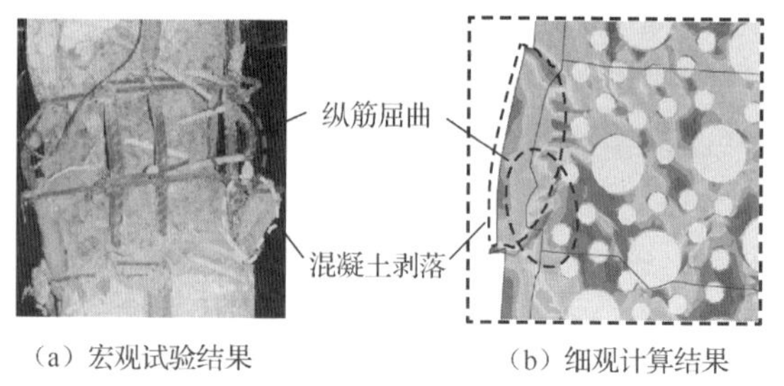

（a）宏观试验结果　（b）细观计算结果

图 8.11　钢筋混凝土柱中钢筋屈曲及保护层脱落行为

试验实测得到的钢筋混凝土柱极限承载力为 2050kN，其宏观名义抗压强度为 51.25MPa。这里，名义抗压强度为柱子加载端峰值荷载 P_{max} 与横截面面积的比值。宏观尺度模型得到的宏观名义抗压强度为 58.24MPa，四组细观尺度模型得到的宏观名义抗压强度分别为 50.83MPa、48.43MPa、50.78MPa 和 49.36MPa，其名义应力-应变关系曲线如图 8.12 所示。从图 8.12 可以看到，细观模型的数值结果与试验结果更加吻合。

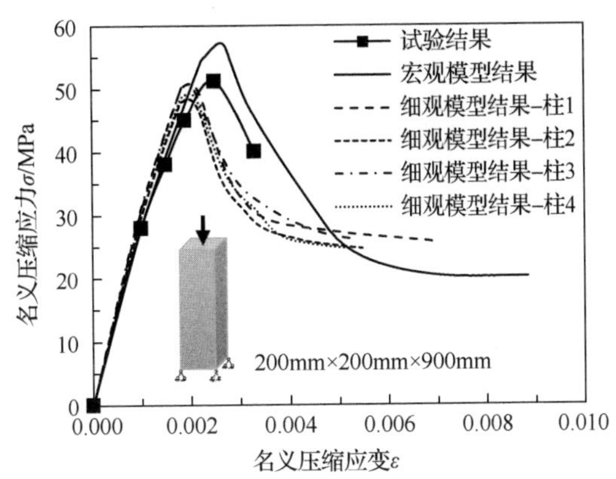

图 8.12　钢筋混凝土柱名义应力-应变关系

3）破坏模式及名义强度

在以上对 200mm×900mm 钢筋混凝土柱二维细观尺度模型轴心受压的数值模拟基础上，对更大尺寸的 400mm×1800mm 和 600mm×2700mm 钢筋混凝土柱二维细观尺度模型进行数值模拟，初步研究钢筋混凝土柱的尺寸效应行为。

图 8.13 给出了 3 组不同尺寸钢筋混凝土柱的最终破坏模式与试验结果的对比，从图中可以看到，细观尺度模型计算得到的破坏模式与试验结果吻合良好。对于较小尺寸的 200mm×900mm 钢筋混凝土柱，其裂缝集中发展区主要位于柱中段，出现纵筋屈曲、箍筋屈服和混凝土保护层剥落等现象；对于较大尺寸的 400mm×1800mm 和 600mm×2700mm 钢筋混凝土柱，裂缝起始于柱端，且集中在此并出现新的裂缝，因此其裂缝集中发展区主要位于近柱端部；裂缝集中发展区的位置是随结构尺寸的增大而逐渐变化的。

图 8.14（a）是建立的不同尺寸钢筋混凝土柱细观尺度力学分析数值模型在轴心受压加载下得到的名义应力-应变关系曲线与试验曲线的对比，具体结果见表 8.5。试验得到的 3 组钢筋混凝土柱的宏观名义轴压强度分别为 51.25MPa、43.26MPa 和 42.94MPa（试验实测极限承载力分别为 2050kN、6921kN 和 15458kN），数值模拟得到的 3 组名义抗压强度的平均值分别为 49.85MPa、45.67MPa 和 42.90MPa，对比表明建立的细观数值分析方法能够较好地模拟和预测大尺寸钢筋混凝土柱的宏观力学性能。另外，由于细观力学模型能够充分体现混凝土材料的非均质性对其宏观力学性能的影响，因此能够体现或反映钢筋混凝土构件的尺寸效应行为，大体上表现为强度随构件尺寸增大而减小，并且强度减小的幅度有变缓的趋势，如图 8.14（b）所示。

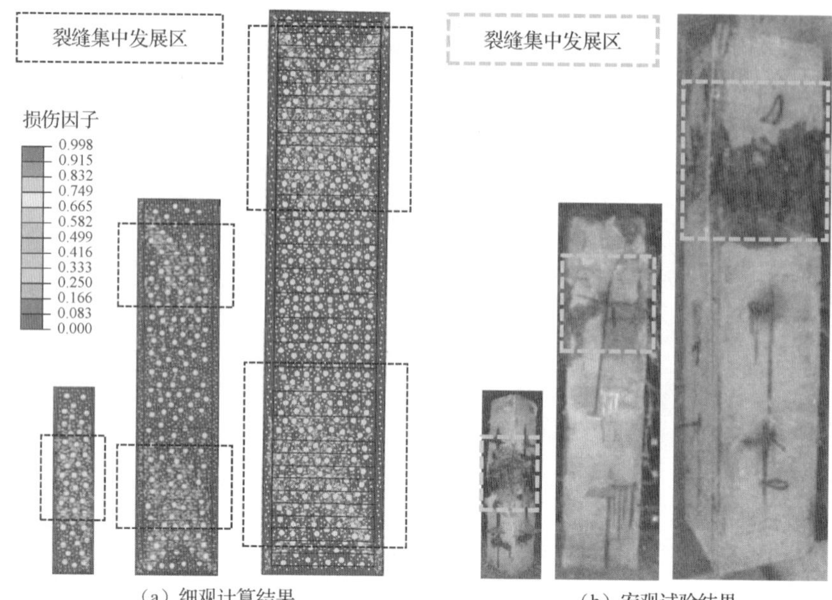

（a）细观计算结果　　（b）宏观试验结果

图 8.13　不同尺寸钢筋混凝土柱最终破坏模式与试验结果对比

表 8.5　细观数值模型结果与试验结果对比

截面尺寸/mm	试验结果	细观数值模型结果					
	名义抗压强度/MPa	柱 1 强度/MPa	柱 2 强度/MPa	柱 3 强度/MPa	柱 4 强度/MPa	平均名义抗压强度/MPa	标准差
200	51.25	50.83	48.43	50.78	49.36	49.85	1.01
400	43.26	45.42	46.39	46.57	44.28	45.67	0.91
600	42.94	42.97	43.46	42.17	42.98	42.90	0.46

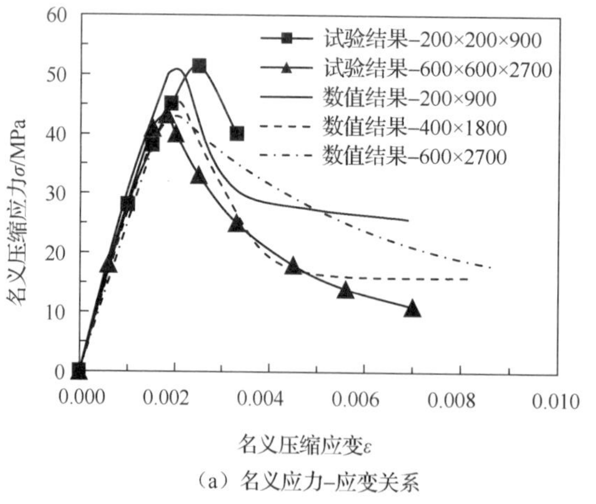

（a）名义应力–应变关系

图 8.14　钢筋混凝土柱名义轴压强度变化

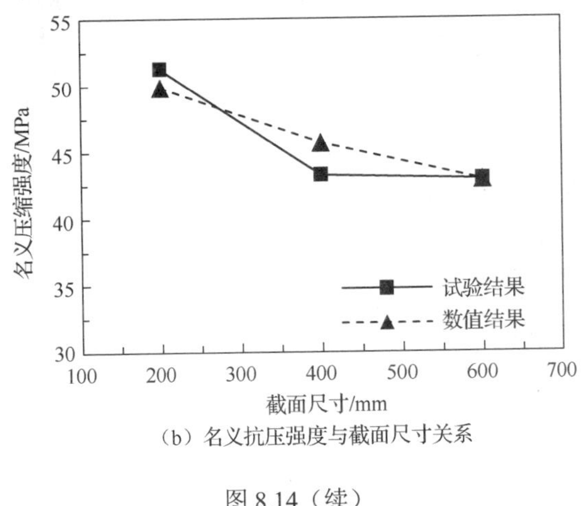

（b）名义抗压强度与截面尺寸关系

图 8.14（续）

8.2.2　钢筋混凝土柱三维轴压破坏行为

1．钢筋混凝土柱三维细观单元等效化分析模型

借助混凝土细观结构特征，建立了如图 8.15（a）所示的混凝土三维细观随机骨料模型试件（尺寸为 200mm×200mm×900mm），进而采用第 2 章方法建立与之力学特性等效的细观单元等效化分析模型，如图 8.15（b）所示。在此基础上，并将图 8.15（c）所示的钢筋笼“嵌入”到该混凝土柱，最终获得的钢筋混凝土柱的有限元计算模型如图 8.15（d）所示。钢筋混凝土柱有限元分析模型中，不同的单元拥有不同的颜色，表示各细观单元具有不同的力学特性（如弹模、泊松比及强度等）。细观单元采用图 2.19 所示的等效本构关系来描述其力学行为，数值计算中选取的混凝土细观组分材料以及钢筋的力学参数同表 8.4。

2．钢筋混凝土柱轴心受压破坏模式

图 8.16 是在细观研究尺度下，钢筋混凝土柱在轴向压缩加载下的最小主应变反应变化云图，演示了非均质钢筋混凝土构件从产生损伤直至破坏的全过程。云图中“黑色区域”表示细观单元达到其等效抗压强度所对应的峰值应变，开始产生损伤甚至破坏。与宏观尺度模型结果不同的是，本章方法由于考虑了混凝土细观组分性质的非均质性，故而获得的细观模拟结果能够反映混凝土损伤破坏分布的随机性。从图 8.16 可知，由于各细观单元强度差异，在压缩荷载作用下混凝土柱首先在相对薄弱（具有较小的抗压强度）的区域达到其有效强度进而产生损伤，随荷载增加，损伤区域逐渐增大，大量的单元达到其抗压强度，

随后出现的破坏单元越来越集中到中部受损伤最严重的区域（主要为中部），整体试件模型刚度降低，出现负刚度行为（软化行为），最终导致整个混凝土试件失去承载能力。

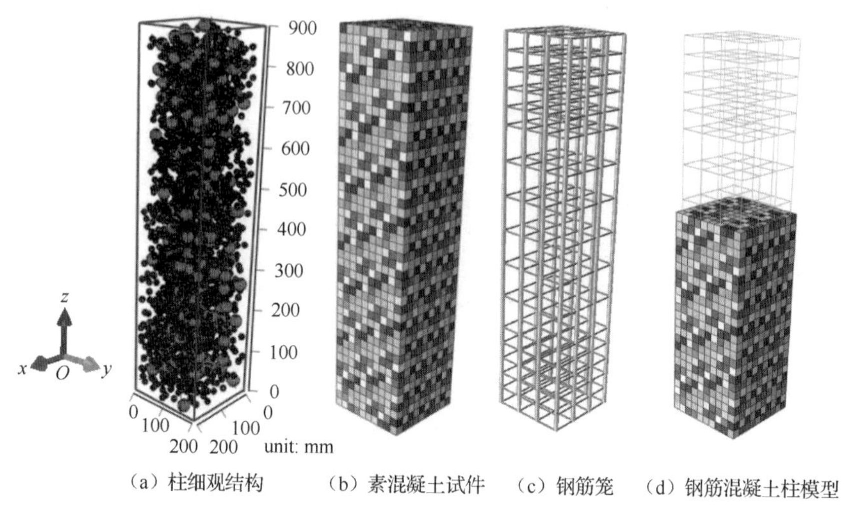

（a）柱细观结构　（b）素混凝土试件　（c）钢筋笼　（d）钢筋混凝土柱模型

图 8.15　钢筋混凝土柱细观力学分析模型

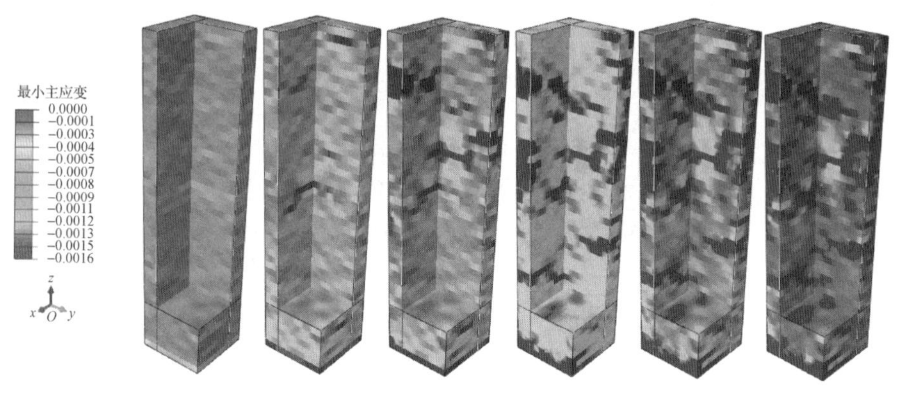

图 8.16　混凝土柱损伤破坏过程（细观尺度结果）

此外还可以得知，当外荷载逐渐增大并达到钢筋混凝土柱的极限承载力后，随着轴向变形的增大，混凝土柱宏观荷载-位移曲线将不断下降，这将加速混凝土内部裂纹的发展，并使混凝土保护层区域开始脱落。此时，柱子的剪切应变逐渐增大，箍筋开始向外鼓。当轴压荷载继续增大，大量的混凝土块体脱离并掉下来，部分纵筋产生如图 8.17（a）所示的压缩屈曲现象，混凝土柱子中部的箍筋开始达到其抗拉强度，进而产生拉伸颈缩现象[图 8.17（b）]。Němeček 和 Bittnar[22]的研究工作还发现了钢筋混凝土柱中的纵筋屈曲行为。

图 8.17（c）给出的是本章细观尺度的模拟结果，与试验结果[图 8.17（a）和（b）]吻合很好，说明本章方法可以很好地描述了钢筋的反应，从另一侧面说明了本章方法的可行性。

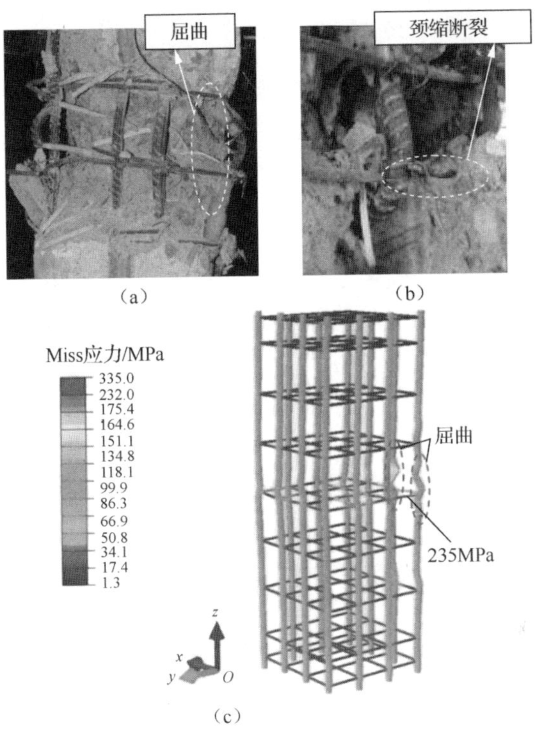

图 8.17　钢筋混凝土柱子中钢筋的力学行为

图 8.18 给出的是钢筋混凝土柱，宏观尺度计算模型所得到的破坏模式图，及细观尺度下 3 组混凝土随机样本模型下钢筋混凝土柱的最终破坏模式与试验结果图。图 8.18（a）和（b）分别给出了钢筋混凝土柱最终破坏模式的相关试验结果和宏观尺度模拟结果，而图 8.18（c）为 3 组细观尺度结果（3 组不同的骨料空间分布形式）。

从图 8.18 给出的破坏形态可以看出，本节的细观模拟结果与试验结果吻合很好。宏观尺度模拟结果中柱子的破坏集中于中部区域，且破坏对称分布，不能反映混凝土破坏的离散性和非均匀性，因而无法反映混凝土材料及构件的真实破坏过程和破坏模式。再如，细观尺度下钢筋混凝土柱在柱脚及其他区域的严重破坏，都是宏观尺度计算所无法获得的。

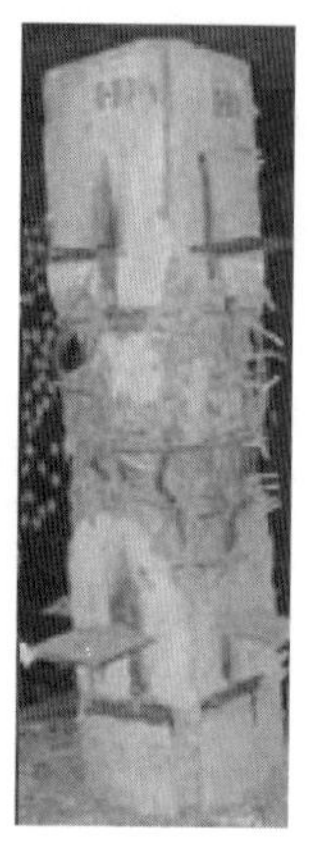
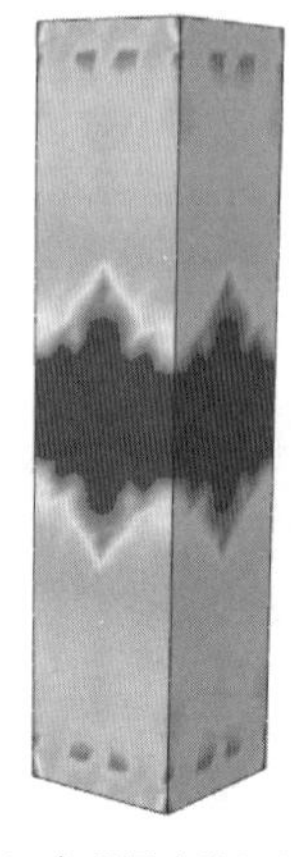

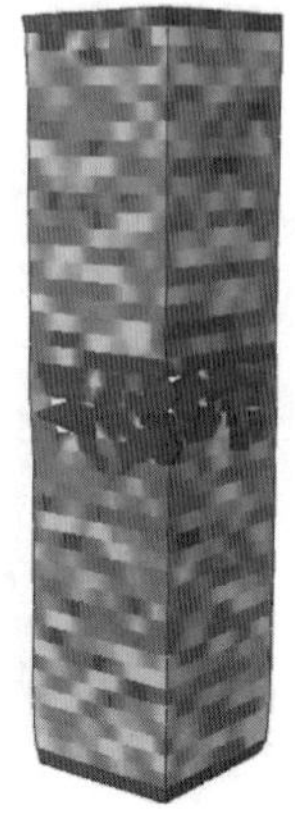

（a）试验结果　（b）宏观尺度模拟结果　（c）三组样本数值结果（细观尺度）

图 8.18　钢筋混凝土柱最终破坏模式

为了更充分地说明本章提出的细观力学方法的可行性和可靠性，本章还对另外一组更大尺寸（400mm×400mm×1800mm）的钢筋混凝土柱进行了轴压加载过程的数值模拟。

3．钢筋混凝土柱轴心受压应力-应变关系

图8.19给出了不同尺寸但几何相似的两组钢筋混凝土柱轴心受压过程的名义应力-应变关系曲线，包括宏细观数值结果和试验结果。从图 8.19 的曲线结果不难发现，两组钢筋混凝土柱在轴压作用下达到其承载能力前，细观数值结果曲线均与试验结果曲线吻合很好，而宏观模拟结果与试验结果吻合较差，尤其是对于400mm 截面尺寸钢筋混凝土柱的模拟。当钢筋混凝土柱进入软化阶段后，不难发现宏观和细观尺度模型的数值结果均与试验结果吻合较差；但可以发现细观尺度模拟结果大于宏观尺度模拟结果，与试验结果对比相对更为吻合，这说明细观尺度模型中在钢筋混凝土软化阶段，箍筋的约束作用能够较好地得以体现和表征。

试验结果获得的两组钢筋混凝土柱的宏观名义轴压强度分别为 41.45MPa 和 39.42MPa（试验的实测承载力为 1658kN 和 5988kN）。对于 200mm 截面尺寸的钢筋混凝土柱，本节细观力学模型获得的 3 组名义抗压强度（即柱子的承载力除以截面面积）分别为 40.43MPa、39.21MPa 和 41.32MPa；对于 400mm 截面尺寸的钢筋混凝土柱，获得的 3 组抗压强度分别为 36.43MPa、36.77MPa 和 39.28MPa。

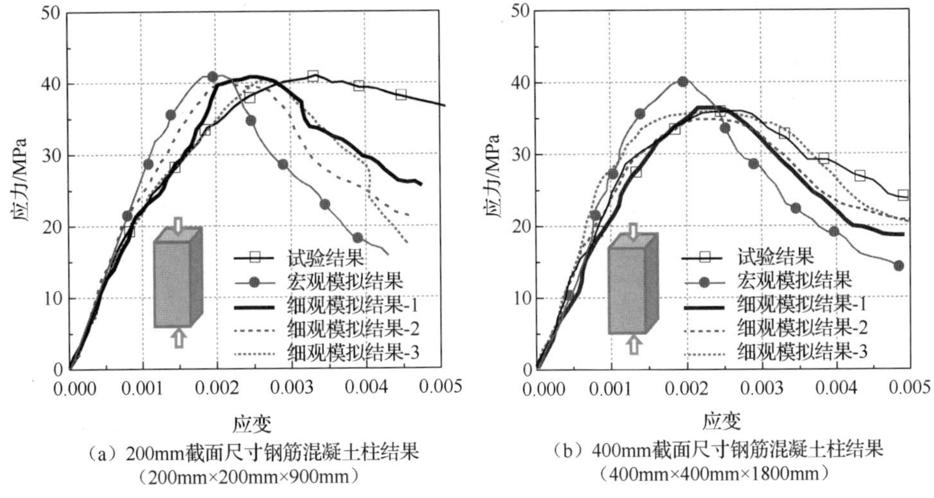

（a）200mm截面尺寸钢筋混凝土柱结果（200mm×200mm×900mm）

（b）400mm截面尺寸钢筋混凝土柱结果（400mm×400mm×1800mm）

图 8.19　钢筋混凝土柱名义应力-应变关系

此外，从图 8.19 展示的研究结果可以看出，钢筋混凝土柱的轴压强度存在尺寸效应，柱子尺寸越大，抗压强度越低。据细观尺度模型下，钢筋混凝土柱的破坏模式和宏观名义应力-应变关系曲线均与试验结果吻合，说明细观单元等效化力学方法在钢筋混凝土构件层次破坏模拟运用中的可行性。

8.2.3　钢筋混凝土方柱轴压破坏尺寸效应

1．三维细观数值模型建立

为揭示箍筋约束混凝土方柱轴压破坏尺寸效应，对 3 种体积配箍率 ρ_{sv}=0（PA 系列）、ρ_{sv}=1.26%（PB 系列）、ρ_{sv}=2.89%（PC 系列），4 组不同尺寸约束混凝土方柱的轴压破坏行为进行模拟，柱底边固定，在其顶部施加位移荷载，两侧为自由边界。每组尺寸构件模型数量为 2，各模型中骨料的体积分数相同，仅空间随机分布不同。建立的典型的钢筋混凝土方柱的细观尺度数值模型如图 8.20 所示，截面边长为 267mm、400mm 和 600mm，柱高为 800mm、1200mm 和 1800mm，另外扩展构建更大尺寸（边长为 800mm，高为 2400mm）的箍筋约束混凝土方柱，PA 系列为素混凝土方柱，构件尺寸同 PB、PC 系列模型。约束混凝土柱仅在四角布置与箍筋同等直径的纵筋，其配筋率为 0.28%。表中符号“P”代表棱柱体，“A”“B”“C”表示体积配箍率，分别为 0、1.26%和 2.89%。试件编号中的“S”“M”“L”“U”分别代表小、中、大和超大 4 种构件尺寸。试件的几何参数如表 8.6 所示。

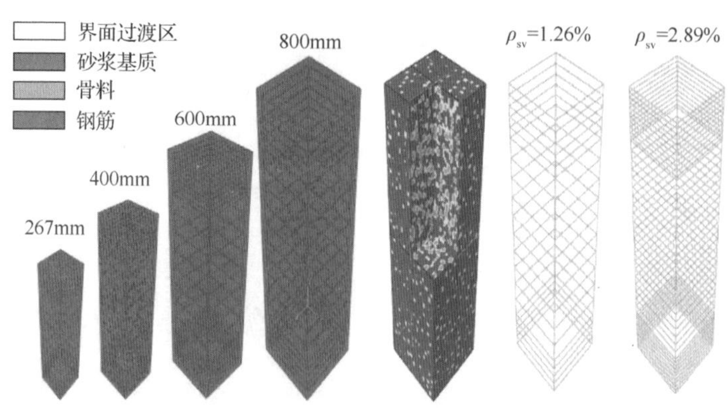

图 8.20　钢筋混凝土柱细观数值模型与钢筋分布

表 8.6　约束混凝土柱几何参数与钢筋配置

系列	样本编号	截面尺寸/mm	端区箍筋	中部箍筋	箍筋率/%	保护层厚度/mm
PB	PB-S	267	⌀8@18（2）	⌀8@66（2）	1.26	10
	PB-M	400	⌀12@27（2）	⌀12@99（2）	1.26	20
	PB-L	600	⌀18@40（2）	⌀18@149（2）	1.26	30
	PB-U	800	⌀22 @80（2）	⌀22@160（2）	1.26	40
PC	PC-S	267	⌀8@18（2）	⌀8@29（2）	2.89	10
	PC-M	400	⌀12@27（2）	⌀12@44（2）	2.89	20
	PC-L	600	⌀18@40（2）	⌀18@66（2）	2.89	30
	PC-U	800	⌀22@37（2）	⌀22@74（2）	2.89	40

箍筋约束混凝土柱轴心加载试验采用 C40 混凝土（立方体压缩抗压为 41.8MPa），纵筋和箍筋均采用 HRB400 级钢筋。其中，钢筋的实测弹性模量为 207GPa，泊松比为 0.3，屈服强度为 477MPa。细观组分主要力学参数详见表 8.7。

表 8.7　混凝土细观组分及钢筋力学参数

力学参数	骨料	砂浆基质	界面过渡区	钢筋
抗压强度/MPa	—	45.3	38.2	—
抗拉强度/MPa	—	6.8	3.3	—
弹性模量/GPa	60	30.8	24.7	207
泊松比 ν	0.2	0.2	0.2	0.3
屈服强度/MPa	—	—	—	477

2. 方柱轴压破坏模式分析

图 8.21 为边长尺寸为 400mm 约束混凝土柱的轴压破坏模拟结果与试验破坏模式[15]的对比。从柱子损伤变化过程可以看出，损伤破坏首先发生在混凝土内部的薄弱环节，即骨料颗粒与砂浆基质间的界面过渡区，随着荷载增大，损伤破坏

区域向砂浆基质延伸。损伤区域集中在柱中位置，随着荷载增加，混凝土受压损伤区域扩大，呈压-剪破坏形态，由于材料的非均质性导致损伤区域分布呈非均匀状态。混凝土柱横向膨胀过程中，箍筋约束混凝土横向变形的作用开始发挥，箍筋应变不断增大，部分箍筋达到屈服强度。

另外，从图 8.21（a）和（b）与试验结果图 8.21（c）的对比可知，数值模拟结果较好地表征了约束混凝土柱轴心加载下的破坏行为。

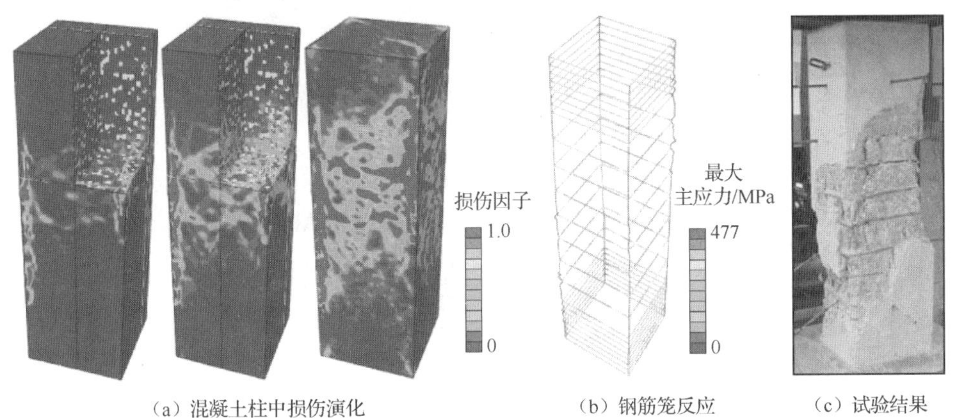

（a）混凝土柱中损伤演化　（b）钢筋笼反应　（c）试验结果

图 8.21　约束混凝土柱（边长 400mm）损伤破坏

数值模拟获得的 4 根几何相似、具有不同截面尺寸的约束混凝土方柱的最终破坏模式如图 8.22 所示，可以发现截面边长小于 400mm 时，约束混凝土柱主要产生轴向压缩破坏；而对于截面边长较大的约束混凝土柱（600mm 和 800mm），则发生典型的压-剪破坏形式，这与约束混凝土构件试验结果[15]亦吻合一致。

3．方柱轴压强度尺寸效应分析

横截面尺寸为 267mm×267mm、400mm×400mm，体积配箍率为 0、1.26%、2.89%约束混凝土方柱数值模拟得到的应力-应变关系曲线如图 8.23 所示，横坐标“名义压缩应变”是柱端竖向位移 Δ 与柱高 H 的比值，纵坐标名义轴向应力为轴向荷载 P 与柱横截面面积（D^2）的比值。由于核心区混凝土处于三轴受压状态，PB、PC 系列约束混凝土柱的轴压强度和变形能力均较单轴受压的 PA 系列有较大提高，特别是柱达到峰值强度后，混凝土材料横向膨胀明显增大，箍筋的约束作用随之增强。在箍筋的约束作用下，核心区混凝土的膨胀变形和剪切变形被限制，因而名义轴压强度和变形能力显著提高，体积配箍率越大，提高的幅度越大。体积配箍率 2.89%的 PC 系列构件模型的应力-应变曲线软化段名义强度缓慢降低，破坏具有较大的塑性特点。

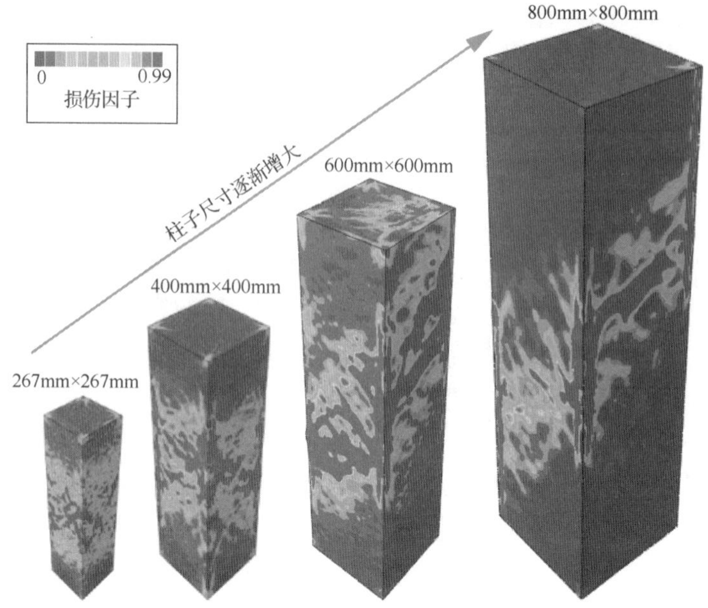

图 8.22　不同尺寸约束混凝土柱的最终破坏模式

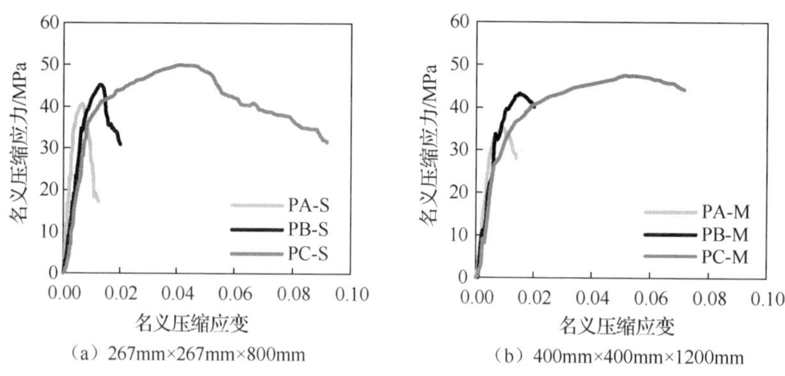

（a）267mm×267mm×800mm　　（b）400mm×400mm×1200mm

图 8.23　约束混凝土方柱名义压缩应力-应变曲线

在混凝土材料尺寸，效应理论研究方面，研究者主要提出了 5 种尺寸效应理论：统计尺寸效应理论[23,24]、断裂力学尺寸效应理论[25]、多重分形尺寸效应理论[26]、边界尺寸效应理论[27]及全局（统一）尺寸效应理论[28]。其中，Bažant 根据断裂力学理论提出了适合混凝土材料的尺寸效应理论公式[25]：

$$\sigma_{\mathrm{Nu}}=\frac{Bf_{\mathrm{t}}'}{\sqrt{1+D/D_0}} \tag{8.1}$$

式中：σ_{Nu} 为梁的名义弯曲强度；D 为梁的特征尺寸（这里即为梁深）；B、D_0 为通过回归分析得到的两个经验系数；f_{t}'为混凝土劈裂抗拉强度。

大量的试验[16, 29-33]研究工作表明：Bažant 尺寸效应律不仅可以很好地描述混凝土材料层次破坏的尺寸效应，还可以较好地描述钢筋混凝土构件层次破坏的尺寸效应规律。鉴于此，本节尝试探讨 Bažant 尺寸效应律是否可以描述钢筋混凝土柱轴压破坏的尺寸效应规律。

对式（8.1）重新整理得到：

$$\left(\frac{f_t'}{\sigma_{\mathrm{Nu}}}\right)^2=\frac{D}{D_0 B^2}+\frac{1}{B^2} \tag{8.2}$$

将式（8.2）改写为线性方程形式为

$$Y=AX+C \tag{8.3}$$

式中：$Y=(f_t'/\sigma_{\mathrm{Nu}})^2$；$X=D$；$A=1/(D_0B^2)$；$C=1/B^2$。首先通过对试验数据进行回归分析后获得相应参数 A 和 C 的数值。然后，根据 Bažant 尺寸效应律分析，得到如图 8.24 所示的钢筋混凝土柱名义轴压强度随构件尺寸变化的双对数曲线。

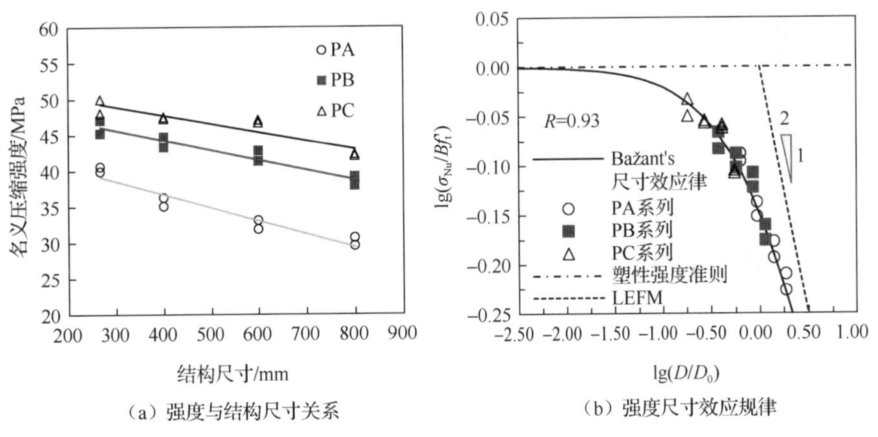

图 8.24　约束混凝土柱抗压强度的尺寸效应规律

由图 8.24 可见：①3 组柱子的名义轴压强度均随构件尺寸的增加而降低，即存在尺寸效应现象；②配箍率越大，约束作用越强，柱子名义轴压强度越大；③配箍率越大，名义强度随尺寸增大而减小的幅度越小，即强度减弱越缓慢。

相比于 PC 系列，PB 系列柱的体积配箍率低，约束作用弱，破坏具有更强的脆性，因而表现出更明显的尺寸效应。PA 系列素混凝土柱轴压破坏的脆性最大，因而尺寸效应现象最明显。

8.2.4　钢筋混凝土圆柱轴压破坏尺寸效应

1．圆柱细观数值模型

建立了 4 组不同尺寸的钢筋约束混凝土圆柱，圆柱直径分别为 256mm、

384mm、576mm 和 864mm（图 8.25），柱子的长细比 λ 为 3，约束混凝土柱的配箍率 ρ_{sv}=2.89%，每组尺寸的试件数量为 2，各试件中骨料的体积分数相同，仅空间随机分布不同。混凝土细观组分及钢筋材料的力学参数同表 8.7。

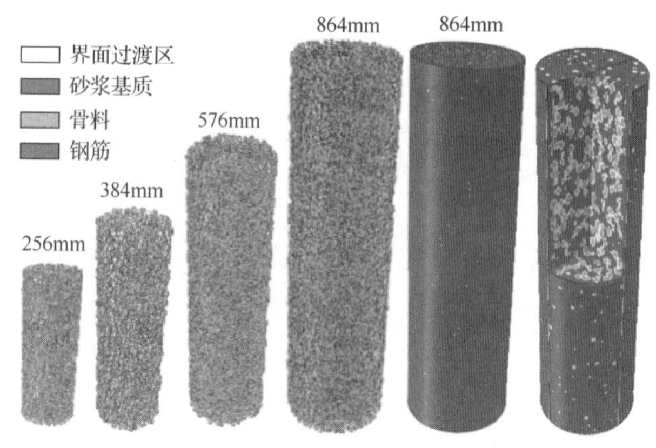

图 8.25　约束混凝土圆柱细观尺度数值模型

2. 圆柱轴压破坏行为与分析

彩图 20 为直径为 576mm 约束混凝土圆柱的轴压破坏模拟结果与试验破坏模式的对比。从混凝土柱的损伤变化过程可以看出，轴向加载下，损伤裂缝首先发生在柱中位置，随着荷载增加，混凝土受压损伤区域扩大，最终形成一条主剪切斜裂缝，呈典型的压-剪破坏形态。在混凝土柱横向膨胀过程中，箍筋约束混凝土横向形变的作用开始发挥，箍筋应变不断增大，部分箍筋达到屈服强度后发生颈缩断裂。由彩图 20（a）和（b）与试验结果彩图 20（c）的对比可知，数值模拟结果能很好地表征约束混凝土柱在轴向加载下的破坏行为。

图 8.26 为模拟获得的 4 根不同尺寸约束混凝土柱最终破坏模式图。可以发现：结构尺寸（直径）小于 384mm 时，约束混凝土柱中产生压缩破坏；而对于结构尺寸较大的混凝土柱，其发生典型的压-剪破坏形式。这与试验结果[16]亦吻合一致。数值模拟获得的各柱子的名义轴压强度值如表 8.8 所示，数值模拟结果均能与试验结果吻合很好（误差不超过 5%）。另外，模拟得到了更大尺寸（即 CB-U，直径为 864mm）、配箍率为 2.89%圆柱的名义轴压强度均值为 48.79MPa。从表 8.8 还可以看出，随着圆柱结构尺寸增大，约束钢筋混凝土柱的名义强度明显随之减小，表现出尺寸效应行为。

表 8.8　数值模拟结果和试验结果对比

样本编号	试件直径/mm	数值解/MPa	数值解均值/MPa	试验结果/MPa	误差/%
CB-S-1	256	52.64	53.46	54.11	1.20

续表

样本编号	试件直径/mm	数值解/MPa	数值解均值/MPa	试验结果/MPa	误差/%
CB-S-2	256	54.27			
CB-M-1	384	53.53	52.70	52.31	0.74
CB-M-2	384	51.86			
CB-L-1	576	52.64	51.86	51.67	0.37
CB-L-2	576	51.08			
CB-U-1	864	49.34	48.79		
CB-U-2	864	48.23			

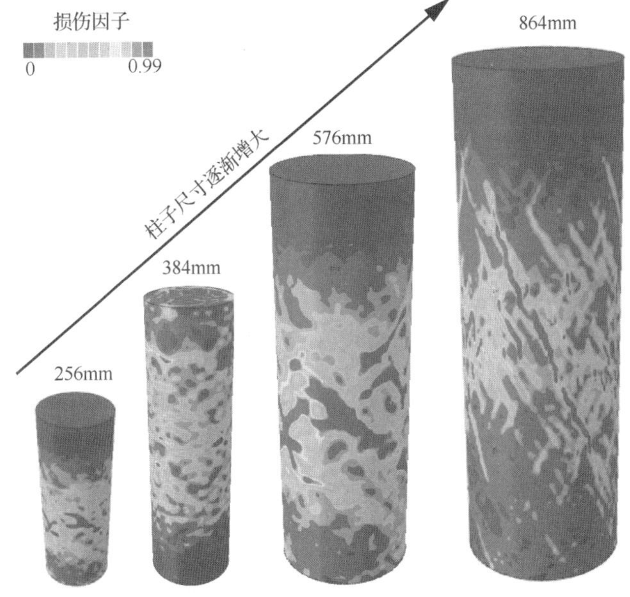

图 8.26　4 根不同尺寸约束混凝土柱破坏模式

3．截面形式对约束混凝土柱尺寸效应影响

图 8.27 是圆形和方形箍筋约束混凝土柱获得的名义强度数据与 Bažant 尺寸效应律（Size Effect Law，即 SEL）、线弹性断裂力学理论（LEFM，针对完全脆性材料）以及塑性强度（Strength criterion，针对塑性材料，不考虑尺寸效应）拟合的关系曲线，拟合相关系数 R^2 为 0.87，说明 Bažant 尺寸效应律能很好地描述箍筋约束混凝土柱的尺寸效应规律。

由图 8.27 还可以发现，相对于方形截面，圆形截面箍筋约束混凝土柱的强度数据点更趋近于斜率为零的 Strength criterion 水平渐近线；更远离 LEFM 渐近线，即斜率为−1/2 的直线。这表明圆形截面箍筋约束混凝土柱尺寸效应更不明显。这是由于圆形截面相对于方形截面箍筋约束混凝土柱，具有更强的约束效果，抗压强度提高，变形能力增强，脆性降低，因而表现出更弱的尺寸效应行为。

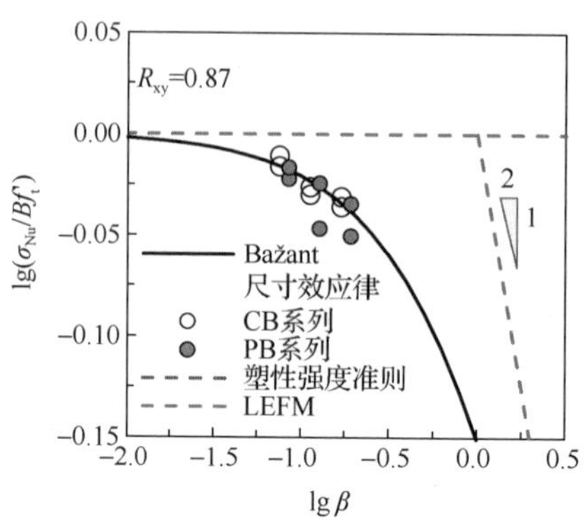

图 8.27　抗压强度与尺寸关系的双对数曲线

Bažant 和 Xiang[34]完成了准脆性结构受压破坏结构尺寸对名义强度的影响分析。在他们的研究工作中，给出了一个简化的直观的关于尺寸效应的解释。并建立了基于断裂力学的轴心和偏心受压破坏简化模型，该模型修正的尺寸效应双对数图渐近线斜率为−2/5 而不是−1/2。将试验数据与理论进行了对比，如图 8.28 所示。该简化规律[35]与当前试验结果吻合良好。简言之，对于大尺寸试件而言，其抗压强度表现出的尺寸效应趋势线接近斜率为−2/5 的直线。

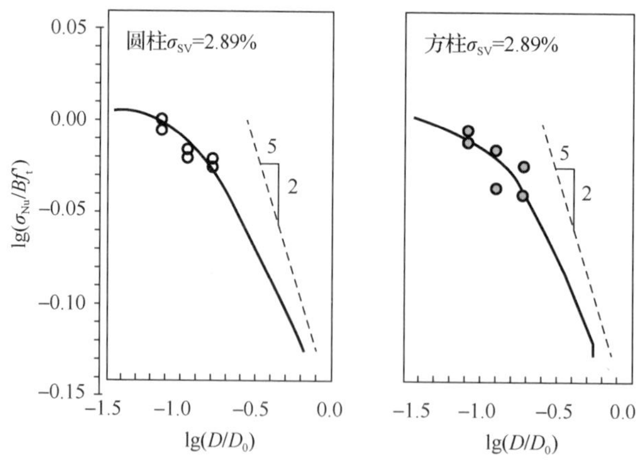

图 8.28　与修正的尺寸效应律的对比情况

8.2.5 钢筋混凝土柱轴心受压长细比效应

钢筋混凝土柱的名义强度除受到尺寸效应的影响之外，实际上还受到长细比效应的影响。钢筋混凝土柱的尺寸效应通常是指名义强度 σ_{Nu} 随柱横截面尺寸 D 的变化，而长细比效应则是指名义强度 σ_{Nu} 随长细比 $\lambda = L / D$（即柱高 L 与横截面尺寸 D 的比值）的变化。长细比对钢筋混凝土柱的受力力学性能有着显著的影响，长细比较大时，容易发生失稳破坏，通常表现为屈曲失效，其名义轴压强度在一定长细比范围内较为稳定，超出某临界值后则随长细比增加而逐渐减小，表现为屈曲强度的降低。研究表明[32, 35-38]：长细比效应对钢筋混凝土柱最终破坏模式及其名义轴压强度存在显著影响。我国《混凝土结构设计规范》（2015 年版）（GB 50010—2010）[21]亦将高长细比柱的失稳破坏行为纳入其中，然而目前针对钢筋混凝土长细比效应的试验研究仍局限在较小尺寸范围内，规范中所采用的设计理论也仍是基于缩尺模型的试验结果进行的经验外推，随着建筑结构尺寸不断变大，其适用性有待商榷。随着有限元分析方法以及计算机技术的逐渐成熟，数值模拟已逐渐成为解决试验研究受经济条件、试验能力以及诸多人为、环境等影响因素限制的有效手段之一。受到计算量的限制，基于三维细观数值混凝土模型的研究较为少见。随着有限元数值模拟技术的不断发展与完善，以及大型计算机能力的不断改进与提升，使得使用三维细观数值混凝土模型研究其复杂的非线性力学行为，以及尺寸效应、长细比效应等成为可能。

本节以钢筋混凝土柱轴心受压为例，认为混凝土是由骨料颗粒、砂浆基质以及界面过渡区组成的三相复合材料，并考虑钢筋与混凝土之间的非线性粘结滑移等因素，建立其三维细观数值模型，探讨长细比效应对名义轴压强度的影响。首先分别探讨了典型小长细比（λ=3）和大长细比（λ=9）钢筋混凝土柱在轴心压缩加载作用下的断裂破坏过程，进而对比分析了长细比分别为 3、4.5、6、9、18 和 36 的钢筋混凝土柱的最终破坏模式，并通过其宏观应力-应变关系曲线讨论了长细比效应对其名义轴压强度的影响[6]。

1．小长细比钢筋混凝土柱轴心压缩破坏过程分析

图 8.29 给出了尺寸为 200mm×200mm×600mm 的钢筋混凝土柱在轴心压缩加载下的断裂破坏过程的损伤云图，使用损伤因子 ω 来表征其损伤破坏程度。当 ω 值为 0 时没有损伤，试件完好；当 ω 值为 1 时试件完全破坏；这里认为损伤因子 ω 达到 0.99 时，试件已严重破坏。

图 8.29（a）为钢筋混凝土柱在轴心压缩加载下的宏观断裂破坏过程，从图中可以看到，损伤首先发生在钢筋与混凝土的交界面上，表现为混凝土保护层的脱落，随着荷载继续增大，柱中位置的混凝土产生断裂，宏观裂缝出现前分布于整个柱高方向的弹性应变逐渐集中于裂缝开裂处，发生应变局域化行为，最终钢筋混凝土柱在柱中位置形成一条带状斜剪切裂缝，发生压-剪破坏。

图 8.29（b）给出了钢筋混凝土柱试件内部的细观损伤分布云图，从图中可以看到，损伤裂缝在细观层次上主要发生于力学性能相对薄弱的界面过渡区中，并且在试件内部受到材料非均质性的影响损伤分布较为分散。图 8.29（c）为试件内部钢筋的变形特征，可以看到，长细比较小时，钢筋混凝土柱全截面受压，纵筋承受压应力，箍筋则承受拉应力，外荷载作用下，所有纵筋均发生屈曲行为，宏观裂缝开裂位置的箍筋受到核心混凝土开裂膨胀影响则发生了明显的拉伸变形。

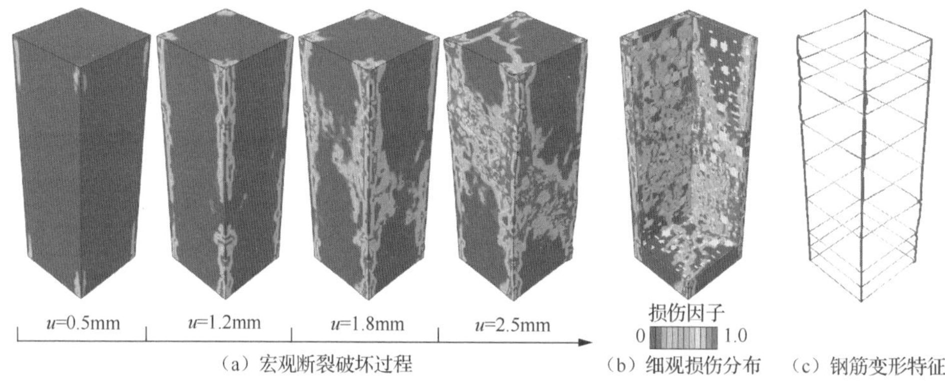

（a）宏观断裂破坏过程　（b）细观损伤分布　（c）钢筋变形特征

图 8.29　200mm×200mm×600mm 钢筋混凝土柱轴心压缩破坏过程

2．大长细比钢筋混凝土柱轴心压缩破坏过程分析

图 8.30 给出了尺寸为 200mm×200mm×1800mm 的钢筋混凝土柱（长细比 λ=6）在轴心压缩加载下的断裂破坏过程及钢筋变形。图 8.30（a）为钢筋混凝土柱在轴心压缩加载下的宏观断裂破坏过程，可以看到，与小长细比钢筋混凝土柱在轴心压缩加载下的断裂破坏过程相同的是，损伤亦首先发生在钢筋与混凝土的交界面上，表现为混凝土保护层的脱落；不同的是，随着荷载继续增大，大长细比钢筋混凝土柱并未在柱中位置产生断裂，而是由于受到混凝土材料内部非均质性的影响，在相对薄弱的区域产生弯曲变形，从图 8.30（a）中可以清楚地看到其最终破坏是由于在柱端部发生了屈曲失效导致的，此外，端部效应也是引起该现象的原

因之一。

图 8.30（b）给出了钢筋混凝土柱试件内部细观损伤变化云图，从图 8.30（b）中可以清楚地看到，钢筋混凝土柱试件内部的细观损伤也表明大长细比钢筋混凝土柱在轴心压缩加载作用下发生了明显的屈曲破坏，且破坏的位置并不在柱子的中部区域。

图 8.30（c）为钢筋混凝土柱内部钢筋网的变形特征，从图中可以看到，长细比较大时，钢筋混凝土柱容易发生屈曲变形，因而在产生较大变形时并非全截面受压，一部分纵筋承受压应力发生屈曲变形，另一部分纵筋则承受拉应力，宏观裂缝开裂位置的箍筋受到核心混凝土开裂膨胀影响则发生了明显的拉伸变形而承受拉应力。

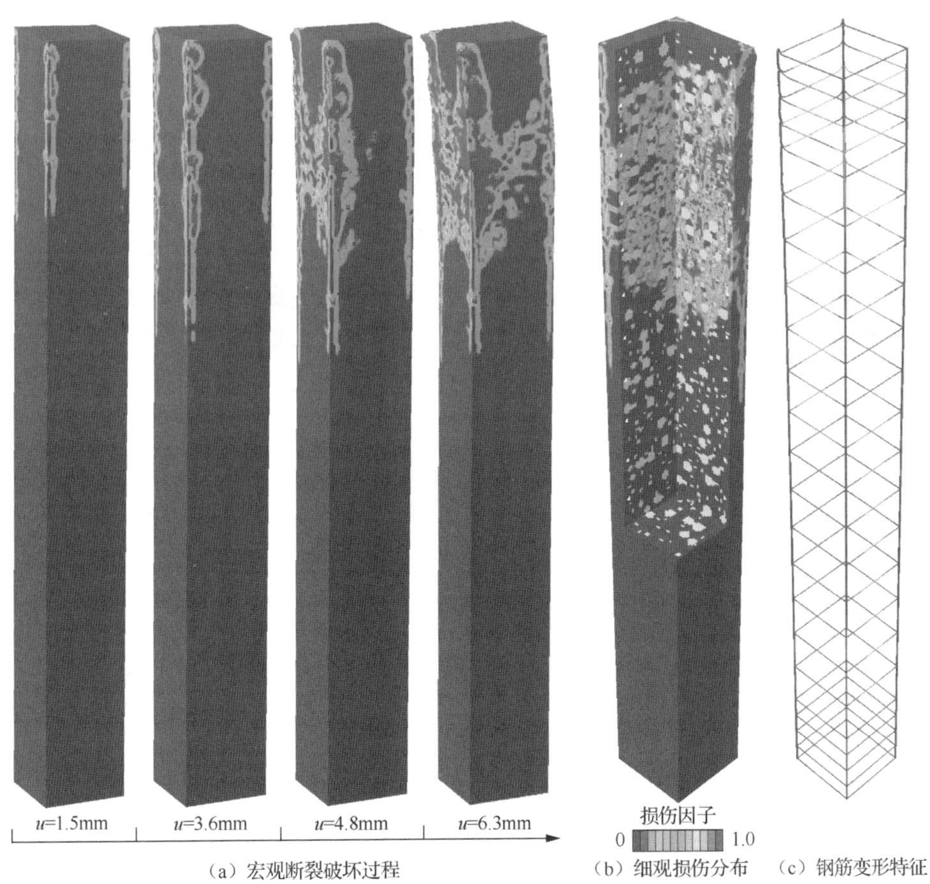

（a）宏观断裂破坏过程　（b）细观损伤分布　（c）钢筋变形特征

图 8.30　200mm×200mm×1800mm 钢筋混凝土柱轴心压缩破坏过程

3．长细比效应对钢筋混凝土柱破坏模式影响分析

图 8.31（a）～（f）给出了 6 组横截面尺寸均为 200mm × 200mm 的不同长细比钢筋混凝土柱在轴心压缩加载作用下的最终破坏模式对比情况。从图 8.31(a)～（f）中可以看到，随着长细比的增大，钢筋混凝土柱在轴心压缩加载下的最终破坏模式发生了明显的变化。针对长细比较小时的情况，如图 8.31（a）～（c）所示，钢筋混凝土柱由于横向约束作用较弱而发生明显的压-剪破坏形式，由一条带状的斜剪切裂缝引起其最终断裂；而当柱子的长细比较大时，如图 8.31（d）～（f）所示钢筋混凝土柱发生压-弯破坏，实际上是发生了屈曲失效。

图 8.31（g）给出了 Bažant and Kwon[39]试验得到的 3 组截面尺寸分别为 12.7mm×12.7mm、25.4mm×25.4mm、50.8mm×50.8mm，长细比分别为 λ=19.2、λ=35.8、λ=52.5 的钢筋混凝土柱在轴压加载作用下的最终破坏模式图。从图 8.31（g）中可以清楚地看到，本节数值模拟得到的大尺寸（横截面尺寸为 200mm×200mm）钢筋混凝土柱在轴心受压加载下的最终破坏模式与试验得到的结果基本一致。这也同时说明了数值模拟结果的合理性和准确性。

4．长细比效应对钢筋混凝土柱名义轴压强度影响分析

图 8.31（h）～（i）给出了截面尺寸均为 200mm×200mm 的不同长细比钢筋混凝土柱在轴心压缩加载下的宏观应力-应变曲线及其名义轴压强度随长细比的变化关系。从图 8.31（h）中可以看到，不同长细比钢筋混凝土柱宏观应力-应变曲线的初始弹性模量基本相同，这是由于其在细观组成上骨料级配相同，并且骨料颗粒的体积分数也相同，在加载初期，混凝土材料内部损伤发展较为缓慢，并且钢筋与混凝土之间的粘结也较为完好；随着荷载继续增大，混凝土材料产生开裂，并且试件内部产生钢筋/混凝土粘结滑移行为，因而其宏观应力-应变曲线逐渐脱离线性，刚度逐渐降低；长细比较小的钢筋混凝土柱发生压-剪破坏，其名义轴压强度主要是由混凝土抗剪承载力提供的，而长细比较大的钢筋混凝土柱则发生压-弯破坏，其名义轴压强度主要是由混凝土抗弯（拉）承载力提供的，故从图中可以清楚地看到，长细比较大的钢筋混凝土柱的宏观应力-应变曲线更快达到峰值并且软化速率更快。

图 8.31（i）给出了钢筋混凝土柱名义轴压强度随长细比的变化关系。从图中可以看到，与名义强度的尺寸效应行为类似，长细比效应同样能够引起其名义强度随长细比增加而逐渐降低的现象。然而不同的是，尺寸效应主要是由于随截面尺寸的增加混凝土材料在断裂过程中释放的能量不同导致的，长细比效应则主要是由于随长细比增加钢筋混凝土柱断裂破坏模式的转化而导致的。

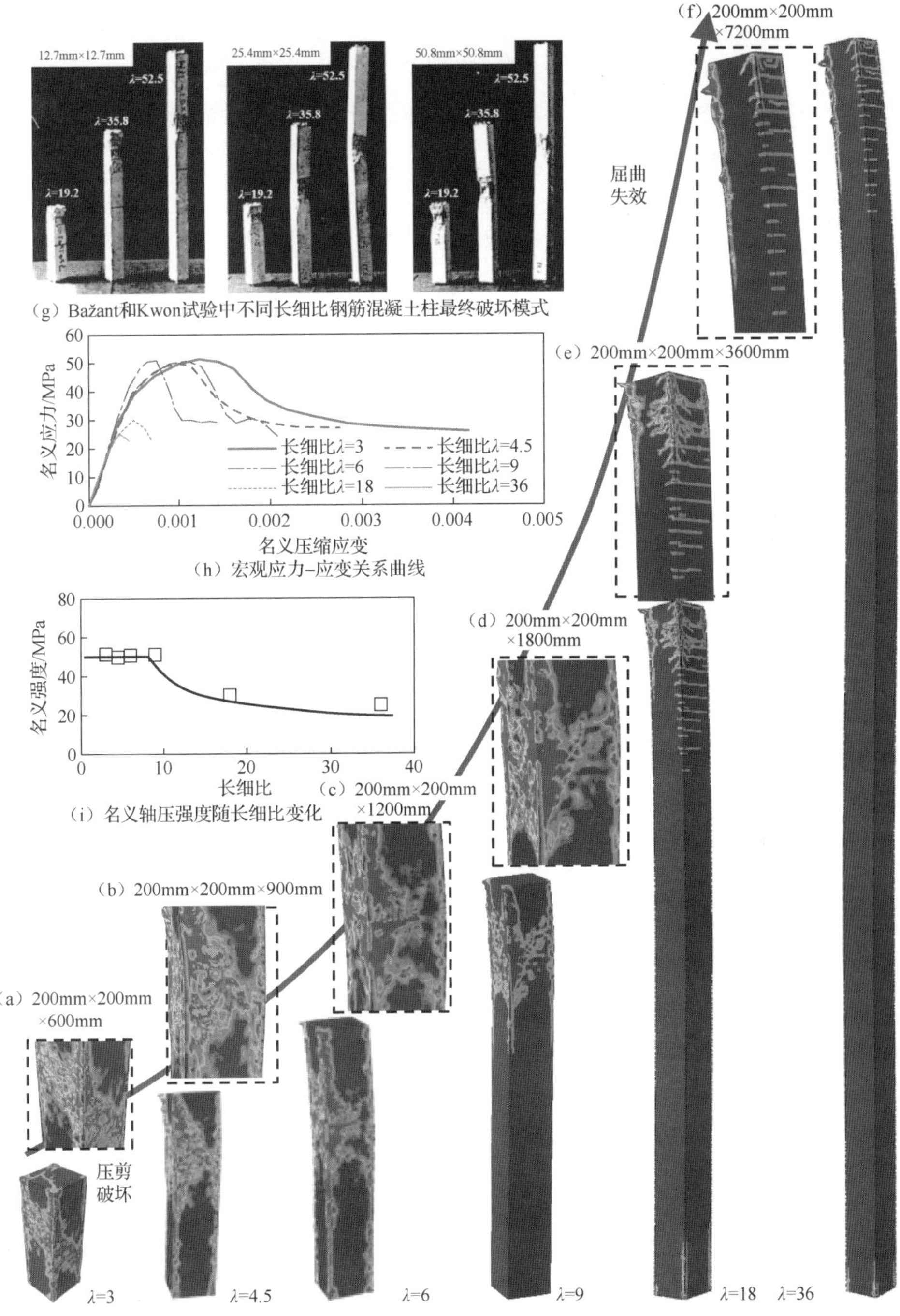

图 8.31　长细比效应对钢筋混凝土柱最终破坏模式及力学性能影响（单位：mm）

8.3　钢筋混凝土柱偏压破坏模拟及分析

在实际结构中，钢筋混凝土柱作为支撑梁、板的重要结构构件，大多处于偏心受压状态。本节以钢筋混凝土柱偏心受压行为为例，建立用于钢筋混凝土构件宏观力学行为研究的细观尺度力学分析数值模型，进而对钢筋混凝土柱在大偏心和小偏心受压加载下的大变形破坏行为进行数值研究，并探究其尺寸效应规律[7]。

8.3.1　偏压作用下钢筋混凝土柱细观数值模型

1. 钢筋/混凝土相互作用细观数值模型

针对钢筋混凝土柱偏心受压破坏行为的研究采用2D细观数值模型进行模拟。文献[17]进行了钢筋混凝土柱偏心受压力学性能尺寸效应的试验研究，试验按照相似关系设计了3组几何相似的钢筋混凝土柱，尺寸分别为200mm×200mm×900mm、400mm×400mm×1800mm和800mm×800mm×3600mm，分为典型的小偏心受压($e_0=0.25h_0$)和大偏心受压($e_0=0.6h_0$)两个系列，试验中纵筋采用HRB335级钢筋，箍筋采用HPB235级钢筋，混凝土强度等级为C30。考虑混凝土细观非均质性的影响，采用表8.9所示的骨料物理参数，建立了钢筋混凝土细观尺度力学分析数值模型。

表8.9　数值模型中骨料参数

参数	矩形试件	偏压柱1	偏压柱2	偏压柱3
尺寸	150mm×300mm	200mm×900mm	400mm×1800mm	800mm×3600mm
小石数量/粒	99	394	1576	6306
中石数量/粒	13	52	206	825

需要说明的是，这里暂假定钢筋与混凝土粘结完好，两者界面间不产生分离及滑移等行为，将钢筋“嵌入”素混凝土中。采用位移控制对数值模型进行加载，即：底边固定，顶部为位移加载边界。采用三角形单元对混凝土进行有限单元网格划分，网格平均尺寸采用1mm和5mm两种工况。对于平均网格尺寸为5mm的情况，界面过渡区仍按网格尺寸为1mm局部细化，避免了界面过渡区厚度过小导致的网格畸形等问题。

2. 界面过渡区力学参数的确定

采用150mm×300mm二维矩形试件进行混凝土材料力学性能试验模拟，反演数值模型中各细观组分的力学参数。混凝土各细观组分的力学参数如表8.10所示。

钢筋依据宏观模型的实际配筋率对其进行二维模型等效。

表 8.10　混凝土细观组分力学参数

	骨料颗粒	砂浆基质	界面过渡区	钢筋
抗压强度 σ_c/MPa	80*	30*	22**	
抗拉强度 σ_t/MPa	8*	3*	2.2**	
屈服强度 f_y/MPa				380
弹性模量 E/GPa	300*	30*	28**	200
泊松比 ν	0.2*	0.2*	0.2**	0.3
配筋率 ρ/%				1.1
截面面积 A/mm^2	200×900			1.0048
	400×1800			2.0096
	800×3600			4.0192

*试验实测值[17]；**反复试算选值；其他力学数据为默认值。

基于表 8.10 中给出的混凝土细观组分力学参数对方形混凝土试件进行了单轴压缩数值模拟。图 8.32 是混凝土矩形试件数值模拟结果和实测试验数据的对比。可以看到，单轴受压加载下，试件内部应力分布云图和损伤破坏云图与试件实际破坏模式基本相同，数值模拟获得的应力-应变曲线与试验结果吻合良好，模拟得到的轴心抗压强度为 f_c=23.2MPa，实测值 f_c=23.8MPa。数值模拟结果与试验量测结果吻合良好，说明通过反演法得到的混凝土细观尺度力学分析模型中各细观组分的力学参数取值是合理的。此外，从图 8.32（d）给出的网格划分尺寸为 1mm 和 5mm 时的宏观应力-应变关系曲线，可以看出两者差别较小，因此在下文的数值计算中，采用的平均网格尺寸为 5mm。

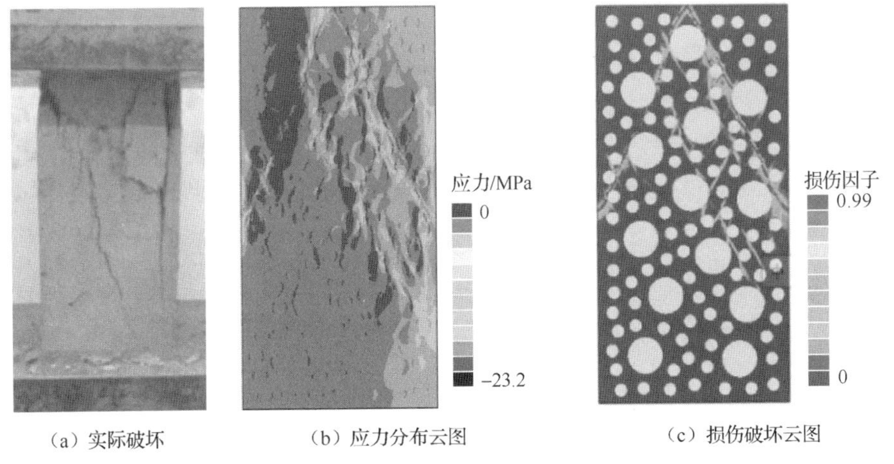

（a）实际破坏　（b）应力分布云图　（c）损伤破坏云图

图 8.32　矩形试件数值模拟结果与试验结果对比

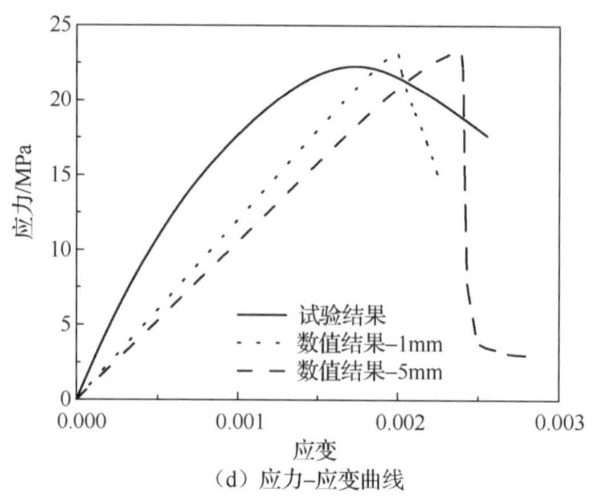

（d）应力–应变曲线

图 8.32（续）

8.3.2 钢筋混凝土柱小偏心受压破坏行为

1．钢筋混凝土柱小偏心受压破坏过程

图 8.33 是钢筋混凝土柱细观力学模型在小偏心受压加载下的损伤破坏过程及与宏观力学模型（假定混凝土为均匀介质）破坏模式的对比。由图 8.33（a）可以看到，首条损伤裂缝发生在柱中位置，随后沿受拉边缘等距出现多条裂缝，但均未穿过受拉钢筋，说明混凝土产生裂缝并延伸至钢筋截面后暂时停止继续发展，将该断裂截面处应力全部传递给钢筋，钢筋受力变形承受拉力。随后混凝土受拉区边缘损伤裂缝继续增多，同时受压区边缘也产生一定的损伤。随着荷载继续增加，受压区混凝土损伤区域扩大，受拉区边缘混凝土裂缝也逐渐穿过受拉钢筋，扩展至混凝土材料内部；荷载继续增大，受拉区边缘裂缝变多变密，但主要集中在柱中位置，而受压区混凝土材料的损伤则迅速扩大，裂缝发展迅速，受压区钢筋发生屈曲；最终，形成一条主剪切裂缝，试件压剪破坏。

实际上，损伤从试件边缘产生并发展，对于受拉区混凝土，是从应力最大处开始破坏，对于受压区混凝土，由于几何非线性引起应力集中，因此也是从应力最大处起裂。损伤裂缝扩展过程中，遇到强度较高的骨料颗粒时均选择绕行，穿过强度较低、需要断裂能更少的界面过渡区继续扩展，体现了混凝土材料裂缝的产生与扩展过程。宏观力学模型虽然也能在一定程度上模拟裂缝的发展过程及其破坏模式，如图 8.33（b）所示，但无法体现骨料分布对裂缝扩展的影响，即无法体现混凝土材料的细观非均质性。

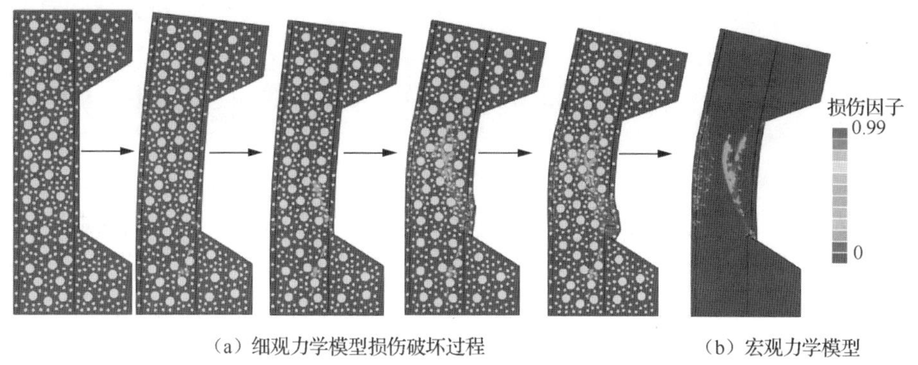

（a）细观力学模型损伤破坏过程　　（b）宏观力学模型

图 8.33　小偏心受压钢筋混凝土柱损伤破坏过程（e_0=0.25h_0）

2．应力及变形分析

图 8.34 是钢筋混凝土柱宏/细观力学模型在小偏心受压加载下破坏时的应力分布云图与实际破坏的对比。从图 8.34 中可以看到，宏/细观力学模型的模拟结果

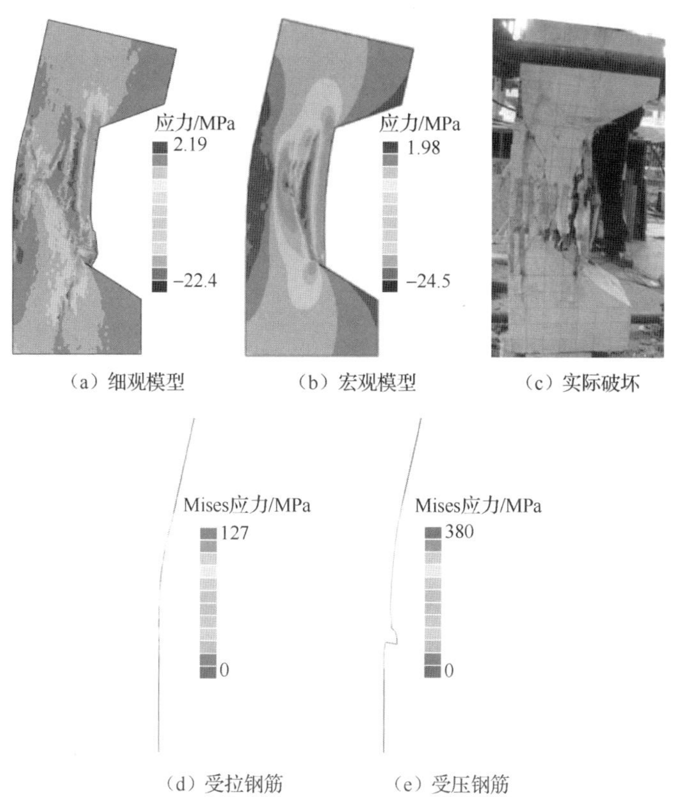

（a）细观模型　　（b）宏观模型　　（c）实际破坏

（d）受拉钢筋　　（e）受压钢筋

图 8.34　数值模拟的应力分布与实际破坏对比（e_0=0.25h_0）

与实际试验获得的破坏模式基本相符。但相比宏观力学模型，细观力学模型考虑了混凝土材料细观非均质性的影响，因此混凝土中的应力分布更加复杂，更与实际情况接近。图 8.34（d）和（e）是钢筋混凝土柱在小偏心受压加载下的钢筋应力分布。宏/细观力学模型钢筋应力分布基本相同，故仅给出细观力学模型内钢筋的应力分布云图。可以看到，受拉钢筋在试件完全破坏时仍未屈服，如图 8.34（d）所示，未能充分发挥其抗拉性能；受压钢筋在试件完全破坏时已达到屈服，并发生屈曲，如图 8.34（e）所示。

图 8.35 是钢筋混凝土柱在小偏心受压状态下的荷载与柱中挠度关系曲线，可以看到数值模型的模拟结果与实测结果基本一致。试件在加载初期，荷载随柱中挠度增加基本呈线性变化；随着荷载的不断增大，试件开裂，挠度增长加快，荷载-挠度曲线呈现出非线性；超过峰值荷载后，试件失稳破坏。

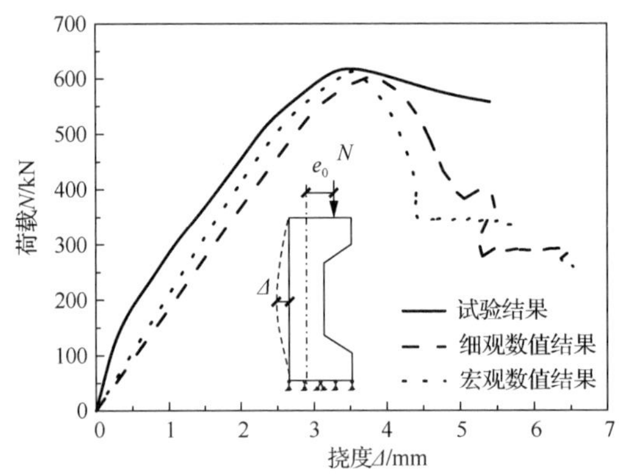

图 8.35　荷载-挠度曲线（e_0=0.25h_0）

8.3.3　钢筋混凝土柱大偏心受压破坏行为

1．钢筋混凝土柱大偏心受压破坏过程

图8.36是钢筋混凝土柱细观力学模型在大偏心受压加载下的损伤破坏过程及与其宏观力学模型破坏模式的对比。如图 8.36（a）所示，与小偏心受压相似，大偏心受压加载下，钢筋混凝土柱起裂裂缝也位于受拉区边缘的柱中位置，但裂缝起裂后即迅速穿过钢筋，扩展到混凝土材料内部；随着受拉钢筋开始发挥其抗拉性能，裂缝扩展变缓，在起裂裂缝附近相继产生其他长度相近的裂缝；其后，受拉区边缘混凝土裂缝变多变密，随着荷载继续增加，受拉钢筋的作用发挥明显，裂缝区域不断变大，并且混凝土内部开始产生斜裂缝；最终，裂缝分布在整个受拉边缘，钢筋混凝土柱受弯破坏。由图 8.36（b）可以看到，虽然宏观力学模型的裂缝分布及破坏模式与细观力学模型基本相同，但无法体现混凝土材料的细观非均匀性。

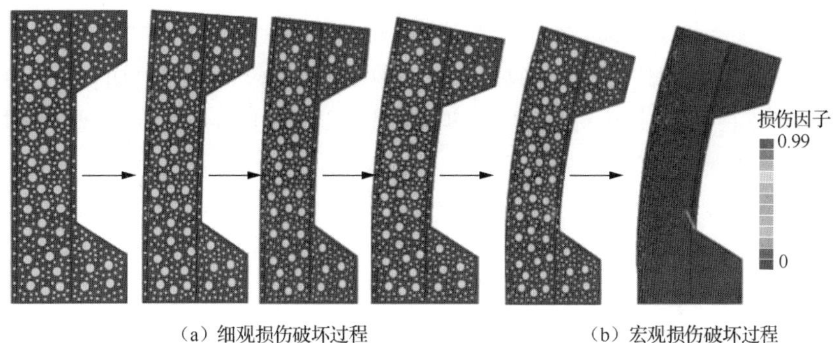

（a）细观损伤破坏过程　（b）宏观损伤破坏过程

图 8.36　大偏心受压钢筋混凝土柱损伤破坏过程（e_0=0.6h_0）

2．应力及变形分析

图 8.37 是钢筋混凝土柱宏/细观力学模型在大偏心受压加载下破坏时的应力分布云图与实际破坏的对比。可以看出：宏/细观力学模型的模拟结果与实际破坏模式基本相符，但细观力学模型由于考虑了混凝土材料细观非均质性的影响，其应力分布更加符合实际。图 8.37（d）和（e）是钢筋混凝土柱在大偏心受压加载下钢筋的应力分布，受拉钢筋在试件完全破坏时已屈服，受压钢筋未屈服。

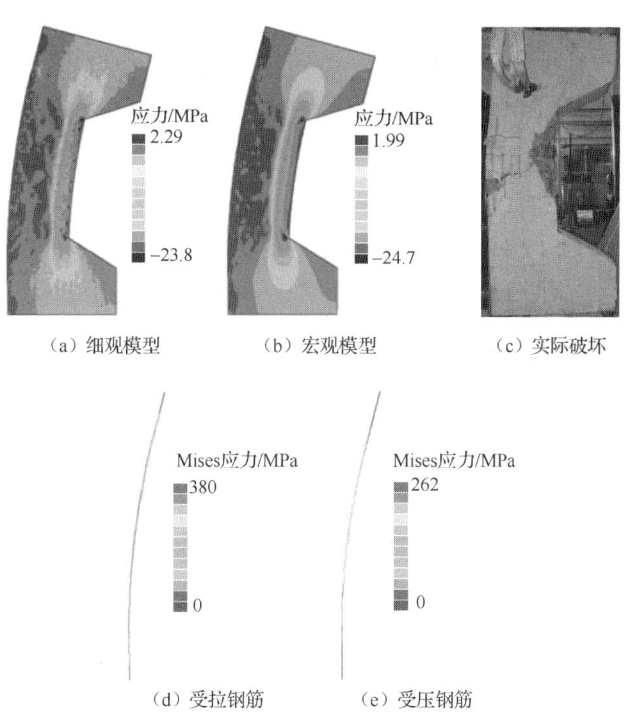

（a）细观模型　（b）宏观模型　（c）实际破坏

（d）受拉钢筋　（e）受压钢筋

图 8.37　数值模拟的应力分布与实际破坏对比（e_0=0.6h_0）

图 8.38 是钢筋混凝土柱在大偏心受压加载下的荷载-挠度曲线，可知：加载初期，曲线基本呈线性变化，挠度增长缓慢；由于偏心距较大，试件开裂较早；达到峰值荷载时，柱中挠度比小偏心加载时大。模拟结果与实测结果吻合良好。

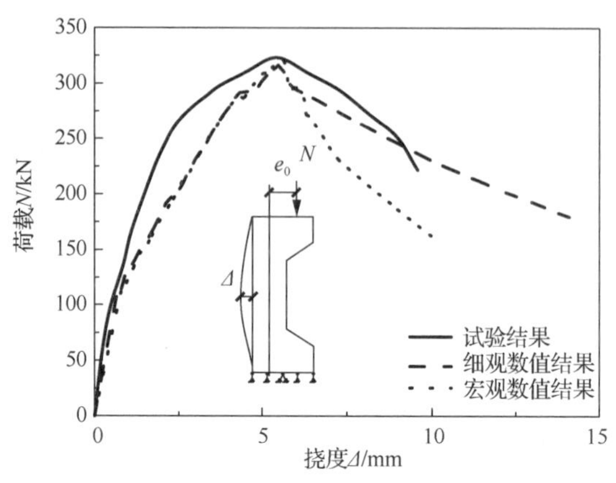

图 8.38　荷载-挠度曲线（e_0=0.6h_0）

8.3.4　偏心受压钢筋混凝土柱尺寸效应

以上对尺寸为 200mm × 200mm × 900mm 钢筋混凝土柱三维细观尺度模型偏心受压的数值模拟结果与试验结果良好吻合表明数值方法的准确性，因此对更大尺寸的 400mm ×400mm × 1800mm 和 800mm ×800mm × 3600mm 钢筋混凝土柱细观破坏行为进行数值模拟，并揭示钢筋混凝土柱的尺寸效应行为。

1. 尺寸对破坏模式及名义应力-应变关系的影响（二维）

图 8.39 给出了 3 组不同配筋情况下钢筋混凝土柱在小偏心（e_0=0.25h_0）和大偏心（e_0=0.6h_0）加载下的最终破坏模式（以塑性应变为例），从图中可以看到，其破坏模式发生了明显变化。如图 8.39（a）所示，纵筋配筋率和配箍率均为零，即素混凝土构件在偏心受压加载下的破坏模式，从图中可以看到，无论是小偏心还是大偏心加载，均发生明显的脆性破坏，虽然其最终破坏机理不同（小偏心时为受压破坏，大偏心时为弯拉破坏），但均存在明显的尺寸效应。如图 8.39（b）所示，柱中位置配箍率为零，小偏心时钢筋混凝土柱的破坏主要是由柱中位置的斜剪切裂缝导致的，受压区混凝土被压碎，具有明显的脆性破坏特征，因此存在明显的尺寸效应行为；大偏心时钢筋混凝土柱的破坏则主要是由受拉区混凝土开裂、纵筋屈服引起的，属于延性破坏，尺寸效应不明显。如图 8.39（c）所示，柱中位置存在箍筋约束作用，其破坏模式有从脆性破坏向延性破坏转化的趋势，然而仍有可能存在尺寸效应，这是由于箍筋约束作用仅仅能够削弱其尺寸效应行为，但不能使其消失。

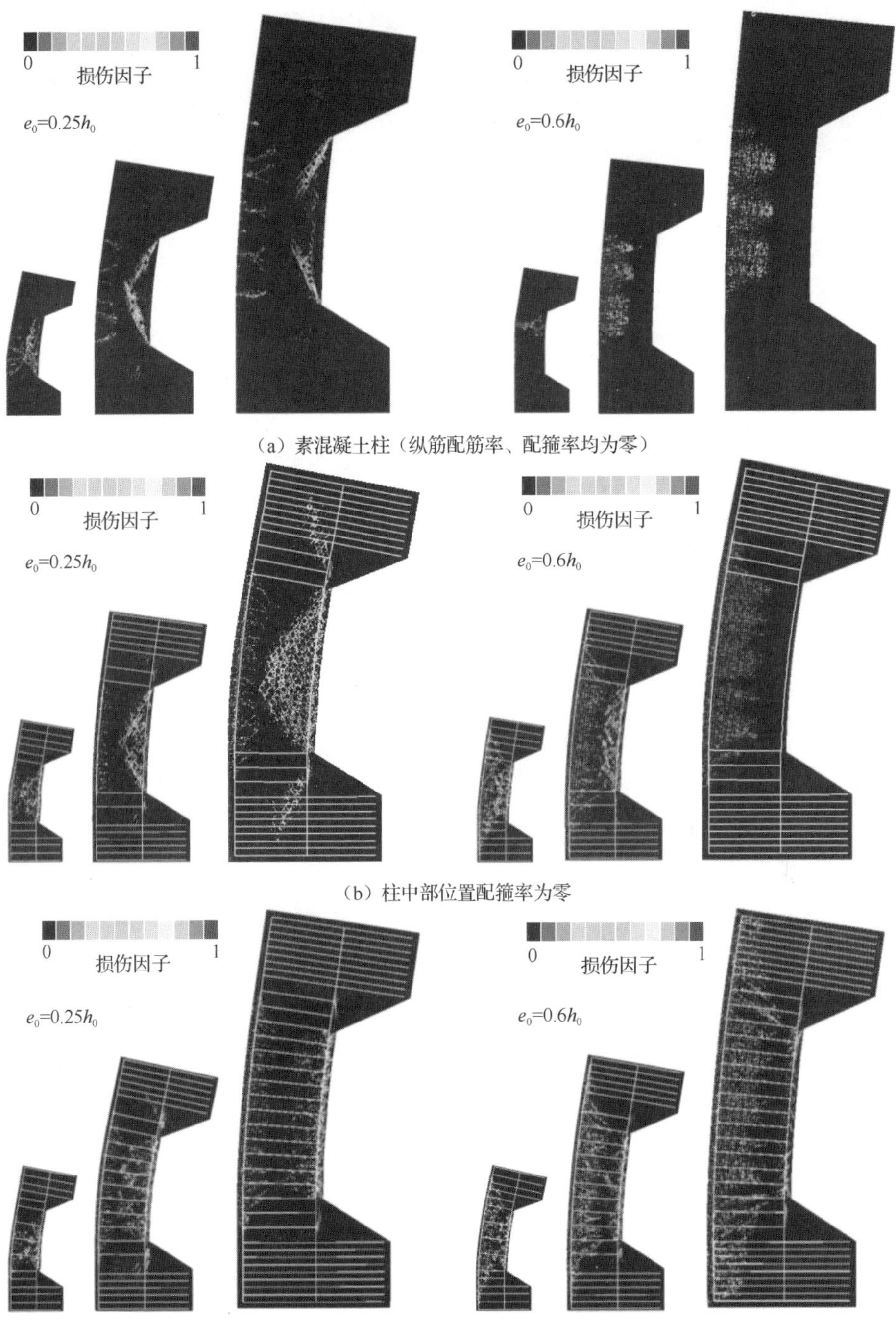

图 8.39　不同配筋情况下钢筋混凝土柱最终破坏模式

图 8.40 给出了不同配筋、不同尺寸的偏心受压钢筋混凝土柱的应力-应变关系曲线。可以看出：随着配箍率增加，钢筋混凝土柱的名义强度和延性均提高，但随着荷载偏心率增加，其名义强度则减小。这显然是受到了不同偏心加载下试件破坏机理由脆性破坏向延性破坏转变的影响，大偏心时钢筋混凝土柱的弯拉强度主要由纵筋屈服提供，因此没有明显的尺寸效应；小偏心时钢筋混凝土柱的名义轴压强度则主要由混凝土材料的抗压强度提供，因此存在明显的尺寸效应现象。

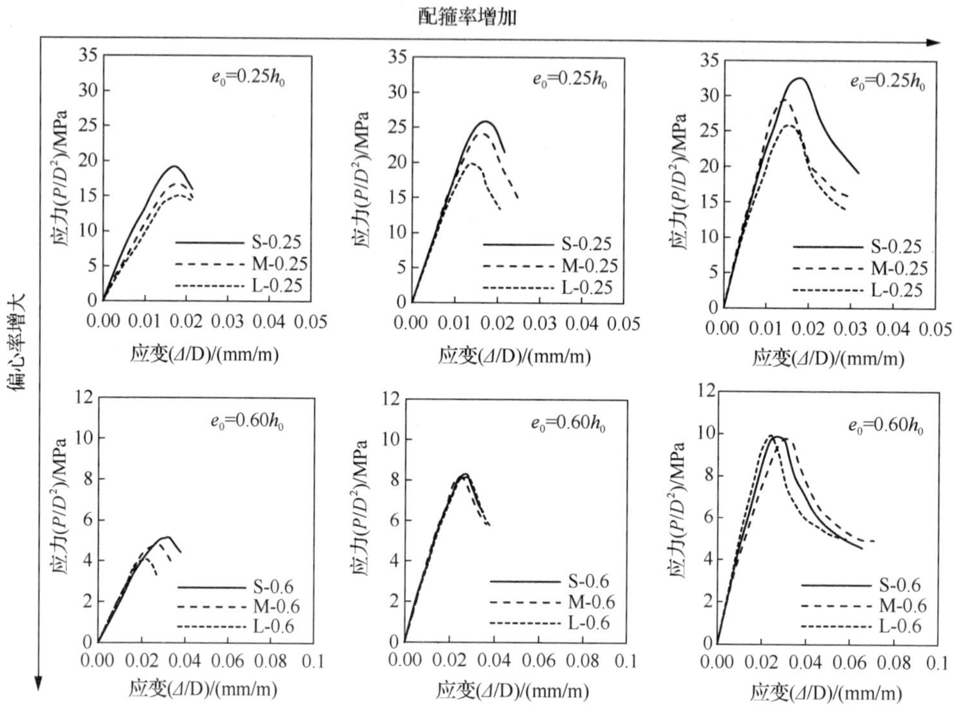

图 8.40　偏心受压钢筋混凝土柱的应力-应变关系曲线

2. 尺寸对破坏模式及名义应力-应变关系的影响（三维）

在上述数值模拟结果与试验结果吻合良好的基础上，采用该细观数值模拟方法对含有更高配箍率，即 $\rho_{sv}=1.20\%$和 2.40%，及更大截面尺寸 1600mm×1600mm 的钢筋混凝土柱进行扩展模拟。这里，对于更高的配箍率，在保证箍筋直径、强度不变的前提下，通过减少箍筋间距来实现。考虑 4 种配箍率（0、0.66%、1.20% 和 2.40%），分别对应为 HG、HH、HI 和 HJ 系列。图 8.41 给出了数值模拟获得的 4 组不同配箍率、4 种不同试件尺寸（200mm、400mm、800mm 和 1600mm）下的共 16 组高强钢筋混凝土柱的三维破坏模式，可发现与图 8.34 和图 8.37 所给出的实际破坏模式吻合良好。

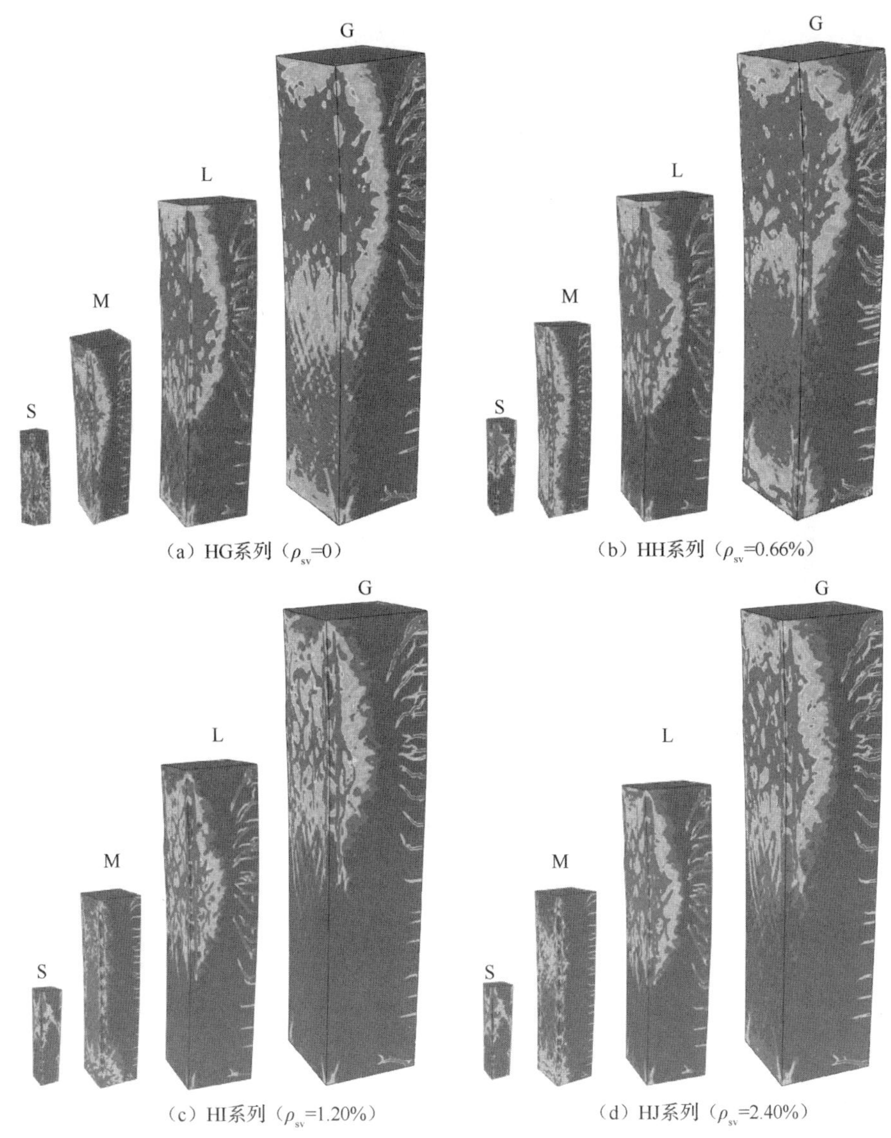

(a) HG系列 (ρ_{sv}=0)　(b) HH系列 (ρ_{sv}=0.66%)

(c) HI系列 (ρ_{sv}=1.20%)　(d) HJ系列 (ρ_{sv}=2.40%)

图 8.41　不同配箍率高强钢筋混凝土柱破坏模式

图 8.42 为其相对应的名义轴压应力-应变关系曲线，可以看出，随着配箍率的提高，混凝土损伤区域的大小和形状有所改变。随着配箍率的提高，钢筋混凝土柱约束作用增强，纵筋仅在箍筋之间发生部分屈曲，其延性能力增强，最终破坏模式有从压-剪破坏向中部压碎破坏转化的趋势。同时，箍筋将抵抗更多剪切作用，使得其整体承载能力及延性能力均会有所提高，正如图 8.42 给出的名义压缩应力

-应变关系曲线所示。从图 8.42 看出，随着配箍率增加，应力-应变曲线的下降段更平缓，延性增加的同时，结构破坏耗能能力增加。然而对于图 8.42（a）小尺寸构件，配箍率大于 0.66%，曲线下降段无明显区别；对于图 8.42（b）～（d）中较大尺寸试件，曲线下降段变化显著，这是因为大尺寸试件的显著脆性，箍筋作用明显。另外，对比图 8.42（a）～（d）可以看出，随着截面尺寸增加，高强钢筋混凝土柱名义轴压强度降低，呈现出尺寸效应行为。

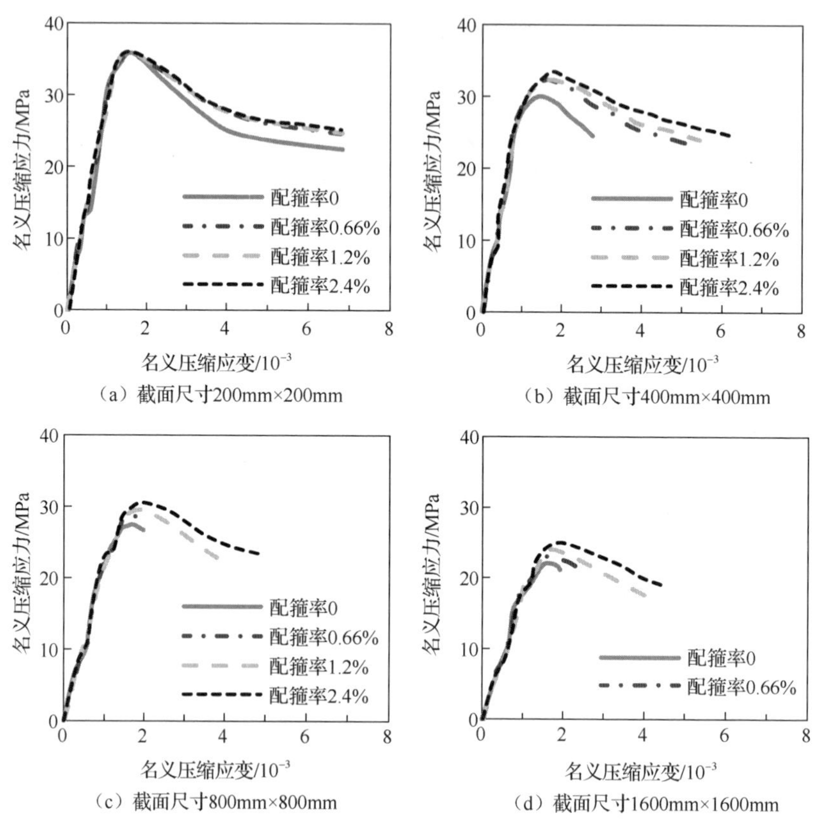

（a）截面尺寸200mm×200mm　（b）截面尺寸400mm×400mm

（c）截面尺寸800mm×800mm　（d）截面尺寸1600mm×1600mm

图 8.42　不同配箍率下高强 RC 柱名义轴压应力-应变关系

3. 名义抗压强度尺寸效应分析

图8.43给出了试验以及模拟获得的不同配箍率下偏心受压高强钢筋混凝土柱抗压强度随尺寸的变化规律。从图 8.43 可以看到，中国规范 [21]、欧洲规范 [40]和美国规范 [41]理论计算获得的柱设计强度不随试件尺寸变化，为水平直线，即不存在尺寸效应；试验量测以及数值模拟得到的柱抗压强度则随试件尺寸增大而逐渐降低，4 组不同配箍率下小偏心受压高强钢筋混凝土柱均表现出明显的尺寸效应。此外，随着配箍率的增大，箍筋约束作用增强，钢筋混凝土柱抗压强度提高。

从图 8.43 还可以看出，随着配箍率提高，钢筋混凝土柱随结构尺寸增大时抗压强度降低程度更为缓慢，即箍筋约束作用的增强将会弱化偏心受压加载作用下钢筋混凝土柱的尺寸效应。这是因为箍筋约束作用的增强使柱的破坏更具延性，即脆性程度降低。实际上，对于极端强约束的情况，如钢管混凝土柱，构件破坏时表现出很强的塑性和延性，尺寸效应被削弱甚至可能消失。

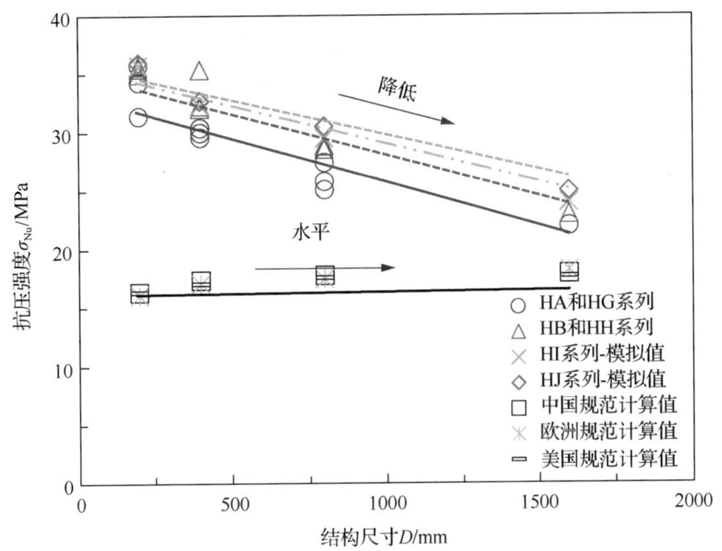

图 8.43　抗压强度与结构尺寸关系

对试验数据进行回归分析后（图 8.44），进而得到不同配箍率下柱名义轴压强

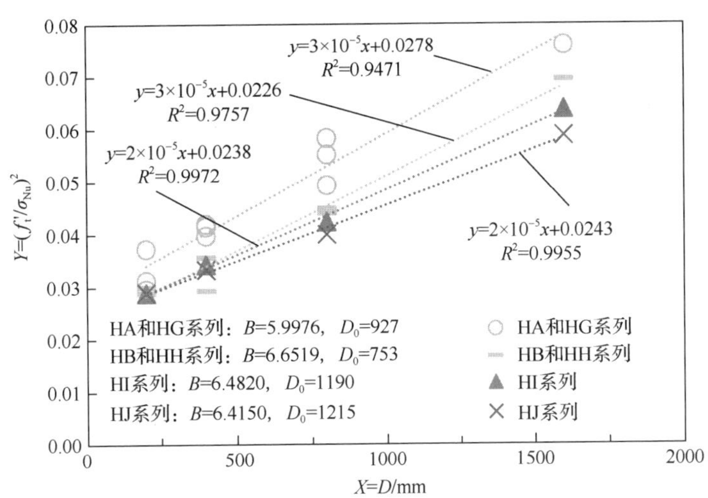

图 8.44　试验数据线性回归分析

度随尺寸变化的双对数曲线，如图 8.45 所示。图 8.45 是 4 种不同配箍率下小偏心加载高强钢筋混凝土柱获得的名义强度数据与 Bažant 尺寸效应律、线弹性断裂力学理论（LEFM，针对完全脆性材料）以及塑性强度（Strength criterion，针对塑性材料，不考虑尺寸效应）拟合的关系曲线，拟合相关系数 R^2 为 0.97，说明数值模拟结果与 Bažant 尺寸效应律吻合良好。

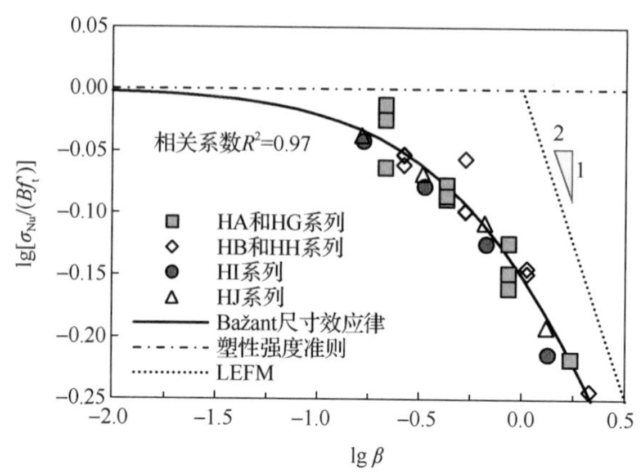

图 8.45　抗压强度随试件尺寸变化的双对数曲线

由图 8.45 还可以发现，构件尺寸越大，破坏时的脆性越强，脆性指数 β 越高，数据点更接近于线弹性断裂力学（LEFM）曲线；尺寸越小，数据点越趋近于塑性强度理论线。另外，对比 4 种不同配箍率下钢筋混凝土柱名义抗压强度数据点的分布情况，可以看出：无中部箍筋的钢筋混凝土柱的强度数据点最趋近于 LEFM，即斜率为−1/2 的直线；箍筋率越大，数据点越远离该直线，更趋近于斜率为零的水平渐近线。简言之，配箍率越小，混凝土的破坏更具脆性，强度下降越为明显，表现出更为明显的尺寸效应。

8.4　钢筋混凝土柱压剪破坏模拟及分析

随着我国城市化进程的加快，现代建筑向超高层、大跨度、重载工业厂房和地下建筑方向发展，框架柱承担的竖向荷载越来越大，但在实际工程中，为了满足轴压比限制的要求，设计人员常常不得不增大柱子的截面尺寸，从而容易形成短柱。在水平地震力作用下，钢筋混凝土框架柱同时承受着轴力、弯矩和剪力，是一种偏压剪构件。本节以钢筋混凝土短柱为例，基于细观数值模拟方法对钢筋混凝土柱在压剪作用下破坏行为及其抗震性能进行数值研究[11]。

8.4.1　钢筋混凝土柱轴压细观数值模型

1. 钢筋混凝土短柱细观数值模型建立

针对钢筋混凝土短柱在压弯剪作用下的抗震性能的研究采用三维细观数值模型进行模拟[11]。笔者曾进行了钢筋混凝土短柱抗剪性能尺寸效应的试验研究[18]，试验采用相似关系设计了 6 组钢筋混凝土短柱，选取 3 种横截面尺寸，分别为 300mm× 300mm，500mm×500mm 和 700mm×700mm，选取的轴压比为 0.4 和 0.6。试验中纵筋采用 HRB400 级钢筋，箍筋采用 HPB300 级钢筋，混凝土强度等级为 C30。考虑混凝土细观非均质性的影响，采用表 8.11 所示的骨料物理参数，建立了钢筋混凝土细观尺度力学分析数值模型。

表 8.11　3D 数值模型骨料参数

参数	方形试件	短柱	短柱	短柱
尺寸	150mm×150mm×150mm	300mm×300mm×546mm	500mm×500mm×910mm	700mm×700mm×1274mm
小石数量/粒	313	5849	25765	71428
中石数量/粒	32	606	2668	7397

图 8.46 以尺寸为 300mm×300mm×546mm 钢筋混凝土短柱为例，给出了钢筋混凝土柱三维细观分析模型及加载示意图。采用图 8.1 给出的钢筋-混凝土粘结滑移本构关系模型来描述钢筋与混凝土之间的粘结滑移。采用荷载-位移混合控制加载方式，即底端固定，对柱施加轴向荷载预定值，再对柱顶施加水平循环往复荷载。混凝土各组分采用八节点六面体减缩积分单元进行划分，钢筋采用梁单元进行离散，网格单元平均尺寸为 5mm。

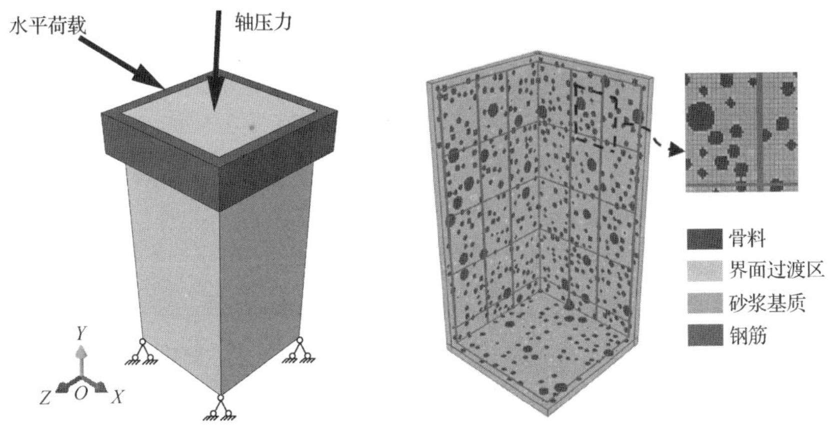

图 8.46　钢筋混凝土短柱细观力学分析模型及加载模型

2. 界面过渡区力学参数确定

界面过渡区力学参数是影响钢筋混凝土构件破坏行为模拟是否合理和准确的重要因素。采用边长为 150mm 方形试件进行混凝土材料力学性能试验模拟，反演确定各细观组分尤其是界面过渡区的力学参数。获得的各细观组分参数如表 8.12 所示。

表 8.12　混凝土细观组分力学参数

		骨料颗粒	砂浆基质	界面过渡区	纵筋	箍筋
抗压强度 σ_c/MPa			29.6*	23.9**		
抗拉强度 σ_t/MPa			2.92*	2.4**		
屈服强度 f_y/MPa					426	390
弹性模量 E/GPa		70*	32.5*	26**	210	210
泊松比 ν		0.2*	0.2*	0.2**	0.3	0.3
剪胀角 ψ/（°）			18	15		
配筋率 ρ/%					1.51	0.338
截面面积 A/mm^2	300×546				1358.2	1.0048
	500×910				3770.4	2.0096
	700×1274				7383.6	4.0192

*试验实测值[18]；**反复试算选值；其他力学数据为默认值。

图 8.47 是混凝土方形试件数值模拟结果和实测试验数据的对比。可以看到，单轴受压加载下，试件内部应力分布云图和损伤破坏云图与试件实际破坏模式基本相同，数值获得的应力应变曲线与试验结果吻合良好。

（a）方形试块模型　（b）模拟破坏模式　（c）试件破坏模式　（d）应力-应变曲线

图 8.47　混凝土细观组分力学参数确定方法

此外还可以发现，模拟得到的轴心抗压强度为 f_c = 29.8MPa，试验中实测值为 f_c = 30.2MPa[18]。数值模拟结果与试验量测结果吻合良好，说明通过反演法得到的混凝土细观尺度力学分析模型中各细观组分的力学参数取值是合理的。这些力学参数将运用于下文的关于钢筋混凝土柱压剪破坏的数值模拟中。

8.4.2 钢筋混凝土短柱抗震性能

1. 破坏模式与分析

不同尺寸（横截面尺寸为 300mm×300mm、500mm×500mm、700mm×700mm），不同轴压比（n=0、0.2、0.4、0.6）下钢筋混凝土短柱在水平循环往复荷载作用下的最终破坏模式如彩图 21 所示。可以看出，不同尺寸的短柱破坏模式相似。根据试件破坏的形态特点，所有试件都呈现剪切破坏模式，不过具体又可分为剪压破坏和斜压破坏两种破坏形态。以截面边长为 300mm 为例，在没有轴力的情况下，表现出纯粹的剪切破坏，和循环往复作用下钢筋混凝土悬臂梁的破坏模式类似。

在轴压比较小时发生剪压破坏，其特点是首先出现水平裂缝，然后出现斜裂缝，接着主斜裂缝形成并开始屈服，剪压区混凝土酥碎压裂，最后试件破坏。当轴压比较大时发生斜压破坏，在施加水平荷载之前，竖向荷载引起一定的初始损伤，能够改变主拉应力分布，从而导致裂缝的开展过程、发展角度产生变化，水平弯曲裂缝与剪切裂缝交替出现，并最终导致构件受剪破坏形态发生改变。

在轴压比小于 0.4，以弯曲裂缝为主；当轴压比大于等于 0.4，以剪切裂缝为主。主裂缝的斜率随轴压比的增大而增大，沿试件斜压对角方向斜裂缝逐渐开展并连贯，最后混凝土斜向柱体压碎而破坏。此外，不同尺寸的构件在相同轴压比情况下，其裂缝开展路径类似，最后出现大量斜裂缝，且这些斜裂缝基本上是相互平行的，伴随着大面积混凝土脱落。

2. 水平荷载-变形关系

图 8.48 分别为不同截面尺寸柱在不同轴压比下的水平荷载-位移关系滞回曲线。其可以反映构件在反复荷载作用下的受力性能，能直接反映地震作用下结构的反应行为。如每次循环的承载力变化、往复荷载作用下刚度变化、耗能及延性等。可以看出，加载初期，试件处于弹性工作阶段，加载曲线的斜率变化小，正反向加卸载一次所形成的滞回环不明显，试件的滞回环面积很小且基本重合，试件刚度基本不变。随着位移和循环次数的增加，滞回曲线的斜率逐渐减小，刚度开始退化，残余变形逐渐增大。屈服后表现尤为明显，刚度出现明显的退化。加载至极限荷载后，荷载几乎没有减小而试件就突然发生剪切性破坏。随着轴压比的增大，试件的最大水平承载力逐渐提高，但增加的趋势随轴压比的增大而减小。不仅峰值荷载所对应的位移减小，试件的极限位移也跟着减小，峰值荷载的下降段变陡。滞回曲线的形状由梭形向弓形过渡，滞回环的面积逐渐变小，捏拢效应愈加明显，耗能能力及延性逐渐减弱。

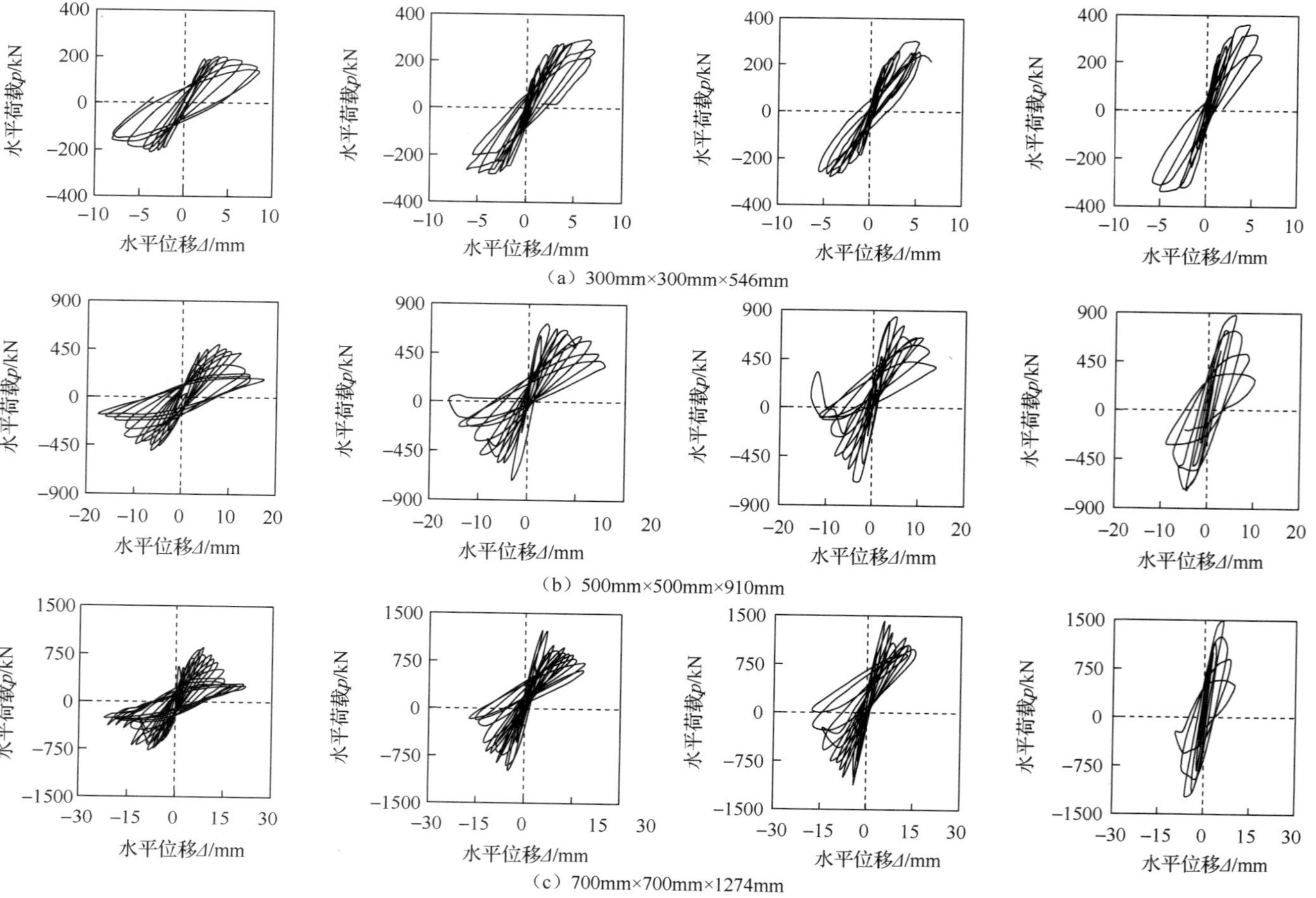

（a）300mm×300mm×546mm

（b）500mm×500mm×910mm

（c）700mm×700mm×1274mm

图 8.48　12 组试件在不同轴压比下的滞回曲线

3. 延性能力

采用位移延性系数来反映试件的延性性能，位移延性系数定义为试件的极限位移和屈服位移的比值，即 $\mu=\Delta_u/\Delta_y$，Δ_u 为极限位移，Δ_y 为用能量等值法求得的屈服位移[42]。图 8.49 给出的是不同轴压比下，截面尺寸与位移延性系数的关系。可以看出，相同轴压比下，位移延性系数随钢筋混凝土短柱截面尺寸的增大而减小，但减小的趋势随轴压比的增大而增大。构件截面尺寸由 300mm×300mm 增加到 700mm×700mm，当 n=0 时，位移延性系数减小了 14.5%，而当 n=0.6 时，位移延性系数减小了 20%。相同截面尺寸下，位移延性系数随轴压比的增加而减小，值得注意的是，减小趋势随轴压比的增加而减小。以截面尺寸 300mm×300mm 为例，当轴压比 n 由 0 增大到 0.2，0.2 增大到 0.4，0.4 增大到 0.6，位移延性系数依次减小了 24.9%、14.7%、8.9%。由此可知，随着轴压比和截面尺寸的增加，试件的延性能力明显减弱，变形能力降低。

4. 耗能能力

构件的耗能能力是对其抗震性能评价的一个重要指标。一般文献都是采用等效黏滞阻尼系数 h_e 来评价构件的耗能能力。由于试件破坏时极限位移角随试件截面尺寸的变化而不同，故等效黏滞阻尼系数与试件截面尺寸的关系不太明确。本节引入梁书亭等[43]的平均耗能系数的概念，来反映构件的耗能能力，即 $\mu_e=E/(mE_y)$，其中 E 为试件屈服后至破坏前的各滞回曲线面积的总和，E_y 为名义弹性能量，用 $E_y=V_y\Delta_y/2$ 来表示，V_y 为屈服荷载，Δ_y 为屈服位移，m 为试件屈服后循环次数。图 8.50 给出的是不同轴压比下，截面尺寸与平均耗能系数的关系。可以看出，相同轴压比下，平均耗能系数随钢筋混凝土短柱截面尺寸的增大而减小，但减小的趋势随轴压比的增大而增大。柱截面尺寸由 300mm×300mm 增加到 700mm×700mm，当 n=0 时，平均耗能系数减小了 9.6%，而当 n=0.6 时，平均耗能系数减小了 14.7%。相同截面尺寸下，平均耗能系数随轴压比的增加而减小。值得注意的是，减小趋势随轴压比的增加而减小，以截面尺寸 300mm×300mm 为例，当轴压比 n 由 0 增大到 0.2，0.2 增大到 0.4，0.4 增大到 0.6，平均耗能系数依次减小了 16.7%、9.7%、4%。由此可知，轴压比和截面尺寸是影响钢筋混凝土短柱耗能能力的主要因素，随着轴压比和截面尺寸的增加，钢筋混凝土短柱的耗能能力减弱。

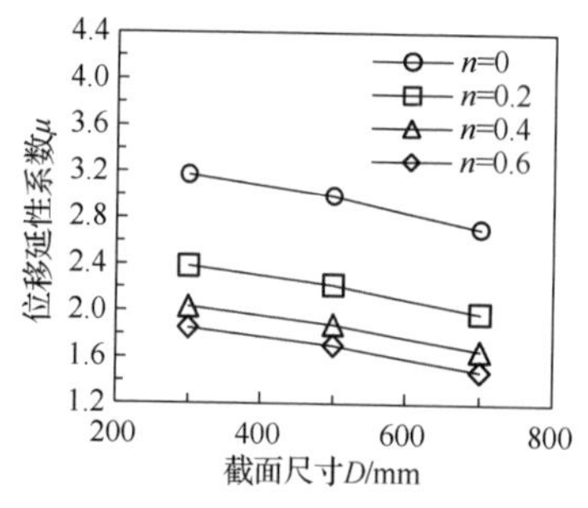

图 8.49　位移延性系数与截面尺寸的关系

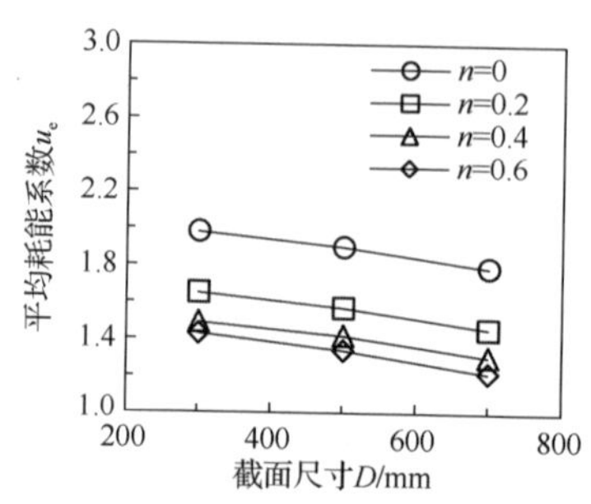

图 8.50　平均耗能系数与截面尺寸的关系

8.4.3　钢筋混凝土短柱压剪强度尺寸效应

图 8.51 给出的是在不同轴压比下，12 根钢筋混凝土短柱模型的名义抗剪强度$[\sigma_{Nu}=V/(bh_0)]$同截面尺寸的关系。从图 8.51 中可以明显看到，在压弯剪作用下，钢筋混凝土短柱的抗剪承载力随着截面尺寸的增加而减小，尺寸效应明显。

值得注意的是，相同截面尺寸下，名义抗剪强度随轴压比的增加而增大，但增大的趋势减小。通过对比可以发现，轴压比较大的构件，其名义抗剪强度降低趋势增强。而实际上，构件破坏时脆性越大，尺寸效应越明显。轴压比较大时，竖向荷载引起初始损伤，加上在反复荷载作用下，试件裂缝的开展与闭合使混凝土受到较多损伤，继而致使构件的脆性更大，最终导致构件表现出更明显的尺寸效应。同时，将模拟结果同 Bažant 尺寸效应律（SEL）、线弹性断裂力学理论（LEFM）以及塑性强度进行拟合对比，拟合相关系数 R2 为 0.98，说明钢筋混凝土短柱尺寸效应结果与 Bažant 尺寸效应律吻合良好。从图 8.52 还可以看到，轴压比较大的数据点比轴压比小的更接近准脆性的曲线，即斜率为−1/2 的直线，说明尺寸效应更明显。

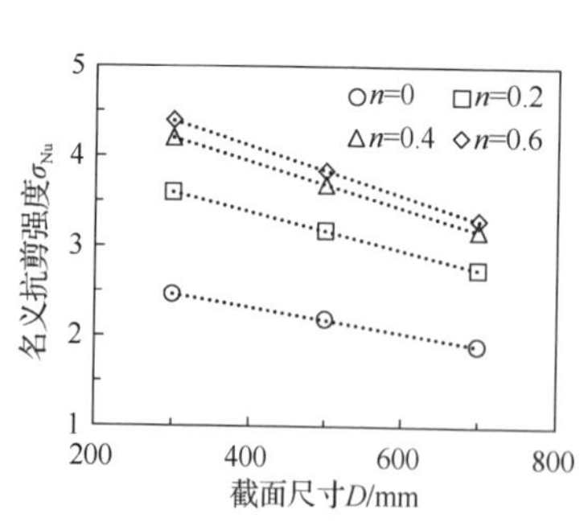

图 8.51　名义抗剪强度与截面尺寸关系

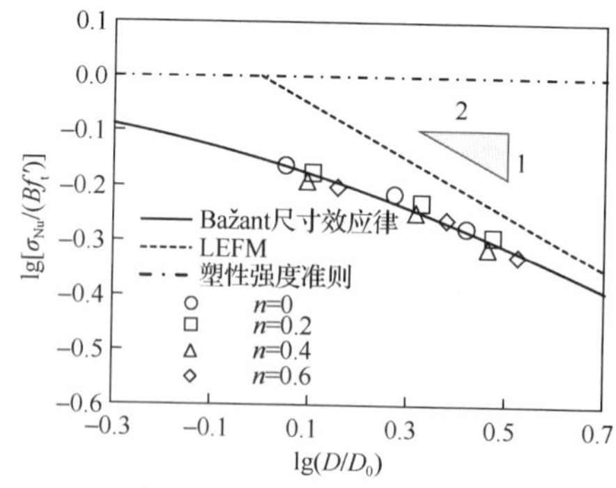

图 8.52　名义强度随构件尺寸变化的对数曲线

8.5　钢筋混凝土梁受剪破坏模拟及分析

剪切破坏是钢筋混凝土构件失效模式中最危险的一类，通常体现出强烈的脆性特征。研究者[44-50]对有/无腹筋混凝土梁的剪切破坏尺寸效应行为开展了大量研究工作。然而，影响钢筋混凝土梁力学特性的因素很多，如配筋率及加载形式等。目前，针对钢筋混凝土梁尺寸效应的试验数据较少，试验尺寸较小，且试验结果离散，未形成较为统一的结论，相关理论的推导不够完善，需要进一步的分析研究。本节以钢筋混凝土悬臂梁为研究对象，结合细观数值方法，对不同尺寸尤其是大尺寸钢筋混凝土悬臂梁的剪切破坏行为进行研究，探讨加载模式（包括单调加载和循环加载）、剪跨比及腹筋率对剪切破坏尺寸效应的影响机制与规律[9]。

8.5.1　钢筋混凝土深梁细观数值模型

1. 钢筋混凝土深梁细观数值模型

粗骨料颗粒假定为球形，粗骨料的体积分数为 35%，进而采用经典的“取-放”法将粗骨料颗粒投放在砂浆基质中，并将粗骨料周围的均匀薄层（厚度为 2mm）设定为界面过渡区，生成混凝土 3D 细观数值模型。在此基础上，插入钢筋笼，最终生成如图 8.53 所示的三维细观钢筋混凝土悬臂梁数值模型，模型具体参数如表 8.13 所示（“CS” 表示 “cyclic shear”）。此外，钢筋与混凝土之间的相互作用采用图 8.1（c）所示的粘结-滑移非线性模型来表征和描述。需要说明的是，虽然加入的弹簧单元考虑了粘结滑移作用，但循环往复加载过程中，弹簧卸载过程只是其加载过程的逆过程，因此本模型中不考虑循环加载作用而产生的粘结强度退化问题。

表 8.13　钢筋混凝土剪切梁几何参数

参数	CS-1	CS-2	CS-3	CS-4	CS-5
截面尺寸（$b\times h$）	160mm×400mm	320mm×800mm	480mm×1200mm	640mm×1600mm	800mm×2000mm
配筋率	1.14%	1.07%	1.16%	1.2%	1.14%
有效高度 h_0/mm	345	735	1120	1510	1900
梁有效长度 $a=\lambda\times h_0$/mm	690	1470	2240	3020	3800
梁总长度 l/mm	940	1920	2600	3400	4300
混凝土拉压强度/MPa	1.74/37.1	1.74/37.1	1.74/37.1	1.74/37.1	1.74/37.1

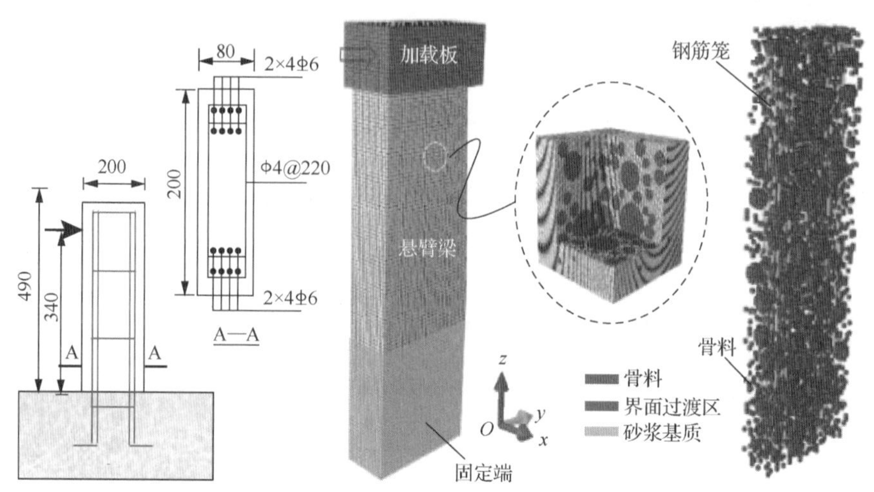

图 8.53　钢筋混凝土悬臂梁配筋分布及其对应细观数值计算模型（单位：mm）

2. 界面过渡区力学参数确定

粗骨料强度相对较高，静态加载下一般不会发生破坏，设为弹性体。砂浆基质和界面过渡区采用塑性损伤模型来描述其力学行为（参见 4.1 节）。钢筋属于均质材料，采用图 8.2 所示的理想弹塑性模型来描述其力学行为。各细观组分及钢筋材料具体的物理及力学参数见表 8.14。需要说明的是，粗骨料及砂浆基质力学参数为试验实测[19]而得（以“*”标示）；而对于界面过渡区，其力学参数（尤其是强度参数）则通过反演法获得。通过大量数值试算后发现采用表 8.14 中给出的界面过渡区力学参数（以“**”标示）时，获得的混凝土单轴抗压强度为 38.4MPa，与实测值 38.1MPa 较为接近，因此可以认为采用该组力学参数是合理的。其他参数为默认值。

表 8.14　混凝土细观组分及钢筋力学参数

参数	粗骨料	砂浆基质	界面过渡区	纵筋	箍筋
抗压强度 σ_c/MPa		35.3*	28.2**		
抗拉强度 σ_t/MPa		3.9*	3.2**		
弹性模量 E/GPa	70*	42.8*	38.7**	196*	210*
泊松比 ν	0.2*	0.2*	0.2*	0.3*	0.3*
剪胀角 ψ/（°）		18	15		
屈服强度 f_y/MPa				405*	298.9*
配筋率 ρ_{sv}/%				1.66*	0.14*

*试验实测值[19]；**为反复试算选值；其他力学数据为默认值。

8.5.2　无腹筋梁名义抗剪强度尺寸效应

我国《混凝土结构设计规范》[21]中，采用了截面高度影响系数 β_h 来反映尺寸对无腹筋梁抗剪承载力 V 的影响。承载力 V 计算公式为

$$V = \beta_h \frac{1.75}{a/h_0 + 1} f_t \tag{8.4}$$

式中：a 为集中荷载到支座的剪跨长度；h_0 为梁截面有效高度；a/h_0 为剪跨比；f_t 为混凝土抗拉强度设计值；$\beta_h = (800/h_0)/4$ 为截面高度影响系数，当 h_0＜800mm 时，取 h_0=800mm，当 h_0＞2000mm 时，取 h_0=2000mm。

目前关于大尺寸（如梁深 1000mm 以上）无腹筋梁尺寸效应试验数据较为匮乏，为探究我国无腹筋梁受剪承载力公式中关于截面高度影响系数选取的合理性，这里首先对无腹筋梁（即配箍率为 ρ_{sv}=0）的破坏行为及抗剪破坏尺寸效应规律进行数值模拟与分析。

图 8.54 为循环荷载作用下 5 组不同截面尺寸（梁深 h=400mm，800mm，1200mm，1600mm 和 2000mm）无腹筋梁承载力 P 与加载端偏移 Δ 的骨架曲线。加载初期构件弹性高，曲线斜率高，随着荷载增加构件产生裂缝，裂缝发展较快，曲线斜率下降较快，达到极限承载力后，曲线迅速下降，承载力迅速降低，构件发生明显的脆性破坏。此外，构件尺寸越大，构件破坏时脆性特性越强。

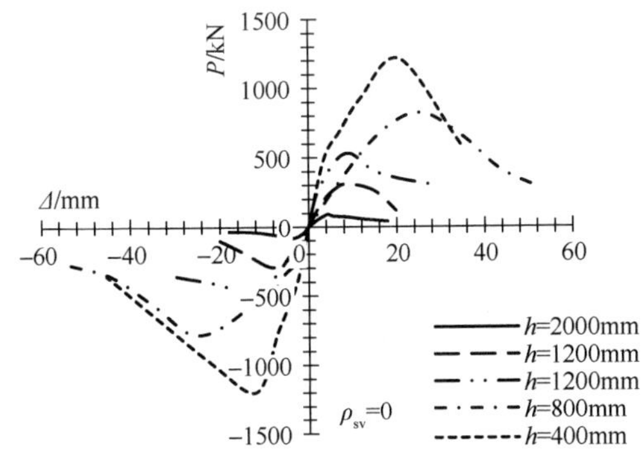

图 8.54　循环荷载下无腹筋混凝土梁骨架曲线

图 8.55（a）为数值模拟获得的无腹筋梁名义抗剪强度 σ_{Nu} [$\sigma_{Nu} = P_{max}/(bh_0)$，$P_{max}$ 为峰值荷载]与结构尺寸（梁深 h）的关系曲线，可发现 h=2000 mm 时无腹筋梁的名义抗剪强度约为 h=400mm 时的 50%，名义抗剪强度表现出显著的尺寸效应。

由图 8.55（b）给出的尺寸效应规律可知，Bažant 尺寸效应律（SEL）能很好地反映无腹筋梁名义抗剪强度随尺寸变化的特征，且数据点逼近于线弹性断裂力

学曲线（LEFM，斜率为-1/2），说明了名义抗剪强度尺寸效应的显著性。

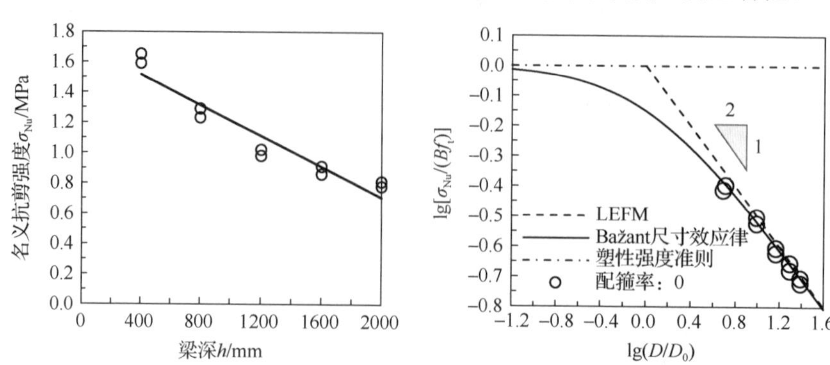

（a）名义抗剪强度与梁深关系　　（b）名义抗剪强度尺寸效应规律

图 8.55　循环荷载下无腹筋梁抗剪强度尺寸效应规律

将获得的 5 组无腹筋的抗剪承载力代入式（8.4），可计算得到截面高度影响系数 β_h 与梁深 h 之间的关系，如图 8.56 所示。将模拟获得的数据与我国《混凝土结构设计规范》给出的曲线对比，可知：当截面尺寸（即梁深 h）小于 800mm 时，数据点在规范曲线以上，具有一定的安全系数，说明规范设计方法是偏于安全的。截面尺寸大于 800mm 时，通过模拟结果而获得的截面高度影响系数 β_h 与规范曲线接近，说明此时规范给出的安全系数偏低；而当梁深达到 2000mm 时，模拟获得的截面高度影响系数 β_h 低于规范曲线，此时按照规范方法进行承载力设计时可能出现不安全情况。另外，按照试验数据分布规律，当截面尺寸更大时，无腹筋混凝土梁的截面高度影响系数将会更低于规范方法计算值。

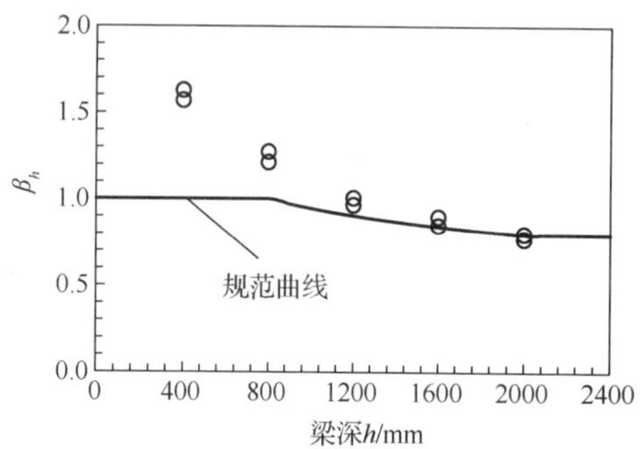

图 8.56　模拟获得的高度影响系数与规范的对比

根据上述模拟结果与分析可以得知，我国规范规定的截面影响系数难以全面反映超大尺寸构件（梁深大于 2000mm）的尺寸效应特征。车铁和于磊[51]的研究结果亦获得了此结论。

8.5.3　梁抗剪破坏尺寸效应影响因素分析

1．腹筋率影响

对于有腹筋梁，由于箍筋抑制了斜裂缝的发展，使剪压区面积增大，从而提高了混凝土的承载力。腹筋对钢筋混凝土梁抗剪性能的影响机理十分复杂，系统试验较少，且试验结果的离散性大，因而缺乏深入的研究工作。为分析腹筋作用对梁抗剪破坏行为尺寸效应的影响，这里建立了 4 种腹筋率（ρ_{sv} = 0、0.14%、0.28%和 0.56%）下钢筋混凝土悬臂梁（剪跨比 $\lambda=a/h_0$ 均为 2.0）数值计算模型。

我国《混凝土结构设计规范》中规定对于矩形、T 形、I 形截面的一般构件，梁的受剪承载力由混凝土及箍筋的抗力构成，为

$$V_{cs}=\alpha_{cv}f_t bh_0+f_{yv}\frac{A_{sv}}{s}h_0 \tag{8.5}$$

式中：V_{cs} 为有腹筋构件的斜截面受剪承载力；α_{cv} 为斜截面受剪承载力系数，对于一般受弯构件取 0.7，对于集中荷载下的独立梁取为 1.75 /（λ + 1），λ 为剪跨比，取为 $\lambda = a/h_0$，a 为集中荷载作用点至支座边缘的距离，h_0 为截面有效高度；当 $\lambda<1.5$ 时，取 $\lambda = 1.5$，当 $\lambda>3$ 时，取 $\lambda = 3$；A_{sv} 为箍筋面积；f_t 为混凝土轴心受拉强度设计值；f_{yv} 为箍筋的抗拉强度设计值；s 为箍筋的间距。

图 8.57 为腹筋率 ρ_{sv} =0.14% 5 组不同尺寸梁的最终破坏形式。可以看出：5 组梁的细观破坏形态基本类似，梁表面产生弯曲裂缝，弯曲裂缝进而向梁内部斜向扩展，形成较为明显的“X”形裂缝。图 8.58 给出的是腹筋率为 0.14%、0.28%

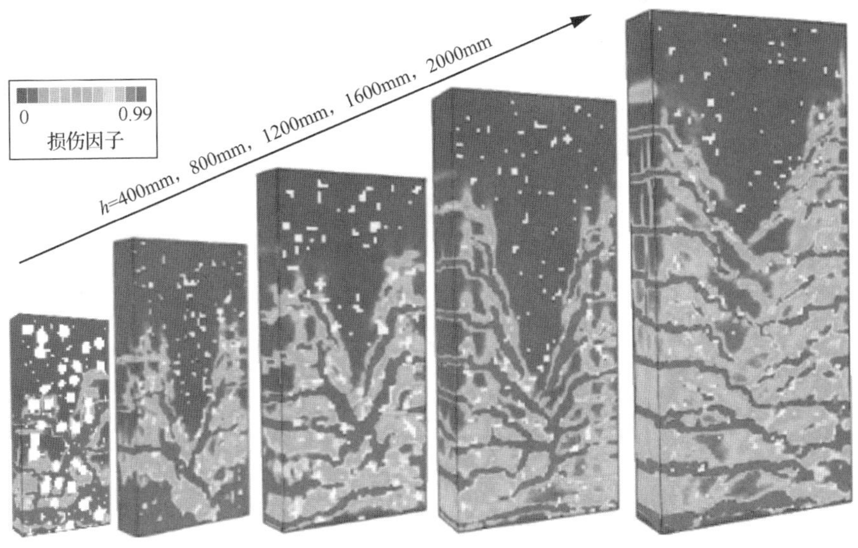

图 8.57　不同尺寸钢筋混凝土梁的剪切破坏形态（ρ_{sv}=0.14%）

和 0.56%的钢筋混凝土悬臂梁在循环往复荷载作用下的骨架曲线。可以看出：随着腹筋率的增大，梁的抗剪承载力明显提高；随着梁尺寸增大，梁达到其抗剪承载力后的下降段曲线变得更陡，破坏时更具脆性。

图 8.59（a）为不同腹筋率下梁的名义抗剪强度随构件尺寸的变化趋势。可知：随腹筋率的提高，梁的名义抗剪强度也随之提高，腹筋率为零时的名义抗剪强度明显低于有腹筋构件；随着腹筋率增加，名义抗剪强度随梁结构尺寸增大而减小的趋势减缓，说明腹筋作用有效地抑制了构件的尺寸效应行为。这由图 8.59（b）的尺寸效应规律亦可得到证实。

由图 8.59（b）可以看出，随着腹筋率的增加，强度数据点由脆性曲线（LEFM）逐渐转到塑性曲线（不考虑尺寸效应）。实际上，这是由于腹筋作用的增强，抑制了梁内斜裂缝的开展以及裂缝宽度的增大，从而增强了混凝土裂缝面上骨料间的咬合作用，使梁的承载力提高，破坏时的脆性变弱。另外，从图 8.59 还可以看出，当腹筋率达到 0.56%时，梁的名义抗剪强度尺寸效应近于消失。

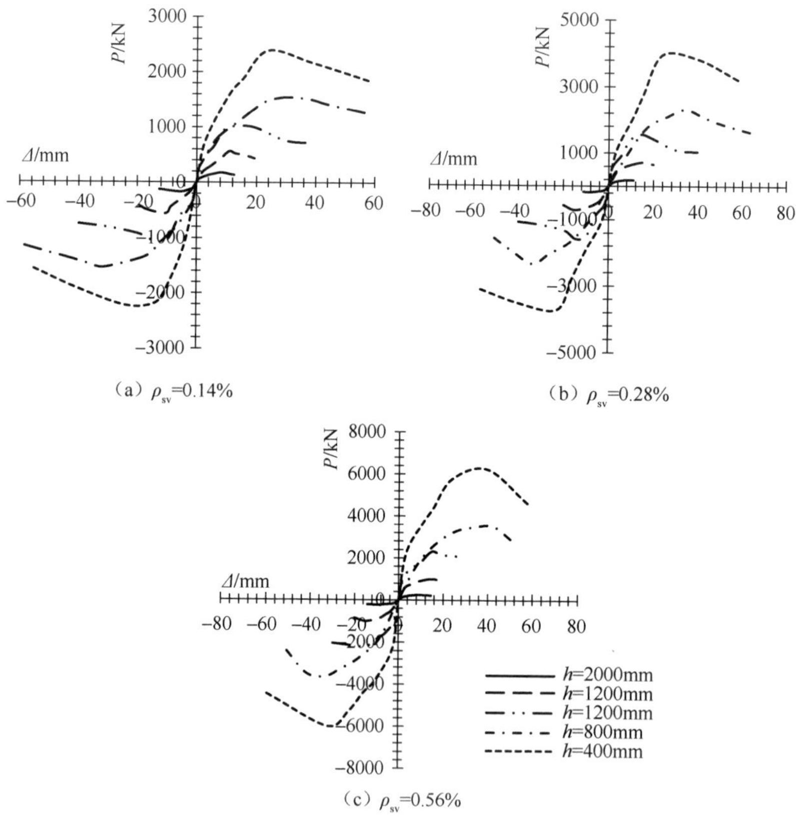

图 8.58　不同腹筋率下钢筋混凝土梁的荷载-位移骨架曲线

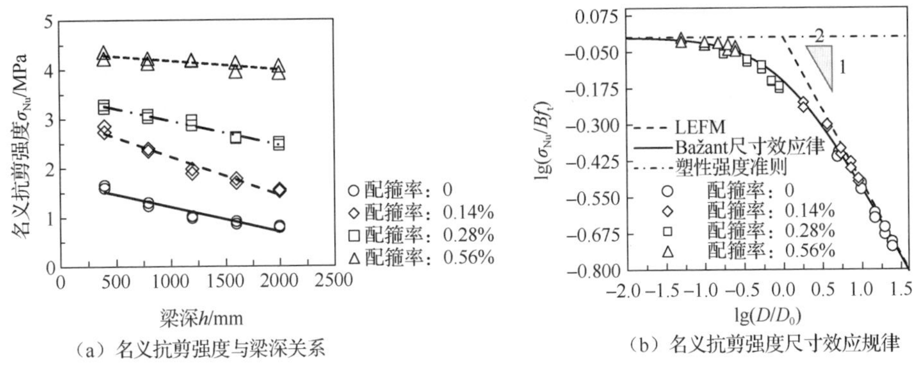

图 8.59　腹筋对梁名义抗剪强度尺寸效应影响规律

表 8.15 为不同配箍率下 5 组不同尺寸梁承载力模拟值与规范设计计算值的对比情况。可以看出：同一腹筋率下，随着梁深增加，安全系数（=模拟值/规范计算值）逐渐降低。不同配箍率下，小尺寸梁的安全系数普遍较高，可以满足梁的安全性，而大尺寸构件的安全系数较低，特别是无腹筋构件，模拟获得承载力小于规范计算值。简言之，腹筋可有效地提高梁的抗剪承载力；但当腹筋率较小时，需要考虑大尺寸梁抗剪承载力的尺寸效应行为。

表 8.15　不同腹筋率下 5 组钢筋混凝土梁的抗剪承载力模拟值与计算值对比

项目		截面尺寸 $b\times h$				
		160mm×400mm	320mm×800mm	480mm×1200mm	640mm×1600mm	800mm×2000mm
ρ_{sv}=0	模拟值	87.768	303.41	529.20	781.57	1198.08
	计算值	56.00	238.59	503.03	798.71	1251.86
	安全系数	1.57	1.27	1.05	0.98	0.96
ρ_{sv}=0.14%	模拟值	150.70	563.07	1069.20	1617.66	2396.16
	计算值	87.37	368.35	844.35	1418.00	2400.72
	安全系数	1.72	1.53	1.27	1.14	1.00
ρ_{sv}=0.28%	模拟值	181.06	724.42	1598.40	2371.97	3855.36
	计算值	134.44	563.00	1289.18	2162.13	3664.58
	安全系数	1.35	1.29	1.24	1.10	1.05
ρ_{sv}=0.56%	模拟值	238.64	993.42	2224.74	3614.48	6021.20
	计算值	165.82	692.76	1585.74	2658.22	4507.16
	安全系数	1.43	1.43	1.40	1.38	1.35

2．剪跨比影响

剪跨比对无腹筋梁的破坏模式有明显的影响，而破坏模式对构件的承载力有重要影响，随着剪跨比增大构件承载力逐渐降低。配有箍筋的有腹筋梁，它的斜截面受剪破坏形态是以无腹筋梁为基础的，也分为斜压破坏、剪压破坏和斜拉破坏。在低配箍率时，剪跨比对梁的破坏形式影响较大，在影响梁的抗剪承载力同时，随着剪跨比的变化构件破坏时的脆性也会随之改变，从而对其尺寸效应产生影响。这里，主要探讨剪跨比对梁名义抗剪强度尺寸效应的影响。为此，模拟了 3 组不同剪跨比 λ（1.5、2.0 和 2.5）钢筋混凝土梁（腹筋率 ρ_{sv} 均为 0.14%）试件的破坏行为。

图 8.60 为模拟获得的 3 种不同剪跨比下不同尺寸梁的破坏模式。可知：3 种剪跨比下的梁均发生剪切破坏，但 λ=1.5 的梁斜裂缝的宽度更宽，而 λ=2.5 的梁的破坏模式具有一部分的弯曲破坏成分，且最后的斜裂缝的宽度要小，说明剪跨比小的构件破坏模式脆性更大。这从图 8.61 荷载-偏移曲线也可得到证明。

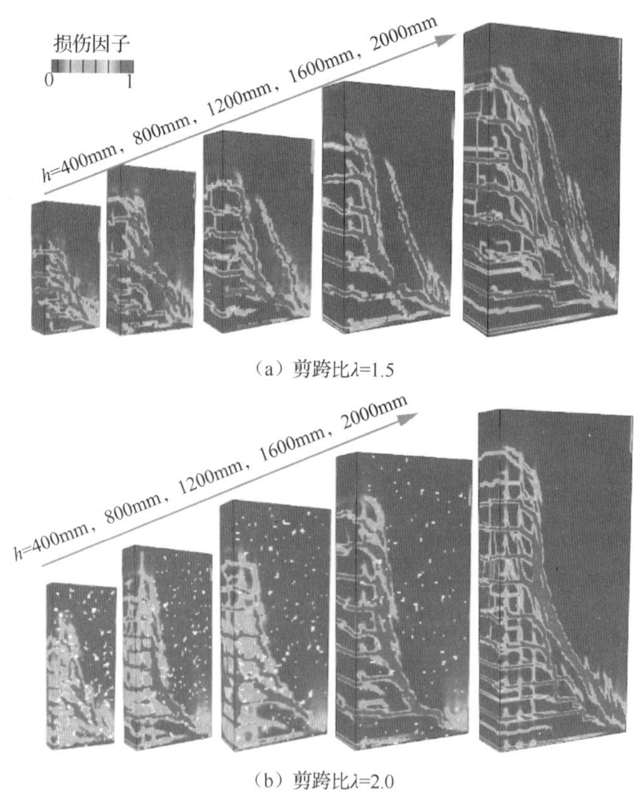

（a）剪跨比λ=1.5

（b）剪跨比λ=2.0

图 8.60　3 组剪跨比下不同尺寸梁的剪切破坏形态

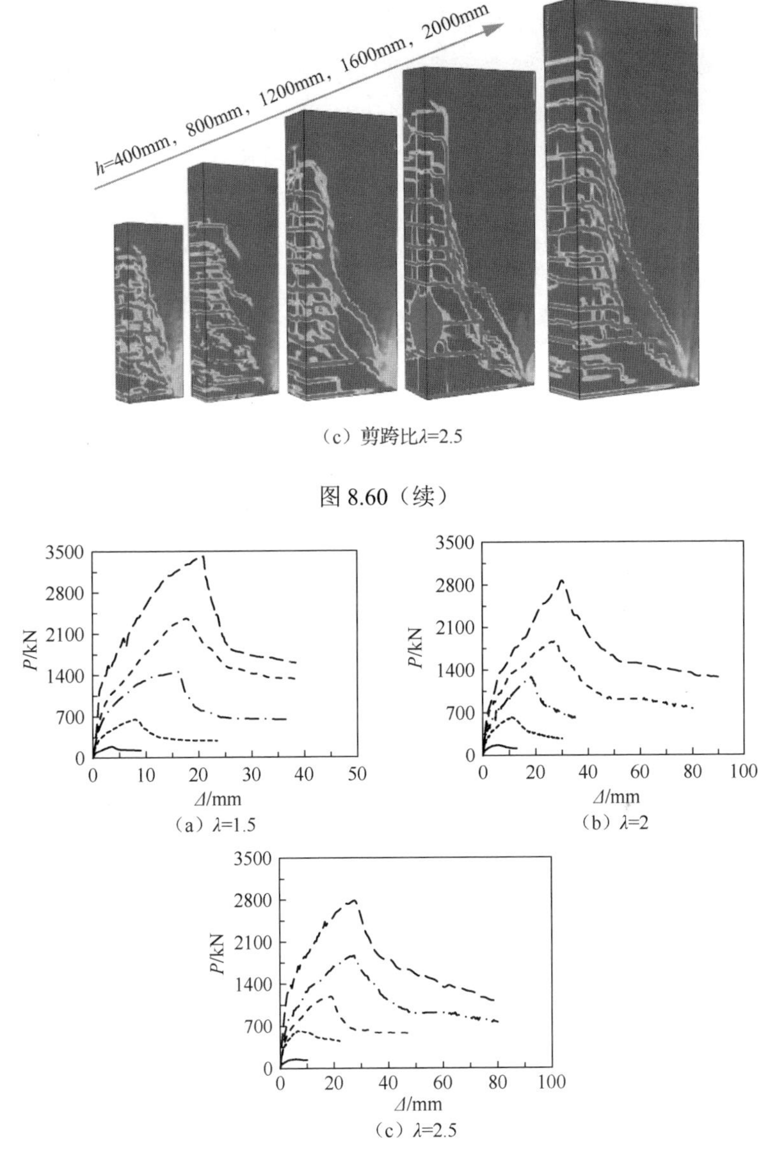

（c）剪跨比λ=2.5

图 8.60（续）

图 8.61　剪跨比对不同尺寸钢筋混凝土梁骨架曲线的影响

图 8.61 分别为 3 种不同剪跨比下梁的荷载-偏移曲线。可知：3 种剪跨比下梁的曲线形式基本一致，软化曲线均表现出明显的脆性；开始时梁的弹性较大，曲线斜率大；随着裂缝增大，刚度有所减小，曲线的屈服段较短；达到极限承载力后，承载力迅速下降，而且随着构件尺寸的增加，曲线的下降段更陡，说明随着

构件尺寸增加，构件破坏时脆性更明显。

从图 8.62（a）可以看出，随着剪跨比增大，梁的名义抗剪强度减弱；剪跨比越小，名义抗剪强度随尺寸增大而减小的趋势越显著。该结论与易伟建等[52]试验结果一致。从图 8.62（b）可知，Bažant 尺寸效应律可很好地描述 3 组不同剪跨比下梁剪切破坏的尺寸效应规律。另外，由图可知剪跨比小的数据点更趋近于−1/2 斜率的 LEFM，说明梁的破坏更具脆性。

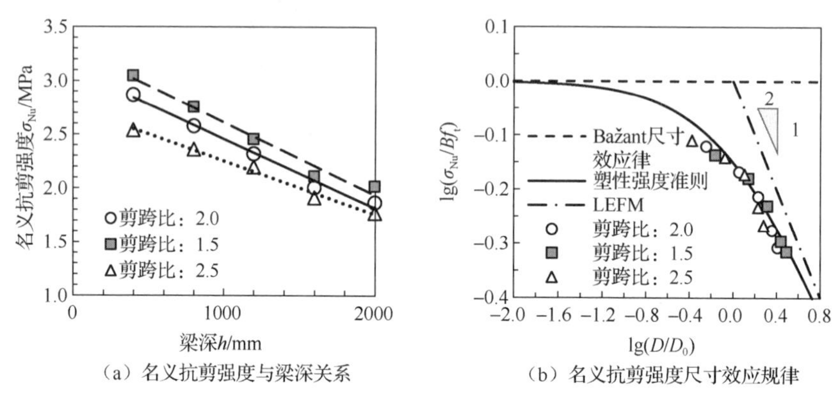

（a）名义抗剪强度与梁深关系　（b）名义抗剪强度尺寸效应规律

图 8.62　剪跨比对梁名义抗剪强度尺寸效应影响规律

3．加载方式影响

在地震荷载作用下，构件由于受到循环往复作用而出现低周疲劳损伤破坏，从而使得构件可能产生脆性破坏。这里，建立了剪跨比 λ=2，腹筋率 ρ_{sv} = 0.14%，最大梁深为 2000mm 的 5 组钢筋混凝土悬臂梁数值模型，模拟获得了单调及循环加载下梁的力学性能。

图 8.57 为循环加载下不同尺寸钢筋混凝土悬臂梁的最终破坏模式图。作为对比，图 8.63 给出了该 5 组不同尺寸钢筋混凝土悬臂梁在单调加载条件下的最终破坏模式图。由图 8.63 可知，在剪力作用下，水平裂缝斜向发展，并形成一条整体的斜向裂缝，导致构件的破坏。对比单调和循环加载下梁的破坏行为不难发现，循环加载下梁由于低周疲劳往复作用，钢筋混凝土试件中混凝土材料、钢筋以及钢筋/混凝土间粘结性能均会减弱，故而整体性能减弱。

图 8.64（a）为单调加载与循环加载条件下名义剪应力随构件尺寸增加的变化趋势，该图表明单调加载条件下名义剪应力比循环加载条件下高，说明循环加载造成了构件内部的损伤，降低了承载力；随着构件尺寸增加，两种加载方式下的抗剪强度均逐渐减小，均具有一定的尺寸效应，且循环加载条

件下，名义剪应力下降较快，表明循环加载会加剧梁抗剪强度尺寸效应。运用 Bažant 尺寸效应律进行分析计算，如图 8.64（b）所示，两种加载方式均符合 Bažant 尺寸效应律，而且循环加载数据点更接近脆性曲线，也证明了两种加载方式下的抗剪强度具有尺寸效应，且循环加载条件下梁抗剪强度尺寸效应更加明显。

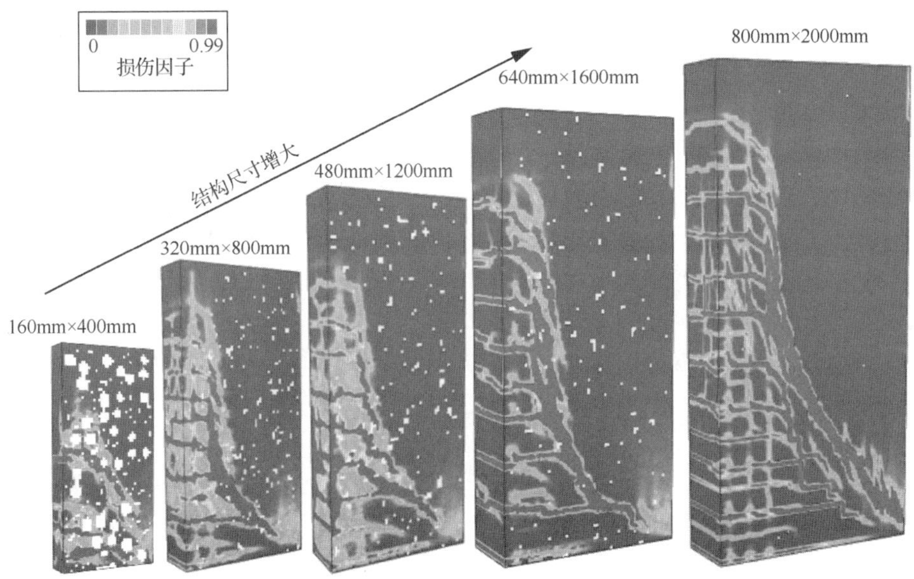

图 8.63　单调加载下不同尺寸梁的最终剪切破坏形态

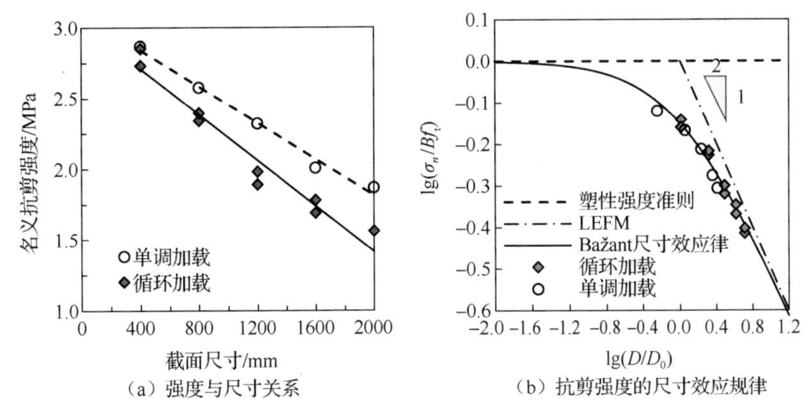

图 8.64　单调荷载下抗剪名义强度尺寸效应模拟数据

8.6 钢筋混凝土梁受弯破坏模拟及分析

受弯破坏是钢筋混凝土梁主要失效模式之一，因而一直受到广泛关注。为了探究梁的抗弯性能尺寸效应，大量学者对抗弯强度尺寸效应进行了试验研究[53-64]，但得到不同的结论。总体来说，目前对于钢筋混凝土梁抗弯破坏尺寸效应方面的认识依然不统一，缺乏深入讨论。此外，目前国内外已有的试验及数值模拟工作主要集中于讨论单轴加载下钢筋混凝土梁抗弯破坏的尺寸效应行为，而对循环加载作用下梁的抗弯破坏行为研究则较为少见。不同于单轴加载行为，在地震作用下，钢筋混凝土梁在往复加载作用下，由于低周疲劳而使梁的破坏可能呈现出脆性破坏特征。这种由于低周疲劳而出现的脆性破坏可能使钢筋混凝土梁的抗弯强度存在明显的尺寸效应现象。

本节以钢筋混凝土悬臂梁为例，基于细观数值方法对其在单调加载及循环加载下的破坏行为进行数值研究，并揭示名义弯曲强度的尺寸效应规律[13, 20]。

8.6.1 钢筋混凝土长梁细观数值模型

粗骨料颗粒假定为球形，粗骨料的体积分数为 35%，进而采用经典的“取-放”法将粗骨料颗粒投放在砂浆基质中，并将粗骨料周围的均匀薄层（厚度为 2mm）设定为界面过渡区，生成混凝土 3D 细观数值模型。在此基础上，插入钢筋笼，最终生成如图 8.65 所示的三维细观钢筋混凝土悬臂梁数值模型（试件尺寸为 240mm×600mm×2510mm），模型具体参数见表 8.16（表中“B”代表 Beam）。此外，同 8.5 节，钢筋与混凝土之间的相互作用采用图 8.1（c）所示的粘结-滑移非线性模型来表征和描述。

表 8.16 钢筋混凝土长梁几何参数

参数	B-1	B-2	B-3	B-4	B-5	B-6	B-7	B-8
截面尺寸（b×h）*	80×200	160×400	240×600	320×800	400×1000	480×1200	640×1600	800×2000
配筋率 ρ	1.26%	1.23%	1.31%	1.22%	1.23%	1.23%	1.23%	1.23%
配箍率 ρ_{sv}	0.14%	0.14%	0.14%	0.14%	0.14%	0.14%	0.14%	0.14%
剪跨比 λ	4.0	4.0	4.0	4.0	4.0	4.0	4.0	4.0
截面有效高度/mm	170	345	540	735	930	1120	1510	1900
梁有效长度/mm	680	1380	2160	2940	3720	4480	6040	7200
梁总长度/mm	830	1630	2510	3390	4220	4900	6500	7700
混凝土拉/压强度/MPa	2.3/42.8	2.3/42.8	2.3/42.8	2.3/42.8	2.3/42.8	2.3/42.8	2.3/42.8	2.3/42.8

*本行数字单位均为 mm。

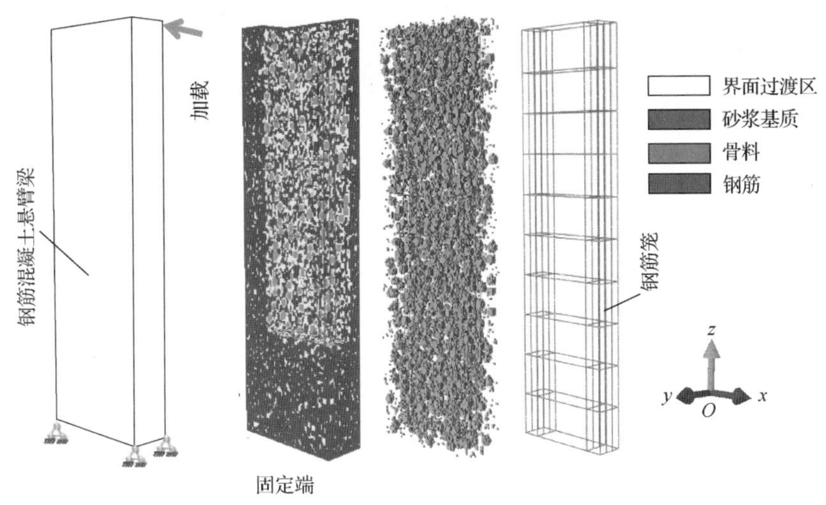

图 8.65　钢筋混凝土悬臂梁细观数值计算模型

数值模型中，混凝土细观组分及钢筋采用的本构关系模型同 8.5 节。正如图 8.65 所示，在梁的底端施加固定边界，梁的侧面顶部区域施加荷载 P（包括单调及循环加载情况，这里采用强制位移）。下文将针对单调及循环加载下不同尺寸钢筋混凝土梁的弯曲破坏行为进行数值研究，探究弯曲破坏的尺寸效应规律。需要说明的是，数值模拟中暂不考虑混凝土材料尺寸效应对构件尺寸效应的影响，即采用的混凝土级配相同（最大骨料粒径等均相同）。

8.6.2　钢筋混凝土长梁受弯破坏行为

单调及循环往复作用下，5 组不同尺寸悬臂梁的最终破坏形态如图 8.66 所示（损伤因子 ω=0 表示完好无损，ω=1 表示完全破坏）。从图 8.66（a）中可以看到，循环加载下 5 组悬臂梁的破坏形态基本相同，在悬臂梁表面被若干裂缝分割，底部混凝土达到极限压应变。图 8.66（b）表明：单调荷载作用下，受拉侧产生明显的水平裂缝，而受压侧压应变未达到破坏，底部混凝土损伤较小，受拉钢筋的屈服导致了构件的最终破坏。另外，从图 8.66 可以看出，模拟获得的梁端部破坏模式与试验结果[65]吻合良好。

图 8.67 给出的是两种加载方式下的弯矩 M-位移 Δ 骨架曲线模拟值与试验值的对比。图 8.67 中，“T”表示试验结果[65]，“S”表示数值模拟结果。可以看出：在弹性阶段，模拟结果与试验结果吻合较好；屈服阶段的弯矩 M 与试验值有些许差别，下降段有些偏差，极限弯矩 M 与试验值亦略有差别。5 组几何相似结构尺

寸不同的钢筋混凝土梁中，结果偏差最大的为 MB-1 试件：试验获得的最大弯矩为 23.35kN·m，模拟为 21.57kN·m，误差为 8.5%。其余试件模拟结果与试验结果误差均小于 5.0%。

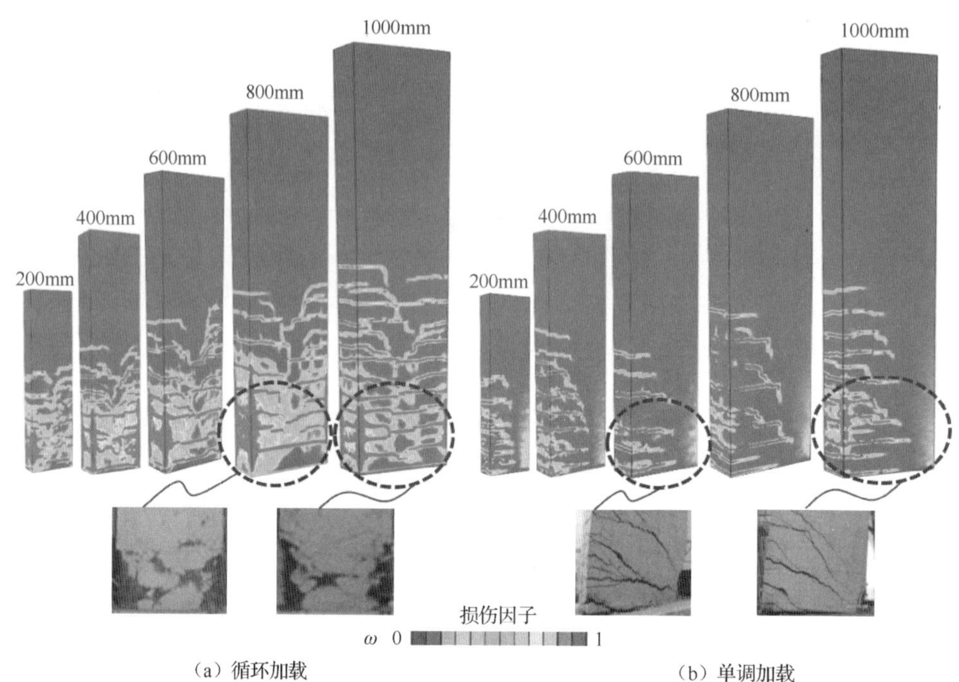

（a）循环加载　（b）单调加载

图 8.66　不同加载条件下 5 组梁的最终破坏图及与试验对比

对比图 8.67（a）和（b）可知：相比于单调加载情况，循环加载下混凝土、钢筋以及两者间的粘结性能由于低周疲劳而使梁的弯曲破坏呈现出更强的脆性特征。图 8.68 为单调加载下拉应变 ε 发展过程对比情况，试验与模拟结果基本一致。初始阶段，构件处于弹性阶段，随着荷载增大，钢筋应变呈线性增长，达到屈服强度后，钢筋应变迅速增长。

彩图 22 为 3 组更大尺寸构件（B-6、B-7 和 B-8）在不同加载条件下的破坏模式以及钢筋网的 Mises 等效应力分布云图。发现两种加载条件下破坏模式与小尺寸构件类似，水平裂缝在受拉侧产生，并随荷载的增加水平裂缝逐渐向上发展，同时裂缝宽度也逐渐增加，构件水平位移也逐渐增大，混凝土应变增大。同时可以发现，循环荷载作用下构件产生的裂缝多且密集，即循环荷载下梁的损伤大。另外，大尺寸构件破坏时，水平裂缝斜向发展形成明显斜向裂缝，呈现出弯-剪破坏特征。

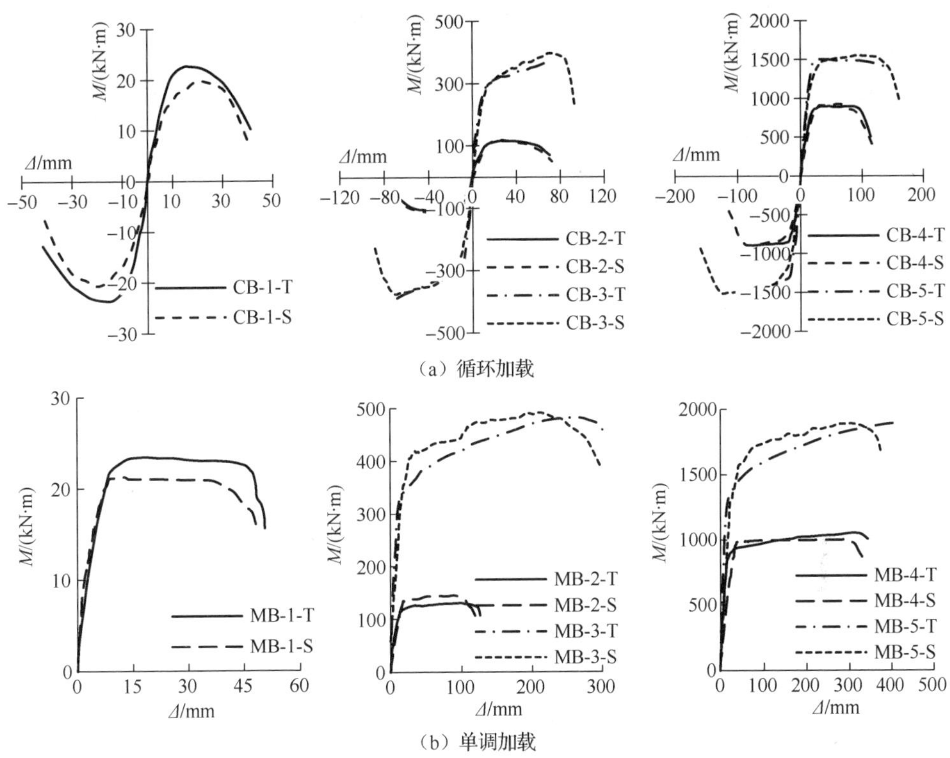

图 8.67　骨架曲线模拟结果与试验结果[65]的对比

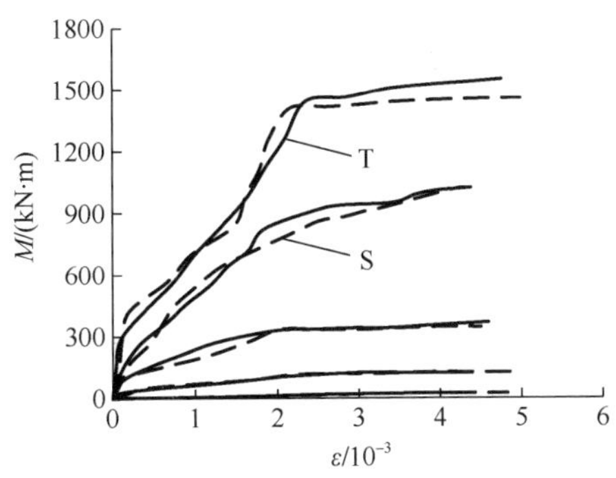

图 8.68　固定端截面纵筋拉应变试验[65]与模拟对比

另外，彩图 22 还给出了单调及循环加载下梁（梁深度为 2000mm）中钢筋网的 Mises 应力云图。可以看到，无论循环或单调加载下，钢筋网的端部区域产生了屈服（达到屈服强度 405MPa）。

图 8.69 为 3 组大尺寸构件在不同荷载作用下的抗弯承载力骨架曲线，由两种

加载模式下的承载力曲线形式可知，弹性阶段曲线斜率高，梁的位移较小，力增加较快；进入开裂阶段，混凝土开始开裂，但钢筋未发生屈服，此时斜率降低，但承载力还在增加；进入屈服阶段，梁的水平位移快速增加，但力增加缓慢，梁的延性较高；最后由于构件破坏产生较大位移，曲线下降，但曲线不是突然下降，即构件没有发生突然的脆性破坏。由于循环荷载导致构件内部的损伤积累，循环荷载作用下承载力要低于单调加载下的梁的承载力，且循环荷载作用下，曲线的屈服段较短，说明循环加载下构件的延性较差。

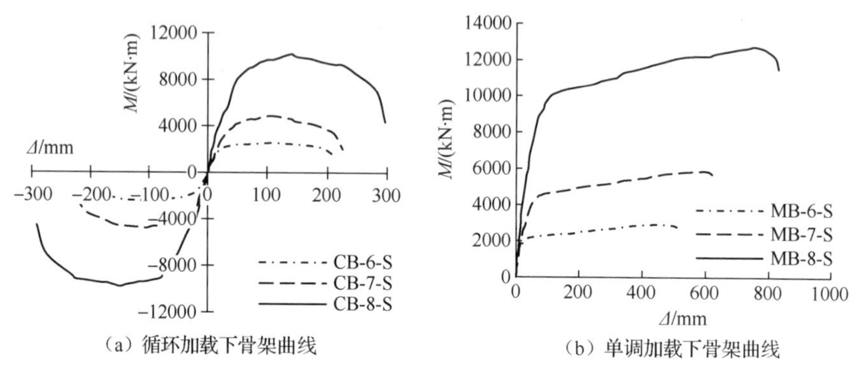

（a）循环加载下骨架曲线　（b）单调加载下骨架曲线

图 8.69　大尺寸构件在不同荷载作用下的骨架曲线

8.6.3　钢筋混凝土长梁弯曲强度尺寸效应

采用名义弯曲强度来考察构件截面高度对抗弯承载力的影响，名义弯曲强度 σ_{Nu} 为

$$\sigma_{\mathrm{Nu}}=\frac{6M_{\max}}{bh_0^{\ 2}}=\frac{6P_{\max}l}{bh_0^{\ 2}} \tag{8.6}$$

式中：$P_{\max}$ 为加载点的最大作用力；$M_{\max}$ 为峰值弯矩；l 为梁跨度；b 和 h_0 分别为梁宽和梁有效截面高度。

图 8.70 为梁名义抗弯强度在不同加载条件下随构件尺寸增加的变化趋势。一般来说，在单调加载情况下，钢筋混凝土梁的抗弯性能由于纵筋的承载作用常常表现出较强的延性，使其不具有明显的尺寸效应。但从图 8.70 所示的不同加载条件下的名义抗弯强度随尺寸变化趋势来看，本节所计算的八组构件名义抗弯强度均随构件尺寸的增加而降低，即本节工况下获得的名义抗弯强度具有尺寸效应。此外，大尺寸构件的抗弯强度降低趋势减缓，说明大尺寸构件的尺寸效应具有减弱的趋势。

实际上，构件破坏时脆性越大，尺寸效应越明显，而不同的加载方式会导致梁破坏时脆性的不同。从图 8.70 中可知，在单调加载条件下，梁的名义抗弯强度比在循环加载条件下名义抗弯强度高。实际上，这是由于循环加载增加梁内部的损伤，混凝土材料、钢筋以及两者间粘结性能由于低周疲劳作用导致了梁的抗弯强度以及延性性能的降低。本质上来说，这是低周疲劳荷载特性所造成的。

从图 8.71 中可以看出，获得的不同加载条件下的抗弯强度尺寸效应规律与 Bažant 尺寸效应律基本吻合（相关系数 R^2=0.975），说明无论在单调加载还是在循环加载条下，本节工况下钢筋混凝土悬臂梁的名义抗弯强度存在尺寸效应行为。

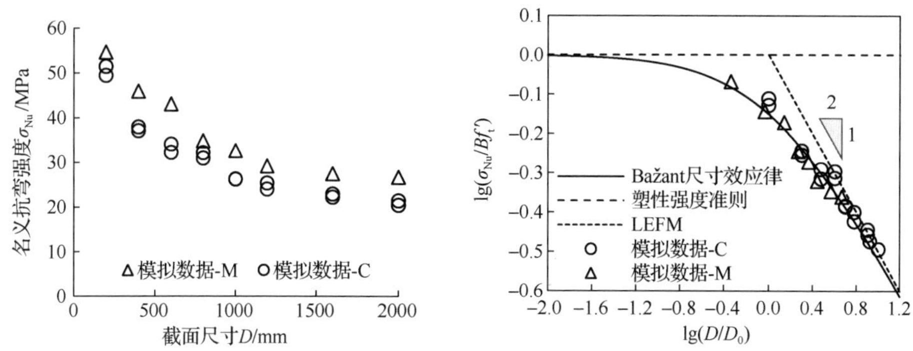

图 8.70　梁名义弯曲强度与结构尺寸关系　　图 8.71　名义强度随构件尺寸变化的对数曲线

从图 8.71 中还可知，循环加载条件下数据点比单调加载下更接近准脆性的曲线，即尺寸效应更加明显。实际上，循环加载下，混凝土、钢筋以及两者间的粘结性能由于低周疲劳而使梁的弯曲破坏呈现出脆性特征，因而表现出更为明显的尺寸效应行为。

小　　结

本章借助细观数值模拟方法，考虑钢筋与混凝土之间非线性粘结-滑移相互作用，建立了二维和三维钢筋混凝土梁和柱构件，研究了钢筋混凝土柱在轴压、偏压加载作用下的破坏行为，模拟分析了钢筋混凝土柱在水平地震作用下的压剪破坏行为，并分析了钢筋混凝土悬臂梁的受剪、受弯破坏行为。借助数值模拟结果，主要分析了结构尺寸对钢筋混凝土构件破坏行为的影响规律，揭示了钢筋混凝土梁、柱构件破坏的尺寸效应规律。总体来说，相关的数值模拟结果研究表明建立的二维及三维细观尺度数值模型能够很好地描述不同尺寸钢筋混凝土构件的破坏行为及尺寸效应特征。另外，获得的主要结论如下。

（1）在钢筋混凝土柱轴压破坏方面：普通混凝土及约束钢筋混凝土柱的轴压强度均存在明显的尺寸效应行为，且强度的尺寸效应规律与 Bažant 尺寸效应律一致；随着长细比的增大，钢筋混凝土柱从压剪脆性破坏向屈曲失稳破坏逐渐转化；

由于约束作用的差异，相比于圆形约束钢筋混凝土柱，方形柱尺寸效应更为显著。

（2）在钢筋混凝土柱偏压破坏方面：箍筋约束作用能够改善高强钢筋混凝土偏心受压加载下脆性破坏特征，随着配箍率增加，破坏模式有从压-剪破坏向中部压碎破坏转化的趋势；配箍率越大，柱承载力越高，延性越强。不同配箍率下，偏心受压高强钢筋混凝土柱均存在明显的尺寸效应现象，且随着配箍率的增加，柱破坏的脆性指数减弱，尺寸效应被削弱。

（3）在钢筋混凝土柱压剪破坏方面：随着轴压比的增大，柱的抗剪承载力增强，但柱的变形能力随之减弱；钢筋混凝土短柱的抗剪强度、位移延性系数、耗能能力等抗震性能指标均随结构尺寸的增加而降低，表现出明显的尺寸效应；轴压比越大，柱破坏越具脆性，柱的压剪破坏行为尺寸效应越显著。

（4）在钢筋混凝土梁受剪破坏方面：无腹筋梁名义抗剪强度下降趋势比有腹筋梁更快，尺寸效应更加明显，我国《混凝土结构设计规范》给出的截面高度影响系数难以全面反映梁尺寸效应的影响；随着腹筋率的增加，梁的抗剪承载力增加，但增加趋势逐渐减缓；腹筋会抑制梁抗剪强度的尺寸效应，随着配箍率的增加，梁抗剪强度尺寸效应逐渐减弱；相比于单调加载，循环加载下梁将产生低周疲劳脆性破坏，使得梁抗剪强度尺寸效应更加明显。

（5）在钢筋混凝土梁受弯破坏方面：钢筋混凝土梁的弯曲破坏存在尺寸效应，弯曲强度随梁深增大而减小；另外，模拟获得的名义抗弯强度与Bažant提出的尺寸效应规律一致；相比于单调加载，循环加载条件下，悬臂梁的破坏具有更强的脆性，名义抗弯强度尺寸效应更明显。

参考文献

[1] GRIFFITH A A. The phenomena of rupture and flow in solids [J]. Philosophical transactions of the royal society of London. Series A，containing papers of a mathematical or physical character，1921，221（582-593）：163-198.

[2] PIJAUDIER-CABOT G，BAŽANT Z P. Nonlocal damage theory [J]. Journal of engineering mechanics，1987，113（10）：1512-1533.

[3] BAŽANT Z P，PIJAUDIER-CABOT G. Nonlocal continuum damage，localization instability and convergence[J]. Journal of applied mechanics，1988，55（2）：287-293.

[4] BAŽANT Z P，OŽBOLT J. Nonlocal microplane model for fracture，damage，and size effect in structures [J]. Journal of engineering mechanics，1990，116（11）：2485-2505.

[5] BAŽANT Z P，CHANG T P. Nonlocal finite element analysis of strain-softening solids [J]. Journal of engineering mechanics，1987，113（1）：89-105.

[6] 李冬，金浏，杜修力，等. 钢筋混凝土轴压柱长细比效应的细观数值研究[J]. 中国科学：技术科学，2016，46（9）：961-969.

[7] 李冬，金浏，杜修力，等. 钢筋混凝土柱偏心受压力学性能的细观数值研究[J]. 工程力学，2016，33（7）：65-72.

[8] 杜敏，金浏，杜修力，等. 箍筋约束混凝土方柱轴压破坏尺寸效应细观数值研究[J]. 中国科学：技术科学，2017，47（10）：1057-1066.

[9] 金浏，苏晓，杜修力. 基于三维细观数值方法的钢筋混凝土悬臂梁抗剪行为研究[J]. 工程力学，2017，34（12）：59-66.

[10] 金浏，苏晓，李冬，等. 地震作用下钢筋混凝土悬臂梁抗弯性能及尺寸效应试验研究[J]. 振动与冲击，2017，36（13）：19-26.

[11] 张帅，金浏，李冬，等. 结构尺寸对钢筋混凝土短柱抗震性能影响:细观分析[J]. 工程力学，2018，35（12）：164-174.

[12] 金浏，杜敏，杜修力，等. 箍筋约束混凝土圆柱轴压破坏尺寸效应行为[J]. 工程力学，2018，35（5）：93-101.

[13] 金浏，苏晓，杜修力. 钢筋混凝土梁受弯破坏及尺寸效应的细观模拟分析[J]. 工程力学，2018，35（10）：27-36.

[14] LI D，JIN L，DU X L，et al. Size effect tests of normal-strength and high-strength R C columns subjected to axial compressive loading [J]. Engineering structures，2016，109：43-60.

[15] JIN L，DU M，LI D，et al. Effects of cross section size and transverse rebar on the behavior of short squared RC columns under axial compression [J]. Engineering structures，2017，142：223-239.

[16] DU M，JIN L，DU X L，et al. Size effect tests of stocky reinforced concrete columns confined by stirrups [J]. Structural concrete，2017，18（3）：454-465.

[17] XU C，JIN L，DING Z，et al. Size effect tests of high-strength RC columns under eccentric loading[J]. Engineering structures，2016，126：78-91.

[18] JIN L，ZHANG S，LI D，et al. A combined experimental and numerical analysis on the seismic behavior of short reinforced concrete columns with different structural sizes and axial compression ratios[J]. International journal of damage mechanics，2018，27（9）：1416-1447.

[19] JIN L，DU X，LI D，et al. Seismic behavior of RC cantilever beams under low cyclic loading and size effect on shear strength：an experimental characterization [J]. Engineering structures，2016，122：93-107.

[20] JIN L，YU W，SU X，et al. Effect of cross-section size on the flexural failure behavior of RC cantilever beams under low cyclic and monotonic lateral loadings[J]. Engineering structures. 2018，156：567-586.

[21] 中华人民共和国住房和城乡建设部. 混凝土结构设计规范（2015 年版）：GB 50010—2010[S]. 北京：中国建筑工业出版社，2015.

[22] NĚMEČEK J，BITTNAR Z. Experimental investigation and numerical simulation of post-peak behavior and size effect of reinforced concrete columns [J]. Materials and structures，2004，37（3）：161-169.

[23] WEIBULL W. The phenomenon of rupture in solids [J]. Proceedings of royal sweden institude of engineering research，1939，153：1-55.

[24] WEIBULL W. A statistical distribution function of wide applicability [J]. ASME journal of applied mechanics，1951，18（3）：293-297.

[25] BAŽANT Z P，PLANAS J. Fracture and size effect in concrete and other quasibrittle materials [M]. Boca Raton：CRC press，1997.

[26] CARPINTERI A，FERRO G. Size effects on tensile fracture properties：a unified explanation based on disorder and fractality of concrete microstructure [J]. Materials and structures，1994，27（10）：563-571.

[27] DUAN K，HU X，WITTMANN F H. Scaling of quasi-brittle fracture：boundary and size effect [J]. Mechanics of materials，2006，38（1-2）：128-141.

[28] HOOVER C G，BAŽANT Z P. Universal size-shape effect law based on comprehensive concrete fracture tests[J]. ASCE journal of engineering mechanics，2014，140（3）：473-479.

[29] BAŽANT Z P，YU Q. Designing against size effect on shear strength of reinforced concrete beams without stirrups：Ⅰ. formulation [J]. Journal of structural engineering，2005，131（12）：1877-1885.

[30] BAŽANT Z P，YU Q. Designing against size effect on shear strength of reinforced concrete beams without stirrups：Ⅱ. verification and calibration [J]. Journal of structural engineering，2005，131（12）：1886-1897.

[31] ŞENER S，BARR B I G，ABUSIAF H F. Size effect in axially loaded reinforced concrete columns [J]. ASCE journal of structural engineering，2004，130（4）：662-670.

[32] SYROKA-KOROL E，TEJCHMAN J. Experimental investigations of size effect in reinforced concrete beams failing

by shear [J]. Engineering structures，2014，58：63-78.
[33] BARBHUIYA S，CHOUDHURY A M. A study on the size effect of RC beam-column connections under cyclic loading [J]. Engineering structures，2015，95：1-7.
[34] BAZANT Z P，XIANG Y. Size effect in compression fracture：splitting crack band propagation [J]. ASCE journal of engineering mechanics，1997，123 （2）：162-172.
[35] BAŽANT Z P，CEDOLIN L，TABBARA M R. New method of analysis for slender column [J]. ACI structural journal，1991，88（4）：391-401.
[36] 于峰，牛荻涛. 长细比对 FRP 约束混凝土柱承载力的影响[J]. 土木工程学报，2008，41（6）：40-44.
[37] LIM J C，OZBAKKALOGLU T. Influence of size and slenderness on compressive strain softening of confined and unconfined concrete [J]. ASCE journal of materials in civil engineering，2016，28（2）：06015010.
[38] ŞENER S，BARR B I G，ABUSIAF H F. Size-effect tests in unreinforced concrete columns [J]. Magazine of concrete research，1999，51（1）：3-11.
[39] BAŽANT Z P，KWON Y W. Failure of slender and stocky reinforced concrete columns：tests of size effect[J]. Materials and structures，1994，27（2）：79-90.
[40] British Standards Institution. Eurocode 2：design of concrete structures—part 1：general rules and rules for buildings：BS EN 1992-1-1[S]. British Standards Institution，2004.
[41] American Concrete Institute. Building code requirements for structural concrete：ACI 318-14[S]. American Concrete Institute，2014.
[42] 王全凤，沈章春，杨勇新，等. HRB400 级钢筋混凝土短柱抗震试验研究[J]. 建筑结构学报，2008，29（2）：114-117.
[43] 梁书亭，丁大钧，陆勤. 钢筋混凝土复合配箍柱铰的延性和抗震耗能试验研究[J]. 工业建筑，1994，24（11）：16-20.
[44] KANI G N J. How safe are our large reinforced concrete beams [J]. ACI journal，1967，64（3）：128-141.
[45] IGURO M，SHIOYA T，NOJIRI Y，et al. Experimental studies on shear strength of large reinforced concrete beams under uniformly distributed load [J]. Concrete library international of JSCE，1984（348）：175-184.
[46] SHIOYA T，IGURO M，NOJIRI Y，et al. Shear strength of large reinforced concrete beams [J]. ACI special publications，1990，118：259-280.
[47] TAN K H，LU H Y，TENG S. Size effect in large pre-stressed concrete deep beams [J]. ACI structural journal，1999，96（6）：937-946.
[48] CHANA P S. Some aspects of modeling the behavior of reinforced concrete under shear loading [R]. Cement and Concrete Association，1981.
[49] KIM J K，PARK Y D. Shear strength of reinforced high-strength concrete beams without web reinforcement[J]. Magazine of concrete research，1994，46（166）：7-16.
[50] 于磊，车轶，宋玉普. 大尺寸钢筋混凝土无腹筋梁受剪试验研究[J]. 土木工程学报，2013，46（1）：1-7.
[51] 车轶，于磊. 剪力作用下钢筋混凝土大尺寸无腹筋构件安全性研究[J]. 建筑结构学报，2014，35（2）：144-151.
[52] 易伟建，丁雅博，陈晖. 轻骨料混凝土无腹筋梁受剪性能试验研究[J]. 建筑结构学报，2017，38（6）：123-132.
[53] OŽBOLT J，MEŠTROVIĆ D，LI Y J，et al. Compression failure of beams made of different concrete types and sizes[J]. ASCE journal of structural engineering，2000，126（2）：200-209.
[54] 车轶，郑新丰，王金金，等. 单调荷载作用下高强混凝土梁受弯性能尺寸效应研究[J]. 建筑结构学报，2012，33（6）：96-102.
[55] CHE Y，ZHENG X F，WANG J J，et al. Size effect on flexural behavior of reinforced high-strength concrete beams subjected to monotonic loading [J]. Journal of building structures，2012，33（6）：96-102.
[56] 车轶，王金金，郑新丰，等. 反复荷载作用下高强混凝土梁受弯性能尺寸效应试验研究[J]. 建筑结构学报，2013，34（8）：100-106.
[57] CHE Y，WANG J J，ZHENG X F，et al. Experimental study on size effect of flexural behavior of reinforced high-strength concrete beams subjected to cyclic loading [J]. Journal of building structures，2013，34（8）：100-106.

[58] CARPINTERI A. Decrease of apparent tensile and bending strength with specimen size：two different explanations based on fracture mechanics [J]. International journal of solids and structures，1989，25（4）：407-429.

[59] ALCA N，ALEXANDER S D B，MACGREGOR J G. Effect of size on flexural behavior of high-strength concrete beams [J]. ACI structural journal，1997，94（1）：59-67.

[60] WEISS W J，GULER K，SHAH S P. Localization and size-dependent response of reinforced concrete beams[J]. ACI structural journal，2001，98（5）：686-695.

[61] WILLIAM A L，MARIO P. Size effect in small-scale models of reinforced concrete beams [J]. ACI structural journal，1966，63（11）：1191-1204.

[62] ŞENER S，BEGIMGIL M，BELGIN Ç. Size effect on failure of concrete beams with and without steel fibers[J]. ASCE journal of materials in civil engineering，2002，14（5）：436-440.

[63] RAO G A，VIJAYANAND I，ELIGEHAUSEN R. Studies on ductility and evaluation of minimum flexural reinforcement in RC beams [J]. Materials and structures，2008，41（4）：759-771.

[64] BOSCO C，CARPINTERI A，DEBERNARDI P G. Minimum reinforcement in high-strength concrete [J]. ASCE journal of structural engineering，1990，116（2）：427-437.

[65] YI S T，KIM M S，KIM J K，et al. Effect of specimen size on flexural compressive strength of reinforced concrete members [J]. Cement and concrete composites，2007，29（3）：230-240.

第 9 章　混凝土中氯盐扩散行为多尺度分析

在海洋和近海、盐碱地带及北方使用除冰盐的钢筋混凝土工程结构中，氯离子的侵入或渗透会引起钢筋锈蚀，使混凝土工程结构的刚度和强度产生退化甚至失效，进而影响混凝土耐久性和服役寿命。通过混凝土内部的孔隙和微裂缝系统，氯离子从周围环境向混凝土内部传递，其传输过程是一个非常复杂的物理、化学过程，涉及的主要机理有扩散作用、毛细管作用、渗透作用和电化学迁移作用及其组合。通常认为氯盐侵入混凝土内部的主要方式是扩散，研究混凝土中氯盐扩散的主要手段为试验研究、解析理论与数值模拟。

目前，分析氯离子侵入混凝土的主要理论方法以 Fick 第二定律为基础，且多集中于无应力状态下的混凝土渗透扩散性能。实际混凝土工程结构不仅遭受外界环境作用（如氯盐的侵蚀），而且承受包括风荷载、车辆荷载、波浪荷载甚至地震等荷载作用。荷载作用不仅会改变混凝土内部的微/细观结构（孔隙结构和微裂纹分布等），还会改变氯离子传输边界条件，甚至产生新的裂纹，从而影响混凝土的渗透扩散特性。因此，氯离子在混凝土中的传输行为不仅受混凝土材料自身微/细观结构的影响，而且受到混凝土所处环境因素和荷载因素的联合影响。忽略荷载作用得到的混凝土抗氯离子渗透性研究结果必然会存在一定的片面性[1]。

本章一方面从微/细观角度出发，将饱和硬化水泥净浆、混凝土视为多相复合材料介质，将荷载水平较低时外荷载对氯离子扩散行为的影响等效为外荷载所引起的孔隙率的改变对氯离子扩散性能的影响，将无应力状态下材料扩散性能预测公式推广到低水平荷载作用下的硬化水泥净浆与混凝土材料中，建立混凝土中氯盐扩散行为的多尺度解析理论方法[2-5]。另一方面考虑混凝土材料的非均质性，将混凝土看作由骨料、砂浆基质及界面过渡区等组成的多相复合材料，对氯离子在无/有应力加载状态及开裂混凝土中的扩散行为进行了细观数值模拟[6-11]。

9.1　混凝土微-细观简化分析模型

混凝土的内部结构呈现出高度的非均质性和复杂性[12]。在混凝土中，骨料与水泥水化物颗粒的尺寸从纳米级到厘米级。如彩图 23（a）所示，在细观尺度下，一般将混凝土看作由粗骨料、砂浆基质及二者之间的界面过渡区等组成的三相复合材料，每一相具有其独立的力学与扩散性能。其中，界面过渡区的存在对混凝土的力学及扩散性能影响非常显著，因而常将其作为单独一相[12-14]。彩图 23（a）所示为混凝土细观尺度代表性体积单元（RVE），此处代表性体积单元在尺寸上需要满足二重性：在宏观上足够小，因而其宏观等效特性可视为均匀；在细观尺度上其尺寸足够大，以能够包含各细观组分并代表其有效特性。在彩图 23（a）中，不同颜色代表不同的细观组分，具有不同的力学与扩散特性[4, 5]。

对彩图 23（a）所示的混凝土多尺度物理模型进行简化分析，简化为如彩图 23（b）所示的三相球模型，该模型由骨料、界面过渡区和砂浆基质组成。在砂浆基质中，骨料附近要比距离较远处的孔隙率大。对于骨料表层的界面过渡区，其孔隙率同样较大，研究认为这是由于水分在骨料表面聚集造成的。因而界面过渡区的特征为孔隙率较高，且未水化物与水化物的含量亦与其他区域不同。Ollivier 等[15]指出，过高的孔隙率既是界面过渡区存在的原因又是其存在的结果。简而言之，与远场砂浆基质（指与骨料距离较远的砂浆基质）相比，界面过渡区实质上是一层厚度为 10～50μm 的高孔隙率薄层近场砂浆基质。

在更低一级的尺度（即微观尺度）上，砂浆基质本身可以被视为一种两相介质[彩图 23（c）]，即孔隙水相和无孔砂浆基质相。其中，与 Oh 和 Jang[12]、Zheng 和 Zhou[16]等的工作相同，无孔砂浆基质相被视为各向同性均匀介质。

基于彩图 23 所示的多尺度分析模型，可以通过弹性理论获得低水平外荷载作用下混凝土及砂浆基质孔隙率的变化，从而将无应力状态下与孔隙率相关的材料扩散性能预测公式推广到低水平荷载作用下硬化水泥净浆与混凝土材料中，建立混凝土氯盐扩散行为多尺度理论解析方法[2-5]。

9.2　氯离子扩散行为控制方程

在氯盐环境中，材料内外存在氯离子浓度差，使氯离子不断地由材料表面扩散进入其内部，这种由浓度差引起的离子扩散行为一般采用 Fick 第二定律描述。

$$\frac{\partial C(x,t)}{\partial t}=\frac{\partial}{\partial x}\left(D\frac{\partial C(x,t)}{\partial x}\right) \tag{9.1}$$

对于如图 9.1 所示的一维半无限长度扩散模型，假定内部氯离子初始浓度为 0，一端暴露于氯盐环境下，其边界条件与初值条件为

$$\begin{cases} C(x,0)=C_0 \\ C(0,t)=C_{\mathrm{S}} \\ C(\infty,t)=0 \end{cases} \tag{9.2}$$

式中：C 为氯离子浓度；x 为距表面的距离；t 为暴露时间；D 为氯离子的扩散系数；C_S 为表面的氯离子浓度；C_0 为材料内部的初始氯离子浓度，这里假定 $C_0=0$。

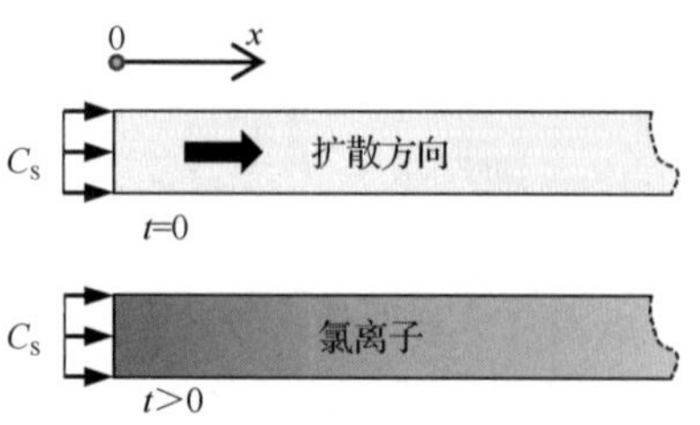

图 9.1 一维半无限空间内的氯离子扩散模型

这里假定：①孔隙在材料内部的分布是均匀的；②氯离子在材料中的扩散是一维扩散；③氯离子浓度梯度仅沿垂直于暴露表面的方向变化；④暴露表面的氯离子浓度 C_S 为恒定值；⑤材料为半无限均匀介质。并且，计算中暂不考虑材料对氯离子的结合、局部氯离子及温度变化等对氯离子扩散行为的影响。

根据式（9.2），t 时刻表面下 x 深度处的氯离子浓度 $C(x,t)$ 为

$$C=C_0+\left(C_S-C_0\right)\left[1-\mathrm{erf}\left(\frac{x}{2\sqrt{Dt}}\right)\right] \tag{9.3}$$

式中：erf 为高斯误差函数，$\mathrm{erf}(z)=\frac{2}{\pi}\int_0^z \mathrm{e}^{-t^2}\mathrm{d}t$，本式 $z=\frac{x}{2\sqrt{Dt}}$。因此可知，为了预测氯离子的扩散行为，需要准确获得氯离子的扩散系数。

9.3 混凝土中氯盐扩散行为理论分析

9.3.1 无应力状态下混凝土扩散性能

1. 硬化水泥净浆扩散性能

硬化水泥净浆中各种尺度的孔隙包括凝胶孔、毛细孔、气泡以及微裂纹等，这些孔隙的尺寸从纳米级到毫米级[17-19]。一般认为，孔隙率对混凝土力学及渗透扩散性能有很大的影响[2,12,20,21]。在理论分析中，一般将硬化水泥净浆视为由孔隙和非渗透固相组成的两相复合材料[彩图 23（b）]，选择孔隙率作为影响氯离子在混凝土中扩散性能的一个独立变量。基于此假设，Zheng 和 Zhou[16, 22]利用广义有效介质理论推导了硬化水泥净浆中氯离子扩散系数预测公式。

根据 Power 模型[23]，硬化水泥净浆中毛细孔与凝胶孔的孔隙率 ϕ_{cap}、ϕ_{gel} 可分别表示为

$$\phi_{\text{cap}} = \frac{w/c - 0.36\alpha}{w/c + 0.32} \tag{9.4}$$

$$\phi_{\text{gel}} = \frac{0.19\alpha}{w/c + 0.32} \tag{9.5}$$

式中：w/c 为水灰比；α 为水泥的水化度，表征参与水化反应的水泥量占总水泥量的比值，理论上 $0 \leqslant \alpha \leqslant 1$。研究表明[23]，1～91 天龄期的水泥砂浆基质的水化度在 0.3～0.9 范围内。

因此，硬化水泥砂浆基质的总体初始孔隙率 ϕ_0^{cp} 的计算公式为

$$\phi_0^{\text{cp}} = \phi_{\text{cap}} + \phi_{\text{gel}} = \frac{w/c - 0.17\alpha}{w/c + 0.32} \tag{9.6}$$

为了获得氯离子在硬化水泥净浆中的扩散系数，假定硬化水泥净浆为各向同性均匀介质。又由于固相介质渗透性远小于孔隙，因而认为其不可渗透，即认为其扩散系数 $D_{\text{s}} = 0$ 。

引入一种扩散系数非零的均匀介质，假定其扩散系数为 D_{h} ，通过广义有效介质理论可得到硬化水泥砂浆基质氯离子扩散系数 D_{cp} 与其孔隙率 ϕ_{cp} 的关系式

$$\frac{D_{\text{cp}} - D_{\text{h}}}{D_{\text{cp}} + 2D_{\text{h}}} = \phi_{\text{cp}} \frac{D_{\text{p}} - D_{\text{h}}}{D_{\text{p}} + 2D_{\text{h}}} + \phi_{\text{s}} \frac{D_{\text{s}} - D_{\text{h}}}{D_{\text{s}} + 2D_{\text{h}}} \tag{9.7}$$

式中：D_{p} 为孔隙溶液中氯离子的扩散系数，取 $D_{\text{p}} = 1.07 \times 10^{-10}\,\text{m}^2/\text{s}$[16]；$\phi_{\text{s}}$ 为固相的体积分数，有 $\phi_{\text{s}} = 1 - \phi_{\text{m}}$。由于 $D_{\text{h}} \neq 0$， $D_{\text{s}} = 0$，则式（9.7）可化简为

$$\frac{D_{\text{cp}} - D_{\text{h}}}{D_{\text{cp}} + 2D_{\text{h}}} = \phi_{\text{cp}} \frac{D_{\text{p}} - D_{\text{h}}}{D_{\text{p}} + 2D_{\text{h}}} - \frac{1 - \phi_{\text{cp}}}{2} \tag{9.8}$$

求解式（9.8）可得

$$D_{\text{cp}} = \frac{2\phi_{\text{cp}} D_{\text{p}} D_{\text{h}}}{(1 - \phi_{\text{cp}}) D_{\text{p}} + 2D_{\text{h}}} \tag{9.9}$$

因此，只要 D_{h} 已知，氯离子在硬化水泥净浆中的扩散系数即可求得。

根据 Milton[24]及 Koelman 和 de Kuijper[25]的研究，有

$$D_{\text{h}} = h_{\text{p}} D_{\text{p}} + h_{\text{s}} D_{\text{s}} = h_{\text{p}} D_{\text{p}} \tag{9.10}$$

式中：h_{p}、h_{s} 为参数，有

$$\begin{cases} h_{\text{p}} = \dfrac{\phi_{\text{cp}}^{1.75}}{\phi_{\text{cp}}^{1.75} + m(1 - \phi_{\text{cp}})^{1.75}} \\[2ex] h_{\text{s}} = \dfrac{m(1 - \phi_{\text{cp}})^{1.75}}{\phi_{\text{cp}}^{1.75} + m(1 - \phi_{\text{cp}})^{1.75}} \end{cases} \tag{9.11}$$

式中：m 为待定参数，Zheng 和 Zhou[16]通过试验拟合得 $m = 14.44$ 。

将式（9.10）和式（9.11）代入式（9.9）中，可得到氯离子在硬化水泥砂浆

基质中的扩散系数 D_{cp} 为

$$D_{cp}=\frac{2\phi_{cp}^{2.75}D_p}{\phi_{cp}^{1.75}(3-\phi_{cp})+14.44(1-\phi_{cp})^{2.75}} \tag{9.12}$$

2．混凝土扩散性能

基于 9.1 节所述的混凝土细观尺度三相球模型（彩图 23），应用均匀化方法来确定混凝土的宏观扩散特性[4, 5]。均匀化过程可分为两个步骤：第一步将三相模型[图 9.2（a）]中骨料和界面过渡区均匀化为等效骨料[图 9.2（b）]；第二步将砂浆基质与等效骨料组成的两相介质[图 9.2（b）]均匀化宏观各向同性均质材料。换言之，即首先计算骨料与界面过渡区组成的“等效骨料”的扩散系数，进而计算混凝土的宏观扩散系数。

一般而言，假定骨料与砂浆基质及界面过渡区相比不可渗透[6]，即设骨料相的氯离子扩散系数 $D_{agg}=0$。根据 Zheng 等[26]的工作，考虑界面过渡区的扩散性能，图 9.2（b）中“等效骨料”的等效扩散系数 D_{ea} 满足

$$D_{ea}=D_{itz}\left(1-\frac{2f_{agg}}{f_{itz}+2f_{agg}}\right) \tag{9.13}$$

式中：D_{itz} 为界面过渡区的扩散系数，由于界面过渡区实质上是一层厚度为 10～50μm 的高孔隙率薄层近场砂浆基质，因此 D_{itz} 可由式（9.14）确定。这里假定骨料颗粒与界面过渡区互相独立，即认为其相互之间无重叠部分。如彩图 23（a）所示，界面过渡区的厚度非常小，其体积分数 f_{agg} 可由骨料数目、骨料尺寸及界面过渡区厚度确定[27]。

$$D_{itz}=\frac{2\phi_{itz}^{2.75}D_p}{\phi_{itz}^{1.75}(3-\phi_{itz})+14.44(1-\phi_{itz})^{2.75}} \tag{9.14}$$

式中：ϕ_{itz} 为界面过渡区的孔隙率。

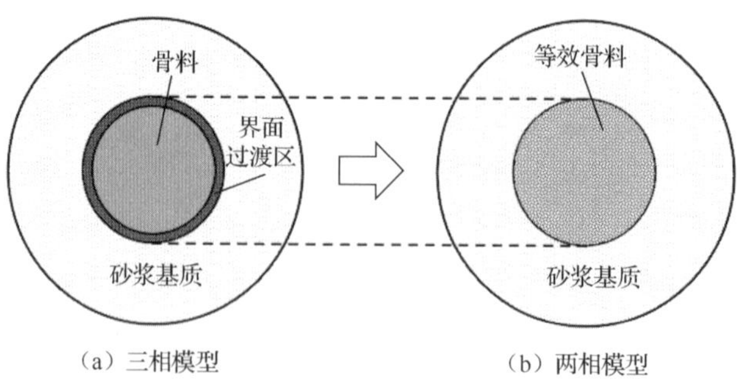

图 9.2　混凝土三相球模型等效过程

将三相球模型等效为由砂浆基质与等效骨料组成的两相球模型后，应用 Christen[28]的分析方法来计算两相复合介质的有效扩散特性。该方法为分析基质与颗粒之间含有缺陷界面过渡区的复合材料而提出，被广泛应用于混凝土中氯离子扩散行为的分析中[6, 12, 29]。由该方法获得的混凝土的宏观有效扩散系数 D_{eff} 为

$$D_{\text{eff}} = D_{\text{cp}}\left[1+\frac{f_{\text{ea}}}{(1-f_{\text{ea}})/3+D_{\text{cp}}/(D_{\text{ea}}-D_{\text{cp}})}\right] \tag{9.15}$$

式中：D_{eff} 为混凝土的宏观有效扩散系数；f_{ea} 为等效骨料的体积分数，有 $f_{\text{ea}} = f_{\text{agg}} + f_{\text{itz}}$；砂浆基质中氯离子扩散系数可由式（9.12）确定。由式（9.15）可知，混凝土的有效扩散特性与骨料及界面过渡区的体积分数和扩散系数有关。

9.3.2　荷载作用下饱和硬化水泥净浆扩散性能

实际混凝土工程结构在其服役过程中，不仅遭受外界环境作用（如氯盐的侵蚀），而且承受包括风荷载、车辆荷载、波浪荷载甚至地震等荷载作用。水泥净浆在外荷载作用下达到其强度前（即未产生新裂纹前），外荷载对其中氯离子扩散行为的影响，可以等效为外荷载所引起的孔隙率改变对氯离子扩散性能的影响[2, 3]。

1．饱和水泥净浆当前孔隙率

本节将饱和的水泥净浆看作由水泥基质（其孔隙率为零）和孔隙水夹杂相所组成的两相复合材料介质，如图 9.3（a）所示的代表性体积单元。孔隙水相为各尺度下的孔隙水之和，包括含有水体的凝胶孔、毛细管孔、空气气泡等。该简化力学模型为经典的 Hansen 模型，已得到广泛应用。

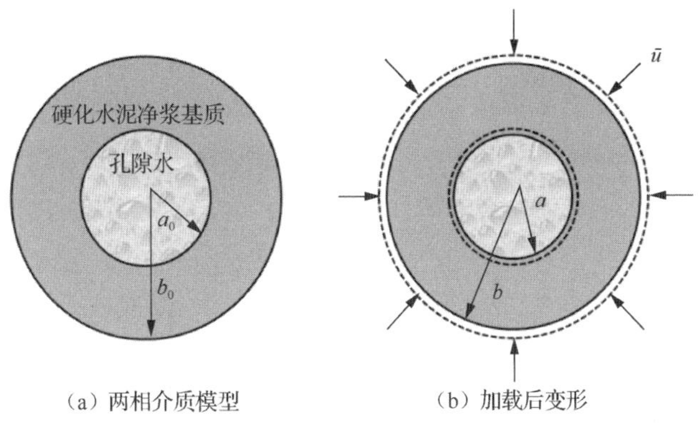

（a）两相介质模型　（b）加载后变形

图 9.3　饱和硬化水泥净浆基质两相球简化计算模型

该力学模型中，将水泥净浆视为各向同性的弹性两相介质，内部为孔隙水相，外部为硬化水泥净浆基质。该两相球体变形前内径为 a_0，外径为 b_0；加载变形后

内径为 a，外径为 b。饱和硬化水泥净浆的初始孔隙率为 $\phi_0^{\text{cp}}=(a_0/b_0)^3$，加载后的当前孔隙率为 $\phi_{\text{cp}}=(a/b)^3$。设球体周围受到均匀分布的强制位移 $\bar{u}$ 的作用，如图 9.3（b）所示，接下来推导孔隙率在外荷载作用下的变化规律。

考虑在均匀强制位移 $\bar{u}$ 作用下，由于外荷载是球对称分布的，那么弹性空心球体的反应是球对称的，只有沿着径向的位移分量 u_{r}。在球坐标系中，根据经典弹性力学理论可知在空心各向同性弹性球体内，径向位移满足偏微分方程

$$\frac{\mathrm{d}^2u_{\text{r}}}{\mathrm{d}r^2}+\frac{2}{r}\frac{\mathrm{d}u_{\text{r}}}{\mathrm{d}r}-\frac{2}{r^2}u_{\text{r}}=0 \tag{9.16}$$

在强制位移 $\bar{u}$ 作用下，硬化水泥净浆基质的径向位移场 u_{rm} 和其应力场 σ_{rm} 为

$$\begin{cases}u_{\text{rm}}=A_{\text{m}}r+B_{\text{m}}/r^2\\ \sigma_{\text{rm}}=3K_{\text{m}}A_{\text{m}}-4u_{\text{m}}B_{\text{m}}/r^3\end{cases} \tag{9.17}$$

对于孔隙内的球形水体，其位移场 u_{rw} 和应力场 σ_{rw} 为

$$\begin{cases}u_{\text{rw}}=A_{\text{w}}r\\ \sigma_{\text{rw}}=3K_{\text{w}}A_{\text{w}}\end{cases} \tag{9.18}$$

式中：K_{m} 和 u_{m} 为硬化水泥净浆基质的体积模量和剪切模量；K_{w} 为液相孔隙水的体积模量；A_{m}、B_{m} 和 A_{w} 为待定参数。

计算模型的混合边界条件为

$$\begin{cases}u_{\text{rm}}|_{r=b_0}=\bar{u}\\ u_{\text{rm}}|_{r=a_0}=u_{\text{rw}}|_{r=a_0}\\ \sigma_{\text{rm}}|_{r=a_0}=\sigma_{\text{rw}}|_{r=a_0}\end{cases} \tag{9.19}$$

在强制位移 $\bar{u}$ 作用下，两相弹性球体的宏观体应变 ε_{V} 为

$$\varepsilon_{\text{V}}=1-\left(1-\frac{\bar{u}}{b_0}\right)^3 \tag{9.20}$$

故而可知

$$\frac{\bar{u}}{b_0}=1-\sqrt[3]{1-\varepsilon_{\text{V}}} \tag{9.21}$$

将边界条件式（9.19）代入式（9.17）和式（9.18），可得

$$\begin{cases}A_{\text{m}}=\dfrac{\varphi\Theta}{\varphi+3\lambda\phi_0^{\text{cp}}}\\ B_{\text{m}}=\dfrac{3\lambda a_0^3\Theta}{\varphi+3\lambda\phi_0^{\text{cp}}}\\ A_{\text{w}}=\dfrac{(3\lambda+\varphi)\Theta}{\varphi+3\lambda\phi_0^{\text{cp}}}\end{cases} \tag{9.22}$$

式中：$\Theta = 1 - \sqrt[3]{1-\varepsilon_{\mathrm{V}}}$；$\lambda = K_{\mathrm{m}} - K_{\mathrm{w}}$；$\varphi = 3K_{\mathrm{w}} + 4\mu_{\mathrm{m}}$。

将式（9.22）代入式（9.17）中，知 $r = a_0$ 处的径向位移为

$$u_{\mathrm{rm}}\big|_{r=a_0} = \frac{(3\lambda+\varphi)\Theta}{\varphi + 3\lambda p_0} a_0 \tag{9.23}$$

在强制位移 $\bar{u}$ 作用下，获得砂浆基质的当前孔隙率 ϕ_{cp} 为

$$\phi_{\mathrm{cp}} = \left(\frac{a}{b}\right)^3 = \frac{a_0^3}{(b_0 - \bar{u})^3}\left[1 - \frac{(3\lambda+\varphi)\Theta}{\varphi + 3\lambda\phi_0^{\mathrm{cp}}}\right]^3 \tag{9.24}$$

将式（9.22）代入式（9.24）进行化简分析，式（9.24）简化为

$$\phi_{\mathrm{cp}} = \frac{\phi_0^{\mathrm{cp}}}{1-\varepsilon_{\mathrm{V}}}\left[1 - \frac{(3\lambda+\varphi)\Theta}{\varphi + 3\lambda\phi_0^{\mathrm{cp}}}\right]^3 \tag{9.25}$$

从式（9.25）中不难看出，饱和硬化水泥净浆的当前孔隙率 ϕ_{cp} 与体应变 ε_{V} 及其初始孔隙率 ϕ_0^{cp} 密切相关。

这里需要说明的是，上述理论推导基于弹性力学理论，假定在外荷载作用下硬化水泥净浆没有达到其强度，没有产生新的裂纹，处于弹性阶段。

2．孔隙率及体应变的影响

1）ϕ_{cp} 与 ε_{V} 之间关系

取用表 9.1 所示的材料力学参数[30]，即可得到当前孔隙率 ϕ_{cp} 与体应变 ε_{V} 及材料的初始孔隙率 ϕ_0^{cp} 之间的定量关系曲线，如图 9.4 所示。从图 9.4 可以发现，压缩时（即 $\varepsilon_{\mathrm{V}} > 0$）当前孔隙率随体应变增大而减小，而拉伸时（即 $\varepsilon_{\mathrm{V}} < 0$）则随体应变增大而增大，这与人们的直观认识是一致的。从图 9.4 可以看出，当压缩体应变达到 0.1 时，当前孔隙率约减小 2%。

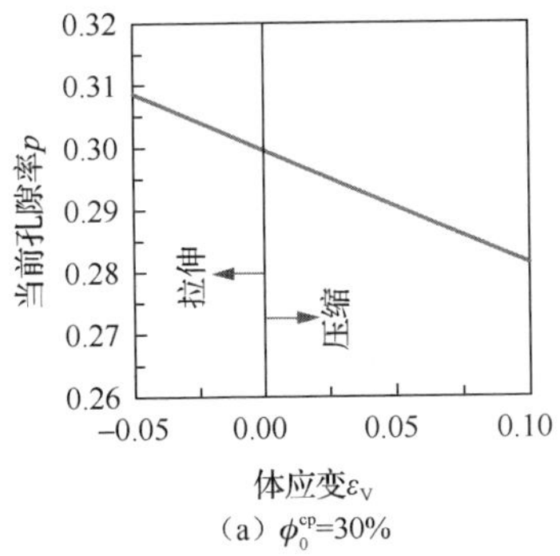

（a）ϕ_0^{cp}=30%

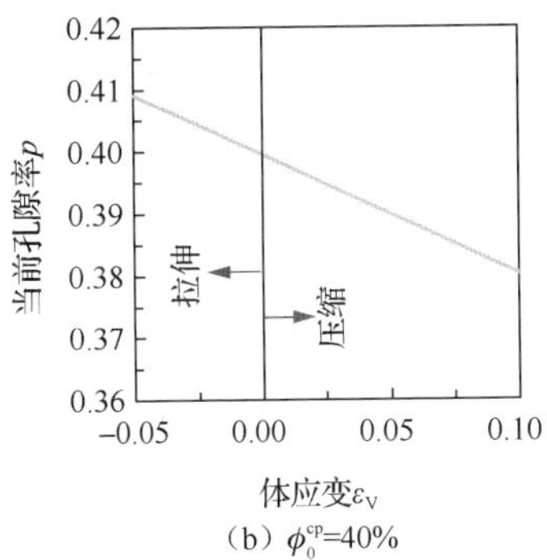

（b）ϕ_0^{cp}=40%

图 9.4　当前孔隙率 ϕ_{cp} 与体应变 ε_{V} 及初始孔隙率 ϕ_0^{cp} 关系

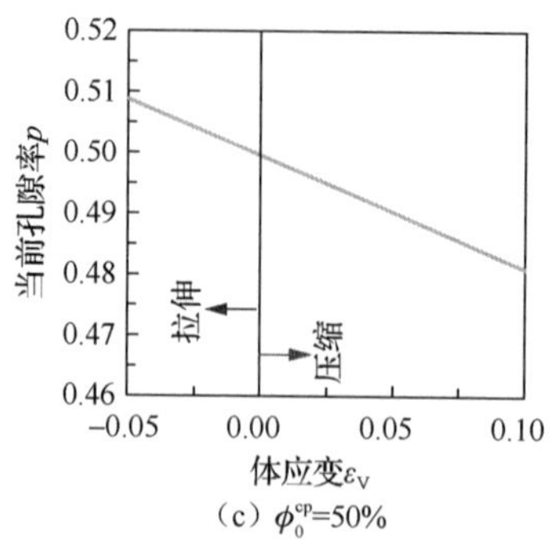

（c）ϕ_0^{cp}=50%

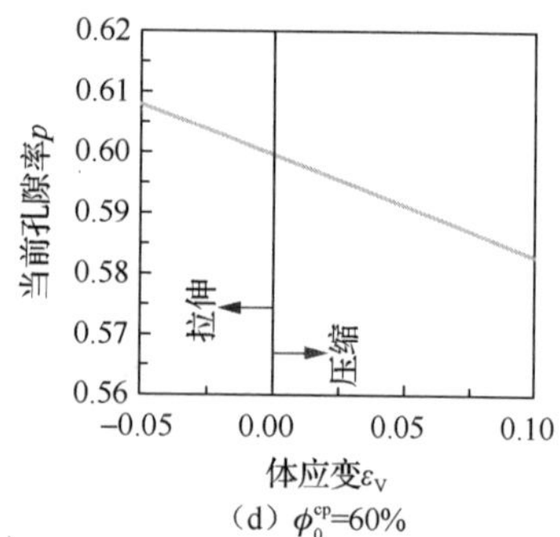

（d）ϕ_0^{cp}=60%

图 9.4（续）

2）D_{cp} 与 ϕ_{cp} 之间关系

将式（9.25）代入式（9.12），即可得到硬化水泥净浆中氯离子的扩散系数与初始孔隙率、体应变及硬化水泥净浆力学参数之间的定量关系。图 9.5 即为氯离子在硬化水泥净浆中的扩散系数 D_{cp} 与孔隙率 ϕ_{cp} 的定量关系曲线（力学参数见表 9.1）。

表 9.1　材料的力学参数[30]

材料	体积模量 K/GPa	剪切模量 μ/GPa	杨氏模量 E/GPa	泊松比 ν
硬化水泥净浆基质	22.5	11.8	30.1	0.28
孔隙水	2.25	—	—	—

从图 9.5 可知，硬化水泥净浆的初始孔隙率对氯离子扩散系数影响很大，尤其当孔隙率达到 40%后，氯离子在硬化水泥净浆中的扩散能力随孔隙率增大而急剧增大。

为分析初始孔隙率 ϕ_0^{cp} 对氯离子扩散系数的影响，对压缩体应变 ε_V 为 0、0.05 和 0.10 情况下的扩散行为进行研究。通过式（9.25）和式（9.12）即可得到氯离子在硬化水泥净浆中的扩散系数 D_{cp} 与初始孔隙率 ϕ_0^{cp} 的关系，如图 9.6 所示。显然，与当前孔隙率 ϕ_{cp} 的影响类似，氯离子扩散系数随初始孔隙率 ϕ_0^{cp} 显著增大，表明初始孔隙率 ϕ_0^{cp} 是影响氯离子在硬化水泥净浆中扩散特性的首要因素。此外还可以发现，随着压应变增大，在同一初始孔隙率情形下，氯离子的扩散系数随之减小。

3）D_{cp} 与 ε_V 之间关系

为了定量分析体应变 ε_V 对氯离子在砂浆基质中扩散系数的影响，根据式(9.25)和式（9.12）分别做出初始孔隙率为 30%、40%、50%和 60%时，氯离子扩散系数

D_{cp}与体应变ε_V的关系曲线如图 9.7 所示。

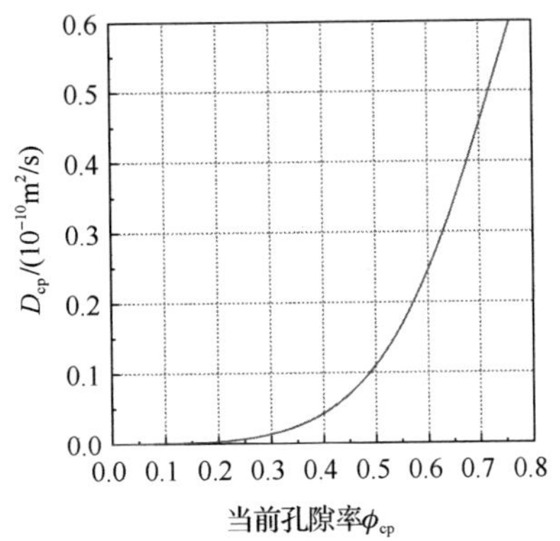

图 9.5　D_{cp}与初始孔隙率ϕ_{cp}

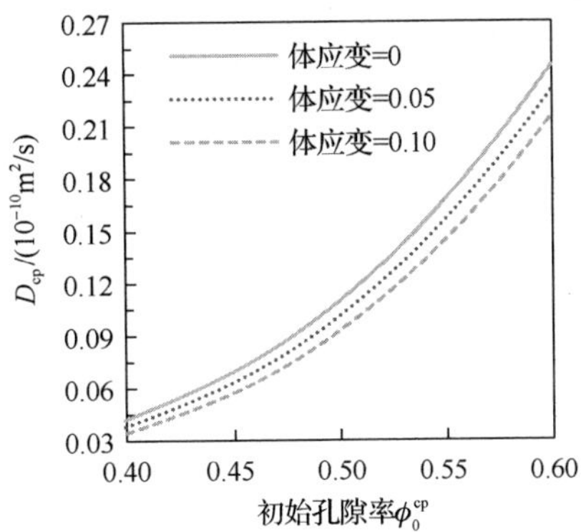

图 9.6　D_{cp}与初始孔隙率ϕ_0^{cp}的关系

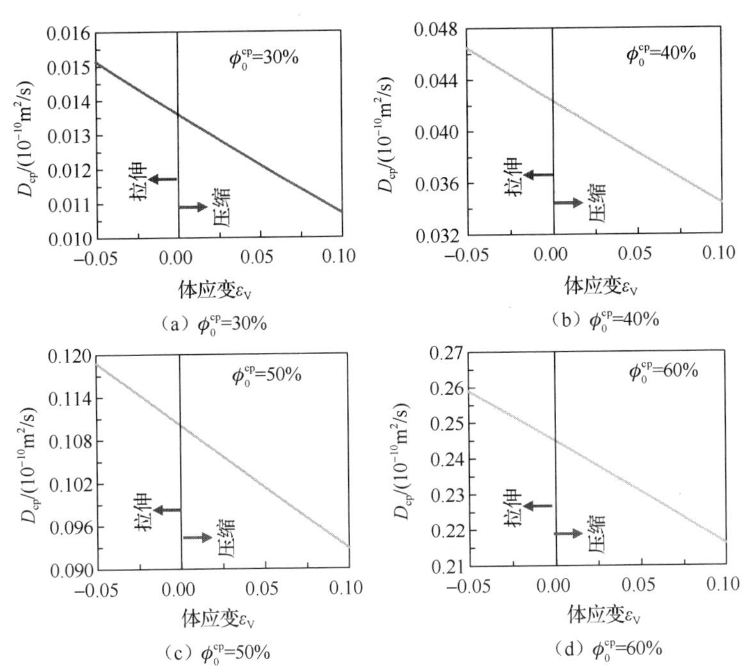

图 9.7　氯离子在砂浆基质中扩散系数D_{cp}与体应变ε_V的关系

由图 9.7 可知，压缩时（即$\varepsilon_V>0$）氯离子的扩散系数随体应变增大而减小，而拉伸时（即$\varepsilon_V<0$）则随体应变增大而增大，这与低应力水平下的试验结果是一致的[31-33]。

3．氯离子扩散行为

下面将探讨初始孔隙率及外荷载水平（以体应变来表征）对氯离子扩散行为的影响。基于 Fick 第二定律讨论荷载作用下氯离子在饱和硬化水泥净浆中的扩散行为。

为探讨初始孔隙率 ϕ_0^{cp} 及体应变 ε_V 对氯离子扩散行为的影响，设硬化水泥净浆试件暴露表面氯离子浓度 C_s 为 0.5%，根据式（9.25）及 Fick 第二定律可以得出初始孔隙率 ϕ_0^{cp} 为 30%和 50%时，以及拉伸体应变 ε_V 为−0.05 和压缩体应变 ε_V 为 0、0.05 和 0.10 情况，试件暴露表面深度 x 为 30mm 和 50mm 处的氯离子浓度随时间的变化曲线，如图 9.8 所示。

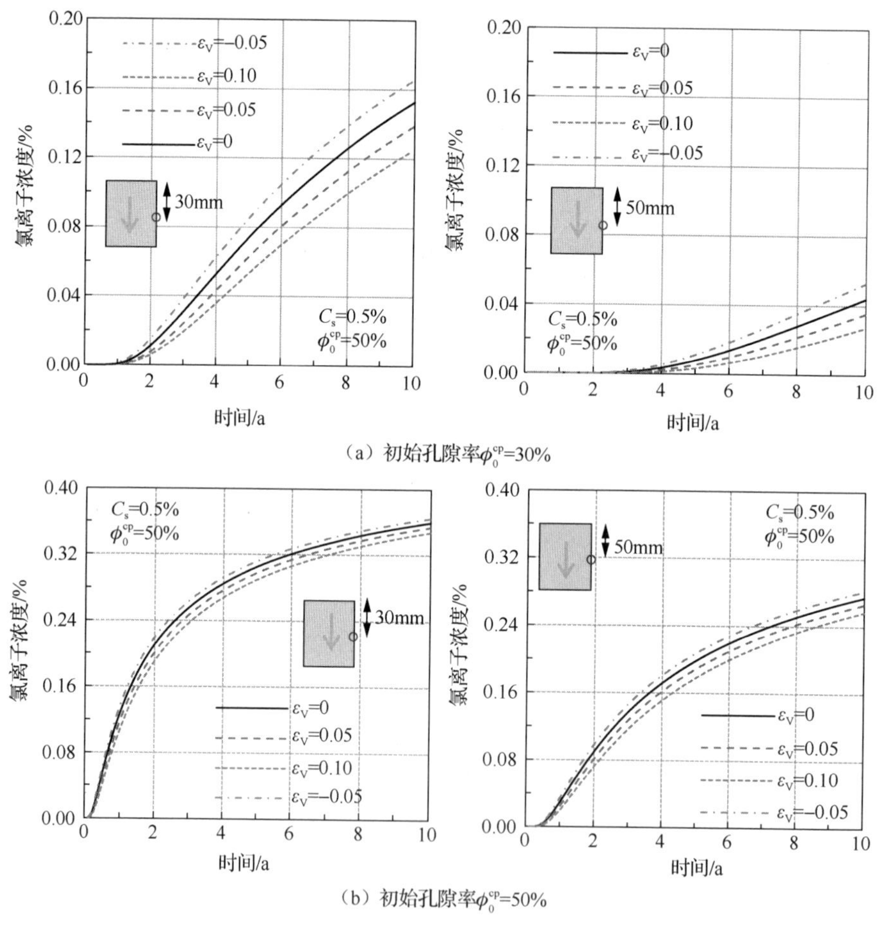

（a）初始孔隙率 ϕ_0^{cp}=30%

（b）初始孔隙率 ϕ_0^{cp}=50%

图 9.8　试件暴露面下 30mm 和 50mm 处氯离子浓度随时间变化

由图 9.8 可以看出，随着压缩体应变的增大，氯离子在硬化水泥净浆中的扩散能力减弱，尤其当初始孔隙率较低时[如图 9.8（a）所示的 30%的初始孔隙率情况]，扩散能力减弱更为明显；而当硬化水泥净浆承受拉伸荷载后，其扩散能力则明显增强。从图 9.8（a）可以看出，压缩体应变 $\varepsilon_{\mathrm{V}}=0.10$ 时，氯离子在硬化水泥净浆表面下 30mm 处浓度达到 0.12%所需要的时间要比体应变为零（无外荷载情况）时所需的时间滞后约 2a，而拉伸体应变 $\varepsilon_{\mathrm{V}}=-0.05$ 则比体应变为零时提前了 1a 左右。且随着距暴露面深度的增大，达到相同氯离子浓度时前者滞后时间长。在压缩荷载作用下，硬化水泥净浆中的毛细孔和凝胶孔在压应力作用下发生压缩变形，孔隙数量与连通性降低，氯离子在混凝土中的扩散作用进而减弱。

对比图 9.8（a）和（b）可知，相同体应变情形下，暴露表面下某位置的氯离子浓度随初始孔隙率增大而显著增大，如初始孔隙率为 50%，体应变为 0.10，暴露 10 年后，表面下 30mm 处的氯离子浓度高达 0.34%，而同等条件下初始孔隙率为 30%时的氯离子浓度仅为 0.13%。此外，对比图 9.8（a）和（b）还可以看出，初始孔隙率越小，压缩体应变对氯离子的扩散能力减弱越显著。

简而言之，初始孔隙率及外荷载水平对硬化水泥净浆中氯离子的扩散能力均产生很大的影响。

9.3.3　荷载作用下饱和混凝土扩散性能

本节旨在提出一种荷载作用下混凝土中氯离子扩散行为的简化分析理论方法。在分析中，考虑混凝土内部结构非均质性的影响，在细观尺度上将混凝土视为由粗骨料、砂浆基质、界面过渡区等组成的多相复合材料，并进一步考虑砂浆基质和界面过渡区的微观结构，采用多尺度分析方法推导各相扩散性能与微观结构的关系，进而得到混凝土的宏观扩散性能[4, 5]。

1．多尺度分析方法

在外荷载作用下，混凝土的孔隙率（特别是砂浆基质和界面过渡区的孔隙率）会发生改变，从而影响氯离子的扩散性能[34-36]。因此，这里将外荷载对氯离子在混凝土扩散行为的影响等效为孔隙率改变对氯离子扩散行为的影响。

在实际中，混凝土中绝大多数的粗骨料十分密实，因而可以假定其不可渗透，即假定氯离子在其中的扩散系数为零。砂浆基质和界面过渡区作为多孔介质，为氯离子的入侵提供了途径。因此，为了分析外荷载作用对氯离子在混凝土中扩散行为影响，需要解决两个关键问题。

（1）确定砂浆基质和界面过渡区的当前孔隙率与外荷载的关系，即需要了解外荷载对孔隙率的影响。

（2）需要建立细观组分扩散性能与孔隙率的定量的关系，并需要建立混凝土宏观扩散性能的分析方法。

这里所建立的荷载作用下氯离子在混凝土中扩散行为的理论分析模型可分为4个步骤，该模型以多尺度方法分析氯离子的扩散行为，简述如下。

（1）基于复合介质理论获得混凝土细观组分的有效弹性力学参数，包括弹性模量、泊松比、剪切模量和体积模量等。若已知砂浆基质和界面过渡区的初始孔隙率、无孔砂浆基质的力学参数，即可获得细观尺度砂浆基质和界面过渡区的有效力学参数。

（2）获得混凝土各细观组分的体应变，即基于经典的混凝土细观三相球模型确定各细观组分体应变与外荷载作用下混凝土总体应变的定量关系。

（3）基于9.3.2节的内容，确定砂浆基质和界面过渡区当前空隙率与各自体应变的定量关系，并确定其氯离子扩散系数与当前孔隙率的关系。

（4）应用复合介质均匀化理论，基于混凝土细观组分的传输扩散特性获得混凝土的宏观扩散特性。

以上各步骤中的关键参数分述如下。

1）细观组分有效弹性模量

如图9.9（a）所示，以f_{agg}、f_{cp}和f_{itz}分别代表粗骨料、砂浆基质和界面过渡区的体积分数，它们之间满足

$$f_{\mathrm{agg}}+f_{\mathrm{cp}}+f_{\mathrm{itz}}=1 \tag{9.26}$$

当混凝土细观试件的几何特征确定后，其各细观组分的体积分数即可确定。

在第3章中，将饱和混凝土视为由孔隙水和混凝土基质组成的两相复合介质，获得了饱和混凝土的有效弹性力学参数，如弹性模量与泊松比等与孔隙率ϕ定量关系。孔隙率为ϕ的水饱和材料的有效弹性模量E^*和泊松比ν^*分别为

$$E^*=\frac{9K^*\mu^*}{3K^*+\mu^*},\quad \nu^*=\frac{3K^*-2\mu^*}{6K^*+2\mu^*} \tag{9.27}$$

式中：K^*和μ^*分别为水饱和材料的宏观体积模量与剪切模量，为

$$K^*=\frac{4K_{\mathrm{m}}\mu_{\mathrm{m}}(1-\phi\phi_1)}{4\mu_{\mathrm{m}}+3K_{\mathrm{m}}\phi\phi_1},\quad \mu^*=\mu_{\mathrm{m}}(1-\phi^2) \tag{9.28}$$

式中：K_{m}和μ_{m}分别为无孔基质的体积模量和剪切模量。在这里，当无孔基质与孔隙水的力学参数确定之后，ϕ_1为常数，为

$$\phi_1 = \frac{4\mu_m(K_m - K_w)}{K_m(3K_w + 4\mu_m)} \tag{9.29}$$

根据式（9.27）～式（9.29），可计算获得孔隙率分别为 ϕ_{cp} 和 ϕ_{itz} 的砂浆基质与界面过渡区的有效弹性力学参数。

2）细观组分体应变

本节将推导外荷载作用下，混凝土各细观组分的体应变，这里采用混凝土的总体应变 ε_V^{total} 来表征外荷载作用。在经典的复合介质理论中，复合球模型被广泛用来研究复合材料的有效力学与传输扩散特性[2, 12, 21]。将混凝土视为粗骨料、砂浆基质和界面过渡区的三相复合材料，建立混凝土细观三相球模型如图 9.9（a）所示。在外荷载作用（此处指均匀径向强制位移 $\bar{u}$ ）下，三相球模型的变形如图 9.9(b)所示。三相球模型中各球的初始半径分别为 a_0、b_0 和 c_0，且有 $a_0 < b_0 < c_0$，由此可获得骨料、界面过渡区和砂浆基质的体积分数分别为 $f_{agg} = (a_0 / c_0)^3$，$f_{itz} = (b_0 / c_0)^3 - (a_0 / c_0)^3$ 和 $f_{cp} = 1 - (b_0 / c_0)^3$。变形后，球的半径分别变为 a、b 和 c。

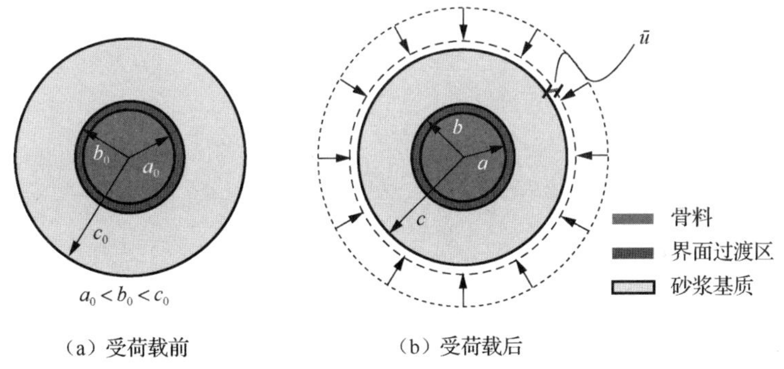

（a）受荷载前　　（b）受荷载后

图 9.9　混凝土三相球简化计算模型

骨料、砂浆基质与界面过渡区的体应变分别以 ε_V^{agg} 、ε_V^{itz} 和 ε_V^{cp} 表示，其与混凝土的总体积应变 ε_V^{total} 满足

$$\varepsilon_V^{total} = \varepsilon_V^{agg} + \varepsilon_V^{itz} + \varepsilon_V^{cp} \tag{9.30}$$

根据弹性力学理论，对于球对称力学问题，在不考虑体积力的情况下，其球坐标系下的偏微分方程有如下形式。

$$\frac{d^2 u_r}{dr^2} + \frac{2}{r}\frac{du_r}{dr} - \frac{2}{r^2}u_r = 0 \tag{9.31}$$

式中：u_r 代表弹性球的径向位移。在强制位移 $\bar{u}$ 作用下，由式（9.31）确定的骨料、砂浆基质与界面过渡区的径向位移场 u_r 和应力场 σ_r 分别为

$$\begin{cases} u_{\mathrm{rcp}} = A_{\mathrm{cp}} r + B_{\mathrm{cp}} / r^2 \\ \sigma_{\mathrm{rcp}} = 3K_{\mathrm{cp}} A_{\mathrm{cp}} - 4\mu_{\mathrm{cp}} B_{\mathrm{cp}} / r^3 \\ u_{\mathrm{ritz}} = A_{\mathrm{itz}} r + B_{\mathrm{itz}} / r^2 \\ \sigma_{\mathrm{ritz}} = 3K_{\mathrm{itz}} A_{\mathrm{itz}} - 4\mu_{\mathrm{itz}} B_{\mathrm{itz}} / r^3 \\ u_{\mathrm{ragg}} = A_{\mathrm{agg}} r \\ \sigma_{\mathrm{ragg}} = 3K_{\mathrm{agg}} A_{\mathrm{agg}} \end{cases} \tag{9.32}$$

式中：角标“cp”“itz”“agg”分别表示砂浆基质、界面过渡区和骨料；r 为到球心的距离；K 和 μ 分别为三相球的体积与剪切模量；A_{cp}、B_{cp}、A_{itz}、B_{itz} 和 A_{agg} 为 5 个待定常数。

如前所述，三相球模型中的应力分布应该是对称的，其边界条件应满足

$$\begin{cases} u_{\mathrm{rcp}} \big|_{r=c_0} = \overline{u} \\ u_{\mathrm{rcp}} \big|_{r=b_0} = u_{\mathrm{ritz}} \big|_{r=b_0} \\ \sigma_{\mathrm{rcp}} \big|_{r=b_0} = \sigma_{\mathrm{ritz}} \big|_{r=b_0} \\ u_{\mathrm{ragg}} \big|_{r=a_0} = u_{\mathrm{ritz}} \big|_{r=a_0} \\ \sigma_{\mathrm{ragg}} \big|_{r=a_0} = \sigma_{\mathrm{ritz}} \big|_{r=a_0} \end{cases} \tag{9.33}$$

根据 5 个边界条件，式（9.32）中的 5 个待定常数即可确定为

$$\begin{cases} A_{\mathrm{cp}} = \dfrac{\Theta \gamma_2}{\gamma_2 + f_{\mathrm{agg}}\gamma_3 + (f_{\mathrm{agg}} + f_{\mathrm{itz}})\gamma_4} \\ B_{\mathrm{cp}} = \dfrac{\Theta (\gamma_3 a_0^3 + \gamma_4 b_0^3)}{\gamma_2 + f_{\mathrm{agg}}\gamma_3 + (f_{\mathrm{agg}} + f_{\mathrm{itz}})\gamma_4} \\ A_{\mathrm{itz}} = \dfrac{\Theta \gamma_5}{\gamma_2 + f_{\mathrm{agg}}\gamma_3 + (f_{\mathrm{agg}} + f_{\mathrm{itz}})\gamma_4} \\ B_{\mathrm{itz}} = \dfrac{\Theta \gamma_3 a_0^3}{\gamma_2 + f_{\mathrm{agg}}\gamma_3 + (f_{\mathrm{agg}} + f_{\mathrm{itz}})\gamma_4} \\ A_{\mathrm{agg}} = \dfrac{\Theta \gamma_1}{\gamma_2 + f_{\mathrm{agg}}\gamma_3 + (f_{\mathrm{agg}} + f_{\mathrm{itz}})\gamma_4} \end{cases} \tag{9.34}$$

式中：$\Theta = 1 - \sqrt[3]{1 - \varepsilon_{\mathrm{V}}^{\mathrm{total}}}$，$\varepsilon_{\mathrm{V}}^{\mathrm{total}} = 1 - (1 - \overline{u} / c_0)^3$；$\gamma_1 = (3K_{\mathrm{cp}} + 4\mu_{\mathrm{cp}})(3K_{\mathrm{itz}} + 4\mu_{\mathrm{itz}})$；$\gamma_2 = (3K_{\mathrm{itz}} + 4\mu_{\mathrm{cp}})(3K_{\mathrm{agg}} + 4\mu_{\mathrm{itz}})$；$\gamma_3 = (K_{\mathrm{itz}} - K_{\mathrm{agg}})(9K_{\mathrm{cp}} + 12\mu_{\mathrm{cp}})$；$\gamma_4 = (K_{\mathrm{cp}} - K_{\mathrm{itz}})(9K_{\mathrm{agg}} + 12\mu_{\mathrm{itz}})$；$\gamma_5 = (3K_{\mathrm{cp}} + 4\mu_{\mathrm{cp}})(3K_{\mathrm{agg}} + 4\mu_{\mathrm{itz}})$。其中各力学参数已在前面给出，$\gamma_1 \sim \gamma_5$ 均为常数。

确定上述参数后，$r = a_0$ 和 $r = b_0$ 处的径向位移可由式（9.32）确定，从而可计算出混凝土各细观组分的体应变与总体积应变的定量关系为

$$
\begin{cases}
\varepsilon_V^{agg} = 1 - \left[1 - \dfrac{\Theta\gamma_1}{\gamma_2 + f_{agg}\gamma_3 + (f_{agg} + f_{itz})\gamma_4}\right]^3 \\
\varepsilon_V^{itz} = \left[1 - \dfrac{\Theta\gamma_1}{\gamma_2 + f_{agg}\gamma_3 + (f_{agg} + f_{itz})\gamma_4}\right]^3 - \left[1 - \dfrac{\Theta\gamma_6}{\gamma_2 + f_{agg}\gamma_3 + (f_{agg} + f_{itz})\gamma_4}\right]^3 \\
\varepsilon_V^{cp} = \varepsilon_V^{total} + \left[1 - \dfrac{\Theta\gamma_6}{\gamma_2 + f_{agg}\gamma_3 + (f_{agg} + f_{itz})\gamma_4}\right]^3 - 1
\end{cases}
\tag{9.35}
$$

式中：$\gamma_6 = \gamma_5 + \gamma_3 \dfrac{f_{agg}}{f_{agg} + f_{itz}}$。

3）细观组分氯离子扩散系数

本部分将确定混凝土各细观组分氯离子扩散特性与各自体积应变及初始孔隙率的定量关系。为了对钢筋混凝土结构进行耐久性评估和设计，国内外研究者对氯离子在砂浆基质中的扩散行为进行了大量的试验与理论研究，建立了多个关于硬化水泥净浆中氯离子扩散系数与孔隙率之间的经验和理论公式，如 Martys 等[37]、Bentz 等[38]、Zheng 和 Zhou[16]及 Bernard 和 Kamali-Bernard[36]的研究工作。其中，Zheng 和 Zhou[16]提出的理论模型与试验数据吻合良好，这里采用该理论模型。

据式（9.25），在外荷载作用下，饱和水泥砂浆基质与界面过渡区的当前孔隙率满足

$$
\begin{cases}
\phi_{cp} = \dfrac{\phi_0^{cp}}{1 - \varepsilon_V^{cp}} \left[1 - \dfrac{(3\lambda_{cp} + \gamma_{cp})\Theta_{cp}}{\gamma_{cp} + 3\lambda_{cp}\phi_0^{cp}}\right]^3 \\
\phi_{itz} = \dfrac{\phi_0^{itz}}{1 - \varepsilon_V^{itz}} \left[1 - \dfrac{(3\lambda_{itz} + \gamma_{itz})\Theta_{itz}}{\gamma_{itz} + 3\lambda_{itz}\phi_0^{itz}}\right]^3
\end{cases}
\tag{9.36}
$$

式中：$\Theta_{cp} = 1 - \sqrt[3]{1 - \varepsilon_V^{cp}}$；$\Theta_{itz} = 1 - \sqrt[3]{1 - \varepsilon_V^{itz}}$；$\lambda_{cp} = K_{cp} - K_w$；$\gamma_{cp} = 4\mu_{cp} + 3K_w$；$\lambda_{itz} = K_{itz} - K_w$；$\gamma_{itz} = 4\mu_{itz} + 3K_w$。$\phi_0^{cp}$ 和 ϕ_0^{itz} 分别为砂浆基质与界面过渡区的初始孔隙率。

据式（9.12）可知，只要砂浆基质与界面过渡区的当前孔隙率已知，则可以确定氯离子在其中的扩散系数，即为

$$
\begin{cases}
D_{cp} = \dfrac{2\phi_{cp}^{2.75} D_p}{\phi_{cp}^{1.75}(3 - \phi_{cp}) + 14.44(1 - \phi_{cp})^{2.75}} \\
D_{itz} = \dfrac{2\phi_{itz}^{2.75} D_p}{\phi_{itz}^{1.75}(3 - \phi_{itz}) + 14.44(1 - \phi_{itz})^{2.75}}
\end{cases}
\tag{9.37}
$$

将式（9.37）代入式（9.15）中，可获得荷载作用后氯离子在混凝土中的扩散系数。

2．方法验证与参数分析

1）物理及力学参数

水饱和混凝土的力学参数，包括骨料、无孔砂浆基质及水的弹性模量见表 9.2，这些参数与 Lutz 等[30]及 Du 等[2]采用的参数相同。

表 9.2　材料的力学参数[30]

材料	体积模量 K/GPa	剪切模量 μ/GPa	弹性模量 E/GPa	泊松比 ν
骨料	34.3	30.2	70	0.16
无孔砂浆基质	22.5	11.8	30.1	0.28
孔隙水	2.25	—	—	—

实际上，多孔界面过渡区的存在改变了离骨料较远处砂浆基质的结构，这里暂不考虑该影响[36]。由于界面过渡区的厚度由水泥颗粒大小决定[6, 39]，而水泥颗粒的尺寸与粗细骨料相比要小得多，这里假定界面过渡区为包围骨料表面的等厚均匀薄层。

一般来说，界面过渡区与砂浆基质的初始孔隙率之比 $\phi_0^{\mathrm{itz}}/\phi_0^{\mathrm{cp}}$ 在 1.5～2 之间[36]。Bernard 和 Kamali-Bernard[36]发现，水灰比 $w/c=0.45$ 时，相应的砂浆基质孔隙率为 22%，由此即可根据给定的 $\phi_0^{\mathrm{itz}}/\phi_0^{\mathrm{cp}}$ 值确定砂浆基质与界面的力学与扩散特性。由于界面过渡区的孔隙率并非常数，在计算中取其平均值。为了探究界面过渡区对混凝土中氯离子扩散行为的影响，取 $\phi_0^{\mathrm{itz}}/\phi_0^{\mathrm{cp}}$=1.0、1.25、1.5、1.75 和 2.0，根据孔隙率与有效扩散系数的定量关系（式（9.37）），易得砂浆基质与界面过渡区中相应的扩散系数，相应的 $D_{\mathrm{itz}}/D_{\mathrm{cp}}$ 比值亦可获得，见表 9.3。

表 9.3　不同 $\phi_0^{\mathrm{itz}}/\phi_0^{\mathrm{cp}}$ 下砂浆基质与界面过渡区的孔隙率

$\phi_0^{\mathrm{itz}}/\phi_0^{\mathrm{cp}}$	孔隙率		$D_{\mathrm{itz}}/D_{\mathrm{cp}}$
	砂浆基质	界面过渡区	
1.0	0.220*	0.220*	1.00（$D_{\mathrm{itz}}=D_{\mathrm{cp}}=4.443\times10^{-13}\ \mathrm{m^2/s}$）
1.25		0.275	2.21（$D_{\mathrm{itz}}=9.836\times10^{-13}\ \mathrm{m^2/s}$）
1.5		0.330	4.41（$D_{\mathrm{itz}}=19.57\times10^{-13}\ \mathrm{m^2/s}$）
1.75		0.385	9.14（$D_{\mathrm{itz}}=36.18\times10^{-13}\ \mathrm{m^2/s}$）
2.0		0.440	14.23（$D_{\mathrm{itz}}=63.23\times10^{-13}\ \mathrm{m^2/s}$）

*数据引自文献[36]。

由表 9.3 可知，$\phi_0^{\mathrm{itz}}/\phi_0^{\mathrm{cp}}$ 在 1.5～2 时，相应的 $D_{\mathrm{itz}}/D_{\mathrm{cp}}$ 比值在 4～15，这与 Oh 和 Jang[12]的试验结果一致。

另外，为探讨骨料体积分数对混凝土宏观氯离子扩散系数的影响，选取了 4 组不同骨料体积分数（分别为 50.0%、59.9%、65%和 75.7%）的混凝土试件（即试件-1、试件-2、试件-3 和试件-4）进行分析，见表 9.4。

表 9.4　不同骨料体积分数的混凝土试件

试件	骨料体积分数 f_{agg}/%	界面过渡区体积分数 f_{itz}/%	砂浆基质体积分数 f_{cp}/%
试件-1	50.0	4.1	45.9
试件-2	59.9*	5.8*	34.3*
试件-3	65.0	7.95	27.05
试件-4	75.7*	11.67*	12.63*

注：界面过渡区的厚度为 30μm；标有“*”的数据引自文献[21]。

正如前文所述，界面过渡区的实际厚度为 20～50μm。这里，将界面过渡区的厚度取为 30μm，这与 Garboczi 和 Bentz[21]的取值一致。根据前文所述方法，可确定给定骨料体积分数下界面过渡区与砂浆基质各自的含量（体积分数），具体值见表 9.4。

2）理论方法验证

为了验证理论分析方法的合理性与准确性，将理论分析结果与 Choinska 等[40]压缩荷载作用下氯离子扩散行为的试验结果进行对比。在 Choinska 等的试验中，混凝土的水灰比为 0.6，混凝土浇筑后置于特定温度与湿度的人工气候舱内。相关力学与物理参数详见文献[40]，然而这并未包含理论分析方法所需的全部参数。例如，混凝土试件的骨料体积分数、砂浆基质与界面过渡区的水泥水化度或初始毛细孔隙率和其他弹性力学参数并未在其文章中给出。

因此，在计算中有些参数需要进行假定：设水泥水化度为 0.9，界面过渡区的厚度为 30μm，$\phi_0^{itz}/\phi_0^{cp}=1.5$，并采用了两组骨料体积分数（50%和 59.9%）。根据这些参数，可计算出荷载作用下氯离子在混凝土中的扩散系数。理论结果与试验数据的对比如图 9.10 所示。由图 9.10 可知，理论结果比试验数据稍大，这是由于在实际情况下，混凝土受荷载作用后会或多或少地产生新微裂缝，从而为氯离子的入侵提供新的途径。本节理论分析基于弹性理论，未考虑这一点。尽管如此，仍可认为理论分析结果与试验数据吻合相对较好。

3）砂浆基质中 D_{cp} 和 ϕ_0^{cp} 关系

图 9.11 给出的是根据式（9.37）计算的砂浆基质中氯离子扩散系数 D_{cp} 与初始孔隙率 ϕ_0^{cp} 的定量关系。从图 9.11 可知，砂浆基质孔隙率对氯离子扩散系数的影响十分显著，氯离子扩散系数随孔隙率增大而急剧增大。并且，从图中可以看出，理论分析结果与 Ngala 等[41]的试验结果吻合良好，从而说明了该方法的准确

性。另外从图中可知，拉伸荷载作用（即 $\varepsilon_V = -0.05$ 时）会使氯离子在砂浆基质中的扩散系数增大，而压缩荷载作用（$\varepsilon_V = +0.05$ 时）会使其减小。

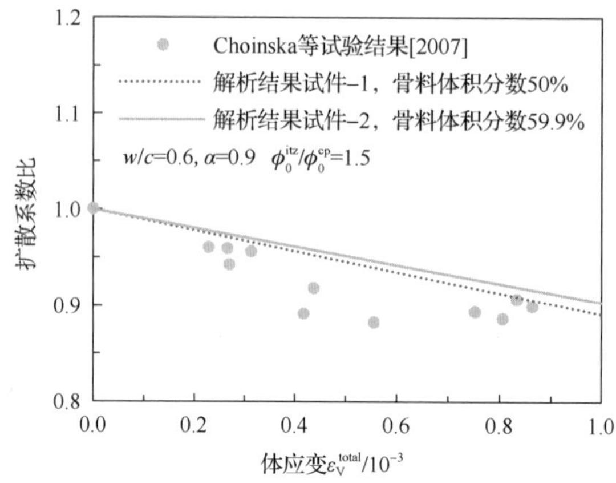

图 9.10　理论分析结果与试验结果[40]对比

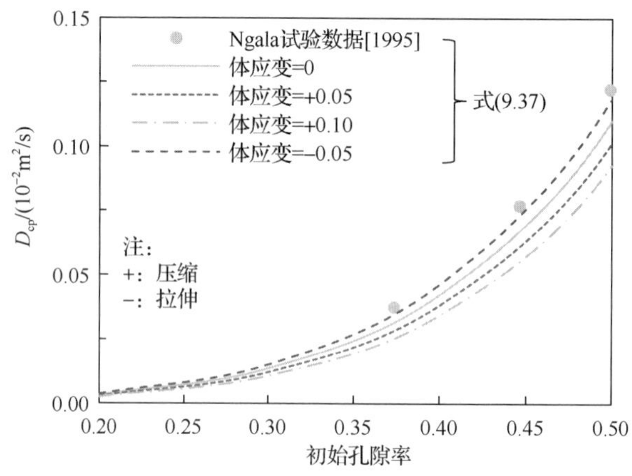

图 9.11　砂浆基质中氯离子扩散系数 D_{cp} 与外荷载作用及初始孔隙率 ϕ_0^{cp} 的关系

4）混凝土细观组分体应变

根据式(9.35)计算出 4 组不同骨料体积分数(50.0%、59.9%、65.0%和 75.7%)混凝土试件中各细观组分体应变与混凝土总应变的关系如图 9.12 所示。在图示各情形中，取 $\phi_0^{itz} / \phi_0^{cp} = 1.0$，即砂浆基质与界面过渡区的孔隙率均为 22%。由图 9.12 可知，在 4 组试件中，骨料相的体应变 ε_V^{agg} 均比砂浆基质与界面过渡区的体应变大。随着骨料的体积分数增大，界面过渡区的体积分数亦增大而砂浆基质的体积分数减小，因而砂浆基质的体应变 ε_V^{cp} 随骨料体积分数的增大而减小，而界面过渡

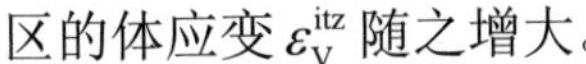
区的体应变 ε_{V}^{itz} 随之增大。

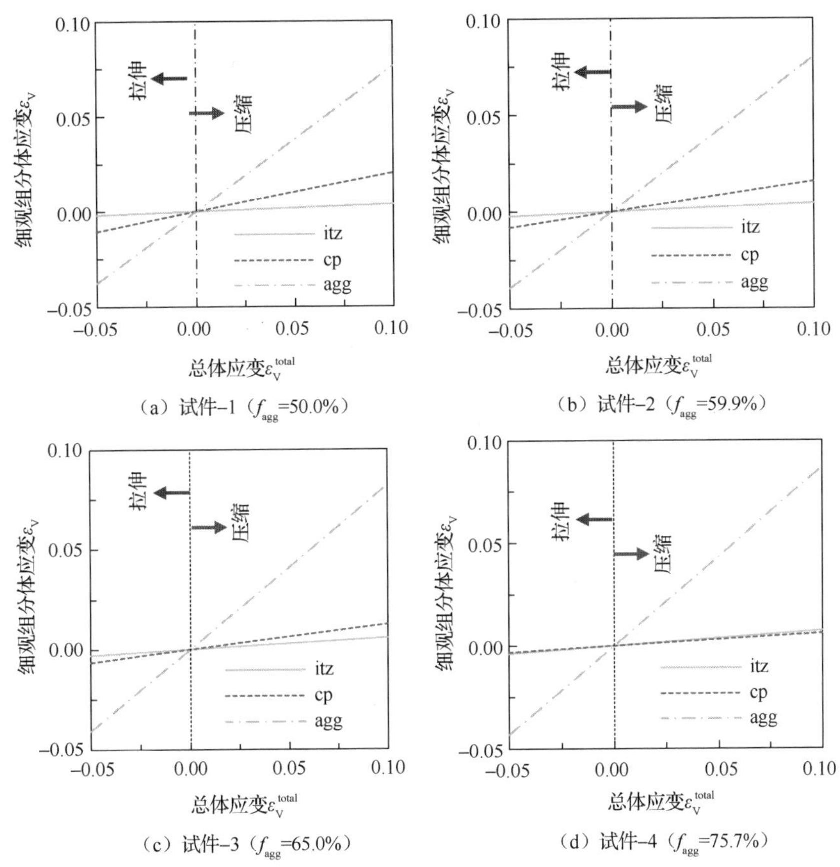

(a) 试件–1 (f_{agg}=50.0%)　(b) 试件–2 (f_{agg}=59.9%)

(c) 试件–3 (f_{agg}=65.0%)　(d) 试件–4 (f_{agg}=75.7%)

图 9.12　不同骨料体积分数下细观组分的体应变（$\phi_0^{itz}/\phi_0^{cp}=1.0$）

5）界面过渡区孔隙率的影响

界面过渡区孔隙率对混凝土细观组分体应变的影响如图 9.13 所示。由图可知，随着 ϕ_0^{itz}/ϕ_0^{cp} 值的增大，界面过渡区的 $\varepsilon_V/\varepsilon_V^*$ 比值显著增大（ε_V^* 为 $\phi_0^{itz}/\phi_0^{cp}=1.0$ 时混凝土细观组分的体应变）。随着 ϕ_0^{itz}/ϕ_0^{cp} 增大，界面过渡区初始孔隙率增大，导致其力学性能（如剪切与弹性模量）降低，而扩散传输性能提高。这将使其更加容易变形，因而相应的体应变线性增大。另外，对于骨料，其 $\varepsilon_V/\varepsilon_V^*$ 值随 ϕ_0^{itz}/ϕ_0^{cp} 增大而减小。

基于前述理论分析方法，按式（9.36）计算界面过渡区当前孔隙率 ϕ_{itz} 与外荷载作用（即体应变 ε_V^{itz}）及初始孔隙率的关系，并按式（9.37）计算界面过渡区扩散系数 D_{itz} 与初始孔隙率 ϕ_0^{itz} 的关系，如图 9.14 所示。可知，界面过渡区当前孔隙率随压应变增大而减小，随拉应变增大而增大。另外，界面过渡区的氯离子扩散系数亦随压应变的增大而减小，随拉应变增大而增大。这与低水平荷载作用下的试验数据[31, 42]一致。

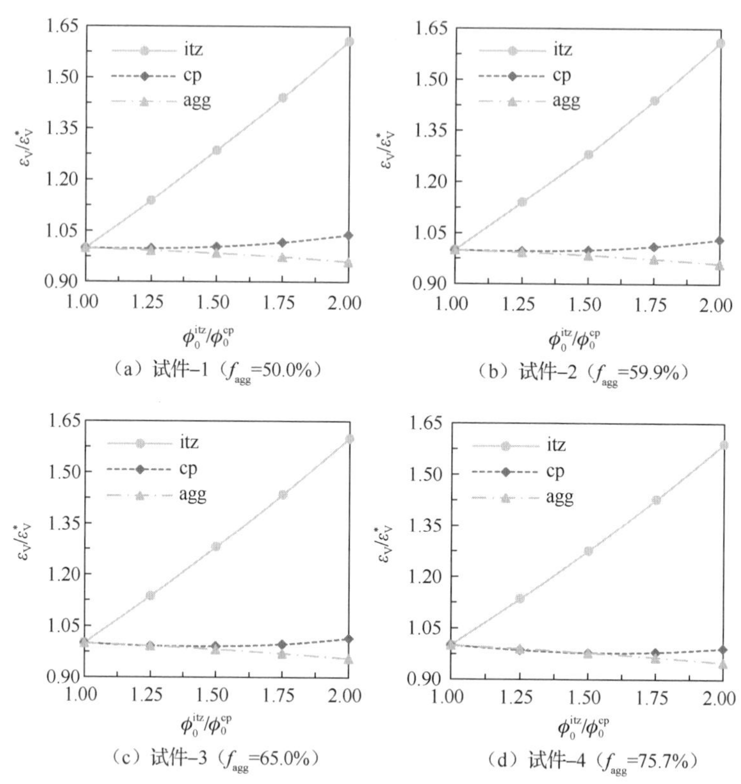

图 9.13　界面过渡区孔隙率对混凝土细观组分体应变的影响

在不同的 ϕ_0^{itz}/ϕ_0^{cp} 下，外荷载作用（即体应变 ε_V^{itz}）对混凝土宏观有效扩散性能的影响如图 9.15 所示。由图可知，在拉伸与压缩情形下，外荷载作用均会影响氯离子在混凝土中的扩散性能，然而，该影响相对较小。另外，不同 ϕ_0^{itz}/ϕ_0^{cp} 下，混凝土中氯离子的扩散系数差别非常大，氯离子扩散系数随 ϕ_0^{itz}/ϕ_0^{cp} 增大而显著增大，这说明了在分析中考虑界面过渡区的重要性。

6）骨料体积分数的影响

为了分析骨料体积分数对混凝土宏观扩散性的影响，取 4 组不同骨料体积分数（50.0%、59.9%、65.0%和 75.7%）的混凝土试件进行计算。在计算中，界面过渡区的厚度取为 30μm。计算所得的不同骨料体积分数下混凝土中与砂浆基质中有效扩散系数的比值 D_{eff}/D_{cp} 如图 9.16 所示。

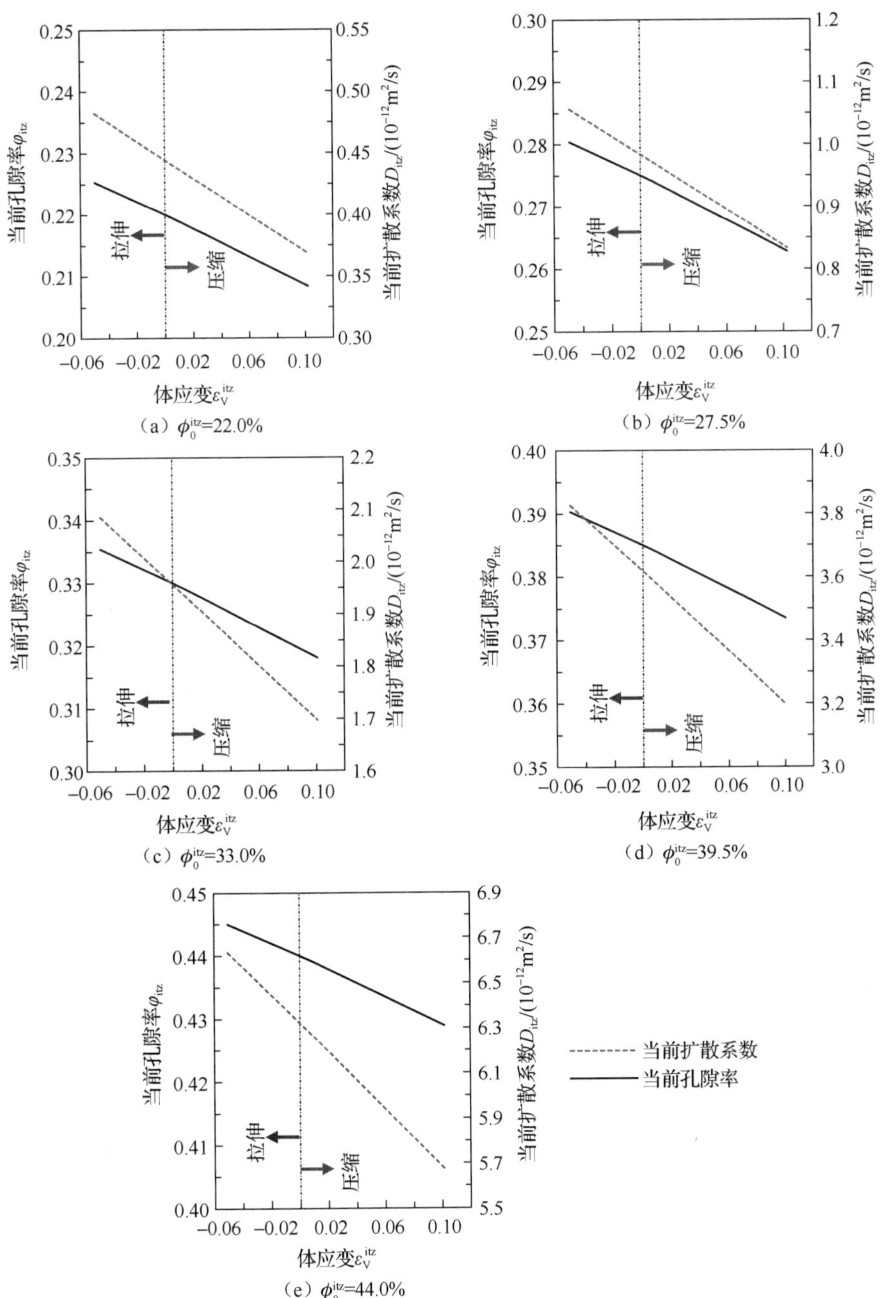

图 9.14　界面过渡区体应变对其当前孔隙率 ϕ_{itz} 及氯离子扩散系数的影响 D_{itz}

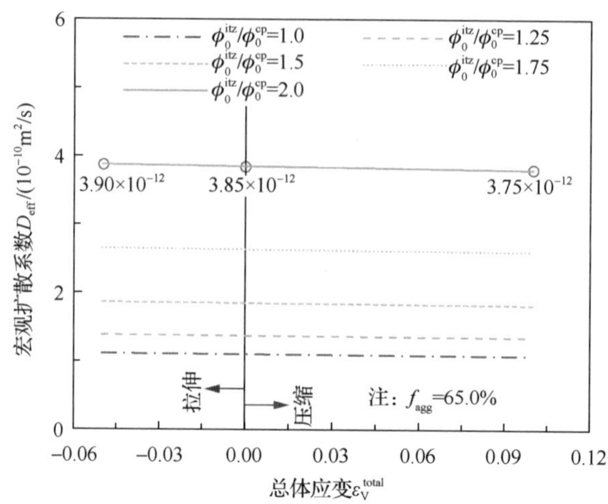

图 9.15　ϕ_0^{itz}/ϕ_0^{cp} 比值对外荷载作用下混凝土宏观扩散系数 D_{eff} 的影响

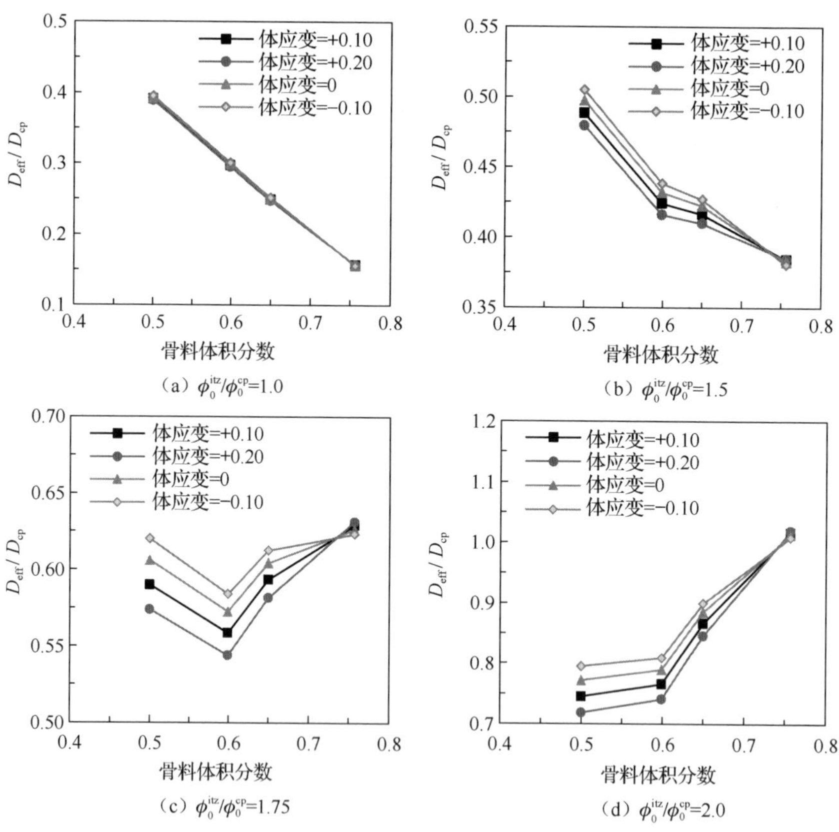

图 9.16　骨料体积分数对混凝土硬化水泥净浆扩散系数之比 D_{eff}/D_{cp} 的影响

水泥砂浆基质中骨料的影响体现在 4 个方面：稀释（dilution）、曲折（tortuosity）、界面过渡区（ITZ）和渗漏（percolation）。一般而言，稀释和曲折降低混凝土的扩散渗透性能，而界面过渡区与渗漏作用则提高之。由图 9.16 可知，不同 $\phi_0^{\mathrm{itz}}/\phi_0^{\mathrm{cp}}$ 情形下，骨料体积分数的影响差别较大。

当 $\phi_0^{\mathrm{itz}}/\phi_0^{\mathrm{cp}}=1$ 时，即界面过渡区与砂浆基质中的扩散系数完全相同时，在低水平外荷载作用下，扩散系数比 $D_{\mathrm{eff}}/D_{\mathrm{cp}}$ 随着骨料体积分数的增大而线性减小[图 9.16（a）]。并且，当骨料体积分数大于 50%时，外荷载作用对混凝土宏观扩散渗透性能的影响几乎可以忽略。

当 $\phi_0^{\mathrm{itz}}/\phi_0^{\mathrm{cp}}=1.5$（相应的界面过渡区与砂浆基质中氯离子扩散系数比 $D_{\mathrm{itz}}/D_{\mathrm{cp}}=4.41$）时，若骨料体积分数较小（如 $f_{\mathrm{agg}}<65\%$），外荷载作用对混凝土的宏观扩散性能影响非常大[图 9.16（b）]。当骨料体积分数增大时，界面过渡区和砂浆基质的体积分数相应减小，使混凝土的孔隙率变小，从而受外荷载作用的影响非常小，从图 9.16（c）和（d）亦可得同样结论。

当 $\phi_0^{\mathrm{itz}}/\phi_0^{\mathrm{cp}}=1.75$（界面过渡区与砂浆基质中氯离子扩散系数比 $D_{\mathrm{itz}}/D_{\mathrm{cp}}=9.41$）时，扩散系数比 $D_{\mathrm{eff}}/D_{\mathrm{cp}}$ 随着骨料体积分数的增大而先减小后增大。而当 $\phi_0^{\mathrm{itz}}/\phi_0^{\mathrm{cp}}=2.0$（相应的界面过渡区与砂浆基质中氯离子扩散系数比 $D_{\mathrm{itz}}/D_{\mathrm{cp}}=14.23$）时，扩散系数比 $D_{\mathrm{eff}}/D_{\mathrm{cp}}$ 随着骨料体积分数的增大而增大。这两种情形下的结果与已有文献中的试验结果不同，现有试验结果（如文献[43]）表明，随着骨料体积分数的增大，混凝土的宏观扩散性能显著降低。

以上分析结果说明了在分析中合理选用界面过渡区与砂浆基质扩散系数比 $D_{\mathrm{itz}}/D_{\mathrm{cp}}$（或 $\phi_0^{\mathrm{itz}}/\phi_0^{\mathrm{cp}}$）的重要性，并说明骨料体积分数对混凝土的扩散性能影响很大。

3. 氯离子扩散行为

本节将基于 Fick 第二定律探讨骨料体积分数与外荷载作用（即体应变 $\varepsilon_{\mathrm{V}}^{\mathrm{itz}}$）对混凝土中氯离子扩散行为的影响。

为分析骨料体积分数、$\phi_0^{\mathrm{itz}}/\phi_0^{\mathrm{cp}}$ 比和混凝土总体积应变对氯离子扩散系数的影响，基于前述多尺度理论分析方法，做出不同骨料体积分数和不同 $\phi_0^{\mathrm{itz}}/\phi_0^{\mathrm{cp}}$ 比值下暴露 5a 和 40a 氯离子浓度随深度的变化曲线，如图 9.17 所示。在计算中，取混凝土试件表面氯离子浓度为 0.5%。

由图 9.17 可知，在不同荷载水平下，氯离子浓度随深度的变化曲线十分相近，压缩荷载对氯离子的扩散有轻微的减弱作用，而拉伸荷载起轻微促进作用。

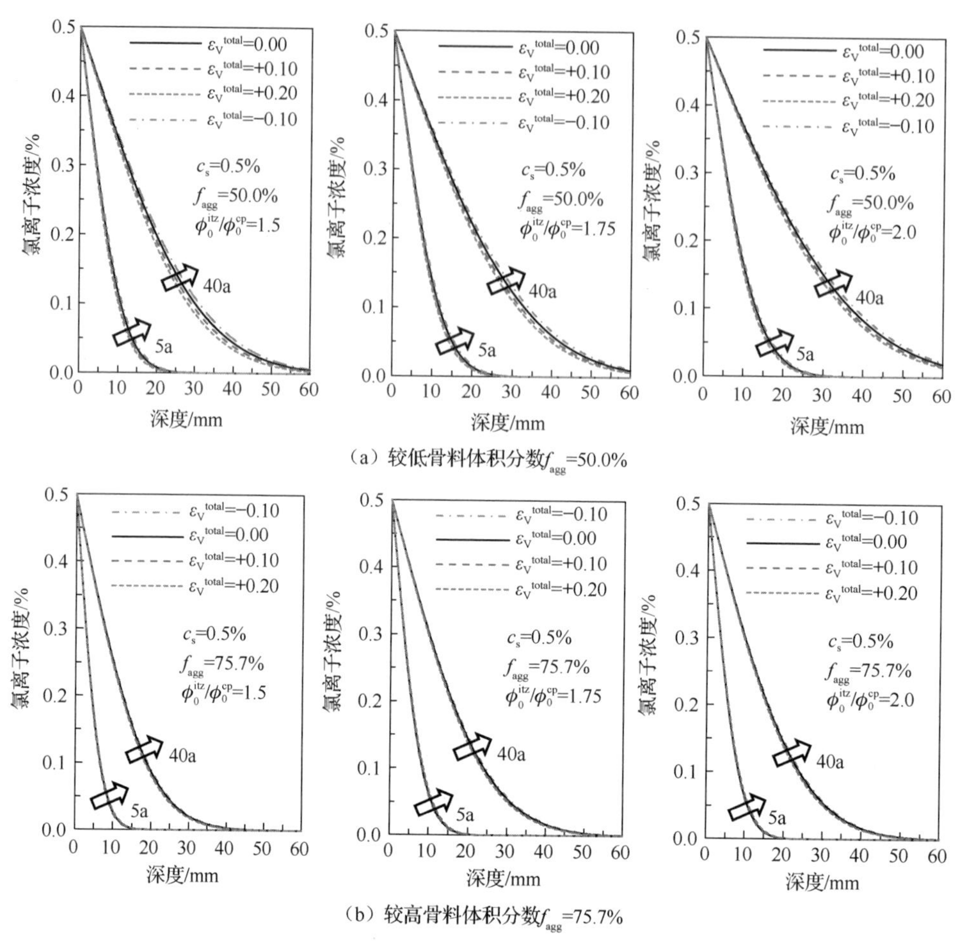

(a) 较低骨料体积分数f_{agg}=50.0%

(b) 较高骨料体积分数f_{agg}=75.7%

图 9.17　暴露 5a 和 40a 后氯离子浓度随深度的变化曲线

图 9.18 给出的是不同ϕ_0^{itz}/ϕ_0^{cp}比值（1.5、1.75 和 2.0）暴露表面下 30mm、35mm 和 40mm 处氯离子浓度随时间的变化曲线。由图 9.18 可知，氯离子扩散性能随压缩应变增大而减小，随拉伸应变的增大而增大。由图 9.18（a）可知，对骨料体积分数为 50%的混凝土试件，在无荷载作用时，30mm 深度处的氯离子浓度达到 0.003%，需要 8.6a 的时间，而当压缩体应变为 0.2 时需要 10.0a，拉伸体应变为 0.1 时则只需 8.0a。

对比图 9.18 各图可知，当界面过渡区的孔隙率相对较低（如当$\phi_0^{itz}/\phi_0^{cp}=1.5$）时，外荷载对氯离子的影响较大：当界面过渡区初始孔隙率为 44.0%（$\phi_0^{itz}/\phi_0^{cp}=2.0$）、压缩体应变为 0.1 时，经过 10a 的暴露期，混凝土中距暴露表面 30mm 处的氯离子浓度为 0.017%；而当初始孔隙率为 38.5%（$\phi_0^{itz}/\phi_0^{cp}=1.75$）和 33%（$\phi_0^{itz}/\phi_0^{cp}=1.5$）时，同等条件下氯离子浓度分别为 0.008%和 0.003%。简言之，混凝土初始孔隙率越小，外荷载作用对其传输扩散性能的影响越大。众多试验与数值研究结果（如 Zhutovsky 和 Kovler[44]及 Bentz 等[45]的工作）表明，氯离子在孔隙率较低的高性能混凝土中的扩散行为对外荷载作用更加敏感，这里亦得同样结论。

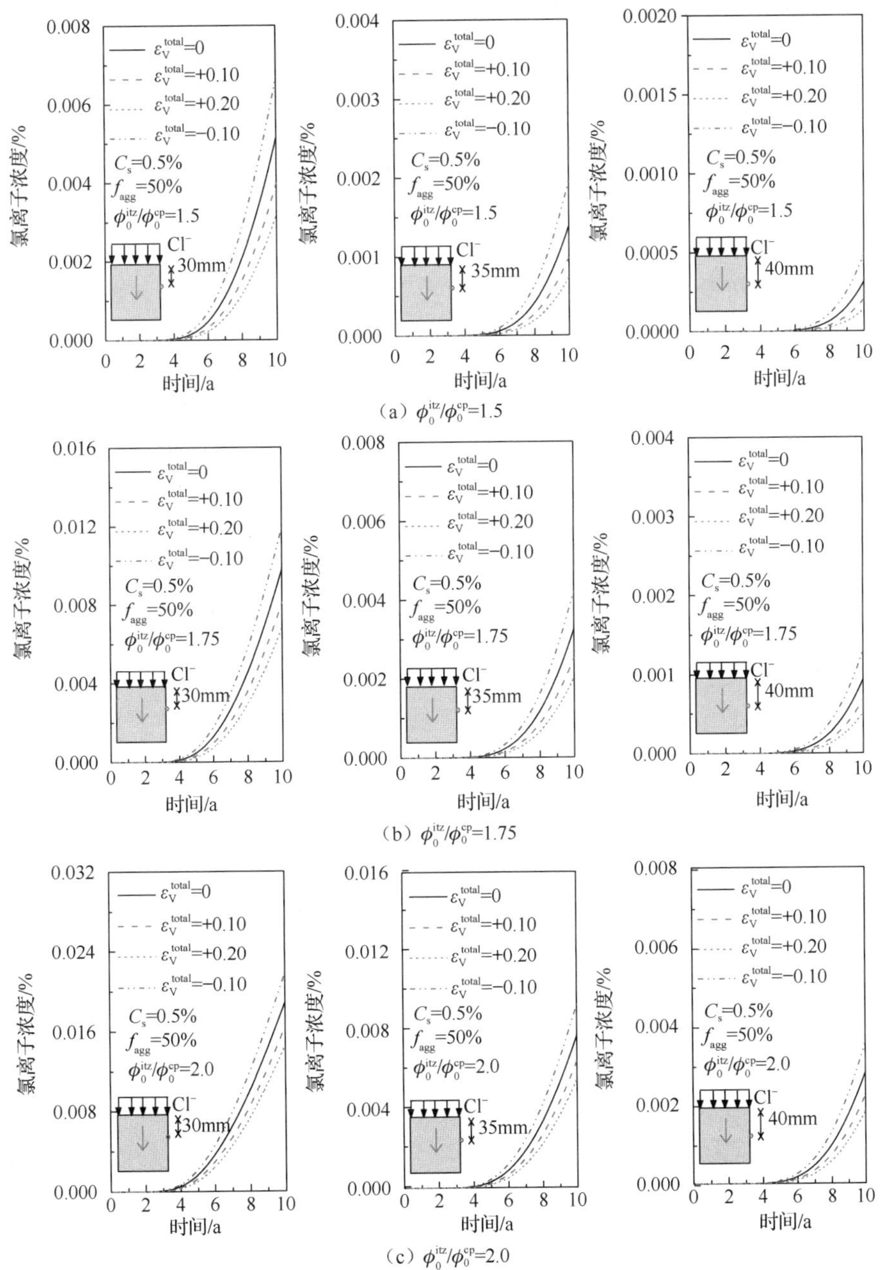

（a）ϕ_0^{itz}/ϕ_0^{cp}=1.5

（b）ϕ_0^{itz}/ϕ_0^{cp}=1.75

（c）ϕ_0^{itz}/ϕ_0^{cp}=2.0

图 9.18　同深度处氯离子深度随时间变化曲线

在压缩荷载作用下，砂浆基质和界面过渡区中的孔隙变小，孔隙数量与孔隙之间的连通亦会减少。因此，氯离子在混凝土中的扩散性能会被减弱。而拉伸荷载作用的影响与之相反。尽管如此，在低水平荷载作用下，特别是当混凝土处于弹性阶段时，其孔隙率变化并不大，从而使其对氯离子扩散性能的影响非常小。实际上，正如 Choinska 等[40]所指出，在高水平荷载作用下，混凝土中会产生新的微裂缝，从而为氯离子侵入提供新的通道。

图 9.17 和图 9.18 的结果表明，对于氯离子在混凝土中的扩散行为，单纯从弹性阶段孔隙率的变化来考虑外荷载作用，其影响非常小，在后续工作中需要考虑混凝土在外荷载作用下所产生的微裂缝的影响。

9.3.4 分析与讨论

基于本节所建立的低水平荷载作用下弹性阶段混凝土中氯离子扩散行为的多尺度分析理论模型可以得到如下结论：①氯离子在多孔介质（砂浆基质和界面过渡区）中扩散性随孔隙率增大而显著增大；②孔隙率较低时，混凝土中氯离子的扩散行为对外荷载作用更加敏感；③氯离子在混凝土中的宏观扩散性能随压应变增大而轻微减弱，随拉应变增大而轻微增强；④荷载作用下，混凝土弹性阶段孔隙率的变化对氯离子扩散行为的影响非常小，在后续工作中需要考虑混凝土在外荷载作用下所产生的微裂缝的影响。

9.4 混凝土中氯盐扩散行为细观数值分析

混凝土是一种成分复杂的多相复合材料，其性能在很大程度上取决于各相的分布、大小、形状以及各相自身的物理化学性能等许多因素。并且，由于混凝土内部细观结构难以直接进行试验观测，人们通常采用具有很强适用性的数值方法解决此类问题。本节从细观角度出发，考虑混凝土材料的非均质性，将混凝土看作由骨料、砂浆基质及界面过渡区等组成的多相复合材料，对氯离子在无/有应力加载状态及开裂混凝土中的扩散行为进行了细观数值模拟，研究了混凝土细观结构参数、应力水平、裂缝宽度及深度因素等对氯离子扩散性能的影响[6-11]。

9.4.1 控制方程及有限元离散化和时间积分

质量扩散方程采用 Fick 方程的扩展形式，其中的基本变量为归一化浓度，$\phi = C/s$。其中：C 为质量浓度，s 为基体材料的溶解度。

基于质量守恒定律[46]，可以得知质量扩散问题满足：

$$\int_V \frac{\mathrm{d}C}{\mathrm{d}t}\mathrm{d}V + \int_S \boldsymbol{nJ}\mathrm{d}S = 0 \tag{9.38}$$

式中：V 为表面 S 任意体积；$\boldsymbol{n}$ 为 S 面的外法向矢量；$\boldsymbol{J}$ 为溶度扩散通量；$\boldsymbol{nJ}$ 为穿过表面 S 的浓度通量。对式（9.38）采用散度定理，可得知：

$$\int_V \left(\frac{\mathrm{d}C}{\mathrm{d}t} + \frac{\partial}{\partial X}\boldsymbol{J}\right)\mathrm{d}V = 0 \tag{9.39}$$

由于 V 是任意的，那么式（9.39）满足：

$$\frac{\mathrm{d}C}{\mathrm{d}t} + \frac{\partial}{\partial X}\boldsymbol{J} = \boldsymbol{0} \tag{9.40}$$

式（9.40）的等效弱积分形式为

$$\int_V \delta\phi\left(\frac{\mathrm{d}C}{\mathrm{d}t} + \frac{\partial}{\partial X}\boldsymbol{J}\right)\mathrm{d}V = 0 \tag{9.41}$$

式中：$\delta\phi$ 为任意的连续的标量。对式（9.41）进行简单的变换，可得

$$\int_V \left[\delta\phi\left(\frac{\mathrm{d}C}{\mathrm{d}t}\right) + \frac{\partial}{\partial X}(\delta\phi\boldsymbol{J}) - \boldsymbol{J}\frac{\partial\delta\phi}{\partial X}\right]\mathrm{d}V = 0 \tag{9.42}$$

对式（9.42）运用散度定理，得知

$$\int_V \left[\delta\phi\left(\frac{\mathrm{d}C}{\mathrm{d}t}\right) - \boldsymbol{J}\frac{\partial\delta\phi}{\partial X}\right]\mathrm{d}V + \int_S \delta\phi\boldsymbol{nJ}\mathrm{d}S = 0 \tag{9.43}$$

扩散问题可以认为是由化学势梯度产生，满足如下方程：

$$\boldsymbol{J} = -s\boldsymbol{D}\left[\frac{\partial\phi}{\partial X} + \kappa_{\mathrm{S}}\frac{\partial}{\partial X}\ln(\theta - \theta^{\mathrm{Z}}) + \kappa_{\mathrm{p}}\frac{\partial p}{\partial X}\right] \tag{9.44}$$

式中：$\boldsymbol{D}$ 为扩散系数；s 为溶解度；κ_{S} 表征索瑞效应（Soret effect）的系数，表征温度梯度的影响；θ 为温度；θ^{Z} 表示绝对零温度值；κ_{p} 压缩应力系数，表征等效压缩应力梯度的影响。

虚归一化浓度场的离散形式可表示为

$$\delta\phi = \boldsymbol{N}^{\mathrm{N}}\delta\phi^{\mathrm{N}} \tag{9.45}$$

式中：$\boldsymbol{N}^{\mathrm{N}}(S_i)$ 为插值函数，S_i 为材料坐标，$i=1,2,3$；ϕ^{N} 为离散量。

本节中暂不考虑温度梯度和压缩应力梯度的影响，即 $\kappa_{\mathrm{S}}=0$，$\kappa_{\mathrm{p}}=0$，则离散方程可以表示为

$$\int_V \left[\boldsymbol{N}^{\mathrm{N}}\left(s\frac{\mathrm{d}\phi}{\mathrm{d}t} + \phi\frac{\mathrm{d}s}{\mathrm{d}\theta}\frac{\mathrm{d}\theta}{\mathrm{d}t}\right) + \frac{\partial\boldsymbol{N}^{\mathrm{N}}}{\partial X}sD\frac{\partial\phi}{\partial X}\right]\mathrm{d}V = \int_S \boldsymbol{N}^{\mathrm{N}}q\mathrm{d}S \tag{9.46}$$

式中：q 为进入表面 S 的浓度通量，$q=-\boldsymbol{nJ}$。

氯离子瞬态扩散行为数值计算中的时间积分采用后欧拉法，则式（9.46）的积分方程形式为

$$\int_V \left[\boldsymbol{N}^{\mathrm{N}} \left(s\frac{\phi - \phi_t}{\Delta t} + \phi \frac{\mathrm{d}s}{\mathrm{d}\theta}\frac{\mathrm{d}\theta}{\mathrm{d}t} \right) + \frac{\partial \boldsymbol{N}^{\mathrm{N}}}{\partial X} sD \frac{\partial \phi}{\partial X} \right] \mathrm{d}V = \int_S \boldsymbol{N}^{\mathrm{N}} q \mathrm{d}S \tag{9.47}$$

雅可比矩阵的贡献可由式（9.47）对应于 ϕ 在时间 $t+\Delta t$ 的变化获得，则知

$$\int_V \left[\left(\frac{s}{\Delta t} + \frac{\mathrm{d}s}{\mathrm{d}\theta}\frac{\mathrm{d}\theta}{\mathrm{d}t} \right) \boldsymbol{N}^{\mathrm{N}} \boldsymbol{N}^{\mathrm{M}} + \frac{\partial \boldsymbol{N}^{\mathrm{N}}}{\partial X} sD \frac{\partial \boldsymbol{N}^{\mathrm{M}}}{\partial X} + S \frac{\partial \boldsymbol{N}^{\mathrm{N}}}{\partial X} \frac{\partial \boldsymbol{D}}{\partial X} \frac{\partial \phi}{\partial X} \boldsymbol{N}^{\mathrm{M}} \right] \mathrm{d}V = \int_S \boldsymbol{N}^{\mathrm{N}} q \mathrm{d}S \tag{9.48}$$

9.4.2 无应力状态下氯盐扩散行为

1．混凝土氯盐扩散细观数值模型

1）混凝土细观结构形式

借助混凝土细观结构特征，建立了混凝土氯盐扩散行为模拟的二维细观随机骨料数值模型（图 9.19），其尺寸为 100mm × 100mm。

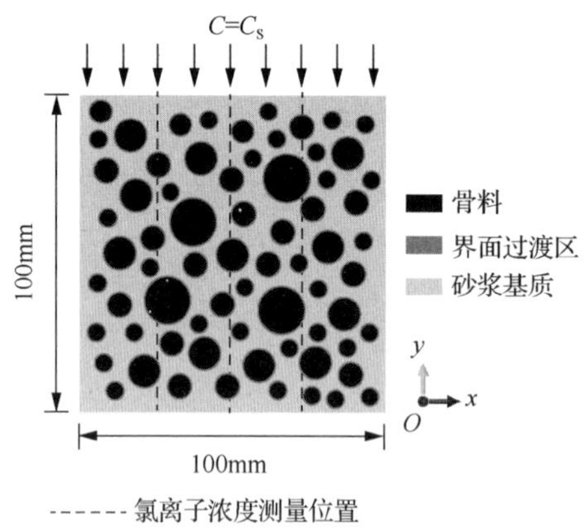

图 9.19　混凝土中氯扩散行为细观模型

2）细观组分扩散特性

混凝土细观组分的渗透特性由其孔隙率决定。相比于砂浆基质和界面过渡区，骨料较为密实，具有很低的孔隙率，因此可以假定骨料不具有渗透能力，即氯离子在骨料中扩散系数 D_{agg} 为零。

细观尺度下，硬化砂浆基质可看作为均匀的介质。在微观尺度下，硬化砂浆基质可看作由未水合的水泥颗粒、水化产物、砂及充满水和空气的孔隙网络组成。国内外研究者为确定氯离子在砂浆基质中的扩散能力，做了大量的试验及理论研究工作，并提出了一些关于砂浆基质中氯离子扩散系数与孔隙率之间的经验和理论公式。这里仍采用 Zheng 和 Zhou[16]提出的解析解，即式（9.12）。

界面过渡区中氯离子扩散系数 D_{itz} 的选取，与界面过渡区厚度 h 的选取紧密关联[47]。Ping 等[48]研究发现界面过渡区厚度为 20μm 时，$D_{itz}/D_{cp}=10$；Breton 等[49]试验数据表明，当界面过渡区厚度为 20μm 时，界面过渡区的有效扩散系数 D_{itz} 是砂浆基质扩散系数 D_{cp} 的 6～12 倍；Delagrave 等[50]试验结果表明 D_{itz} 是 D_{cp} 的 6～10 倍，而 Shane 等[51]认为 D_{itz} 是 D_{cp} 的 2～7 倍；Oh 和 Jang[12]试验研究表明当界面过渡区厚度为 20μm 时 D_{itz} 约是 D_{cp} 的 7 倍。

需要说明的是，由于计算量的限制，在数值计算中选择的界面过渡区厚度一般很难和实际的界面过渡区厚度（即 30～80μm[50]）相一致。相比 Šavija 等[52]关于混凝土中氯离子扩散行为数值研究中界面过渡区厚度取用的 1000μm，这里选用的 500μm 厚度更接近于实际的界面过渡区厚度。

3）初边值条件与有限元网格划分

数值模型的边界条件为：顶面边界氯离子浓度 $C_s = 1.5\%$（占混凝土质量比），混凝土试件内部的初始氯离子浓度 $C_0 = 0$。采用有限元法对非均质混凝土中氯离子的扩散行为进行研究，采用四节点线性热传导单元来划分混凝土试件，网格平均尺寸为 0.5mm，图 9.19 所示的混凝土共划分为 51472 个单元。

2．细观数值模型验证

为验证上文数值方法的可靠性和准确性，对 Mangat 和 Molloy[53]关于氯离子在混凝土中扩散性能的试验（选用“Mix A”的试验结果）进行数值研究。考虑到计算量的限制，参同文献[23]和文献[24]，采用二维尺度细观数值模型（图 9.19）来研究氯离子的扩散行为。实际的混凝土试件中骨料颗粒形状并非圆形（球形），但是正如下文数值结果所证明的，骨料形状对氯离子的宏观扩散性能影响很小。图 9.19 所示的混凝土试件中骨料体积分数约为 35%（与文献[52]相同），骨料尺寸分布为 6mm、8mm、10mm 和 14mm。

相比砂浆基质及界面过渡区，骨料的渗透性非常弱，这里假定氯离子在骨料中的扩散系数 D_{agg} 为零。在 Mangat 和 Molloy[53]试验中，水灰比 w/c 为 0.4，试验获得的氯离子宏观扩散系数为 5.736×10^{-9}m/s。对于图 9.19 所示的混凝土细观结构，骨料体积分数 f_{agg}，骨料尺寸分布及界面过渡区的厚度（即 $h = 0.5$mm）为已知，故而可以求得界面过渡区的体积分数 f_{itz}，即为 $f_{itz} = 8.39\%$。同文献[52]，氯离子在界面过渡区中的扩散系数是水泥砂浆基质中的 3 倍。鉴于此，可以通过反演计算法[式（9.13）和式（9.14）]分别获得砂浆基质和界面过渡区中的扩散系数，$D_{cp} = 8.691\times10^{-9}\text{m}^2/\text{s}$ 和 $D_{itz} = 3D_{cp} = 26.073\times10^{-9}\text{m}^2/\text{s}$。

选用图 9.19 中所示“虚线”区域 3 组计算结果的均值来和试验数据及理论解析结果[参见式（9.1）和式（9.3）]进行对比研究。需要说明的是，这里所述的解析结果是由多尺度均匀化方法来确定的（参见 9.3 节）。

基于前述数值方法对混凝土中氯离子扩散行为进行了研究，图 9.20 所示的本节数值模拟结果与试验数据[53]及解析结果（Fick 第二定律）吻合很好，证明了该细观数值方法的可靠性和可行性。

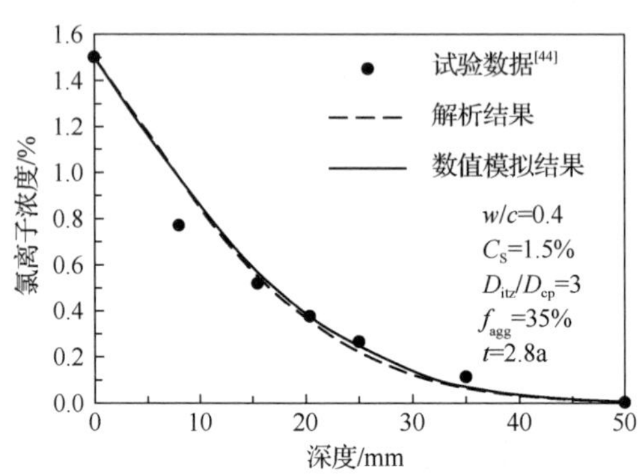

图 9.20　本节数值模拟结果与试验数据及解析结果对比

3．相关参数影响分析

本节旨在探讨骨料分布形式、骨料形状、界面过渡区的扩散性能、水灰比及骨料体积分数对混凝土中氯离子宏观扩散性质的影响，对表 9.5 给出的工况进行数值研究。以下数值案例中，试件的边界浓度 C_s 设为 0.5%，界面过渡区厚度 h 为 500μm，水化度 α 设定为 0.8。根据这些给定的参数，即水灰比 w/c、水化度 α、D_p 和 n 可通过式（9.12）推导获得砂浆基质的扩散系数 D_{cp}，进而根据表 9.5 可以获得界面过渡区的扩散系数 D_{itz}。这里，认为骨料相是不可渗透的，即 $D_{agg}=0$。

表 9.5　敏感性分析采用参数

工况	细观结构参数				
	界面过渡区厚度	骨料形状	D_{itz}/D_{cp}	w/c	骨料体积分数 f_{agg}
（Ⅰ）	500 μm	圆形	5	0.4	35%
（Ⅱ）		圆形，椭圆，方形	5	0.4	35%
（Ⅲ）		圆形	1, 3, 5, 8	0.4	35%
（Ⅳ）		圆形	5	0.4～0.7	35%
（Ⅴ）		圆形	1, 2, 2.5, 2.7, 5	0.45	0～60%

1）骨料分布形式

3 组具有不同骨料分布的混凝土试件（具有相同的骨料体积分数，即 35%），暴露在浓度为 0.5%的氯离子溶液中 4a 后的氯离子浓度分布云图如图 9.21 所示。从图 9.21 可以看出，3 组试件氯离子浓度等值面的位置基本相同。图 9.22 给出该 3 组混凝土试件在暴露不同时间后（包括 0.64a、2a 和 4a）不同深度处的氯离子浓度，可以发现 3 组骨料分布下的浓度-深度曲线几乎完全重合。这些结果表明骨料的随机分布形式基本不影响氯离子在混凝土中的宏观扩散特性。

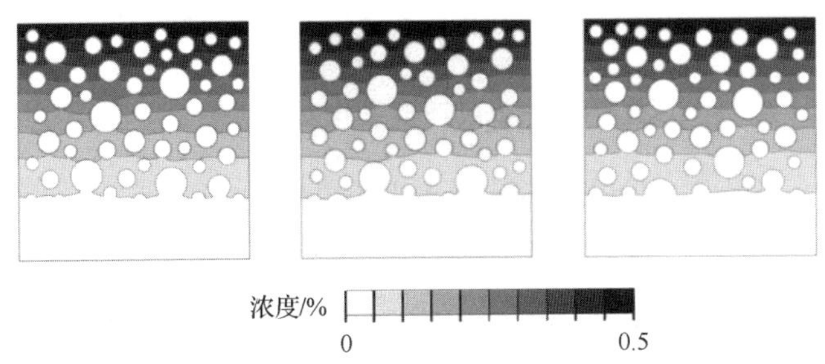

图 9.21　不同骨料分布下混凝土试件氯离子浓度分布云图（t=4.0a）

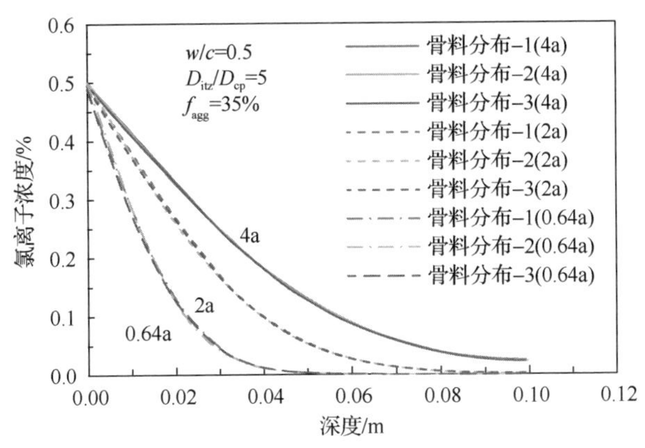

图 9.22　不同深度处混凝土试件氯离子浓度分布

2）骨料形状

为研究骨料颗粒形状对氯离子宏观扩散性能的影响，建立了圆形、椭圆形及方形 3 组骨料形状的混凝土试件。表面暴露在 0.5%浓度的氯离子溶液中 4a 后，该 3 组试件中的氯离子浓度分布如图 9.23 所示。图 9.24 为不同暴露时间下 3 组试件不同深度处的氯离子浓度分布情况。虽然混凝土中氯离子的宏观扩散性能受到孔隙系统曲折性的影响，但从图 9.23 和图 9.24 的数值结果不难发现骨料形状对氯离子宏观扩散行为影响微小。该结果与 Li 等[54]研究结果一致。简言之，骨料形状对氯离子在混凝土中宏观扩散性能的影响可忽略。

3）界面过渡区扩散性能

为探讨界面过渡区扩散性能的影响，对不同 D_{itz}/D_{cp} 比值下 4 组混凝土试件中的氯离子宏观扩散行为进行细观数值研究。图 9.25 为不同 D_{itz}/D_{cp} 比值（即 D_{itz}/D_{cp} 为 1、3、5、8）下混凝土试件暴露于氯离子溶液中 4a 后的氯离子分布云图。图 9.26 为暴露 0.8a 和 4a 后混凝土试件内部的氯离子浓度随深度的变化关系曲线。从图 9.25 和图 9.26 明显可以看出，界面过渡区的扩散性能对混凝土宏观扩散性能有很大的影响，随着 D_{itz}/D_{cp} 比值的增大，混凝土宏观扩散或渗透特性随之增强。

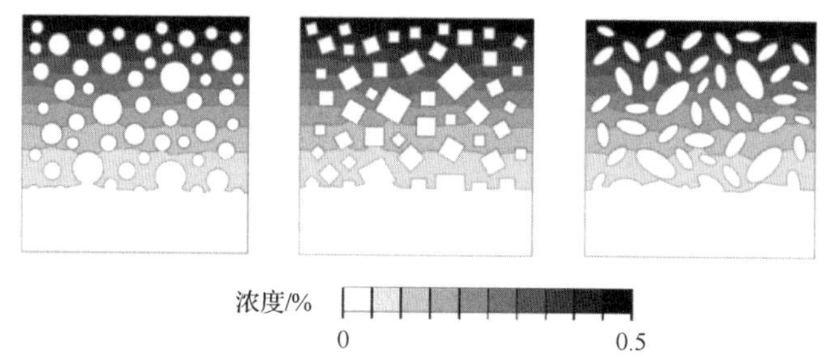

图 9.23　不同骨料形状下混凝土试件氯离子浓度分布云图（t=4.0a）

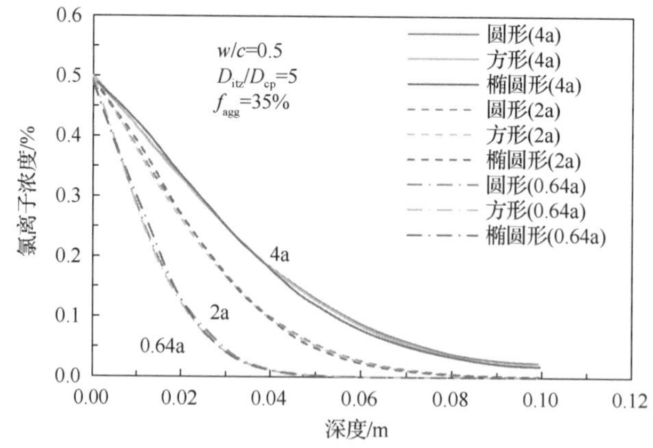

图 9.24　不同深度处混凝土试件氯离子浓度分布

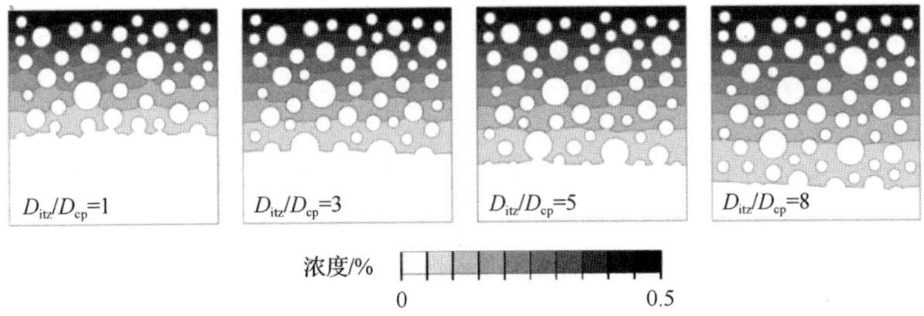

图 9.25　不同 D_{itz} / D_{cp} 比值下混凝土试件暴露 4a 后氯离子浓度分布云图

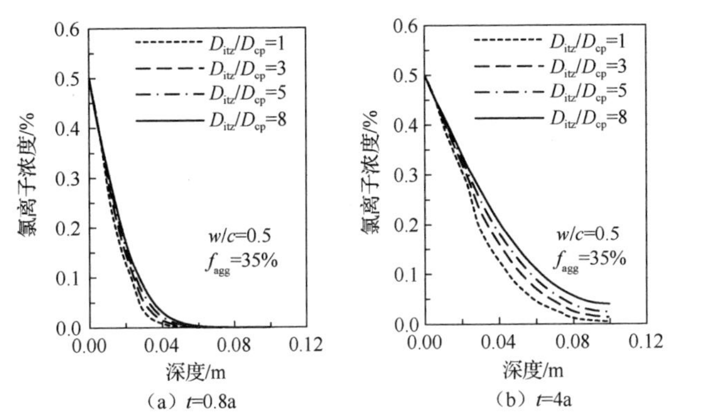

图 9.26　混凝土中氯离子浓度随深度变化

据式（9.3），可以推导获得不同 D_{itz} / D_{cp} 比值下氯离子在混凝土中的宏观（或有效）扩散系数 D_{eff}，得到的结果见表 9.6。从表 9.6 可以看出，当 $D_{itz}/D_{cp}=8$ 时，获得的氯离子宏观扩散系数约是 $D_{itz}/D_{cp}=1$ 时扩散系数的 2 倍。图 9.27 是混凝土暴露表面下 30mm 和 50mm 处的氯离子浓度与暴露时间 t 之间的关系曲线。从图 9.27 可以看出，随着 D_{itz} / D_{cp} 比值的增大，混凝土内部氯离子浓度明显增大。对于混凝土暴露表面下 30mm 处，暴露 1a（$t=1$a）后 $D_{itz}/D_{cp}=8$ 的试件的氯离子浓度约是 $D_{itz}/D_{cp}=1$ 的浓度的 2 倍。

表 9.6　不同 D_{itz}/D_{cp} 比下混凝土宏观氯扩散系数

D_{itz}/D_{cp}	氯离子在混凝土中的宏观扩散系数 D_{eff}/（$10^{-4}m^2/a$）
1	1.572
3	2.111
5	2.544
8	3.053

4）水灰比

水灰比 w/c 作为是一个微观尺度参数，其决定了砂浆基质的孔隙率及孔结构特征，因此对氯离子在混凝土的宏观扩散或渗透性能有着重大的影响。本节探讨了水灰比的影响，对不同水灰比，即 w/c 为 0.4、0.5、0.6 和 0.7 情况下的氯离子扩散性能进行数值研究。图 9.28 为不同水灰比下混凝土试件暴露于氯离子溶液中 2a 后的氯离子分布云图，可以发现水灰比越大，氯离子扩散速度越快。图 9.29 是暴露时间 0.4a 和 2a 后混凝土试件内部的氯离子浓度随深度的变化关系曲线。从图 9.28 和图 9.29 可以看出，水灰比对氯离子宏观扩散性能产生极大的影响，随着水灰比的增大，氯离子在混凝土中宏观扩散或渗透特性随之增强。

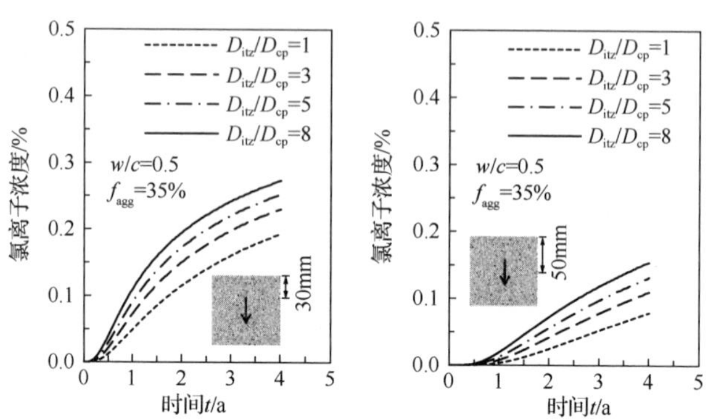

图 9.27　混凝土表面下 30mm 和 50mm 处氯离子浓度随时间变化

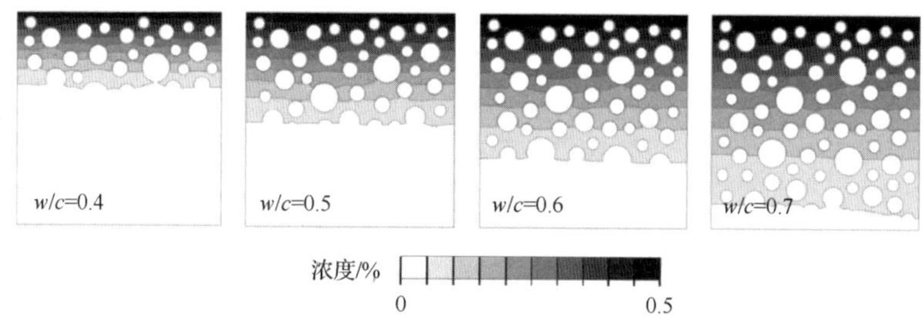

图 9.28　不同水灰比下暴露 2a 后混凝土中氯离子浓度分布

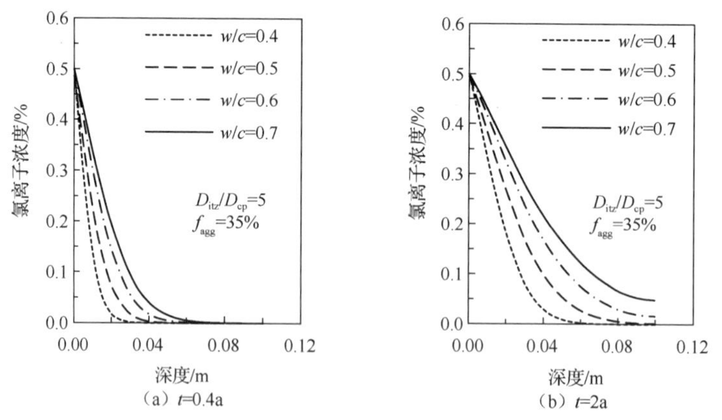

图 9.29　混凝土中氯离子浓度随深度变化

表 9.7 给出了不同水灰比下对应于图 9.28 所示混凝土试件的氯离子宏观扩散系数。可以发现，水灰比 $w/c=0.7$ 时得到的宏观扩散系数值约是 $w/c=0.4$ 时扩散系数的 5.7 倍，水灰比 $w/c=0.6$ 时是 $w/c=0.4$ 时的 3.8 倍（这里水化度 $\alpha=0.8$）。该结果与 Zheng 等[22]的理论解析结果一致。

表 9.7　不同水灰比比下混凝土宏观氯扩散系数

水灰比 w/c	氯离子在混凝土中的宏观扩散系数 D_{eff}/（$10^{-4}m^2/a$）
0.4	1.148
0.5	2.544
0.6	4.334
0.7	6.563

图 9.30 是混凝土暴露表面下 30mm 和 50mm 处的氯离子浓度与暴露时间 t 之间的关系曲线，可以发现随着水灰比的增大，混凝土内部氯离子浓度急剧增大。对于暴露表面下 30mm 处，暴露 1a（$t=1a$）后 $w/c=0.7$ 的混凝土试件的氯离子浓度约是 $w/c=0.4$ 试件的 8 倍。这是由于水灰比越高，孔隙率越大，混凝土的渗透和扩散能力越强。

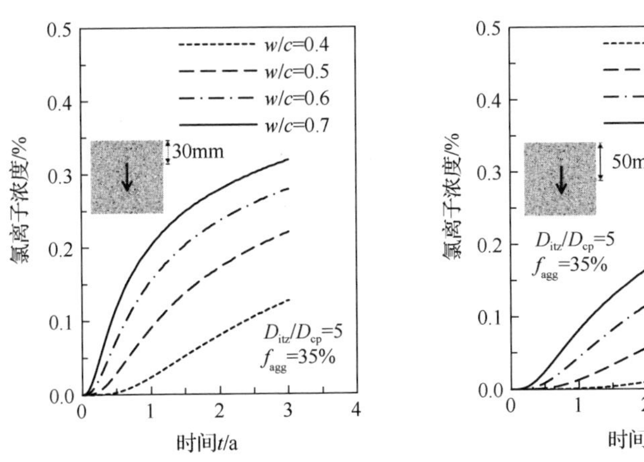

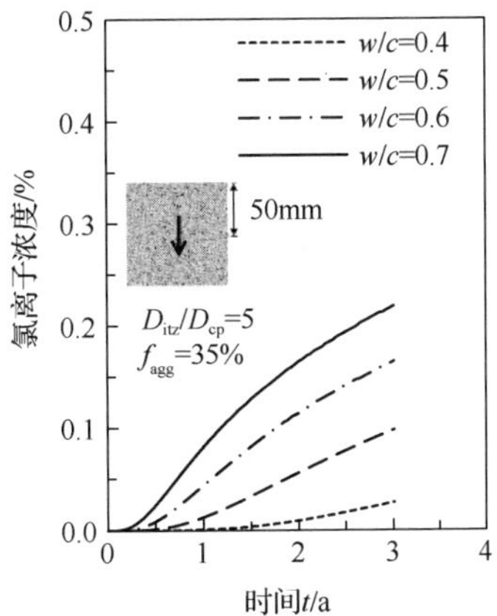

图 9.30　混凝土表面下 30mm 和 50mm 处氯离子浓度随时间变化

总而言之，随着水灰比的增大，混凝土中氯离子的宏观扩散能力显著增大。因此，降低水灰比应是减弱氯离子在混凝土中扩散能力的最有效方法。这与 Han 等[55]的研究结果一致。

5）骨料体积分数

为研究骨料含量对氯离子在混凝土中扩散性能的影响，对不同骨料体积分数（0～60%）下混凝土试件的氯离子扩散行为进行了数值研究。图 9.31 为试件暴露氯离子溶液中 1.52a 和 4a 后，非均质混凝土试件中氯离子浓度分布与均匀纯砂浆基质中氯离子浓度分布的对比情况。

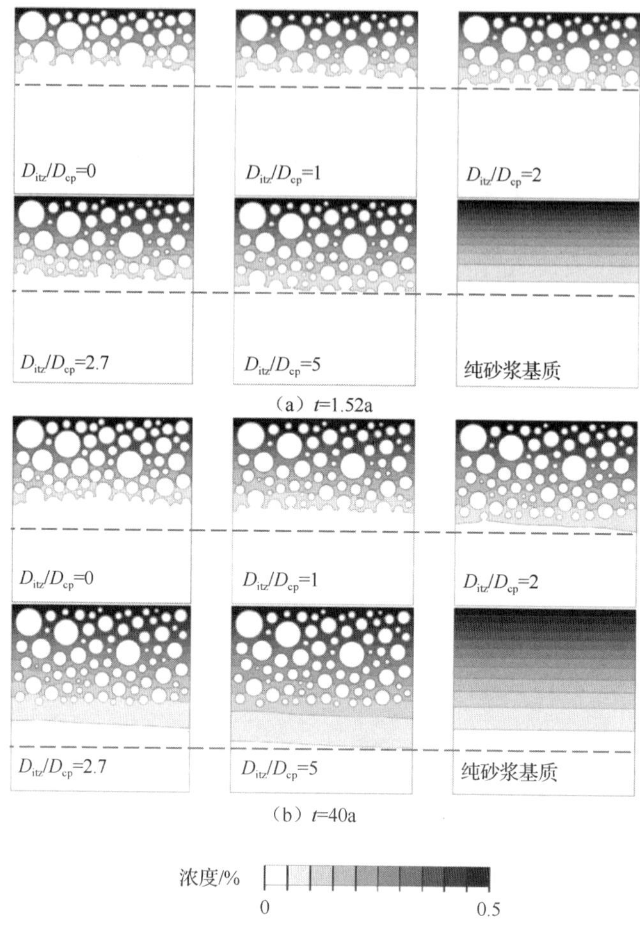

图 9.31　水灰比 w/c = 0.45 时混凝土试件中氯离子浓度分布云图

图 9.32 为本节数值方法获得的无量纲扩散系数（即混凝土中氯离子宏观扩散系数 D_{eff} 与砂浆基质中扩散系数 D_{cp} 的比值）与骨料体积分数的关系曲线。在界面过渡区厚度为 500μm 时，从图 9.31 不难得出以下结论。

1）当 $D_{itz}/D_{cp} < 2.7$ 时，非均质混凝土中氯离子的宏观扩散性能明显弱于纯砂浆基质情况，此时骨料与界面过渡区的综合作用是减弱氯离子扩散进混凝土的能力，即起到阻碍作用。这种情况下，随着骨料体积分数的增加，氯离子的宏观扩散性能减弱。

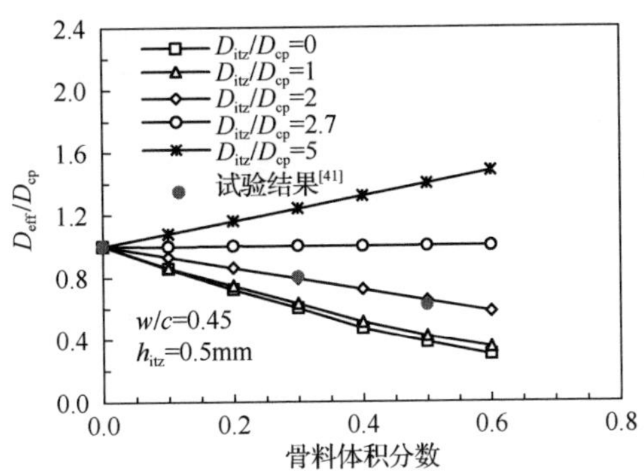

图 9.32　数值模拟结果与试验结果对比

2）当 $D_{itz}/D_{cp}=2.7$ 时，两者宏观扩散特性几乎完全相同，此时骨料的阻碍作用与界面过渡区增强作用正好相互抵消。这种情况下，混凝土中氯离子的扩散系数为常数值（即砂浆基质的氯离子扩散系数），与骨料体积分数无关。

3）当 $D_{itz}/D_{cp}>2.7$ 时，前者明显强于后者的扩散性能，此时骨料与界面过渡区的综合作用是提高氯离子的扩散能力，即起到增强作用。这种情况下，氯离子扩散性能随骨料体积分数的增大而增大。

实际上，本节的数值计算结果与 Oh 和 Jang[12]的理论解析结果、Caré[43]的试验结果及 Nilenius 等[56]的数值结果均相近。对比图 9.32 中本节数值结果与 Delagrave 等[50]试验数据，可以得知理论和数值计算中 D_{itz}/D_{cp} 比值的选取非常重要，选取得是否合理，将决定计算结果准确与否。综上可以得知，氯离子在混凝土中扩散能力随骨料体积分数的增加而明显减弱。

9.4.3　荷载对混凝土中氯盐扩散行为的影响

绝大多数混凝土在服役期内都受到荷载、干湿循环、冻融循环、化学反应等众多外部因素的共同作用。所有这些作用，尤其是荷载，对影响氯离子渗透的重要参数——孔结构和微裂缝的产生和扩展有着十分重要的影响[31, 57]。忽略荷载作用得到的混凝土的抗氯离子渗透性研究结果存在一定的片面性，因此研究荷载对混凝土氯离子渗透性的影响具有重要的意义。压缩荷载是混凝土结构所承受的最常见的荷载形式，本节以压缩荷载为例，探讨压缩荷载作用的影响规律[7]。

1．力学及物理耦合分析方法

为探讨外荷载作用下对混凝土中氯离子扩散行为的影响，本节采用的分析方法为：首先对混凝土在外荷载作用下的力学行为进行模拟分析；然后，以荷载作用后的“结果输出”作为氯离子侵入模拟的“初始输入”条件。因此，这种假设实际上是一种单向耦合行为——力学行为的退化影响氯离子的渗透侵入行为，但是氯离子的渗透行为不影响混凝土的力学行为。该处理方法与 Kamali-Bernard 和 Bernard[58]与 Šavija 等[52]的处理假定完全相同。

本节为便于研究，假定非均质混凝土是饱和的，是由骨料颗粒、砂浆基质以及界面过渡区组成的三相复合材料。这里简要地介绍荷载作用下混凝土中氯离子扩散行为研究的思路。

（1）力学作用计算：外荷载 F 作用下，计算获得混凝土体内任意微元的应力-应变状态（如 ε_1、ε_2、ε_3）及损伤状态，得到体应变 ε_V 及损伤因子 d，进而获得微元的有效弹性模量 E_m、体积模量 K_m 及剪切模量 μ_m。

（2）根据微元的初始孔隙率 ϕ_0、体应变 ε_V 及相关有效力学参数（弹性力学参数），采用式（9.36）计算得到微元的当前孔隙率。

（3）根据获得的界面过渡区及砂浆基质的当前孔隙率，采用式（9.37）计算砂浆基质及界面过渡区的有效扩散系数。

（4）扩散行为模拟：由骨料、砂浆基质及界面过渡区三相材料的扩散系数，进而研究氯离子在混凝土中扩散行为。具体计算过程如图 9.33 所示。

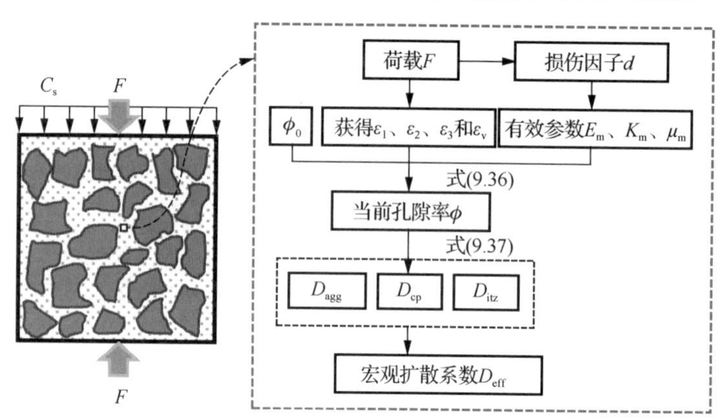

图 9.33　压缩荷载作用下混凝土氯离子扩散行为计算流程图

2. 力学及物理耦合计算模型建立

1）细观随机骨料结构

建立了如图 9.34 所示的混凝土二维随机骨料模型细观结构形式，其尺寸为 150mm × 150mm。试件中圆形骨料代表粒径的等效颗粒数：中石（直径 d = 30mm）的颗粒数为 6，小石（d = 12mm）的颗粒数为 56。考虑到计算量的限制，界面过渡区厚度设为 1mm，采用四节点线性等参单元来划分混凝土试件网格，网格单元平均尺寸为 1mm，如图 9.34 所示。设定的界面过渡区厚度值与 Šavija 等[52]一致。

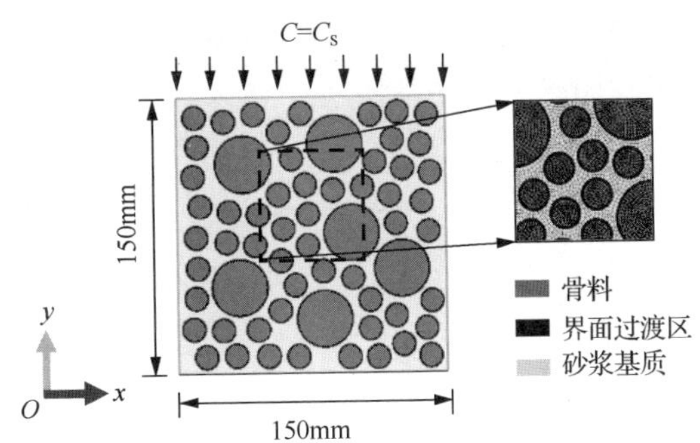

图 9.34　混凝土细观尺度力学模型及网格剖分

2）细观组分力学本构关系及参数选取

正如前面第 4 章所述，可以采用 Lee 和 Fenves[59]提出的塑性损伤本构模型来描述砂浆基质及界面过渡区的力学行为；认为骨料在静态加载中不会产生断裂破坏，为弹性体。细观组分三相材料的主要力学参数如表 9.8 所示。需要说明的是，基于这些力学参数进行数值研究，获得的图 9.34 所示的混凝土试件的单轴抗压强度为 14.91MPa。

表 9.8　细观组分材料力学参数

组分	弹性模量/GPa	泊松比	抗拉强度/MPa	抗压强度/MPa
骨料	70	0.16	—	—
砂浆基质	30	0.2	1.43	14.3
界面过渡区	25	0.22	1.2	12.0

3）细观组分扩散参数选取

混凝土细观组分的渗透特性由其孔隙率决定。相比砂浆基质和界面过渡区，骨料较为密实，具有很低的孔隙率，因此可以假定骨料不具有渗透能力，即氯离子在骨料中扩散系数 D_{agg} 为零。同前文，砂浆基质中氯离子扩散系数由式（9.12）确定。本节数值计算中，水灰比 w/c 取为 0.5，水化度 α 为 0.66，由式（9.6）可知砂浆基质的初始孔隙率为 $p_0=50\%$，进而可知其“初始”扩散系数 $D_{cp}=8.63\times10^{-12}\text{m}^2/\text{s}$。同 Šavija 等[52]，本节设定界面过渡区的扩散系数 D_{itz} 是浆体扩散系数 D_{cp} 的 3 倍（$D_{itz}=25.89\times10^{-12}\text{m}^2/\text{s}$，界面过渡区厚度同为 1mm），因而根据式（9.12）可以得知界面过渡区的初始孔隙率为 $p_0=64.4\%$。其余相关参数的选取，如孔隙水体积模量 K_w、D_p 及 n 等参数，同 9.3 节。

在外荷载作用下，混凝土中细观结构将发生改变，砂浆基质及界面过渡区处的孔隙率将随着荷载水平的变化而不断发生变化，进而使砂浆基质以及界面过渡区中氯离子扩散性能不断发生改变，最终影响着混凝土试件的宏观有效扩散性能。

4）力学及物理扩散加载及边界条件

首先需要对混凝土试件的单轴压缩破坏行为进行数值研究，设定该混凝土试件力学行为边界条件为：试件顶部是荷载输入边界，采用位移加载控制；底边采用法向固定约束，底边中点采用水平向及竖向同时约束，两侧为自由边界。

氯离子扩散行为数值模型的边界条件为：顶面边界氯离子浓度边界浓度 C_s 设为 0.5%，混凝土试件内部的初始氯离子浓度 $C_0 = 0$。采用四节点线性热传导单元来划分混凝土试件，网格平均尺寸为 1mm。

3. 单轴压缩荷载下混凝土扩散分析

1）力学行为分析

图 9.35 和图 9.36 分别给出了 8 个不同压缩应力水平下混凝土当前的体应变分布及损伤状态分布云图。从图 9.35 不难发现，即便压缩应力水平 λ_σ 达到 0.8（即宏观压缩应力达到峰值压缩应力的 80%）时，混凝土试件内的体应变依然相对很小；而由图 9.35 可以发现，当应力水平达到 0.8 时，试件内部不少单元开始产生损伤并形成裂纹，但损伤程度较轻，微裂纹宽度依然很小。实际上，随着荷载水平的继续增大，这些微裂纹将迅速扩展并相互贯通形成宏观裂纹，致使混凝土宏观扩散性能迅速增强。

根据图 9.36 给出的损伤分布状态，经由弹塑性理论，可以求解得到混凝土试件当前状态下各细观单元的有效弹性模量、体积模量及剪切模量等力学性能分布。由获得的体应变、有效弹性力学参数以及各相细观组分材料的初始孔隙率，可以通过式（9.12）和式（9.25）计算得到当前混凝土内各细观单元的当前孔隙率及当前扩散系数。实际上，由于混凝土的非均质性，外荷载作用下混凝土内各细观单元的力学反应，包括体应变及损伤状态等各不相同，致使各细观单元当前的孔隙率各不相同，因而各细观单元的扩散特性亦是不同的。

2）扩散行为分析

对不同压缩应力水平下混凝土中氯离子扩散行为进行了数值分析，得到的试件暴露于氯离子溶液中 5a 后的氯离子分布云图如图 9.37 所示。

图 9.38 是无荷载作用及压缩应力水平分别为 0.28、0.61 和 0.81 时暴露 1.7a、3.3a 和 5a 后混凝土试件内部的氯离子浓度随深度 b 变化的关系曲线。

图 9.39 给出的是不同压缩应力水平下，混凝土暴露表面下 30mm 和 50mm 处的氯离子浓度与暴露时间 t 之间的关系曲线。

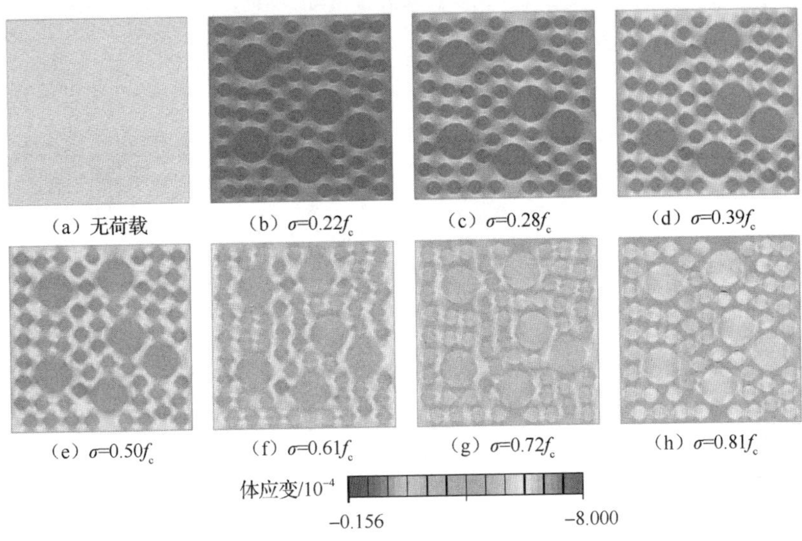

图 9.35　不同压缩应力水平下混凝土试件体应变分布云图

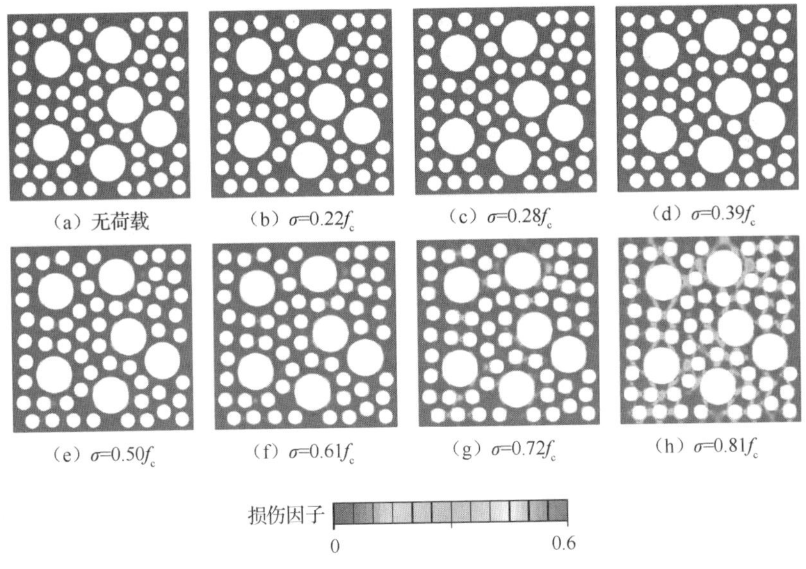

图 9.36　不同压缩应力水平下混凝土试件损伤分布云图

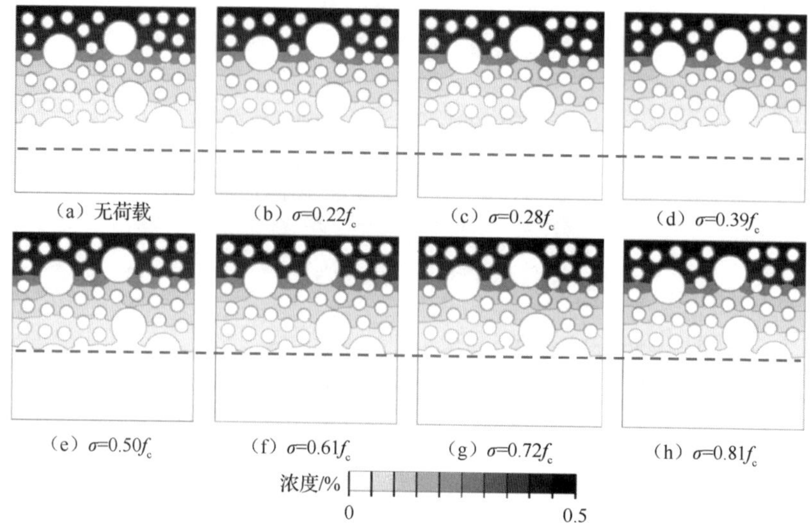

图 9.37　不同应力水平下混凝土试件暴露 5a 后氯离子的分布云图

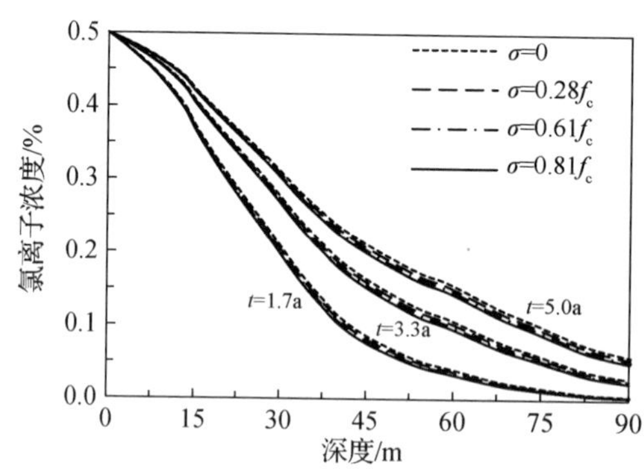

图 9.38　不同应力水平下氯离子浓度-深度关系曲线

据式（9.37）和式（9.15），可以推导获得不同压缩应力水平下氯离子在混凝土中的宏观（或有效）扩散系数 D_σ，得到的结果如表 9.9 所示。从表 9.9 可以看出，当压缩应力水平 λ_σ 达到 0.81 时，获得的氯离子宏观扩散系数约是无荷载作用时扩散系数的 0.9 倍。从图 9.37～图 9.39 以及表 9.9 可以看出，随着压缩应力水平的增加，氯离子在混凝土中的扩散能力不断改变，但改变并非很大。实际上，在该阶段氯离子渗透性能之所以仅有轻微变化，是由于孔隙率占据主要的控制作用。而当应力水平更大时或混凝土达到其宏观强度后，大量微裂纹出现并贯通一起，形成宏观裂隙，此时宽度较大的裂纹将是影响氯离子扩散性能的主导因素，而非孔隙率。该结论与 Choinska 等[40]及 Sugiyama 等[60]一致。

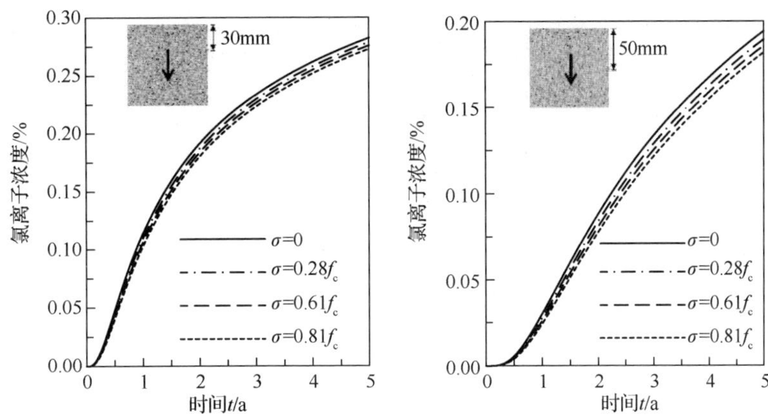

图 9.39　混凝土试件暴露表面下 30mm 和 50mm 处氯离子浓度随时间变化关系

表 9.9　不同压缩应力水平下氯离子在混凝土中的宏观扩散系数

$\lambda_\sigma=\sigma/f_c$	0	0.22	0.28	0.39	0.50	0.61	0.72	0.81
D_σ/（$10^{-4}m^2/a$）	3.346	3.248	3.216	3.184	3.152	3.120	3.088	3.024

采用本节数值方法获得的模拟结果与 Choinska 等[40]试验数据以及 Wang 等[61]提出的经验公式的对比如图 9.40 所示。可以看出，本节提出的理论方法与试验结果吻合良好，能够很好地反映荷载作用对混凝土中氯离子扩散行为的影响。

从图 9.40 给出的混凝土压缩应力水平 λ_σ 与扩散系数比值（即荷载作用下混凝土有效扩散系数与无应力水平下混凝土有效扩散系数比值）的关系曲线可以看出随着压缩应力水平的增大，混凝土的宏观有效氯离子扩散系数逐渐降低；当应力水平超过 80%时，混凝土试件内产生的微裂纹迅速扩展并相互连通，裂纹宽度增大，因而其扩散能力迅速提升。

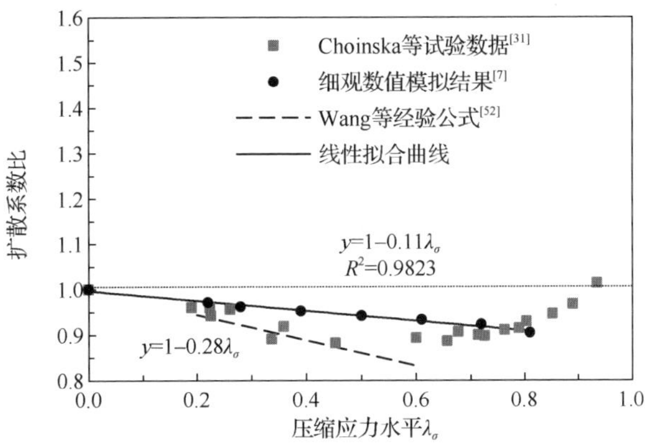

图 9.40　混凝土压缩应力水平与扩散系数比值之间关系

从本节获得数值结果，可以发现扩散系数比值与应力水平 λ_σ 具有明显的线性关系，采用线性拟合可以得到氯离子扩散系数 D_σ 与应力水平 λ_σ 的关系为

$$D_\sigma = D_{\mathrm{f}}(1 - 0.11\lambda_\sigma) \tag{9.49}$$

式中：D_{f} 为无应力状态下的氯离子有效扩散系数。

在压缩荷载作用下，混凝土中孔隙甚至毛细管孔间存在的一些微裂纹和通道等可能会产生闭合，因此导致了孔隙率和孔隙连通性的降低，最终阻碍氯离子渗透或扩散进入混凝土中。该结果与 Lim 等[31]及 Wang 等[61]结果相同。

9.4.4　裂缝对混凝土中氯盐扩散性能的影响

当荷载水平较高（如接近或超过混凝土的强度）时，混凝土内部的微裂纹急剧扩展，逐渐相互连通，并逐渐形成宏观裂纹。在实际混凝土工程结构中，由于收缩及温度等因素的影响，裂纹的存在亦是不可避免的。另外，为了充分利用钢筋的力学特性，很多钢筋混凝土结构也是设计为带裂纹工作的。在高应力水平下，裂纹成为影响混凝土中氯离子渗透扩散性能的控制因素。

裂纹对氯离子渗透扩散行为的影响体现在：①裂纹的存在为气相、液相和可溶性的离子侵入混凝土提供了便捷路径，使侵入方式由原来的以扩散为主转变成扩散、对流以及毛细作用等综合的输运模式，加速了氯离子在混凝土中的侵蚀，侵蚀速度受到裂纹相关参数（表面宽度、深度以及开裂路径等）的综合影响。②裂纹的存在也加快了水分的渗入，可使周围混凝土的水化作用更加充分，其产物将填充一部分裂纹空间(裂纹自愈合效应)，对氯离子的侵入有一定的阻碍作用。③构件开裂后，裂纹周围的混凝土将回缩，同时拉应力减小（靠近裂纹处的混凝土拉应力为零），可使该处混凝土的抗渗性能有所提高。

开裂混凝土中氯离子侵蚀速度加快会加速钢筋的锈蚀和体积膨胀，进而加剧周围混凝土的开裂破坏。本质上来说，这是一种连锁反应，即混凝土退化—开裂—渗透性增加—退化加剧，进而导致钢筋混凝土结构更早地退出工作。因此，裂纹的存在将对钢筋混凝土结构的耐久性产生重要影响，对开裂混凝土中的氯离子渗透扩散行为的研究具有重要的工程及科学意义。

实际混凝土结构中存在多条裂缝，且每条裂缝沿长度方向存在曲折（tortuosity）、连通（connectivity），其宽度亦不均匀[图 9.41（a）]。为定量探讨裂缝对氯离子扩散的影响，作为初步研究，与 Jang 等[62]、Šavija 等[63]的工作相似，将裂缝理想化为单条等宽裂缝，即人工刻画裂缝[图 9.41（b）][8, 9]。

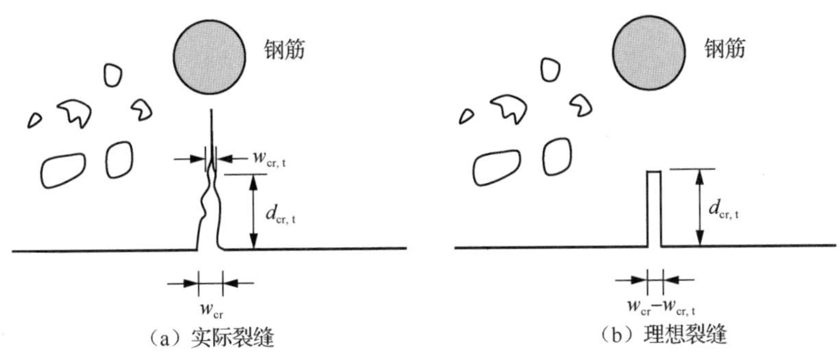

图 9.41　简化裂缝模型[62]

1．裂缝中氯盐扩散系数

1）裂缝中扩散系数 D_{cr} 与裂缝宽度 w_{cr} 关系

开裂混凝土中氯离子扩散行为研究的一个核心问题是氯离子在裂缝中扩散系数的确定。Aldea 等[64]、Jang 等[62]、Kato 等[65]、Ismail 等[66, 67]及 Akhavan[68]等通过试验方法研究了裂缝对混凝土中氯离子扩散及渗透行为的影响，给出了裂缝中氯离子扩散系数 D_{cr} 与裂缝宽度 w_{cr} 之间的关系，发现裂缝的存在显著地提高混凝土中氯离子渗透扩散速度。Aldea 等[64]认为裂缝中氯离子扩散系数与裂缝宽度无明显关系。而有些研究者，如 Wang 等[69]、Ismail 等[66, 67]和 Jang 等[62]认为裂缝宽度存在一个临界值，即裂缝宽度阈值，当裂缝宽度小于该值时，由于裂缝内部"自修复效应"（self-healing effects）[70]，裂缝对扩散渗透性能几乎没有影响；而当裂缝宽度大于该值时，裂缝中氯离子扩散系数明显随着裂缝宽度的增大而增大。

Kato 和 Uomoto[71]对水灰比 w/c 为 0.39 和 0.55 的两种混凝土试件中裂缝的扩散特性进行了试验研究，基于其试验结果，提出了如下定量关系式：

$$\lg D_{cr} = -2.277[1+1.311\exp(-20.6w_{cr})] \tag{9.50}$$

式中：D_{cr} 的单位为 cm^2/s。

Sahmaran 等[72]对水灰比 w/c 为 0.485 的带裂缝砂浆基质试件的扩散特性进行了试验研究，给出了裂缝宽度范围为 0～400μm 拟合关系式：

$$D_{cr} = (34.58+0.002w_{cr}^2)\times 10^{-11} \tag{9.51}$$

式中：D_{cr} 单位为 m^2/s。

Djerbi 等[73]对带有裂缝的普通混凝土（水灰比 $w/c=0.49$）、高强混凝土（$w/c=0.32$）及含 6%硅粉的高强混凝土（$w/c=0.38$）在常温（20℃）下的扩散特性进行了试验研究，获得的裂缝中扩散系数 D_{cr} 与裂缝宽度 w_{cr} 的关系为

$$\begin{cases} D_{cr} = 2\times 10^{-11}w_{cr} - 4\times 10^{-10} & 30 \leqslant w_{cr} \leqslant 80 \\ D_{cr} \approx 14\times 10^{-10} & w_{cr} > 80 \end{cases} \tag{9.52}$$

式中：D_{cr} 单位为 m^2/s；w_{cr} 单位为 μm。

Jin 等[74]在 Djerbi 等[73]试验数据的基础上提出了如下拟合公式：

$$D_{cr} = [16.9 - 27.4\exp(-0.0176 w_{cr})] \times 10^{-10} \qquad 30 \leqslant w_{cr} \leqslant 100 \tag{9.53}$$

式中：D_{cr} 单位为 m^2/s；w_{cr} 单位为 μm。

实际上，从这些拟合关系式（9.50）～式（9.53）亦可以看出对应曲线的差异性和现有试验结果的离散性。造成这种离散性的原因很多，如试验的环境、试验方法自身的缺陷（如试验相似比问题造成试验与真实环境的差别）、人为操作误差，以及混凝土或砂浆基质材料的固有特性（如初始孔隙率及湿度等）等。

2）裂缝扩散系数 D_{cr} 的确定

Jang 等[62]研究表明：相同裂缝宽度下，裂缝对不同混凝土（如不同孔隙率和强度）扩散性能的影响差异很大，当裂缝宽度在达到 110～130μm 之前，未开裂部分混凝土中的氯盐扩散特性对混凝土裂缝中氯盐扩散行为有很大影响。Tegguer 等[75]研究表明，当裂缝宽度大于 80μm 时，裂缝中氯离子扩散系数 D_{cr} 趋于恒值（即为自由溶液中的扩散系数），与材料参数无关。那么当裂缝宽度小于该宽度上限 80μm 时，裂缝中氯离子扩散能力与哪些因素相关，以及裂缝宽度小于“裂缝宽度阈值”时如何表征氯离子在裂缝中的扩散能力，是个值得讨论的问题。

实际上，裂缝的存在对混凝土中氯离子扩散特性的影响可大致分为 3 个阶段，如图 9.42 所示的①、②和③。

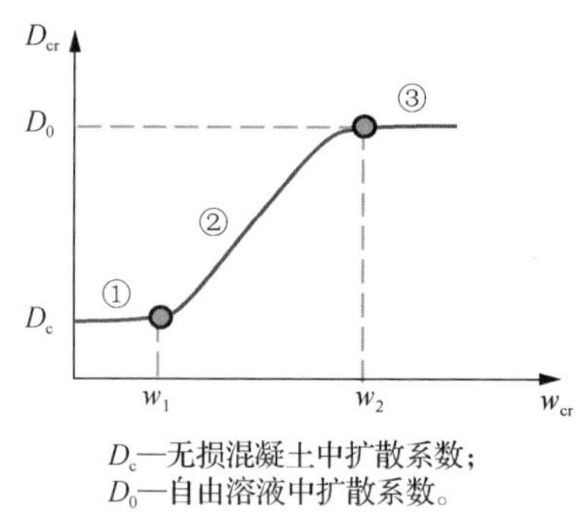

图 9.42　裂缝中扩散系数 D_{cr} 与裂缝 w_{cr} 宽度关系

第①阶段：当裂缝宽度小于“裂缝宽度阈值” w_1 时，裂缝对氯离子扩散行为的影响可以忽略，即此时氯离子在裂缝中的扩散能力等同于周围无损混凝土。

第②阶段：当裂缝的宽度从 w_1 增大到“裂缝宽度上限” w_2 时，裂缝中氯离子的扩散能力逐渐增加。

第③阶段：当混凝土中裂缝宽度大于 w_2 时，此时裂缝中氯离子的扩散能力等同于自由溶液（free solution）中的扩散能力[73]，这说明裂缝表面积累的氯离子含量与侵蚀面是相当的，从而使裂缝处的氯离子发生侧向扩散，即发生二维扩散。

基于上述基本观点，针对混凝土单条裂缝中的氯盐扩散行为，建立了图 9.42 所示的 3 个阶段的 D_{cr} 与裂缝宽度 w_{cr} 定量关系式

$$D_{cr}=\begin{cases} D_c & w_{cr}\leqslant w_1 \\ \dfrac{D_c+D_0}{2}+\dfrac{D_0-D_c}{2}\sin\left[\dfrac{\pi}{w_2-w_1}\left(w_{cr}-\dfrac{w_2+w_1}{2}\right)\right] & w_1<w_{cr}<w_2 \\ D_0 & w_{cr}\geqslant w_2 \end{cases} \tag{9.54}$$

式中：D_c 为裂缝周围无损混凝土中氯离子扩散系数（m^2/s）；D_0 为自由溶液（free solution）中氯离子扩散系数（m^2/s），常温时约为 $2.03\times10^{-9}m^2/s$[62, 65, 68, 76]。

关于 w_1 和 w_2 两个临界裂缝宽度的取值问题，一些研究者获得的试验结果见表 9.10。从表 9.10 可以看出，虽然获得的试验数据具有离散性，但大体上来说裂缝宽度上限值 w_2 约为 120 μm，而裂缝宽度阈值 w_1 约为 30μm。

表 9.10　影响裂缝中扩散系数的两个临界裂缝宽度

文献来源	w_1/μm	w_2/μm	材料
Wang 等[69]	50	200	混凝土
Aldea 等[64]	50	200	混凝土
Takewaka 等[77]	50	100	混凝土
Ismail 等[66]	30	99	惰性材料
Ismail 等[67]	30	205	砂浆基质
Kato 和 Uomoto[71]	—	75	混凝土
Djerbi 等[73]	30	80	混凝土
Sillanpää[78]	40	120	混凝土
Jin 等[74]	30	100	混凝土
Jang 等[62]	80	200	混凝土
Akhavan[68]	60	80	混凝土

由式（9.54）可知，若无损混凝土及自由溶液中氯盐扩散系数 D_c 和 D_0 为确定值，进而便可确定不同裂缝宽度下，氯离子在裂缝中的扩散能力。该关系式中各参数具有明确的物理意义，对应的曲线连续光滑且不存在尖点，便于运用。

3）试验验证

为验证本节提出简化公式的合理性，这里将理论公式（9.54）与已有文献中相关试验数据进行对比分析。图 9.43～图 9.45 分别给出了式（9.54）与 Djerbi 等[73]、Sahmaran 等[72]和 Sillanpää[78]、Akhavan[68]试验结果的对比情况。

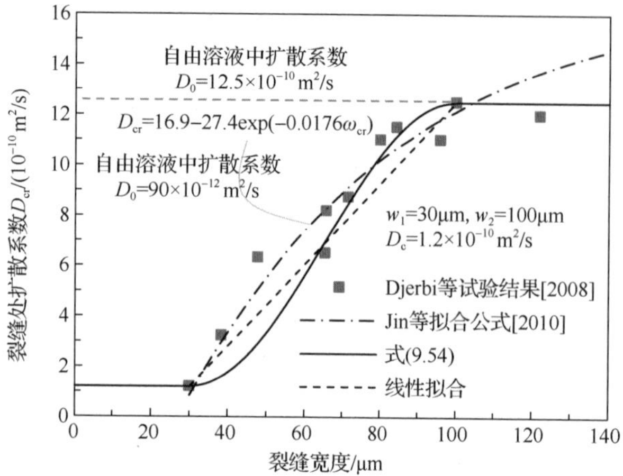

图 9.43　理论结果与 Djerbi 等[73]的试验结果对比

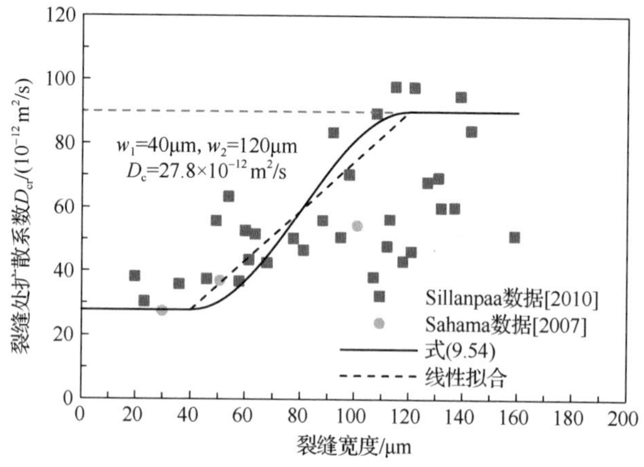

图 9.44　理论结果与 Sahmaran[72]及 Sillanpää[78]试验结果对比

从图 9.43 可以看出，简化公式与 Djerbi 等[73]试验结果以及 Jin 等[74]简化拟合公式均具有较好的吻合。从图 9.44 可以看出，虽然 Sillanpää[78]的试验数据具有很大的离散性，但简化公式仍能与其具有较好的吻合。图 9.45 中与 Akhavan[68]试验结果的良好吻合，更说明了该简化公式的合理性。

需要说明的是，与上述试验结果的对比中，由于试验环境及各未损混凝土试件中氯盐扩散特性的差异，在对其数据拟合时，选取了不同的 D_0 值和 D_c 值。但总地来说，统一公式中 w_1 和 w_2 可分别取为 30μm 和 120μm。

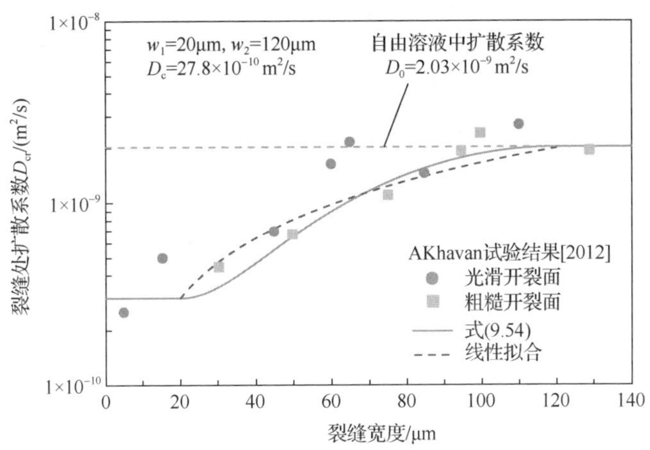

图 9.45　理论结果与 Akhavan[68]的试验结果对比

2．宏观尺度数值模拟

在宏观尺度数值模型中将开裂混凝土看作由无损混凝土和裂缝两相组成（图 9.46），各相材料具有独立的氯离子扩散特性：无损区域扩散系数由试验确定，裂缝中扩散系数由式（9.54）确定。试件的网格划分情况及暴露面边界条件如图 9.46 所示，采用有限元法模拟氯离子在其中的扩散过程[9-11]。需要说明的是，模拟中未考虑龄期、混凝土对氯离子的结合、温度等因素对扩散行为的影响。

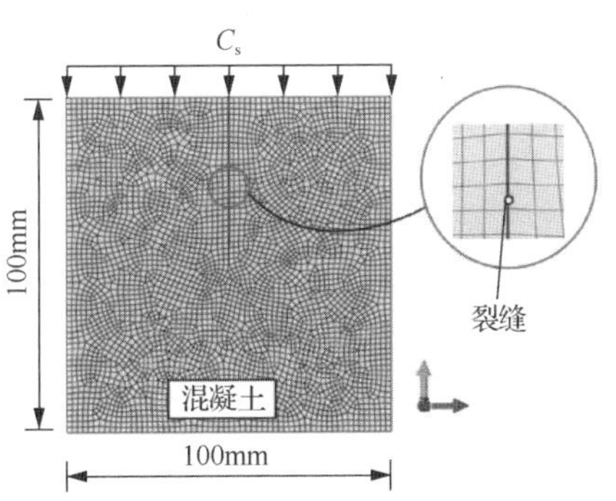

图 9.46　开裂混凝土中氯离子扩散模型

Marsavina 等[79]对 3 组开裂混凝土试件中的氯盐扩散行为进行了试验研究。为说明本节简化公式的合理性及探讨氯离子在裂缝中的扩散规律，这里对 Marsavina 等[79]试验中的混凝土“Type-3”进行模拟，其试验环境为[79]：温度 20℃±2℃，湿度大于 90%；裂缝的宽度为 0.3mm，长度为 20mm，试件含有裂缝端暴露面的氯离子浓度为 $C_s=2.2045\times10^{-5}$g/mm³；开裂混凝土试件放置于 $Ca(OH)_2$ 溶液中达到饱和后再开始相关的试验工作。根据其试验结果（10h 浸泡后的渗透扩散深度），可以获得未损混凝土部分的氯离子扩散系数，$D_c = 24.51\times10^{-12}\mathrm{m}^2/\mathrm{s}$[63]，$D_0$ 取为 $2.03\times10^{-9}\mathrm{m}^2/\mathrm{s}$。由于裂缝宽度较大，其扩散行为本质上属于 Dirichlet 边界问题，取 D_{cr} 为自由溶液中扩散系数，即 $D_c = D_0 = 2.03\times10^{-9}\mathrm{m}^2/\mathrm{s}$。这些参数的取值同 Šavija 等[63]。这里获得的数值模拟结果、Šavija 等[63]细观方法模拟结果以及相关试验数据的对比情况如图 9.47 所示。

图 9.47 给出的是经过 2h、4h、6h、8h 和 10h 暴露后氯离子在混凝土试件内部的渗透扩散深度图。从图 9.47（a）可以看出，总体来说，本节的数值模拟结果能够很好地反映氯离子在混凝土裂缝中的扩散行为，模拟结果中获得的渗透顶面（penetration front）宽且圆滑。

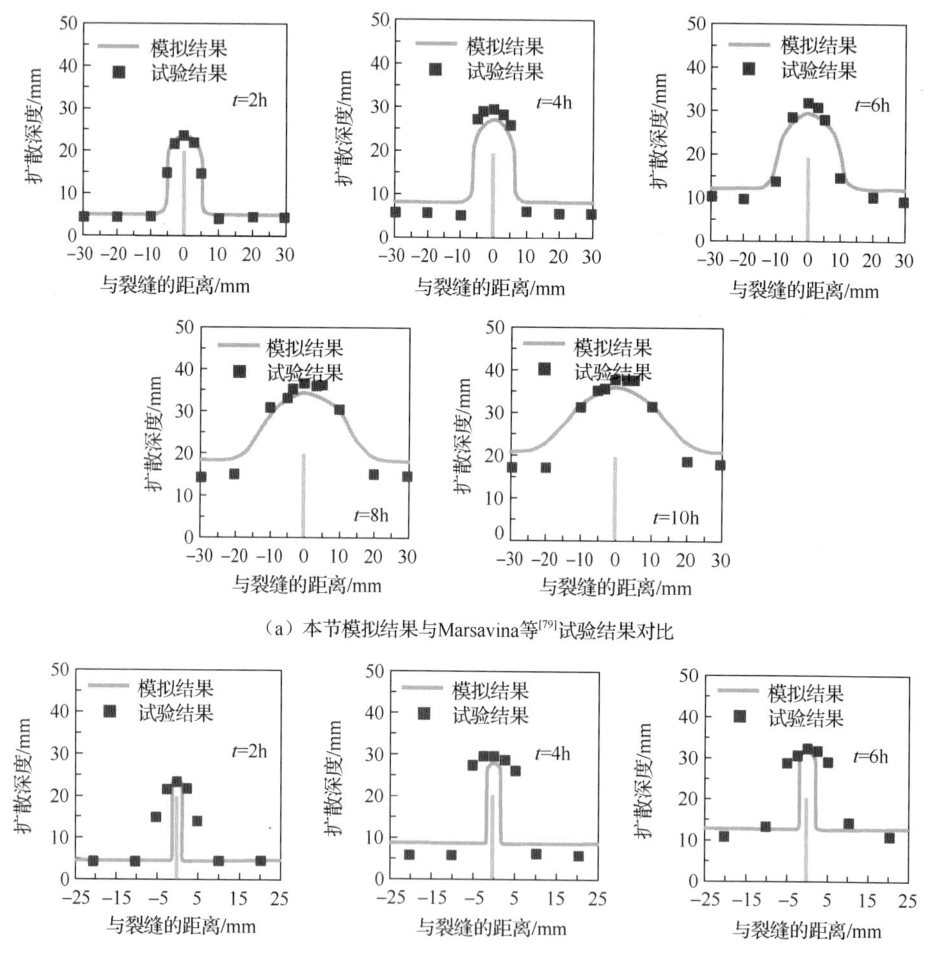

（a）本节模拟结果与Marsavina等[79]试验结果对比

图 9.47　宏观数值模拟结果、Šavija 等[63]数值结果与 Marsavina 等[79]试验结果对比

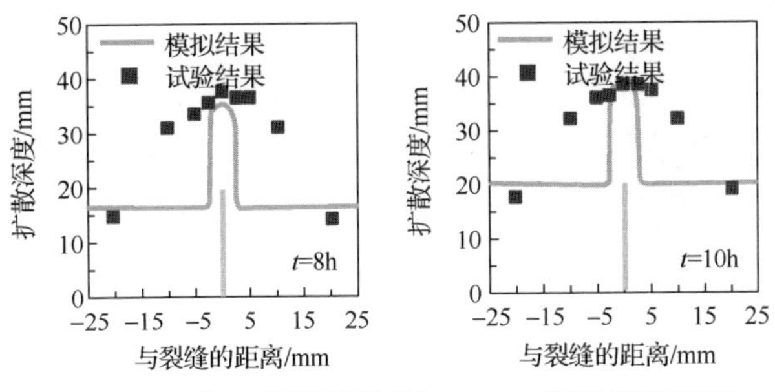

（b）Šavija等[63]模拟结果与Marsavina等[79]试验结果对比

图 9.47（续）

从图 9.47（a）可以看出，经过 2h 的浸泡后，本节方法得到的氯离子渗透深度与试验结果吻合很好；但经过 4h、6h、8h 和 10h 暴露后，数值模拟得到的试件中的渗透深度小于试验结果。造成这种差异的主要原因可能是纯扩散行为与迁移试验之间存在差异。此外，实际的混凝土试件难以达到完全饱和，而孔隙未饱和混凝土接触水会发生液体的毛细吸附现象，致使渗透速度比纯扩散快得多。当然，不排除的可能原因还包括试验中渗透深度测量的准确性，测量亦可能带来一些误差。另外，相比图 9.47（b）给出的 Šavija 等[63]模拟结果，本节模拟结果明显更优。

3. 细观尺度数值模拟

1）开裂混凝土细观结构

本节针对氯离子在开裂混凝土的扩散行为进行研究，将裂缝视为单独一相，假定裂缝具有独立的扩散性能，因此本节将混凝土视为由砂浆基质、骨料、界面过渡区及裂缝组成的四相复合材料。为方便起见，将粗骨料设为圆形，骨料周围为均匀界面过渡区薄层，其他区域则为均匀砂浆基质。按第 2 章方法生成混凝土二维细观随机骨料模型如图 9.48 所示，其尺寸为 60mm × 60mm。

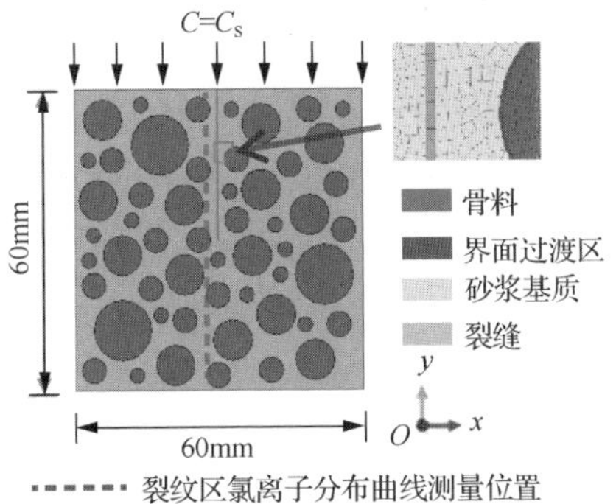

图 9.48　开裂混凝土细观尺度力学模型

2）混凝土细观组分扩散特性

混凝土细观组分的渗透特性由其孔隙率决定。由于相比砂浆基质和界面过渡区，骨料较为密实，具有很低的孔隙率，因此这里假定骨料不具有渗透能力，即氯离子在骨料中扩散系数 D_{agg} 为零。硬化水泥砂浆基质与界面过渡区的扩散性能参数亦按照 9.3 节的内容确定。裂缝中氯离子的扩散系数采用式（9.54）确定。

3）细观数值模型验证

为了验证本节细观数值方法的可靠性和准确性，任取一种随机骨料的分布形式，对 Sahmaran[72]关于氯离子在开裂砂浆基质梁中扩散性能的试验进行数值研究。试验中各组分的质量比为水泥：砂：水=1：2.75：0.485，产生的裂缝宽度为 29.4μm、49.0μm、102.9μm、210.7μm、283.0μm 和 392.0μm。在暴露 30d 后测量裂缝区氯离子分布情况。

模拟中采用图 9.48 所示的二维细观力学模型，仅边界条件根据数据拟合改变为：顶面边界氯离子浓度 $C_s = 0.51\%$（占混凝土质量比）。根据试验水灰比、裂缝宽度，按前述公式计算 D_m、D_{ITZ} 和 D_{cr} 等参数，由此模拟计算暴露 0.09a（30d）后氯离子在不同裂缝宽度开裂混凝土中的扩散分布情况，取裂缝附近的氯离子浓度与试验数据进行对比如图 9.49 所示，图中横坐标为到暴露表面的距离。

由图 9.49（a）～（d）和（g）可知，数值结果与 Sahmaran[72]的试验结果吻合良好。然而，不可避免，当裂缝宽度为 210.7μm 和 283μm[图 9.49（e）和（f）]时，数值结果与试验数据存在一些微小的差异，这一方面是由于试验数据的离散性造成的，另一方面则因为试验过程中裂缝宽度是卸载后测量的，加载时裂缝宽度可能会更大，这一点在模拟中并未考虑。尽管如此，仍然可以认为无论是否开裂，细观数值所得氯离子随深度的分布均与试验数据吻合良好，证明了本节数值方法的合理与可靠。对比未开裂情形与开裂情形各图可知，裂缝加速了氯离子在混凝土中的扩散，且裂缝宽度不同，其影响程度不同。

4）人工裂缝

在研究裂缝影响时，将裂缝理想化为人工刻画裂缝不失为一种简单有效的方法[52]。本节将对人工刻画裂缝的影响进行细观数值研究。应用前述数值方法，任取一组随机骨料样本，骨料体积分数约为 43%。裂缝宽度取值范围为 20μm ～ 200μm，其间每隔 30μm 取一个值，与未开裂情形共建立 8 个模型进行细观数值模拟。数值边界仍取为顶面边界氯离子浓度 $C_s = 0.5\%$（占混凝土质量比），计算时长取为 0.2a。其他参数，如水灰比、水泥砂浆基质和界面过渡区中氯离子扩散系数等同 9.3 节。图 9.50 为暴露 0.05a 和 0.2a 后未开裂和不同裂缝宽度混凝土中氯离子的分布云图。

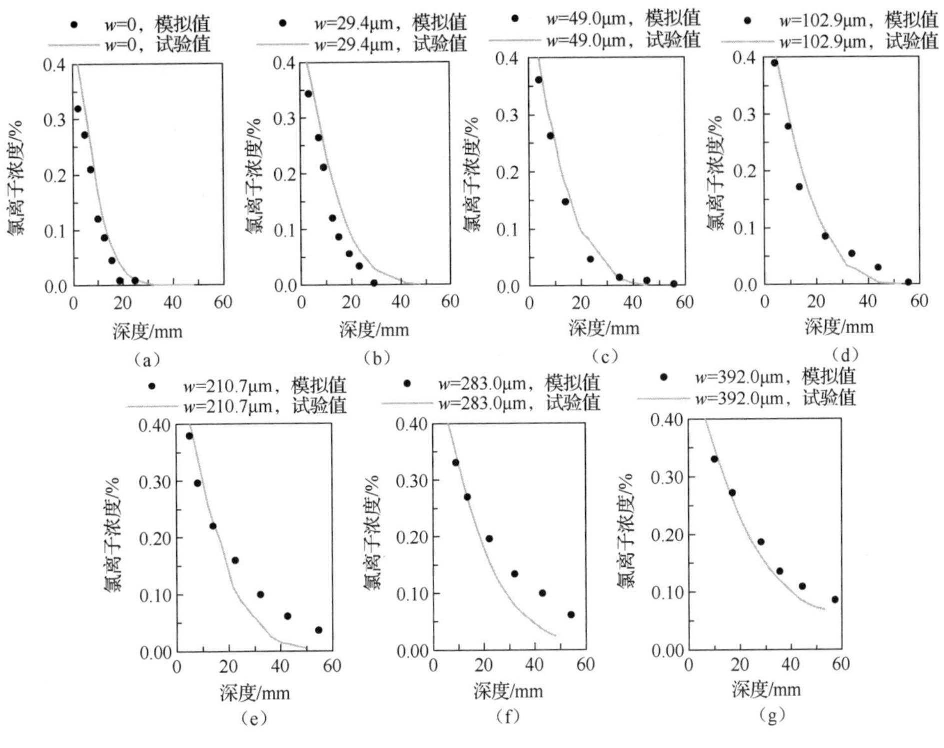

图 9.49　细观数值结果与 Sahmaran[72]试验数据对比

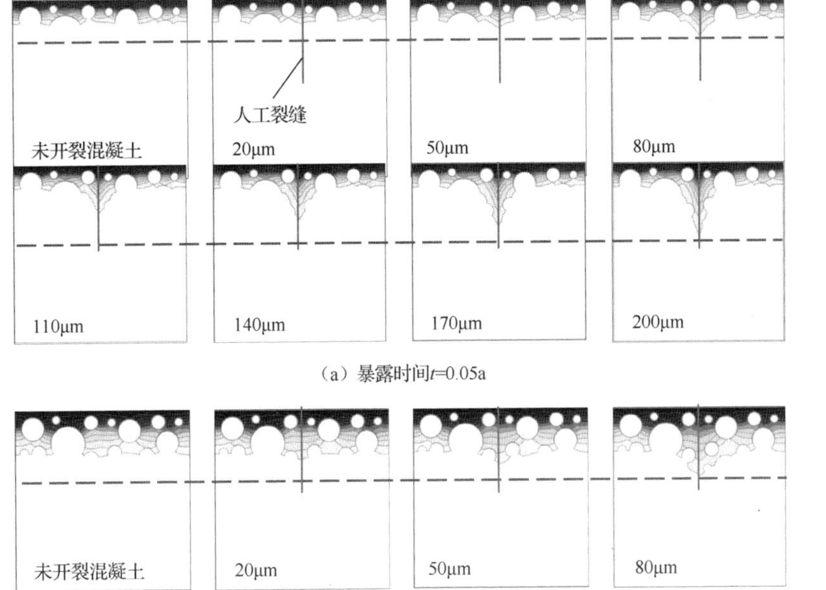

图 9.50　不同裂缝宽度下氯离子浓度分布云图

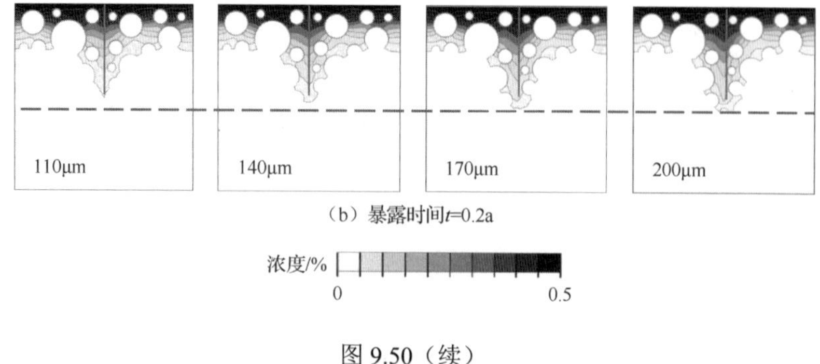

（b）暴露时间t=0.2a

图 9.50（续）

将图 9.50 进行对比可知：①裂缝宽度在 50μm 以下时，开裂混凝土中氯离子分布云图与未开裂情形下基本相同，说明此时裂缝基本不影响氯离子的扩散性能；②裂缝宽度在 50～170μm 范围内时，裂缝处氯离子的扩散明显比未开裂处快，加速程度随裂缝宽度增大而增大，随着裂缝宽度增大，裂缝影响的范围也不断变大；③当裂缝宽度大于 170μm 时，氯离子分布云图随裂缝宽度的变化不再明显，说明裂缝宽度已经不是制约氯离子扩散的主要因素，此时接近暴露面的裂缝附近已经类似于二维扩散的氯离子分布，即裂缝已经相当于暴露边界，从而大大加速了氯离子在周围混凝土中的扩散。对比图 9.50（a）和（b）则可知，随着暴露时间的发展，裂缝对氯离子扩散的影响愈加显著。

5）曲折裂缝

在前述分析中，将裂缝理想化为人工刻画裂缝（即假定所有裂缝为单条等宽直裂缝且深度相同）。然而，正如前文所述，实际裂缝存在阻滞（constrictivity）、连通（connectivity）与曲折（tortuosity）[12]。另外，每条裂缝的深度亦不相同，通常裂缝越宽，其深度越大。鉴于此，本节对建立的混凝土细观试件进行力学和质量扩散联合分析，以探究曲折裂缝对氯离子扩散行为的影响。

与 Šavija 等[63]、Kamali-Bernard 和 Bernard[58]等的工作相似，这里进行的力学和质量扩散联合分析采用如下步骤来进行：首先，对试件进行破坏模拟；之后，将破坏模拟的结果作为初始条件应用到质量扩散分析中。因此，这种联合分析实质上是一种“单向耦合”，即仅考虑混凝土力学行为退化对氯离子扩散行为的影响，而不考虑氯离子扩散行为对混凝土力学行为的影响。通常，混凝土结构的破坏过程分为 3 个阶段[80]：①混凝土起裂；②裂缝发展；③失稳破坏。

采用扩展有限元法（XFEM），对混凝土的破坏行为进行了细观研究[81]。扩展有限元法可以避免混凝土破坏模拟中网格依赖性问题。因此，此处亦采用扩展有限元法模拟在非均匀质混凝土中生成裂缝。将混凝土视为由骨料、砂浆基质和界面过渡区组成的三相复合材料，建立随机骨料模型如图 9.51 所示，混凝土细观试件的长宽均为 60mm。将每一相分别赋予力学和扩散行为材料属性，其中各相的扩散特性同 4.3.3 节，其主要力学参数如下[81]：骨料 E_{agg} = 58.54GPa，f_t = 10MPa；界面过渡区 E_{itz} = 25GPa，f_t =2.4MPa；砂浆基质 E_{cp} = 26.6GPa，f_t =3.5MPa。

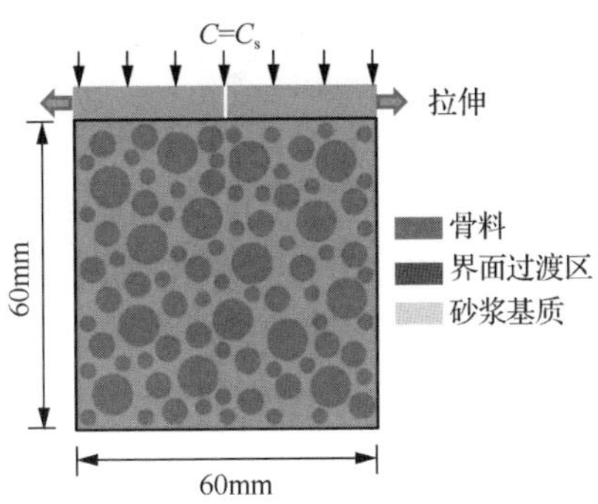

图 9.51　混凝土细观结构及荷载情况

在模拟过程中，设定试件从顶部开裂，即在试件上半部分施加方向相反的位移（图 9.51），使试件从顶端产生一条裂缝，这与 Šavija 等[63]的工作相似。模拟中的裂缝是曲折的，且其宽度沿深度变化。在 Jang 等[62]的工作中，采用“裂缝几何因子”来考虑阻滞、连通与曲折，即可将曲折裂缝简化为一条直通道（图 9.41）。在接下来的扩散行为分析中，采用理想裂缝宽度[56]来表征曲折裂缝的宽度。

对开裂后的试件施加氯离子浓度边界，对其进行氯离子扩散分析，所施加的氯离子浓度边界为 C_s = 0.5%。暴露 0.05a 和 0.2a 后氯离子在含有曲折裂缝的混凝土试件中的浓度分布如图 9.52 所示。在图 9.52 各图中，理想裂缝宽度 w 分别为 0、20μm、50μm、80μm、110μm、140μm、170μm、200μm，相应的裂缝深度分别为 0、9.02mm、11.16mm、14.65mm、15.72mm、20.04mm、25.81mm 和 29.74mm。

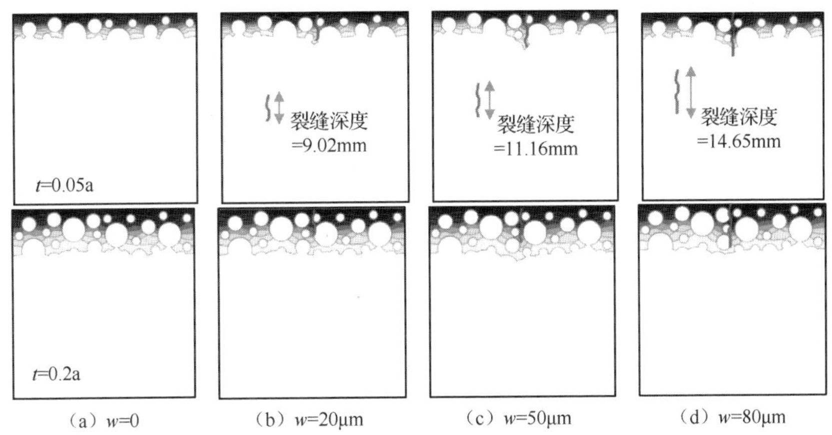

图 9.52　曲折裂缝对氯离子浓度分布的影响

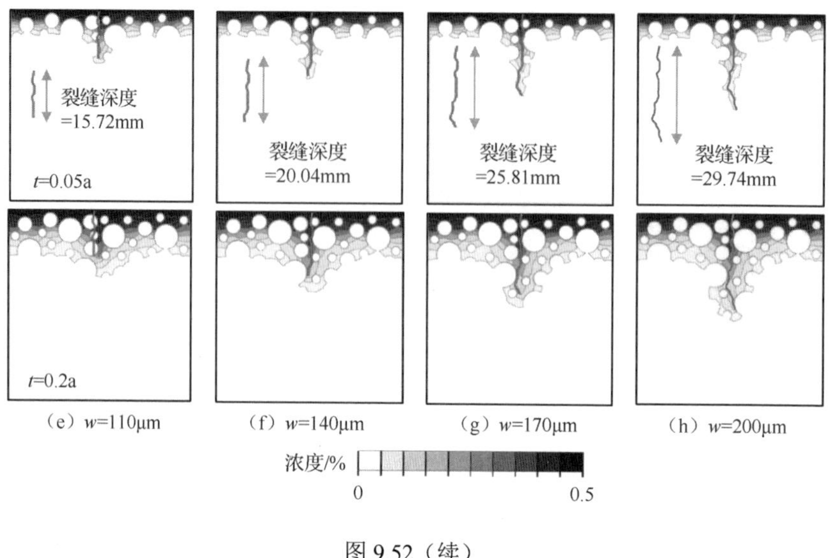

图 9.52（续）

从图 9.52 可明显看出，裂缝的存在对氯离子扩散行为影响很显著，裂缝附近的氯离子浓度明显高于同深度其他部分，这与 Šavija 等[63]、Yoon 等[82]的研究结果很相似。另外，从图 9.52 可知，曲折裂缝的影响与人工刻画裂缝的影响有相似之处，即裂缝的存在加快了氯离子在开裂混凝土中的扩散，或者说裂缝为氯离子的入侵提供了通道。然而，曲折裂缝与人工刻画裂缝的影响亦存在不同之处：由于裂缝越宽，其深度越大，因此曲折裂缝对氯离子扩散行为的影响不仅与宽度有关，而且同样与深度有关，深度的影响甚至比宽度更大[63]。

小　　结

本章在微观尺度上进一步将砂浆基质和界面过渡区视为由无孔砂浆基质和孔隙水组成的两相复合介质，进而在细观尺度上将水饱和混凝土视为由粗骨料、砂浆基质和二者之间界面过渡区组成的三相复合材料，基于复合介质理论和 Fick 第二定律建立了低水平荷载作用下弹性阶段混凝土中氯离子扩散行为的多尺度分析理论模型。另一方面，考虑混凝土各细观组分具有各自独立的扩散或渗透特性，建立了氯离子扩散的细观有限元数值模型，对混凝土中氯盐扩散行为进行了多尺度理论与数值分析。研究结果如下。

（1）本章多尺度理论与数值分析方法能够合理准确地反映混凝土中氯盐的扩散行为。

（2）骨料分布形式及形状对混凝土的宏观扩散或渗透行为的影响可以忽略；混凝土宏观扩散性能随骨料体积分数增大而减弱。

（3）水灰比增大，砂浆基质和界面过渡区孔隙率增大，混凝土的宏观扩散性能随之而显著增大。

（4）压缩应力水平较低时，氯离子在混凝土中的宏观扩散能随压应变增大而轻微减弱，随拉应变增大而轻微增强；孔隙率较低时，混凝土中氯离子的扩散行为对外荷载作用更加敏感。

（5）荷载作用下，混凝土弹性阶段孔隙率的变化对氯离子扩散行为的影响非常小，在后续工作中需要考虑混凝土在外荷载作用下所产生的微裂缝的影响。

（6）对于深度相同而宽度不同的人工裂缝，裂缝宽度是影响氯离子扩散行为的主要因素；对于曲折裂缝，氯离子的扩散行为不仅与裂缝宽度有关，同样与裂缝深度有关。

参 考 文 献

[1] 杜修力，金浏，张仁波．力学荷载对混凝土中氯离子渗透扩散行为影响评述[J]．建筑结构学报，2016，37（1）：107-125．

[2] DU X L，JIN L，ZHANG R B．Chloride diffusivity in saturated cement paste subjected to external mechanical loadings[J]．Ocean engineering，2015，95：1-10．

[3] 金浏，杜修力，张仁波．荷载作用下饱和水泥浆体中氯离子扩散性能研究[J]．工程力学，2015，32（6）：33-40．

[4] JIN L，ZHANG R B，DU X L，et al. Multi-scale analytical theory of the diffusivity of concrete subjected to mechanical stress [J]．Construction and building materials，2015，95：171-185．

[5] 金浏，张仁波，杜修力．低应力水平下混凝土中氯离子扩散行为多尺度分析方法[J]．工程力学，2017，34（3）：84-92．

[6] DU X L，JIN L，MA G W．A meso-scale numerical method for the simulation of chloride diffusivity in concrete [J]．Finite elements in analysis and design，2014，85：87-100．

[7] 杜修力，金浏，张仁波．压缩荷载作用下混凝土中氯离子扩散行为细观模拟[J]．建筑材料学报，2016，19（1）：65-71．

[8] 金浏，杜修力，李悦．氯离子在饱和混凝土裂缝中的扩散系数分析[J]．工程力学，2016，33（5）：50-56．

[9] 杜修力，张仁波，金浏．开裂混凝土中氯离子扩散行为的细观数值模拟[J]．北京工业大学学报，2015，41（4）：542-549．

[10] DU X L，JIN L，ZHANG R B，et al．Effect of cracks on concrete diffusivity：A meso-scale numerical study [J]．Ocean engineering，2015，108：539-551．

[11] ZHANG R B，JIN L，LIU M J，et al．Numerical investigation on the chloride diffusivity in cracked concrete [J]．Magazine of concrete research，2017，69（16）：850-864．

[12] OH B H，JANG S Y．Prediction of diffusivity of concrete based on simple analytic equations [J]．Cement and concrete research，2004，34（3）：463-480．

[13] UNGER J F，ECKARDT S. Multiscale modeling of concrete [J]. Archives of computational methods in engineering，2011，18（3）：341-393．

[14] SHI X M，XIE N，FORTUNE K，et al．Durability of steel reinforced concrete in chloride environments：an overview[J]．Construction and building materials，2012，30：125-138．

[15] OLLIVIER J P，MASO J C，BOURDETTE B. Interfacial transition zone in concrete [J]. Advanced cement based materials，1995，2（1）：30-38.

[16] ZHENG J J, ZHOU X Z. Analytical solution for the chloride diffusivity of hardened cement paste [J]. ASCE journal of materials in civil engineering，2008，20（5）：384-391.

[17] PICHLER B，SCHEINER S，HELLMICH C. From micron-sized needle-shaped hydrates to meter-sized shotcrete tunnel shells: micromechanical upscaling of stiffness and strength of hydrating shotcrete [J]. Acta geotechnica，2008，3（4）：273-294.

[18] GHABEZLOO S. Association of macroscopic laboratory testing and micromechanics modelling for the evaluation of the poroelastic parameters of a hardened cement paste [J]. Cement and concrete research，2010，40（8）：1197-1210.

[19] KUMAR R，BHATTACHARJEE B. Porosity，pore size distribution and in situ strength of concrete [J]. Cement and concrete research，2003，33（1）：155-164.

[20] BEAUDOIN J J，FELDMAN R F，TUMIDAJSKI P J. Pore structure of hardened portland cement pastes and its influence on properties [J]. Advanced cement based materials，1994，1（5）：224-236.

[21] GARBOCZI E J，BENTZ D P. Multiscale analytical/numerical theory of the diffusivity of concrete [J]. Advanced cement based materials，1998，8（2）：77-88.

[22] ZHENG J J, ZHOU X Z, WU Z M. A simple method for predicting the chloride diffusivity of cement paste[J]. Materials and structures，2010，43（1/2）：99-106.

[23] HANSEN T C. Physical structure of hardened cement paste. A classical approach [J]. Materials and structures，1986，19（6）：423-436.

[24] MILTON G W. Bounds on the complex dielectric constant of a composite material [J]. Applied physics letters，1980，37（3）：300-302.

[25] KOELMAN J M V A，DE KUIJPER A. An effective medium model for the electric conductivity of an N-component anisotropic and percolating mixture [J]. Physica a statistical mechanics & its applications，1997，247（1/4）：10-22.

[26] ZHENG J J，ZHOU X Z，WU Y F，et al. A numerical method for the chloride diffusivity in concrete with aggregate shape effect [J]. Construction and building materials，2012，31：151-156.

[27] ZHENG J J，ZHOU X Z. Three-phase composite sphere model for the prediction of chloride diffusivity of concrete[J]. ASCE journal of materials in civil engineering，2008，20（3）：205-211.

[28] CHRISTENSEN R M. Mechanics of Composite Materials [M]. New York：Wiley-Interscience，2012.

[29] XI Y P，WILLIAM K，FRANGOPOL D M. Multiscale modeling of interactive diffusion processes in concrete[J]. ASCE journal of engineering mechanics，2000，126（3）：258-265.

[30] LUTZ M P，MONTEIRO P J M，ZIMMERMAN R W. Inhomogeneous interfacial transition zone model for the bulk modulus of mortar [J]. Cement and concrete research，1997，27（7）：1113-1122.

[31] LIM C C，GOWRIPALAN N，SIRIVIVATNANON V. Microcracking and chloride permeability of concrete under uniaxial compression [J]. Cement and concrete composites，2000，22（5）：353-360.

[32] 张武满，巴恒静，高小建，等. 粉煤灰与应力水平对混凝土渗透性的影响[J]. 江苏大学学报（自然科学版），2008，29（4）：356-359.

[33] 万小梅，苏卿，赵铁军，等. 单轴受压混凝土的微裂缝和氯离子侵入性[J]. 土木建筑与环境工程，2013，35（1）：104-110.

[34] 金伟良，延永东，王海龙. 氯离子在受荷混凝土内的传输研究进展[J]. 硅酸盐学报，2010，38（11）：2217-2224.

[35] HOSEINI M，BINDIGANAVILE V，BANTHIA N. The effect of mechanical stress on permeability of concrete：A review [J]. Cement and concrete composites，2009，31（4）：213-220.

[36] BERNARD F，KAMALI-BERNARD S. Numerical study of ITZ contribution on mechanical behavior and diffusivity of mortars [J]. Computational materials science，2015，102：250-257.

[37] MARTYS N S，TORQUATO S，BENTZ D P. Universal scaling of fluid permeability for sphere packings[J]. Physical review E，1994，50（1）：403-408.

[38] BENTZ D P，JENSEN O M，COATS A M，et al. Influence of silica fume on diffusivity in cement-based materials：

I. experimental and computer modeling studies on cement pastes [J]. Cement and concrete research，2000，30（6）：953-962.

[39] SCRIVENER K L，NEMATI K M. The percolation of pore space in the cement paste aggregate interfacial zone of concrete [J]. Cement and concrete research，1996，26（1）：35-40.

[40] CHOINSKA M，KHELIDJ A，CHATZIGEORGIOU G，et al. Effects and interactions of temperature and stress-level related damage on permeability of concrete [J]. Cement and concrete research，2007，37（1）：79-88.

[41] NGALA V T，PAGE C L，PARROTT L J，et al. Diffusion in cementitious materials：Ⅱ，further investigations of chloride and oxygen diffusion in well-cured OPC and OPC/30%PFA pastes [J]. Cement and concrete research，1995，25（4）：819-826.

[42] KERMANI A. Permeability of stressed concrete：steady-state method of measuring permeability of hardened concrete studies in relation to the change in structure of concrete under various short-term stress levels [J]. Building research and information，1991，19（6）：360-366.

[43] CARÉ S. Influence of aggregates on chloride diffusion coefficient into mortar [J]. Cement and concrete research，2003，33（7）：1021-1028.

[44] ZHUTOVSKY S，KOVLER K. Effect of internal curing on durability-related properties of high performance concrete [J]. Cement and concrete research，2012，42（1）：20-26.

[45] BENTZ D P，GARBOCZI E J，LU Y，et al. Modeling of the influence of transverse cracking on chloride penetration into concrete [J]. Cement and concrete composites，2013，38：65-74.

[46] CRANK J. Mathematics of diffusion [M]. Oxford：Oxford University Press，1980.

[47] GARBOCZI E J，BENTZ D P. Multiscale analytical/numerical theory of the diffusivity of concrete [J]. Advanced cement based materials，1998，8（2）：77-88.

[48] PING X，BEAUDOIN J J，BROUSSEAU R. Flat aggregate-portland cement paste interfaces，Ⅰ. electrical conductivity models [J]. Cement and concrete research，1991，21（4）：515-522.

[49] BRETTON D，OLLIVIER J P，BALLIVY G. Diffusivity of chloride ions in the transition zone between cement paste and granite [M]// Interface between cementious composites. London：E & F. N. Spon，1992：279-288.

[50] DELAGRAVE A，BIGAS J P，OLLIVIER J P，et al. Influence of the interfacial zone on the chloride diffusivity of mortars [J]. Advanced cement based materials，1997，5（3/4）：86-92.

[51] SHANE J D，MASON T O，JENNINGS H M，et al. Effect of the interfacial transition zone on the conductivity of Portland cement mortars [J]. Journal of the American Ceramic Society，2000，83（5）：1137-1144.

[52] ŠAVIJA B，PACHECO J，SCHLANGEN E. Lattice modeling of chloride diffusion in sound and cracked concrete[J]. Cement and concrete composites，2013，42：30-40.

[53] MANGAT P S，MOLLOY B T. Prediction of long term chloride concentration in concrete [J]. Materials and structures，1994，27：338-346.

[54] LI L Y，XIA J，LIN S S. A multi-phase model for predicting the effective diffusion coefficient of chlorides in concrete [J]. Construction and building materials，2012，26（1）：295-301.

[55] HAN S H. Influence of diffusion coefficient on chloride ion penetration of concrete structure [J]. Construction and building materials，2007，21（2）：370-378.

[56] NILENIUS F，LARSSON F，LUNDGREN K，et al. Macroscopic diffusivity in concrete determined by computational homogenization [J]. International journal for numerical and analytical methods in geomechanics，2013，37：1535-1551.

[57] 方永浩，余韬，吕正龙. 荷载作用下混凝土氯离子渗透性研究进展[J]. 硅酸盐学报，2012，40（11）：1537-1543.

[58] KAMALI-BERNARD S，BERNARD F. Effect of tensile cracking on diffusivity of mortar：3D numerical modelling[J]. Computational materials science，2009，47（1）：178-185.

[59] LEE J，FENVES G. Plastic-damage model for cyclic loading of concrete structures [J]. ASCE journal of engineering mechanics，1998，124（8）：892-900.

[60] SUGIYAMA T，BREMNER T W，HOLM T A. Effect of stress on gas permeability in concrete [J]. Materials journal，

1996，93（5）：443-450.

[61] WANG H L，LU C H，JIN W L，et al. Effect of external loads on chloride transport in concrete [J]. ASCE journal of materials in civil engineering，2011，23（7）：1043-1049.

[62] JANG S Y，KIM B S，OH B H. Effect of crack width on chloride diffusion coefficients of concrete by steady-state migration tests [J]. Cement and concrete research，2011，41（1）：9-19.

[63] ŠAVIJA B，LUKOVIĆ M，SCHLANGEN E. Lattice modeling of rapid chloride migration in concrete [J]. Cement and concrete research，2014，61/62：49-63.

[64] ALDEA C M，SHAH S P，KARR A. Effect of cracking on water and chloride permeability of concrete [J]. ASCE journal of materials in civil engineering，1999，11（3）：181-187.

[65] KATO E，KATO Y，UOMOTO T. Development of simulation model of chloride ion transportation in cracked concrete [J]. Journal of advanced concrete technology，2005，3（1）：85-94.

[66] ISMAIL M，TOUMI A，FRANÇOIS R，et al. Effect of crack opening on the local diffusion of chloride in inert materials [J]. Cement and concrete research，2004，34（4）：711-716.

[67] ISMAIL M，TOUMI A，FRANÇOIS R，et al. Effect of crack opening on the local diffusion of chloride in cracked mortar samples [J]. Cement and concrete research，2008，38（8/9）：1106-1111.

[68] AKHAVAN A. Characterizing saturated mass transport in fractured cementitious materials [D]. University Park：Pennsylvania State University，2012.

[69] WANG K J，JANSEN D C，SHAH S P，et al. Permeability study of cracked concrete [J]. Cement and concrete research，1997，27（3）：381-393.

[70] JACOBSEN S，MARCHAND J，BOISVERT L. Effect of cracking and healing on chloride transport in OPC concrete[J]. Cement and concrete research，1996，26（6）：869-881.

[71] KATO Y，UOMOTO T. Modeling of effective diffusion coefficient of substances in concrete considering spatial properties of composite materials [J]. Journal of advanced concrete technology，2005，3（2）：241-251.

[72] SAHMARAN M. Effect of flexure induced transverse crack and self-healing on chloride diffusivity of reinforced mortar [J]. Journal of materials science，2007，42（22）：9131-9136.

[73] DJERBI A，BONNET S，KHELIDJ A，et al. Influence of traversing crack on chloride diffusion into concrete[J]. Cement and concrete research，2008，38（6）：877-883.

[74] JIN W L，YAN Y D，WANG H L. Chloride diffusion in the cracked concrete [M]//OH B H，CHOI O C,CHUNG L，et al. Fracture mechanics of concrete and concrete structures-assessment，durability，monitoring and retrofitting of concrete structures. Seoul：Korea Concrete Institute，2010.

[75] TEGGUER A D，BONNET S，KHELIDJ A. Effect of cracking on chloride diffusion coefficient of concrete [J]. ACI special publication，2012，289（1）：1-14.

[76] SUN G W，ZHANG Y S，SUN W，et al. Multi-scale prediction of the effective chloride diffusion coefficient of concrete [J]. Construction and building materials，2011，25（10）：3820-3831.

[77] TAKEWAKA K，YAMAGUCHI T，MAEDA S. Simulation model for deterioration of concrete structures due to chloride attack [J]. Journal of advanced concrete technology，2003，1（2）：139-146.

[78] SILLANPÄÄ M. The effect of cracking on chloride diffusion in concrete [D]. Helsinki：Aalto University，2010.

[79] MARSAVINA L，AUDENAERT K，DE SCHUTTER G，et al. Experimental and numerical determination of the chloride penetration in cracked concrete [J]. Construction and building materials，2009，23（1）：264-274.

[80] CHOUBEY R K，KUMAR S，RAO M C. Effect of shear-span/depth ratio on cohesive crack and double-K fracture parameters of concrete [J]. Advances in concrete construction，2014，2（3）：229-247.

[81] DU X L，JIN L，MA G W. Numerical modeling tensile failure behavior of concrete at mesoscale using extended finite element method [J]. International journal of damage mechanics，2014，23（7）：872-898.

[82] YOON I S，SCHLANGEN E，DE ROOIJ M R，et al. The effect of cracks on chloride penetration into concrete[J]. Key engineering materials，2007，348/349：769-772.

第 10 章　钢筋锈蚀致混凝土保护层开裂细观分析

近海钢筋混凝土工程结构（典型的如跨海桥梁、海洋平台及人工岛等）中的钢筋因碳化或氯离子的侵入，会发生锈蚀现象。钢筋混凝土结构的使用功能和力学性能的退化通常分为氯离子扩散、钢筋锈蚀膨胀和混凝土保护层开裂 3 个阶段。钢筋锈蚀除了导致混凝土保护层开裂外，还会产生其他后果，如：①减少了钢筋的有效截面面积，降低了钢筋混凝土截面承载力；②减弱了钢筋与混凝土的粘结性能，使破坏模式从剪切破坏变成粘结界面失效；③改变了钢筋的延性性能，使其脆性增强。此外，混凝土保护层开裂破坏后，会加重碳化行为，且更加便于氯离子的侵入，进而加速钢筋的锈蚀，形成恶性循环，进一步加剧裂缝的扩展，导致结构破坏，严重影响混凝土工程结构的耐久性。

混凝土宏观力学行为及破坏模式与其细/微观结构密切关联，故而数值计算中需要考虑混凝土内部结构的非均质特性。鉴于此，本章从细观尺度出发，将混凝土看作由骨料、砂浆基质及两者间界面过渡区组成的三相复合材料，对钢筋均匀/非均匀锈蚀膨胀引发的混凝土保护层开裂行为进行数值研究[1-8]。

10.1　钢筋均匀锈蚀膨胀行为

10.1.1　锈胀力学问题及基本假定

当钢筋周围氯离子浓度达到一定临界值时，钢筋锈蚀行为产生，由氯离子引发钢筋锈蚀及周围混凝土开裂模式如图 10.1 所示。由钢筋锈胀而产生的压力会导致周围混凝土产生拉伸应力和应变，且混凝土拉伸应变随着锈蚀行为的不断发展而增大，最终混凝土保护层达到其抗拉强度而产生破坏[9]。为研究由钢筋锈蚀而导致的混凝土保护层开裂破坏行为，需要对钢筋锈蚀量与钢筋锈蚀引起的内压（即锈胀力）之间的定量关系进行分析，如图 10.2 所示。

由钢筋锈蚀膨胀而引起的周围混凝土变形行为如图 10.3 所示。图 10.3 中，r_0 为钢筋的原始半径；r_ρ 为钢筋锈蚀后的残余半径；r_1 为锈蚀后自由锈蚀膨胀物的半径；u_r 为钢筋锈蚀膨胀产生的实际位移变形；q_r 为钢筋锈蚀产物与周围混凝土界面间产生的锈胀力；δ_r 为锈胀力 q_r 作用下锈蚀产物的径向位移。

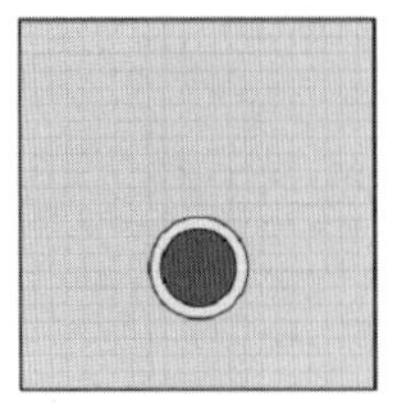
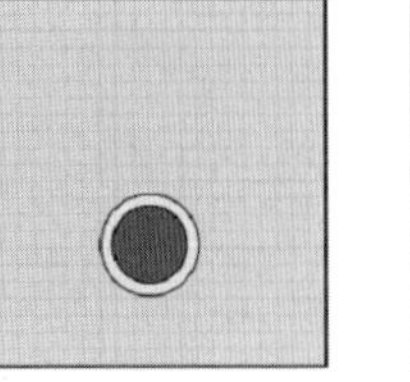
（a）氯盐侵蚀引发锈蚀

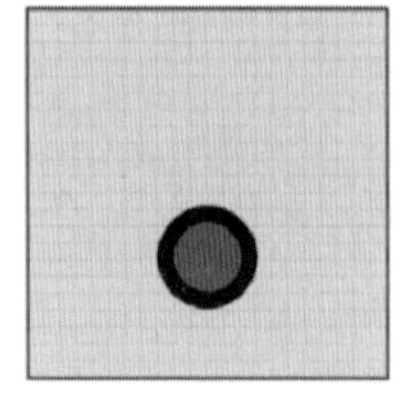
（b）锈蚀产物自由膨胀

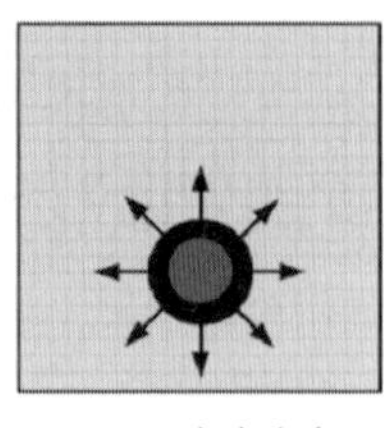
（c）产生应力

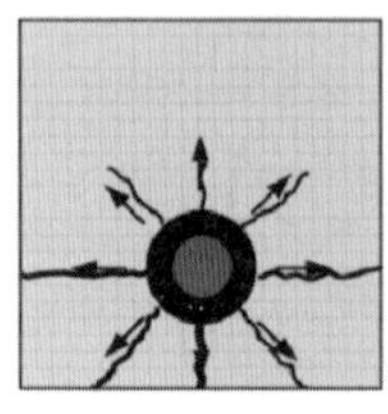
（d）混凝土开裂

图 10.1　氯离子引发的钢筋锈蚀及裂缝开裂模式[10]

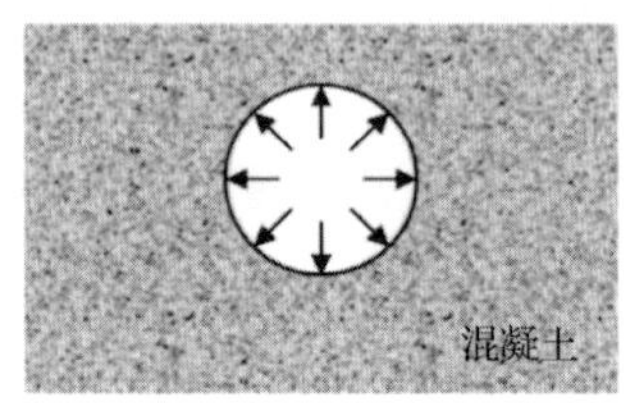

图 10.2　钢筋锈蚀引起的膨胀压力

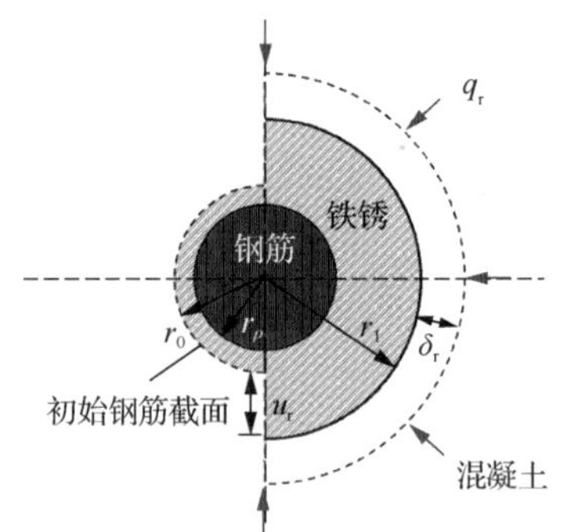

图 10.3　钢筋锈蚀及膨胀变形过程

通常情况下，钢筋锈蚀并引起混凝土保护层锈胀开裂受到很多因素的影响，是一个随机过程。本节数值研究工作中，采用了如下的基本假定：①钢筋锈蚀为均匀锈蚀过程；②钢筋周围混凝土中产生的应力和变形仅由钢筋锈蚀引起；③不考虑锈蚀产物进入到钢筋与混凝土交界面中的毛细孔和微小空隙，即认为钢筋开始锈蚀时便对周围混凝土产生径向锈胀力；④不考虑锈蚀产物进入到混凝土破坏后的微裂隙中。

定义钢筋的锈蚀水平 ρ 为钢筋截面质量的损失率，即为

$$\rho = \frac{M_{\text{loss}}}{M_{\text{s}}} = 1 - \left(\frac{r_\rho}{r_0}\right)^2 \tag{10.1}$$

式中：M_{loss} 表示单位长度已锈蚀钢筋的质量；M_{s} 为单位长度钢筋的初始质量。

此时，半径 r_ρ 和 r_1 与钢筋锈蚀水平 ρ 之间的定量关系为

$$r_\rho = r_0\sqrt{1-\rho} \tag{10.2}$$

$$r_1 = r_0\sqrt{1-(n-1)\rho} \tag{10.3}$$

式中：n 为锈蚀产物体积与被锈蚀铁元素体积的比值，即体积膨胀率，一般取 2～4[11, 12]。设未锈蚀钢筋为刚性体，则在锈胀力 q_r 下锈蚀产物的径向位移 δ_r 为[13]

$$\delta_\mathrm{r} = \frac{r_1}{E_\mathrm{r}}\cdot\frac{(1-v_\mathrm{r}^2)(r_1^2-r_\rho^2)}{(1-v_\mathrm{r})r_\rho^2+(1+v_\mathrm{r})r_1^2}\cdot q_\mathrm{r} \tag{10.4}$$

式中：E_r 和 v_r 分别为锈蚀产物的名义弹性模量和泊松比。Lu 等[13]对锈蚀产物变形影响进行研究，发现当锈蚀产物的弹性模量 $E_\mathrm{r} > 1\mathrm{GPa}$ 时，可以忽略锈蚀产物变形对锈蚀水平的影响。

10.1.2　细观数值分析模型

混凝土宏观力学行为及破坏模式与其细/微观结构密切关联，故而数值计算中需要考虑混凝土内部结构的非均质特性[14-16]。鉴于此，本节借助细观力学方法对钢筋均匀锈蚀膨胀引发的混凝土保护层开裂行为进行数值研究[1, 2]。

1．计算模型简介

采用第 2 章所述方法建立了如图 10.4 所示的混凝土二维随机骨料模型，试件尺寸为 150mm × 150mm。界面过渡区厚度为 1mm，钢筋直径为 d，混凝土的保护层厚度为 c。对于角部钢筋，令 c_1 和 c_2 分别为上侧和右侧的保护层厚度，这里仅考虑钢筋在两个侧面保护层厚度相等的情况，即 $c_1 = c_2 = c$。

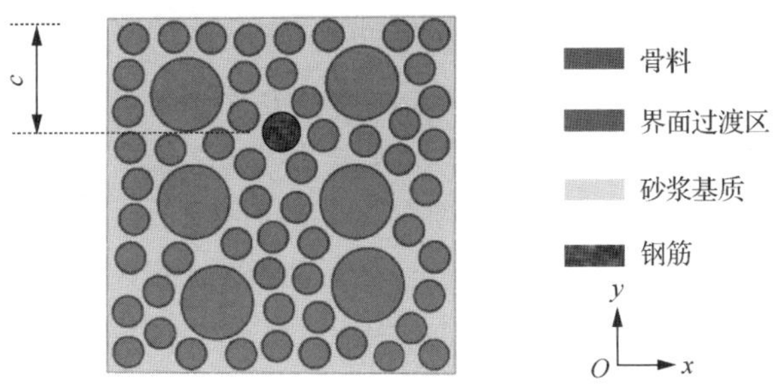

图 10.4　钢筋混凝土相互作用细观力学模型

2．细观组分本构关系及力学参数

由于混凝土组成材料的非均匀性，宏观裂缝的路径表现出曲折性，往往绕过

具有较大强度的骨料颗粒[14, 16]。鉴于此，可以认为在加载过程中骨料一直保持为线弹性，不会发生断裂破坏。对于砂浆基质及界面过渡区，采用第 4 章所述的塑性损伤本构关系模型来描述其力学行为。为缓解或减轻因材料软化而导致数值计算的网格依赖性，应力峰值后以拉应力-裂缝宽度曲线来代替应力-应变全曲线的下降段。本节数值计算中混凝土细观组分的力学参数见表 10.1。该细观组分力学参数下，获得的混凝土单轴抗拉强度 f_t 为 1.51MPa。采用四节点线性等参单元来划分混凝土试件网格，网格单元平均尺寸为 1mm。

表 10.1　细观组分材料力学参数

组分	弹性模量/GPa	泊松比 ν	抗拉强度/MPa
骨料	70	0.16	—
砂浆基质	30	0.2	1.43
界面过渡区	25	0.22	1.2

3．径向强制位移加载条件

假定为均匀锈蚀膨胀，即钢筋和锈蚀产物的变形是均匀的。为获得混凝土保护层起裂至剥落的全过程，以及锈胀力随钢筋锈胀发展而变化的整个过程，采用强制位移进行加载（与文献[17]加载方式相同），即将锈胀位移 u_r 作为虚拟径向位移直接作用在图 10.2 所示的钢筋圆孔边的节点上（图 10.4 中黑色钢筋区域以空隙来代替），以此来表征钢筋锈蚀膨胀对周围混凝土的力学作用。

10.1.3　钢筋均匀锈蚀致保护层开裂破坏行为

1．混凝土保护层开裂过程分析

借助细观数值方法，对保护层厚度为 40mm、钢筋直径为 16mm 的某一混凝土随机骨料试件进行钢筋锈蚀膨胀行为的力学研究，获得的混凝土保护层开裂破坏过程如图 10.5 所示。可以看出，钢筋锈胀后对周围混凝土产生锈胀力，随着锈胀力的增大，损伤（裂缝）最先出现在试件内最薄弱的界面过渡区；随着锈蚀的不断发展（径向位移 u_r 的不断增大），裂缝不断地扩展和延伸；当径向位移 u_r 达到 14.23μm 时，裂缝基本扩展到混凝土外侧区域；最后当径向位移超过 18.96μm 时，混凝土保护层开裂贯通，保护层开始剥落。

2．厚径比对破坏模式及锈蚀水平的影响

不同保护层厚度 c（包括 20mm、25mm、30mm 和 40mm）下钢筋直径为 16mm

的混凝土试件破坏模式如彩图 24 所示。

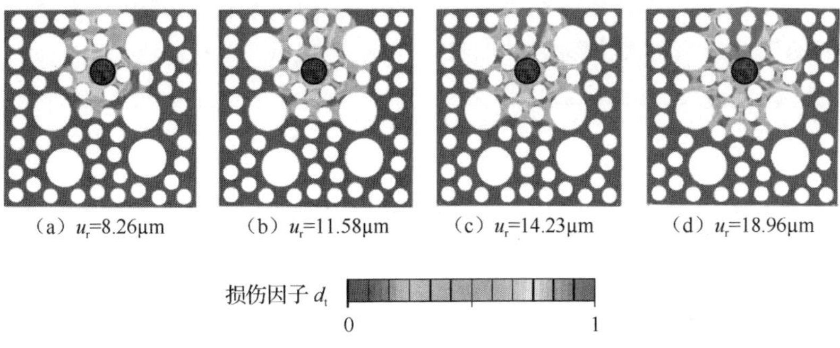

图 10.5　混凝土保护层的开裂破坏过程（$c = 40$mm）

彩图 24（a）和（b）对比了宏观均质模型和细观非均质模型的破坏模式，可以看出：与非均质模型的破坏模式结果相比，宏观模型的混凝土保护层破坏模式非常简单，难以反映混凝土内部组成非均质特性而导致的裂缝扩展的曲折性。从彩图 24（b）不同保护层厚度下的混凝土破坏模式可以看出，随着厚径比（c/d）渐增大，保护层的破坏模式不断改变。获得的破坏模式与 Šavija 等[14]的数值结果基本相似。此外，从彩图 24（b）还可以得知保护层的破坏模式与骨料的尺寸和位置相关联。

图 10.6 给出的是对应于彩图 24（b）给出的 4 组具有不同保护层厚度的混凝土试件，混凝土与钢筋锈蚀产物界面上 8 个对称节点的节点反力与径向加载位移 u_r之间的定量关系。从图 10.6 可以看出：①由于混凝土内部组成的非均质性，各细观组分力学性能差异较大，使界面上产生的节点力大小相互区别，钢筋上侧节点反力较小，而下侧反力则较大；②随着保护层厚度的增大，界面上节点的反力也随之增大，锈胀力也随保护层厚度的增大而增大。

图 10.7 即为该 4 组不同保护层厚度的混凝土试件的平均锈胀力与径向位移 u_r之间的关系曲线。随着保护层厚度 c 的增大，混凝土保护层开裂时的锈胀力和径向加载位移都随之增大。

图 10.8 给出了细观数值计算获得的 q_r^* / f_{tc}（即临界锈胀力与混凝土抗拉强度比值）与已有试验结果及两组解析解的对比情况。图 10.8 中，“解析解（a）”被 Liu 和 Weyers[12]以及 Bhargava 等[11]广泛应用，而“解析解（b）”为 Lu 等[13]提出并应用。两个方程都基于筒体假定推导获得，前者采用薄壁圆筒方法，不考虑钢筋周围混凝土环向应力分布的非均匀性；后者基于厚壁圆筒方法，考虑混凝土环向应力分布的非均匀性而获得。从图 10.8 可以看出，细观数值结果与试验结果较为吻合，且介于两个解析解之间，证明了细观数值方法的准确性和可靠性。这里，参考 Lu 等[13]，假定式（10.3）中体积膨胀率 n =3，通过简单推导，可以获得混凝土保护层开裂时的锈蚀水平 ρ 与厚径比（c/d）的关系，如图 10.9 所示。图 10.9

中试件-1、试件-2 和试件-3 代表 3 组不同骨料分布形式的混凝土试件的数值计算结果，而“平均值”则表示 3 组数值结果的平均值。从图 10.9 可以看出，保护层开裂时的锈蚀水平随径厚比的增大而增大，基本呈线性趋势。

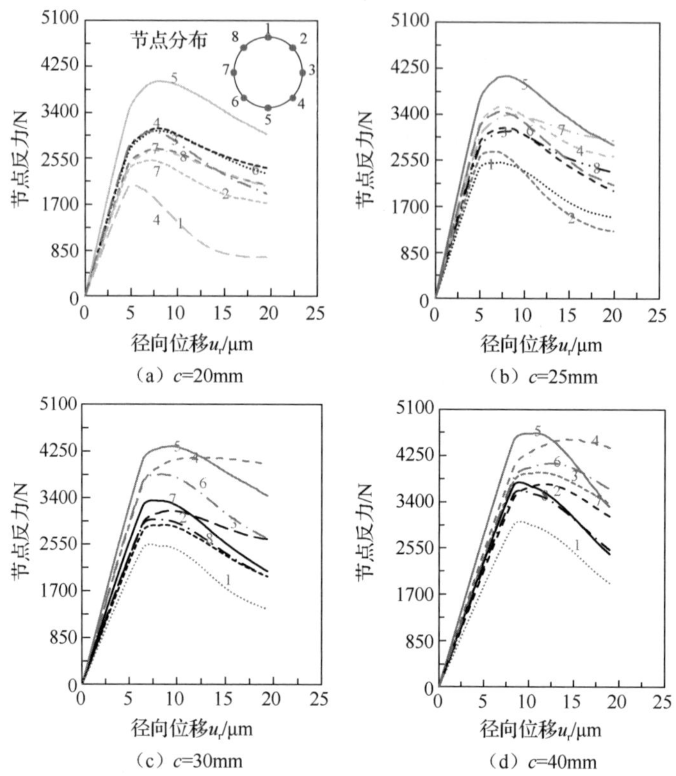

图 10.6　混凝土节点反力与径向加载位移关系

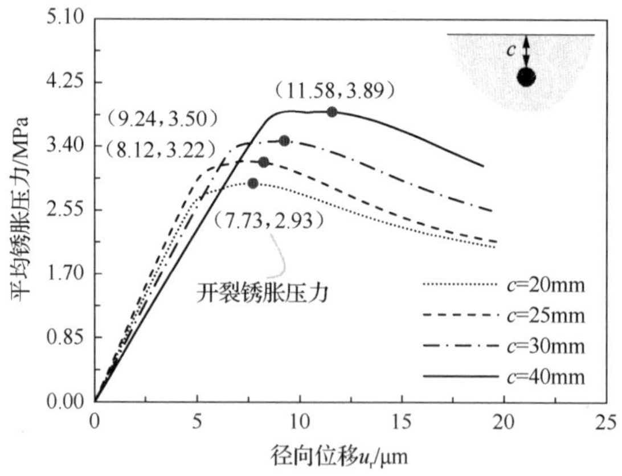

图 10.7　不同保护层厚度平均锈胀力与加载位移关系

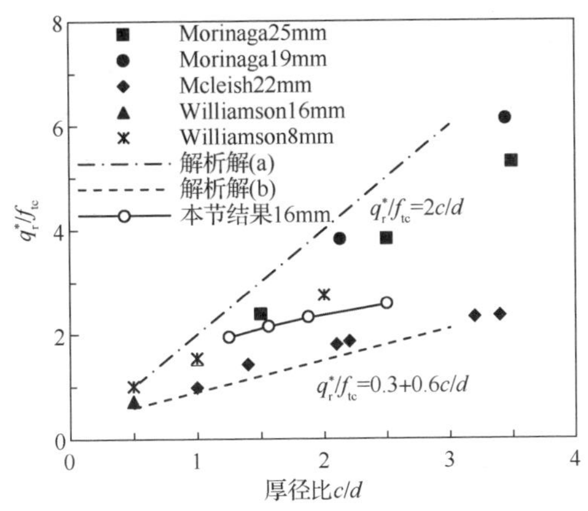

图 10.8　模拟结果与试验结果及理论解对比

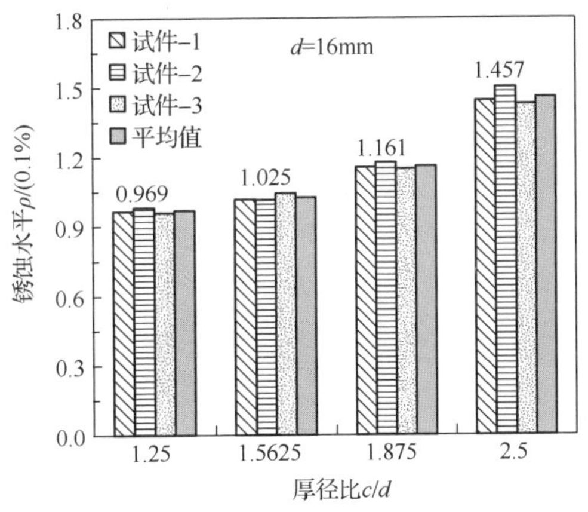

图 10.9　锈蚀水平与 c/d 比值关系

3. 钢筋在角部时混凝土保护层开裂破坏行为

对钢筋布置在角部时的钢筋锈胀力学行为进行数值研究，获得的 3 组不同保护层厚度下混凝土的最终破坏模式如图 10.10 所示。可以发现，当上侧和右侧保护层厚度相同时，如图 10.10（a）和（b）所示的保护层厚度 c1 = c2 = 30mm 和 c1 = c2 = 40mm 时，角部的混凝土几乎呈现 45° 剥落破坏；而当上侧和右侧保护层厚度不同时，图 10.10（c）中混凝土破坏形态与钢筋在中部布置时 30mm 保护层下的破坏形态[彩图 24（b）]基本相同。图 10.10 中 3 组不同试件对应的混凝土保护层开裂时的锈胀力与径向位移关系如图 10.11 所示。对比图 10.11 和图 10.7 可以发现，当钢筋布置在角部时，混凝土保护层开裂时的锈胀力及径向位移均小于钢筋布置在混凝土中部区域时对应的锈胀力和径向位移。

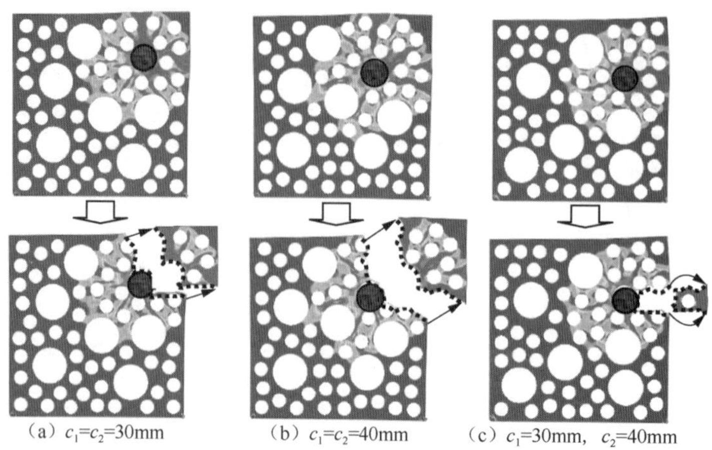

图 10.10　角部钢筋锈蚀引起的混凝土保护层剥落

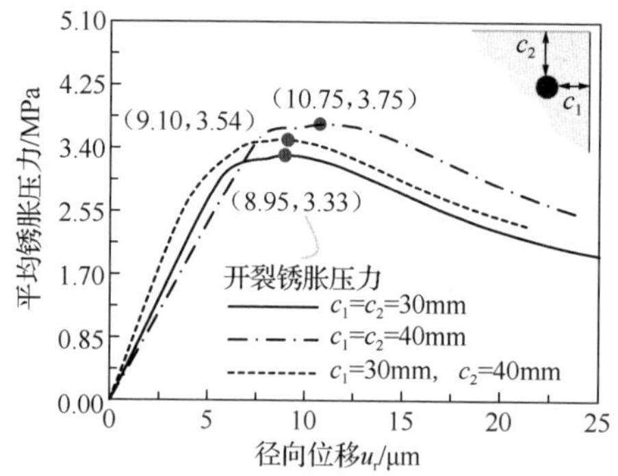

图 10.11　不同保护层厚度下钢筋在角部时获得的平均锈胀力与径向位移关系

4．混凝土强度对破坏模式及锈蚀水平影响

图 10.12 给出了不同混凝土单轴抗拉强度，包括 f_{tc} = 1.51MPa、1.98MPa、2.52MPa 和 3.23MPa 下某角部钢筋（$c_1 = c_2$ = 40mm）锈胀引起的混凝土保护层最终破坏模式。可以发现 4 组不同情况下的混凝土保护层破坏模式基本相同。

图 10.13 为对应图 10.12 中 4 组不同混凝土抗拉强度下，混凝土保护层开裂时的平均锈胀力与径向位移的定量关系曲线。随着混凝土抗拉强度的增大，保护层开裂时的平均锈胀力和径向位移都随之增大。图 10.14 为两组不同保护层厚度下混凝土胀裂时的锈蚀水平与混凝土抗拉强度的定量关系，可知：

（1）保护层越厚，混凝土胀裂时的钢筋临界锈蚀水平越大。

（2）锈蚀水平随着抗拉强度的增大而基本呈线性增大趋势，因此可以通过提高混凝土的强度等级来提高混凝土的耐久性。

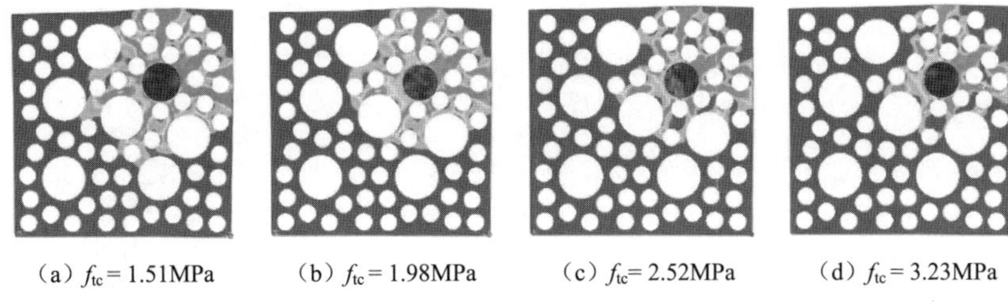

（a）f_{tc} = 1.51MPa　（b）f_{tc} = 1.98MPa　（c）f_{tc} = 2.52MPa　（d）f_{tc} = 3.23MPa

图 10.12　不同混凝土强度下保护层破坏模式

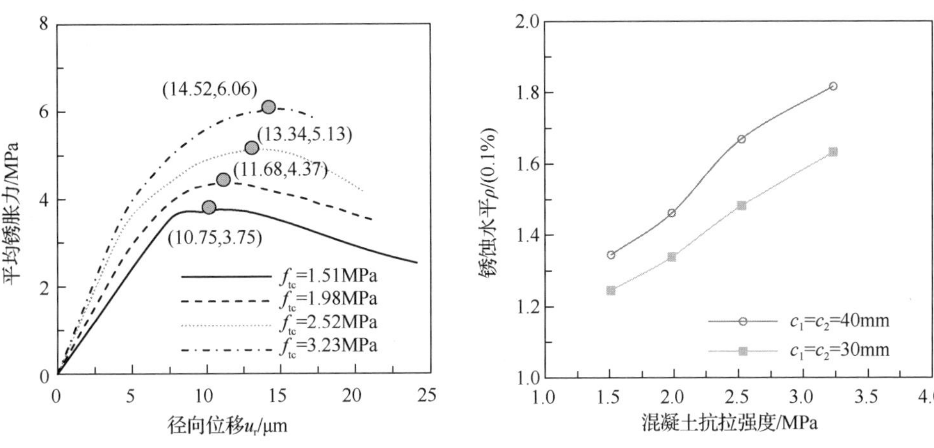

图 10.13　混凝土抗拉强度 f_{tc} 对角部平均锈胀力与径向位移影响

图 10.14　锈蚀水平与抗拉强度关系

总体来说，本节的研究工作是对钢筋锈胀力学行为的一个初步探究。如实际情况中，由氯离子侵入而导致的钢筋锈蚀行为中锈蚀基本上从钢筋的外侧开始，因此会产生不均匀膨胀行为[17-20]，下节将对该问题进行深入的数值研究工作。

10.2　单根钢筋非均匀锈蚀膨胀行为

实际上，当钢筋的锈蚀主要由氯离子扩散诱发产生时，锈蚀行为可能是从钢筋的外侧首先产生，进而导致非均匀锈蚀[14, 19, 21]。因此，均匀锈蚀应是一种粗糙的假定，可能会产生较大的误差。此外，非均匀锈蚀将导致锈蚀压力的非均匀分布，应力将集中于靠近保护层的一侧，出现应力集中行为，产生负面影响，加速保护层的损伤开裂破坏[19, 20, 22]。本节考虑混凝土非均质性的影响，同时考虑钢筋与混凝土界面处多孔薄弱层对锈蚀量的影响，对钢筋非均匀锈蚀膨胀引发的保护层破坏行为进行细观数值分析[3-7]。本节采用了如下 4 个假定。

（1）混凝土破坏行为与其细观结构的非均质性密切关联，采用细观尺度的力学分析模型来计算保护层的破坏行为。

（2）钢筋的锈蚀过程与氯离子扩散行为紧密相关，且钢筋的锈蚀是非均匀的，因而会在钢筋与混凝土交界处产生非均匀的锈胀压力。

（3）假定混凝土开裂仅由钢筋锈胀引起，而暂不考虑动荷载、冻融循环及其他力学作用（当然，这些作用亦会影响混凝土保护层的锈裂过程）。

（4）假定钢筋锈蚀后立即对周围混凝土产生应力，即不考虑自由膨胀阶段，并且不考虑锈蚀产物向裂缝中的扩散行为。然而，在计算钢筋锈蚀水平时，会考虑自由膨胀阶段的锈蚀量。

10.2.1　钢筋非均匀锈蚀理论模型

近海工程或除冰盐环境下，钢筋混凝土结构中钢筋锈蚀过程可大致分为两个阶段[23]。

（1）起始阶段，氯离子到达钢筋表面累积逐步达到钢筋起锈临界值。

（2）锈蚀发展阶段，钢筋开始锈蚀，并对周围混凝土产生应力作用。而锈蚀发展阶段，又可以细分为 3 个小阶段[12]：①自由膨胀阶段，钢筋开始锈蚀，锈蚀产物首先填充到钢筋与混凝土交界处的空隙界面区中，而未对周围混凝土产生应力作用；②应力作用阶段，锈蚀产物对混凝土产生应力作用，而未达到混凝土强度，混凝土未破坏；③开裂阶段，锈蚀进一步发展，锈蚀产物产生的应力超过混凝土强度，混凝土开裂破坏。

1. 氯盐扩散行为

在氯盐环境下，氯离子侵蚀是引起钢筋锈蚀的主要因素之一。氯离子会在混凝土保护层中迁移扩散，从而到达钢筋表面并累积，当其浓度达到某阈值后钢筋开始产生锈蚀。第 9 章建立了氯离子扩散行为模拟的细观数值分析模型，探讨模拟了氯离子的扩散行为。在该有限元数值模拟方法的基础上，建立含有钢筋的混凝土宏观尺度均质模型，应用前述方法模拟氯离子在钢筋混凝土中的扩散行为。在模型中，试件表面氯离子浓度取为单位“1”，混凝土内部初始氯离子浓度为 0。试件暴露一定时间后的氯离子浓度分布如彩图 25 所示。

对于中部钢筋，其仅有一个方向距构件表面较近，氯离子在该处表现为一维扩散，一定时间后混凝土中归一化氯离子浓度如彩图 25（a）和（b）所示；对于结构的角点等几何形状复杂处，氯离子通常呈二维扩散状态，其氯离子浓度分布如彩图 25（c）所示。从图中可知，由于钢筋不可渗透，氯离子到达钢筋表面后会出现累积，使得此处的氯离子浓度高于同深度其他处，且沿钢筋截面圆周氯离子浓度分布是不均匀的。另外，与中部钢筋相比，由于氯离子的二维扩散行为，角部钢筋表面各处的氯离子浓度相对更高一些。

2. 钢筋非均匀锈蚀膨胀模式

在氯盐环境下，钢筋周围的氯离子浓度达到阈值后，钢筋开始锈蚀。相应于彩图 25（a）和（b）所示的中部钢筋情形，试验研究发现，锈蚀主要发生在靠近混凝土保护层一侧的半个圆周面，而另外半圆周面基本未有锈蚀。Yuan 和 Ji[24] 的试验结果表明，锈蚀产物的分布轮廓大致呈半椭圆形，如图 10.15 所示。因而可以假定，对于中部钢筋，其非均匀锈蚀膨胀轮廓曲线为半椭圆形；而对于角部钢筋，其非均匀锈蚀膨胀轮廓曲线亦为半椭圆形，椭圆的长轴沿混凝土保护层的对角线方向，如图 10.16 所示。这种非均匀锈蚀模型记为钢筋非均匀锈蚀模式-Ⅰ。

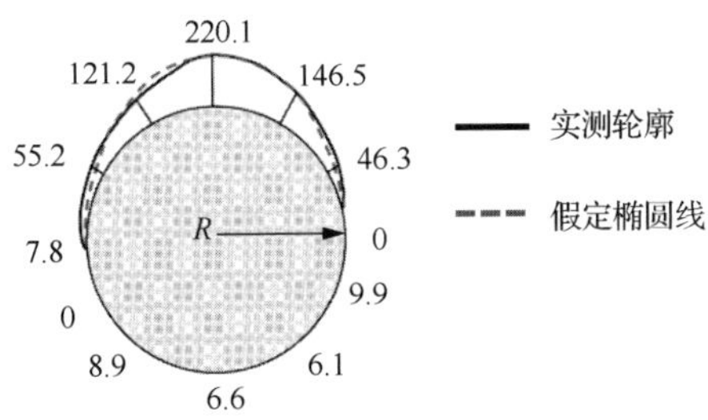

图 10.15　实测钢筋非均匀锈蚀轮廓线（单位：μm）[24]

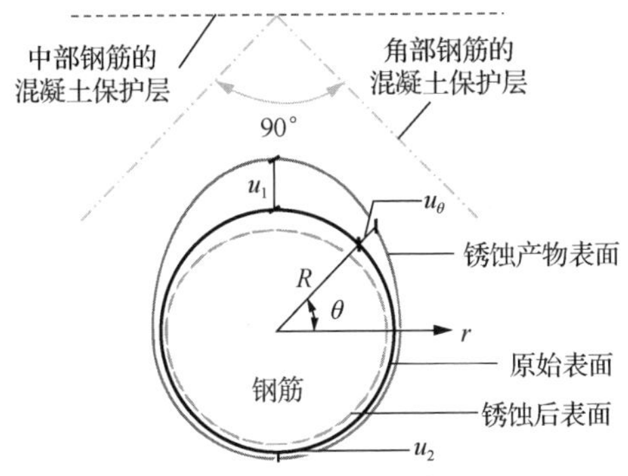

图 10.16　钢筋非均匀锈蚀模式-Ⅰ轮廓线

极坐标系下，锈蚀产物的曲线分布表达式为

$$u_\theta=\begin{cases}\dfrac{(R+u_1)(R+u_2)}{\sqrt{(R+u_1)^2\cos^2\theta+(R+u_2)^2\sin^2\theta}}-R & 0^\circ\leqslant\theta\leqslant 180^\circ\\ u_2 & 180^\circ\leqslant\theta\leqslant 360^\circ\end{cases}\tag{10.5}$$

式中：R 为钢筋的初始半径；u_θ 为极坐标系下 θ 角度时的锈蚀厚度；对于中部钢筋，u_1 是与保护层最近处的锈蚀厚度；对于钢筋布置在角部时，u_1 是两个保护层对角线上钢筋锈蚀层的最大厚度；u_2 为远离保护层的最小锈蚀层厚度，$u_2=(1/30-1/20)u_1$[24]。u_2/u_1 的比值将决定椭圆的形状。

另一方面，对于角部钢筋，氯离子由两个方向入侵，考虑其表面的氯离子浓度分布[彩图 25（c）]，其锈层分布还可假定认为由中部钢筋的锈层分布 M-Ⅰ和 M-Ⅱ叠加[图 10.17（c）]而得，如图 10.17（d）所示。基于图 10.17（d），角部钢筋非均匀锈胀位移模式可用式（10.6）来描述，其相关参数含义如图 10.18 所示。这种锈胀模式记为钢筋非均匀锈蚀模式-Ⅱ。

$$u_\theta=\begin{cases}u_1 & 0^\circ\leqslant\theta<90^\circ\\ \dfrac{(R+u_1)(R+u_2)}{\sqrt{(R+u_1)^2\cos^2\theta+(R+u_2)^2\sin^2\theta}} & 90^\circ\leqslant\theta<180^\circ\\ u_2 & 180^\circ\leqslant\theta<270^\circ\\ \dfrac{(R+u_1)(R+u_2)}{\sqrt{(R+u_1)^2\sin^2\theta+(R+u_2)^2\cos^2\theta}} & 270^\circ\leqslant\theta<360^\circ\end{cases}\tag{10.6}$$

式中：u_1 为钢筋表面同时受两个方向有害介质侵蚀的 1/4 圆周的锈层位移，即锈层的最大位移；u_2 为钢筋远离保护层 1/4 圆周的锈层位移。

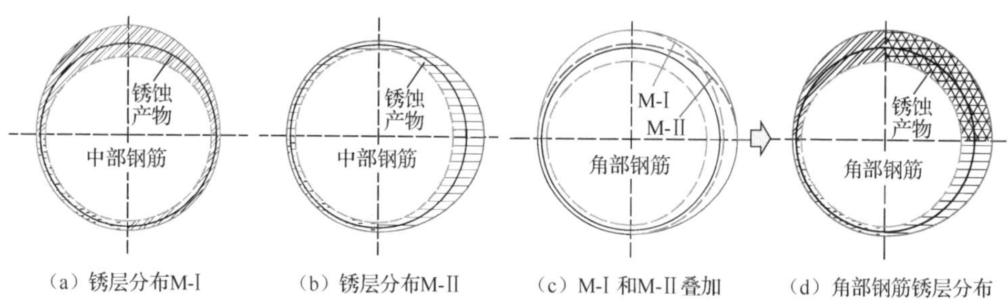

图 10.17　钢筋-混凝土界面锈蚀产物非均匀分布形式

简单来说，钢筋非均匀锈蚀模式-Ⅱ的分布轮廓曲线模型由两段 1/4 圆弧和两段 1/4 椭圆弧组成。该模型与 Zhao 等[25]的试验观察结果以及其拟合结果的对比如图 10.19 所示。可知，模型结果与试验结果吻合良好，从而验证了其合理性与准确性。

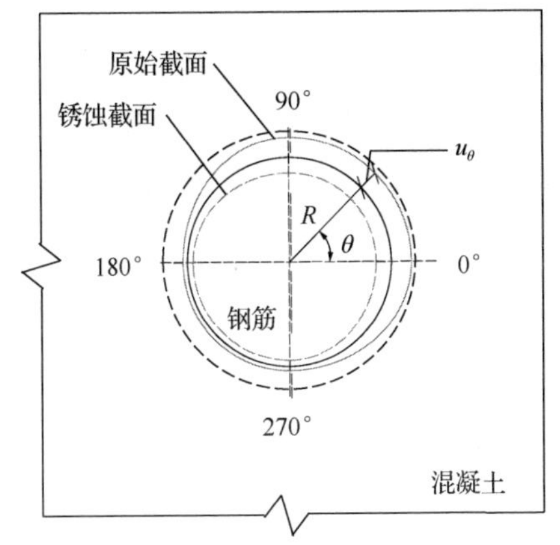

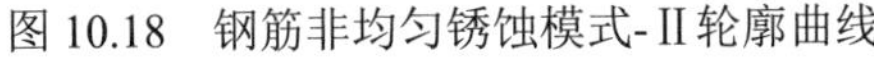
图 10.18 钢筋非均匀锈蚀模式-II 轮廓曲线

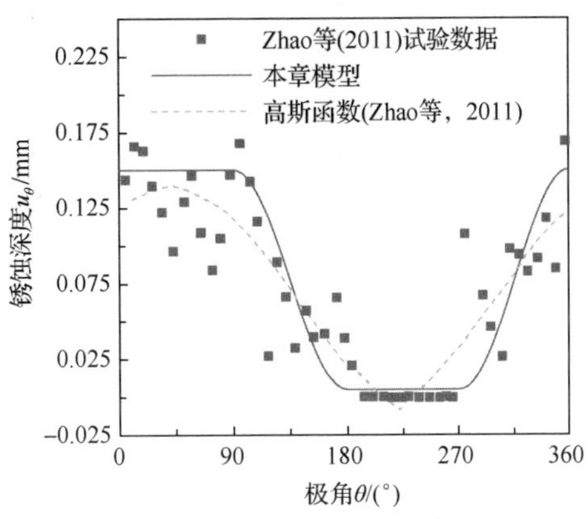

图 10.19 锈蚀模式-II 与试验结果的对比

3．锈蚀水平

在铁锈自由膨胀阶段，将钢筋与混凝土交界面毛细孔的大小折算成钢筋外围的均匀空隙，这样假定钢筋和周围混凝土之间的空隙过渡区厚度为 δ_0（研究表明，空隙过渡区厚度 δ_0 主要与混凝土的水灰比、施工及养护质量等有关，其值为 10～20μm[13]，这里采用 Liu 和 Weyers[12]的建议，取 $\delta_0 = 12.5\mu\text{m}$），那么单位长度内空隙过渡区体积为 $2\pi\delta_0$，如果设单位长度内钢筋锈蚀体积为 V_{s1}，那么这个阶段对应的单位长度内钢筋锈蚀产物量体积 V_{r1} 等于空隙过渡区体积 V_{i1} 和对应的钢筋锈蚀体积 V_{s1} 之和，可以按下式计算

$$V_{r1} = V_{i1} + V_{s1} = 2\pi\delta_0 + V_{s1} \tag{10.7}$$

混凝土保护层受拉应力阶段和开裂阶段，当锈层位移为 u_1 和 u_2 时，锈蚀钢筋的截面形状如图 10.20 所示，其中 S_1 为钢筋周围混凝土的扩张面积，S_2 为截面上钢筋的锈蚀面积。由此单位长度内钢筋周围混凝土的扩张体积 V_c 为

$$V_c = S_1 \cdot 1 = \begin{cases} \dfrac{1}{2}\pi R(u_1 + 3u_2) & \text{模式-I} \\ \pi R(u_1 + u_2) & \text{模式-II} \end{cases} \tag{10.8}$$

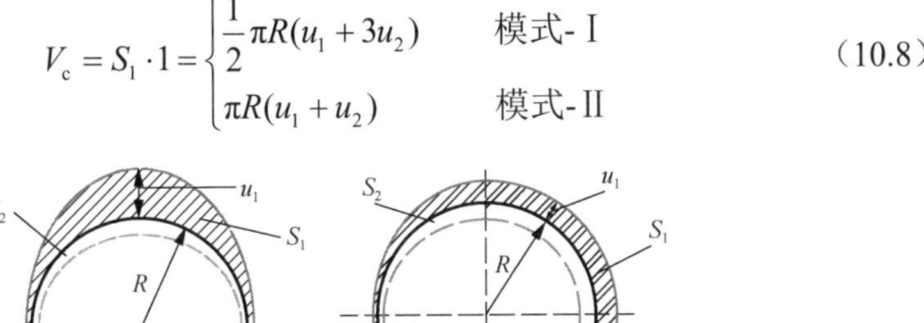

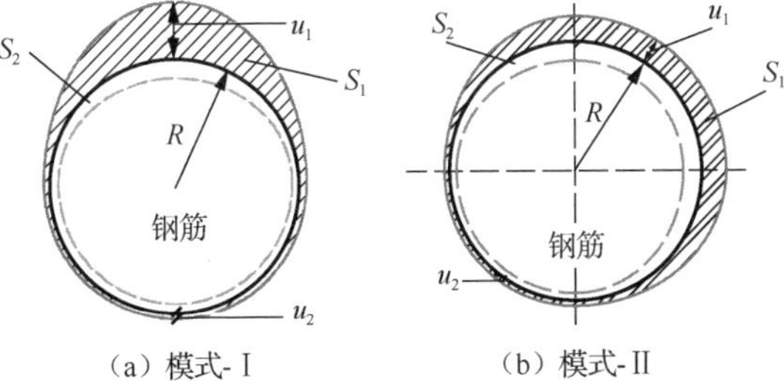

（a）模式-I （b）模式-II

图 10.20 钢筋非均匀锈蚀模式截面图

设此时相应的单位长度内钢筋锈蚀体积为V_{s2}，则锈蚀产物总量V_{r2}为

$$V_{r2}=V_c+V_{s2} \tag{10.9}$$

各阶段锈蚀产物总量$V_r=V_{r1}+V_{r2}$，钢筋锈蚀总体积$V_s=V_{s1}+V_{s2}$。假设钢筋锈蚀产物膨胀率为n，则锈蚀产物总量V_r与钢筋锈蚀体积V_s之间的关系为

$$V_r=nV_s \tag{10.10}$$

将式（10.8）和式（10.9）代入式（10.10）中，可得单位长度内钢筋锈蚀体积V_s为

$$V_s=\begin{cases}\dfrac{4\pi\delta_0+\pi R(u_1+3u_2)}{2(n-1)} & \text{模式- I}\\[2ex] \dfrac{4\pi\delta_0+\pi R(u_1+u_2)}{2(n-1)} & \text{模式- II}\end{cases} \tag{10.11}$$

钢筋锈蚀水平ρ为

$$\rho=\frac{V_s}{\pi R^2}=\begin{cases}\dfrac{4\delta_0+u_1+3u_2}{2(n-1)R}\times 100\% & \text{模式- I}\\[2ex] \dfrac{4\delta_0+u_1+u_2}{2(n-1)R}\times 100\% & \text{模式- II}\end{cases} \tag{10.12}$$

钢筋锈蚀产物的体积膨胀率n一般为2～4，这里同Lu等[13]、Chernin等[26]及Zhao等[27]的工作，取$n=3$，则

$$\rho=\frac{V_s}{\pi R^2}=\begin{cases}\dfrac{4\delta_0+u_1+3u_2}{4R}\times 100\% & \text{模式-I}\\[2ex] \dfrac{4\delta_0+u_1+u_2}{4R}\times 100\% & \text{模式- II}\end{cases} \tag{10.13}$$

10.2.2　非均匀锈蚀模型合理性验证

同上节，采用第4章所述的塑性损伤本构关系模型来描述混凝土细观组分力学行为，力学参数见表10.1。采用强制位移法，将式（10.5）或式（10.6）的位移施加在如图10.4混凝土的“孔洞”边上。

图10.21给出的是钢筋非均匀锈蚀模式- I 计算结果与相关试验结果的对比情况。图10.21（a）为中部钢筋引发的破坏模式与Tran等[28]试验及其宏观数值模型计算结果对比；图10.21（b）为角部钢筋引发的混凝土开裂模式数值结果与Fischer等[29]试验及Ožbolt等[30]宏观尺度数值模型计算结果对比。

图10.22所示为钢筋非均匀锈蚀模式- II 所得的角部钢筋锈蚀膨胀引发的混凝土保护层的开裂模式与文献中试验观察所得结果[29]及宏观模拟结果[31]的对比。可以看出，两种非均匀锈蚀模式数值计算结果与试验结果吻合很好，说明了方法的可靠性和合理性。

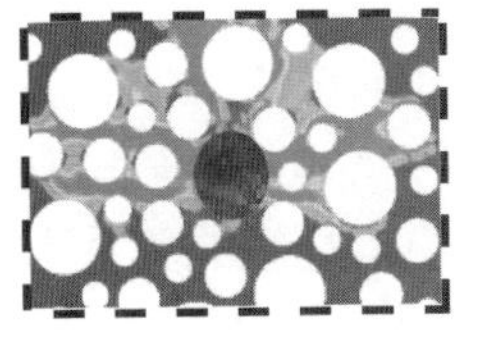
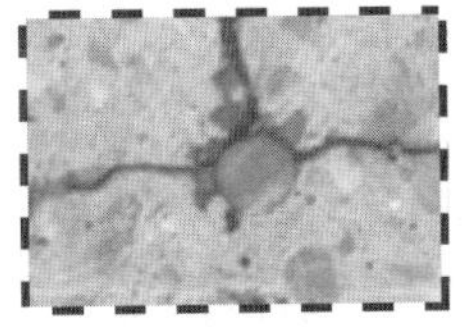
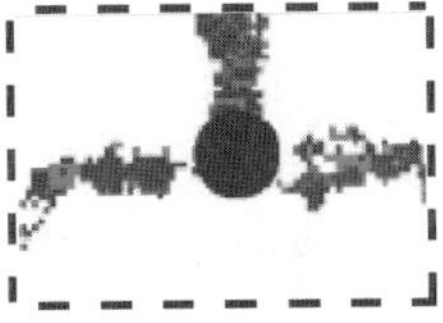

（a）数值模拟结果与 Tran 等[28]试验及模拟结果的对比（中部钢筋）

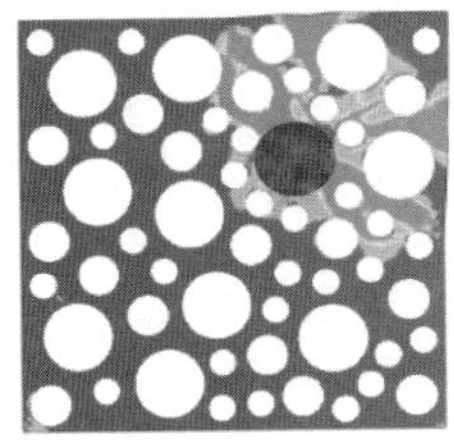
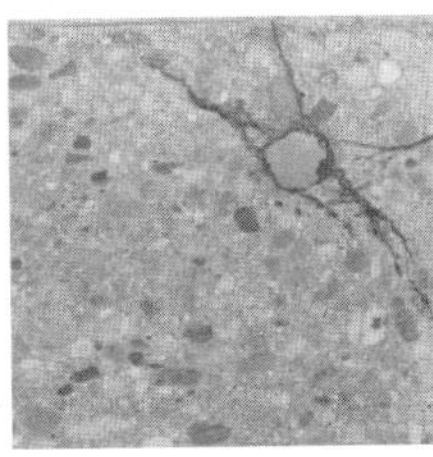
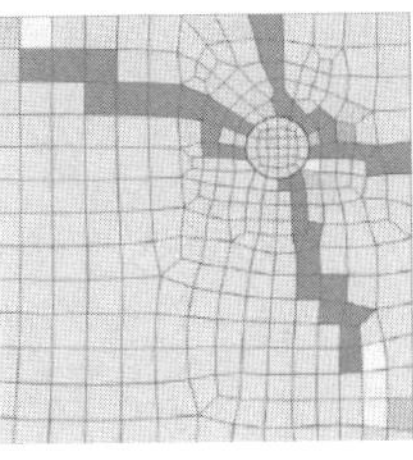

（b）数值模拟结果与 Fischer[29]试验结果及 Ožbolt 等[30]模拟结果的对比（角部钢筋）

图 10.21　钢筋非均匀锈蚀模式-Ⅰ计算结果与试验结果及宏观尺度结果对比

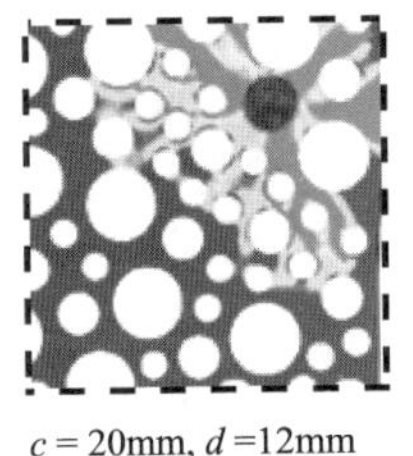

$c = 20\text{mm}, d = 12\text{mm}$

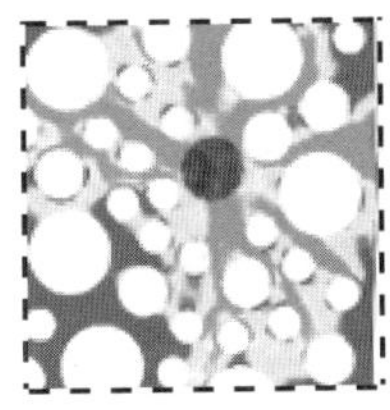

$c = 35\text{mm}, d = 16\text{mm}$

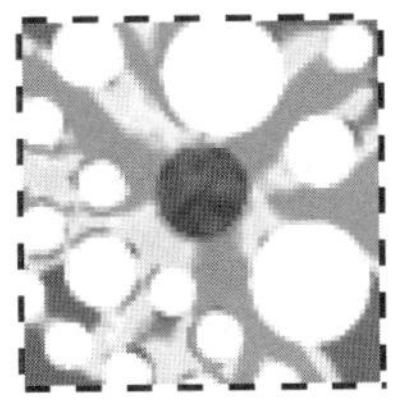

$c = 20\text{mm}, d = 16\text{mm}$

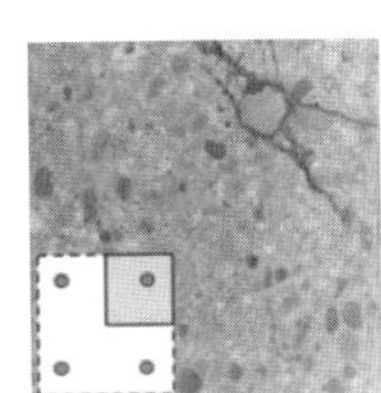

（a）文献[29]试验结果

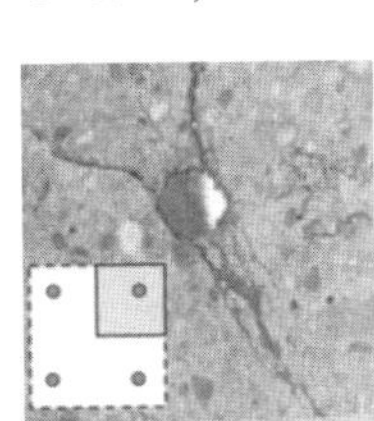

（b）文献[29]试验结果

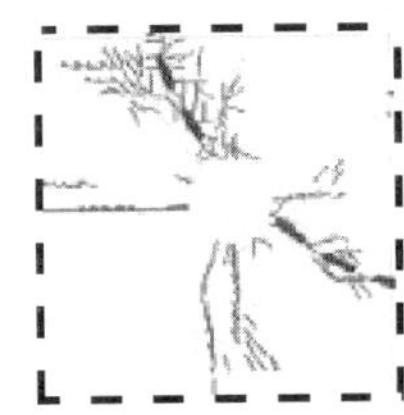

（c）文献[31]模拟结果

图 10.22　钢筋非均匀锈蚀模式-Ⅱ数值结果与试验结果及宏观模拟结果的对比

另外，相比于宏观尺度模型，细观尺度模型能更好地与试验结果吻合，更好地表征保护层中裂缝扩展路径的曲折性。当然不同锈蚀模式下的模拟结果存在一些差异，这将在后面详细讨论。

10.2.3　钢筋锈蚀致保护层破坏二维分析

1．混凝土保护层破坏行为

如前所述，u_1 / u_2 的比值将决定钢筋非均匀锈蚀模式-Ⅰ椭圆的形状。不同

u_1/u_2 比值下获得的混凝土保护层（保护层厚度为 30mm，钢筋直径为 16mm）的破坏模式如图 10.23 所示。从图 10.23 可以看出，u_1/u_2 比值小于 5 时获得的破坏模式与比值大于 5 时的破坏模式具有明显的差异。当为均匀锈蚀时，即 u_1/u_2 的比值为 1 时的破坏路径与其他非均匀锈蚀导致的保护层破坏模式完全不同。此外，从图 10.23（d）～（f）给出的保护层破坏模式可以发现，3 组破坏模式几乎是相同的。也即当 u_1/u_2 比值大于 10 时，u_1/u_2 比值对保护层破坏模式的影响几乎可以忽略。因此，接下来的数值计算中，采用 $u_1/u_2=30$ 来描述钢筋的非均匀锈蚀行为。

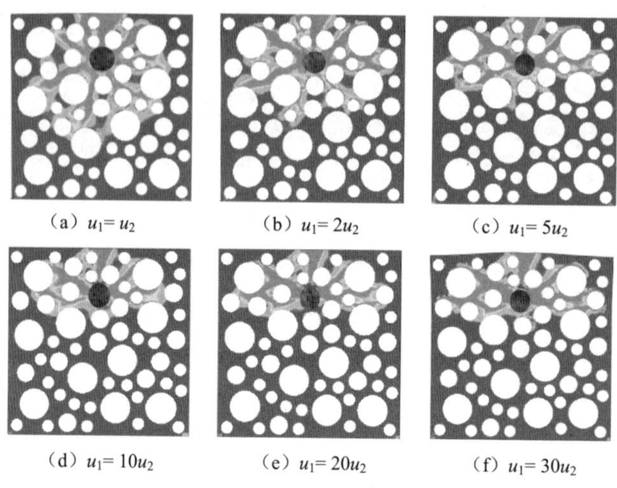

（a）$u_1=u_2$　（b）$u_1=2u_2$　（c）$u_1=5u_2$

（d）$u_1=10u_2$　（e）$u_1=20u_2$　（f）$u_1=30u_2$

图 10.23　不同 u_1/u_2 比值下混凝土保护层破坏模式

某具有保护层厚度为 30mm 及钢筋直径为 16mm 的混凝土保护层非均匀破坏过程如图 10.24 所示。不难发现，混凝土保护层的开裂破坏行为是锈蚀产物径向膨胀导致的直接结果。从图 10.24 可以看出，当细观单元的拉伸应力超过其材料的抗拉强度时，首先在钢筋的左侧和右侧产生应力集中行为，产生损伤开裂（如 u_1 达到 8.60μm）。随着径向位移的继续增大，锈蚀压力逐渐增大，损伤区域进而逐渐扩展。当径向位移 u_1 达到 12.74μm 时，在混凝土保护层面上产生裂缝，另外两条主裂缝（左侧和右侧裂缝）逐渐扩展延伸。最后，当径向位移 u_1 达到 149.90μm 时，整个保护层几乎完全剥离。

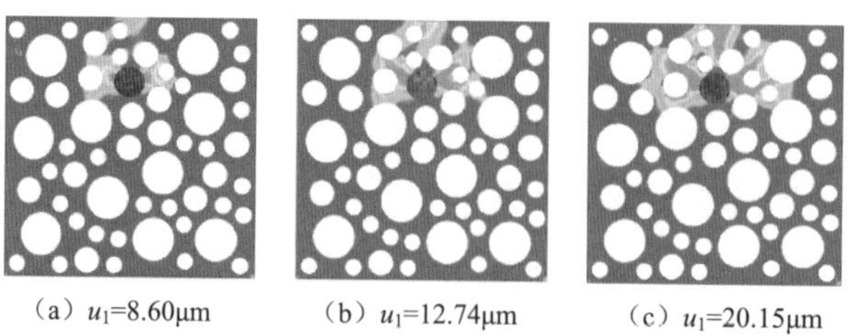

（a）u_1=8.60μm　（b）u_1=12.74μm　（c）u_1=20.15μm

图 10.24　中部钢筋锈蚀引发的保护层破坏过程（c=30mm, d=16mm）

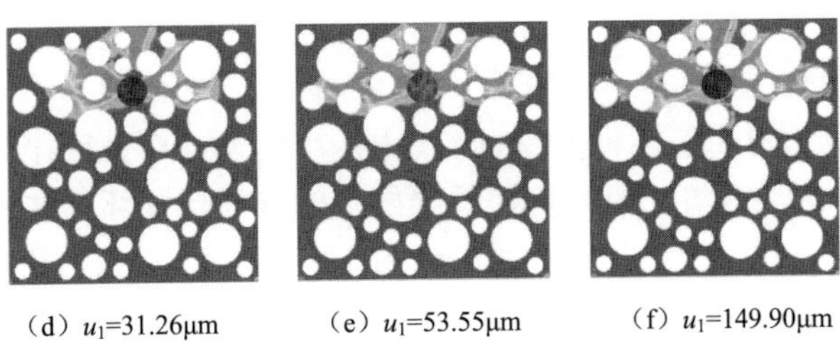

（d）u_1=31.26μm　（e）u_1=53.55μm　（f）u_1=149.90μm

图 10.24（续）

图 10.25 为保护层厚度 c = 30mm，钢筋直径 d = 16mm 时角部钢筋锈蚀膨胀引发的混凝土保护层的开裂破坏过程，其所采用的钢筋锈蚀膨胀轮廓曲线为模式-Ⅱ。当锈蚀产物填满钢筋与混凝土交界面中孔隙，锈蚀产物会对周围混凝土产生锈胀压力，从而使混凝土发生损伤。从图 10.25 中可知，当混凝土中的拉应力达到混凝土的抗拉强度时（如 u_1 =3.80μm 时），混凝土的损伤（开裂）首先发生在钢筋周围的混凝土中，即开始产生内部裂缝，之后向相对薄弱的界面过渡区发展。随着锈胀位移 u_1 的逐渐增大，锈胀压力不断增大，混凝土的损伤区域不断扩展，当 u_1 达到 9.14μm 时，试件表面开始产生外部裂缝，此时在钢筋周围产生了 3 条主裂缝。当锈层位移 u_1 达到 22.33μm 时，外部裂缝已贯穿保护层，而内部裂缝的发展亦非常明显。当锈蚀进一步加剧，内部和外部裂缝继续发展，最终造成试件截面角部混凝土剥落。

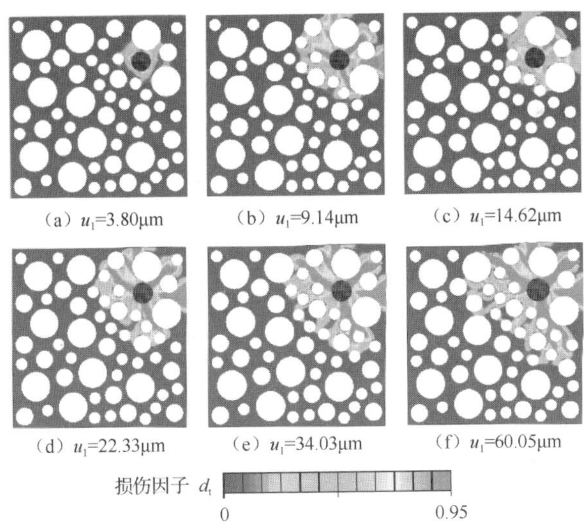

（a）u_1=3.80μm　（b）u_1=9.14μm　（c）u_1=14.62μm

（d）u_1=22.33μm　（e）u_1=34.03μm　（f）u_1=60.05μm

图 10.25　角部钢筋非均匀锈蚀模式-Ⅱ引发的混凝土保护层开裂过程

实际上，在钢筋锈胀引发的混凝土保护层的开裂破坏过程中，模拟结果中的多条裂缝大多为不可见的微损伤、微裂缝，仅有两三条可见主裂缝能够在工程实际中观察到，这与 Šavija 等[14]的模拟结果是一致的。

2．参数影响分析

下面对宏观尺度模型和细观尺度模型的数值结果进行了对比分析，探讨均匀锈蚀及非均匀锈蚀行为的区别。此外，对保护层厚度、钢筋直径以及钢筋布置位置（中部布置和角部布置）的影响进行分析。

保护层厚度、钢筋直径、混凝土强度及钢筋布置位置为 4 个影响保护层开裂破坏行为的主要参数。关于混凝土强度参数的影响，Šavija 等[14]及 Jang 和 Oh[18]进行了详尽的研究工作。研究结果均表明随着混凝土强度的增大，锈胀压力不断增大，临界锈蚀水平随之呈线性增大趋势。因此，本节主要探讨钢筋锈蚀模式、保护层厚度、钢筋直径及钢筋位置的影响。

图 10.26、彩图 26、图 10.28 和图 10.29 给出了细观力学方法获得的不同保护层厚度及不同钢筋直径下的中部钢筋及两种不同非均匀锈蚀模式下的角部钢筋锈蚀膨胀引发的保护层破坏模式。根据细观尺度模拟结果，提取钢筋圆孔周边节点的反力，计算出不同锈蚀模式下锈蚀产物产生的锈胀压力，如图 10.27、图 10.30～图 10.32 所示。数值计算中，保护层厚度选用 30mm、40mm 和 50mm，钢筋的直径为 16mm、20mm 及 25mm。另外，按式（10.13）分别计算了保护层开裂时中部钢筋与角部钢筋的临界锈蚀水平，见表 10.2 和表 10.3。

表 10.2　中部钢筋混凝土保护层开裂时钢筋临界锈蚀水平

保护层厚度 c/mm	钢筋直径 d/mm	c/d 比值	非均匀锈蚀		均匀锈蚀
			最大位移 u_1/μm	锈蚀水平 η/%	锈蚀水平 η/%
30	16	1.875	17.05	0.1074	0.1161
	20	1.5	19.33	0.0863	
	25	1.2	15.79	0.0674	
40	16	2.5	19.02	0.1108	0.1457
	20	2	17.71	0.0869	
	25	1.6	19.43	0.0692	
50	16	3.125	22.67	0.1171	
	20	2.5	23.27	0.0945	
	25	2	21.55	0.0737	

表 10.3　角部钢筋保护层开裂时的钢筋临界锈蚀水平

保护层厚度 c/mm	钢筋直径 d/mm	c/d 比值	均匀锈蚀	非均匀锈蚀模式-Ⅰ		非均匀锈蚀模式-Ⅱ	
			锈蚀水平 η/%	最大位移 u_1/μm	锈蚀水平 η/%	最大位移 u_1/μm	锈蚀水平 η/%
30	16	1.875	0.1108	14.26	0.1026	12.39	0.1181
	20	1.5		12.87	0.0802	11.48	0.0922
	25	1.2		12.38	0.0636	10.40	0.0715

续表

保护层厚度 c/mm	钢筋直径 d/mm	c/d 比值	均匀锈蚀	非均匀锈蚀模式-Ⅰ		非均匀锈蚀模式-Ⅱ	
			锈蚀水平 η/%	最大位移 u_1/μm	锈蚀水平 η/%	最大位移 u_1/μm	锈蚀水平 η/%
40	16	2.5	0.1345	18.41	0.1098	16.24	0.1306
	20	2		15.63	0.0840	18.57	0.1105
	25	1.6		16.85	0.0685	13.14	0.0772
50	16	3.125		22.87	0.1174	22.42	0.1505
	20	2.5		21.89	0.0926	22.01	0.1194
	25	2		17.49	0.0692	19.78	0.0909

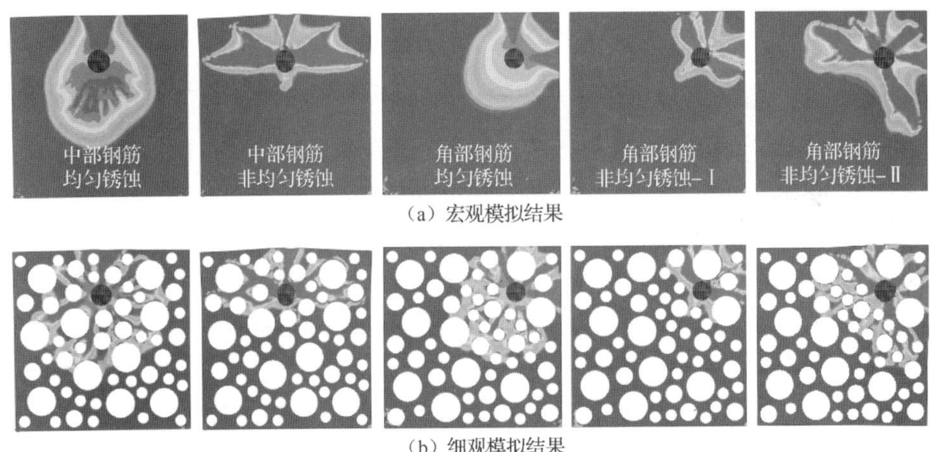

（a）宏观模拟结果

（b）细观模拟结果

图 10.26　5 组混凝土试件保护层破坏模式（c = 30mm, d = 16mm）

1）宏观模拟与细观模拟对比

图 10.26 给出了 5 组混凝土保护层破坏模式，包括宏/细观尺度下均匀与非均匀锈蚀膨胀行为。这里，宏观尺度模型表示采用的混凝土是均匀的，采用宏观力学特性来描述其力学性能，包括宏观弹性模量及抗拉强度等；细观尺度模型表示采用的混凝土是非均匀的，混凝土被看作骨料、砂浆基质及界面过渡区组成的三相复合材料，采用其各自的力学参数。

从图 10.26 可以看出，在将混凝土视为均匀连续介质的宏观均质模型下，无论是均匀锈蚀还是非均匀锈蚀，损伤在混凝土中是呈片状分布的。而在非均质细观模型下，可以明显看到损伤区域是沿薄弱区（界面过渡区）发展的，其发展路径是受骨料粒径、位置及分布形式等影响的。因此，细观尺度非均匀模型能够更真实地描述混凝土保护层的破坏模式，能更形象地反映裂缝扩展的曲折性。这说明研究混凝土断裂破坏行为中考虑混凝土非均质性的重要性。

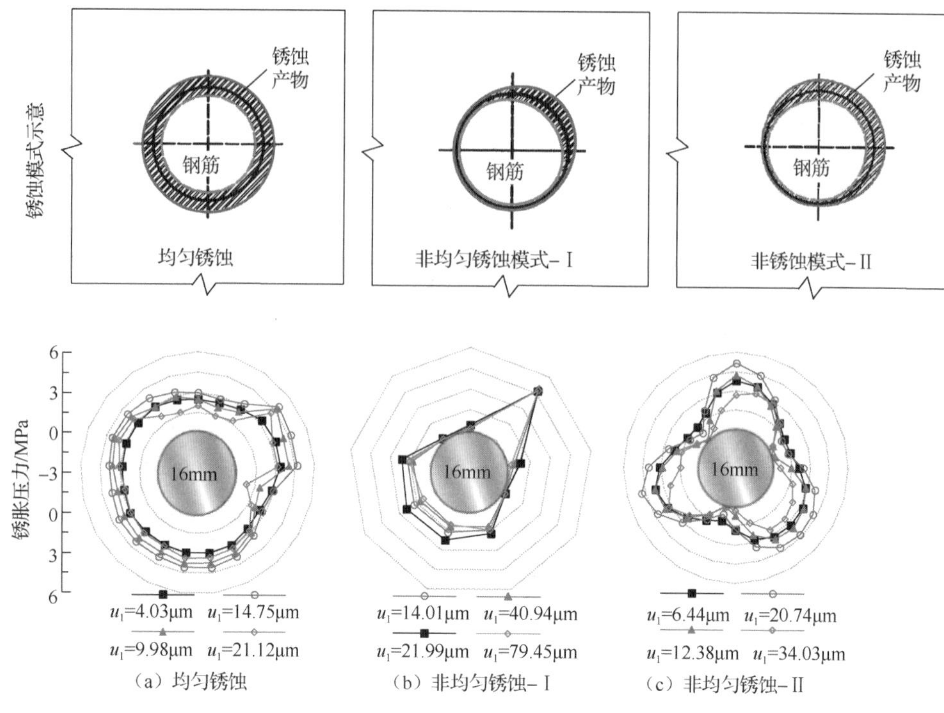

图 10.27　钢筋锈蚀膨胀模式对角部钢筋锈胀压力的影响

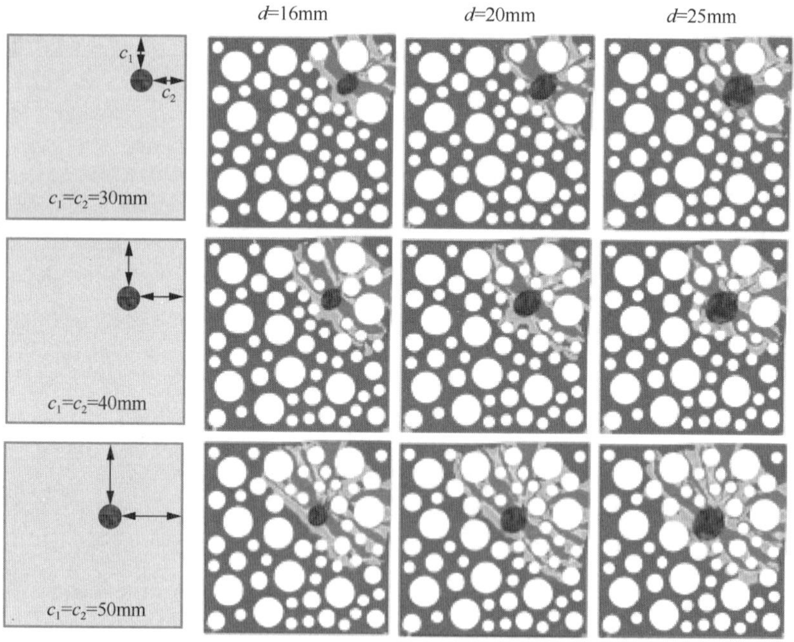

图 10.28　角部钢筋锈蚀引发的混凝土保护层破坏模式（非均匀锈蚀模式- I ）

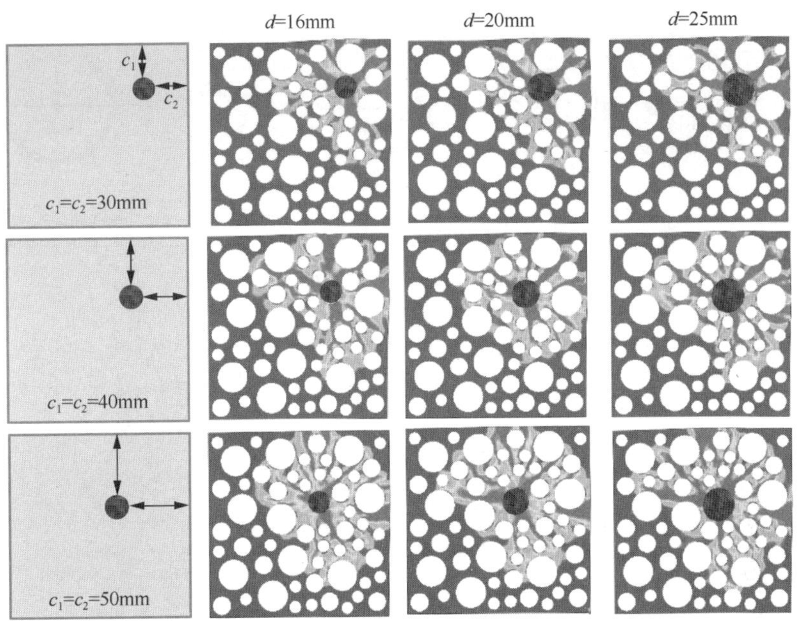

图 10.29　角部钢筋锈蚀引发的混凝土保护层破坏模式（非均匀锈蚀模式-Ⅱ）

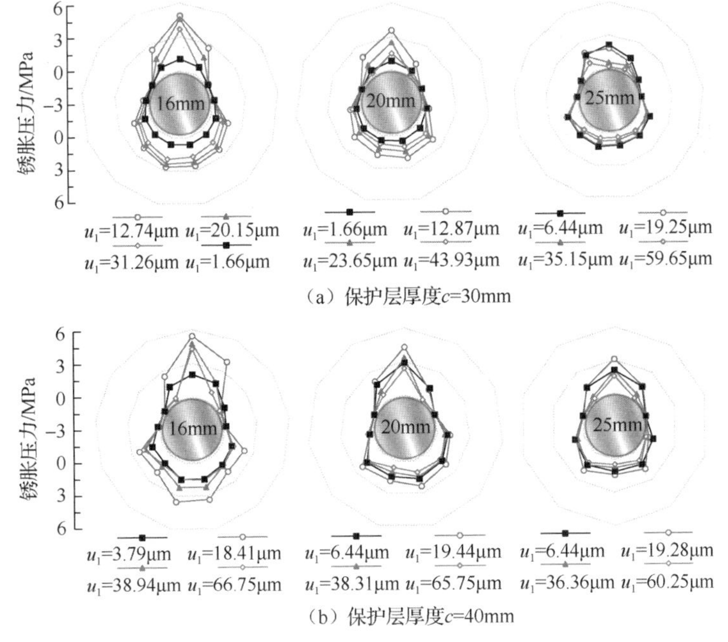

图 10.30　中部钢筋周围锈胀压力分布

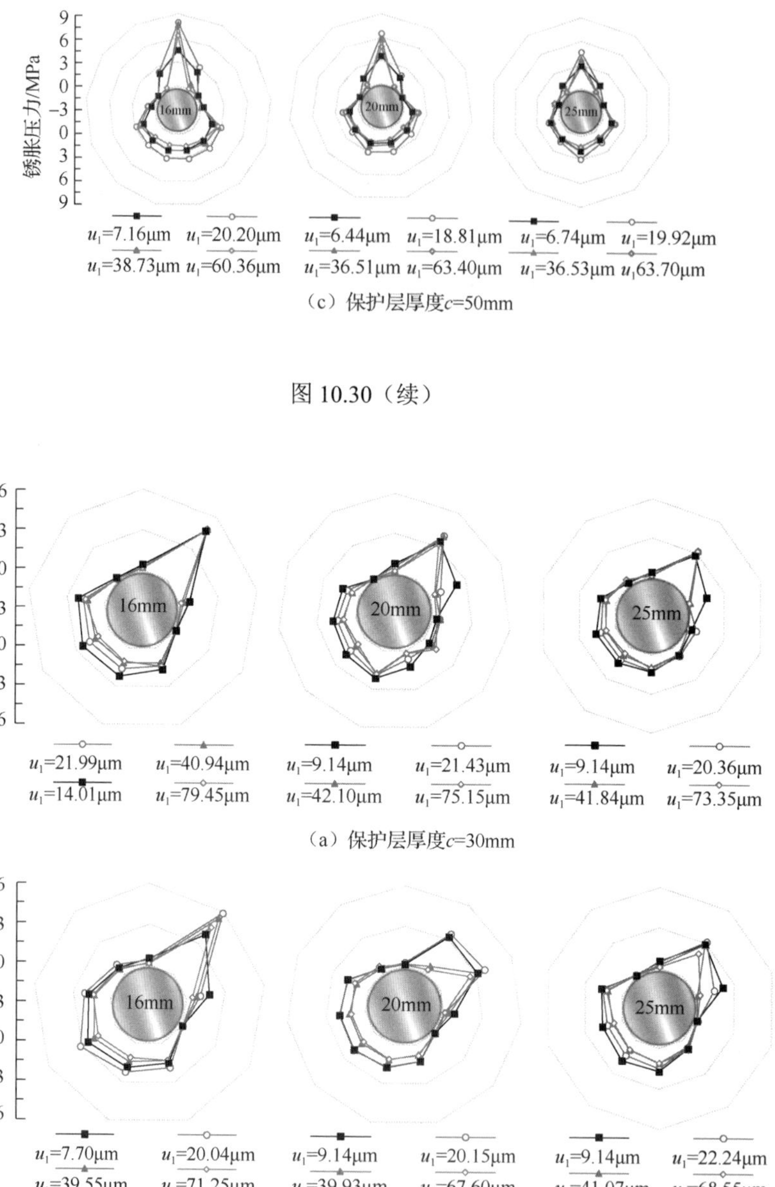

（c）保护层厚度c=50mm

图 10.30（续）

（a）保护层厚度c=30mm

（b）保护层厚度c=40mm

图 10.31　角部钢筋周围锈胀压力分布（非均匀锈蚀模式- I ）

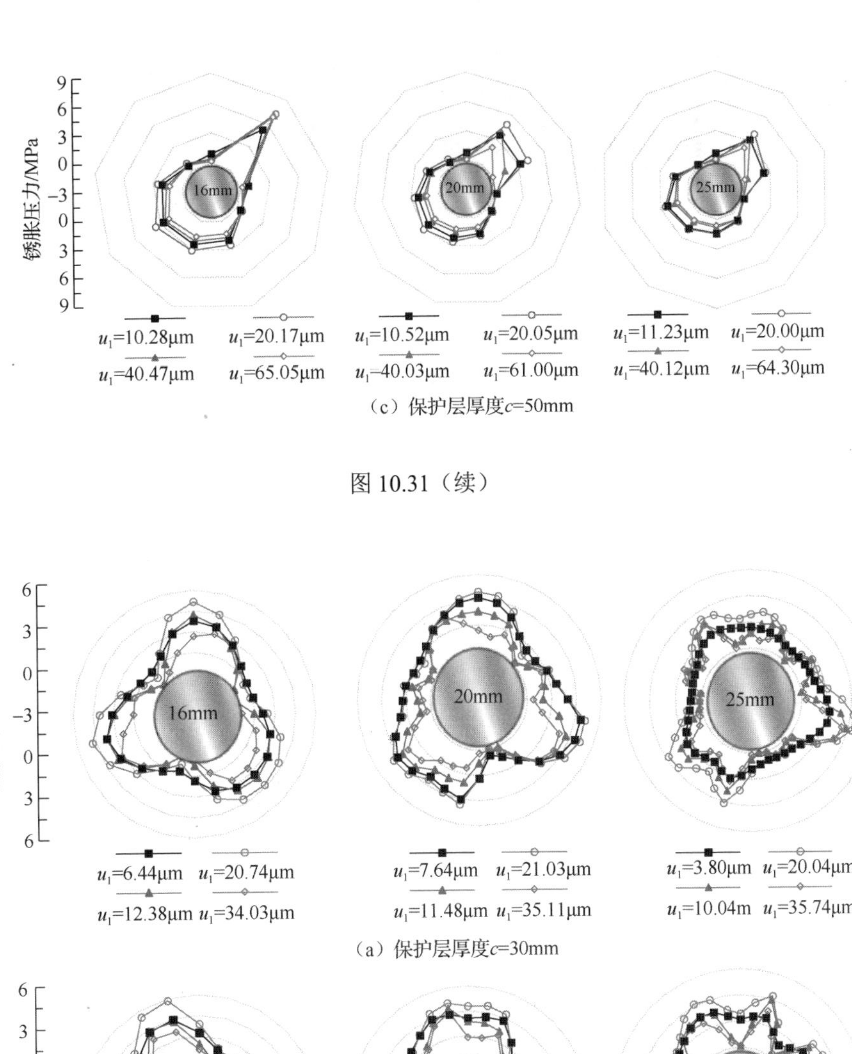

（c）保护层厚度c=50mm

图 10.31（续）

（a）保护层厚度c=30mm

（b）保护层厚度c=40mm

图 10.32　角部钢筋周围锈胀压力分布（非均匀锈蚀模式-Ⅱ）

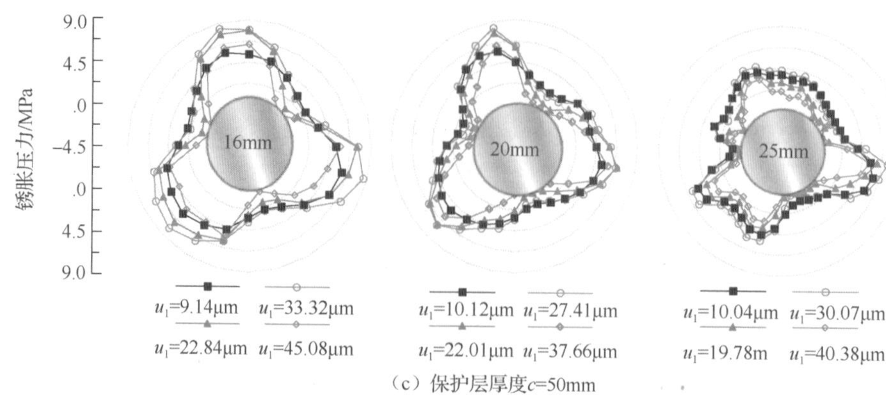

（c）保护层厚度c=50mm

图 10.32（续）

在宏观计算模型中[9,19,26,32]，当保护层厚度 c 与钢筋直径 d 比值确定时，获得的钢筋临界锈蚀水平是个定值。即若采用宏观尺度模型，那么临界锈蚀水平仅仅是 c/d 比值的函数，与单纯的 c 值和 d 值无关。实际上，相关试验结果[33,34]表明临界锈蚀水平和临界锈蚀压力可能与单纯的保护层厚度 c、c/d、钢筋直径 d 或其他参数密切关联。因此，由于宏观尺度模型中没有考虑混凝土细观结构非均质特性的影响，其难以准确地表征保护层厚度及钢筋直接的影响。与宏观尺度模型不同，细观尺度力学模型抓住了混凝土非线性的本质——非均质性，能很好地描述混凝土保护层的开裂破坏行为。

从表 10.2 和表 10.3 可以看出，在 c/d 比值为某一确定值下（如 $c/d = 2, 2.5$），但保护层厚度 c 及钢筋直径 d 不同时（如 c_1=40mm，d_1 = 20mm；c_2 = 50mm，d_2 = 25mm），细观力学方法获得的临界锈蚀水平明显不同。

2）钢筋锈蚀膨胀模式影响

Jang 和 Oh[18]的数值研究结果表明，均匀锈蚀假定可能会导致评估保护层开裂时得到的时间偏于保守。这里，探讨对比了钢筋锈蚀膨胀模式的影响。从图 10.26 可以看出，锈蚀模式对混凝土保护层的开裂模式影响十分显著。对于均匀锈蚀行为，当锈蚀量较大时，在钢筋周围混凝土中出现向混凝土内部扩展的裂缝。当采用均匀锈蚀假定时，锈蚀产物周围产生的锈蚀压力趋于均匀，进而会使混凝土内部产生大量裂缝。均匀锈蚀行为与 Tran 等[28]的局部锈蚀试验结果有很大差异。当采用非均匀锈蚀假定时，获得的数值结果与 Tran 等[28]的试验结果吻合很好。此外，细观数值计算结果与 Šavija 等[14]获得的保护层破坏模式接近。

另外，与非均匀锈蚀模式-Ⅰ相比，非均匀锈蚀模式-Ⅱ所引起的混凝土保护层的开裂模式更加接近于钢筋均匀锈蚀情形下的结果，非均匀锈蚀-Ⅱ所导致的混凝土中的损伤区域更大。因此，采用非均匀锈蚀模式-Ⅰ可能会使对角部钢筋锈蚀危害的估计偏于保守；相对而言，采用非均匀锈蚀模式-Ⅱ应该更加合理。

由图 10.27 所示的不同钢筋锈蚀膨胀模式下角部钢筋锈胀压力的分布情况可知，锈胀压力的分布对钢筋锈蚀的几何分布模式十分敏感，这与 Xia 等[35]的结论是一致的。在均匀锈蚀模式下，获得的钢筋锈胀压力基本是沿钢筋截面圆周均匀分布的。当然，由于混凝土细观非均质性的影响，局部压力稍大[图 10.27（a）]。

然而，非均匀锈蚀模式-Ⅰ情形下，锈胀压力的分布存在明显的应力集中现象[图 10.27（b）]。在非均匀锈蚀模式-Ⅱ下，锈胀压力的分布亦不均匀，且高水平压力区域要比非均匀锈蚀模式-Ⅰ下大得多，这就使非均匀锈蚀模式-Ⅱ所引起的损伤破坏比非均匀锈蚀模式-Ⅰ严重得多。

表 10.2 和表 10.3 中对比了不同锈蚀模式下获得的临界锈蚀水平。可以看出，3 种锈蚀模式下钢筋的临界锈蚀水平差异非常小，但仍可得出绪论，非均匀锈蚀获得的临界锈蚀水平小于均匀锈蚀情况。这意味着锈蚀产物集中于钢筋的外侧区域时，混凝土保护层将更快地产生开裂。这与海洋环境中实际混凝土的“麻点腐蚀”（pitting corrosion）情况相一致[18]。

因此，非均匀锈蚀假定能更准确地表征实际混凝土保护层的开裂行为。并且，从锈蚀机理的角度来讲，非均匀锈蚀模式-Ⅱ更加真实合理，采用这种锈蚀模式能够更好地分析角部钢筋锈胀引发的混凝土保护层的破坏行为。

3）钢筋直径影响

从彩图 26、图 10.28 和图 10.29 可以看出，不同钢筋直径下获得的保护层破坏模式几乎是相同的。但从图 10.30～图 10.32 可以得知，相同保护层厚度下，随着钢筋直径的增大，锈蚀产物周围产生的最大锈胀压力亦随之减小。

此外，由表 10.2 和表 10.3 可以发现，不管钢筋布置在中部区域还是在角部，保护层开裂时钢筋的临界锈蚀水平随钢筋直径的增大而减小。这是因为，相同的保护层厚度下，产生相同的钢筋锈蚀量时，钢筋直径越大，则在混凝土中产生越大的应变能。因此，钢筋直径越大，保护层越容易开裂。因而，应在满足其他条件的情况下选择较小直径的钢筋。

4）保护层厚度影响

为检验保护层厚度对保护层开裂行为的影响，对保护层厚度为 30mm、40mm 及 50mm 的混凝土锈胀力学行为进行数值研究。从彩图 26、图 10.28 和图 10.29 可以看出，随着保护层厚度的增大，混凝土破坏模式变得越来越复杂，裂缝路径随之增多，且导致保护层剥落的区域亦随之增大。

从图 10.30～图 10.32 可以看出，保护层厚度越大，锈蚀产物的峰值锈胀压力越大，临界锈蚀水平亦随之增大（表 10.2 和表 10.3）。这是因为，保护层厚度越大，混凝土开裂过程中将耗散更多的应变能，因此锈蚀水平亦随着增大。该数值结果与 Zhao 等[27]的结果一致。简言之，与小直径钢筋相比，钢筋直径越大，混凝土保护层越易开裂破坏。然而，由于保护层可起到物理防锈的作用，在工程实际中应适当增大保护层厚度。

5）钢筋布置位置影响

钢筋布置在角部时，非均匀锈蚀膨胀引发的保护层破坏模式如图 10.28 和图 10.29 所示。图 10.28 和图 10.29 中，c_2 为钢筋表面至混凝土试件右侧面的距离，c_1 为钢筋表面至混凝土试件顶面的距离。对比图 10.28、图 10.29 和彩图 26 可以得知角部混凝土保护层的破坏模式与钢筋在中部区域时保护层破坏模式有很大的差异。对比图 10.31 和图 10.30 可知，钢筋周围锈蚀压力的分布情况亦明显不同。

从表 10.2 和表 10.3 可以看出，钢筋布置在角部时获得的临界锈蚀水平小于在中部区域时获得临界锈蚀水平。这就是说，钢筋布置在角部时，保护层更易产生开裂破坏。该数值结果与 Jang 和 Oh[18]结果一致。

10.2.4　钢筋锈蚀致保护层破坏三维分析

1. 三维细观有限元模型

1）数值模型简介

模拟钢筋锈蚀膨胀导致的混凝土保护层开裂行为的三维细观随机骨料模型[7]如图 10.33 所示。混凝土立方体试件边长为 150mm，钢筋直径为 16mm。在钢筋位置处预留圆孔，以施加式（10.6）所描述的径向位移，模拟钢筋的锈蚀膨胀效应。模型中骨料的体积分数约为 35%，最小等效粒径为 5mm，最大等效粒径为 35mm。采用 8 节点线性减缩积分单元对混凝土三维细观力学模型进行离散。网格尺寸为 2mm，划分的单元数约为 42 万个。

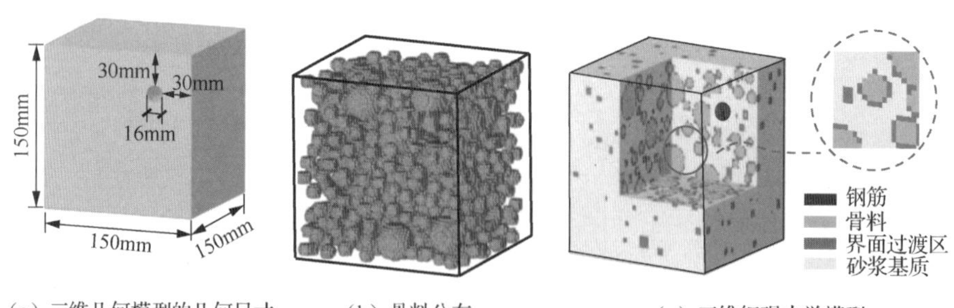

（a）三维几何模型的几何尺寸　（b）骨料分布　（c）三维细观力学模型

图 10.33　三维模型的几何结构

在实际结构中，界面过渡区的厚度介于 30μm 和 50μm 之间，由于计算能力的限制，在三维模型中很难采用这一数值进行计算[36]。考虑到界面过渡区厚度在 0.5～2.0mm 范围内变化时，仅对混凝土宏观应力-应变曲线的下降段有所影响，而不影响应力上升阶段[37]，这里与 Šavija 等[14]的工作类似，将界面过渡区厚度设置为 1mm。

在三维细观数值模型中，骨料的力学行为考虑为弹性，砂浆基质与界面过渡区的力学行为仍采用塑性损伤模型来描述（详见第 4 章）。混凝土各细观组分力学参数见表 10.1。三维细观数值模型的边界条件为：混凝土立方体试件底部固定，其余表面为自由边界。

2）模型验证

为了验证三维细观数值模型的合理性，对 Zhao 等[25]开展的钢筋混凝土锈胀开裂试验进行模拟。在试验中，混凝土立方体的几何尺寸为 150mm×150mm×150mm，保护层厚度为 20mm，钢筋直径为 16mm。混凝土骨料体积分数约为 35%，标准试件 28d 抗压强度为 56MPa。在模拟中，上述参数与试验保持一致，其他参数通过反复试算确定。

模拟所得的试件表面及典型截面的裂缝分布与试验结果的对比分别如图 10.34 和图 10.35 所示。从图 10.34 可以看到，与试验结果一致，模拟所得角部钢筋的混凝土保护层外表面分布着两条明显与钢筋大致平行的纵向主裂缝。

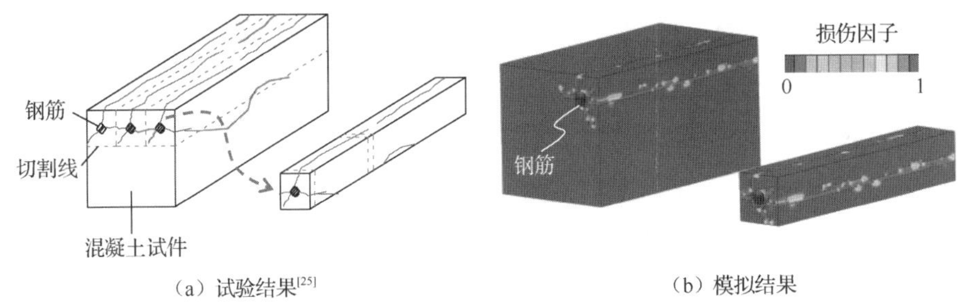

（a）试验结果[25]　　（b）模拟结果

图 10.34 试件表面裂缝细观模拟结果与试验结果对比

此外，从图 10.35 不同截面裂缝分布来看，骨料位置对混凝土局部细小裂纹分布有影响，但对混凝土外表面的裂缝分布影响不大。总体而言，三维细观模拟结果与试验结果[25]吻合较好，说明了本节细观模拟方法的合理性与准确性。

2. 混凝土保护层开裂过程

混凝土保护层的外部开裂过程，以及角部钢筋锈蚀膨胀引起的混凝土保护层开裂过程如图 10.36 所示。从图 10.36 可以看出，混凝土中的裂缝是沿着混凝土薄弱区（如界面过渡区）发展的，因而，骨料尺寸、位置和分布形式都会影响混凝土损伤区域的分布。同时，可以看到两条由内外裂缝贯通形成的主裂缝沿着从钢筋到混凝土外表面的最短路径向保护层外侧发展。随着钢筋锈蚀程度进一步增加，最终被主裂缝包围的角部混凝土整体剥落。此外，可以看到采用三维细观模型来模拟混凝土保护层开裂过程可以很好地展示裂缝发展路径，从侧面说明了在模拟中考虑混凝土细观非均质性的重要性。

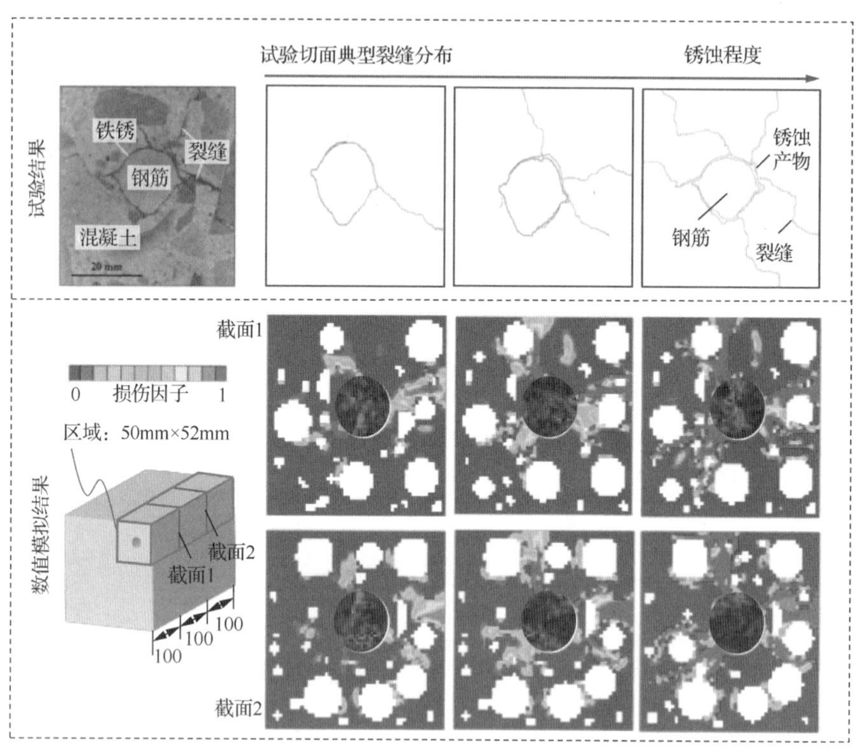

图 10.35　试件典型截面裂缝细观模拟结果与试验结果[25]的对比

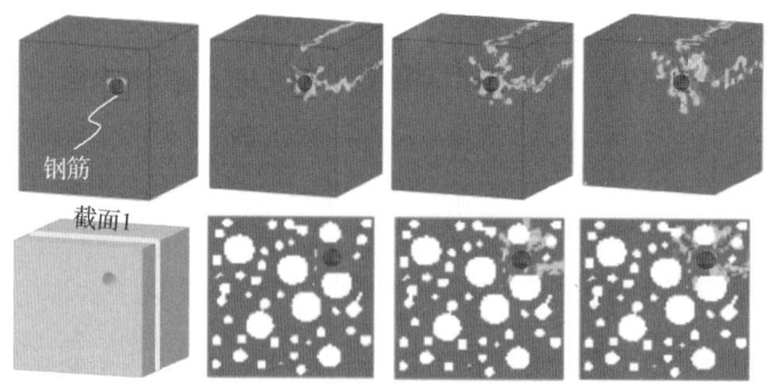

图 10.36　混凝土试件的开裂过程（$c = 30$mm，$d = 16$mm）

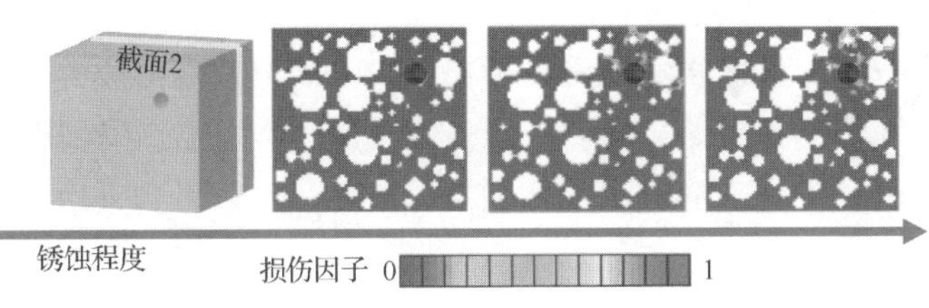

图 10.36（续）

研究[38]表明，钢筋锈蚀引发的混凝土保护层裂缝是从钢筋周围的混凝土产生并逐渐扩展至混凝土外表面。然而，本节模拟结果显示，部分锈胀裂缝是从混凝土保护层的外侧开始慢慢向混凝土内部发展，类似的现象在文献[39]中亦有发现。一方面，这可能是因为在钢筋锈蚀膨胀过程中保护层外表面处于受拉状态。另一方面，在实际工程中，由于孔隙或骨料分布，在表面附近也很可能发生应力集中，从而导致混凝土保护层外表面开裂。

图 10.37 给出了钢筋锈胀开裂过程中，钢筋 45° 方向处混凝土所受到的锈胀压力与钢筋锈层厚度的关系，其中 $c = 30\text{mm}$ 和 $d = 16\text{mm}$。由图可知，锈胀压力达最大值（时刻Ⅰ）之前，锈胀压力-锈层厚度曲线接近于直线。之后，曲线出现平台段，在此阶段，混凝土外表面出现裂缝（时刻Ⅱ）。并且，随着锈层厚度的进一步增加，混凝土内部裂缝和外部裂缝贯穿（时刻Ⅲ）。

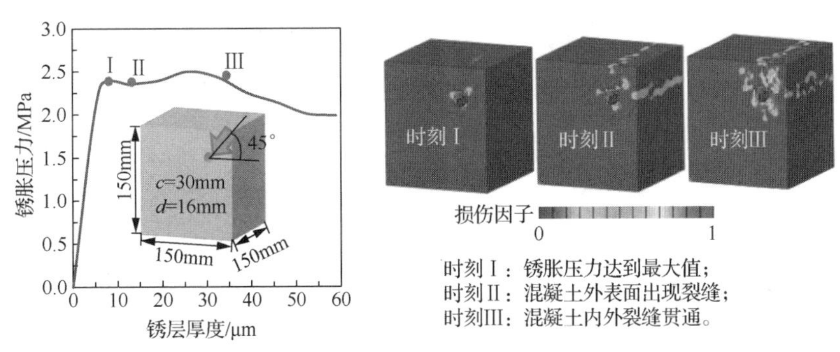

图 10.37　钢筋 45° 方向处混凝土锈胀压力与锈层厚度的关系

3．参数影响分析

1）钢筋锈胀模式的影响

本节探讨了钢筋均匀和非均匀锈蚀模式-Ⅱ[式（10.6）]两种锈蚀形式对混凝土保护层开裂行为的影响。图 10.38 给出了两种锈蚀模式下宏观与细观模型获得的混凝土保护层的破坏模式。可以看到，均匀锈蚀与非均匀锈蚀下混凝土的开裂形态有很大的不同。相比宏观模型，细观模型获得的破坏模式中细小裂缝数量更多。

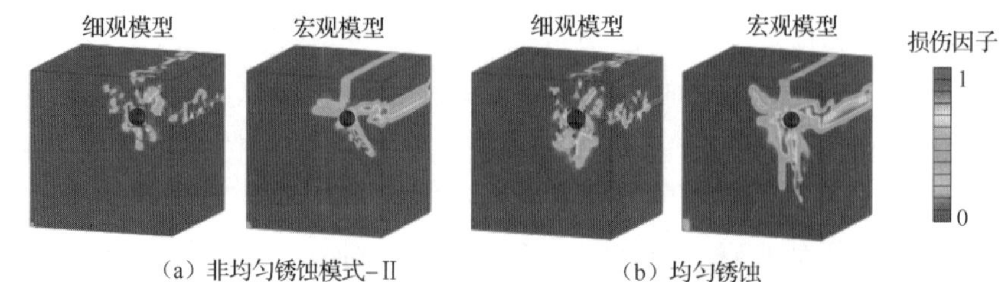

（a）非均匀锈蚀模式-Ⅱ　　（b）均匀锈蚀

图 10.38　钢筋均匀/非均匀锈蚀引起混凝土试件的破坏模式

图 10.38 对应的锈蚀膨胀压力如图 10.39 所示。图 10.39 中的锈胀压力是混凝土沿钢筋纵向各个位置的压力的平均值，u_{11}、u_{12} 和 u_{13} 分别为锈胀压力峰值、混凝土保护层外表面开裂和混凝土内外裂缝贯通时的锈层厚度（图 10.37）。可以看到，钢筋非均匀锈蚀模式下混凝土的最大锈胀压力较均匀锈蚀小，说明钢筋非均匀锈蚀模式下混凝土试样较均匀锈蚀模式更易开裂，这与文献[18]的结论相似。此外，还可以看到，钢筋均匀锈蚀模式下的锈胀压力沿各角度近乎均匀分布，但是由于混凝土的非均质性，钢筋圆周不同位置处的锈胀压力仍有少许变化。

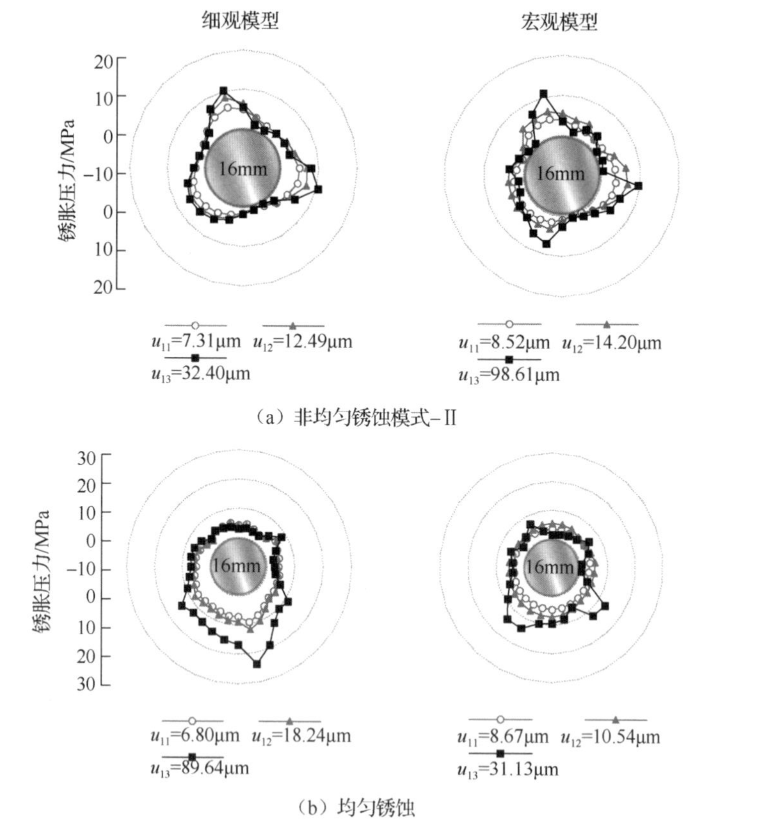

（a）非均匀锈蚀模式-Ⅱ

（b）均匀锈蚀

图 10.39　不同锈蚀模式下混凝土受到的锈胀压力

当钢筋 45° 角度处（图 10.37）的混凝土锈胀压力达到最大值时，细观模型获得的沿钢筋长度方向的锈胀压力变化情况如图 10.40 所示。由图 10.40 可以看出，锈胀压力沿钢筋纵向变化不大，但总体呈中部大、两侧小的趋势。这应该与沿钢筋的长度方向钢筋周围混凝土的边界条件不同有关。另外，锈胀压力也与钢筋周围混凝土的非均质细观结构有关。此外，从图 10.40 可知，钢筋 45° 方向的混凝土锈胀压力达到最大值时，钢筋均匀锈蚀时的锈胀压力大于钢筋非均匀锈蚀。

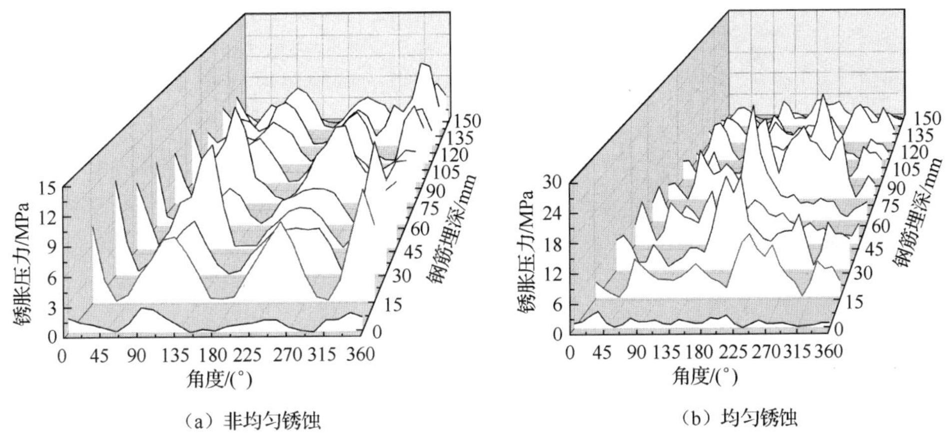

（a）非均匀锈蚀　　（b）均匀锈蚀

图 10.40　钢筋的锈蚀形式对混凝土锈胀压力的影响

从图 10.39 和图 10.40 可以注意到，钢筋非均匀锈蚀情况下不同角度处的混凝土锈胀压力的分布也是不均匀的，其中 3 个主要方向（105°、210° 和 345°）的锈胀压力明显大于其他位置。然而，在钢筋均匀锈蚀的情况时，该现象不明显。

从上述分析可以看到，与宏观模式相比，细观尺度模型具有以下两个优势：一方面能够描述细观层次混凝土内部结构特征，如骨料与材料性能的随机分布；另一方面能观察到混凝土的局部特征，如内部微裂缝的产生和发展，从而可以清晰地描述混凝土的宏观破坏过程，并详细地探讨混凝土各细观组分的影响。

2）骨料分布的影响

图 10.41 和图 10.42 分别给出了骨料分布模式对非均匀锈蚀模型-Ⅱ下混凝土开裂形态和锈胀压力的影响。可以看到，骨料分布形式对试件主裂缝位置和保护层锈胀压力影响不大，但是会对混凝土试件细小裂缝的分布位置产生影响。换言之，骨料的随机分布对混凝土保护层开裂模式和压力分布影响不大。

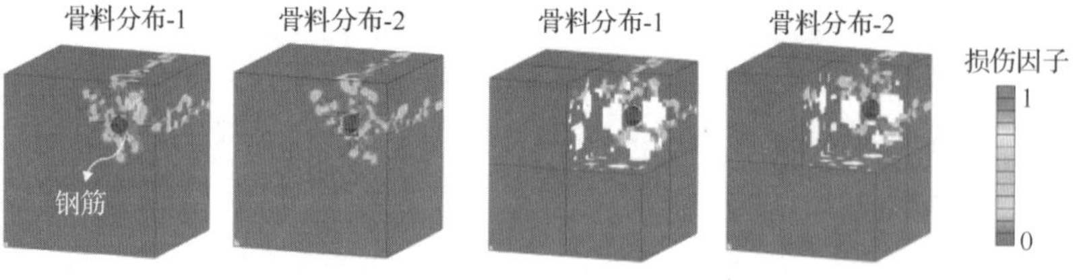

（a）混凝土外部开裂形式　　（b）混凝土内部开裂形式

图 10.41　骨料分布形式对混凝土开裂形态的影响

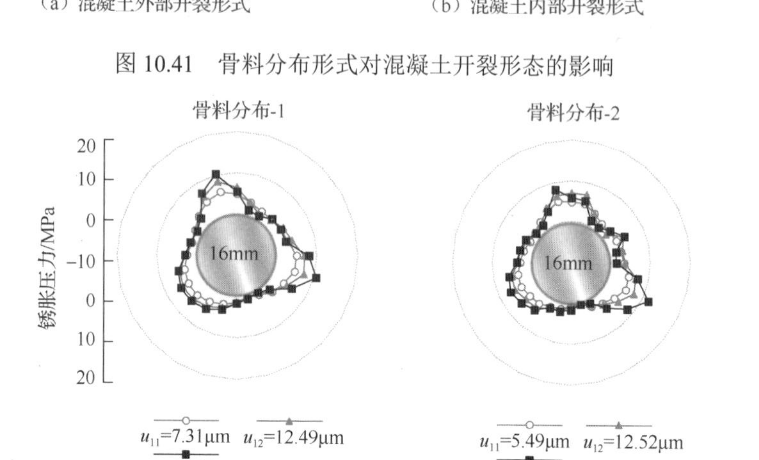

图 10.42　骨料分布形式对锈胀压力分布形式的影响

3）保护层厚度与钢筋直径的影响

对混凝土保护层厚度为 30mm、40mm 和 50mm，钢筋直径为 16mm、20mm 和 25mm 的 9 个试件进行三维细观数值模拟，得到最大锈胀压力，见表 10.4。可知，最大锈胀压力随钢筋直径增大而减小，而随保护层厚度增大而增大。

表 10.4　混凝土保护层厚度和钢筋直径对混凝土最大锈胀压力的影响

保护层厚度 c/mm	钢筋直径 d/mm	c/d	最大锈胀压力 P_{max}/MPa
30	16	1.88	5.76
	20	1.50	5.02
	25	1.20	4.04
40	16	2.50	9.77
	20	2.00	5.51
	25	1.60	4.22
50	16	3.13	10.48
	20	2.50	8.44
	25	2.00	4.45

不同保护层厚度和钢筋直径下混凝土最大锈胀压力随相对保护层厚度 c/d 变

化如图 10.43 所示，图中还列出了文献[33]给出的已有试验结果。可以看到，细观模拟结果与试验数据吻合较好。随着 c/d 的增大，混凝土的最大锈胀压力也随之增大，说明增大 c/d 对提高钢筋混凝土结构的耐久性有着显著的作用。

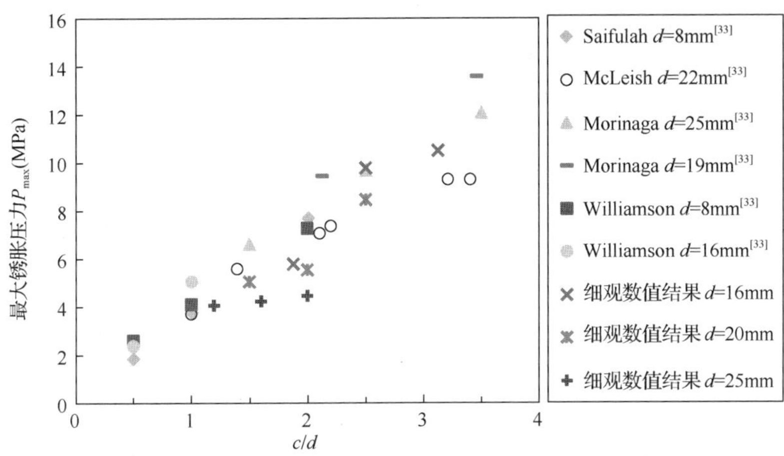

图 10.43　最大锈胀压力 P_{max} 随相对保护层厚度 c/d 的变化

10.3　多根钢筋非均匀锈蚀膨胀行为

10.1 节和 10.2 节研究了单根钢筋锈蚀引起的混凝土保护层的开裂破坏行为，然而，现实结构仅含有单根钢筋的构件几乎不存在，实际构件中往往含有多根钢筋，且间距较小。与单根钢筋锈蚀导致截面局部开裂不同，当相邻钢筋共同锈蚀时不仅在构件表面沿钢筋产生裂缝，两根钢筋之间也会产生裂缝，从而导致混凝土大面积剥落（图 10.44），从而削减构件的有效截面面积，改变结构的力学性能，降低其承载力，大幅缩短其服役寿命[40]。

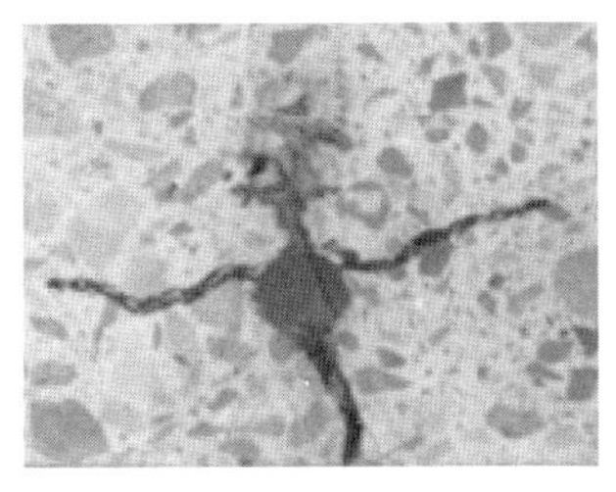

（a）单根钢筋[28]

（b）多根钢筋[41]

图 10.44　钢筋数量对保护层破坏模式的影响

在 Val 等[34]、Dong 等[41]、Andrade 等[42]和 Cabrera[43]的试验或数值研究工作中，对于两根或多根钢筋的锈蚀行为虽有涉及，但未对其进行系统的探讨。本节将针对相邻钢筋非均匀锈蚀引发的混凝土保护层的锈裂行为进行细观数值研究[8]。

10.3.1　细观数值分析模型

1. 锈胀机理及有限元模型

本节仍然采用第 2 章所介绍的细观建模方法，将混凝土视为由骨料、砂浆基质和界面过渡区组成的三相复合材料，建立混凝土随机骨料模型如图 10.45 所示。图中 c 为保护层厚度，d 为钢筋直径，s 为钢筋间距。模型中混凝土各细观组分的本构关系及相关力学参数同 10.1 节。模型中采用的加载方式仍为位移加载，所采用的钢筋锈蚀模式为 10.2 节给出的非均匀锈蚀模式-Ⅰ。

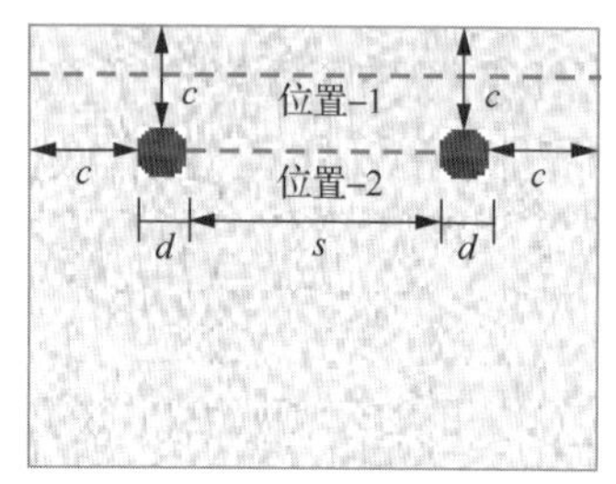

(a) 相关参数示意

(b) 混凝土细观尺度力学模型

图 10.45　有限元分析模型

2. 正交法模型参数选取

为了分析不同钢筋间距下相邻钢筋非均匀锈蚀对保护层开裂的影响，在考虑保护层厚度 c、钢筋直径 d 等主要因素的基础上，重点考虑钢筋间距 s 的影响。采用正交设计方法[44]选择模型参数，建立 9 组有限元细观模型进行模拟分析。表 10.5 为正交设计法所选用的模型参数。

表 10.5　正交法模型参数选取

试件编号	钢筋直径 d/mm	保护层厚度 c/mm	钢筋间距 s/mm	s/c
试件-a	16	30	60	2
试件-b	20	30	90	3
试件-c	25	30	120	4
试件-d	25	40	80	2
试件-e	16	40	120	3
试件-f	20	40	160	4
试件-g	20	50	100	2

续表

试件编号	钢筋直径 d/mm	保护层厚度 c/mm	钢筋间距 s/mm	s/c
试件-h	25	50	150	3
试件-i	16	50	200	4

10.3.2　多根钢筋锈蚀致保护层破坏行为

对两根相邻中部钢筋非均匀锈蚀引发的混凝土保护层的开裂进行数值模拟。图 10.46 为模拟所得的混凝土保护层的开裂破坏过程；图 10.47 为试件的 Mises 应力变化图；图 10.48 为细观数值模拟结果与试验结果以及宏观均质模型数值结果的对比；图 10.49 所示为不同参数下混凝土保护层的开裂模式；图 10.50 给出了各组试件混凝土保护层开裂时的锈胀位移。

1．混凝土保护层破坏过程

图 10.46 给出了钢筋直径 $d=16$mm，保护层厚度 $c=40$mm，钢筋间距为 $s=120$mm 时，混凝土保护层的开裂破坏过程。由图可知，当锈蚀产物在钢筋周围混凝土中产生的锈胀压力超过混凝土的抗拉强度后，钢筋左右两侧位置的混凝土首先开裂，即开始产生内部裂缝[图 10.46（a）]。之后裂缝开始向薄弱区域（界面过渡区）扩展。随着锈蚀继续发展，混凝土内部损伤区域不断扩大，而混凝土表面亦开始产生裂缝，即开始产生外部裂缝[图 10.46（b）]。当锈蚀进一步加剧，内部裂缝和外部裂缝均继续扩展，内部裂缝相互贯通[图 10.46（c）]，进而外部裂缝贯穿保护层[图 10.46（d）]，从而导致混凝土保护层剥落破坏。当然，正如下文的探讨，当钢筋间距足够大时，外部裂缝会在内部裂缝相互贯通之前贯穿保护层。

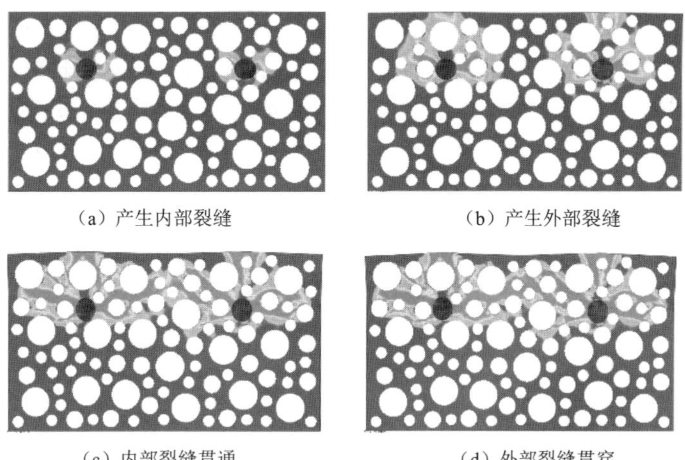

（a）产生内部裂缝　（b）产生外部裂缝

（c）内部裂缝贯通　（d）外部裂缝贯穿

图 10.46　混凝土保护层的开裂过程

2. 开裂过程应力变化分析

对于内部贯通先于或落后于外部开裂两种典型破坏模式，分别取试件-g 和试件-i 作为代表试件，做出其沿特定位置处 Mises 应力的变化图如图 10.47 所示。其中位置-1 定义在保护层厚度 1/2 处，位置-2 定义在两根钢筋之间（图 10.45）。

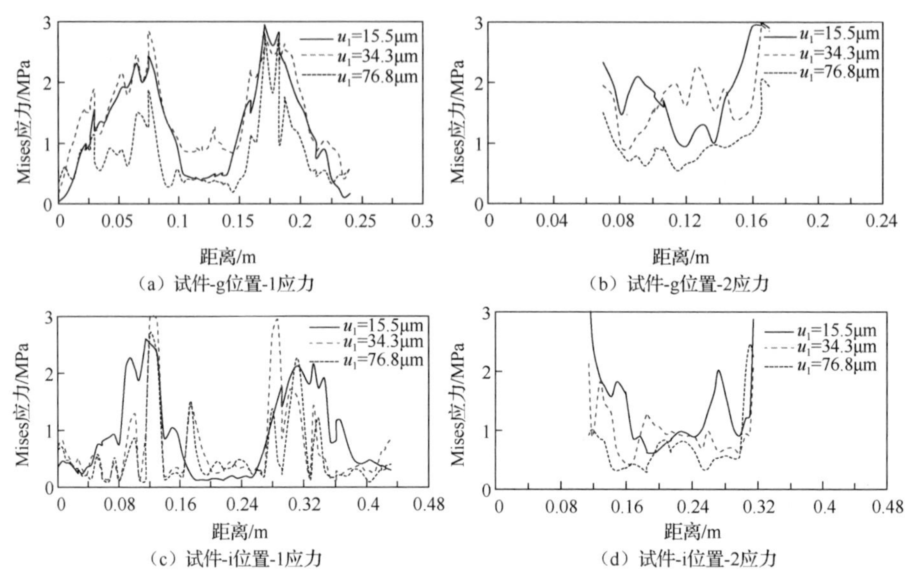

图 10.47　监测位置的 Mises 等效应力图

观察图 10.47 可知，混凝土保护层开裂处，其 Mises 应力值较大，两个试件两特定位置处的应力随锈胀位移的变化均是起初较小，逐渐增大，当混凝土保护层开裂之后发生应力重分布，其应力值相应减小。对于试件-g，沿位置-1 的应力峰值较为集中，此处为竖向裂缝处。沿位置-2 中间部位的应力有明显增大过程，对应于内部横向裂缝的贯通。对于试件-i，沿位置-1 的应力随着锈胀位移 u_1 的增大在峰值外出现了次峰值，而沿位置-2 中间位置的应力变化不明显，此现象对应于内部裂缝斜向上发展，而非相互贯通。

另外由图 10.47 可发现，各试件沿各位置的应力分布并非完全对称，这是由于混凝土细观结构的非均质性所致。

3. 模拟结果与试验结果对比

图 10.48 所示为用细观数值方法模拟所得的混凝土保护层的开裂模式与文献中试验观察所得结果[45]以及宏观均质模型数值结果[46]的对比。很明显，数值结果与试验观察到的破坏模式非常相似，这说明了该数值方法的可靠性与合理性。另外，细观数值结果与宏观均质模型结果亦十分相似，但细观模型更加真实生动地

反映了裂缝发展路径的曲折性，这说明了在模拟混凝土破坏时考虑混凝土细观非均质性的重要性。

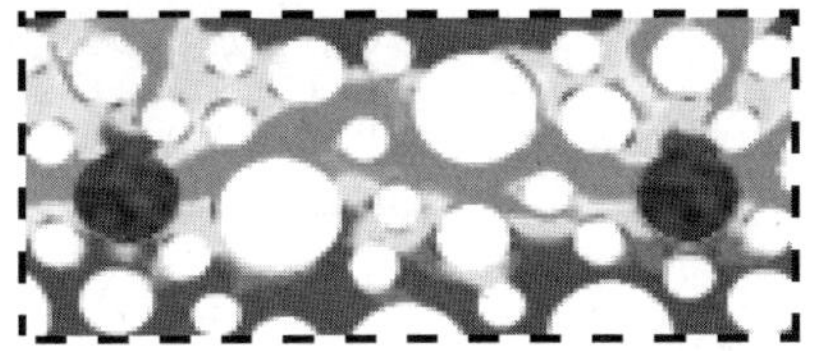
（a）细观数值模拟结果

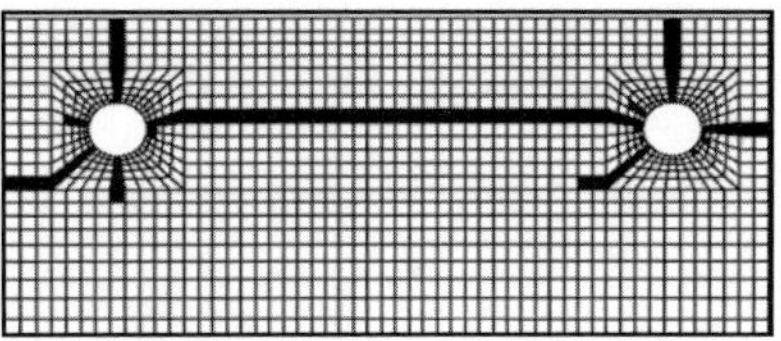
（b）宏观模型数值结果[46]

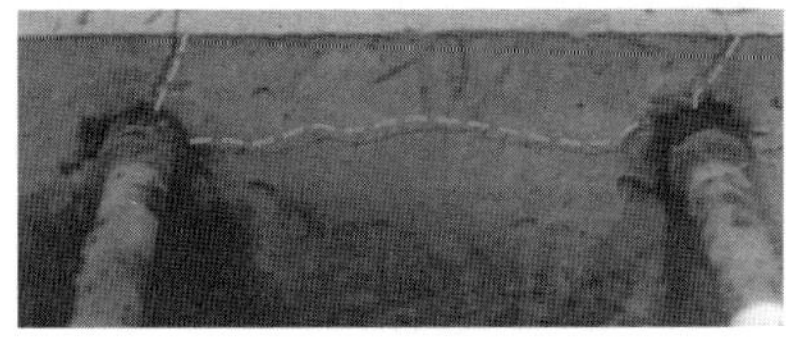
（c）试验结果[45]

图 10.48　数值结果与试验结果及宏观均质模型结果的对比

10.3.3　影响因素与开裂机理分析

钢筋锈蚀导致的混凝土保护层开裂破坏行为，与多种因素有关，如混凝土强度等级、保护层厚度、钢筋锈蚀模式（均匀/非均匀）、钢筋直径以及钢筋布置等。在多根钢筋锈蚀的情况下，钢筋直径、保护层厚度及钢筋间距是 3 个较为重要的因素，这里对其影响进行探讨分析。

1．钢筋直径的影响

观察图 10.49 可知，在混凝土保护层厚度 c 相同、钢筋间距 s 较小（$s/c\leqslant 3$）时，不同钢筋直径 d 下混凝土保护层的开裂模式十分相似，均为钢筋上部产生竖向裂缝，左右两侧产生横向裂缝，两根钢筋之间横向裂缝贯通[钢筋间距较大（$s/c>3$）时，内部裂缝不会贯通]。再分析图 10.50 中数据，无论是外部（竖向）裂缝贯穿保护层时，还是内部（两根钢筋之间横向）裂缝相互贯通时的锈胀位移均与钢筋直径之间无明显数量关系，这说明钢筋直径不是影响外部裂缝贯穿保护层和内部裂缝相互贯通的主要因素，这与 Du 等[40]的结论是一致的。

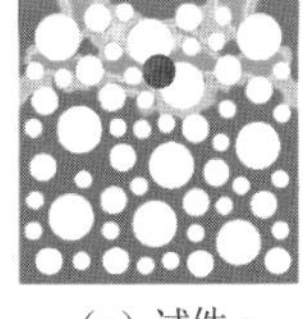
（a）试件-a

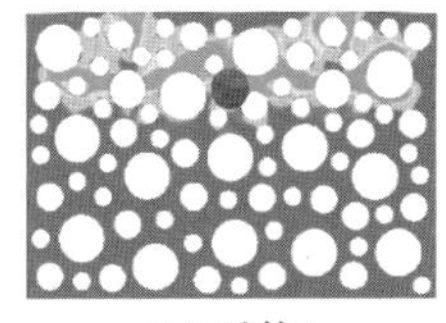
（b）试件-b

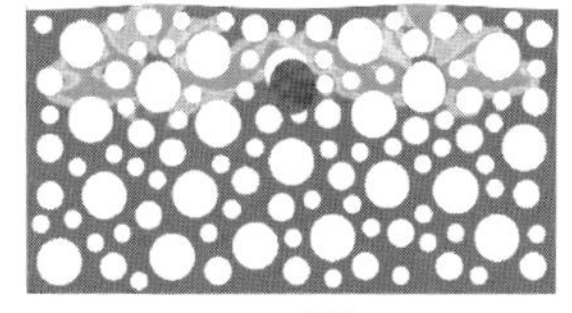
（c）试件-c

图 10.49　不同参数下混凝土保护层的破坏模式

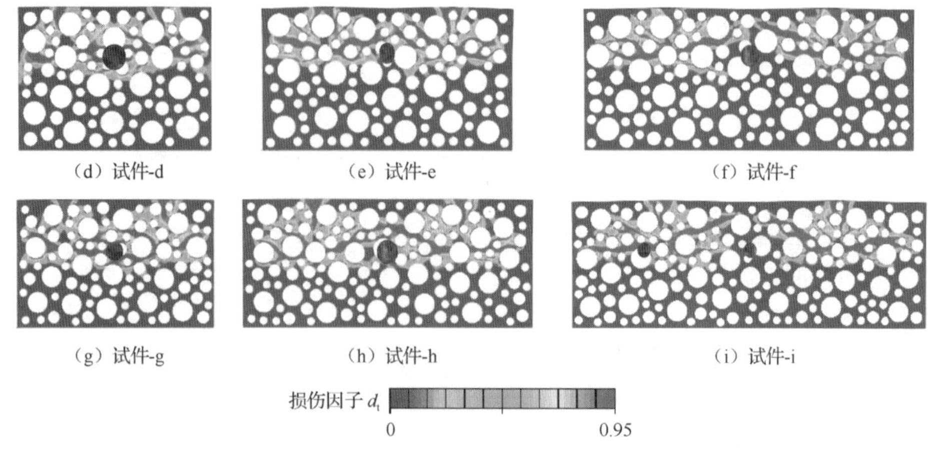

图 10.49（续）

2. 保护层厚度的影响

对比图 10.49 中钢筋直径 d 相同、钢筋间距 s 较小（$s/c \leqslant 3$）时，不同保护层厚度 c 下保护层的破坏模式可发现，保护层厚度 c 越大，保护层的开裂模式越复杂，开裂路径越多，剥落区域也越大。由图 10.50 知，钢筋直径相同时（试件 a、e、i，试件 b、f、g 和试件 c、d、h 等 3 组），保护层厚度越大，外部裂缝贯穿保护层所需的锈胀位移越大。这是因为，保护层越厚，开裂过程所消耗的能量越多。

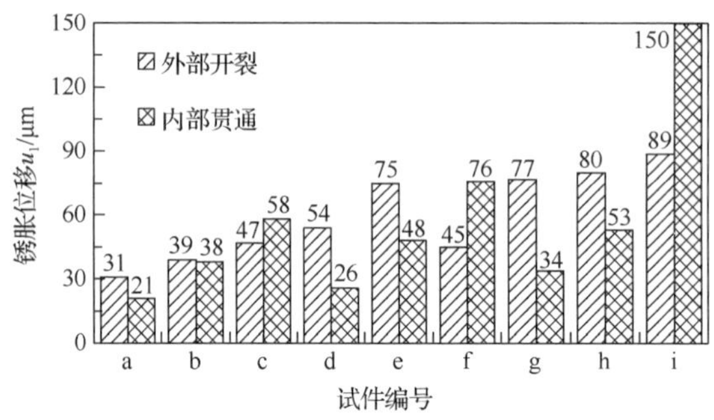

图 10.50　保护层开裂时的锈胀位移

3. 钢筋间距的影响

由图 10.49 可知，内部裂缝贯通与否主要受钢筋间距 s 的影响：当 $s/c \leqslant 3$ 时（即试件 a、b、d、e、g 和 h），内部横向裂缝会在外部裂缝贯穿保护层之前相互贯通，从而破坏结构的整体性，改变其受力特性；当 $s/c > 3$ 时（即试件 c、f 和 i），外部裂缝贯穿保护层时，内部裂缝尚未相互贯通。分析图 10.50 中的数据亦可得出同样结论。因此，应在增大保护层厚度的同时保证一定的钢筋间距以增强侵蚀环境中混凝土结构的耐久性。

小　　结

本章考虑混凝土细观结构的非均质性，将混凝土看作由粗骨料、砂浆基质及二者之间界面过渡区组成的三相复合材料介质，建立了混凝土随机骨料模型，对单根中部/角部钢筋、两根相邻中部钢筋均匀/非均匀锈蚀引发的混凝土保护层的开裂行为进行了二维与三维细观尺度数值模拟。同时分析了混凝土非均质性的影响，对比了宏观模型与细观模型计算结果的差异。此外，探讨分析了钢筋直径、锈蚀分布模式、保护层厚度及钢筋间距等因素的影响，获得主要结论如下。

（1）细观数值结果与文献中试验结果吻合良好，证明了数值方法与钢筋锈胀模式的可靠性与合理性；与宏观均质模型相比，细观非均质模型能够更加真实生动地模拟混凝土保护层的开裂过程和开裂模式。

（2）钢筋的不同锈蚀情形下，混凝土保护层的开裂模式差异很大。与均匀锈蚀及非均匀锈蚀模式-Ⅰ相比，非均匀锈蚀模式-Ⅱ能够更加真实合理地反映钢筋锈蚀膨胀的力学行为。

（3）骨料分布形式对试件表面裂缝位置和保护层锈胀压力的影响可以忽略，但会影响混凝土内部细小裂缝的分布位置。

（4）在相同保护层厚度下，钢筋直径越大，其锈胀压力越小，则混凝土保护层越容易开裂。然而，钢筋直径几乎不会影响保护层的开裂模式；钢筋直径相同时，混凝土保护层厚度越大，则剥落区域越大，钢筋锈胀压力亦越大。

（5）对于多根钢筋情形，钢筋间距是影响内部裂缝相互贯通的主要因素，当钢筋间距与保护层厚度的比值$s/c \leqslant 3$时，内部裂缝会在外部裂缝贯穿保护层之前相互贯通，从而加速结构的破坏失效。

参 考 文 献

[1] DU X L, JIN L. Meso-scale numerical investigation on cracking of cover concrete induced by corrosion of reinforcing steel [J]. Engineering failure analysis，2014，39：21-33.

[2] 杜修力，金浏. 钢筋锈胀引发混凝土保护层开裂破坏的细观数值研究[J]. 计算力学学报，2015，32（6）：772-780.

[3] DU X L，JIN L，ZHANG R B. Modeling the cracking of cover concrete due to non-uniform corrosion of reinforcement[J]. Corrosion science，2014，89：189-202.

[4] 杜修力，张仁波，金浏. 钢筋非均匀锈蚀引发的混凝土保护层开裂细观数值研究[J]. 土木建筑与环境工程，2015，37（1）：73-80.

[5] JIN L，ZHANG R B，DU X L，et al. Investigation on the cracking behavior of concrete cover induced by corner located rebar corrosion [J]. Engineering failure analysis，2015，52：129-143.

[6] 金浏，张仁波，杜修力，等．角部钢筋锈蚀引发的混凝土保护层开裂行为研究[J]．建筑材料学报，2016，19（2）：255-261．

[7] JIN L，LIU M J，ZHANG R B，et al．Cracking of cover concrete due to non-uniform corrosion of corner rebar：a 3D meso-scale Study [J]．Construction and building materials，2020，245：118449．

[8] 张仁波，杜修力，金浏．相邻钢筋非均匀锈蚀引发混凝土保护层开裂的细观数值模拟[J]．建筑科学与工程学报，2014，31（3）：98-104．

[9] KIM K H，JANG S Y，JANG B S，et al．Modeling mechanical behavior of reinforced concrete due to corrosion of steel bar [J]．ACI materials journal，2010，107（2）：106-113．

[10] CHEN D，MAHADEVAN S．Chloride-induced reinforcement corrosion and concrete cracking simulation[J]．Cement and concrete composites，2008，30（3）：227-238．

[11] BHARGAVA K，GHOSH A K，MORI Y，et al．Modeling of time to corrosion-induced cover cracking in reinforced concrete structures [J]．Cement and concrete research，2005，35（11）：2203-2218．

[12] LIU Y，WEYERS R E．Modeling the time-to-corrosion cracking in chloride contaminated reinforced concrete structures [J]．ACI materials journal，1998，95（6）：675-681．

[13] LU C H，JIN W L，LIU R G．Reinforcement corrosion-induced cover cracking and its time prediction for reinforced concrete structures [J]．Corrosion science，2011，53（4）：1337-1347．

[14] ŠAVIJA B，LUKOVIĆ M，PACHECO J，et al．Cracking of the concrete cover due to reinforcement corrosion：a two-dimensional lattice model study [J]．Construction and building materials，2013，44：626-638．

[15] WRIGGERS P，MOFTAH S O．Mesoscale models for concrete：homogenization and damage behaviour [J]．Finite elements in analysis and design，2006，42（7）：623-636．

[16] ZHOU X Q，HAO H．Modelling of compressive behaviour of concrete-like materials at high strain rate [J]．International journal of solids and structures，2008，45（17）：4648-4661．

[17] 王海龙，金伟良，孙晓燕．基于断裂力学的钢筋混凝土保护层锈胀开裂模型[J]．水利学报，2008，39（7）：863-869．

[18] JANG B S，OH B H．Effects of non-uniform corrosion on the cracking and service life of reinforced concrete structures [J]．Cement and concrete research，2010，40（9）：1441-1450．

[19] PAN T Y，LU Y．Stochastic modeling of reinforced concrete cracking due to nonuniform corrosion：FEM-based cross-scale analysis [J]．ASCE journal of materials in civil engineering，2012，24（6）：698-706．

[20] 夏宁，任青文．混凝土中钢筋不均匀锈胀的数值模拟及锈蚀产物量的预测[J]．水利学报，2006，37（1）：70-74．

[21] WONG H S，ZHAO Y X，KARIMI A R，et al．On the penetration of corrosion products from reinforcing steel into concrete due to chloride-induced corrosion [J]．Corrosion science，2010，52（7）：2469-2480．

[22] MAAGE M，HELLAND S，POULSEN E，et al．Service life prediction of existing concrete structures exposed to marine environment [J]．ACI materials journal，1996，93（6）：602-608．

[23] GUZMÁN S，GÁLVEZ J C，SANCHO J M．Cover cracking of reinforced concrete due to rebar corrosion induced by chloride penetration [J]．Cement and concrete research，2011，41（8）：893-902．

[24] YUAN Y S，JI Y S．Modeling corroded section configuration of steel bar in concrete structure [J]．Construction and building materials，2009，23（6）：2461 - 2466．

[25] ZHAO Y X，HU B Y，YU J，et al．Non-uniform distribution of rust layer around steel bar in concrete [J]．Corrosion science，2011，53（12）：4300-4308．

[26] CHERNIN L，VAL D V，VOLOKH K Y．Analytical modelling of concrete cover cracking caused by corrosion of reinforcement [J]．Materials and structures，2010，43（4）：543-556．

[27] ZHAO Y X，YU J，JIN W L．Damage analysis and cracking model of reinforced concrete structures with rebar corrosion [J]．Corrosion science，2011，53（10）：3388-3397．

[28] TRAN K K，NAKAMURA H，KAWAMURA K，et al．Analysis of crack propagation due to rebar corrosion using RBSM [J]．Cement and concrete composites，2011，33（9）：906-917．

[29] FISCHER C．Beitrag zu den Auswirkungen der Bewehrungsstahlkorrosion auf den Verbund zwischen Stahl und

Beton [D]. Stuttgart: Institute für Werkstoffe im Bauwesen der Universität Stuttgart, 2012.

[30] OŽBOLT J, ORŠANIĆ F, BALABANIĆ G, et al. Modeling damage in concrete caused by corrosion of reinforcement: coupled 3D FE model [J]. International journal of fracture, 2012, 178 (1/2): 233-244.

[31] ZHAO Y X, KARIMI A R, WONG H S, et al. Comparison of uniform and non-uniform corrosion induced damage in reinforced concrete based on a Gaussian description of the corrosion layer [J]. Corrosion science, 2011, 53 (9): 2803-2814.

[32] DU Y G, CHAN A H C, CLARK L A. Finite element analysis of the effects of radial expansion of corroded reinforcement [J]. Computers and structures, 2006, 84 (13/14): 917-929.

[33] WILLIAMSON S J, CLARK L A. Pressure required to cause cover cracking of concrete due to reinforcement corrosion [J]. Magazine of concrete research, 2000, 52 (6): 455-467.

[34] VAL D V, CHEMIN L, STEWART M G. Experimental and numerical investigation of corrosion-induced cover cracking in reinforced concrete structures [J]. ASCE journal of structural engineering, 2009, 135 (4): 376-385.

[35] XIA N, REN Q W, LIANG R Y, et al. Nonuniform corrosion-induced stresses in steel-reinforced concrete[J]. Journal of engineering mechanics, 2012, 138: 338-346.

[36] GRONDIN F, MATALLAH M. How to consider the Interfacial Transition Zones in the finite element modelling of concrete? [J]. Cement and concrete research, 2014, 58: 67-75.

[37] SONG Z, LU Y. Mesoscopic analysis of concrete under excessively high strain rate compression and implications on interpretation of test data [J]. International journal of impact engineering, 2012, 46: 41-55.

[38] ZHOU K, MARTIN-PEREZ B, LOUNIS Z. Finite element analysis of corrosion induced cracking, spalling and delamination of RC bridge decks [C]. Proceedings of the 1st Canadian conference on effective design of structures Hamilton, 2005: 187-196.

[39] CARÉ S, NGUYEN Q T, L'HOSTIS V, et al. Mechanical properties of the rust layer induced by impressed current method in reinforced mortar [J]. Cement and concrete research, 2008, 38 (8/9): 1079-1091.

[40] DU Y G, CHAN A H C, CLARK L A, et al. Finite element analysis of cracking and delamination of concrete beam due to steel corrosion [J]. Engineering structures, 2013, 56: 8-21.

[41] DONG W, MURAKAMI Y K, OSHITA H, et al. Influence of Both Stirrup Spacing and Anchorage Performance on Residual Strength of Corroded RC Beams [J]. Journal of advanced concrete technology, 2011, 9 (3): 261 - 275.

[42] ANDRADE C, ALONSO C, MOLINA F J. Cover cracking as a function of bar corrosion: part i-experimental test[J]. Materials and structures, 1993, 26 (8): 453-464.

[43] CABRERA J G. Deterioration of concrete due to reinforcement steel corrosion [J]. Cement and concrete composites, 1996, 18 (1): 47-59.

[44] 方开泰，马长兴. 正交与均匀试验设计[M]. 北京：科学出版社，2001.

[45] VU K, STEWART M G, MULLARD J. Corrosion-induced cracking: experimental data and predictive models[J]. ACI Structural journal, 2005, 102 (5): 719-726.

[46] CHERNIN L, VAL D V. Prediction of corrosion-induced cover cracking in reinforced concrete structures[J]. Construction and building materials, 2011, 25 (4): 1854-1869.

彩　图

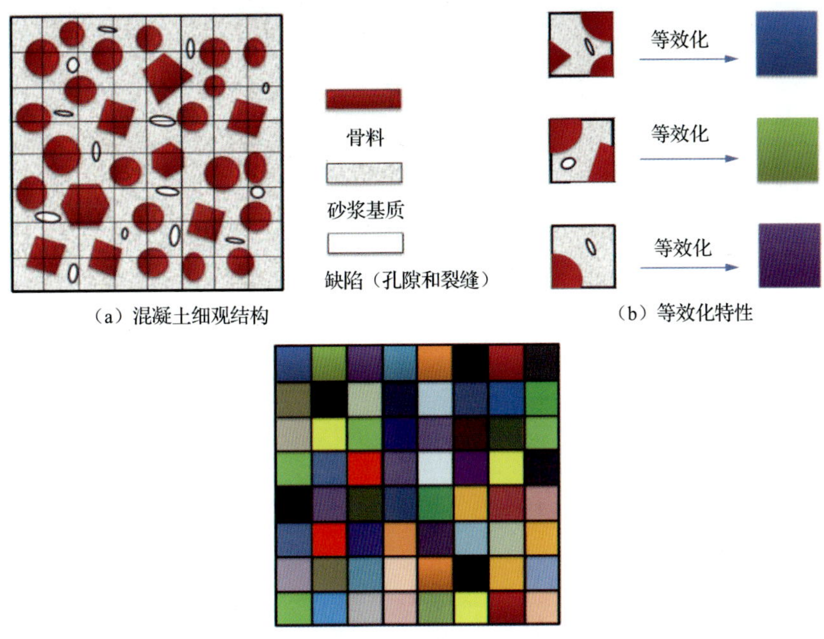

（a）混凝土细观结构　　（b）等效化特性

（c）细观单元等效化力学模型

彩图 1　混凝土细观单元等效化方法基本思路

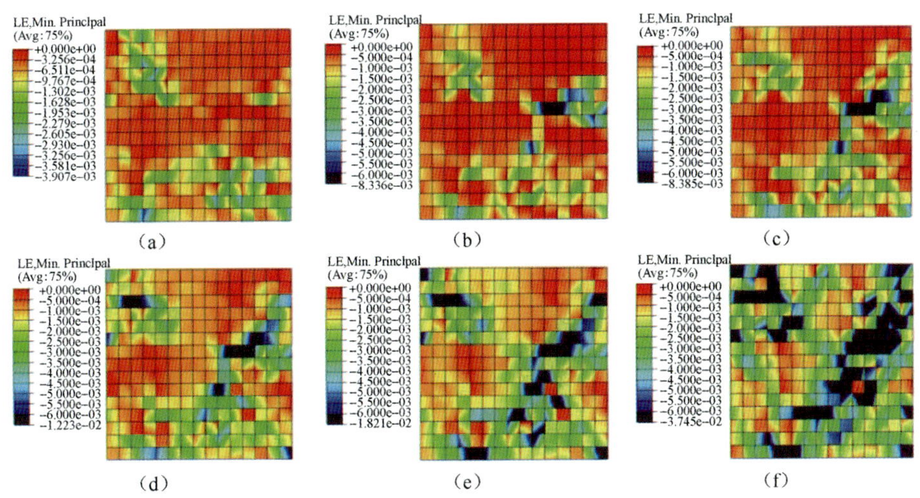

（a）　（b）　（c）

（d）　（e）　（f）

彩图 2　单轴压缩条件下混凝土试件破坏过程

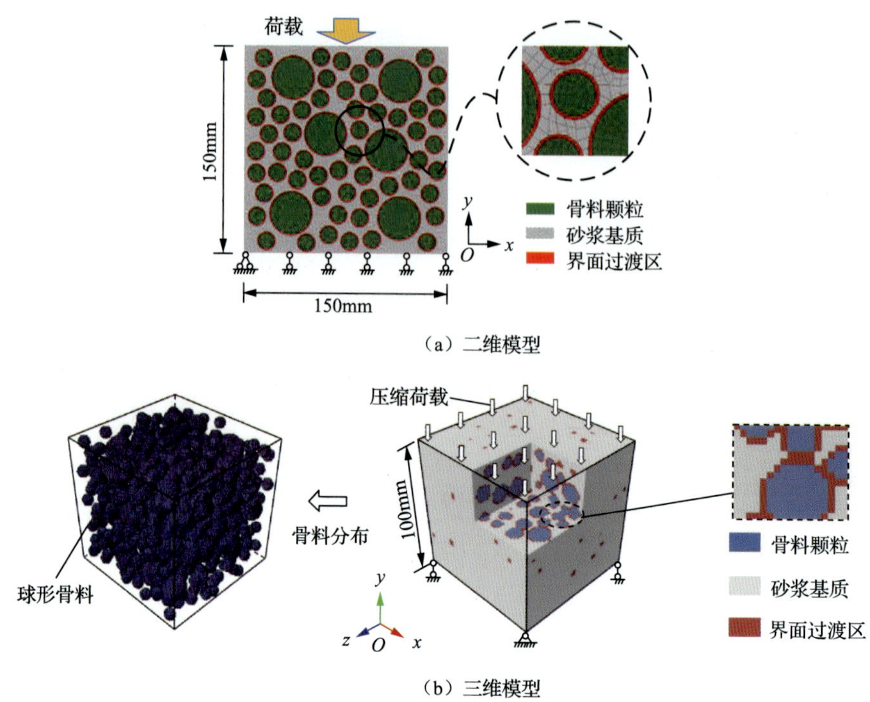

（a）二维模型

（b）三维模型

彩图 3　混凝土立方体试件随机骨料模型

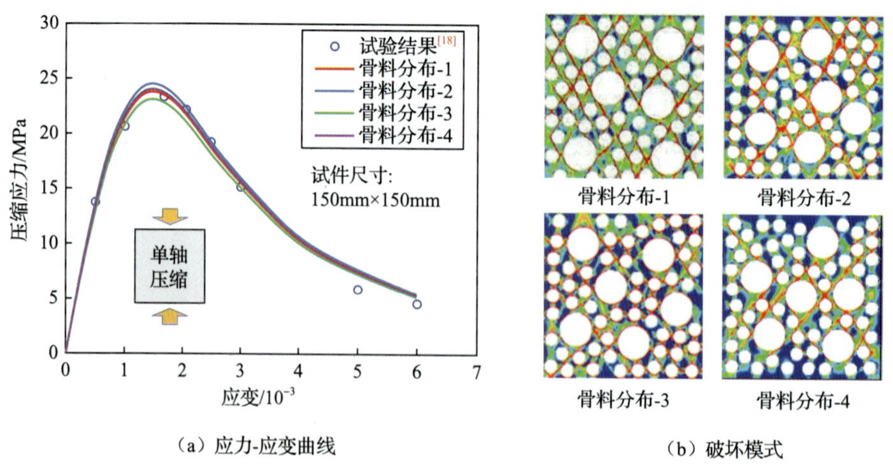

（a）应力-应变曲线

（b）破坏模式

彩图 4　混凝土试件单轴压缩应力-应变曲线及破坏过程三维模拟结果

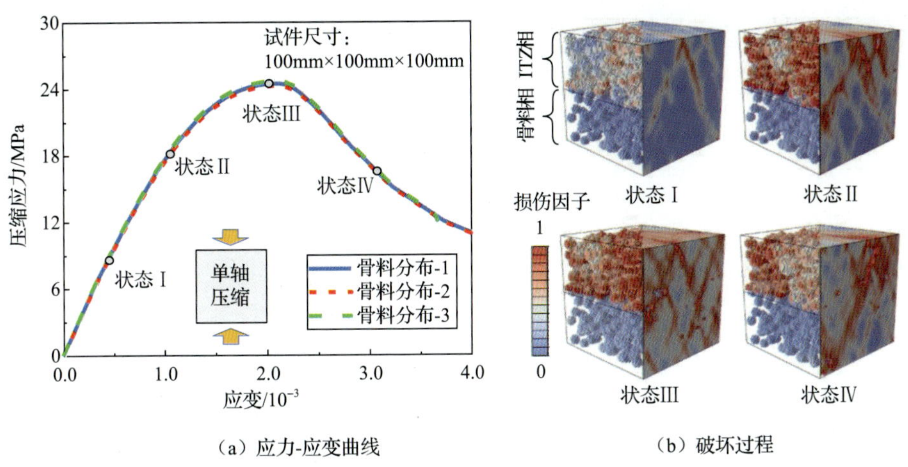

（a）应力-应变曲线 （b）破坏过程

彩图 5 混凝土试件单轴压缩应力-应变曲线及破坏过程三维模拟结果

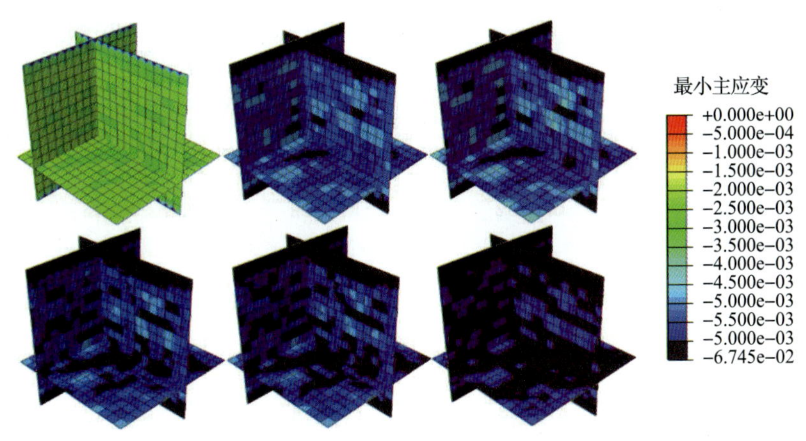

彩图 6 单轴压缩荷载作用下混凝土内部最小主应变变化云图

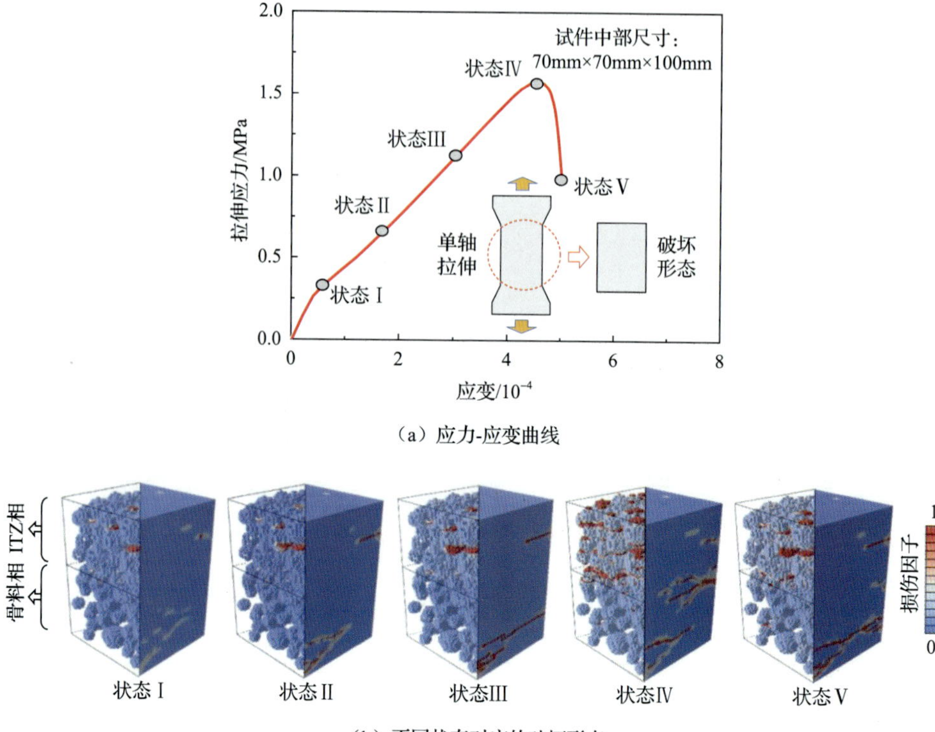

（a）应力-应变曲线

（b）不同状态对应的破坏形态

彩图 7　混凝土单轴拉伸应力-应变曲线及试件破坏过程

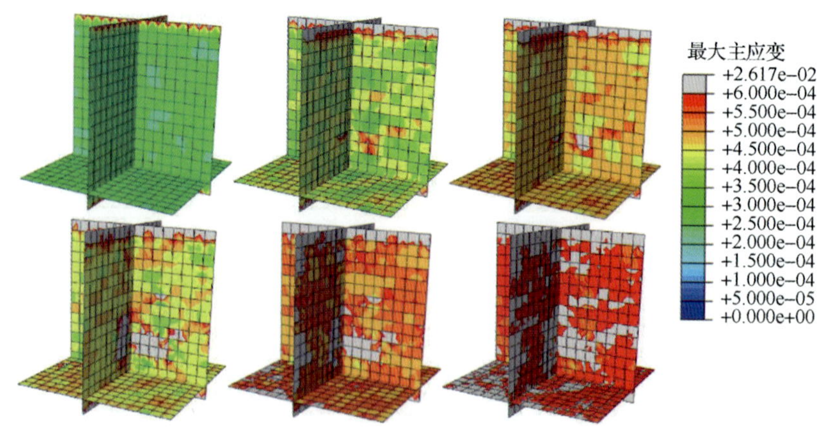

彩图 8　单轴拉伸加载下混凝土内部最大主应变变化云图

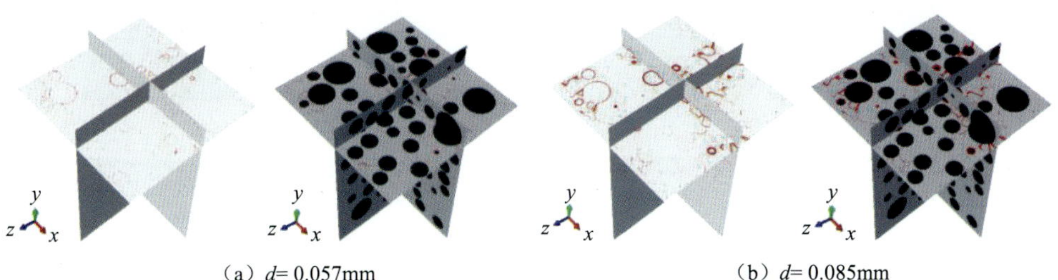

（a）d= 0.057mm　　（b）d= 0.085mm

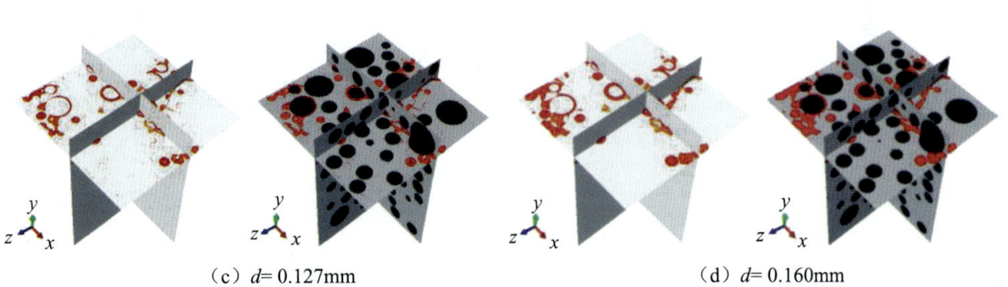

（c）d= 0.127mm　　（d）d= 0.160mm

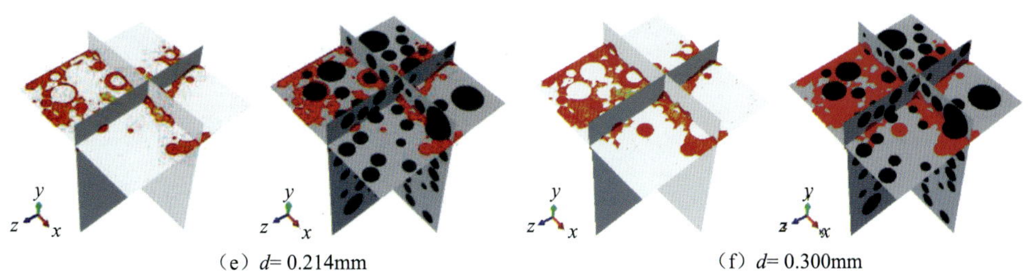

（e）d= 0.214mm　　（f）d= 0.300mm

彩图 9　混凝土裂缝扩展剖面图

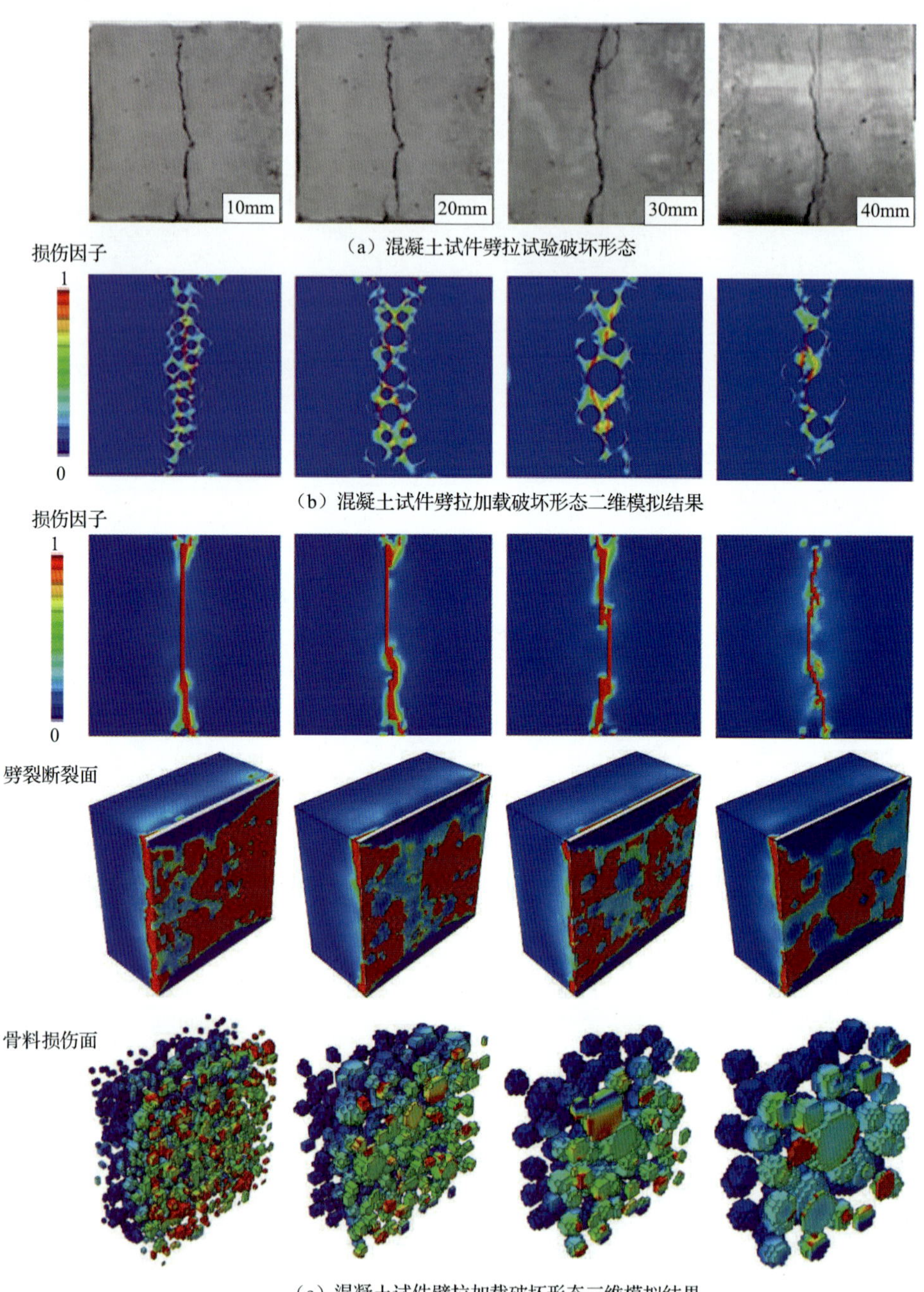

（a）混凝土试件劈拉试验破坏形态

（b）混凝土试件劈拉加载破坏形态二维模拟结果

（c）混凝土试件劈拉加载破坏形态三维模拟结果

彩图 10　不同骨料粒径混凝土试件的劈裂拉伸破坏形态

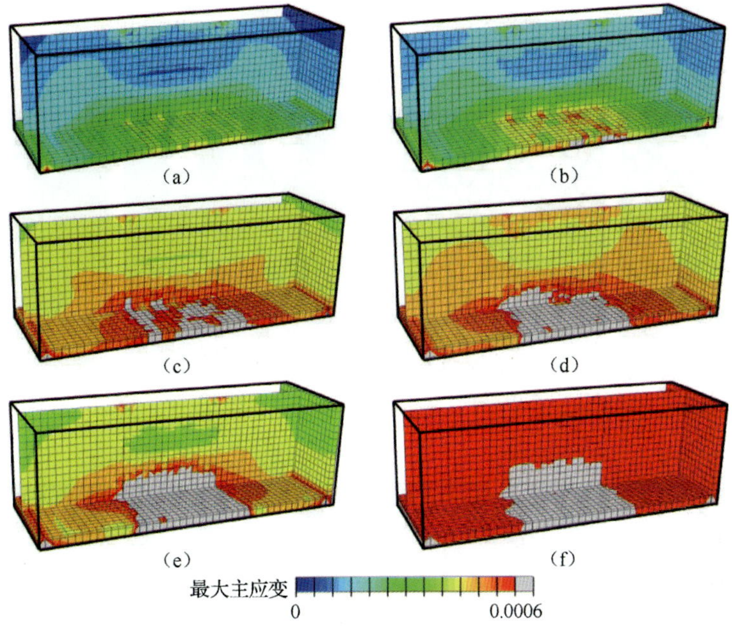

彩图 11　二级配混凝土梁三维弯曲拉伸破坏过程图

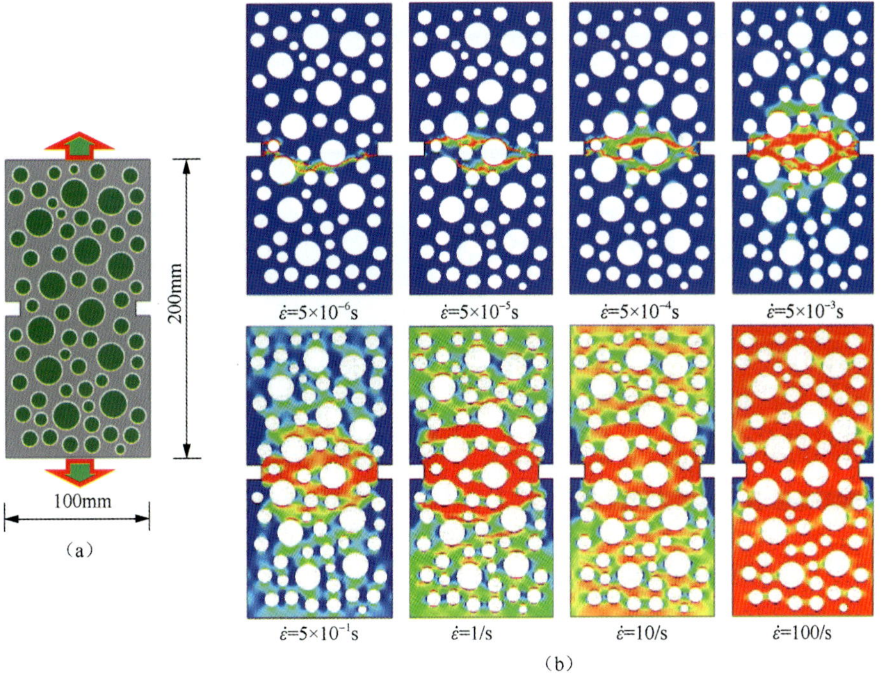

彩图 12　双边缺口混凝土试件及不同应变率下的破坏模式

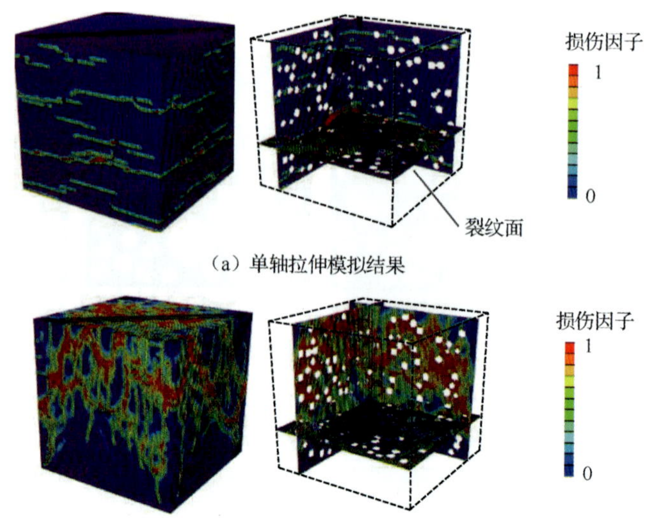

彩图 15　含缺陷混凝土单轴拉伸及单轴压缩破坏行为

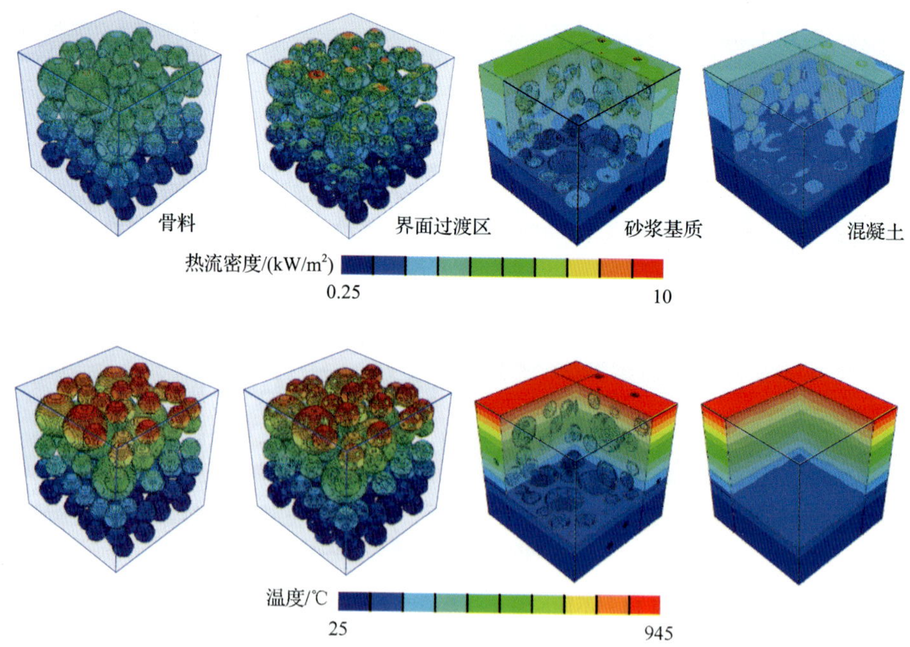

彩图 16　三维细观数值模拟结果

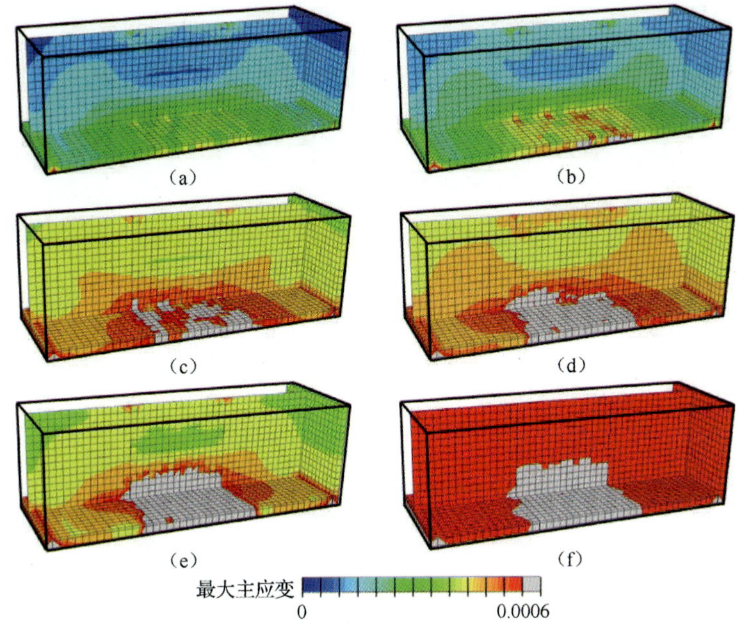

彩图 11　二级配混凝土梁三维弯曲拉伸破坏过程图

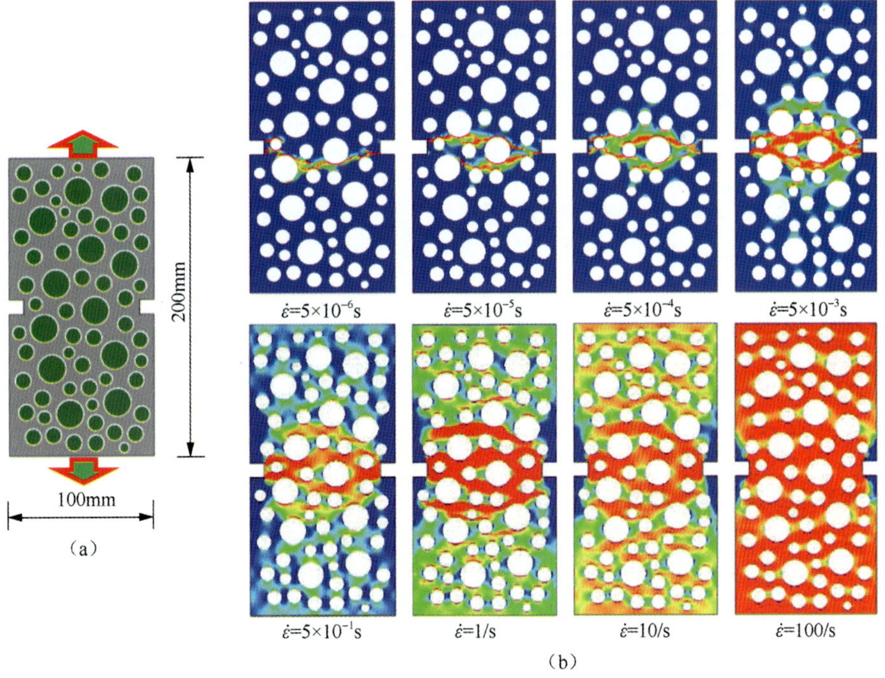

彩图 12　双边缺口混凝土试件及不同应变率下的破坏模式

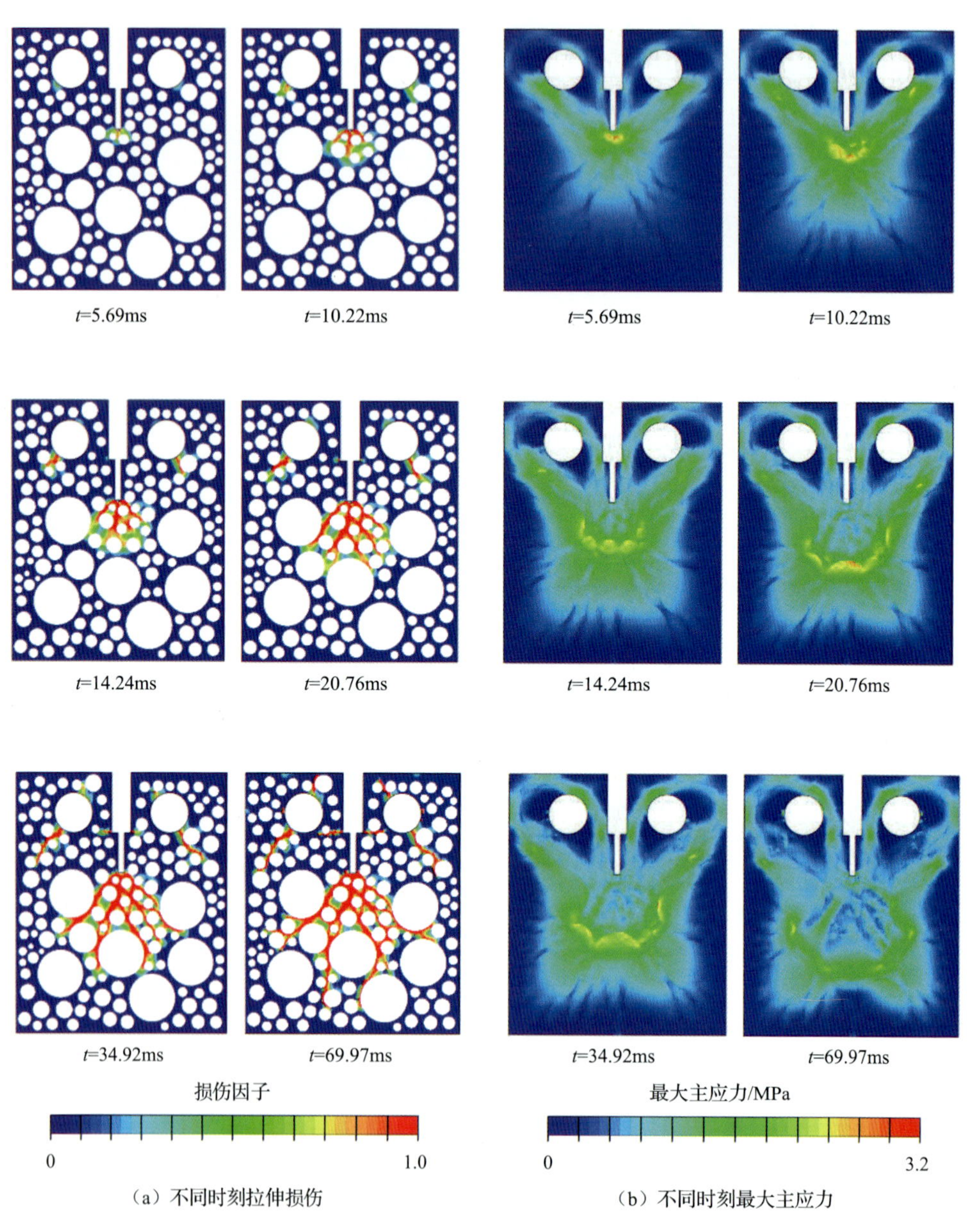

（a）不同时刻拉伸损伤

（b）不同时刻最大主应力

彩图 13　含大量骨料的混凝土试件的动态破坏过程（加载速率为 1mm/s）

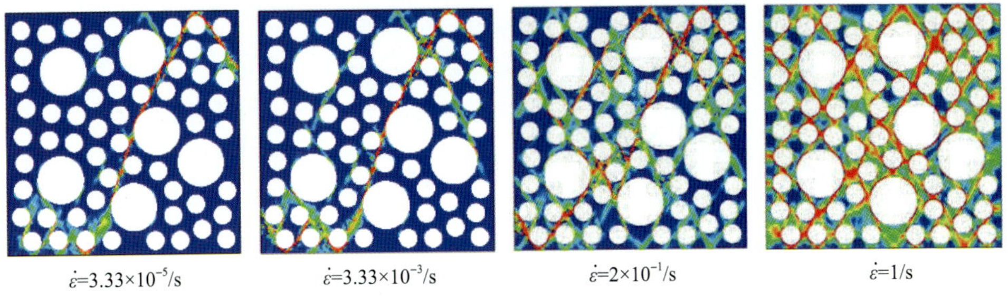

（a）随机骨料模型结果

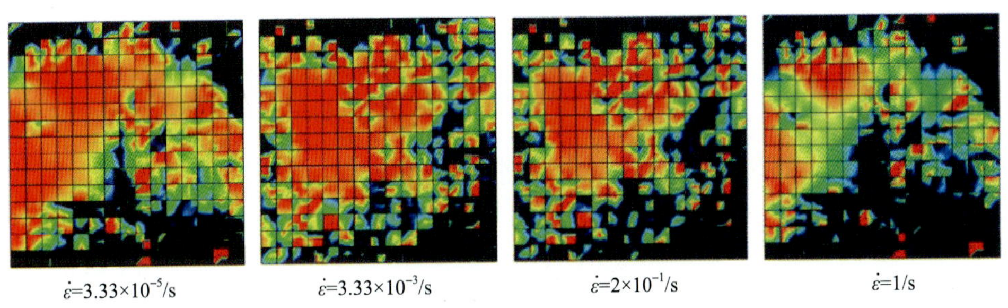

（b）细观单元等效化方法结果

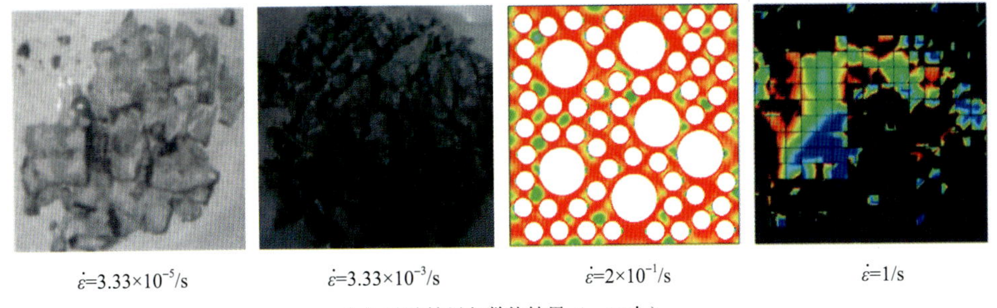

（c）试验结果与数值结果（$\dot{\varepsilon}$=200/s）

彩图 14　不同应变率下混凝土试件压缩破坏模式

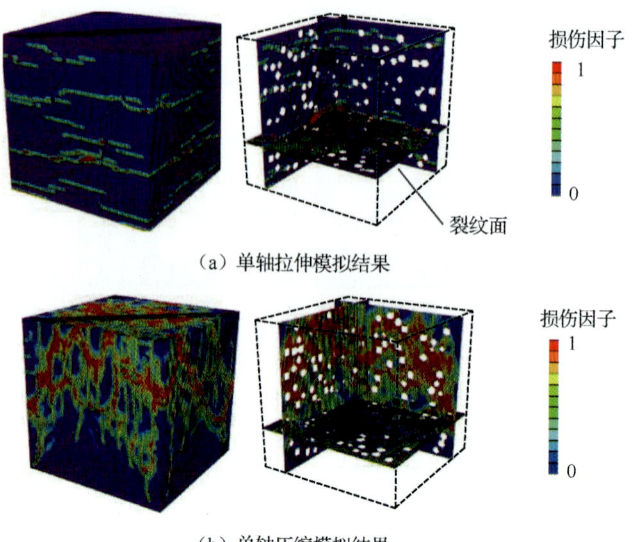

（a）单轴拉伸模拟结果

（b）单轴压缩模拟结果

彩图 15　含缺陷混凝土单轴拉伸及单轴压缩破坏行为

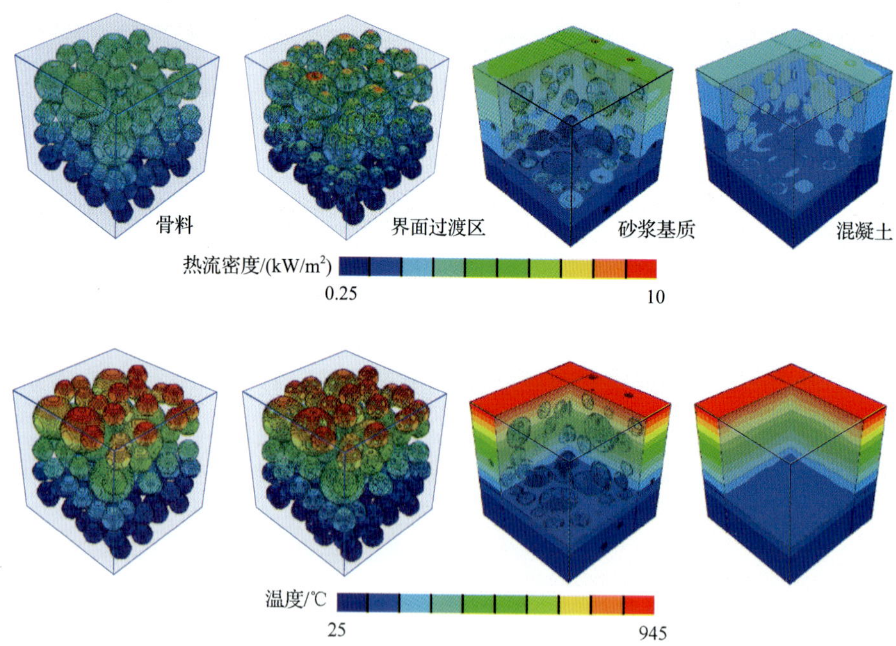

彩图 16　三维细观数值模拟结果

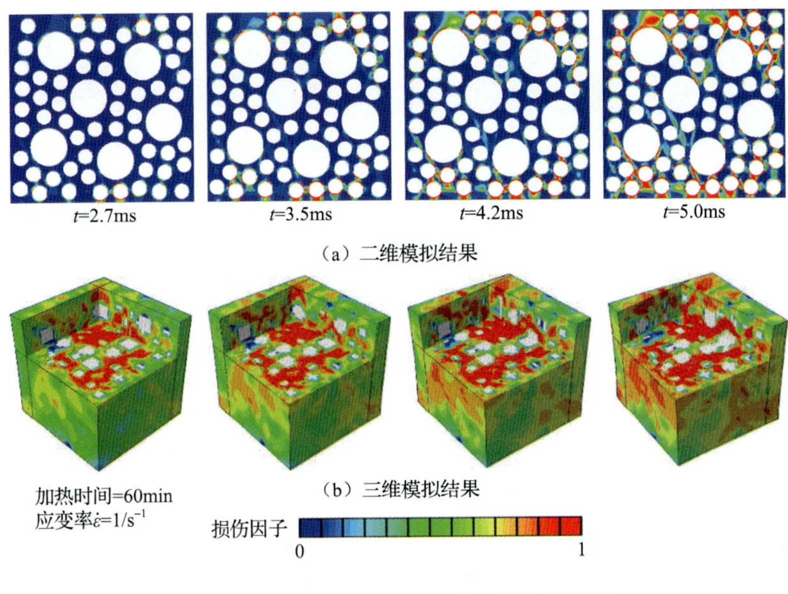

彩图 17　混凝土试件的动态压缩损伤过程

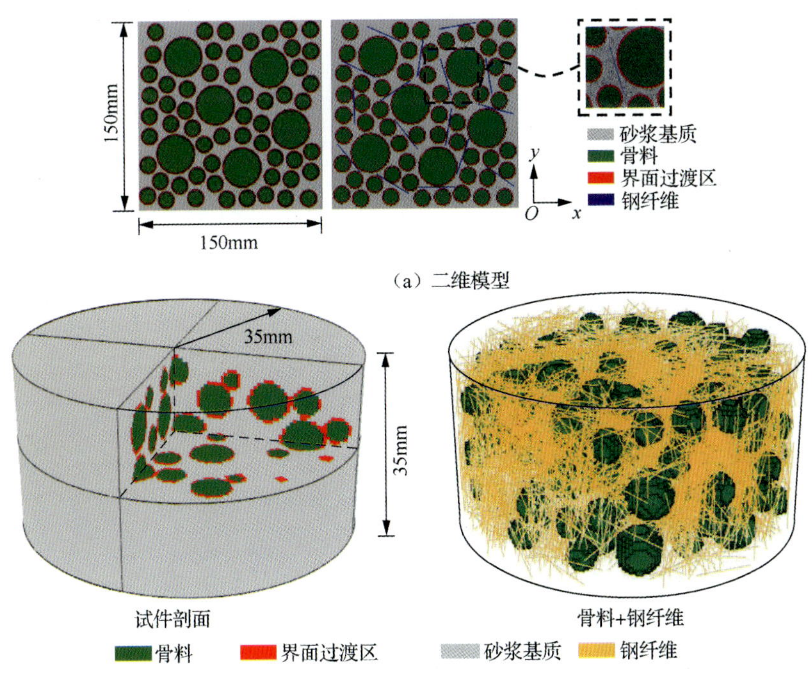

彩图 18　钢纤维混凝土细观力学模型

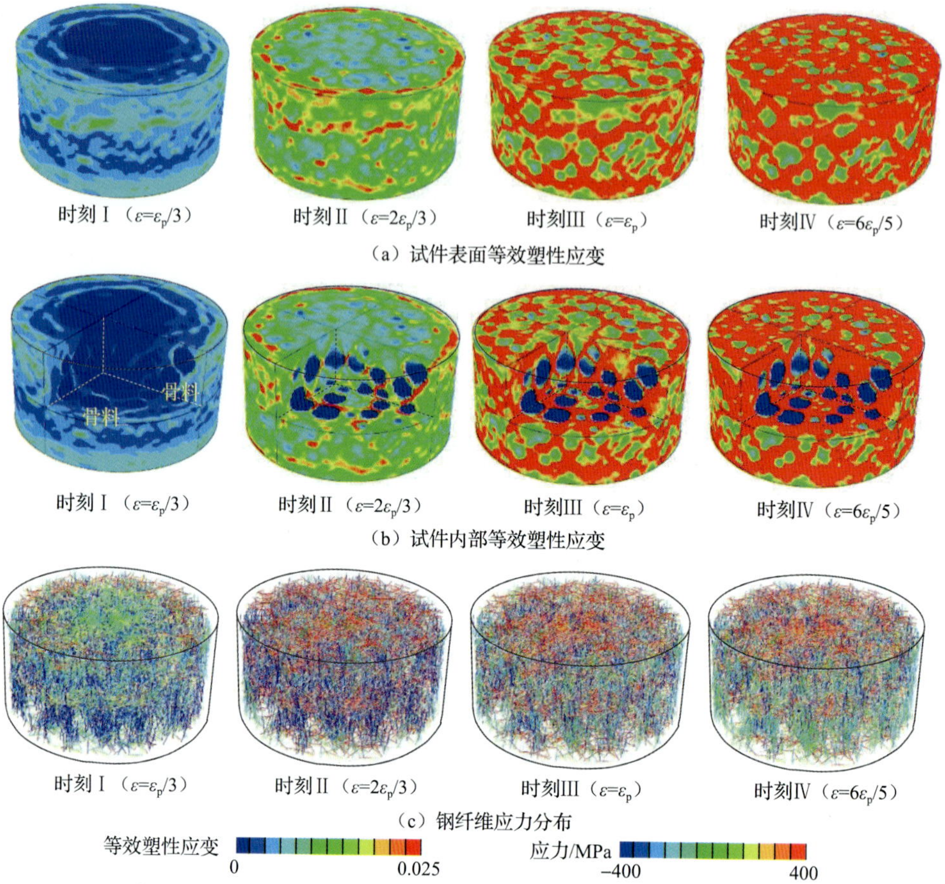

时刻Ⅰ（$\varepsilon=\varepsilon_p/3$）
时刻Ⅱ（$\varepsilon=2\varepsilon_p/3$）
时刻Ⅲ（$\varepsilon=\varepsilon_p$）
时刻Ⅳ（$\varepsilon=6\varepsilon_p/5$）
（a）试件表面等效塑性应变
骨料
骨料
时刻Ⅰ（$\varepsilon=\varepsilon_p/3$）
时刻Ⅱ（$\varepsilon=2\varepsilon_p/3$）
时刻Ⅲ（$\varepsilon=\varepsilon_p$）
时刻Ⅳ（$\varepsilon=6\varepsilon_p/5$）
（b）试件内部等效塑性应变
时刻Ⅰ（$\varepsilon=\varepsilon_p/3$）
时刻Ⅱ（$\varepsilon=2\varepsilon_p/3$）
时刻Ⅲ（$\varepsilon=\varepsilon_p$）
时刻Ⅳ（$\varepsilon=6\varepsilon_p/5$）
（c）钢纤维应力分布
等效塑性应变
0
0.025
应力/MPa
−400
400

彩图 19　高温动态压缩荷载过程中钢纤维混凝土试件的应变与应力变化

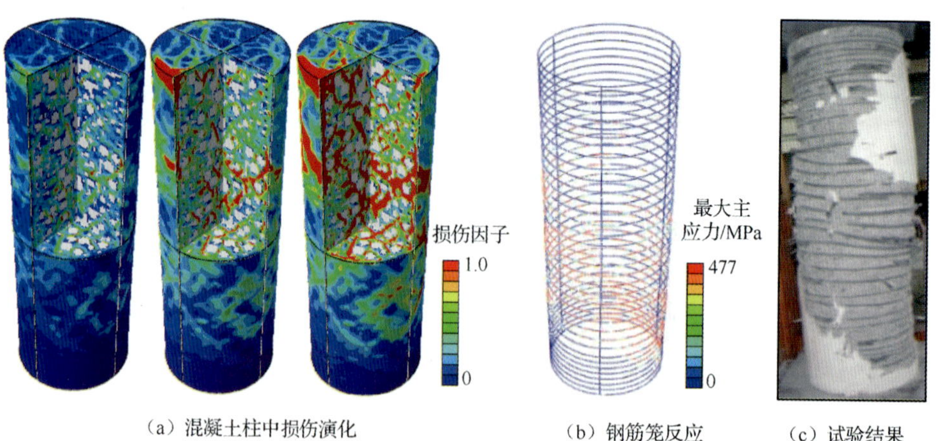

损伤因子
1.0
0
最大主
应力/MPa
477
0
（a）混凝土柱中损伤演化
（b）钢筋笼反应
（c）试验结果

彩图 20　约束混凝土柱（直径为 576mm）损伤破坏

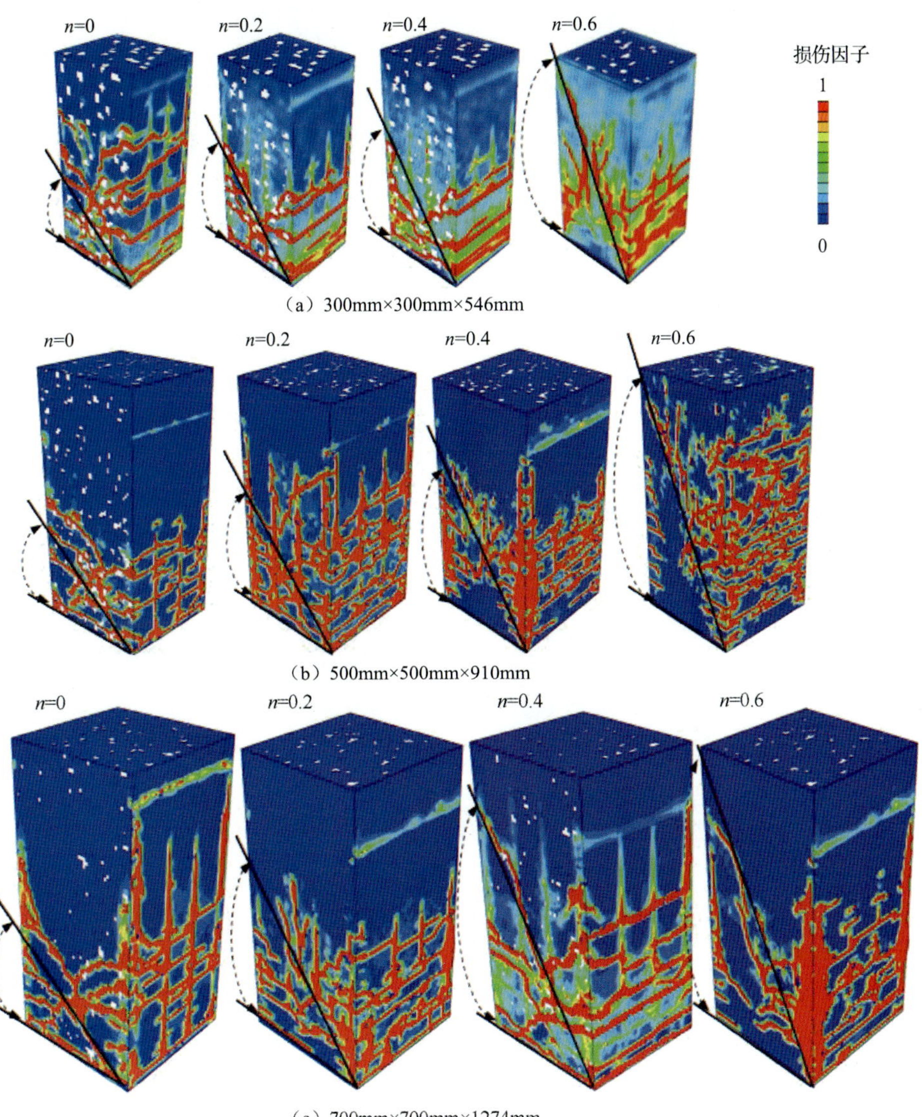

（a）300mm×300mm×546mm

（b）500mm×500mm×910mm

（c）700mm×700mm×1274mm

彩图 21　不同尺寸的柱在不同轴压比下的最终破坏模式

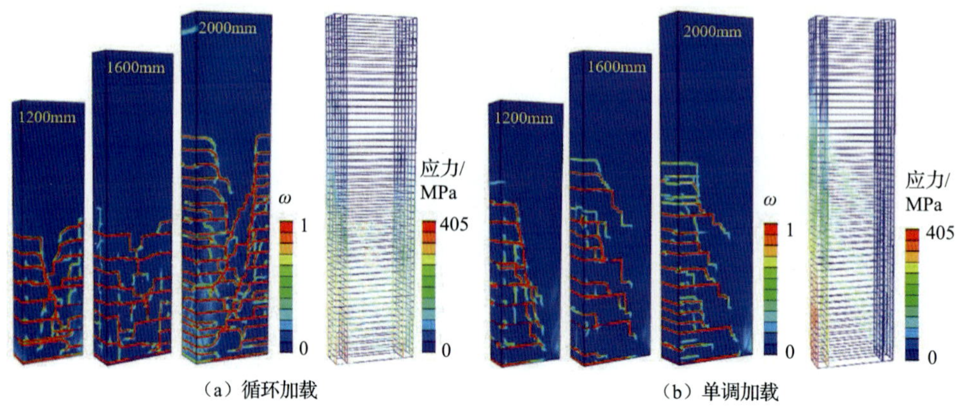

（a）循环加载　　（b）单调加载

彩图 22　更大尺寸梁在不同荷载作用下的破坏

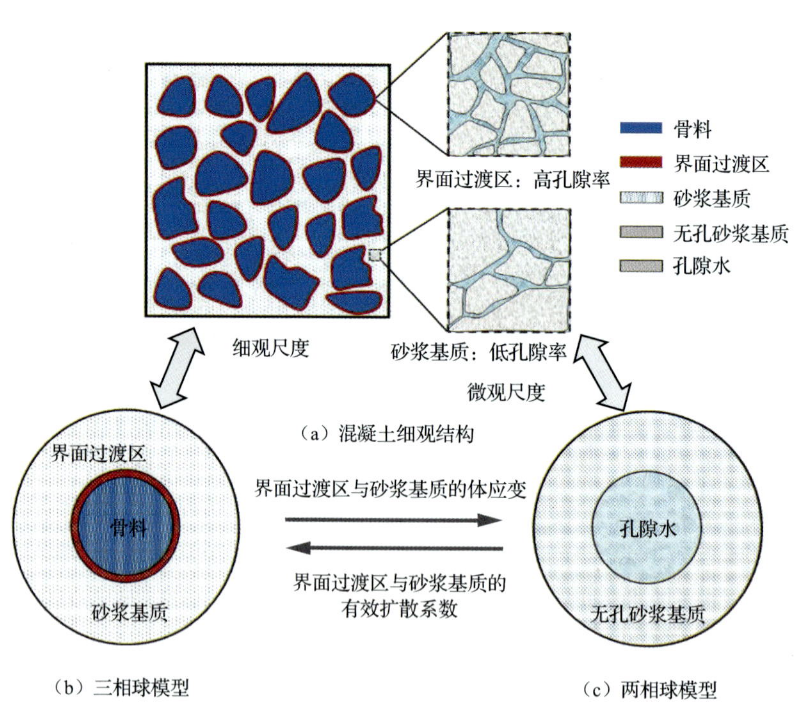

（a）混凝土细观结构

（b）三相球模型　　（c）两相球模型

彩图 23　混凝土多尺度分析理论模型

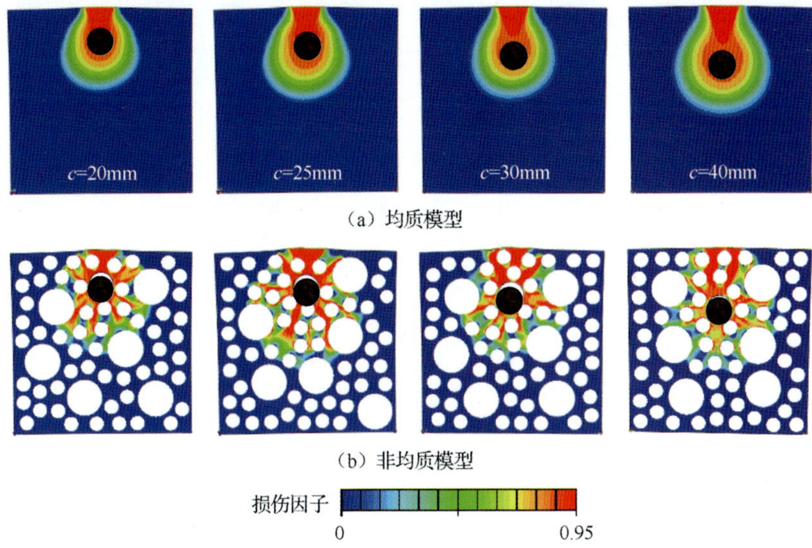

彩图 24 不同保护层厚度下混凝土破坏模式（变形放大 100 倍）

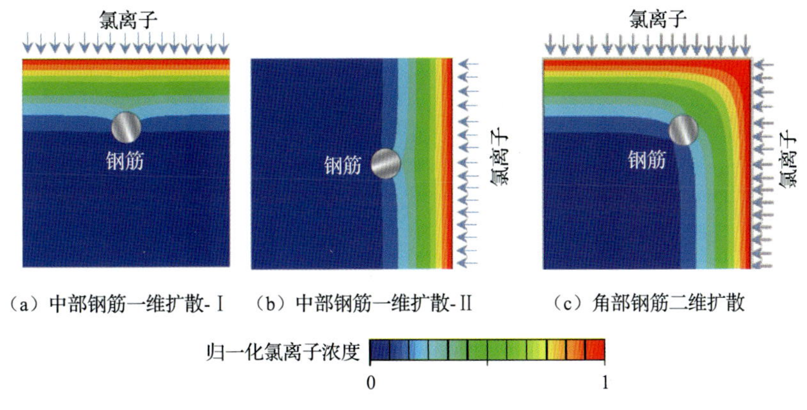

彩图 25 钢筋混凝土中的氯离子分布

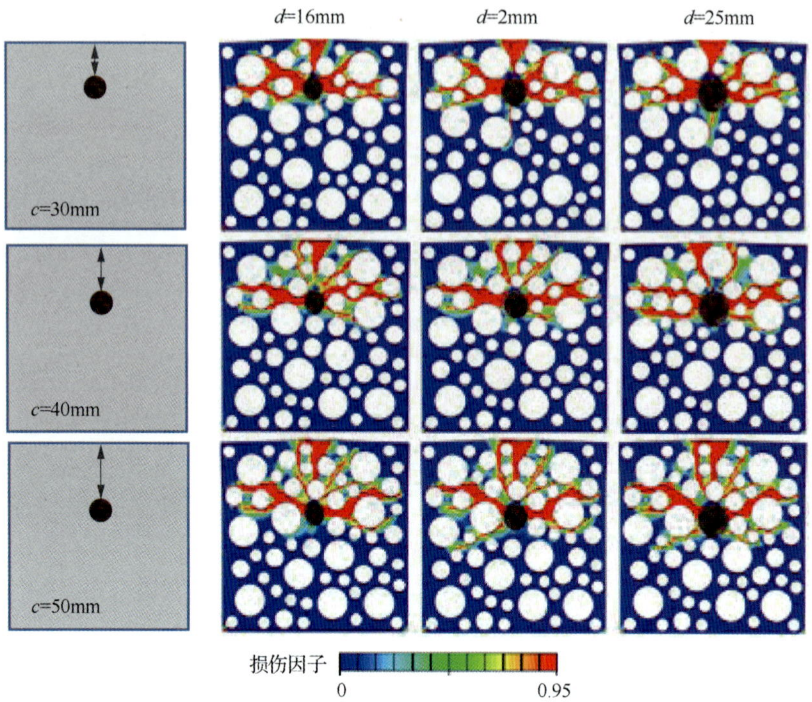

彩图 26　中部钢筋锈蚀引发的保护层混凝土破坏模式